PADS VX.2.8 电路设计

自学速成

闫少雄 马久河◎编著

人民邮电出版社
北京

图书在版编目（CIP）数据

PADS VX.2.8电路设计自学速成 / 闫少雄，马久河编著. -- 北京 : 人民邮电出版社，2021.10
ISBN 978-7-115-56702-4

Ⅰ. ①P… Ⅱ. ①闫… ②马… Ⅲ. ①印刷电路－计算机辅助设计－应用软件 Ⅳ. ①TN410.2

中国版本图书馆CIP数据核字(2021)第117145号

内 容 提 要

本书以 PADS VX.2.8 为平台，介绍了电路设计的方法和技巧。主要内容包括 PADS VX.2.8 概述、PADS VX.2.8 原理图基础、PADS VX.2.8 原理图库设计、PADS Logic VX.2.8 原理图的绘制、原理图的后续操作、PADS 印制电路板设计、封装库设计、电路板布线、电路板后期操作、单片机实验板电路设计实例。

本书可以作为相关行业工程技术人员及各院校相关专业师生的学习参考书，也可以作为各种培训机构的培训教材，同时适合作为电子设计爱好者自学辅导用书。

随书赠送全书实例源文件和操作视频（获取资源方式和观看视频方式详见前言）。

♦ 编　　著　闫少雄　马久河
　责任编辑　黄汉兵
　责任印制　陈　犇

♦ 人民邮电出版社出版发行　　北京市丰台区成寿寺路 11 号
　邮编　100164　　电子邮件　315@ptpress.com.cn
　网址　https://www.ptpress.com.cn
　北京天宇星印刷厂印刷

♦ 开本：787×1092　1/16
　印张：19.5　　　　2021 年 10 月第 1 版
　字数：523 千字　　2021 年 10 月北京第 1 次印刷

定价：89.80 元

读者服务热线：(010) 81055493　印装质量热线：(010) 81055316
反盗版热线：(010) 81055315
广告经营许可证：京东市监广登字 20170147 号

前　言

自20世纪80年代中期以来，计算机应用已进入各个领域并发挥着重要的作用。EDA技术是现代电子工业中不可缺少的一项重要技术，它的发展和推广极大地推动了电子工业的发展。电路及PCB设计是EDA技术中的重要内容，美国Mentor Graphics公司推出的PADS软件是EDA软件中比较杰出的一款。该软件是基于PC平台开发的，完全符合Windows操作习惯，具有高效率的布局、布线功能，是解决电路中复杂的高速、高密度互连问题的理想平台。

PADS VX.2.8较以前版本PADS功能更加强大，它是桌面环境下以设计管理和协作技术（PDM）为核心的优秀的印制电路板设计系统。

本书介绍的PADS电路设计系统主要包括4个方面。

● **原理图设计**

PADS Logic主要用来进行原理图的绘制，产生PCB设计所需的网络表文件，该文件是连接原理图与电路板设计的枢纽，至关重要。

● **PCB元件库编辑**

再强大的元件库也无法满足所有的电路图，自定义创建元件库成为迫切的要求。工欲善其事，必先利其器。元件库的编辑功能可为电路图的完整绘制、电路板的快速设计提供坚实的基础。

● **PCB设计**

电路板的创建、元件的导入、布局、布线，该部分完整地展示了电路板的设计，万变不离其宗，电路板的设计与电路图的设计有异有同，读者求同的过程中不忘存异，时刻联系原理图，更新相互信息，完整地完成电路板的设计。

● **报表生成**

电路板的设计完成并不代表结束，电路板不是真实的“板”，是“真实板”的替代品，按照设计完成后，需要对设计进行验证，检查电路板设计是否符合要求，若不符合，需要不断地进行修改，得到最终正确的“板”，以减少实际加工中的资源浪费。

上述几个方面的操作相互独立又互有联系，独立操作时互不干扰，相互传导时又一脉传承。本书主要介绍PADS VX.2.8概述、原理图基础、原理图库设计、原理图的绘制、原理图的后续操作、PADS印制电路板设计、封装库设计、电路板布线、电路板后期操作、单片机实验板电路设计实例。

为了保证读者能够从零开始学习，本书对基础概念的讲解比较全面，在编写过程中由浅入深，选取的实例具有典型性、代表性。在讲解的过程中，编者根据自己多年的经验及教学心得，及时给出相关提示和小结，以帮助读者快速地掌握所学知识。全书内容讲解翔实，图文并茂，思路清晰。

本书可以作为电路设计相关行业工程技术人员及各院校相关专业师生的学习参考书，也可作为各种培训机构的培训教材，还可作为电子爱好者自学辅导用书。

为提高读者的学习效率，本书除具有传统的书面内容外，还随书附送了方便读者学习和练习的源文件素材。读者可扫本页下方二维码获取源文件下载链接。

为更进一步方便读者学习，本书还配有教学视频，对书中的实例和基础操作进行了详细讲解。读者可使用微信“扫一扫”功能扫正文中的二维码观看视频。视频总时长约165分钟。

本书由中国电子科技集团公司第五十四研究所的闫少雄和河北盛多威泵业制造有限公司的马久河高级工程师编著，解江坤也为本书的出版提供了大量帮助，在此一并表示感谢。

本书虽经作者几易其稿，但由于时间仓促加之水平有限，书中不足之处在所难免，望广大读者发邮件至2243765248@qq.com批评指正，作者将不胜感激，也欢迎加入QQ交流群650720228交流探讨。

扫码关注公众号
输入关键词56702
获取练习源文件

作者

2021年7月

目录

第 1 章

PADS VX.2.8 概述

本章主要介绍 PADS 的基本概念及特点，包括 PCB 设计的一般原则、基本步骤、标准规范等，着重介绍了美国 Mentor Graphics 公司的 PCB 设计软件：PADS VX.2.8，介绍了 PADS VX.2.8 的发展过程以及它的新特点。PADS VX.2.8 是一款非常优秀的 PCB 设计软件，具有完整强大的 PCB 绘制工具，界面和操作十分简洁，希望读者学习后能更加方便地使用 PADS VX.2.8 软件。

- PADS VX.2.8简介
- PADS VX.2.8的运行条件
- PADS VX.2.8的安装步骤详解
- PADS VX.2.8的集成开发环境

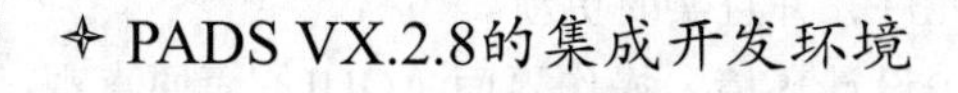

1.1 PADS VX.2.8简介

PADS（Personal Automated Design System）以PCB为主导产品，比较有名的软件为PADS。PADS系列软件最初由PADS Software Inc.公司推出，后来几经易手，从Innoveda公司到现在的Mentor Graphics公司，目前已经成为Mentor Graphics旗下最犀利的电路设计与制板工具之一。

1.1.1 PADS的发展

作为EDA厂商，Mentor Graphics公司最新推出的PADS VX.2.8电路设计与制板软件，秉承了PADS系列软件功能强劲、操作简单的一贯传统，在电子工程设计领域得到了广泛应用，已经成为当今优秀的EDA软件之一。

PADS软件是Mentor Graphics公司的电路原理图和PCB设计工具软件。目前该软件是国内从事电路设计的工程师和技术人员主要使用的电路设计软件之一，是PCB设计高端用户最常用的工具软件。

Mentor Graphics公司的PADS Layout/Router环境作为业界主流的PCB设计平台，以其强大的交互式布局布线功能和易学易用等特点，在通信、半导体、消费电子、医疗电子等当前活跃的工业领域得到了广泛的应用。PADS Layout/Router支持完整的PCB设计流程，涵盖了从原理图网表导入，规则驱动下的交互式布局布线，DRC/DFT/DFM校验与分析，直到最后的生产文件（Gerber）、装配文件及物料清单（BOM）输出等全方位的功能需求，确保PCB工程师高效率地完成设计任务。

PADS 2005sp2：稳定性比较好，但是很多新功能都没有。

PADS 2007：相比PADS 2005sp2增加了一些功能，比如能够在PCB中显示器件的管脚号，操作习惯也发生了一些变化，而且PADS 2007套装软体目前共有3个版本，分别为PADSPE、PADSXE和PADSSE，不同的版本具有不同的功能，可适应不同的设计需求。

PADS SE功能包括了设计定义、版本配置及自动电路设计能力。PADS XE套装软体则增加了类比模拟及信号整合分析功能。如果使用者需要的是高级及高速的功能，PADS SE则是最佳选择。PADS套装软体也包括了一个参数资料的资料库，让使用者可以安装该产品，并且快速开始设计，而不需要花时间及成本在资料库的开发上。Mentor Graphics公司正和事业伙伴共同努力，以确定该资料库的高品质，并且能有大量的支援元件，并且实时更新。

PADS 9.1：基于Windows平台的PCB设计环境，操作界面（GUI）简便直观、容易上手；兼容Protel/P-CAD/CADStar/Expedition设计；支持设计复用；优秀的RF设计功能；基于形状的无网格布线器，支持人机交互式布线功能；支持层次式规则及高速设计规则定义；规则驱动布线与DRC检验；智能自动布线；支持生产（Gerber）、自动装配及物料清单（BOM）文件输出。

PADS 9.2：相比以前的版本增加了一些比较重要的功能，比如能在PCB中显示Pad、Trace和Via的网络名，能够在Layout和Router之间快速切换等。

PADS 9.5：提供了与其他PCB设计软件、CAM加工软件、机械设计软件的接口，方便了不同设计环境下的数据转换和传递工作。

目前，PADS系列软件最新版本为PADS VX.2.8，发布于2020年10月，主要包括PADS Logic VX.2.8、PADS Layout VX.2.8和PADS Router VX.2.8等软件，可完成原理图设计、PCB设计、电路

仿真等任务。

PADS Logic是一个功能强大、多页的原理图设计输入工具，为PADS Layout VX.2.8提供了一个高效、简单的设计环境。它是一个强有力的基于形状化、规则驱动的布局布线设计解决方案，它采用自动和交互式的布线方法，采用先进的目标链接与嵌入自动化功能，有机地集成了前后端的设计工具，包括最终的测试、准备和生产制造过程。

1.1.2　PADS VX.2.8的特性

PADS VX.2.8主要用于自动或批处理方式的高速电路布线约束。作为高速电路的PCB设计的解决方案，其物理设计环境将成为一个“明确的高速电路设计”解决方案。

1. 原理图设计

原理图设计用于创建、定义和重用完整原理图的设计解决方案，可以快速简便地捕获和定义原理图。

2. 布局

PADS包括用于PCB布局各个方面的先进技术，包括草图布线、分层2D / 3D规划和布置、动态铜浇注、面板化以及ECAD-MCAD协作。

3. 约束管理

强大且易于使用的约束管理为PCB设计约束的创建、检查和验证提供了一个通用的集成定义环境。

4. 分析

PADS提供了由HyperLynx®提供支持的完整分析和验证的软件套件。在电路板设计流程中的任何时候都可以有效地进行分析，解决和验证关键需求，以避免重新设计的高昂成本。

5. 项目数据管理

PADS中的项目数据管理功能可确保整个设计流程中使用数据的质量、完整性和安全性。

6. 制造准备

在板级或面板级创建文档和可用于制造的输出。

PADS VX.2.8新增的功能如下。

（1）差分对布线和草图路由器改进：路由和编辑差分对时使用的算法已更新，以提供对焊盘输入的最大控制和准确性。在PADS VX.2.8版本中，使用曲线跟踪导体的算法得到了进一步优化，并添加了新规则来控制差分对中过孔之间的间隙。Sketch Router工具已得到改进，以确保在两个或更多本地规则区域之间完全实施路由规则。此外，当将鼠标指针悬停在拓扑对象上时，添加了工具提示，可以快速访问常用的信息。

（2）物理重用电路：改进了布局元素的重用，物理重用在Layout项目中发布块。这样就可以创建可在项目中重用的块，从而保护它们免受意外更改的影响。如果对主块源进行了更改，系统将通知其余块更新。

（3）对面网和多边形绘制算法的改进：PADS VX.2.8使用名为Tiebars的新选项极大地简化了在原理图和布局中与网不同的合并功能。DRC功能已扩展到控制“导电形状”，通常用于代替较大金属区域的走线。此外，已更新了用于计算多边形优先级的算法，以简化其创建过程。

1.1.3　PCB设计的常用工具

PCB设计软件种类很多，如PADS、Cadence PSD、PSPICE、PCB Studio、TANGO、Altium（Protel）、OrCAD、Viewlogic等。目前，国内流行的设计软件主要有PADS、PSpice、Altium和OrCAD，下面就对它们进行简单的介绍。

1. PADS

Innoveda公司曾是美国有名的电子设计自动化软件（EDA）及系统供应厂家，它由ViewLogic、Summit和PADS三家公司合并而成。Innoveda公司主要致力于电子设计自动化领域的研究和开发，特别是在高速设计领域，其产品具有很高的知名度，被众多用户采用。

Innoveda的软件产品范围广泛，包括从设计输入、数字和模拟电路仿真、可编程逻辑器件设计、印制电路板设计、信号完整性分析、电磁兼容性分析和串扰分析、汽车电子和机电系统布线软件等。

Innoveda公司现在被美国Mentor Graphics公司收购，Mentor Graphics公司从事电子设计自动化系统设计、制造、销售和服务。Mentor软件及系统覆盖面广，产品包括从设计图输入、数字电路分析、模拟电路分析、数模混合电路分析、故障模拟测试分析、印制电路板自动设计与制造、全定制及半定制IC设计软件与IC校验软件等一体化产品。

2. Pspice

Pspice新推出的版本为Pspice16.6，是功能强大的模拟电路和数字电路混合仿真EDA软件，它可以进行各种的电路仿真、激励建立、温度与噪声分析、模拟控制、波形输出、数据输出，并在同一个窗口内同时显示模拟与数字的仿真结果。

3. Altium

Altium是Protel的升级版本。早期的Protel主要作为印制板自动布线工具使用，只有电路原理图绘制和印制板设计功能，后来发展到Protel99se，2001年，在被并购后改名为Altium，并于2019年推出的最新版本Altium Designer 20是个庞大的EDA软件，包含电路原理图绘制、模拟电路与数字电路混合信号仿真、多层印制电路板设计（包含印制电路板自动布线）、可编程逻辑器件设计、图表和电子表格生成、支持宏操作等功能，是一个完整的板级全方位电子设计系统。

4. OrCAD

OrCAD是由OrCAD公司于20世纪80年代末推出的电子设计自动化（EDA）软件，OrCAD界面友好直观，集成了电路原理图绘制、印制电路板设计、模拟与数字电路混合仿真、可编程逻辑器件设计等功能，其元器件库是所有EDA软件中最丰富的，达8500个，收纳了几乎所有的通用电子元器件模块。

1.2　PADS VX.2.8的运行条件

在开始安装PADS前，应该对PADS系统正常运行所需要的计算机硬件要求和操作系统环境等进行一定的了解，这样会对接下来的软件安装和后续的使用很有好处。

1.2.1　PADS VX.2.8运行的硬件配置

PADS系统是一套标准Windows风格的应用软件，而且整个安装过程的系统提示十分明确，所以安装PADS系统并非一件难事，在安装前应该了解它的安装基本条件。

（1）奔腾系列及其以上处理器。

（2）至少1GB内存，但在实际使用中，内存的需求会随着设计文件的不同或者同一文件的使用方式不同而改变。它主要取决于以下几个方面。

① DRC（设计规则检查）打开或者关闭。

② 设计文件中连接线的数目。

③ 设计文件的板层数。

（3）三按键或者滚轮式鼠标。

（4）1024像素×768像素屏幕区域，颜色至少为256色的显示器。

1.2.2 PADS VX.2.8运行的软件环境

1. 操作系统要求

如果将PADS安装在一台单机上使用，叫作单机版。这台单机可以是网络中的一个客户终端机或者服务器本身。如果需要安装PADS网络版，请先联系网络管理员以了解更多关于网络方面的信息。

要正确地安装PADS VX.2.8，需要有授权（License）的支持，厂家对PADS VX.2.8提供两种形式的授权支持，一是浮动授权服务器（Floating License Server），适用于网络安装。二是绑定授权，即一种典型的授权文件License.dat，通常位于/Padspwr/security/license目录下，适用于单机安装。

2. 网络系统要求

为了在网络中运行PADS的PADS License管理器和使用浮动安全模式，当前的网络必须支持TCP/IP协议；授权服务器在网络中必须拥有一个静态的IP地址；客户端必须连接到拥有授权服务器的网络上；每个客户端都要有网卡接口。

1.3 PADS VX.2.8的安装步骤详解

本小节将介绍如何安装PADS，如果在安装过程中有什么问题，可按键盘上F1功能键打开安装在线帮助。

在安装时，必须连接网络，因为在安装的过程中需要联网下载需要的部件。

（1）双击PADS VX.2.8.exe文件，弹出如图1-1所示的“Mentor安装”对话框，提示需要硬件密钥。

（2）单击“下一步”按钮继续安装程序，弹出如图1-2所示的欢迎安装界面。提示没有检测到授权文件。

图1-1 “Mentor 安装”对话框

（3）单击“跳过”按钮，弹出“License Agreement（授权许可协议）”对话框，如图1-3所示，这是Mentor Graphics公司关于PADS软件的授权许可协议。

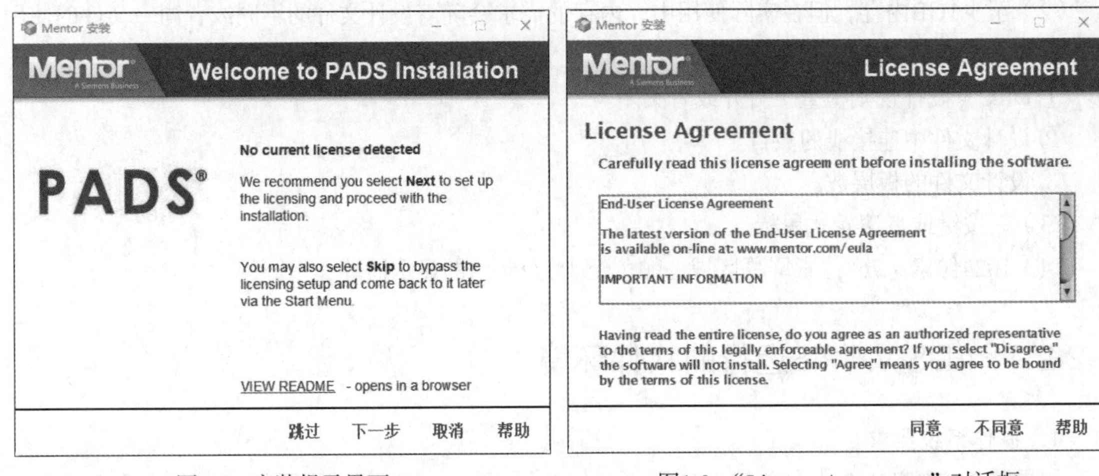

图1-2　安装提示界面　　　　图1-3　“License Agreement”对话框

（4）单击“同意”按钮，表示接受该协议，继续安装，弹出如图1-4所示的“Confirm Installation Choices（确认安装选择）”对话框。

（5）单击“修改”按钮，进入配置安装环境界面，如图1-5所示。

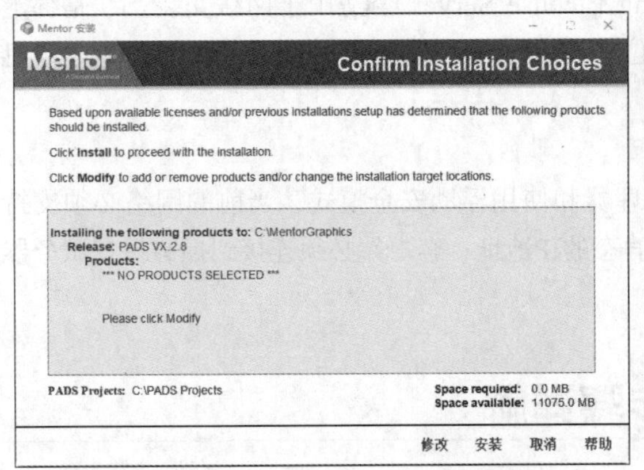

图1-4　“Confirm Installation Choices”对话框

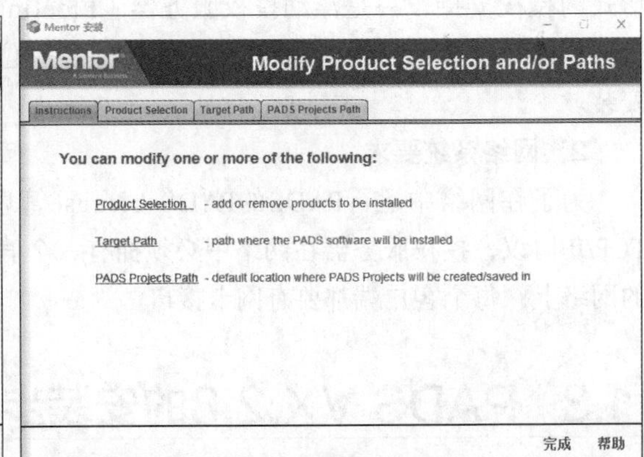

图1-5　配置安装环境界面

（6）单击“Product Selection”链接，在打开的界面中选择你需要安装的工具，如无特殊要求，选择所有的类型，如图1-6所示。

（7）单击“Target Path（目标路径）”链接，在打开的界面中选择目标文件安装的路径，显示了默认的安装路径，单击“浏览”按钮可以改变安装目录，如图1-7所示。

（8）单击“PADS Projects Path”链接，在打开的页面中选择项目文件保存路径，显示了默认的安装路径，单击“Browse（浏览）”按钮可以改变安装目录，如图1-8所示。

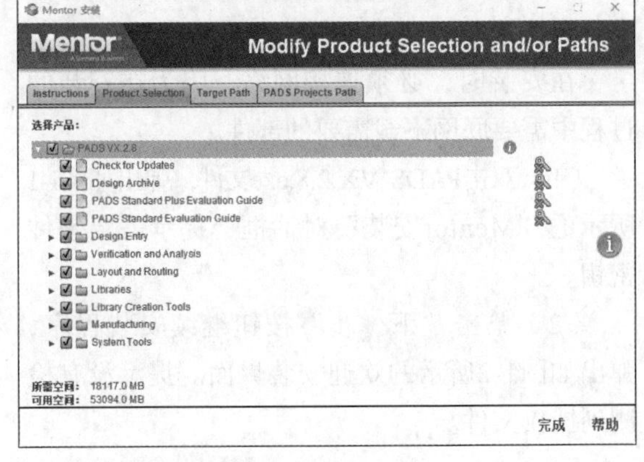

图1-6　“Product Selection”页面

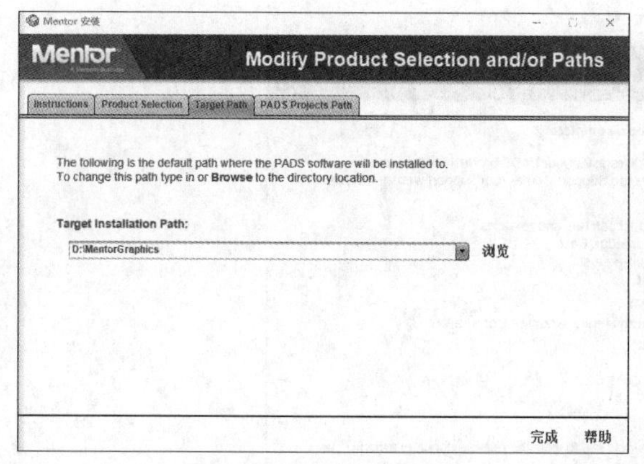

图1-7　“Target Path”页面

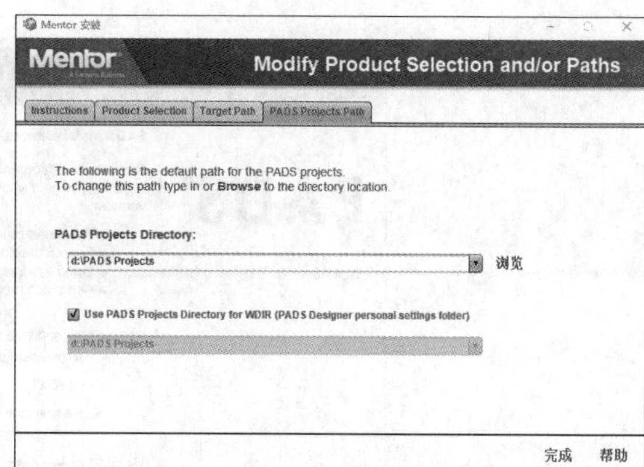

图1-8　“PADS Projects Path”页面

（9）单击“完成”按钮，返回“Confirm Installation Choices”对话框，如图1-9所示。

（10）单击“安装”按钮，弹出软件自身部件安装进度对话框，显示安装进度，弹出如图1-10和图1-11所示的界面时，需要等待安装。

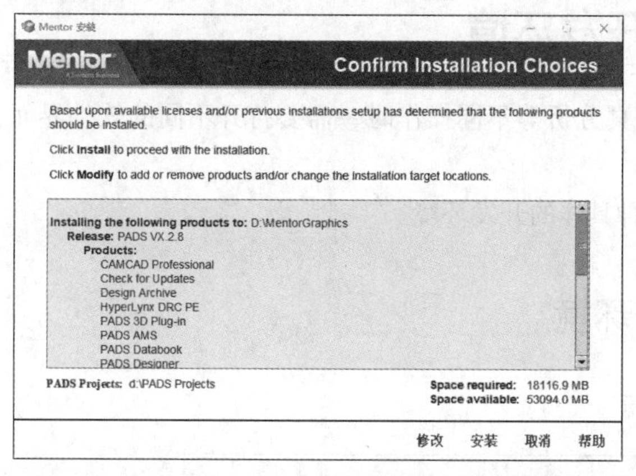

图1-9　“Confirm Installation Choices”对话框图

图1-10　安装进度1

（11）安装完软件需要的部件后弹出如图1-12所示的对话框。

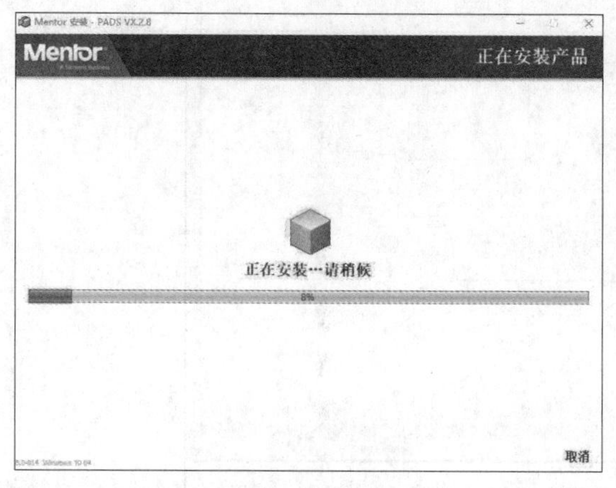

图1-11　安装进度2

图1-12　收集信息对话框

（12）进度完成100%后，弹出“PADS Installation Complete（安装完成）”对话框，选中“at a later time”选项，如图1-13所示。单击“完成”按钮，退出对话框，完成安装。

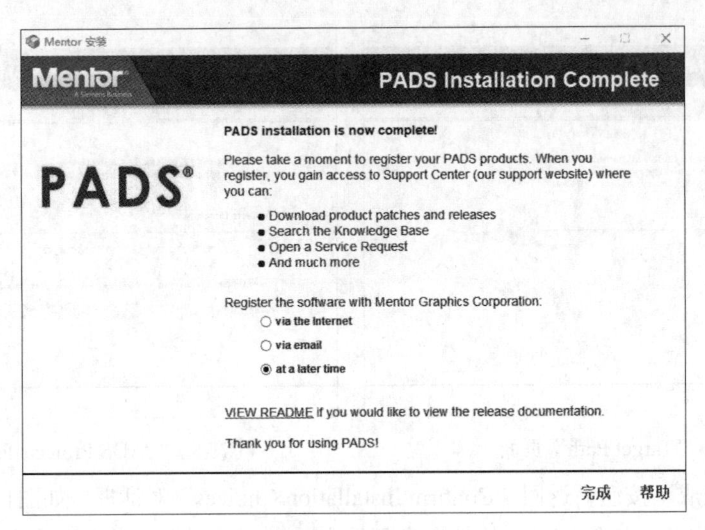

图1-13　安装完成

1.4 PADS VX.2.8的集成开发环境

PADS软件在设计原理图、印制电路板、仿真分析等不同操作时，需要打开不同的软件界面，不再是在单一的软件界面中设计所有的操作。

下面我们来简单了解一下PADS VX.2.8的几种具体的开发环境。

1.4.1 PADS VX.2.8的原理图开发环境

图1-14所示为PADS VX.2.8的原理图开发环境。

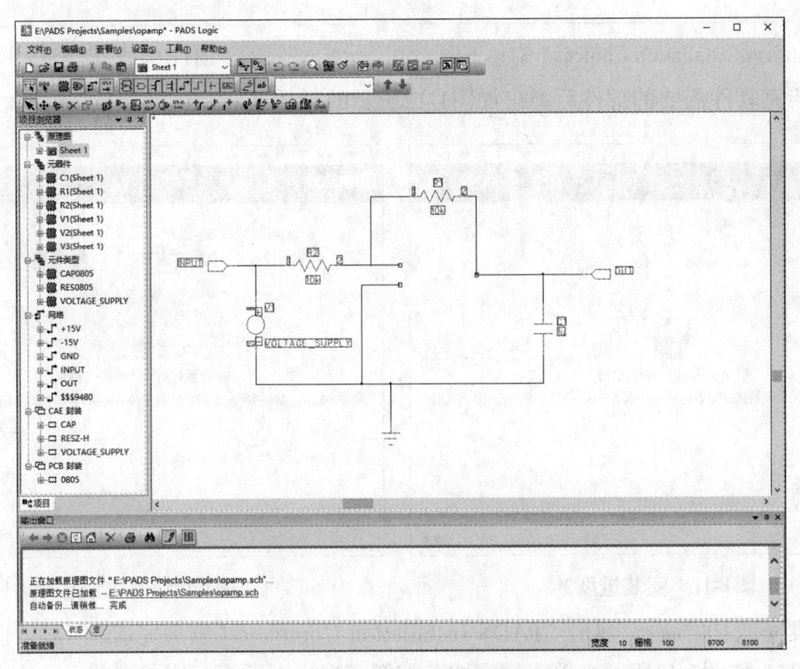

图1-14　PADS VX.2.8的原理图开发环境

1.4.2　PADS VX.2.8的印制板电路的开发环境

图1-15所示为PADS VX.2.8的印制板电路的开发环境。

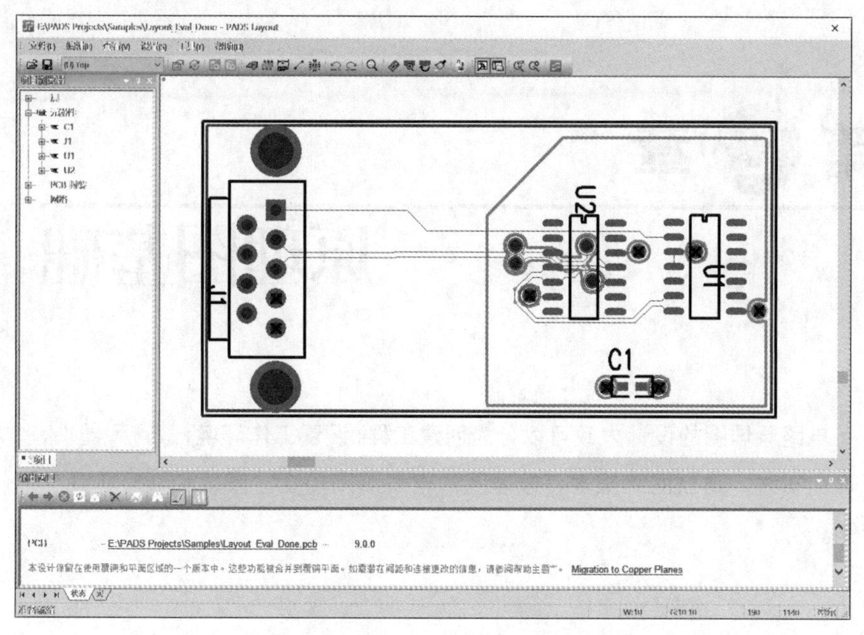

图1-15　PADS VX.2.8的印制板电路的开发环境

1.4.3　PADS VX.2.8仿真编辑环境

图1-16所示为PADS VX.2.8的仿真编辑环境。

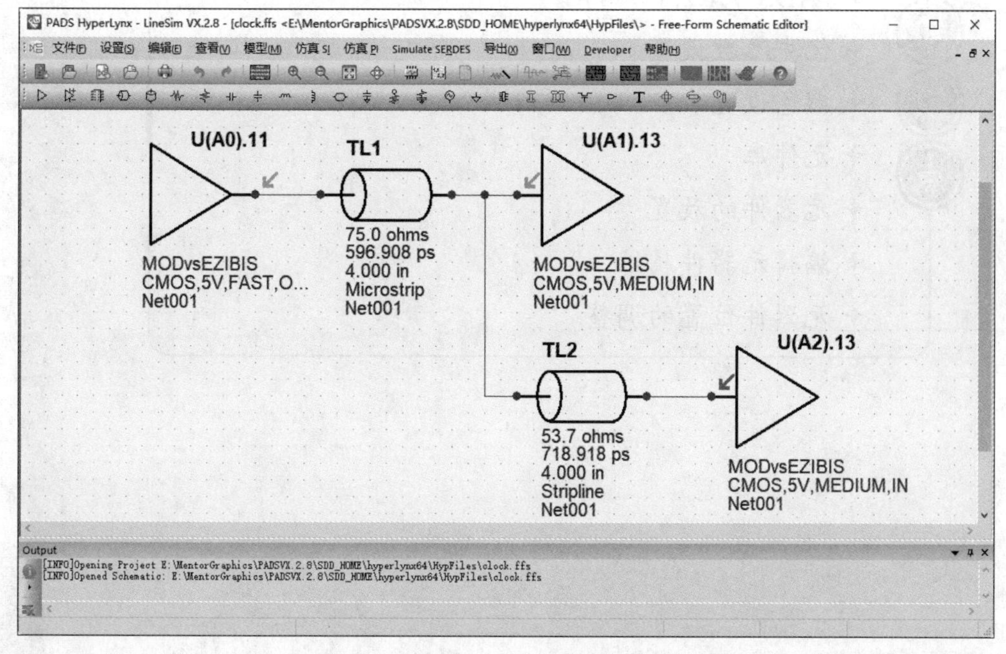

图1-16　PADS VX.2.8的仿真编辑环境

第 2 章

原理图基础

电路原理图的设计大致可以分为创建工程，设置工作环境，放置元器件，原理图布线，建立网络报表，原理图的电气规则检查，修改和调整等几个步骤。

知识点

- ✧ 原理图的设计步骤
- ✧ 启动PADS VX.2.8
- ✧ PADS VX.2.8初始化
- ✧ 优先参数设置
- ✧ 颜色设置
- ✧ 元件库
- ✧ 元器件的放置
- ✧ 编辑元器件属性
- ✧ 元器件位置的调整

2.1 原理图的设计步骤

电路原理图的设计大致可以分为新建原理图文件，设置工作环境，放置元器件，原理图的布线，建立网络报表，原理图的电气规则检查，编译和调整等几个步骤，其流程如图2-1所示。

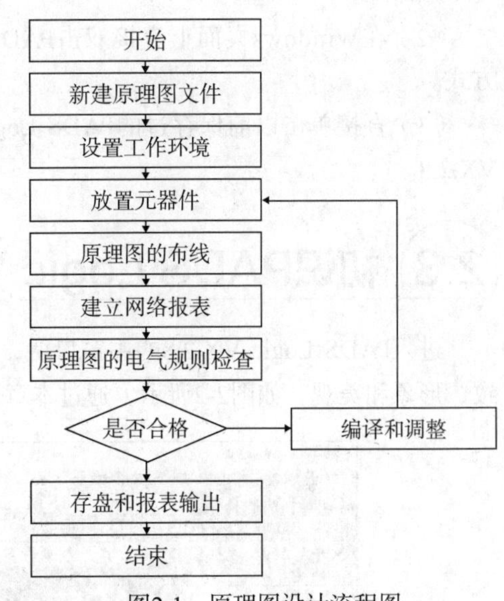

图2-1　原理图设计流程图

电路原理图具体设计步骤如下。

（1）新建原理图文件。

在进入电路图设计系统之前，首先要创建新的原理图文件，在工程中建立原理图文件和PCB文件。

（2）设置工作环境。

根据实际电路的复杂程度来设置图纸的大小。在电路设计的整个过程中，图纸的大小都可以不断地调整，设置合适的图纸大小是完成原理图设计的第一步。

（3）放置元器件。

从元器件库中选取元器件，放置到图纸的合适位置，并对元器件的名称、封装进行定义和设定，根据元器件之间的连线等联系对元器件在工作平面上的位置进行调整和修改，使原理图美观且易懂。

（4）原理图的布线。

根据实际电路的需要，利用原理图提供的各种工具、指令进行布线，将工作平面上的元器件用具有电气意义的导线、符号连接起来，构成一幅完整的电路原理图。

（5）建立网络报表。

完成上面的步骤以后，可以看到一张完整的电路原理图了，但是要完成电路板的设计，还需要生成一个网络报表文件。网络报表是印制电路板和电路原理图之间的桥梁。

（6）原理图的电气规则检查。

当完成原理图布线后，需要设置项目编译选项来编译当前项目，利用PADS Logic VX.2.8提供的错误检查报告修改原理图。

（7）编译和调整。

如果原理图已通过电气检查，那么原理图的设计就完成了。这是对于一般电路设计而言，但是对于较大的项目，通常需要对电路的多次修改才能够通过电气规则检查。

（8）存盘和报表输出。

PADS Logic VX.2.8提供了利用各种报表工具生成的报表，同时可以对设计好的原理图和各种报表进行存盘和输出打印，为印制板电路的设计做好准备。

2.2 启动PADS Logic VX.2.8

PADS Logic是专门用于绘制原理图的EDA工具，它的易用性和实用性都深受用户好评。首先介绍PADS Logic VX.2.8的启动方法，PADS Logic VX.2.8通常有以下3种基本启动方式，任意一种都可以启动PADS Logic VX.2.8。

（1）单击Windows任务栏中的开始按钮，选择“程序”→“PADS VX.2.8”→“PADS Logic VX.2.8”命令，启动PADS Logic VX.2.8。

（2）在Windows桌面上直接双击PADS Logic VX.2.8图标，这是安装程序自动生成的快捷方式。

（3）直接单击以前保存过的PADS Logic文件（扩展名为.sch），通过程序关联启动PADS Logic VX.2.8。

2.3 初识PADS Logic VX.2.8

进入PADS Logic VX.2.8的主窗口后，我们立即就能领略到PADS Logic VX.2.8界面的漂亮、精致、形象和美观，如图2-2所示。通过本章的介绍，您将掌握最基本的软件操作。

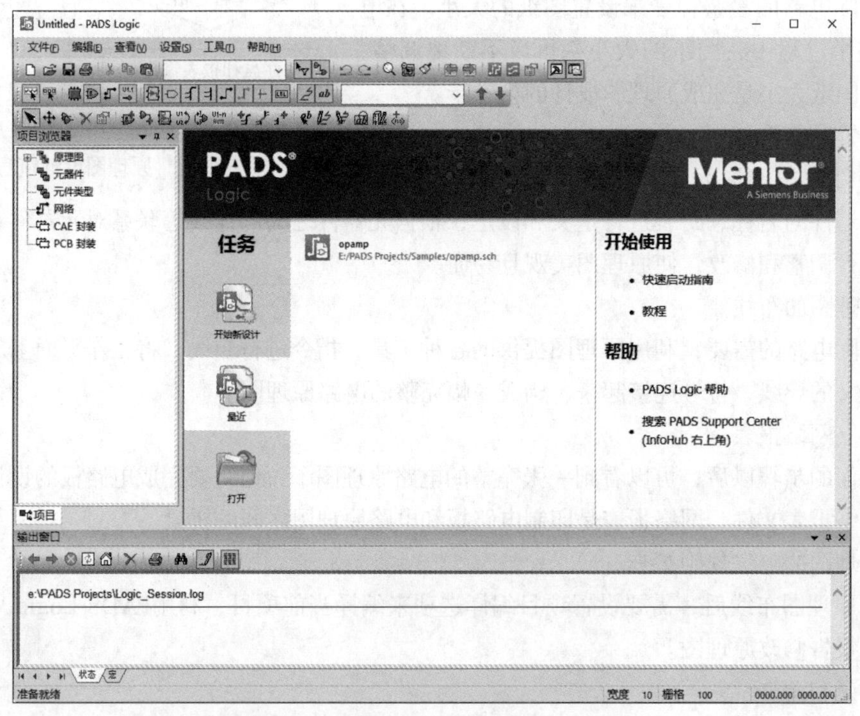

图2-2　PADS Logic VX.2.8主程序窗口

PADS Logic VX.2.8的工作面板和窗口与Protel软件以前的版本有较大的不同，对其管理有特别的操作方法，熟练掌握工作面板和窗口管理能够极大地提高电路设计的效率。

从图2-2中可知，PADS Logic图形界面有8个部分，分别如下。

- 项目浏览器：此区域可以根据需要打开和关闭，是一个动态信息的显示区域。
- 状态栏：在进行各种操作时，状态栏都会实时显示一些相关的信息，所以在设计过程中应养成查看状态栏的习惯。
  - 默认的宽度：显示默认的线宽设置。
  - 默认的工作栅格：显示当前的设计栅格的设置大小，注意区分设计栅格与显示栅格的不同。
  - 光标的X和Y坐标：显示鼠标十字光标的当前坐标。

- 工作区：用于绘制原理图及其他资料的区域。
- 工具栏：在工具栏中收集了一些比较常用的功能，将它们图标化方便用户操作使用。
- 菜单栏：同所有的标准 Windows 应用软件一样，PADS Logic VX.2.8采用的是标准的下拉式菜单。
- 输出窗口：从中可以实时显示文件运行阶段的消息。
- 系统状态指示器：这个系统状态指示器位于工作区的左上角，对于大多数的用户，它可以说是一个被遗忘的角落。它与日常生活中公路交通十字路口的指示灯一样，当没有进入任何的操作工具盒时，呈现绿色，这代表用户可以选择或打开任何一个工具盒；但当打开一个工具盒而且选择了其中的一个功能图标之后，这个指示器将变成红色，这表示当前所有的操作都仅局限于这个选择的功能图标之内。
- 状态窗口：显示动态信息的活动窗口，执行键盘快捷键Ctrl+Alt+S可打开对话框。

2.3.1　项目浏览器

项目浏览器是一个汇集了有用信息的浮动窗口，如图2-3所示。该窗口一般显示在工作区域的左上方，用于标示当前选中元件的详细信息，包括元件标号、元件类型等。

1. 项目浏览器的显示方式

项目浏览器的显示方式有3种：自动隐藏、锁定显示、浮动显示。

（1）自动隐藏：单击图2-3右上角的按钮，自动隐藏“项目浏览器”面板，右上角变为按钮，在左侧固定添加“项目浏览器”面板，隐藏面板将鼠标放置在“项目浏览器”图标上，显示“项目浏览器”如图2-4所示，移开鼠标，则自动隐藏面板，只显示图标。

（2）锁定显示：单击右上角的按钮，锁定项目浏览器，将面板打开固定在左侧。

（3）浮动显示：在图2-5中单击右上角的按钮，在下拉菜单中选择“Floating（浮动）”命令，则面板从左侧脱离出来，成为独立的面板，如图2-6所示。

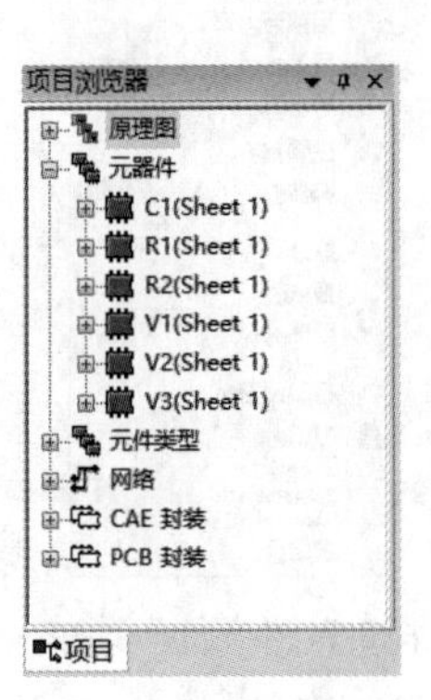

图2-3　项目浏览器

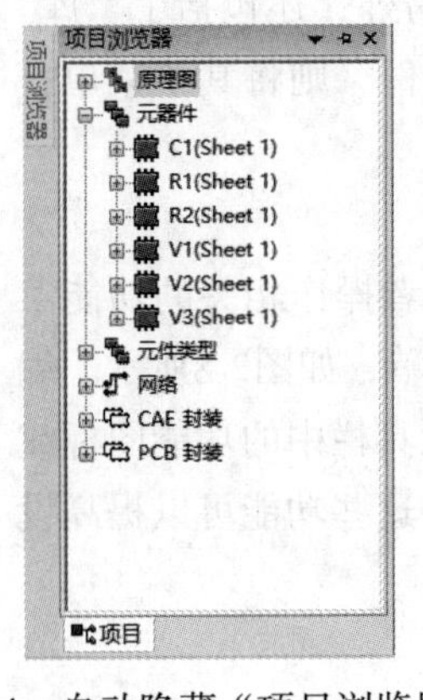

图2-4　自动隐藏“项目浏览器”

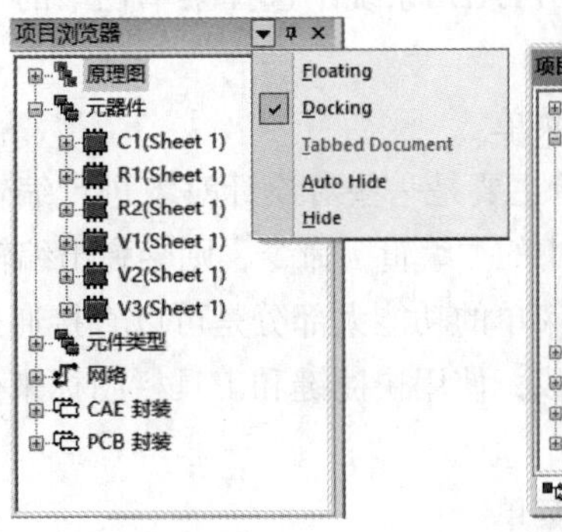

图2-5　切换窗口显示方式

图2-6　浮动面板

2. 打开项目浏览器

打开“项目浏览器”有3种方法。

（1）在原理图设计环境下执行“查看”→“项目浏览器”菜单命令。

（2）在原理图设计环境下执行键盘快捷键Ctrl+Alt+S。

（3）在原理图设计环境下单击“标准工具栏”中的“项目浏览器”按钮。

3. 关闭项目浏览器

关闭项目浏览器也有4种方法。

（1）在状态窗口为激活窗口的情况下，按键盘上的Esc键。

（2）在打开“项目浏览器”的情况下，执行“查看”→“项目浏览器”菜单命令。

（3）单击状态窗口上的“关闭”按钮。

（4）在原理图设计环境下取消选中“标准工具栏”中的“项目浏览器”按钮。

4. 项目浏览器汇集的系统信息

项目浏览器汇集的系统信息介绍如下。

（1）原理图。

（2）元器件。

（3）元件类型。

（4）网络。

（5）CAE封装。

（6）PCB封装。

2.3.2 菜单栏

为了使读者能更快地掌握PADS Logic的使用方法和功能，本节将先对PADS Logic菜单栏进行详细介绍。

与所有的标准Windows应用软件一样，PADS Logic采用的是标准的下拉式菜单。主菜单一共包括6种：“文件”“编辑”“查看”“设置”“工具”和“帮助”，下面我们对各菜单进行简要说明。

1.“文件”菜单

“文件”菜单主要聚集了一些与文件输入、输出方面有关的功能菜单，这些功能包括对文件的保存、打开、打印输出等。另外，还包括了“库”和“报告”等。在PADS系统中选择菜单栏中的“文件”则将其子菜单打开，如图2-7所示。

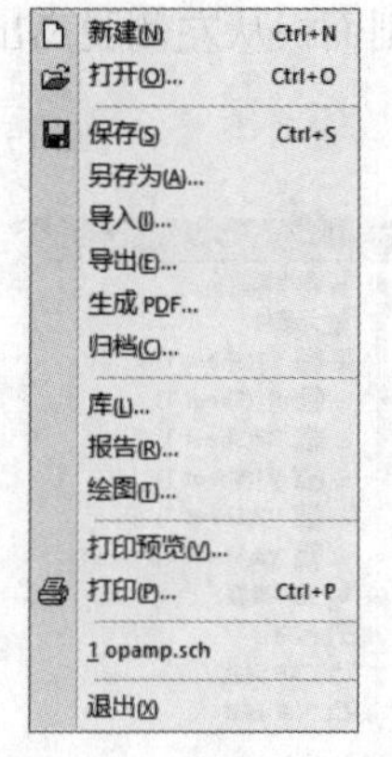

图2-7 “文件”菜单

2.“编辑”菜单

“编辑”菜单主要是一些对设计对象进行编辑或者操作相关的功能菜单。选择菜单栏中的“编辑”命令，则会弹出编辑菜单，如图2-8所示。编辑菜单的各个子菜单的功能大部分是可以直接通过工具栏中的功能图标或者快捷命令来完成，使用快捷键和工具栏图标来代替这些功能可以提高设计效率。

3.“查看”菜单

“查看”菜单主要用于以不同的方式显示当前设计，如图2-9所示。

4.“设置”菜单

“设置”菜单主要用于设置和定义系统设计中各种参数，如图2-10所示。

5.“工具”菜单

“工具”菜单为设计者提供了各种各样的设计工具。图2-11所示为PADS Logic VX.2.8的“工具”菜单。

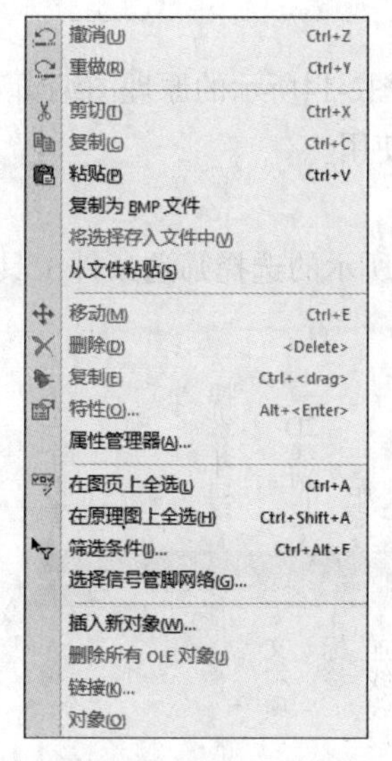

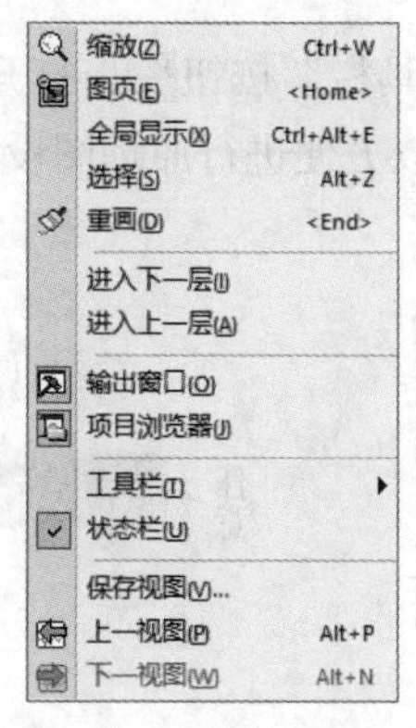

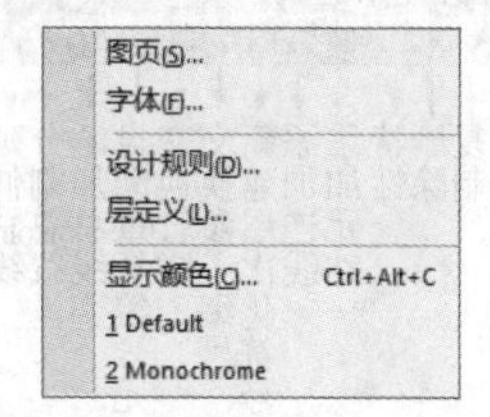

图2-8 “编辑”菜单　　图2-9 “查看”菜单　　图2-10 “设置”菜单

6. “帮助”菜单

“帮助”菜单：从这个菜单中，你可以了解到所不知道的疑难问题答案。“帮助”菜单如图2-12所示。

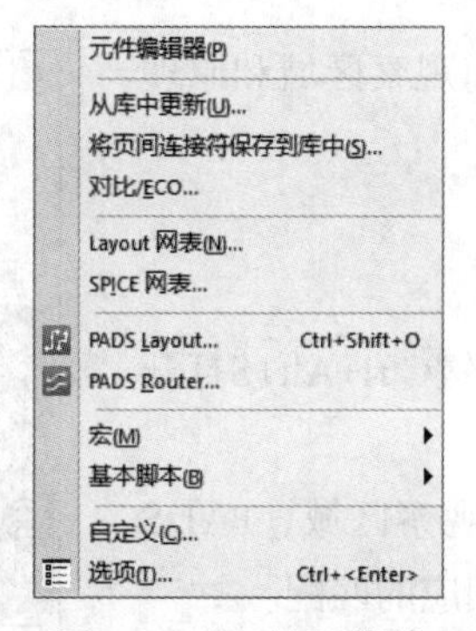

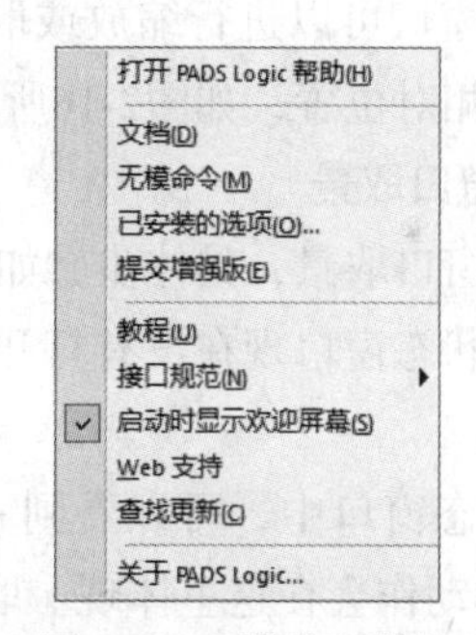

图2-11 “工具”菜单　　图2-12 “帮助”菜单

2.3.3　工具栏

在工具栏中收集了一些比较常用功能的图标以方便用户操作使用。工具与所有的标准Windows应用软件一样，PADS Logic采用的是标准的按钮式工具。但有别于其他软件的是，本软件基础工具栏只有“标准工具栏”，在“标准工具栏”中又衍生出两个子工具栏，分别为“原理图编辑工具栏”和“选择筛选条件工具栏”。

下面我们对各个工具栏进行一一说明。

1. 标准工具栏

启动软件，默认情况下打开“标准工具栏”，如图2-13所示。标准工具栏中包含基本操作命令。

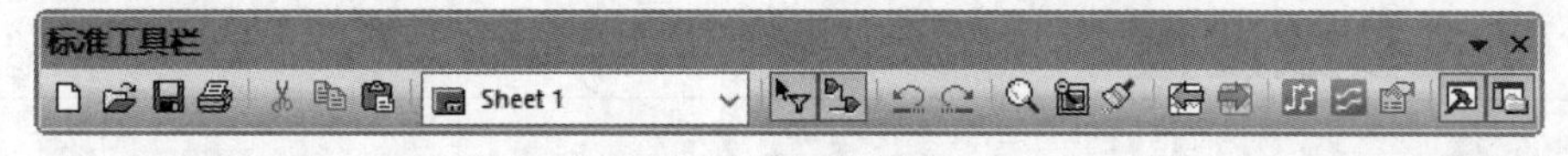

图2-13　标准工具栏

2. 原理图编辑工具栏

单击“标准工具栏”中的“原理图编辑工具栏”按钮，打开如图2-14所示的原理图编辑工具栏，拖动浮动的工具栏添加到菜单栏下方，以方便进行原理图设计时使用。

3. 选择筛选条件工具栏

单击“标准工具栏”中的“选择工具栏”按钮，打开如图2-15所示的选择筛选条件工具栏，拖动浮动的工具栏添加到菜单栏下方，以方便进行原理图设计时使用。

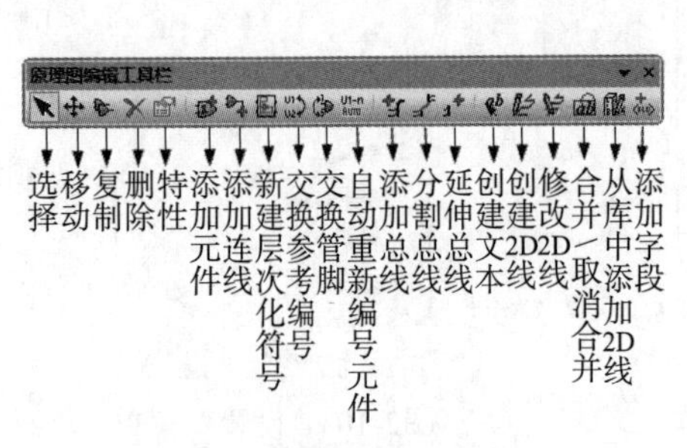

图2-14　原理图编辑工具栏

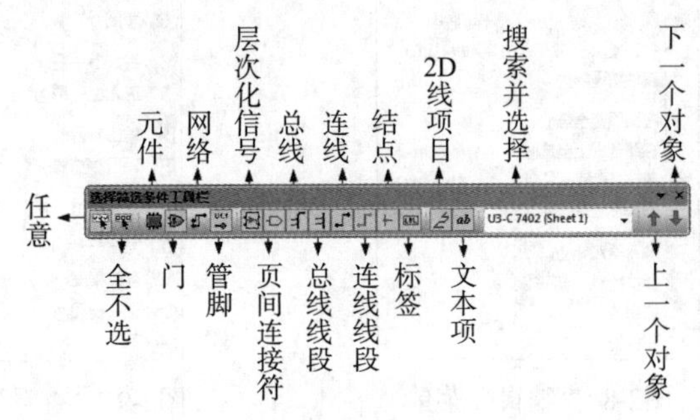

图2-15　选择筛选条件工具栏

2.3.4　状态窗口

使用状态窗口可以进行缩放或取景。状态窗口显示了当前观察区域和原理图绘图区域的相对位置，如图2-16所示。

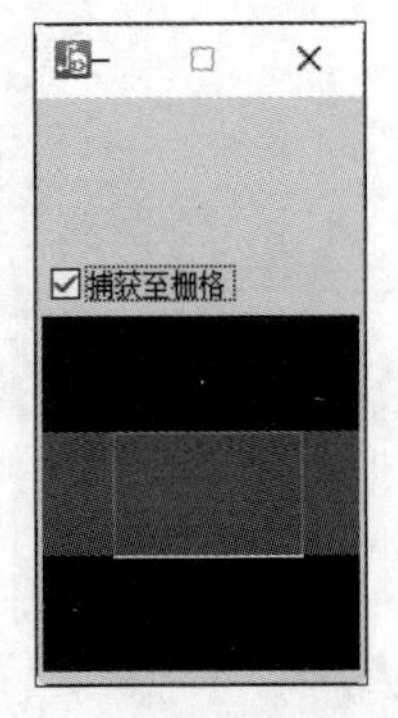

图2-16　状态窗口

1. 状态窗口取景

使用状态窗口取景，具体步骤如下。

（1）如果状态窗口现在没有打开或不可见，则可以按快捷键Ctrl+Alt+S打开状态窗口。

（2）在状态窗口中，可以看到一个绿色的区域，为当前观察区域，PADS Logic窗口内的动作会在这里体现。取景会在状态窗口内进行相应的匹配。

（3）为了使用状态窗口进行取景，可以按住鼠标的左键，平滑地在状态窗口中移动鼠标，就可以平移视图，从而实现所需要的取景操作。

2. 状态窗口缩放

使用状态窗口缩放，具体步骤如下。

（1）如果状态窗口现在没有打开或不可见，则可以按快捷键Ctrl+Alt+S打开状态窗口。

（2）在状态窗口中，可以看到一个绿色的区域，为当前观察区域，PADS Logic窗口内的动作会在这里体现。取景会在状态窗口内进行相应的匹配。

（3）为了使用状态窗口进行缩放操作，可以按住鼠标的右键，在状态窗口内用光标拖出一个视窗矩形（绿色区域）就可以对鼠标拖出的窗口视图实现缩放操作，注意观察这个区域是怎样代表所定义的区域的。

2.4　优先参数设置

对于应用任何一个软件，重新设置环境参数都是很有必要的。一般来讲，一个软件安装在系统中，系统都会按照此软件编译时的设置为准，我们称软件原有的设置为默认值，有时习惯也称缺省值。

选择菜单栏中的“工具”→“选项”命令，进入优先参数设置。这项设置针对设计整体而言，在它里面设置的参数拥有极高的优先权。而这些设置参数几乎都与设计环境有关，有时也可称它为环境参数设置，“选项”设置包括常规参数、设计参数、文本和线宽设置。

1. 常规参数设置

选择菜单栏中的“工具”→“选项”命令，则弹出优先参数设置对话框。单击“常规”选项，则系统进入了“常规”参数设置界面，如图2-17所示。

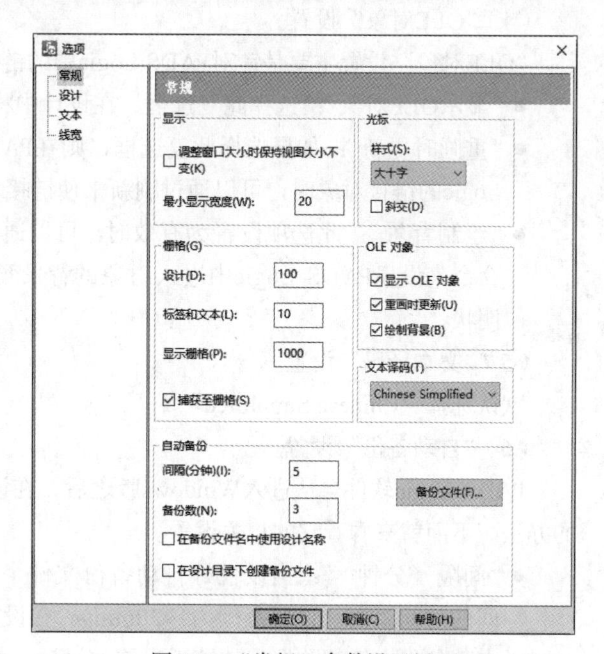

图2-17 “常规”参数设置界面

从图2-17中可知“常规”参数设置分为六个部分，分别如下。

（1）“显示”设置。

- “调整窗口大小时保持视图大小不变”：选择此复选框，当调整查看窗口设置时，系统维持在窗口中的屏幕比例。
- “最小显示宽度”：默认设置为20。

（2）“光标”设置。

在“光标”设置中，可以对光标的风格进行设置，光标“样式”有四种可选择：正常、小十字光标、大十字光标和全屏。

一般情况下，系统缺省的设置光标都是大十字形，但可以通过选择“样式”下面的“斜交”复选框使光标改变为倾斜十字光标显示。

（3）“栅格”设置。

在“栅格”设置中一共有四项，分别如下。

- “设计”：设计栅格主要用于控制设计过程中，比如放置元件和连线时所能移动的最小单位间隔；用于绘制项目，如多边形、不封闭图形、圆形和矩形。如果最小的栅格设置是2密尔（1mil=25.4μm）。那么所绘制图形各边距离一定是2密尔的整数倍。可以在任何模式下通过直接命令来设置设计栅格，也可选择主菜单中“工具”→“选项”命令，并且选择设计表可以观察到当前的设计栅格设置情况，默认设置为100。
- “标签和文本”：设置标签和文本大小。
- “显示栅格”：在设计画面中，显示栅格是可见的，如果不能看见，则是因为显示栅格点阵值设置得太小（显示栅格值设置范围为10~9998）。显示栅格在设计中只具有辅助参考作用。它并不能真正地去控制操作中移动的最小单位。鉴于显示栅格的可见性，可以设置显示栅格与设计栅格相同或者可以设置它为设计栅格的倍数，这样就可以通过显示栅格将设计栅格体现出来。
- “捕获至栅格”：此设置项为选择项，选择此项有关设置在设计中有效。当此设置项在设计有效时，任何对象的移动都将以设计栅格为最小单位进行移动。

> **小技巧**
>
> 设置显示栅格最简单而又方便的方法是使用直接命令 GD。
>
> 有时为了关闭显示栅格而设置显示栅格小于某一个值。但这并不是真正的取消，除非用缩放（Zoom）将一个小区域放大很多倍，否则将看不到栅格点。

（4）“OLE对象”设置。

“OLE对象”设置主要是针对PADS Logic中的链接嵌入对象，一共有三项，分别如下。

- “显示OLE对象”：选择此复选框，在设计中将会显示出链接与嵌入的对象。
- “重画时更新”：如果选择此复选框，则在PADS Logic链接对象的目标应用程序中编辑PADS Logic的链接对象时，可以通过刷新来使链接对象自动更新数据。
- “绘制背景”：此选项设置为有效时，可以通过PADS Logic 中“设置”→“显示颜色”菜单命令来设置PADS Logic中嵌入对象的背景颜色。如果此选项设置无效，嵌入对象将变为透明状。

（5）“文本译码”设置。

默认选择“Chinese Simplified”。

（6）“自动备份”设置。

PADS Logic软件自从进入Windows版之后，在设计文件自动备份功能上采用了更为保险和灵活的办法。下面就来看看它的相关设置。

- “间隔（分钟）”：当设置好自动备份文件个数之后，系统将允许设置每个自动备份文件之间的时间距离（设置范围为1~30min）。在设置时并不是时间间隔越小越好，当然间隔越小，自动备份文件的数据就越接近当前的设计，但是这样系统就会频繁地进行自动存盘备份，从而大大地影响了设计速度，导致在设计过程中出现暂时宕机状态。
- “备份数”：PADS Logic 的自动备份文件的个数可以人为地进行设置，允许的设置范围是1~9。这比早期的PADS 软件只有一个自动备份文件要保险得多。
- “备份文件”：缺省的自动备份文件名是LogicX.sch，可以通过此项设置来改变这个缺省的自动备份文件名。单击此按钮，则弹出如图2-18所示的对话框，对话框中PADS Logic（0~3）为缺省的自动备份文件名。

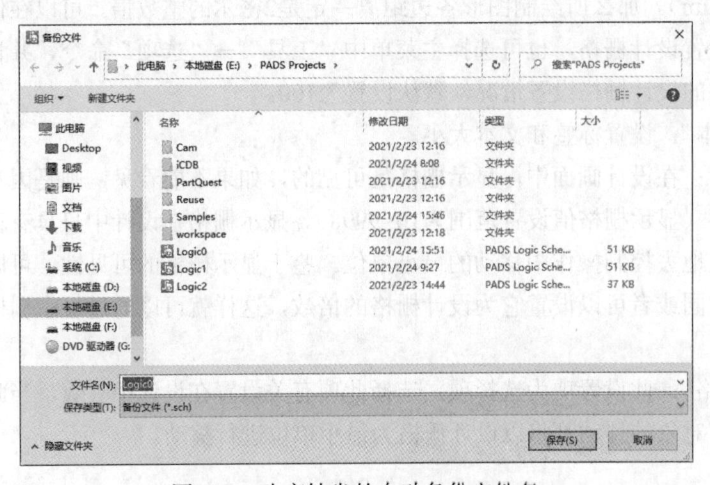

图2-18　改变缺省的自动备份文件名

2. “设计”参数设置

单击图2-17中“设计”选项便可进入设计设置界面，如图2-19所示。

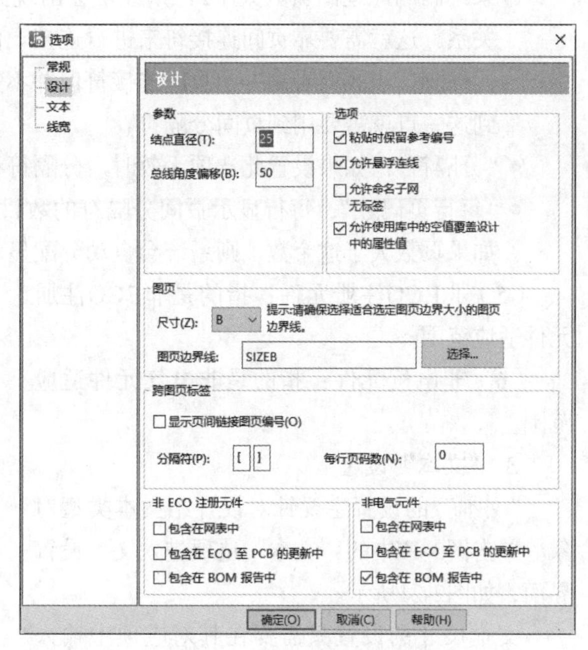

图2-19　设计设置界面

“设计”设置主要是针对在设计过程中用到的一些相关的设置，比如绘制原理图纸张的大小、粘贴块中元件的命名等。从图2-19可知，“设计”参数设置包括6部分。

（1）“参数”：参数的设置主要有节点直径和总线角度偏移2个。

- “结点直径”：在绘制原理图中有很多的相交线，两个网络线相交，如果在相交处没有结点，这表示它们并没有任何连接关系，但如果有结点，则表示这两个相交网络实际上是同一网络，这个相交结点直径的大小就是设置项Tie Dot（结点）后的数值。
- “总线角度偏移”：设置总线拐角处的角度，其值范围是0~250。

（2）“选项”设置，主要有以下4项。

- “粘贴时保留参考编号”：如果选择此设置项使之有效，则当粘贴一个对象到设计中时，PADS Logic将维持对象中原有的元件参考符（如元件名），但如果与当前的设计中元件名有冲突时，系统将自动重新命名并将这个重新命名的信息在缺省的编辑器中显示出来。当关闭此设置项时，如果粘贴一个对象到一个新的设计中，PADS Logic将重新以第一个数字为顺序来命名，如U1。
- “允许悬浮连线”：如果选择此设置项使之有效，则在设计过程中导线呈现悬浮状态也可以实现连接。
- “允许命名子网无标签”：如果选择此设置项使之有效，可以在设计中重新命名网络标签。
- “允许使用库中的空值覆盖设计中的属性值”：如果选择此设置项使之有效，则元件属性在设置过程中可以为空值。

（3）“图页”设置。

图纸大小尺寸一共有A、B、C、D、E、A4、A3、A2、A1、A0和F这11种可供选择，根据需要选择其中之一即可。

- “尺寸”：在下拉列表中选择图纸大小。
- “图页边界线”：单击右侧“选择”按钮，弹出如图2-20所示的“从库中获取绘图项目”对话框，在“绘图项”列表框中选择边界线类型。

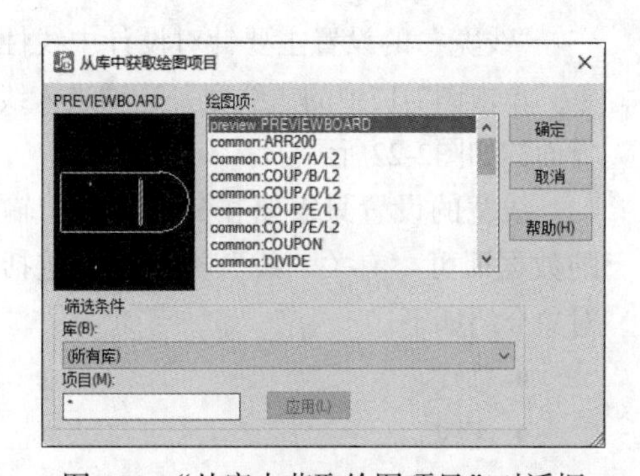

图2-20　“从库中获取绘图项目”对话框

（4）“跨图页标签”：这项设置是用来设置不同页间的连接符。

- “显示页间链接图页编号”：在原理图绘制中，如果绘制的原理图页数大于2，则经常会出现分别位于两张不同图纸上的元件之间的逻辑连接关系。这就需要靠页间连接符来进行连接。但是页间连接符只能连接不同页间的同一网络的元件脚，当我们看到一个页间连接符但并不知道在其他各页图纸中是否有同一网络，为了做到这一点就需要用到页间分隔符。

- “分隔符”：如果设置此选项无效时，分隔符将不显示在设计中。
- “每行页码数”：每行显示页间分隔符的数目，指的是设定一个分离器中最多能包含的页数，如果页数大于这个数，则系统会自动分配显示在另一个分离器中。

（5）非ECO注册元件：指的是非ECO注册元件适应范围。

（6）非电气元件：指的是非电气元件适应范围。

3. **“文本”设置**

“文本”的设置主要针对设计中文本类型对象。单击图2-17中的“文本”选项进入文本设置界面，如图2-21所示。

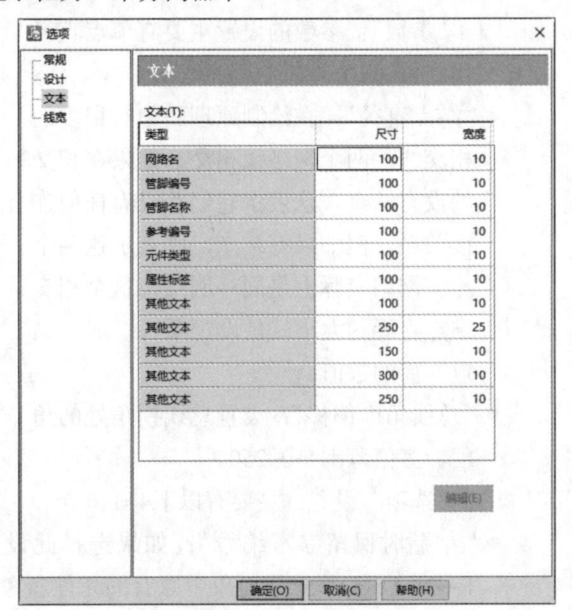

图2-21　文本设置界面

文本尺寸的设置只需要在其对应项中输入设置的数据即可。有关“文本”类型中包括的设置对象介绍如下。

- 网络名。
- 管脚编号。
- 管脚名称。
- 参考编号。
- 元件类型。
- 属性标签。
- 其他文本。

如果需要改变上述各个设置项的设置，可以先选择欲设置项，然后单击“编辑”按钮进行编辑，更快捷的方式是双击欲编辑对象进入编辑状态。

4. **“线宽”设置**

“线宽”的设置主要针对设计中线性类型对象。单击图2-17中的“线宽”选项进入线宽设置界面，如图2-22所示。

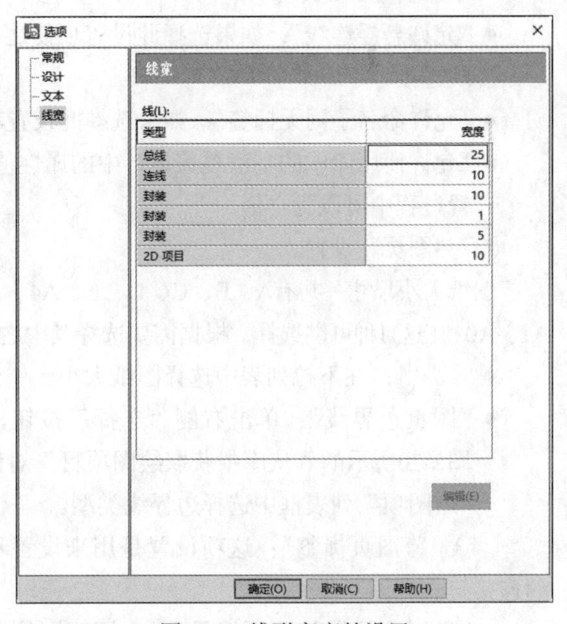

图2-22　线形宽度的设置

线宽的设置只需要在其对应项中输入设置的数据即可。有关“线”类型中所包括的设置对象介绍如下。

- 总线。
- 连线。
- 封装。

- 2D 项目。

如果需要改变上述各个设置项的设置，可以先选择欲设置项，然后单击“编辑”按钮进行编辑，更快捷的方式是双击欲编辑对象进入编辑状态。

2.5 颜色设置

PADS Logic提供了一个多功能的环境颜色设置器，选择菜单栏中的“设置”→“显示颜色”命令，弹出如图2-23所示的“显示颜色”设置对话框。

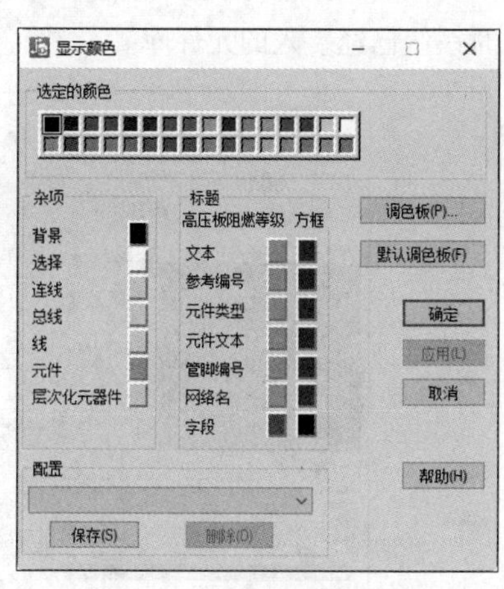

图2-23　“显示颜色”设置对话框

在此对话框中可以对下列各项进行设置，它们分别如下。

- 背景。
- 选择。
- 连线。
- 总线。
- 线。
- 元件。
- 层次化元器件。
- 文本。
- 参考编号。
- 元件类型。
- 元件文本。
- 管脚编号。
- 网络名。
- 字段。

在进行颜色设置时，首先从对话框的“选定的颜色”区域选择一种颜色，然后单击所需设置项后颜色块即可将其设置成所选颜色。PADS Logic一共提供了32种颜色供选择设置，但这不一定可以满足所有用户的需求，这时可以使用对话框右侧的“调色板”来自己调配所需的颜色。

假如希望调用系统缺省颜色配置，单击“配置”下拉列表框右侧的下三角按钮，在下拉列表框中选择其中一个即可。

2.6 元件库

在绘制电路原理图的过程中，首先要在图纸上放置需要的元器件符号。PADS Logic VX.2.8作为一个专业的电子电路计算机辅助设计软件，一般常用的电子元器件符号都可以在它的元件库中找到，用户只需在元件库中查找所需的元器件符号，并将其放置在图纸中适当的位置即可。

2.6.1 元件库管理器

选择菜单栏中的“文件”→“库”命令，弹出如图2-24所示的“库管理器”对话框，在该对话框中，用户可以进行加载或创建新的元件库等操作。

下面详细介绍该对话框各功能选项。

1. “库”选项组

在“库”下拉列表中选择库文件路径，下面的各项操作将在路径中的元件库文件中执行。

（1）“新建库”按钮：单击此按钮，新建库文件。

（2）“管理库列表”按钮：单击此按钮，弹出“库列表”对话框，如图2-25所示，可以看到此时系统已经装入的元件库。

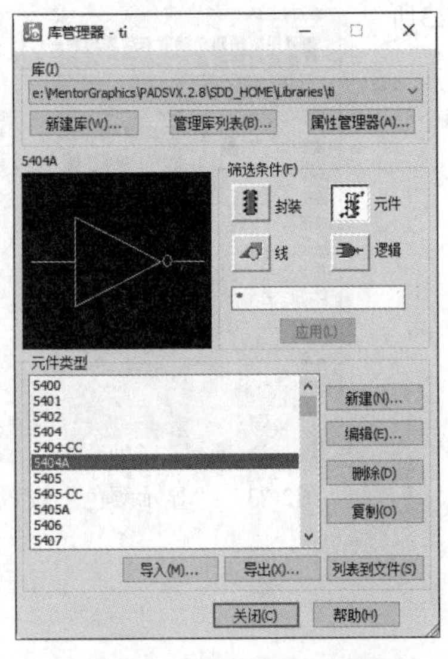

图2-24 “库管理器”对话框

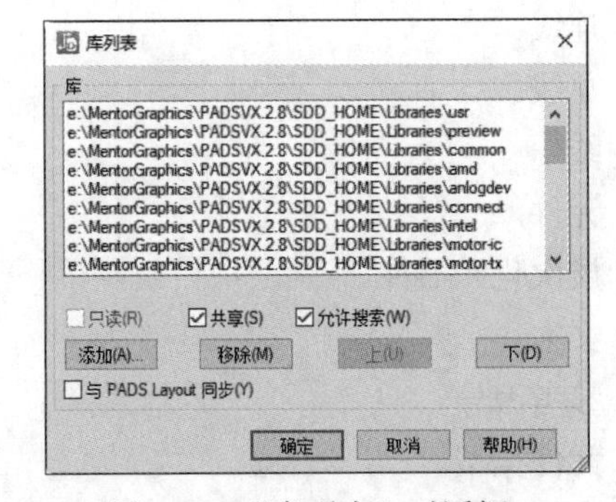

图2-25 “库列表”对话框1

（3）“属性管理器”按钮：单击此按钮，弹出“管理库属性”对话框，如图2-26所示。在该对话框中，设置管理元件库中元件属性。“添加属性”和“删除属性”等按钮设置元件库中的元件在添加到原理图中后需要设置的属性种类。

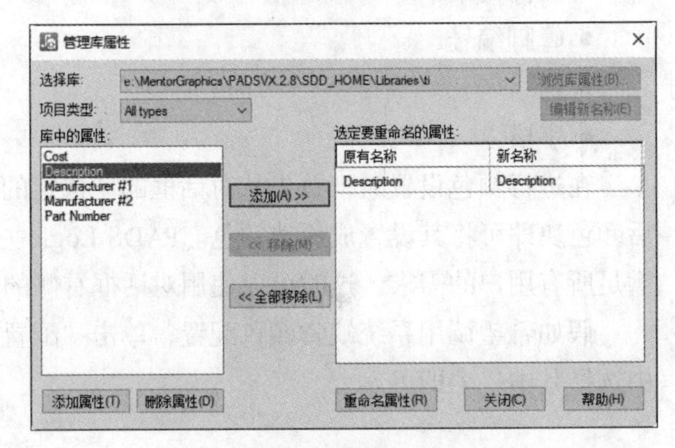

图2-26 “管理库属性”对话框

在PADS Layout中的每一个元件都可以具有属性这个参数，简单地讲，元件的属性就是对元件的一种描述（如元件的型号、价格、生产厂商等）。对库属性的管理就是对元件属性的间接管理，在这个库属性管理器中可以进行增加、减少或者重命名属性等操作。可以参考本章最后创建一个新元件时如何增加元件的属性，以便对元件属性有更深的了解。

另外，还可以在库管理器中选择某个库中的某一个元件（在选择某个元件时你可以使用库管理器下面的“过滤器”，比如你可以输入“R*”表示只希望显示以R开头的元件），然后对这个元件进行复制、删除和编辑等，以此来改变它原来的状态。

这说明库管理器不仅仅是对元件库，而且对于元件库中的每一个元件同样具有管理和编辑功能。

2. “筛选条件”选项组

在PADS Logic VX.2.8中，按内容分为四种库。

● 封装：元件的PCB封装图形。
● 元件：元件在原理图中的图形显示，包含元件的相关属性，如引脚、门、逻辑属性等。
● 线：库中存储通用的图形数据。
● 逻辑：元件的原理图形表示，如与门、与非门等。

在左侧的矩形框中显示库元件缩略图。

3. “元件类型”选项组

在对话框左侧列表中显示筛选后符合条件的库元件，在图2-24的矩形框中显示选中元件的缩略图。

●“新建”按钮：单击此按钮，新建库元件并进入编辑环境，绘制新的库元件。在后面的章节具体讲解如何绘制库元件。
●“编辑”按钮：单击此按钮，进入当前选中元件的编辑环境，对库元件进行修改。
●“删除”按钮：单击此按钮，删除库中选中的元件。
●“复制”按钮：单击此按钮，复制库中选中的元件。单击此按钮，弹出如图2-27所示的对话框，可以输入新的名称，然后单击“确定”按钮，完成复制命令。

图2-27　“将元件类型保存到库中”对话框

●“导入”按钮：创建了一个元件库后，还需要创建元件库的PCB封装，单击此按钮，弹出如图2-28所示的“库导入文件”对话框，可导入其他文件，然后在元件库中利用导入文件进行设置。通常导入文件为二进制文件，有四种类型：“d”表示PCB封装库；“p”表示元件库；“l”表示图形库；“c”表示Logic库。由于选中的“筛选条件”为“元件”，因此，导入的二进制文件为“p”（元件库）。同样的，其他三种筛选条件对应其他三种二进制文件。

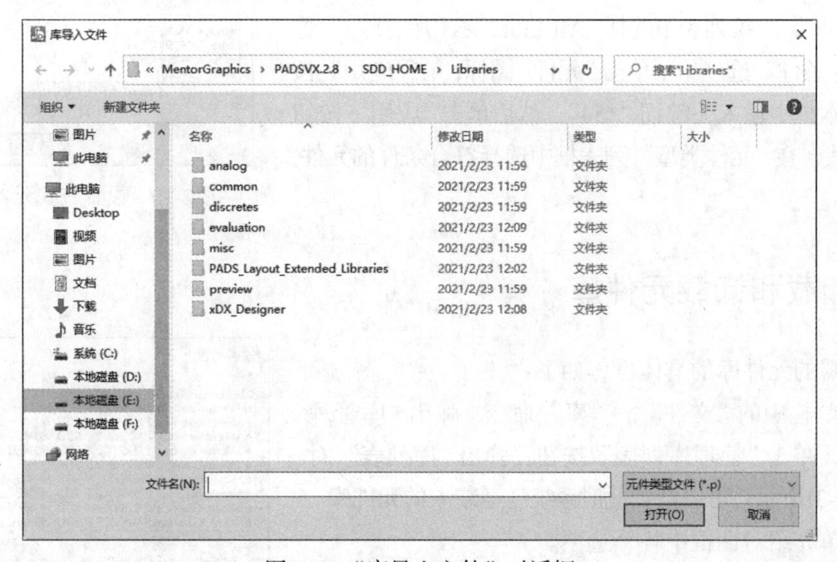

图2-28　“库导入文件”对话框

●“导出”按钮：单击此按钮，弹出如图2-29所示的“库导出文件”对话框，将元件库或其他库数据导出为一个文本文件，同“导入”一样，四种不同的筛选条件对应导出四种不同的二进制文件。

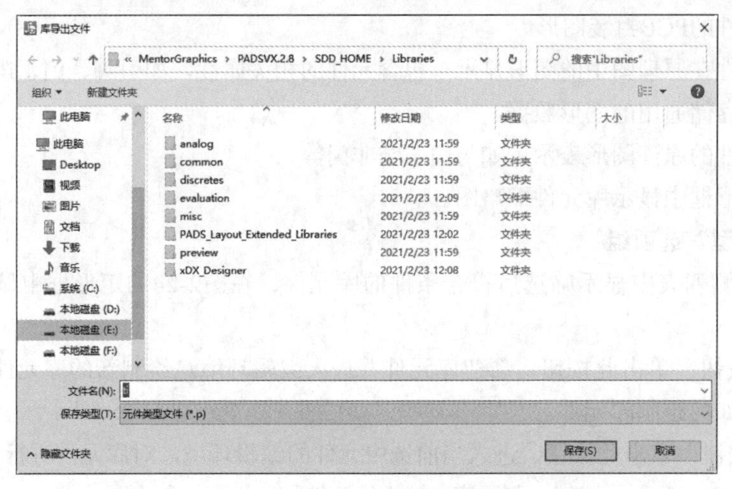

图2-29 “库导出文件”对话框

如果要使用PADS Logic的转换工具从其他软件所提供的库中转换PCB的封装库和元件库，则可以执行上述的“导入”和“导出”操作，经PCB的封装库和元件库都连接在一个库上，从而可以更方便后面的原理图设置和PCB设计。

2.6.2 元器件的查找

当用户不知道元器件在哪个库中时，就要查找需要的元器件。查找元器件的步骤如下：

选择菜单栏中的“文件”→“库”命令，弹出“库管理器”对话框，在“库”下拉列表中选择“All Libraries（所有库）”选项，在“筛选条件”选项组下单击“元件”图标，在“应用”按钮上方的文本框中输入关键词“*54”，然后单击“应用”按钮即可开始查找，在“元件类型”列表框中选择符合条件的元件，如图2-30所示。

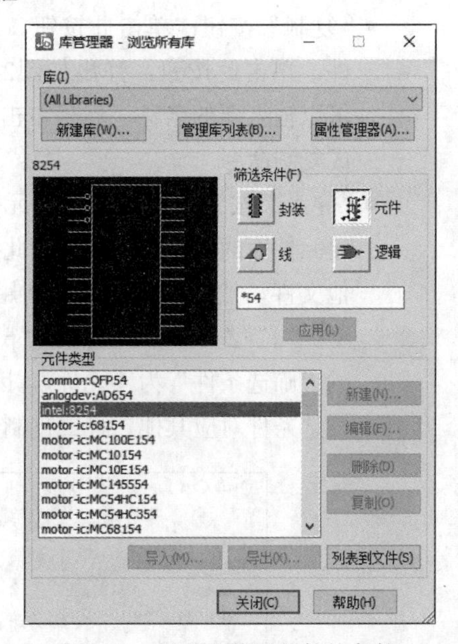

图2-30 设置查找元器件的条件

2.6.3 加载和卸载元件库

装入所需的元件库的具体操作如下：

选择菜单栏中的“文件”→“库”命令，弹出“库管理器”对话框，单击“管理库列表”按钮，弹出“库列表”对话框，如图2-31所示，可以看到此时系统已经装入的元件库。

下面简单介绍对话框中各个选项。

- “添加”“移除”按钮用来设置元件库的种类。单击“添加”按钮，弹出“添加库”对话框，如图2-32所示。可以在“Libraries”文件夹下选择所需元件库文件。同样的方法，若需要卸载某个元件库文件，只需

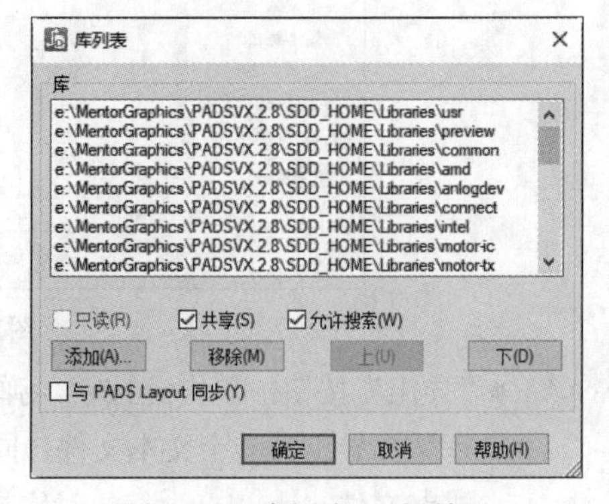

图2-31 “库列表”对话框2

要单击选中对应的元件库文件，单击“移除”按钮，即可卸载选中的元件库文件。

- “上”和“下”按钮是用来改变元件库排列顺序的。
- “共享”：选择此复选框，则可设置所加载的为其他设计文件共享。设置为共享后，如果打开新的设计项目，该库也存在于库列表中，读者可直接从该库中选择元件。
- “允许搜索”：选择此复选框，设置已加载的或已存在的元件库可以进行元件搜索。

重复操作可以把所需要的各种库文件添加到系统中，称为当前可用的库文件。加载完毕后，关闭对话框。这时所有加载的元件库都出现在元件库面板中，用户可以选择使用。

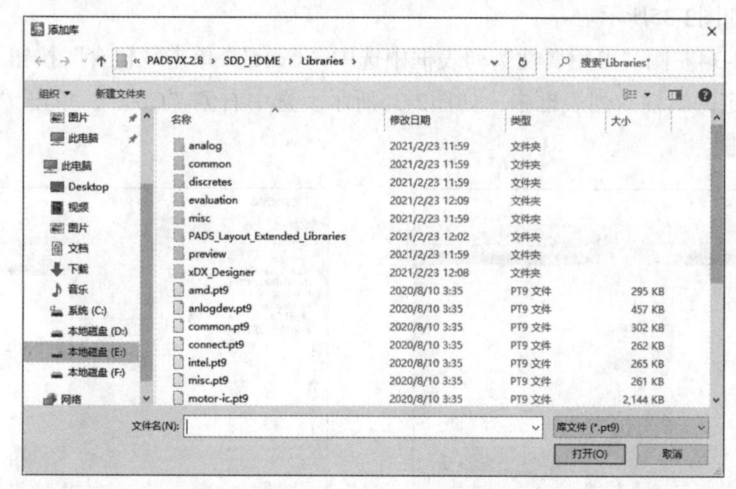

图2-32 “添加库”对话框

2.6.4　创建元件库文件

通过元件库管理器，读者可以创建新的元件库文件。创建元件库的步骤如下：

选择菜单栏中的“文件”→“库”命令，弹出“库管理器”对话框，单击“新建库”按钮，弹出“新建库”对话框，如图2-33所示，在弹出的对话框中设置文件路径，输入库文件名称，新建库文件，其中，PADS Logic VX.2.8的库扩展名为“pt9”。

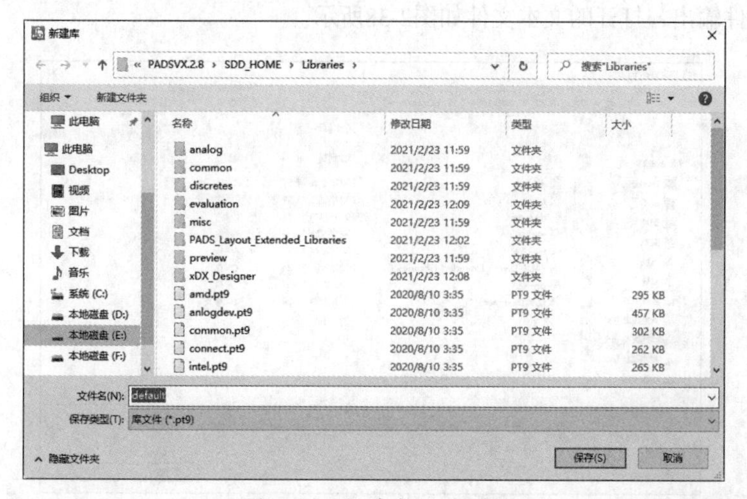

图2-33 “新建库”对话框

2.6.5 生成元件库元件报告文件

PADS Logic VX.2.8允许生成元件库中的所有图元的报告文件，如元件、PCB封装、图形库或CAE图元。

（1）选择菜单栏中的“文件”→“库”命令，弹出“库管理器”对话框，单击“列表到文件”按钮，弹出“报告管理器”对话框，如图2-34所示。

（2）双击左侧“可用属性”列表框中的选项，如双击“Cost”，可将其添加到右侧“选定的属性”列表框中，如图2-35所示。

（3）若在图2-34左侧“可用属性”列表框中选中“Cost”，单击“包含”按钮，也可将“Cost”添加到右侧“选定的属性”列表框中，如图2-35所示。选中右侧“Cost”，单击“不含”按钮，将“Cost”返回到左侧。

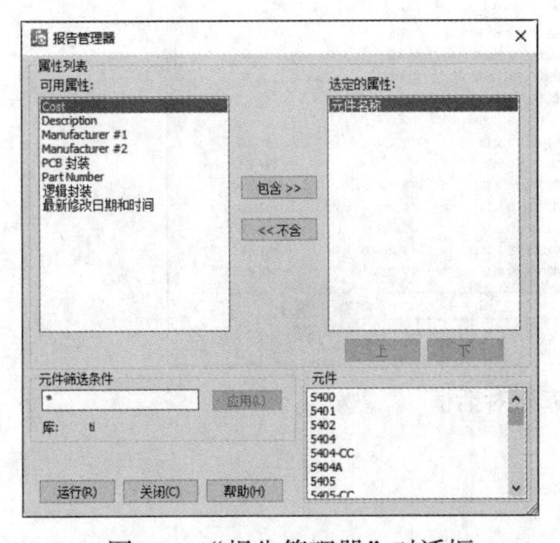

图2-34 “报告管理器”对话框

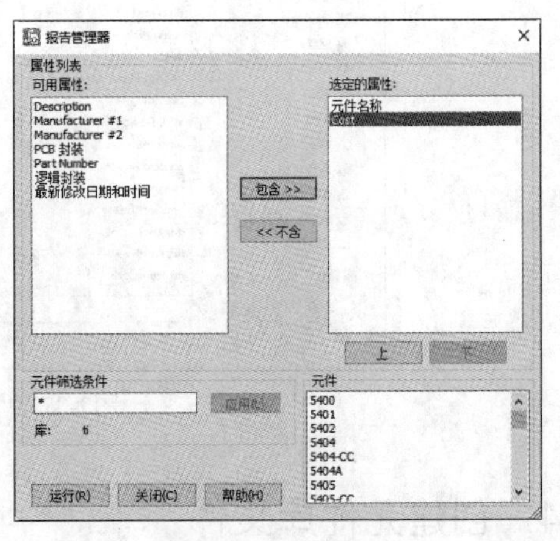

图2-35 交换选项

（4）在“元件”列表框中显示元件库所有元件，在“元件筛选条件”文本框中输入关键词筛选元件，可筛选最终输出的报告中的元件。

（5）单击“运行”按钮，弹出“库列表文件”对话框，如图2-36所示，输入文件名称，单击“保存”按钮，保存输出库中的元件，弹出如图2-37所示的报告输出提示对话框，单击“确定”按钮，完成报告文件输出，打开的文本文件如图2-38所示。

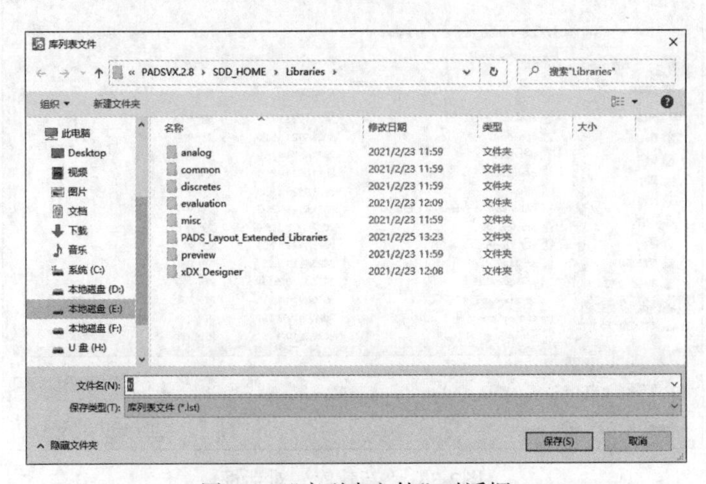

图2-36 “库列表文件”对话框

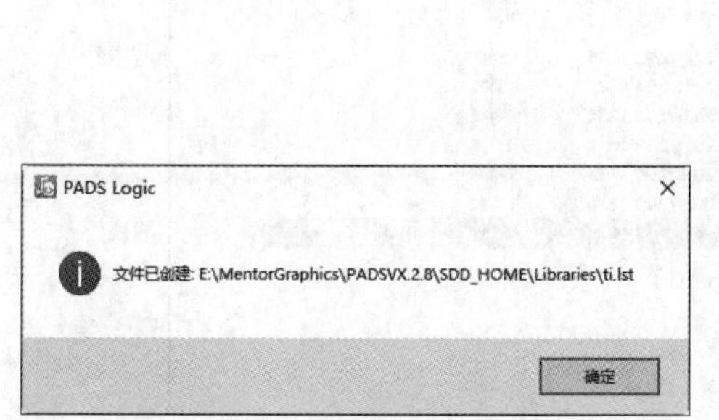

图2-37　元件报告输出提示

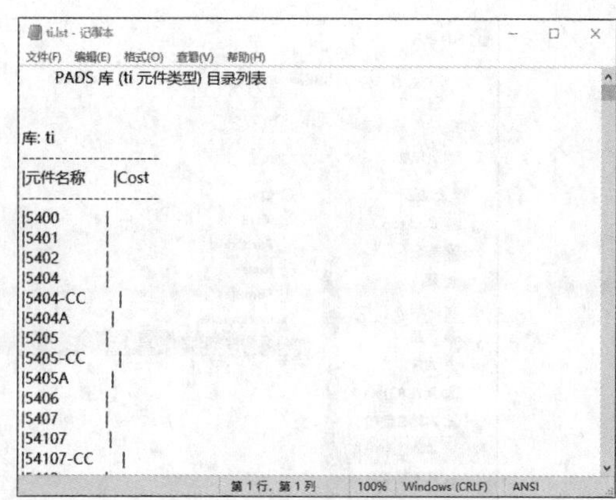

图2-38　文本文件

读者可以打印这个文本文件。

2.6.6　保存到库元件

由于PADS中的元件库数量过少，因此在绘制原理图过程中缺少的元件过多，同时一一绘制缺失的元件过于烦琐。因此，可采用资源共享的方法。

与PADS齐名的电路设计软件包括Altium、Cadence等，这些软件的元件库数量庞大，种类繁多，还可在线下载，可谓“取之不尽，用之不竭”，将这些软件中的元件转换成PADS中可用的类型，则大大减少了操作时间。

（1）选择菜单栏中的“文件”→“导入”命令，弹出“文件导入”对话框，在“文件类型”下拉列表中选择文件类型，如图2-39所示。

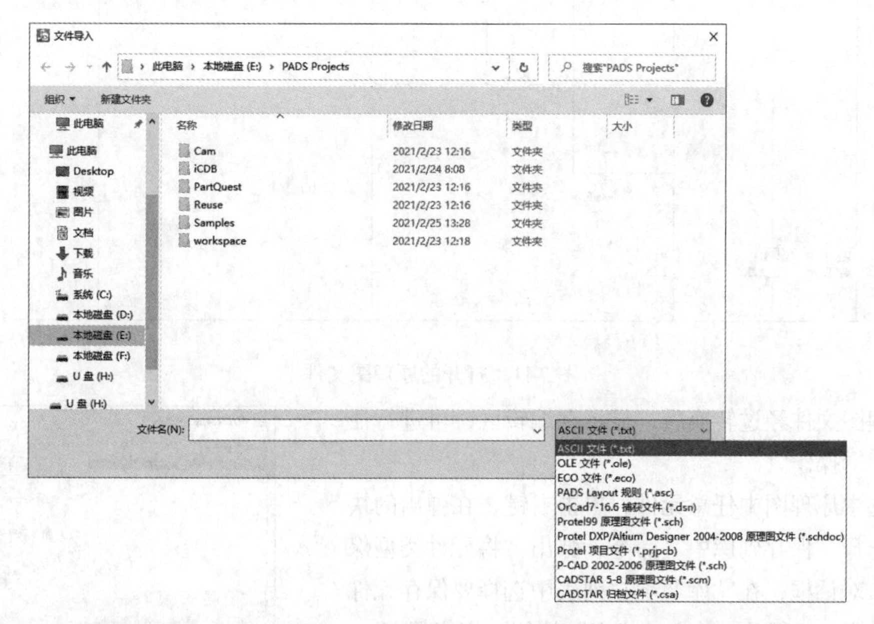

图2-39　“文件导入”对话框

（2）选择图2-40所示的“Protel DXP/Altium Designer 2004-2008原理图文件（.Schdoc）”类型的原理图，单击“打开”按钮，在PADS中打开Altium原理图文件，如图2-41所示。

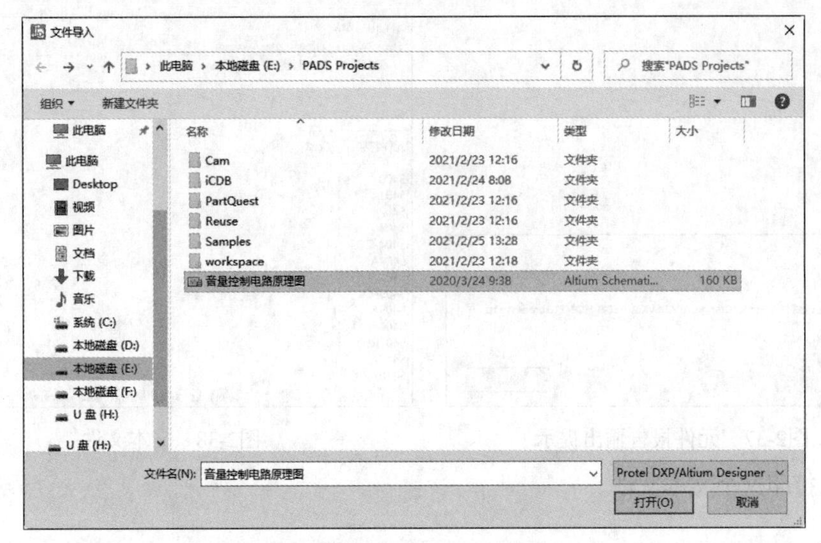

图2-40　选择Altium原理图文件

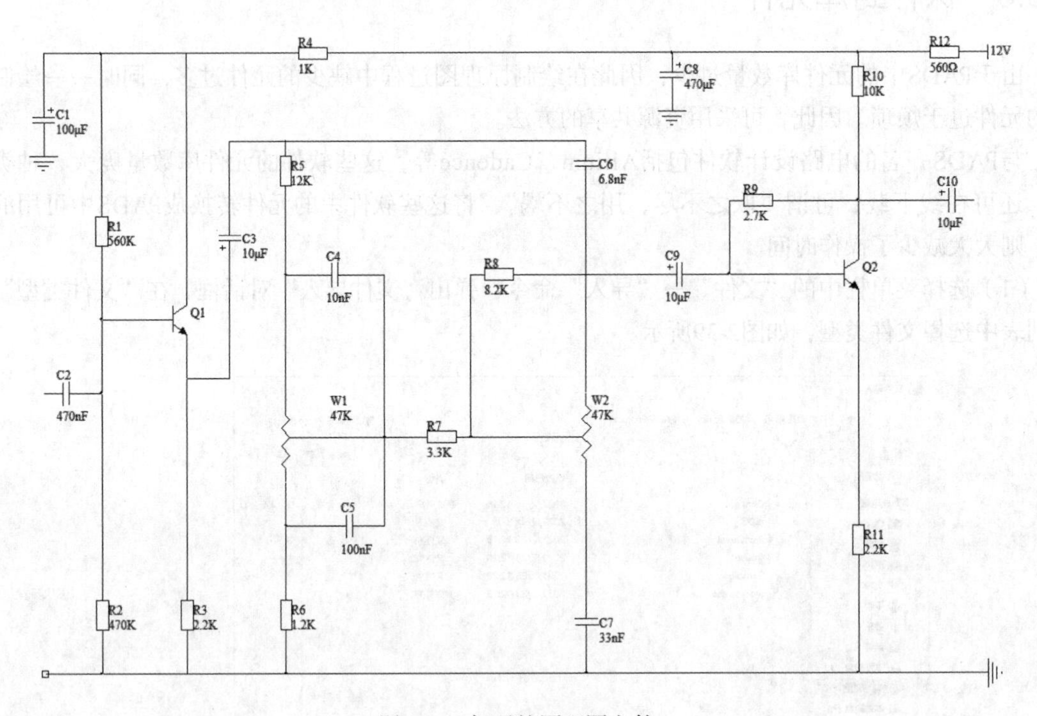

图2-41　打开的原理图文件

该原理图文件经过转换后，显示在编辑区，可进行任何原理图编辑操作。

（3）选中原理图中任意元件，单击右键，在弹出的快捷菜单中选择“保存到库中”命令，弹出“将元件类型保存到库中”对话框，在“库”下拉列表中选择要保存元件所在库，如图2-42所示，单击“确定”按钮，完成保存。

（4）需要使用该元件时，可直接加载该元件库，在库中选取即可。

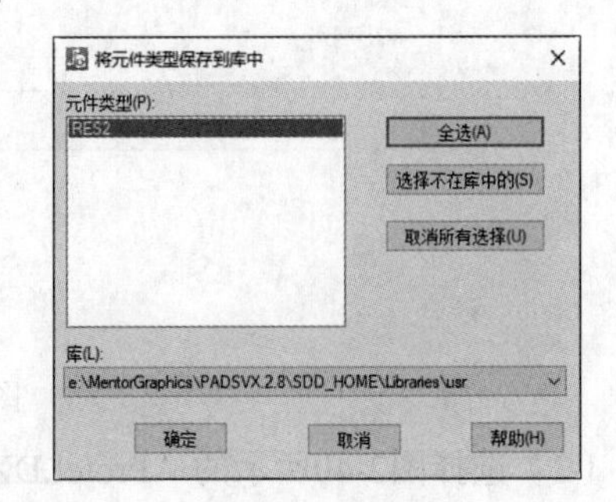

图2-42　“将元件类型保存到库中”对话框

2.7 元器件的放置

在当前项目中加载了元器件库后，就要在原理图中放置元器件，然后进行属性编辑，最后才能进行后期的连线、仿真或生成网络表等操作。

2.7.1　放置元器件

在放置元件符号前，需要知道元件符号在哪一个元件库中，并需要载入该元件库。

下面以放置库“lb”中的“74LS242-CC”为例，说明放置元器件的具体步骤。

（1）单击“标准工具栏”中的“原理图编辑工具栏”按钮，或选择菜单栏中的“查看”→“工具栏”→“原理图编辑工具栏”命令，打开原理图编辑工具栏。

（2）单击“原理图编辑工具栏”中的“添加元件”按钮，弹出“从库中添加元件”对话框，在左上方显示元器件的缩略图更为直观地显示元器件，如图2-43所示。

（3）在“库”列表框中选择“lb”文件，在“项目”文本框中输入关键词“*74LS244*”。其中，在起始与结尾均输入“*”，表示关键词前可以是任意一个字符的通用符，也可用“?”表示单个字符的通用符。使用过滤器中的通配符在元件库中搜索元件时可以方便地定位所需要的元器件，从而提高设计效率。

（4）单击“应用”按钮，在“项目”列表框中显示符合条件的筛选结果，如图2-44所示。

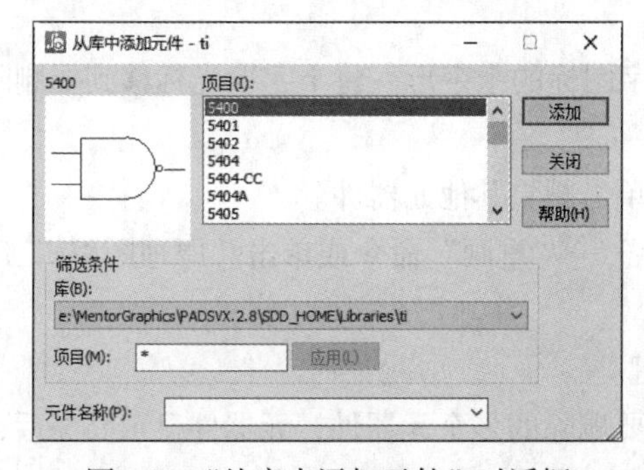

图2-43　“从库中添加元件”对话框

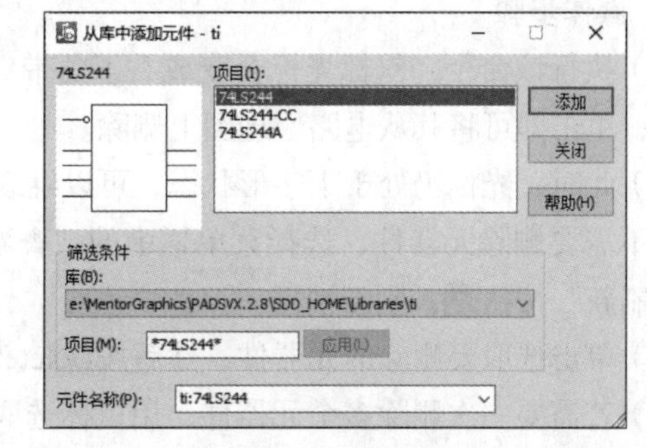

图2-44　筛选元件

（5）选中元件74LS244-CC，双击或单击右侧“添加”按钮，此时元件的映像附着在光标上，如图2-45（a）所示，移动光标到适当的位置，单击鼠标左键，将元件放置在当前光标的位置上，如图2-45（b）所示。

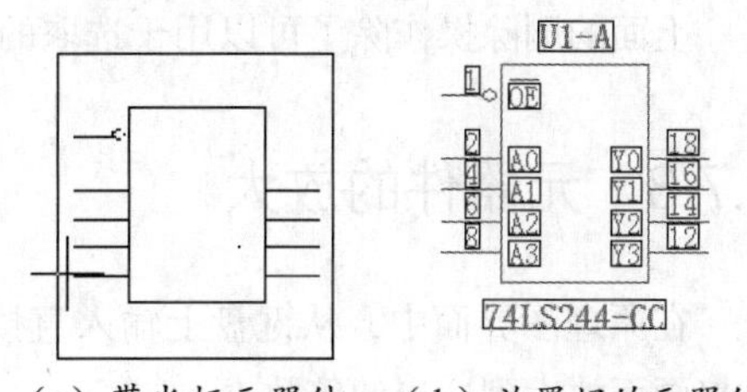

（a）带光标元器件　（b）放置好的元器件

图2-45　放置元器件

下面介绍图2-45（b）中放置元件各部分含义。

- “U1”：由图2-45（b）可以看出，添加到原理图中的元件自动分配到U1这个流水编号。PADS Logic分配元件的流水编号是以没有使用的最小编号来分配的，由于图2-45中放置的是原理图中的第一个元件，因此分配了U1，若继续放置元件（不包括同一个元件的子模块），则顺序分配元件流水编号U2、U3……
- “-A”：如果选择的是由多个子模块集成的元件，如图2-45中选择的74LS242-CC，若继续放置，则系统自动顺序增加的编号是U1-B、U2-A、U2-B……，如图2-46所示。

无论是多张还是单张图纸，在同一个设计文件中，不允许存在任何两个元器件拥有完全相同的编号。

（6）放置一个元件后，继续移动光标，浮动的元件映像继续附着在光标上，依据上面放置元件的方法，继续增加元件，PADS Logic自动分配元件的流水编号，若不符合电路要求，可在放置完后进行属性编辑修改编号；若确定不需要放置某元件后，单击右键，在快捷菜单中选择“取消”命令或按Esc键结束放置。

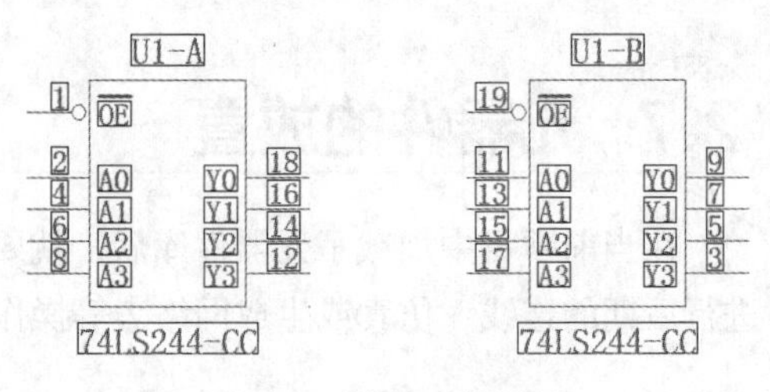

图2-46　放置元件模块

2.7.2　元器件的删除

当在电路原理图上放置了错误的元器件时，就要将其删除。在原理图上，我们可以一次删除一个元器件，也可以一次删除多个元器件。

1. 执行方式

（1）菜单栏：选择“编辑”→“删除”命令。

（2）工具栏：单击“原理图编辑工具栏”中的删除☒。

（3）快捷键：按Delete键

2. 操作步骤

（1）执行该命令，鼠标光标会变成右下角带V字图标的十字形。将十字形光标移到要删除的元器件上，单击即可将其从电路原理图上删除。

（2）此时，光标仍处于十字形状态，可以继续单击删除其他元器件。

若不需要删除元器件，选择菜单栏中的“查看”→“重画”命令或单击“原理图编辑工具栏”中的“刷新”按钮，刷新视图。

（3）单击选取要删除的元器件，然后按Delete键。

（4）若需要一次删除多个元器件，用鼠标选取要删除的多个元器件，元器件显示高亮后，选择菜单栏中的“编辑”→“删除”命令或按Delete键，即可以将选取的多个元器件删除。

上面的删除操作除了可以用于选取的元器件，还可以用于总线、连线等。

2.7.3　元器件的放大

在原理图界面中，从键盘上输入直接命令“S *”，将设计画面定位在元件*处并以该元件为中心将画面放大到适当的倍数。

2.8　编辑元器件属性

在原理图上放置的所有元件都具有自身的特定属性，在放置好每一个元件后，应该对其属性进行正确的编辑和设置，以免使后面的网络表生成及PCB的制作产生错误。

2.8.1　编辑元件流水号

在原理图中完成放置元件后，就可以进行属性编辑。首先就是对元件流水号的编辑，根据元件的放置顺序，系统自动按顺序添加元件的流水号，若放置顺序与元件设定的编号不同，则需要修改元件的流水号。步骤如下：

双击要编辑的元件编号“U1-A”或在元件编号上单击鼠标右键，弹出如图2-47所示的快捷菜单，选择“特性”命令，弹出“参考编号特性”对话框，如图2-48所示。

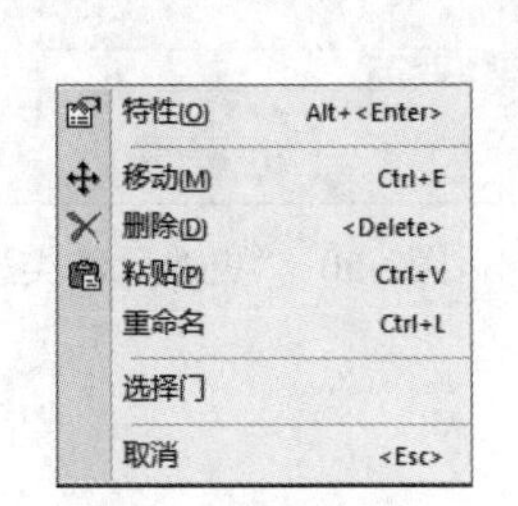

图2-47　快捷菜单

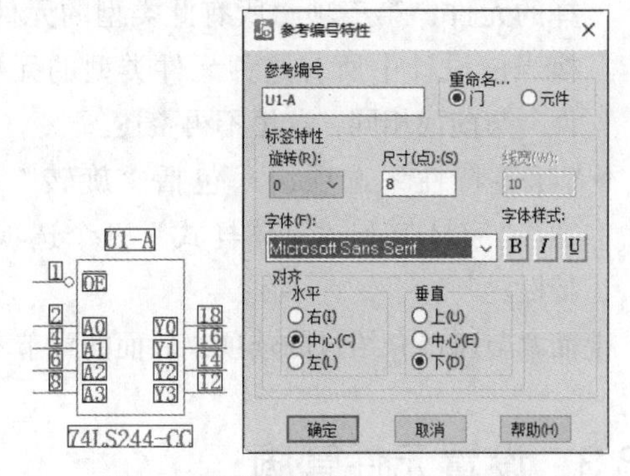

图2-48　“参考编号特性”对话框

对话框中各参数选项如下。

- “参考编号”文本框：输入元器件名称。
- “重命名”选项组：单个元件则选择“元件”选项，多个子模块元器件，则选择“门”选项。
- “标签特性”选项组：设置标签属性，在“旋转”下拉列表中设置元件旋转角度，在“尺寸”文本框中输入元件外形尺寸；在“字体”下拉列表中选择字体样式；在“字体样式”选项组中设置编号字体，包含三种样式B I U：加粗、斜体和下画线。
- “对齐”选项组：包含水平、竖直两个选项，“水平”选项又包括右、中心、左，“垂直”选项包括上、中心、下。

2.8.2　设置元件类型

在绘制原理图过程中，如果元件库中没有需要的元件，但有与所需元器件外形相似或相同的元件，则只需在其基础上进行修改即可。这里我们先介绍如何修改元件类型，即元件名称，步骤如下：

双击元件名称“74LS242-CC”或选中对象单击鼠标右键，弹出如图2-47所示的快捷菜单，选择“特性”命令，弹出“元件类型标签特性”对话框，如图2-49所示。

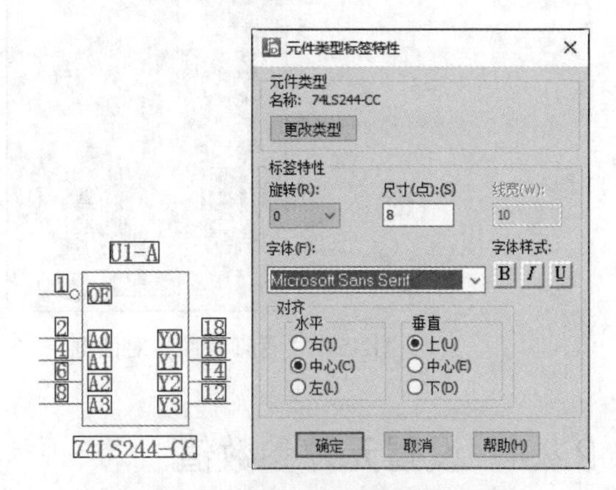

图2-49　“元件类型标签特性”对话框

对话框中各个选项介绍如下。

- “元件类型”选项：在下方的“名称”栏下显示元器件名称“74LS244-CC”，单击下方的“更改类型”按钮，弹出“更改元件类型”对话框，如图2-50所示。在此对话框中更改元器件，其中，“属性”选项组有两个复选框，可以设置更新的属性范围；“应用更新到”选项组下，替换旧元件类型时有三种选择，缺省的设置（默认设置）是“此门”，表示在替换时只替换选择的逻辑门；第二个选择项“此元件”表示将替换整个元件，但是只针对被选择的元件；第三项“所有此类型的元件”表示将替换当前设计中所有这种元件类型的元件。“筛选条件”与前面相同，这里不再赘述。

- “标签特性”选项组：包括“旋转”“尺寸”“线宽”“字体”和“字体样式”五个选项，设置标签特性。

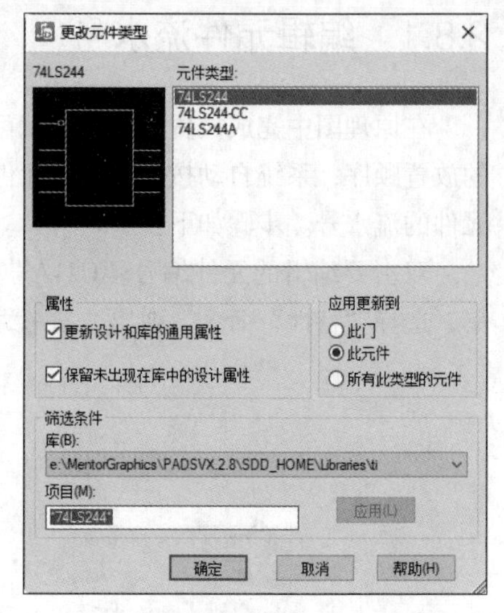

图2-50 “更改元件类型”对话框

上面章节已经介绍过的选项，后面的章节不再赘述。

2.8.3 设置元件管脚

双击图2-51中元器件管脚1或选中对象单击鼠标右键，在弹出的快捷菜单中选择“特性”命令，弹出“管脚特性”对话框，如图2-51所示。

对话框中各个选项介绍如下。

- “管脚”选项组：在此选型组中显示的信息包括管脚、名称、交换、类型和网络。
- “元件”选项组：显示元件编号R1及门编号R1。
- “修改”选项组：分别可以设置修改元件/门、网络、字体。单击“字体”按钮，弹出“管脚标签字体”对话框，如图2-52所示，在该对话框中设置管脚的字体。

图2-51 “管脚特性”对话框

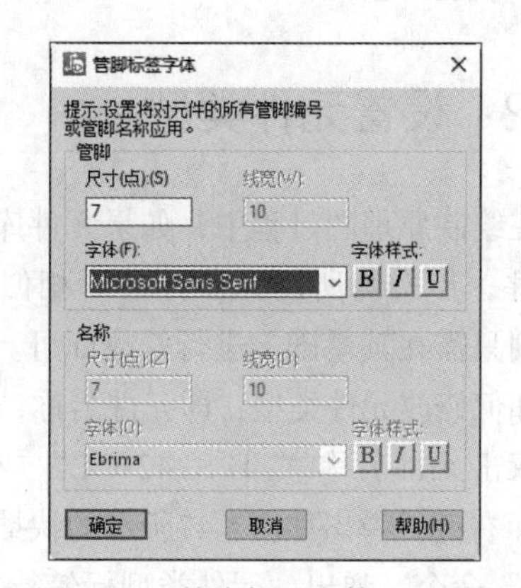

图2-52 “管脚标签字体”对话框

2.8.4 设置元件参数值

下面介绍如何修改元件参数值，步骤如下：

双击图2-53中元器件“RES-1/2W”下方的参数值“???”，或在参数值上单击鼠标右键，在弹出的快捷菜单中选择“特性”命令（见图2-47），弹出“属性特性”对话框，如图2-53所示。

对话框中各个选项介绍如下。

“属性”选项：设置元器件属性值。在“名称”栏显示要设置的参数名称为“Value”，参数对应的值为“???”，参数值可随意修改，结果如图2-54所示。

上面章节已经介绍过的选项，后面的章节不再赘述。

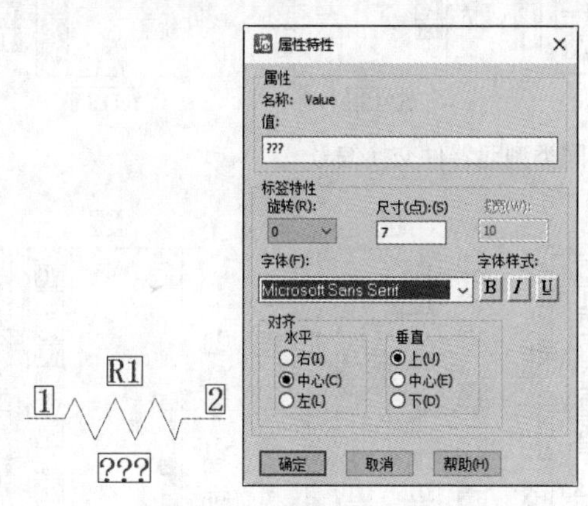

图2-53 “属性特性”对话框

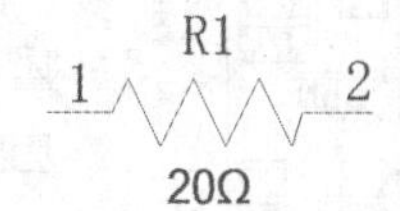

图2-54 设置参数值

2.8.5 交换参考编号

单击“原理图编辑工具栏”中的“交换参考编号”按钮，单击图2-55（a）中左侧的元器件“U1-A”，元器件外侧添加矩形框，选中元器件，如图2-55（b）所示，继续单击右侧元器件“U1-B”，交换两个元器件编号，如图2-55（c）所示。

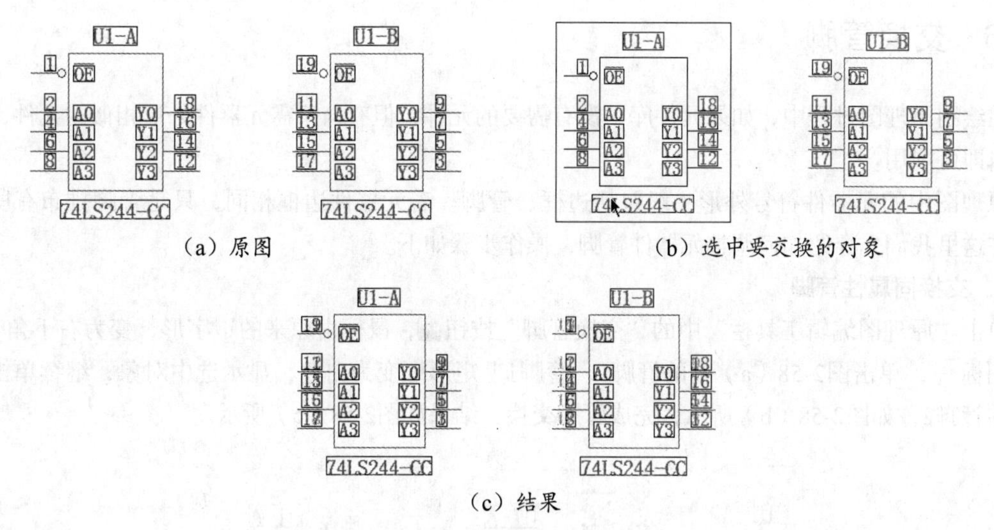

图2-55 元器件交换编号

图2-55所示为同一元器件中的两个子模块互换编号，图2-56所示为同类型的元器件互换编号，图2-57所示为不同类型的元器件互换编号。可以看出，无论两个元器件类型如何，均可互换编号，步骤完全相同。

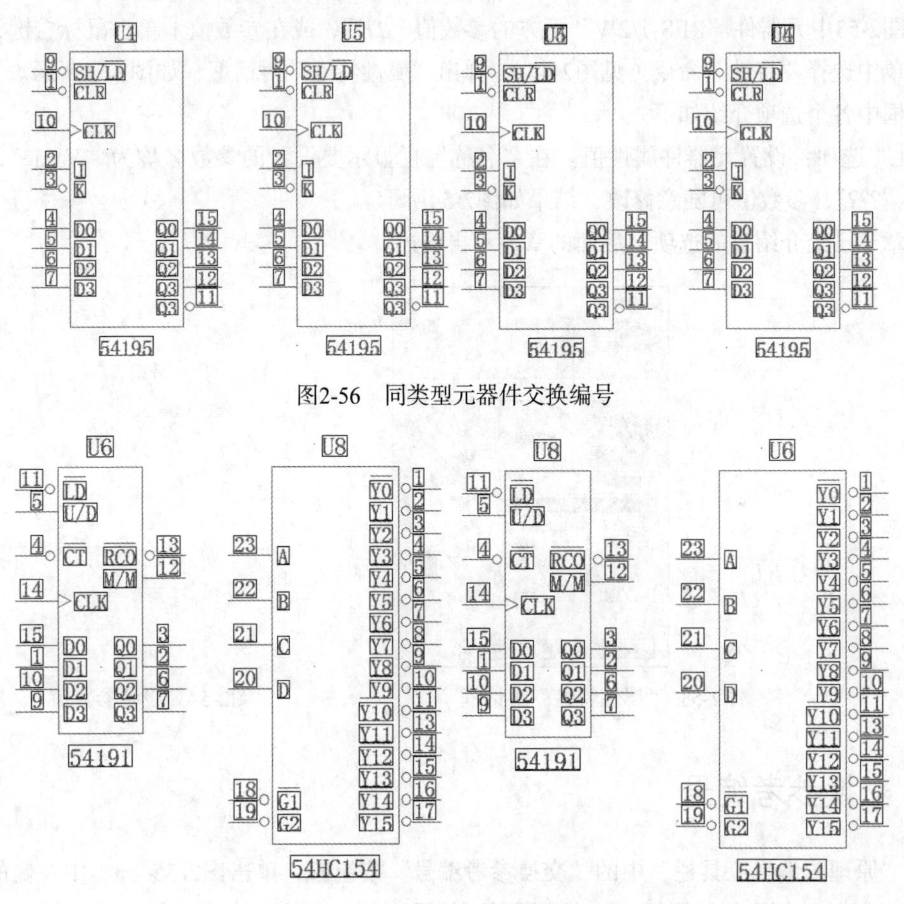

图2-56　同类型元器件交换编号

图2-57　不同类型元器件交换编号

2.8.6　交换管脚

在绘制原理图过程中，如果元件库中没有需要的元件，但有与所需元器件外形相似的元件，进行编辑即可混用。

原理图中的元器件符号外形一般包括边框、管脚。若元器件边框相同，只是管脚排布有所不同，在这里我们先介绍如何调整元器件管脚，操作步骤如下。

1. 交换同属性管脚

单击“原理图编辑工具栏”中的“交换管脚”按钮，鼠标由原来的十字形，变为右下角带V字的图标，单击图2-58（a）中的管脚1，管脚1上矩形框变为白色，显示选中对象，继续单击同属性的管脚2，如图2-58（b）所示，完成管脚交换，结果如图2-58（c）所示。

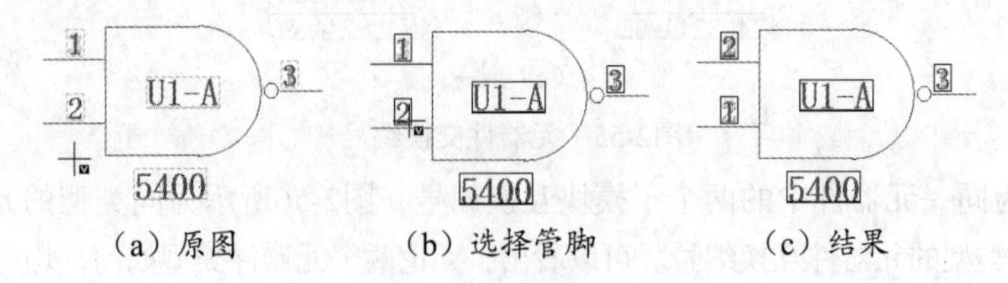

图2-58　交换同属性管脚

2. 交换不同属性管脚

单击“原理图编辑工具栏”中的“交换管脚”按钮，单击图2-59（a）中的管脚1，管脚1上矩形框变为白色，显示选中对象，继续单击不同属性的管脚3，弹出如图2-60所示的警告对话框，单击“是”按钮，完成管脚交换，结果如图2-59（b）所示。

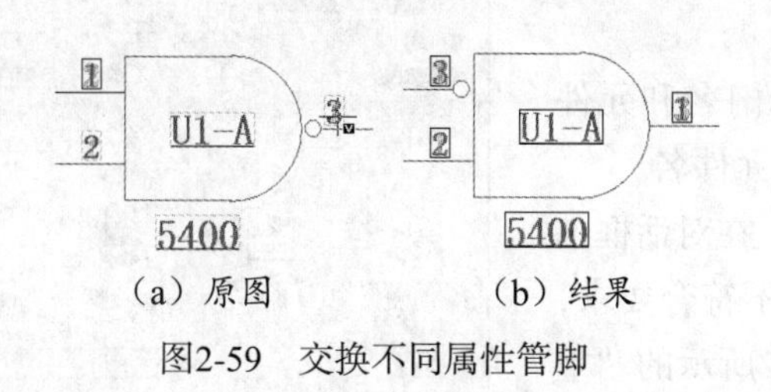

（a）原图　（b）结果

图2-59　交换不同属性管脚

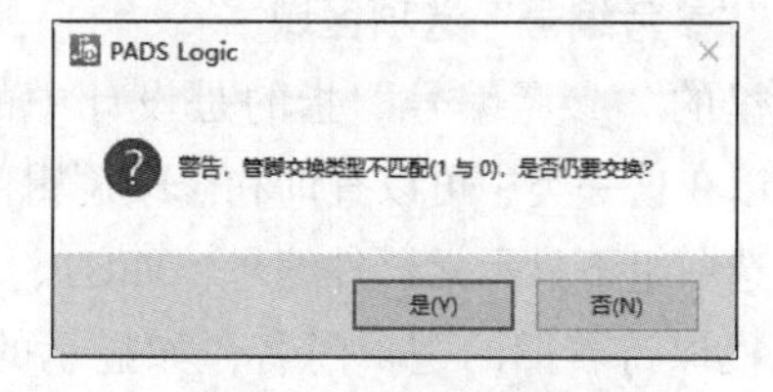

图2-60　警告对话框

2.8.7　元器件属性查询与修改

在设计过程中，随时都有可能对设计的任何一个对象进行属性查询和进行某一方面的改动。比如，对于原理图中某个元件，如果希望看看其对应的PCB封装，可以通过库管理器找到这个元件，然后再到元件编辑器中去查看，这样做相当费时费力。较简单的方法是先激活这个元件，然后单击鼠标右键，在弹出的菜单中选择“特性”命令。

第二种方法显然比第一种有效得多，但在PADS Logic中激活任何一个对象时单击鼠标右键都会发现，在弹出菜单的第一子菜单是“特性”，这就表明在PADS Logic中，任何被点亮的对象都可以对其属性进行查询与修改。

在设计中，如果只是对某个别对象进行查询与修改，将其点亮后单击鼠标右键，在弹出的菜单中去选择子菜单“特性”命令来完成这个目的好像并不太费事，但在检查设计时需要对大量的对象进行查询时，再使用这种方法就会变得麻烦。而实际选择希望操作的对象，可以单击“原理图编辑工具栏”中“特性”图标，当激活某对象后就直接进入了查询与修改状态。

利用PADS Logic提供的专用查询工具可以非常方便地对设计中的任何对象实时进行在线查询及修改，通过查询可以清楚地了解该对象的电气特性、网络连接关系、所属类型和属性等。

查询可以针对任何对象，在本小节中将介绍如何对元件进行查询与修改。其内容如下。

（1）对元件逻辑门的查询及修改。

（2）对元件名的查询及修改。

（3）对元件统计表查询。

（4）对元件逻辑门封装的查询及修改。

（5）对元件属性可显示性的查询及修改。

（6）对元件属性的查询及修改。

（7）对元件所对应的PCB封装查询及修改。

（8）对元件的信号管脚的查询及修改。

上面一一介绍如何编辑修改元器件单个属性的方法，下面详细介绍如何设置元器件的其他属性。

单击“选择筛选条件工具栏”中的“元件”按钮，双击要编辑的元器件，打开“元件特性”对话框，图2-61所示为74LS242-CC的属性编辑对话框。

从图2-61可知，对元件的编辑与修改对话框中分为四个部分，从表面看是只有最下面一类“修改”选项组中才可以进行修改，其实前三部分都具有修改功能，下面分别介绍对话框中的四个部分。

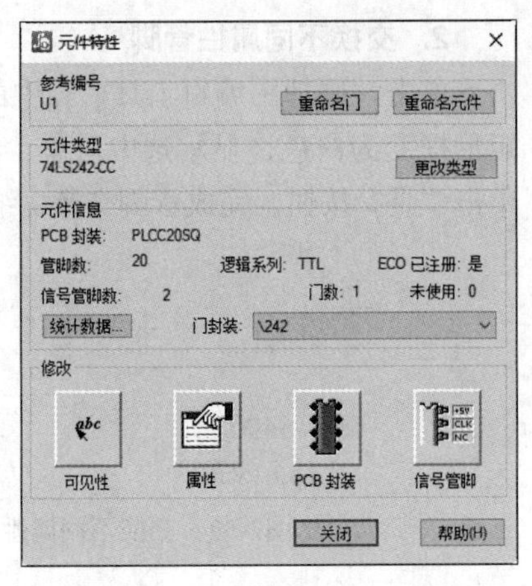

图2-61 “元件特性”对话框

1. “参考编号”选项区域

这里的“参考编号”指的是设计中的逻辑门名和元件名，所以在这一类中可以查询和修改逻辑门名和元件名。

在选项组下显示元器件编号，如U1、R1等。在对话框中的编辑栏保持着旧的逻辑门名，如显示的编号不符合要求，单击右侧的“重命名元件”按钮，弹出如图2-62所示的“重命名元件”对话框，在“新的元件参考编号”文本框中显示元件旧编号，可在文本框中删除“U1”，输入正确的编号，如“U2”，则元器件编号U2会出现在原理图上。

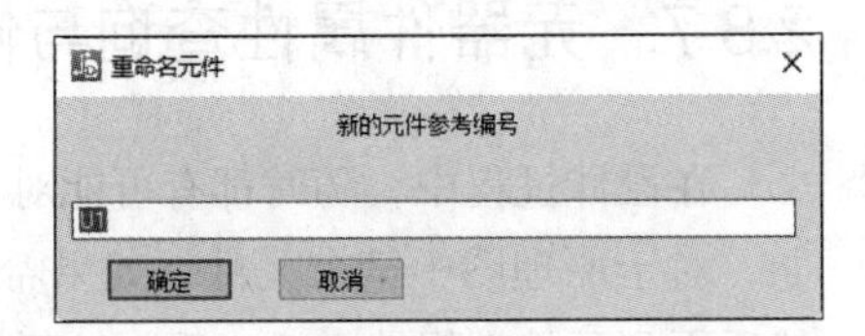

图2-62 “重命名元件”对话框

2. “元件类型”选项区域

“元件类型”选项区域主要是用来修改元器件类型的。单击“更改类型”按钮，弹出如图2-50所示的“更改元件类型”对话框，在这个对话框中可以从元件库重新选择一种元件类型去替换被查询修改的元件，前面已经详细介绍对话框中各个选项，这里不再赘述。

另外，在改变元件类型时可以不必在“元件特性”对话框中进行，只需直接单击元件的类型名进行特性编辑即可进行元件类型的替换。

3. “元件信息”选项区域

这个类型主要显示了一些关于被查询对象的相关信息，比如对应的PCB封装、管脚数、逻辑系列、ECO已注册、信号管脚数、门数、未使用及门封装等。在这里不仅是信息的显示，同样还可以改变某些对象，比如在“逻辑门封装”这个设置项中如果被选择的逻辑门有多种封装形式，可以在这里进行替换。

在这一类型中还有一个“统计数据”按钮，单击此按钮，弹出文本文件，在文件中显示上述元器件管脚的统计信息，如图2-63所示，直观地描述元件情况。

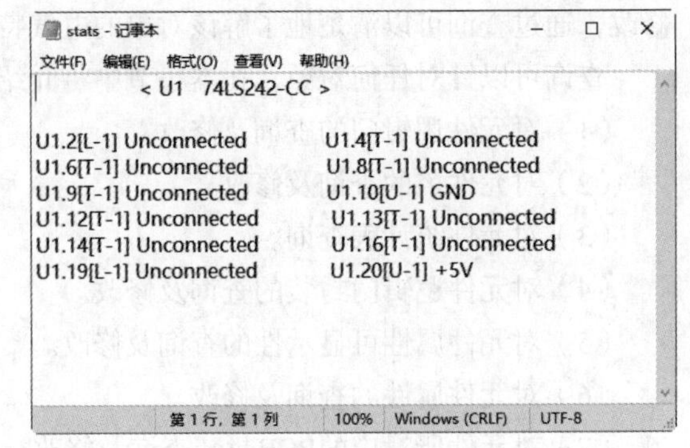

图2-63 统计文本文件

这个窗口实际上是一个记事本，它显示这个元件每一个管脚的相关信息。比如，最后一项“U1.20[U-1] +5V”表示元件U1的第一脚所属网络为+5V，且为负载输出端。

4. “修改”选项区域

在这个修改类型中有四个图标。它们分别是可见性、属性、PCB封装和信号管脚。

下面分别介绍这四种可修改项。

（1）可见性。

可见性主要是针对被查询修改对象的属性而言，就是让某个属性在设计画面中显示出来。选择

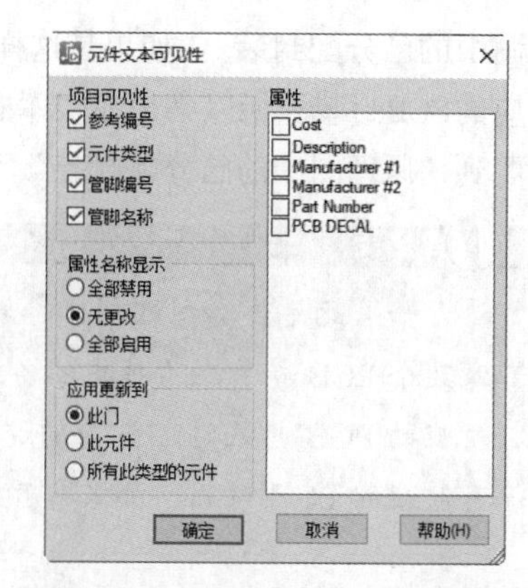

图2-64　“元件文本可见性”对话框

选项前面的复选框，则选项在原理图中显示；反之，则隐藏选项。单击此按钮，弹出“元件文本可见性”对话框，如图2-64所示。

- “属性”选项组下显示了这个被查询修改对象所有已经设置了的属性，如果希望哪一个属性内容在设计中显示出来，那么只需要单击它，使其前面的选择框中打上“√”。
- “项目可见性”选项组下有四项与元件关系很密切的显示选择项，它们是参考编号、元件类型、管脚编号和管脚名称。
- “属性名称显示”选项组设置希望关闭所有的属性或打开所有的属性。选择“全部禁用”关闭所有属性显示，反之“全部启用”打开所有的属性显示，而“无更改”只显示没有改变的属性。

关于对话框中“应用更新到”选项组前面讲过，这里不再重复。

（2）属性：设置元件参数属性。

单击此按钮，弹出“元件属性”对话框，如图2-65所示。在左侧“属性”栏中显示元器件固有的属性，分别显示属性的名称与值。若需要修改，可直接在对象上双击修改。同时，单击右侧“添加”“删除”和“编辑”按钮，设置元件属性，并在“值”选项组下输入其内容，否则其属性形同无效。

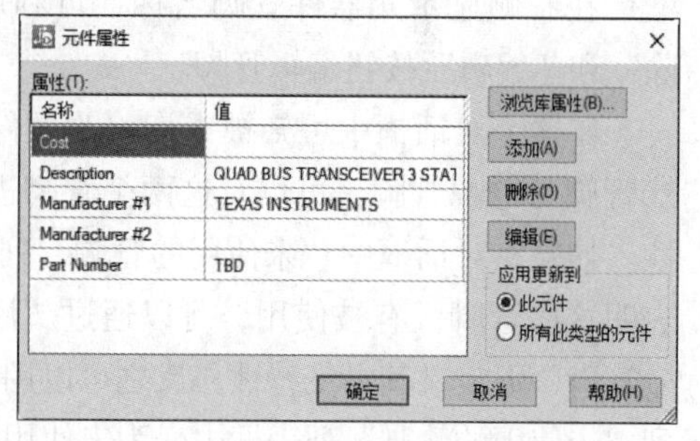

图2-65　“元件属性”对话框

图2-65中的Cost（价格），如不太清楚它的属性可以通过单击右上角“浏览库属性”按钮，弹出“浏览库属性”对话框，如图2-66所示。在此对话框中打开属性字典，选择元件库中的属性，将其添加到元器件属性中。

（3）PCB封装。

此项功能主要用于查询修改元件所对应的PCB封装，单击此按钮，弹出如图2-67所示的“PCB封装分配”对话框，在此对话框中显示封装类型及其缩略图。

图2-66　“浏览库属性”对话框

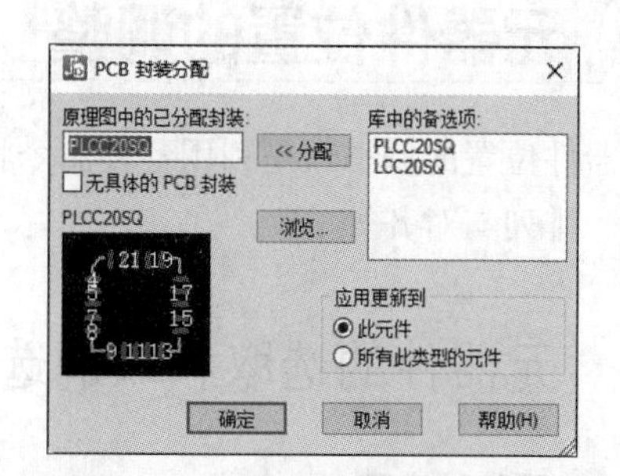

图2-67　“PCB封装分配”对话框

如果元件没有对应的PCB封装，此对话框中将没有任何封装名，可能此逻辑元件类型有对应的封装，也就是在图2-67对话框中“库中的备选项”列表框中有PCB封装名，但是没有分配在“原理图中的已分配封装”。如果是这样，在传网表时，错误报表就会显示这个元件在封装库中找不到对应的PCB封装。所以必须在“库中的备选项”列表框中选择一个PCB封装名，通过“分配”按钮分配到“原理图中的已分配封装”下。

注意

如果此元件类型在创建时本身就没分配PCB封装，即使通过对话框中“浏览”按钮强行调入某个PCB封装在“库中的备选项”也是无效的，因此在传网表时，如发现某个元件报告说没对应的PCB封装时，先查询这个元件是否分配了PCB封装，如果这里没有分配或者根本就没有对应的PCB封装，那么打开元件库修改其元件的类型增加其对应PCB封装内容。

（4）信号管脚。

此按钮主要设置元器件管脚属性的编辑、添加与移除。

单击此按钮，弹出如图2-68所示的“元件信号管脚”对话框，在右侧显示元器件管脚名称，可利用左侧的“添加”“移除”和“编辑”按钮编辑管脚。

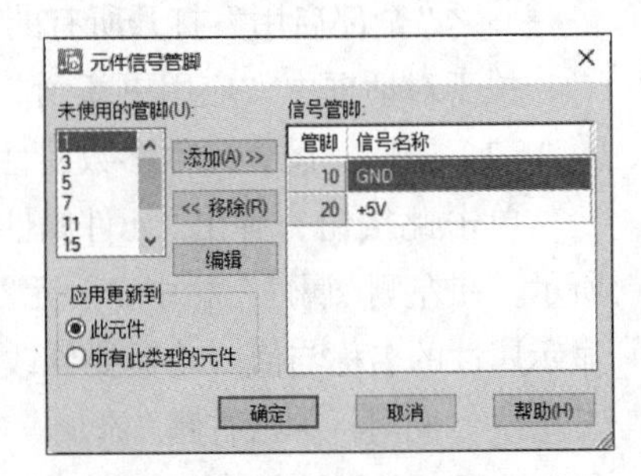

图2-68 “元件信号管脚”对话框

在这个对话框中可知被查询修改元件的第10管脚接地，第20管脚为电源管脚，可以对这两个管脚进行编辑改变其电气特性。如果在对话框中“未使用的管脚”列表框中有任何管脚时，表明这些管脚没有被使用，可以通过“添加”按钮分配到“信号管脚”下定义其电气特性，反之可以用“移除”按钮移除其“信号管脚”列表框中已定义的管脚到“未使用的管脚”列表框中变为未使用管脚。

在对话框“应用更新到”选项组可以设定其修改只对被选择元件有效（此元件）还是对当前设计中所有同类型的元件类型都有效。

到此完成有关元件的查询与修改的介绍，最后提醒读者要注意的是，对于在这个元件查询与修改中的某些项目并不一定要通过这种方式来完成，比如在前面介绍的对话框中第一部分“重命名门”选项区域的“重命名元件”选项和“更改类型”选项，其实直接单击元件的元件名和元件类型名即可进行查询与修改。

一般情况下，对元器件属性设置只需设置元器件编号，其他采用默认设置即可。

2.9 元器件位置的调整

元器件位置的调整就是利用各种命令将元器件移动到合适的位置以及实现元器件的旋转、复制与粘贴、排列与对齐等。

2.9.1 元器件的选取和取消选取

1. 元器件的选取

要实现元器件位置的调整，首先要选取元器件。选取元器件的方法很多，下面介绍几种常用的方法。

（1）用鼠标直接选取单个或多个元器件。

对于单个元器件，将光标移到要选取的元器件上单击即可。选中的元件高亮显示，表明该元器件已经被选取，如图2-69所示。

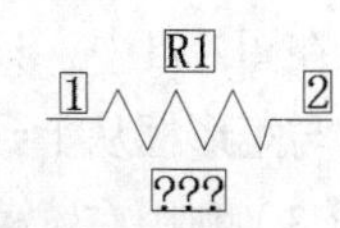

图2-69　选取单个元器件

对于多个元器件，将光标移到要选取的某个元器件上单击即可，按住"Ctrl"键选择其他的元器件，选中的多个元器件高亮显示，表明这些元器件已经被选取，如图2-70所示。

（2）利用矩形框选取。

对于单个或多个元器件，可以按住鼠标并拖动鼠标，拖出一个矩形框，将要选取的元器件包含在该矩形框中，如图2-71所示，释放鼠标后即可选取单个或多个元器件。选中的元件高亮显示，表明该元器件已经被选取，如图2-72所示。

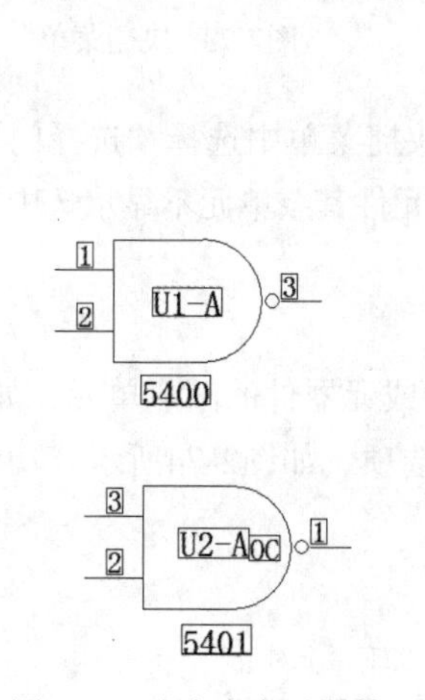

图2-70　选取多个元器件

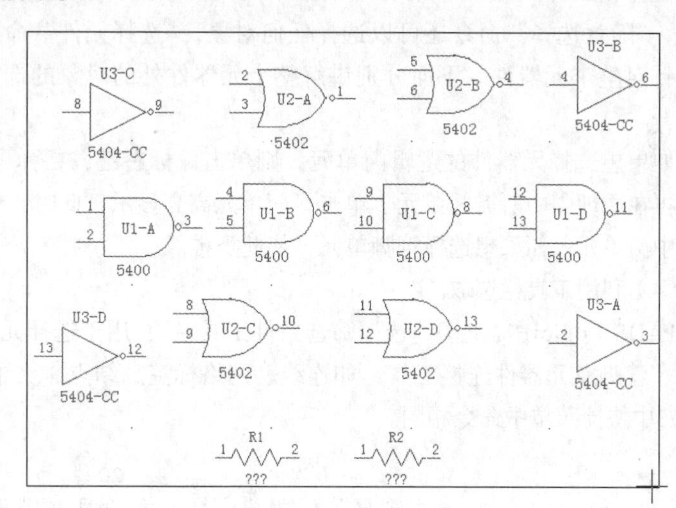

图2-71　拖出矩形框

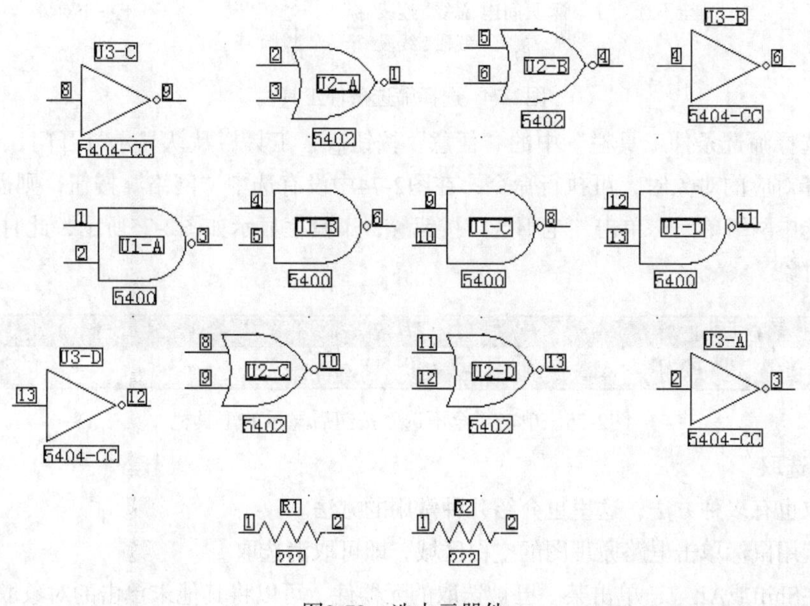

图2-72　选中元器件

在图2-71中，只要元器件的一部分在矩形框内，则显示选中对象，与矩形框从上到下框选、从下到上框选无关。

（3）利用右键菜单选取。

单击鼠标右键，弹出如图2-73所示的快捷菜单，选中“选择元件”命令，在原理图中选择元器件，选中包含子模块的元器件时，在其中一个子模块上单击，则自动选中所有子模块。在快捷菜单中选择“随意选择”命令，在原理图中选择单个元器件。

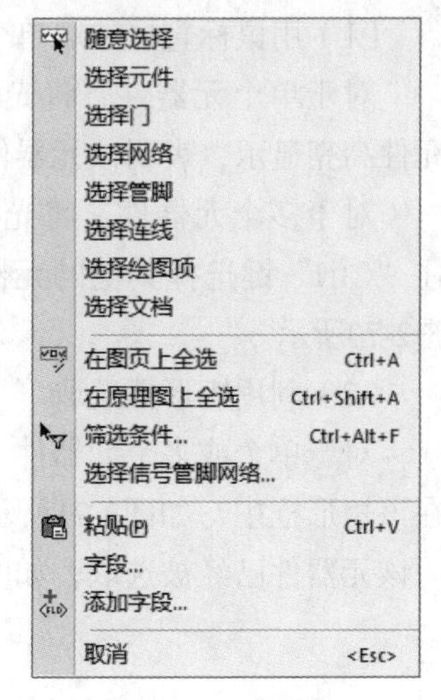

图2-73　快捷菜单

“选择元件”与“随意选择”命令对一般元器件没有差别，但对于包含子模块的元器件，执行“随意选择”命令时，选中的对象仅是单击的单一模块。读者可根据不同的需求选择对应命令。同时，“随意选择”命令还可以选择任何对象，“选择元件”命令只能针对整个元器件。下面分别讲解整个元器件外的对象的选择方法。

如果想选择元器件的逻辑门单元，则单击鼠标右键，在弹出的快捷菜单中选择“选择门”命令，再在原理图中所需门单元上单击，门单元高亮显示，此时，单击元件其余单元不显示选中，只能选中门单元；如果想选择管脚单元，依此类推。

（4）利用工具栏选取。

PADS Logic还提供了“选择筛选条件工具栏”，用于选择元器件或元器件的图形单元，如门、网络、管脚及元器件连接工具，如连线、网络标签、结点、文本等选项，如图2-74所示。功能与图2-73中快捷菜单中命令相同。

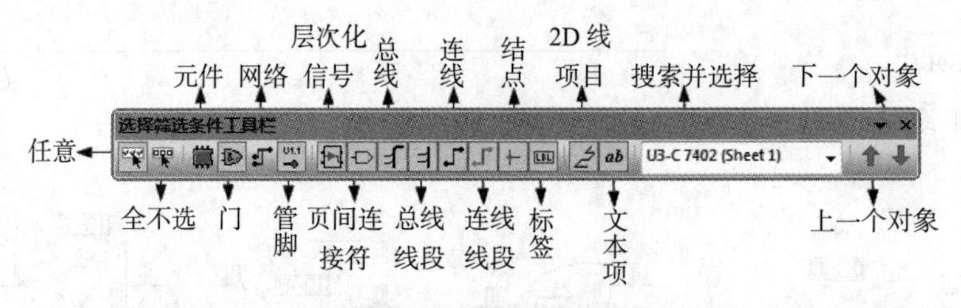

图2-74　选择筛选条件工具栏

单击“选择筛选条件工具栏”中的“任意”按钮，工具栏默认显示打开门、管脚等按钮功能，记载选择对应的对象时，可执行命令；在图2-74中没有选中“网络”按钮，则需单击“网络”按钮，即可选中网络单元，单击“全不选”按钮，工具栏显示如图2-75所示，此时在原理图中无法选择任何对象。

图2-75　单击“全不选”按钮后显示的工具栏

2. 取消选取

取消选取也有多种方法，这里也介绍几种常用的方法。

（1）直接用鼠标单击电路原理图的空白区域，即可取消选取。

（2）按住Shift或Alt键，单击某一已被选取的元器件，可以将其他未单击的对象取消选取。

2.9.2 元器件的移动

一般在放置元器件时，每个元器件的位置都是估计的，在进行原理图布线之前还需要进行布局，即对于元器件位置的调整。

要改变元器件在电路原理图上的位置，就要移动元器件。包括移动单个元器件和同时移动多个元器件。

1. 移动单个元器件

移动单个元器件分为移动单个未选取的元器件和移动单个已选取的元器件两种。

（1）移动单个未选取的元器件的方法。

将光标移到需要移动的元器件上（不需要选取），如图2-76（a）所示，按下鼠标左键不放，拖动鼠标，元器件将会随光标一起移动，如图2-76（b）所示，此时鼠标可松开，元器件随鼠标的移动而移动，到达指定位置后再次单击鼠标左键或单击空格键，即可完成移动，如图2-76（c）所示。元器件显示选中状态，在空白处单击，取消元器件选中。

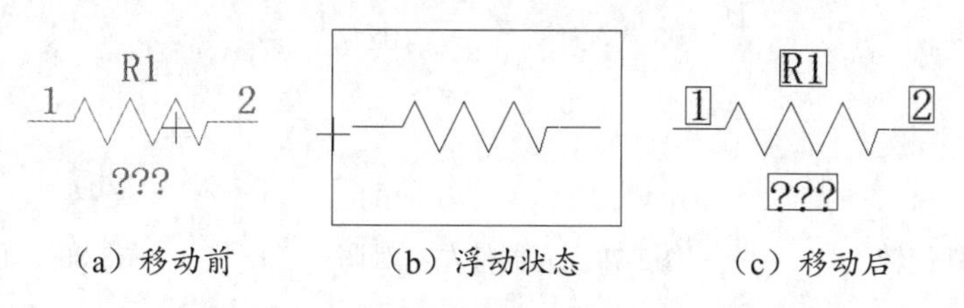

图2-76 移动未选取元器件

（2）移动单个已选取的元器件的方法。

将光标移到需要移动的元器件上（该元器件已被选取），同样按下鼠标左键拖动，元器件按图2-76（b）显示移动状态，至指定位置后单击鼠标左键或单击空格键；或者选择菜单栏中的“编辑”→“移动”命令，元器件显示图2-76（b）所示的状态，将选中的元器件移动到指定位置后单击鼠标左键或单击空格键；或者单击“原理图编辑工具栏”中的“移动”按钮，元器件显示图2-76（b）所示的状态，元器件将随光标一起移动，到达指定位置后再次单击鼠标左键或单击空格键，完成移动。

选中元器件后，单击鼠标右键，在弹出的快捷菜单中选择“移动”命令，完成对元器件的移动。

2. 移动多个元器件

需要同时移动多个元器件时，首先要将所有要移动的元器件选中。在其中任意一个元器件上按下鼠标左键，拖动鼠标（可一直按住鼠标，也可拖动后放开），所有选中的元器件将随光标整体移动，到达指定位置后单击鼠标左键或单击空格键；或者选择菜单栏中的“编辑”→“移动”命令，将所有选中的元器件整体移动到指定位置；或者单击“原理图编辑工具栏”中的“移动”按钮，将所有元器件整体移动到指定位置，完成移动。

在原理图布局过程中，除了需要调整元器件的位置，还需要调整其余单元，如门、网络、连线等，方法与移动元器件相同，这里不再赘述，读者可自行练习。

2.9.3 元器件的旋转

在绘制原理图过程中，为了方便布线，往往要对元器件进行旋转操作，在元器件放置过程中，放置方法除了上述的快捷键外，还可单击鼠标右键，弹出如图2-77所示的快捷菜单，选择相应的命令。

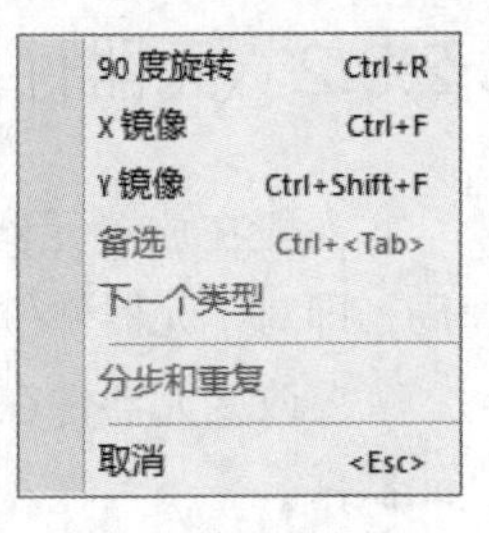

图2-77 快捷菜单

下面介绍几种常用的旋转方法。

1．90° 旋转

在元器件放置过程中，元器件变成浮动状态，直接使用快捷键Ctrl+R或单击鼠标右键，在图2-77中选择“90度旋转”命令，可以对元器件进行旋转操作，图2-78中的R1、R2分别为旋转前与旋转后的状态。

2．实现元器件左右对调

在元器件放置过程中，元器件变为浮动状态，直接使用快捷键Ctrl+F或在右键快捷菜单中选择“X镜像”命令，可以对元器件进行左右对调操作，如图2-79所示。

3．实现元器件上下对调

在元器件放置过程中，元器件变为浮动状态后，直接使用快捷键Ctrl+Shift+F，或在右键快捷菜单中选择“Y镜像”命令，可以对元器件进行上下对调操作，如图2-80所示。

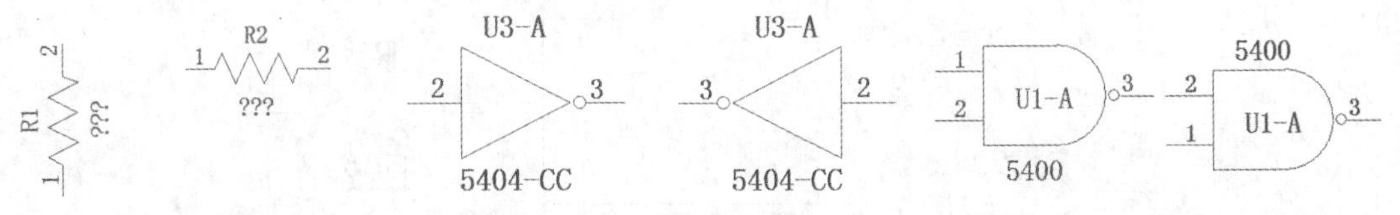

图2-78 元器件旋转　　图2-79 元器件左右对调　　图2-80 元器件上下对调

元器件的旋转操作也可以在放置后进行，单击选中对象，直接使用快捷键或单击鼠标右键，弹出图2-81所示的快捷菜单，选择相应的命令。

2.9.4 元器件的复制与粘贴

PADS Logic同样有复制、粘贴的操作，操作对象同样不仅包括元器件，还包括单个单元及相关电器符号，方法相同，因此这里仅简单介绍元器件的复制、粘贴操作。

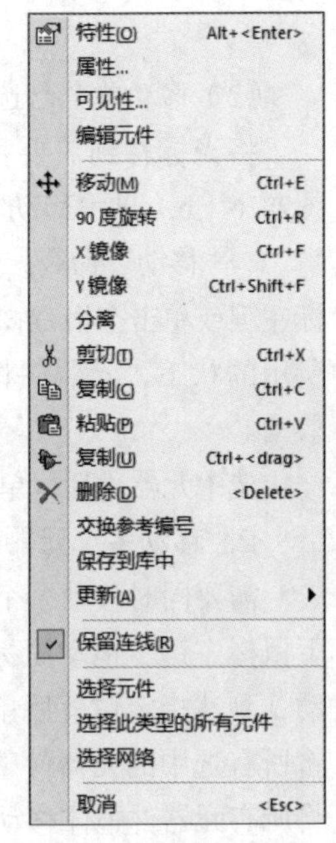

图2-81 快捷菜单命令

1．元器件的复制

元器件的复制是指将元器件复制到剪贴板中，具体步骤如下。

（1）在电路原理图上选取需要复制的元器件或元器件组。

（2）执行命令。

1）选择菜单栏中的“编辑”→“复制”命令。

2）单击“标准工具栏”中的“复制”按钮。

3）使用快捷键Ctrl+C。

即可将元器件复制到剪贴板中，完成复制操作。

2．元器件的粘贴

元器件的粘贴就是把剪贴板中的元器件放置到编辑区里，有3种方法。

（1）选择菜单栏中的“编辑”→“粘贴”命令。

（2）单击“标准工具栏”上的“粘贴”按钮。

（3）使用快捷键Ctrl+V。

执行粘贴后，光标变成十字形状并带有欲粘贴元器件的虚影，如图2-82所示，在指定位置上单击左键即可完成粘贴操作。

粘贴结果中，元器件流水编号与复制对象不完全相同，自动顺序排布，如图2-83为图2-82放置显示结果，复制U3-A，由于原理图中已有U3-B、U3-C、U3-D，因此粘贴对象编号顺延成为U4-A。

图2-82　粘贴对象　　　　图2-83　放置粘贴对象

3. 元器件的快速复制

元器件的快速复制是指一次性复制无须执行粘贴命令即可多次将同一个元器件重复粘贴到图纸上。

具体步骤如下。

（1）在电路原理图上选取需要复制的元器件或元器件组。

（2）执行命令。

1）选择菜单栏中的“编辑”→“复制”命令。

2）单击“原理图编辑工具栏”中的“复制”按钮。

3）使用快捷键Ctrl+drag。

图2-84所示为快速复制结果。

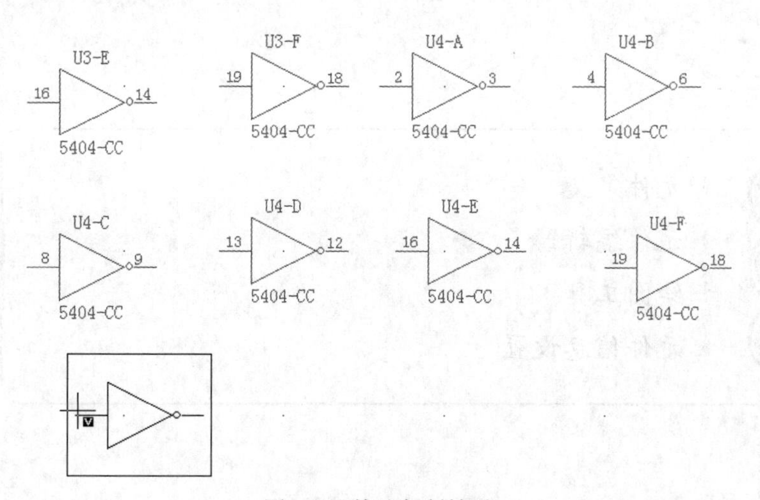

图2-84　快速复制结果

第 3 章

原理图库设计

本章主要介绍在 PADS Logic 图形界面中进行图形绘制，在原理图中绘制各种标注信息，使电路原理图更清晰，数据更完整，可读性更强。各种图元均不具有电气连接特性，所以系统在做 ERC 检查及转换成网络表时，它们不会产生任何影响，也不会附加在网络表数据中。

识

- ✧ 元件定义
- ✧ 元件编辑器
- ✧ 绘图工具
- ✧ 元件信息设置

3.1 元件定义

在设计电路之前，我们必须保证所用到的元件都在PADS Logic和PADS Layout中存在，其中包括元件的元件、逻辑封装和PCB封装。

很多的PADS用户，特别是新的用户非常容易将这三者（PCB封装、CAE和元件类型）搞混淆，总之，只要记住PCB封装和CAE（逻辑封装）只是一个具体的封装，不具有任何电气特性，它是元件类型的一个组成部分，是元件类型在设计中的一个实体表现。所以当建好一个PCB封装或者CAE封装时，千万别忘了将该封装指明所属元件类。元件既可在PADS Logic中创建，也可以在PADS Layout中创建。

PCB封装是一个实际零件在PCB上的脚印图形，如图3-1所示，有关这个脚印图形的相关资料都存放在库文件XXX.pd9中，它包含各个管脚之间的间距及每个管脚在PCB各层的参数、元件外框图形、元件的基准点等信息。所有的PCB封装只能在PADS的封装编辑中建立。

CAE封装是零件在原理图中的一个电子符号，如图3-2所示。有关它的资料都存放在库文件XXX.pd9中，这些资料描述了这个电子符号各个管脚的电气特性及外形等。CAE封装只能在PADS Logic中建立。

图3-1　PCB 封装l　　　　图3-2　CAE 封装

元件类型在库管理器中用元件图标来表现，它不像PCB封装和CAE封装那样每一个封装名都有唯一的元件封装与其对应，而元件类型是一个类的概念，所以在PADS系统中称它为元件类型。

对于元件封装，PADS巧妙地使用了这种类型的管理方法来管理同一个类型的元件有多种封装的情况。在PADS中，一个元件类型（也就是一个类）中可以最多包含四种不同的CAE封装和十六种不同的PCB封装，当然这些众多的封装中每一个的优先权都不同。

当使用“添加元件”命令或快捷图标增加一个元件到当前的设计中时，输入对话框或从库中去寻找的不是PCB封装名，也不是CAE封装名，而是包含有这个元件封装的元件类型名，元件类型的资料存放在库文件XXX.pt9中。当调用某元件时，系统一定会先从XXX.pt9库中按照输入的元件类型寻找该元件的元件类型名称，然后再依据这个元件类型中包含的资料中所指示的PCB封装名称或CAE封装名称到库XXX.pd9或XXX..ld9中去找出这个元件类型的具体封装，进而将该封装调入当前的设计中。

3.2 元件编辑器

元件类型在库管理器中用元件图标来表现，它不像PCB封装和逻辑封装那样每一个封装名都有唯一的元件封装与其对应，而元件类型是一个类的概念，所以在PADS系统中称它为元件类型，一般都在PADS Logic“元件编辑器”环境中建立。

3.2.1 启动编辑器

选择菜单栏中的“工具”→“元件编辑器”命令，弹出如图3-3所示的窗口，进入元件封装编辑环境。

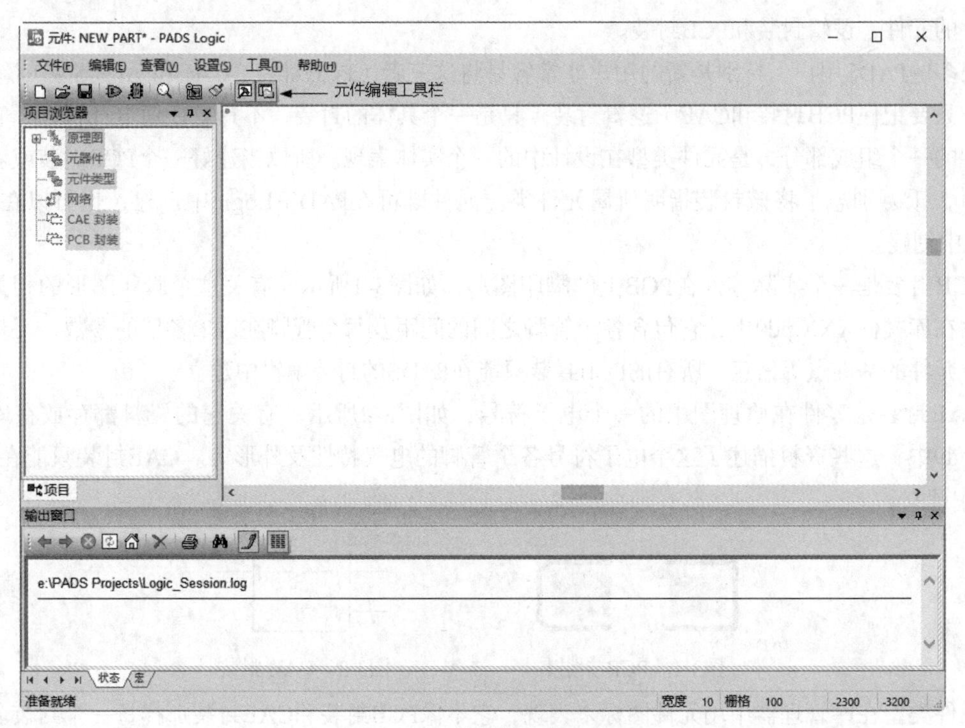

图3-3 元件封装编辑环境

3.2.2 文件管理

1. 新建文件

单击“标准工具栏”中的“新建”按钮，弹出“选择编辑项目的类型”对话框，选择“元件类型”选项，如图3-4所示，单击“确定”按钮，退出对话框，进入元件封装编辑环境。

2. 保存库文件

单击“符号编辑器工具栏”中的“保存”按钮，弹出“将CAE封装保存到库中”对话框，如图3-5所示。

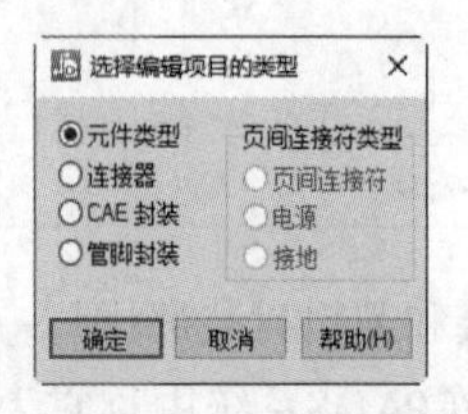

图3-4 新建元件类型

图3-5 “将 CAE 封装保存到库中”对话框

3. 文件的另存为

选择菜单栏中的“文件”→“另存为”命令，弹出如图3-6所示的“将元件和门封装另存为”

对话框，在“库”下拉列表中选择新建的库文件PADS，在“元件名”文本框中输入要创建的元件名称，单击“确定”按钮，退出对话框。

4．保存图形

（1）对于一些图形，特别是合并图形，在以后的设计中可能会用到，PADS Logic允许将其保存在库中，并在元件库管理器中通过“库”来管理。

（2）保存图形与合并体时，先单击图形或冻结图形，再单击鼠标右键，在弹出的快捷菜单中选择“保存到库中”命令，弹出如图3-7所示的对话框。在对话框中选择保存图形库和图形名称，单击“确定”按钮即可。

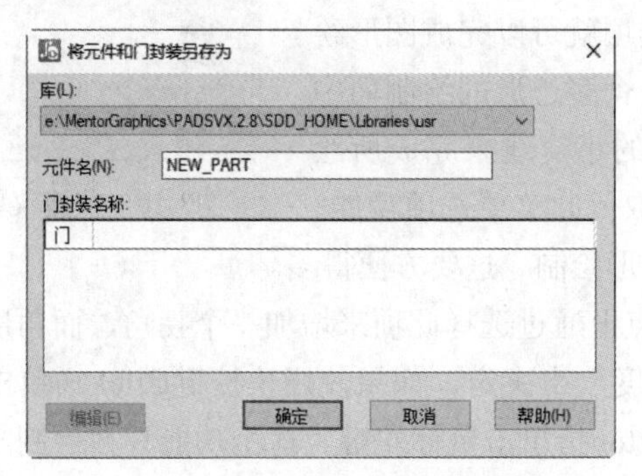

图3-6 “将元件和门封装另存为”对话框1

图3-7　保存图形

3.3 绘图工具

（1）单击“元件编辑工具栏”中的“编辑图形”按钮，弹出提示对话框，单击“确定”按钮，默认创建NEW_PART，进入图形编辑环境，如图3-8所示。

（2）完成绘制之后，选择菜单栏中的“文件”→“返回至元件”命令，返回图3-8所示的编辑环境。

（3）单击“元件编辑工具栏”中的“封装编辑工具栏”，弹出“符号编辑工具栏”，如图3-9所示。

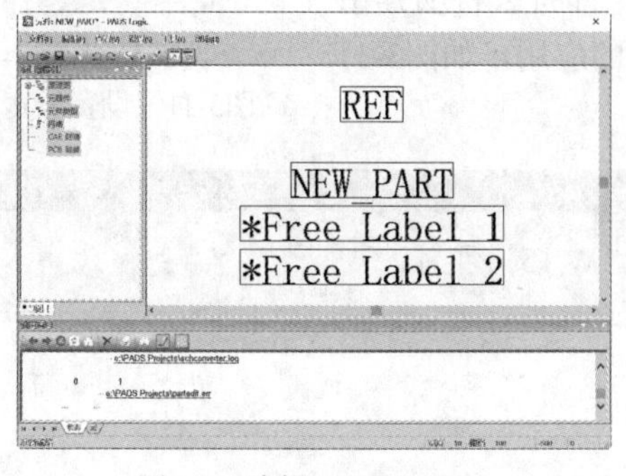

图3-8　编辑NEW_PART

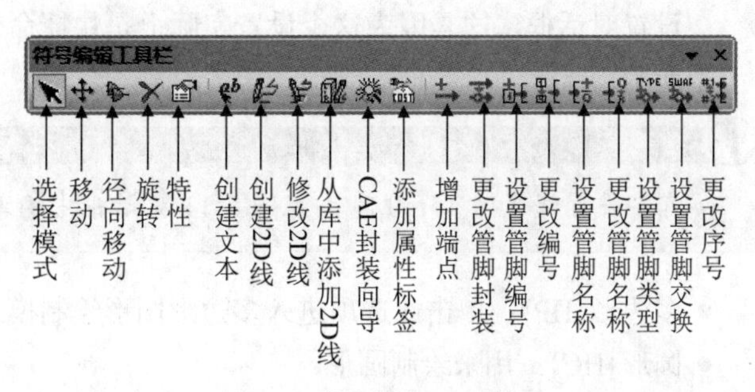

图3-9　符号编辑工具栏

3.3.1　多边形

多边形图形泛指一种不定形图形，这种不定形表现在它的边数可以根据需要来决定，而在图形的形状上也是人为的。

1. 绘制多边形

绘制多边形首先必须进入绘图模式。单击“原理图编辑工具栏”中的“创建2D线”按钮，然后将鼠标十字光标移动到设计环境画面中的空白处，单击鼠标右键，则会弹出如图3-10所示的快捷菜单。

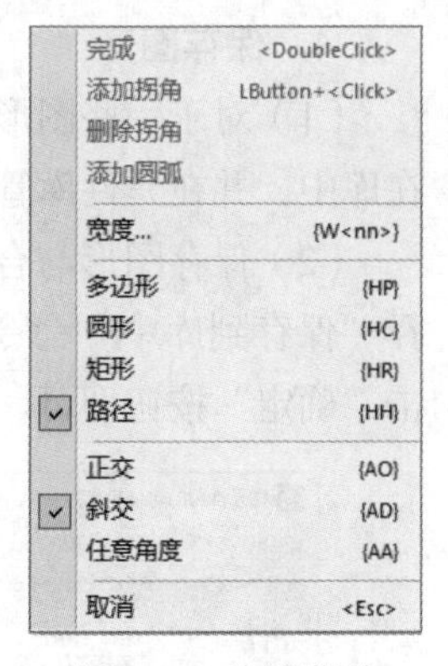

图3-10 快捷菜单

图3-10所示的快捷菜单介绍如下。

- 完成<DoubleClick>：只有在绘图过程中上面四个选项才有效，因为它们只在绘图过程中才可以用到。在绘制图形时，不管是四种基本图形中哪一种，只要选择此菜单中的此选项就可以完成图形绘制。但是在绘制多边形时，如果在没有完成一个多边形的绘制而中途单击此项选择，那么系统将以此点和起点的正交线来完成所绘制的多边形。可以使用快捷键DoubleClick来取代此菜单选项功能。DoubleClick 的意思是双击鼠标左键就可结束图形绘制。这要方便得多。
- 添加拐角LButton+ <Click>：在当前图形操作点上通过选择此项来增加一个拐角，而角度由菜单中的设置项“正交”“斜交”和“任意角度”来决定。如果使用快捷键Click（单击），指在需要拐角处单击一下鼠标左键即可。LButton指单击鼠标左键。这个功能只在绘制多边形和路径时有效。
- 删除拐角<Backspace>：在绘制图形过程中，当需要删除当前操作线上的拐角时可使用此选择项来完成。这个功能同样只是针对多边形和路径有效，而且它不具有快捷键操作。
- 添加圆弧<Click>：在绘制图形时，如果希望某个部分绘制成弧度形状，选择此项菜单，当前的走线马上会变成一个可变性弧度，移动鼠标任意调整弧度直到适合要求之后单击鼠标左键确定。这个功能只是绘制多边形和非封闭图形时才具有。在使用过程中可以使用快捷键Click（单击）来替代。
- 宽度{W<nn>}：这个选项用来设置绘制图形时所用的线宽，设置线宽有两种方式，一是在绘制图形以前设置；一是在线设置，也就是在绘制图形过程中进行设置，这样设置比较方便，可以随时改变图形绘制中的当前走线宽度。不管使用哪一种设置方式，当输入字母“W”时，都将会自动弹出设置对话框，这是因为这个设置实际上是快捷命令的应用，如图3-11所示。

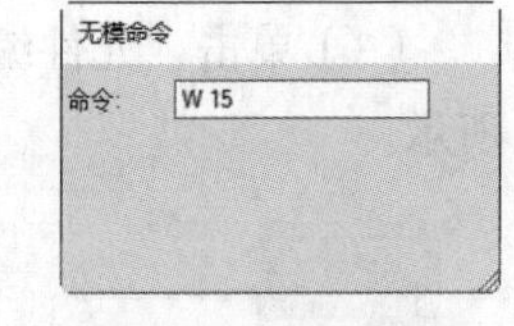

图3-11 设置线宽

> **注意**
>
> 需要设置线宽为 15mil 时，在图 3-11 对话框中输入“W 15”即可。

- 多边形{HP}：单击此选项进入多边形图形绘制模式。
- 圆形{HC}：用来绘制圆形。
- 矩形{HR}：单击此选项绘制矩形。
- 路径{HH}：绘制非封闭图形。
- 正交{AO}：在绘制多边形和非封闭图形时，如果选择此选项，那拐角将呈现90°角度。
- 斜交{AD}：同正交选项一样，设置此项时在绘画过程中拐角将为斜角。
- 任意角度{AA}：在绘图时，其拐角将由设计者确定。可以移动鼠标改变拐角的角度，当满足要求时单击鼠标左键确定即可。

- 取消<Esc>：退出创建2D线操作。

只有在充分理解这些选项意义的前提下才可能准确地绘制出所需的图形。当需要绘制多边形时，选择图3-10快捷菜单中的“多边形”命令。系统缺省值就是多边形，所以当刚进入绘制图形模式时，无须选择设置项可直接绘制多边形。

2. **编辑多边形**

在实际中，有时往往需要对完成的图形进行编辑使之符合设计要求。

编辑图形首先必须进入编辑模式状态下。单击“原理图编辑工具栏”中的“修改2D线”按钮，然后选择所需要编辑的图形。将所编辑图形点亮之后单击鼠标右键，弹出如图3-12所示的快捷菜单。

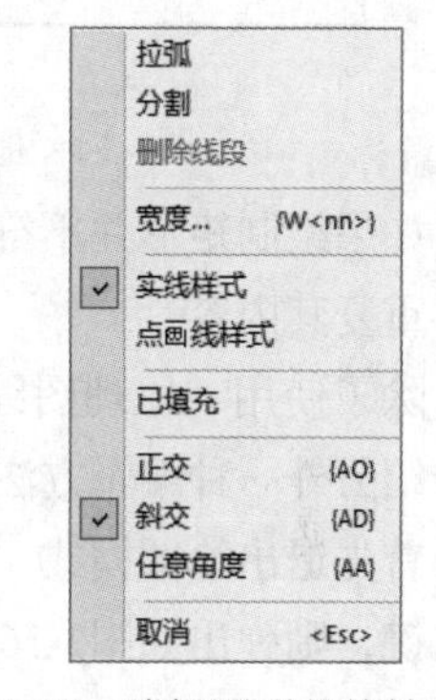

图3-12 编辑图形的快捷菜单

在图3-12所示的快捷菜单中选择编辑图形所需要的命令，各个选项的内容介绍如下。

- 拉弧：编辑图形时选择图形中某一线段后移动鼠标，这时被选择的线段将会随着鼠标的移动而被拉成弧形。
- 分割：选择图形某一线段或圆弧，系统将以当前鼠标十字光标所在线段位置将线段进行分割。
- 删除线段：单击图形某线段或圆弧，系统将会删除单击处相邻的拐角而使之成为一条线段。
- 宽度{W<nn>}：设置线宽，本小节前面已经介绍过，不再重复。
- 实线样式：将图形线条设置成连续点的组合。
- 点画线样式：如果设置成这种风格，图形中的二维线将变成点状连线，如图3-13所示。
- 已填充：将图形变成实心状态。

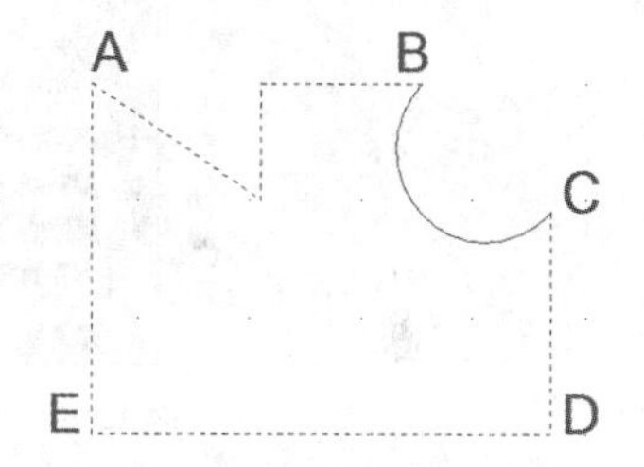

图3-13 点画线样式

有关菜单的最后三个选项——正交、斜交和任意角度，在本节前面部分已经介绍，这里不再重复。

3.3.2 矩形

上一小节介绍了多边形的绘制与编辑，实际完全可以通过绘制多边形的模式和操作绘制出一个矩形来。但是系统为什么要增加一个矩形绘制功能呢？是否这是多此一举？

答案是否定的，利用绘制矩形功能绘制矩形比用绘制多边形功能绘制矩形快得多，使用绘制矩形功能只需要确定两点就可以完成一个矩形的绘制，而使用绘制多边形功能绘制矩形需要确定四个点才能完成一个矩形的绘制。下面介绍绘制一个矩形图形时的基本操作步骤。

（1）单击“原理图编辑工具栏”中的“创建2D线”按钮，进入绘图模式，在设计环境空白处单击鼠标左键，然后再单击鼠标右键，弹出如图3-10所示的快捷菜单，选择“矩形”命令。

（2）在起点处单击鼠标左键然后移动鼠标，如图3-14所示，这时会有一个可变化的矩形，决定这个矩形大小的是起点和起点对角线另一端的点。

（3）确定终点，可变化的矩形满足要求后单击鼠标左键确定，这就完成了一个矩形的绘制，如

图3-15所示。

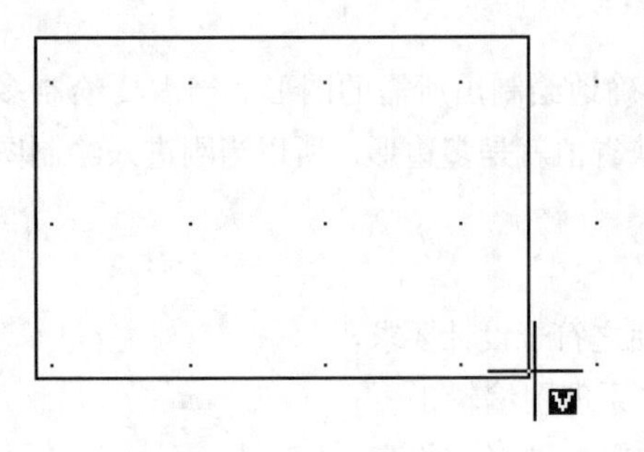

图3-14　拖动矩形

图3-15　绘制矩形

如果绘制矩形并不符合要求或者是对以前的文件进行编辑的方法与多边形完全是相同的，这里不再重复其内容。

除了使用“原理图编辑工具栏”中的“修改2D线”按钮可以编辑矩形和多边形之外，这里将介绍另外一种编辑方法。

首先退出绘图模式，然后用鼠标单击矩形或者多边形，使矩形或多边形处于高亮状态，单击鼠标右键，则弹出如图3-16所示的快捷菜单。

在图3-16所示的菜单中选择“特性”命令，则弹出如图3-17所示的对话框。

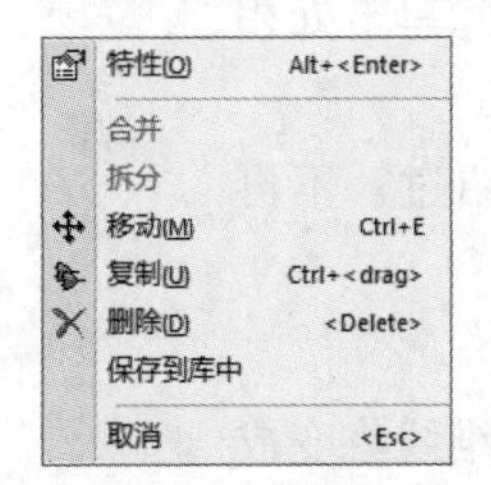

图3-16　选择编辑功能

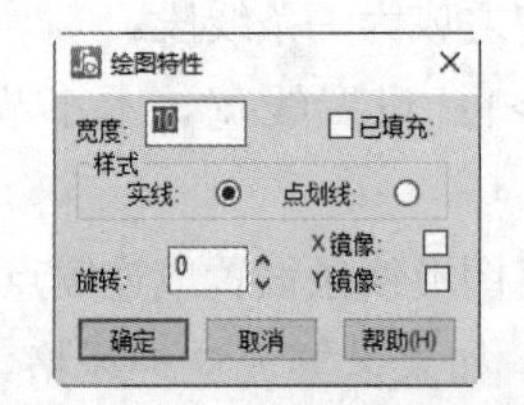

图3-17　“绘图特性”对话框

注意

直接双击矩形或多边形也可弹出“绘图特性”对话框。

在图3-17对话框中有五种可修改选项，它们分别介绍如下。

- 宽度：改变图形的轮廓线宽度，在文本框后输入新的线宽值。
- 已填充：如果选择此项，被激活的图形将被填充成实心图形。
- 样式：在这种编辑选项中有两种选择——实线和点画线。
- 旋转：将图形进行旋转，旋转角度只能是0°或90°。
- 镜像：将图形进行镜像处理，可选择X镜像（沿X轴镜像）或者Y镜像（沿Y轴镜像）。

小技巧

从图3-17对话框中可知，这种编辑方式与前一小节中介绍的编辑在操作方式上完全不一样。这种编辑方式是将所有编辑项目设置好之后，系统一次性统一完成。但这种编辑方式同前一小节中介绍的使用“原理图编辑工具栏”中的“修改2D线”按钮进行编辑图形相比较，有一个最明显的区别就是不可以改变图形的形状。

对于图形的编辑，一般来讲基本就这两种编辑方法。

3.3.3　圆

在所有绘制图形之中，可以说绘制圆是最简单的一种绘图，因为在整个绘制过程中只需要确定圆的圆心和半径这两个参数。

（1）单击“原理图编辑工具栏”中的“修改2D线”按钮，进入绘图模式，单击鼠标右键，选择弹出快捷菜单中的“圆形”命令。在当前设计中首先确定圆心，如果要求圆心位置非常准确，可以通过快捷命令来定位，比如圆心的坐标如果是X:500mil和Y:600mil，则输入快捷命令“S　500　600”就可以准确地定位在此坐标上。

（2）单击鼠标左键确定，此时如果偏离圆心移动鼠标，在鼠标十字光标上黏附着一个圆，这个圆随着偏离圆心的移动半径也随着增大，当靠近圆心移动时圆的半径减小，调整到所需半径时单击鼠标左键确定。绘制的圆形如图3-18所示。

（3）圆的修改同绘制一样的简单，只需先选中需要编辑的圆，然后移动鼠标调整圆的半径，最后单击鼠标左键确定即可。

图3-18　绘制的圆形

3.3.4　路径

在操作上，多边形一定要所绘制的图形封闭时才可以完成操作，而路径可以在图形的任何一个点完成操作。当然利用路径可以绘制出多边形和另外几种基本的图形，所以从这个角度来讲，路径是一种万能的绘图法。

但在绘制效率上，在绘制一些标准图形上，用它来绘制就可能显得比较落后。

（1）单击“原理图编辑工具栏”中的“创建2D线”按钮，进入绘图模式，再单击鼠标右键，从弹出的快捷菜单中选择“路径”命令。

（2）在设计中选择一点，不过这一点并不是圆心点，而是圆上的任意一个点。单击鼠标左键确定这一点之后偏离此点移动鼠标，但是绘制出的是一条线段而非圆弧，这是系统缺省设置，如需要改变它，只需在绘制过程中单击鼠标右键，弹出如图3-19所示的快捷菜单，选择“添加圆弧”命令，此时你刚绘制出的线段就变成了弧线，移动此弧线成半圆，如图3-20所示。此时保持弧线的终点与起点在一条水平垂直线上，移动鼠标调整好半径之后单击鼠标左键确定。

（3）到此画出了一个圆的一半，“添加圆弧”命令只能执行一段圆弧的绘制，因此绘制另一半圆弧时，还需要选择“添加圆弧”命令，如图3-21所示，同理绘制另外一个半圆。到起点位置后单击鼠标左键确定，这样一个圆就绘制完成，结果如图3-22所示。

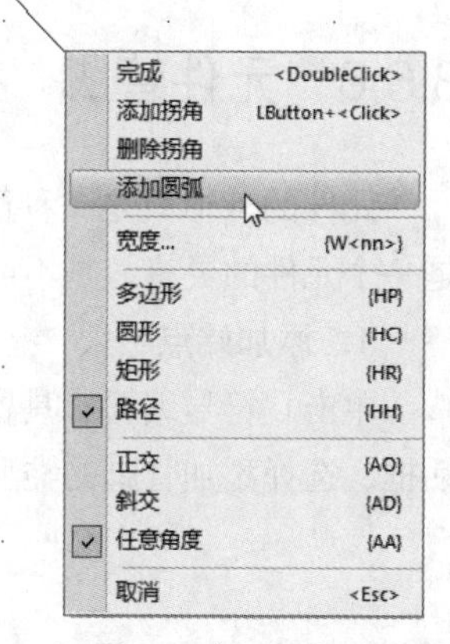

图3-19　利用“路径”方式绘图

按以上步骤完成了一个圆的绘制，同理可以利用“路径”绘图方式绘制多种图形。利用“路径”方式绘出的图形与其他绘图方式的不同点在于它所绘制的图形的组成单位一定是线段和弧线，这就是为什么在编辑用“路径”方式绘制圆形时，移动圆圈可能并不是整个圆圈都随着移动，而是圆圈一部分弧线。因此，在绘制图形时，要根据所绘图形选择适当的绘制方式，以免给绘制和编辑带来不必要的麻烦，从而提高设计效率。

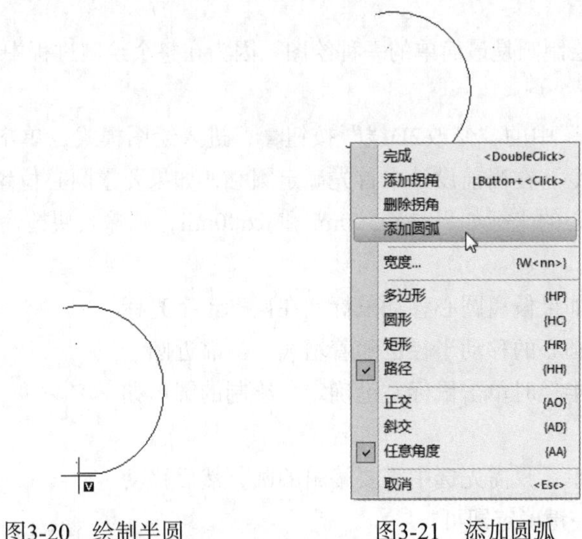

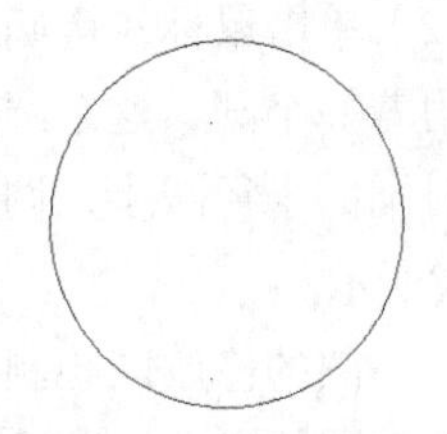

图3-20 绘制半圆　　　　图3-21 添加圆弧　　　　图3-22 绘制另一半圆

3.3.5 从库中添加2D线

（1）单击“原理图编辑工具栏”中的“从库中添加2D线”按钮，系统会弹出如图3-23所示的对话框。

（2）在“库”下拉列表框中找到保存图形的库，这时在这个库中所有的图形都会显示在窗口中“绘图项”文本框中，选择所需图形名称，单击“确定”按钮即可将图形增加到设计中。

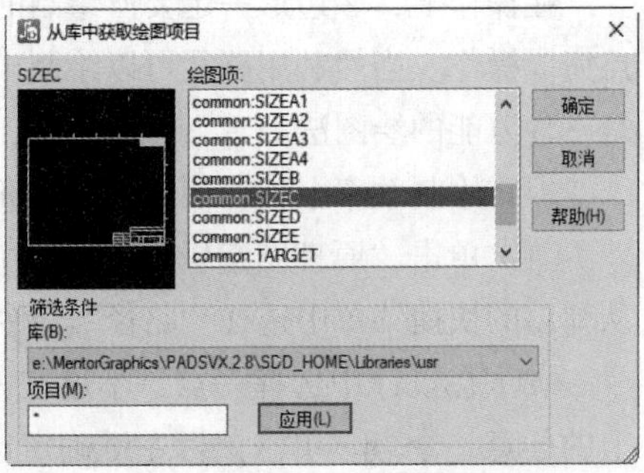

图3-23 增加图形

3.3.6 元件管脚

元件的外形只是一种简单的图形符号，真正起到电气连接特性的对象是管脚（见图3-24），它是一个元件的灵魂，是不可或缺的。

1. 添加端点

单击“符号编辑工具栏”中的“添加端点”按钮，弹出如图3-25所示的“管脚封装浏览”对话框，选择添加管脚的类型。

0 NETNAME #16:TYP=S SWP=0

图3-24 元件管脚

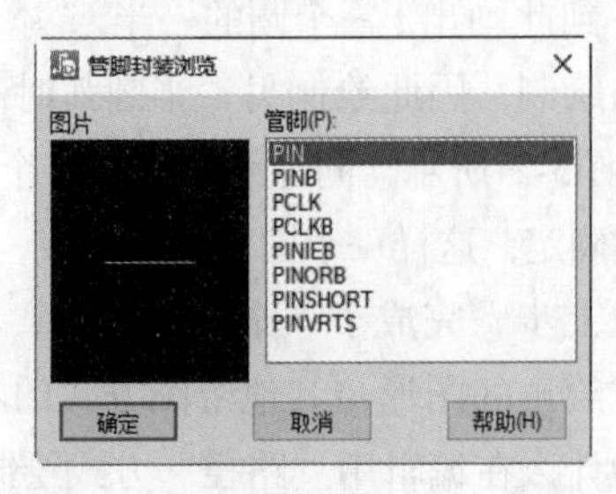

图3-25 “管脚封装浏览”对话框1

2. 更改管脚类型

单击“符号编辑工具栏”中的“更改管脚封装”按钮，弹出如图3-26所示的“管脚封装浏览”对话框，选择要修改的管脚的类型。修改后的管脚类型如图3-27所示。

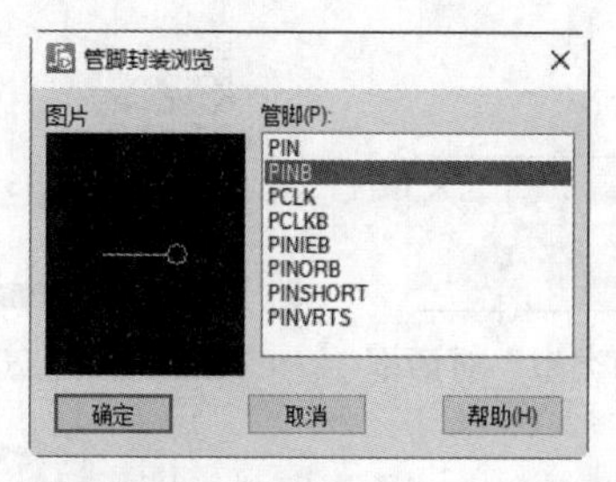

图3-26 “管脚封装浏览”对话框2

0　NETNAME　#16:TYP=S SWP=0

图3-27　修改后的管脚类型

3. 设置管脚编号

（1）单击“符号编辑工具栏”中的“设置管脚编号”按钮，弹出如图3-28所示的“设置管脚编号”对话框。

- 在“起始管脚编号”选项组下设置“前缀”和“后缀”名称。
- 在“增量选项”选项组下选择“前缀递增”和“后缀递增”两个单选钮。
- 在“步长”选项中设置编号间隔。

（2）单击“符号编辑工具栏”中的“更改编号”按钮，单击需要修改的编号，弹出如图3-29所示的“Pin Number”对话框，输入要修改的编号。修改后的编号如图3-30所示。

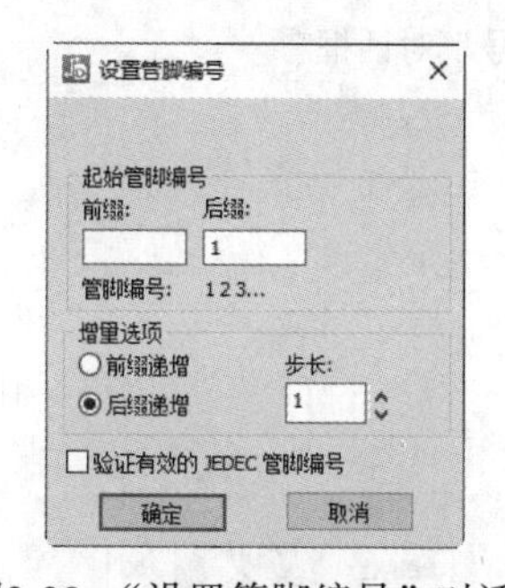

图3-28 “设置管脚编号”对话框

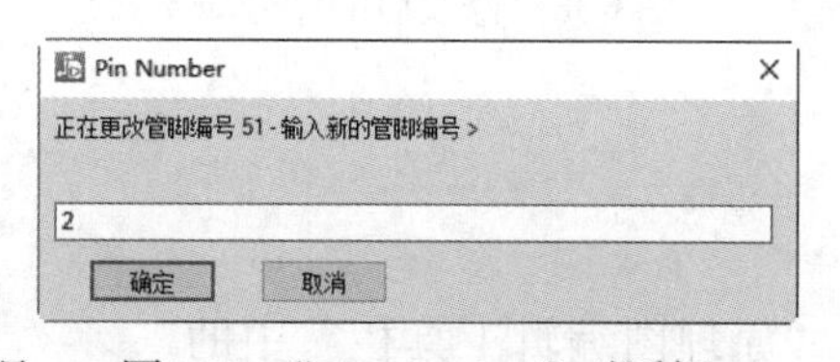

图3-29 “Pin Number”对话框1

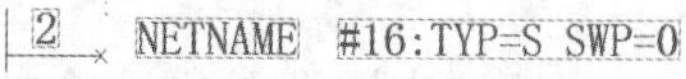

2　NETNAME　#16:TYP=S SWP=0

图3-30　修改后的编号

4. 设置管脚名称

（1）单击“符号编辑工具栏”中的“设置管脚名称”按钮，弹出如图3-31所示的“端点起始名称”对话框，在该对话框中输入管脚名称。修改后的管脚名称如图3-32所示，继续单击管脚，管脚名称自动按照数字依次递增，显示A2、A3、A4。

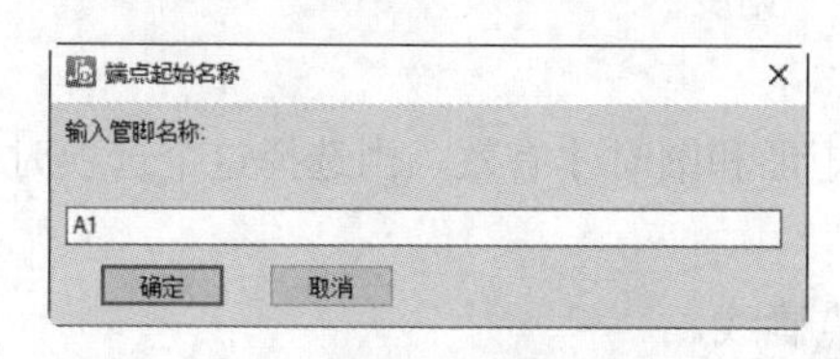

图3-31 “端点起始名称”对话框1

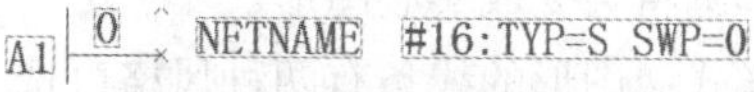

A1　0　NETNAME　#16:TYP=S SWP=0

图3-32　修改后的管脚名称

（2）单击“符号编辑工具栏”中的“更改管脚名称”按钮，弹出如图3-33所示的“Pin Name”对话框，在该对话框中输入要修改的管脚名称。

5. 设置管脚电气类型

单击“符号编辑工具栏”中的“设置管脚类型”按钮，弹出如图3-34所示的“管脚类型”对话框，在下拉列表中显示可选择的10种电气类型，如图3-35所示。

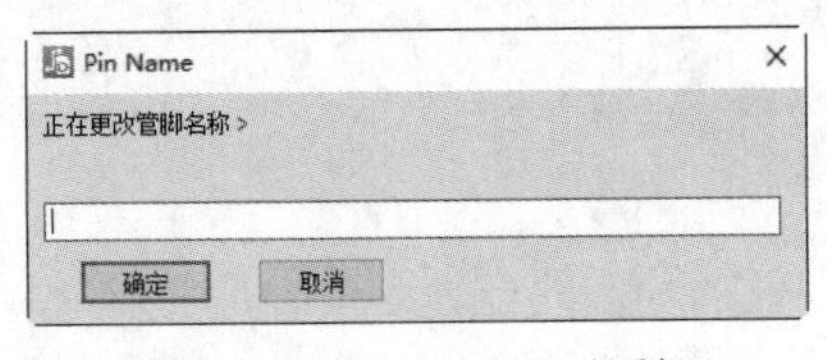

图3-33 “Pin Name”对话框1

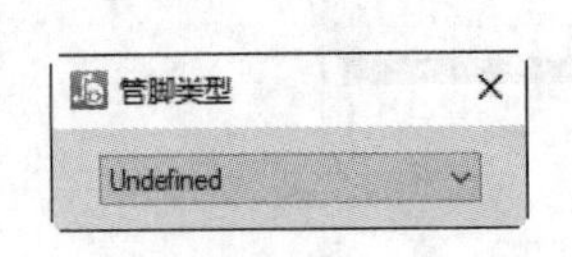

图3-34 “管脚类型”对话框

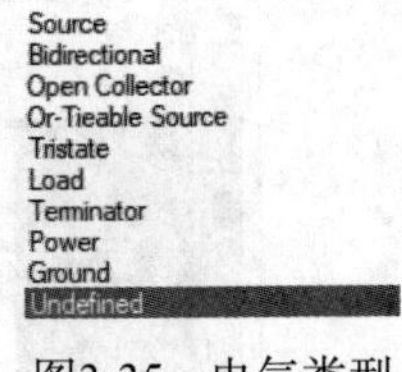

图3-35 电气类型

6. 交换管脚

单击“符号编辑工具栏”中的“设置管脚交换”按钮，弹出如图3-36所示的“分配管脚交换类”对话框，交换两个管脚，包括其编号、名称、属性等，全部进行交换。

7. 更改管脚

单击“符号编辑工具栏”中的“更改序号”按钮，弹出如图3-37所示的“端点序号”对话框，输入新的管脚序号。修改后的序号如图3-38所示。

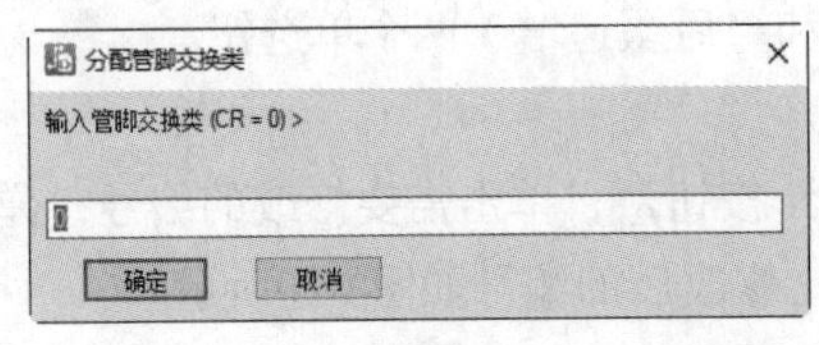

图3-36 “分配管脚交换类”对话框

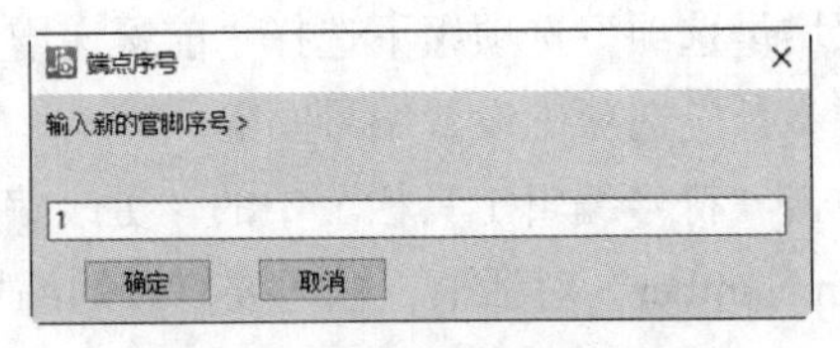

图3-37 “端点序号”对话框

0 NETNAME #1:TYP=S SWP=0

图3-38 修改后的序号

3.3.7 元件特性

直接选中图形对象，单击“原理图编辑工具栏”中的“特性”按钮，当单击有效后，弹出“绘图特性”对话框，如图3-39所示。

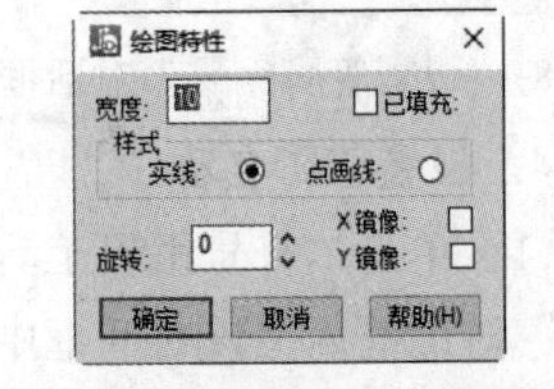

图3-39 “绘图特性”对话框

图形的查询与修改非常简单，从图3-39对话框中可知，可以对图形进行以下5个方面的查询与修改。

- 宽度：如果需要改变图形的线宽，在对话框中“宽度”文本框中输入新的线宽值。
- 已填充：这个选项只有当查询与修改的对象是矩形和圆时才有效，当选择这个选项时，矩形和圆将会变成实心图形。
- 样式：图形的线条有两种风格可选——实线和点画线。
- 旋转：利用旋转设置一次可将选择图形的位置状态改变90°。
- 镜像：如果需要将图形做镜面反映，选择“X镜像:”可将图形以X轴做镜面反映，选择“Y镜像：”，则图形以Y轴做镜面反映。

3.4 元件信息设置

单击“元件编辑工具栏”中的“编辑电参数”按钮，弹出“元件的元件信息”对话框。

1. “常规”选项卡

选择“常规”选项卡，如图3-40所示。在该选项卡中包括3个选项组。

（1）元件统计数据。

在该选项组下显示元件的基本信息，包括管脚数、封装、门数及信号管脚数。

（2）选项。

在该选项组下设置图形与信息的关系。

（3）逻辑系列。

在下拉列表中显示逻辑系列类型，不同的逻辑系列对应不同的参考前缀，单击“系列”按钮，弹出“逻辑系列”对话框，如图3-41所示。在该对话框中可对现有的逻辑系列进行编辑、删除，同时，可以添加新的逻辑系列。

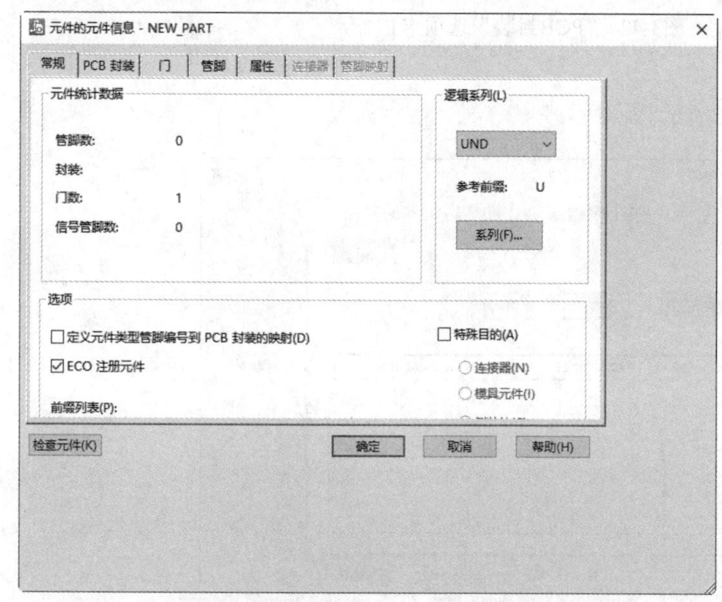

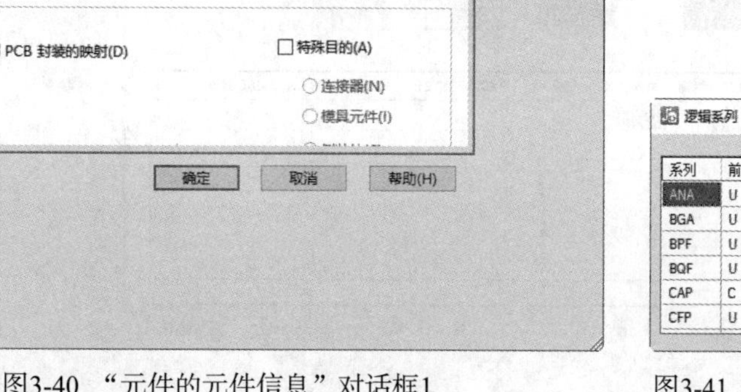

图3-40 “元件的元件信息”对话框1

图3-41 “逻辑系列”对话框1

2. “PCB封装”选项卡

选择“PCB封装”选项卡，如图3-42所示。在PADS系统中，一个完整的元件一定包含两方面的内容，即元件封装（CAE封装和PCB封装）和该封装所属的元件类型。在该选项卡中添加元件对应的封装。

在“库”选项组下选择封装库，在“未分配的封装”列表框中显示封装库中的封装，选中需要的封装，单击“分配”按钮，将选中封装添加到右侧“已分配的封装”列表框中，对应到元件中。

若无法得知封装的所在位置，可在“筛选条件”文本框中输入筛选关键词，在“管脚数”文本框中可输入管脚数，精确筛选条件，完成条件设置后，单击“应用”按钮，同时选择“仅显示具有与元件类型匹配的管脚编号的封装”复选框，也可简化搜索步骤。

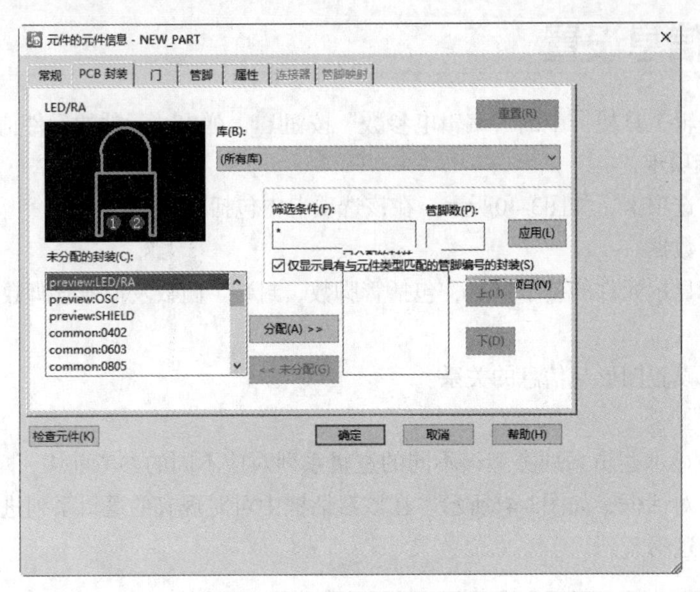

图3-42 “PCB封装”选项卡1

3. “门”选项卡

选择“门”选项卡，如图3-43所示。

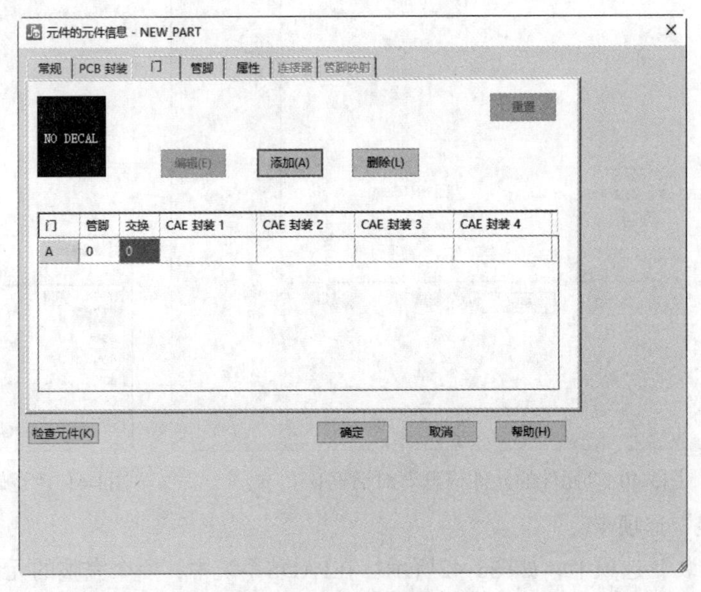

图3-43 “门”选项卡1

有时候由于元件过于复杂，可以将该元件分成几个部分，各部分元件外形相同，管脚编号及属性不同；门即元件的部件。

在该选项卡下主要添加或编辑部件个数、名称和管脚。

4. “管脚”选项卡

选择“管脚”选项卡，如图3-44所示，显示元件管脚信息，同时可在该对话框中对管脚进行修改、添加、重新编号等。

5. “属性”选项卡

选择“属性”选项卡，如图3-45所示，显示元件添加的属性。

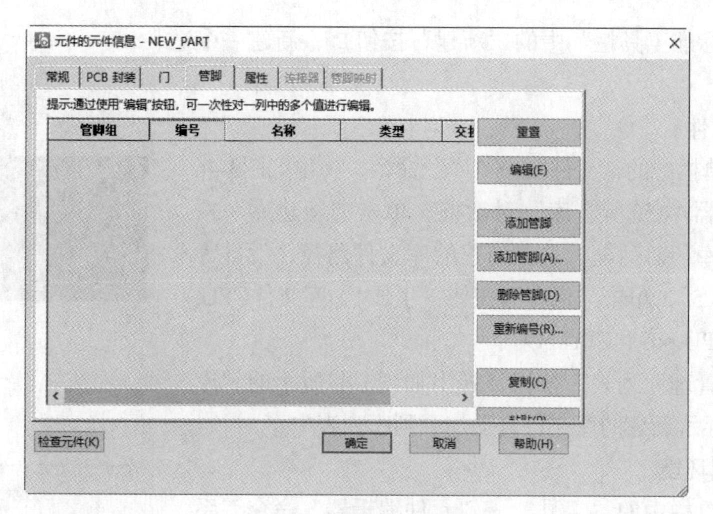

图3-44 “管脚”选项卡

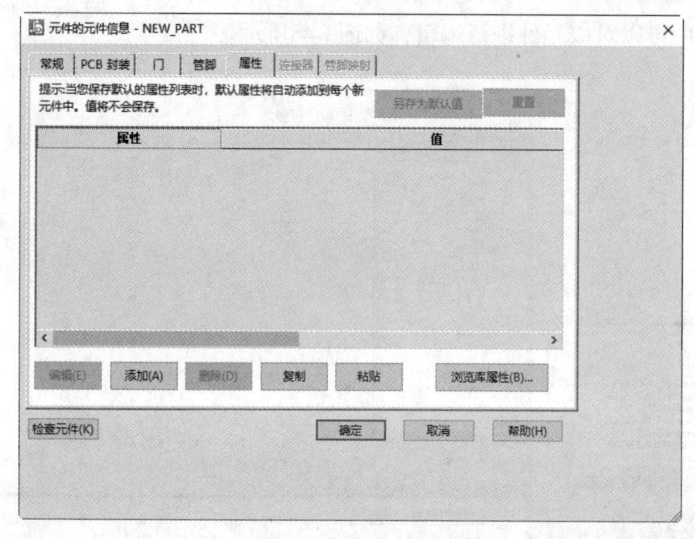

图3-45 “属性”选项卡

3.5 操作实例

通过前面章节的学习，用户对PADS Logic VX.2.8原理图库文件的创建、库元件的绘制和绘图编辑工具的使用有了初步的了解，而且能够完成演示库元件的创建。这一节通过具体的实例来说明使用绘图工具完成元件的设计工作。

3.5.1 元件库设计

通过本例的学习，读者将了解在元件编辑环境下新建原理图库、绘制元件原理图符号的方法，同时练习绘图工具的使用方法。

扫码看视频

1. 创建工作环境

（1）单击PADS Logic图标，打开PADS Logic VX.2.8。

（2）单击“标准工具栏”中的“新建”按钮，新建一个原理图文件。

2. 创建库文件

（1）选择菜单栏中的“文件”→“库”命令，弹出如图3-46所示的“库管理器-浏览所有库”对话框，单击“新建库”按钮，弹出“新建库”对话框，选择新建的库文件路径，设置为“\yuanwenjian\3\3.5”，单击“保存”按钮，生成4个库文件CPU.ld9、CPU.ln9、CPU.pd9和CPU.pt9。

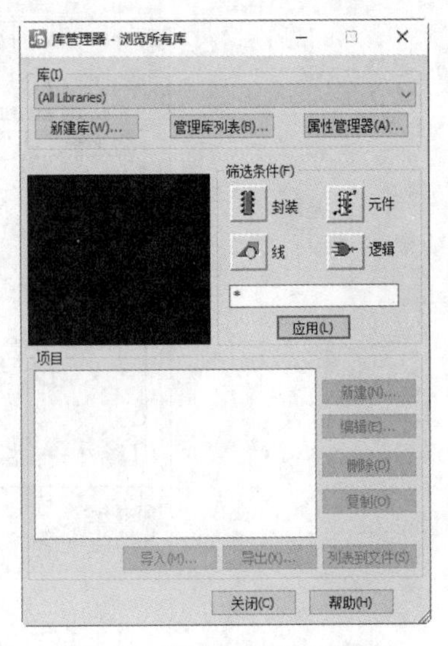

图3-46 “库管理器”对话框

（2）单击“管理库列表”按钮，弹出如图3-47所示的“库列表”对话框，显示新建的库文件自动加载到库列表中。

3. 元件编辑环境

（1）选择菜单栏中的“工具”→“元件编辑器”命令，系统会进入元件封装编辑环境。默认创建名称为“NEW_PART”的元件，在该界面中可以对该元件进行编辑，如图3-48所示。

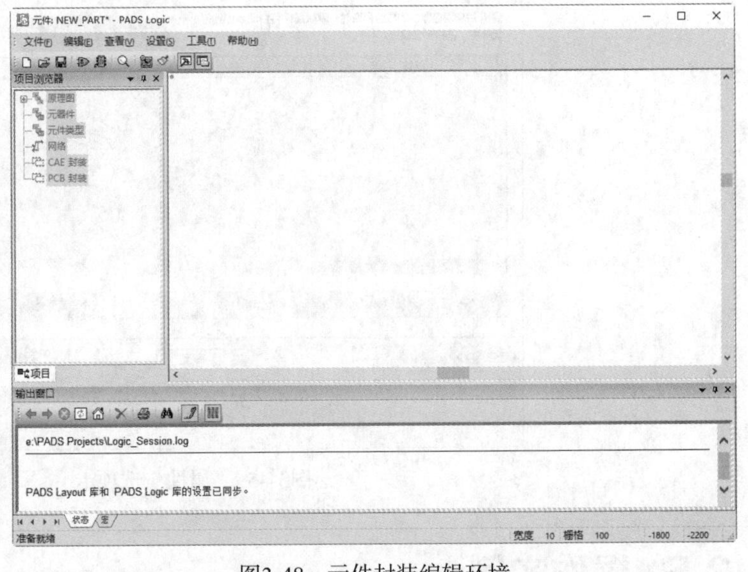

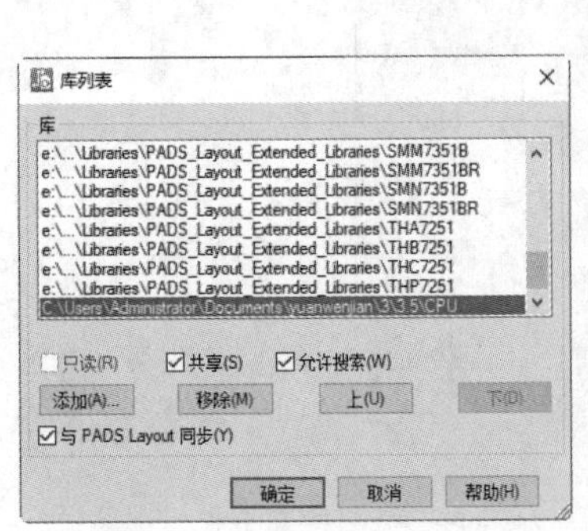

图3-47 “库列表”对话框

图3-48 元件封装编辑环境

（2）选择菜单栏中的“文件”→“另存为”命令，弹出如图3-49所示的“将元件和门封装另存为”对话框，在“库”下拉列表中选择新建的库文件CPU，在“元件名”文本框中输入要创建的元件名称P89C51RC2HFBD，单击“确定”按钮，退出对话框。

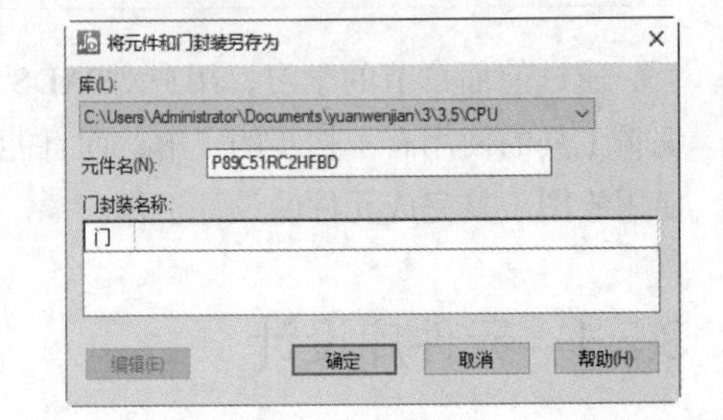

图3-49 “将元件和门封装另存为”对话框2

4. 元件绘制环境

单击“元件编辑工具栏”中的“编辑图形”按钮，弹出提示对话框，单击“确定”按钮，进入绘制环境，如图3-50所示。

5. 绘制元件符号

（1）单击“元件编辑工具栏”中的“封装编辑”按钮，弹出“符号编辑”工具栏。

图3-50　编辑元件环境

（2）单击“符号编辑工具栏”中的“CAE封装向导”按钮，弹出“CAE封装向导”对话框，按照图3-51所示设置管脚数，单击“确定”按钮，在编辑区显示设置完成的元件如图3-52所示。

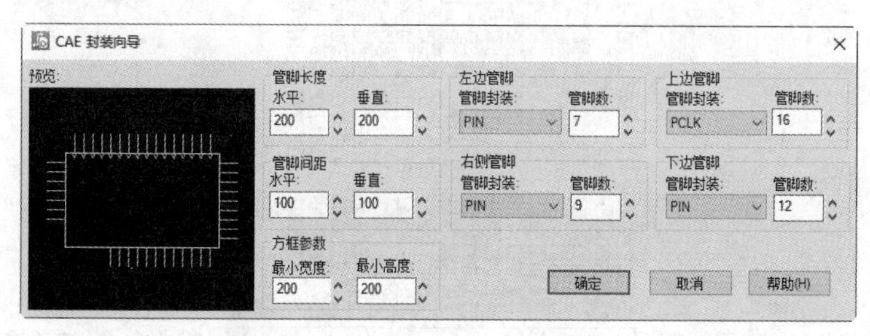

图3-51 “CAE封装向导”对话框1

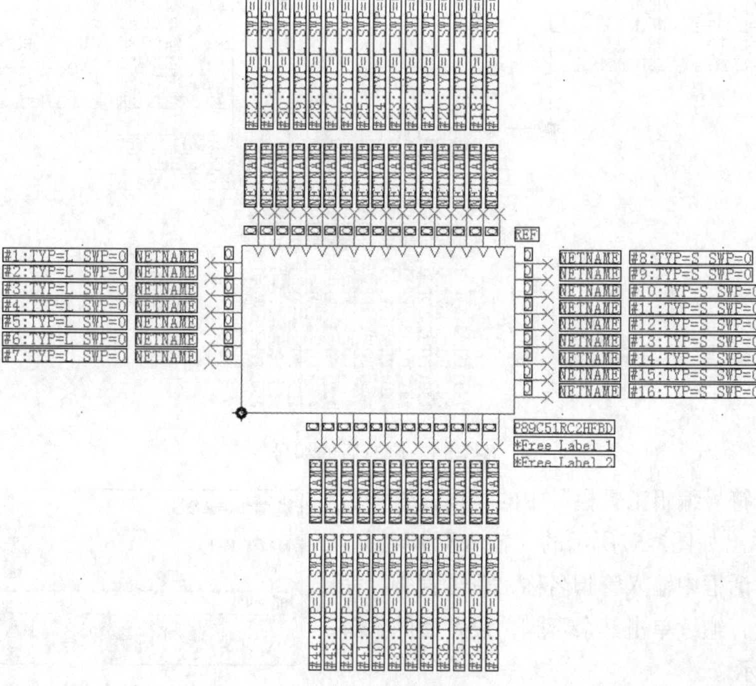

图3-52　设置完成的元件

（3）双击管脚，弹出“端点特性”对话框，按照芯片要求输入编号及名称，如图3-53所示。

（4）单击“更改封装”按钮，弹出如图3-54所示的“管脚封装浏览”对话框，选择管脚类型为“PCLKB”，单击“确定”按钮，完成封装修改，关闭对话框。

（5）返回“端点特性”对话框，如图3-53所示。显示修改结果，单击“确定”按钮，关闭对话框。

（6）单击“符号编辑工具栏”中的“更改编号”按钮，在管脚编号上单击，弹出“Pin Number”对话框，如图3-55所示，按照芯片修改元件编号。修改后的编号如图3-56所示。

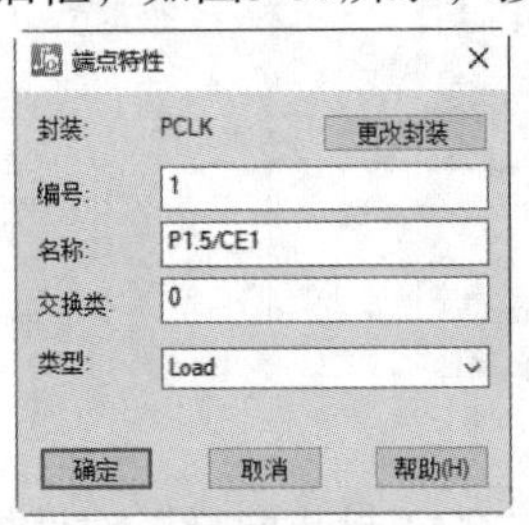

图3-53 “端点特性”对话框1

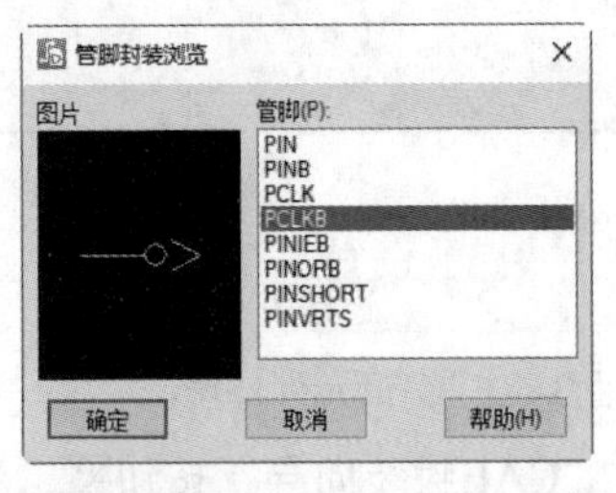

图3-54 “管脚封装浏览”对话框3

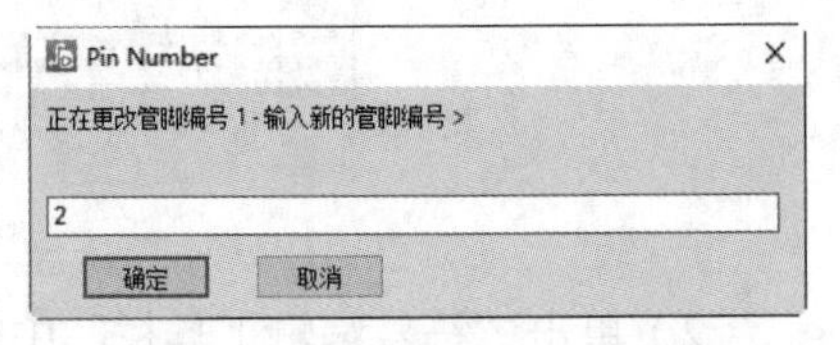

图3-55 “Pin Number”对话框2

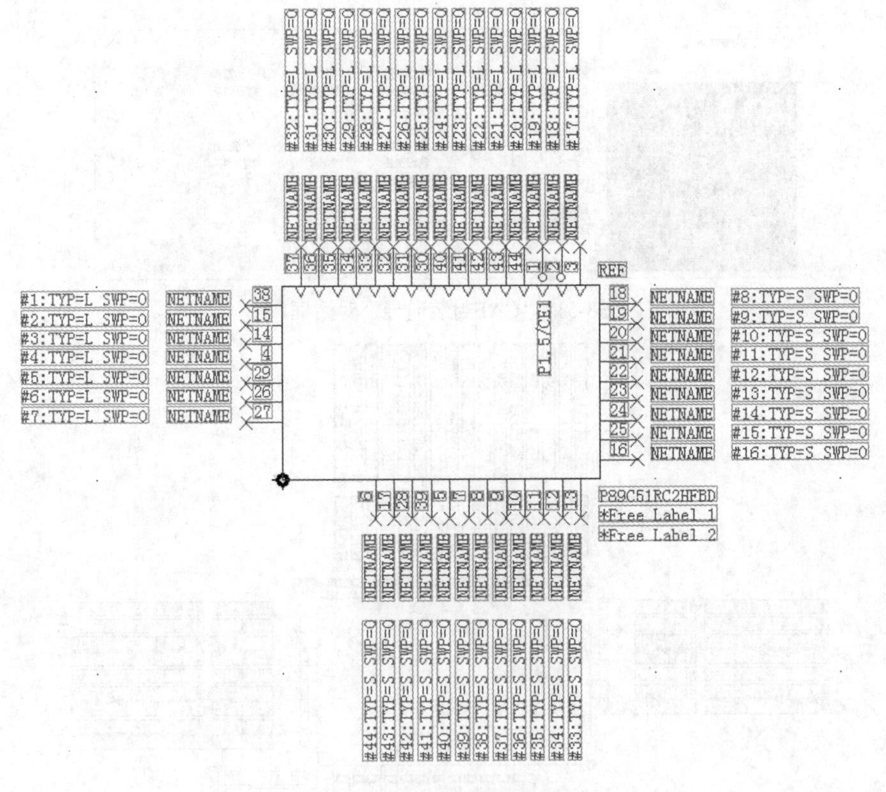

图3-56 修改后的编号

（7）单击“符号编辑工具栏”中的“设置管脚名称”按钮，弹出如图3-57所示的“输入管脚名称”对话框，在该对话框中输入管脚名称，单击管脚，完成管脚名称设置，继续单击其余管脚，设置后的管脚名称如图3-58所示。

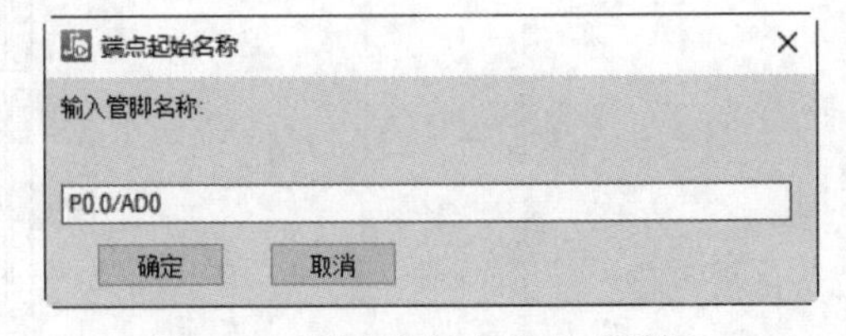

图3-57 “端点起始名称”对话框2

（8）单击“符号编辑工具栏”中的“更改管脚名称”按钮，弹出如图3-59所示的“Pin Name”对话框，在该对话框中输入要修改的管脚名称，完成修改后，继续单击管脚，修改其余管脚，修改后的管脚名称如图3-60所示。

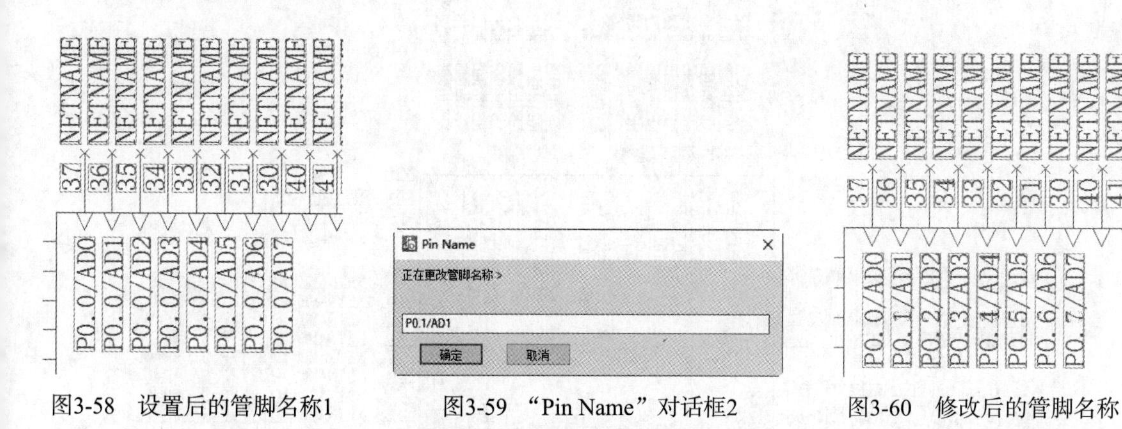

图3-58　设置后的管脚名称1　　图3-59　“Pin Name”对话框2　　图3-60　修改后的管脚名称

（9）同样的方法，修改所有管脚名称，结果如图3-61所示。

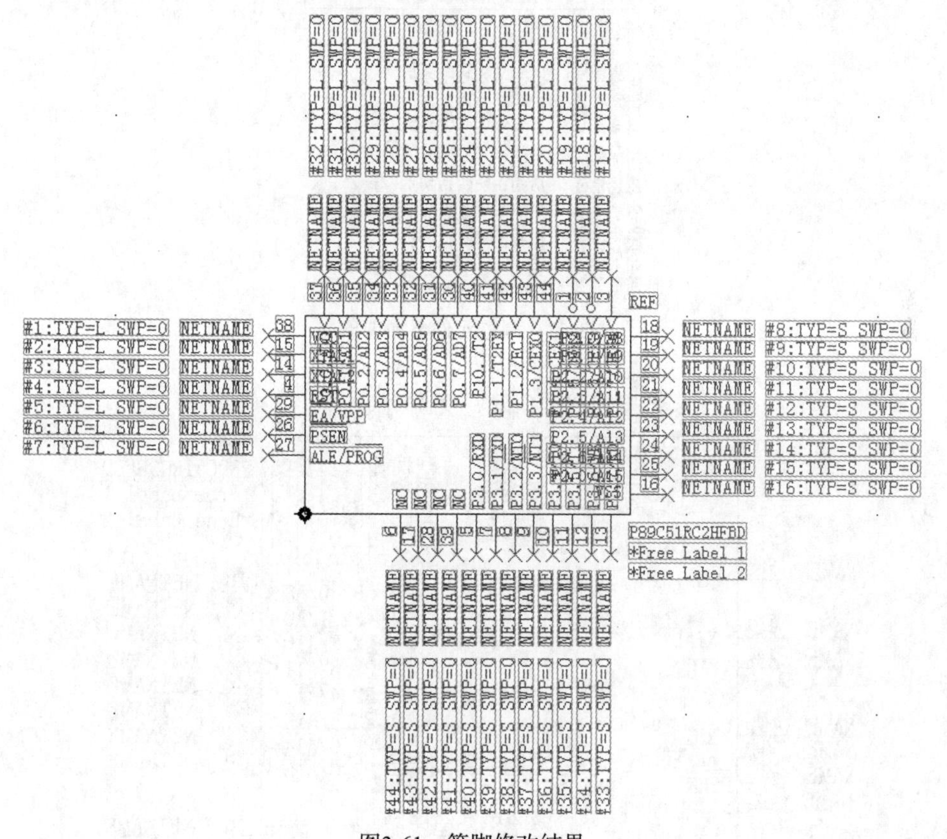

图3-61　管脚修改结果

（10）由于元件分布不均，出现叠加现象，单击“符号编辑”工具栏中的“修改2D线”按钮，在矩形框上单击，向右拖动矩形，调整结果如图3-62所示。

（11）单击“符号编辑工具栏”中的“更改管脚封装”按钮，弹出“管脚封装浏览”对话框，选择要修改的管脚的类型，结果如图3-63所示。

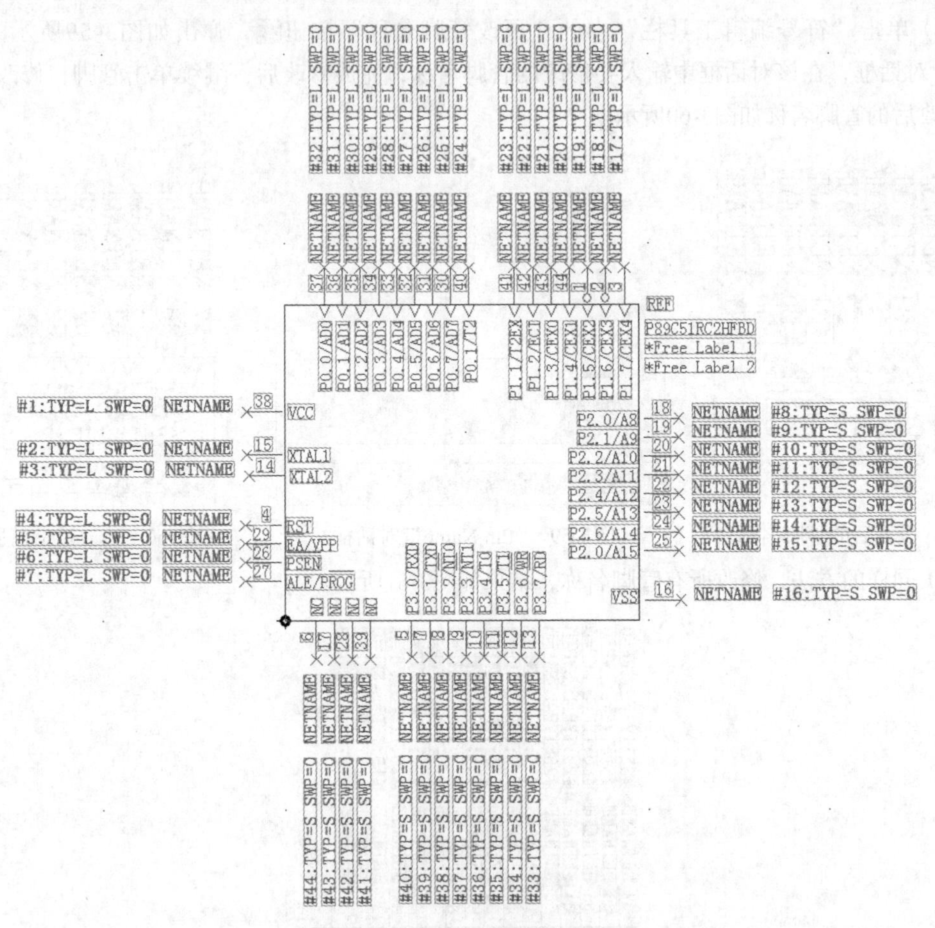

图3-62　调整元件叠加现象

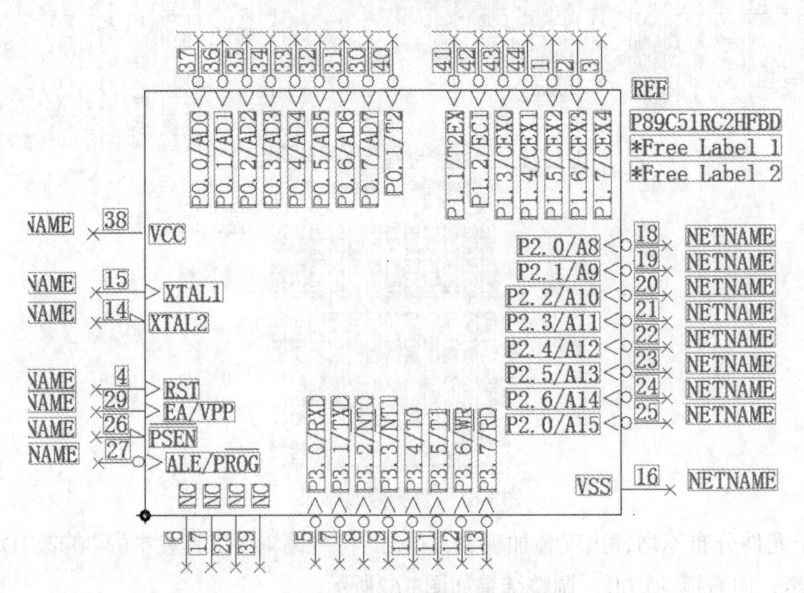

图3-63　修改管脚类型

6. 设置元件信息

（1）单击“元件编辑工具栏”中的“编辑电参数”按钮，弹出“元件的元件信息”对话框。

（2）选择“PCB封装”选项卡，在“管脚数”文本框中输入元件管脚数44，选择“仅显示具有与元件类型匹配的管脚编号的封装”复选框，单击“应用”按钮，在“未分配的封装”列表框中显示符合条件的封装，选择“CQFP44”，单击“分配”按钮，将其添加到“已分配的封装”文本框中，如图3-64所示。

（3）选择菜单栏中的“文件”→“返回至元件”命令，退出元件绘制环境，返回元件编辑环境。

（4）单击“分配新项目”按钮，弹出“分配新的PCB封装”对话框，在文本框中输入封装名称“CQFP44”，如图3-65所示。

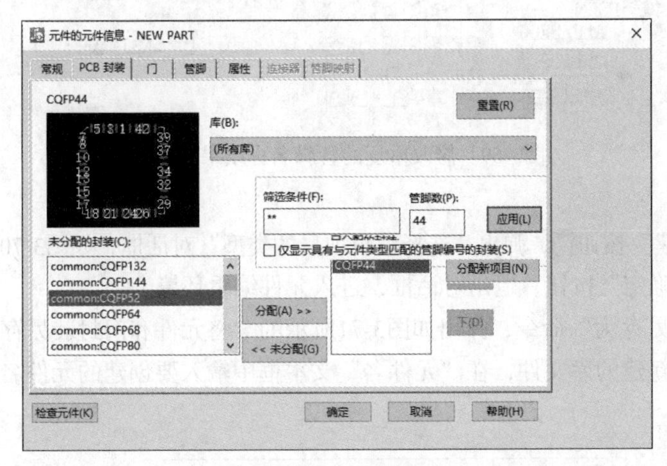

图3-64　分配封装

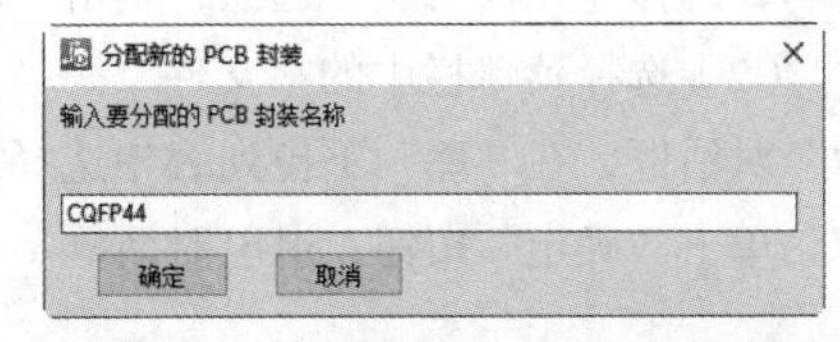

图3-65　“分配新的PCB封装”对话框1

（5）单击“确定”按钮，弹出如图3-66所示的提示对话框，关闭该对话框，完成封装的分配。

（6）在图3-65对话框中，单击“确定”按钮，完成封装的添加，自动弹出如图3-67所示的警告文本，文本为空白，表示元件分配正确，无错误，若文本文件中显示错误，可以根据文本文件修改元件图形。

图3-66　提示对话框1

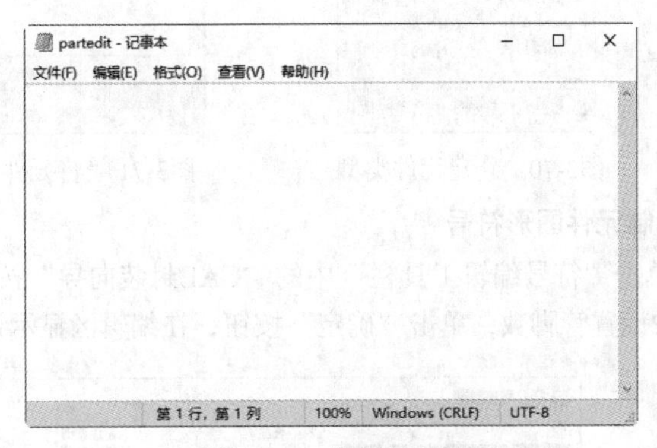

图3-67　警告文本

7. 修改元件图形

（1）单击“元件编辑工具栏”中的“编辑图形”按钮，弹出“选择门封装”对话框，如图3-68所示，单击“确定”按钮，进入元件图形编辑环境。

（2）单击“符号编辑工具栏”中的“更改管脚名称”按钮，弹出“Pin Name”对话框，按照警告文本的要求，修改重复的管脚名称，结果如图3-69所示。

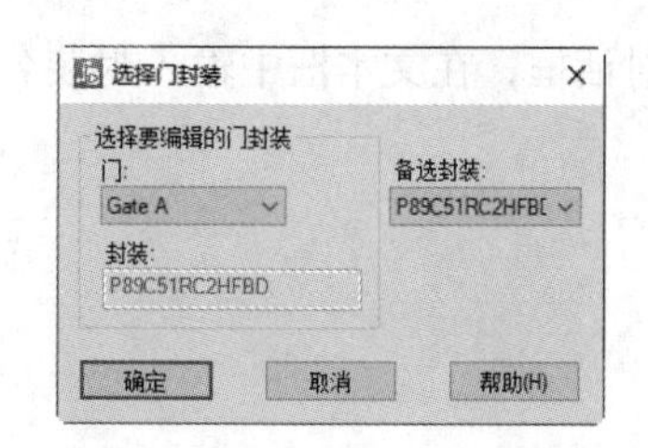

图3-68 “选择门封装”对话框1

图3-69 修改重复的管脚名称结果

8. 新建元件

（1）单击“标准工具栏”中的“新建”按钮，弹出“选择编辑项目的类型”对话框，如图3-70所示，选择“元件类型”选项，单击“确定”按钮，退出对话框，进入元件编辑环境。

（2）选择菜单栏中的“文件”→“另存为”命令，弹出如图3-71所示的“将元件和门封装另存为”对话框，在“库”下拉列表中选择新建的库文件，在“元件名”文本框中输入要创建的元件名称。单击“确定”按钮，退出对话框。

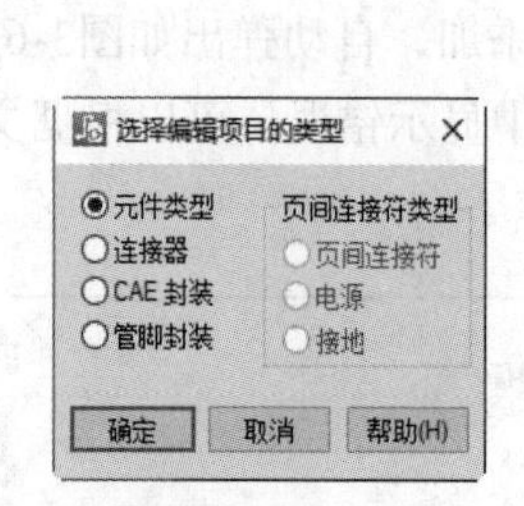

图3-70 新建元件类型

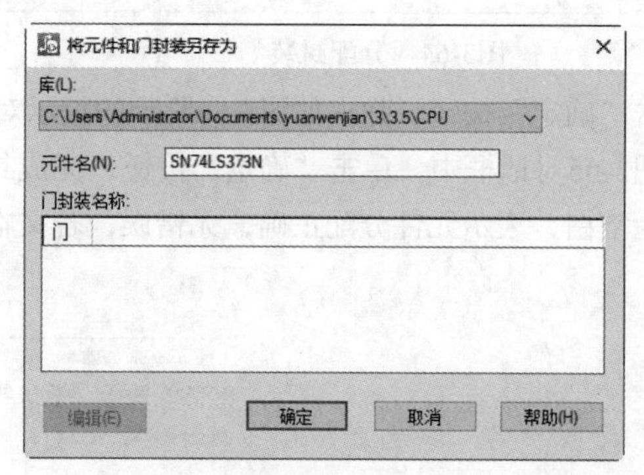

图3-71 “将元件和门封装另存为”对话框3

9. 绘制元件图形符号

（1）单击“符号编辑工具栏”中的“CAE封装向导”按钮，弹出“CAE封装向导”对话框，按照图3-72设置管脚数，单击“确定”按钮，在编辑区显示设置完成的元件，如图3-73所示。

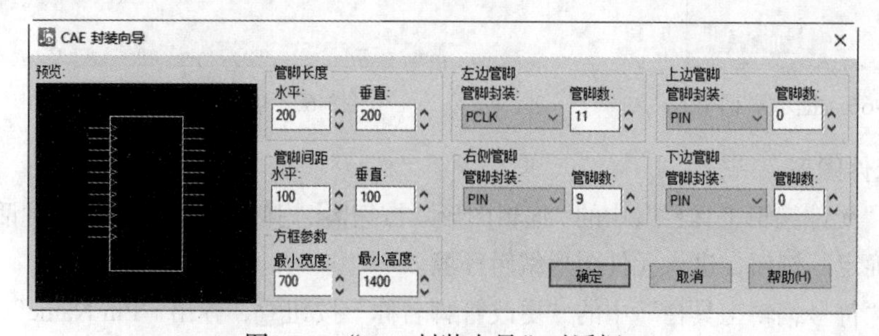

图3-72 “CAE封装向导”对话框2

（2）拖动管脚，按照要求调整管脚位置，结果如图3-74所示。

（3）单击“符号编辑工具栏”中的“设置管脚名称”按钮，弹出“端点起始名称”对话框，在该对话框中输入管脚名称D1，继续单击管脚，管脚名称自动按照数字依次递增，结果如图3-75所示。

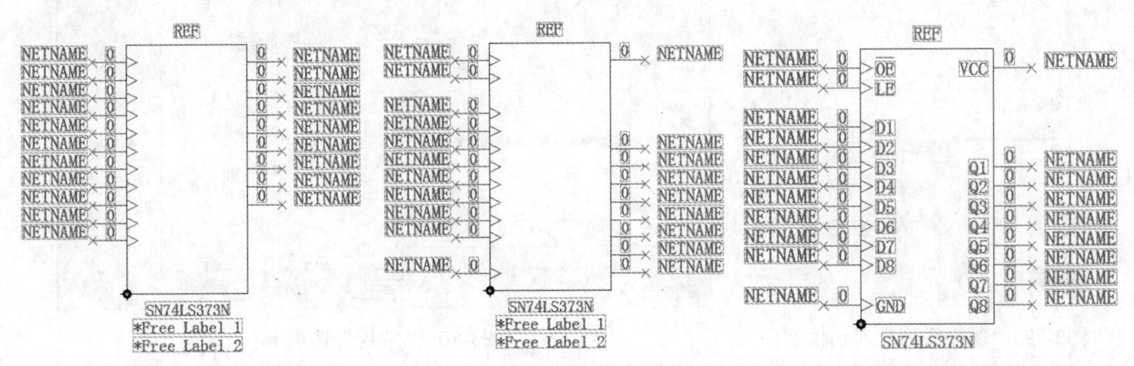

图3-73　向导元件　　图3-74　管脚位置调整结果　　图3-75　设置后的管脚名称2

（4）单击“符号编辑工具栏”中的“设置管脚编号”按钮，弹出如图3-76所示的“设置管脚编号”对话框，单击“确定”按钮，关闭对话框。依次单击管脚，按顺序修改编号，结果如图3-77所示。

（5）选择菜单栏中的“文件”→“返回至元件”命令，返回原理图编辑环境。

图3-76　“设置管脚编号”对话框

10. 设置元件信息

（1）单击“元件编辑工具栏”中的“编辑电参数”按钮，弹出“元件的元件信息”对话框，如图3-78所示。

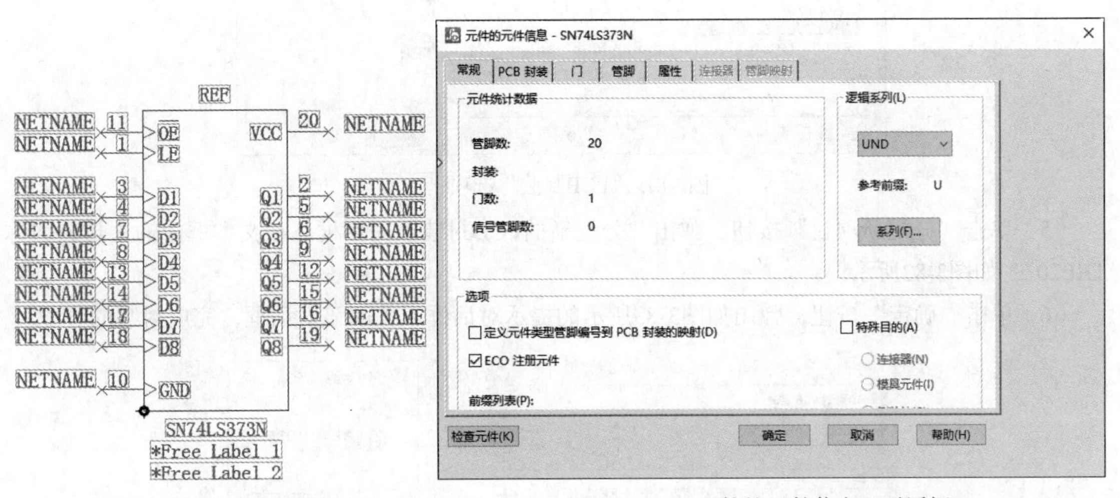

图3-77　编号修改结果　　图3-78　“元件的元件信息”对话框2

（2）单击“系列”按钮，弹出“逻辑系列”对话框，如图3-79所示，单击“添加”按钮，添加新的逻辑系列“SN IC”。

（3）单击“确定”按钮，退出对话框，返回“元件的元件信息”对话框中的“常规”选项卡，在“逻辑系列”下拉列表中选择新建的“SN”系列，参考前缀为“IC”，如图3-80所示。

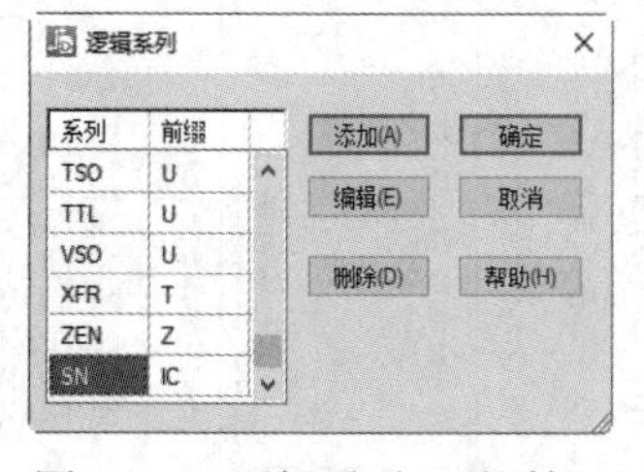

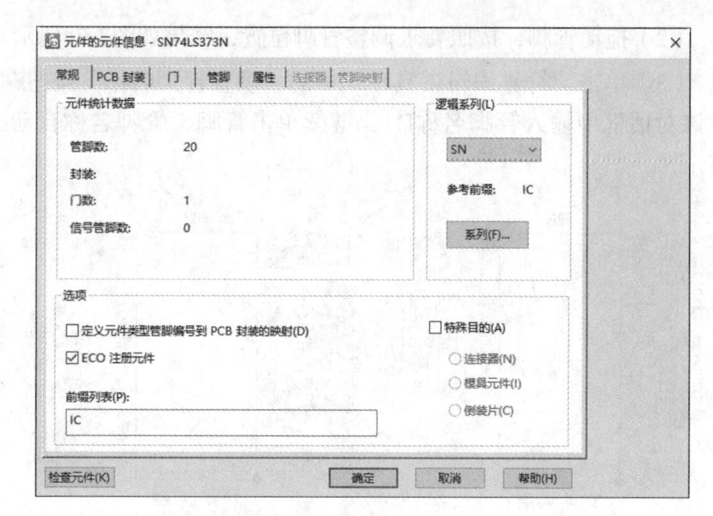

图3-79 “逻辑系列”对话框2　　　　图3-80 “常规”选项卡

（4）选择“PCB封装”选项卡，在“未分配的封装库”列表框中选择“DIP20”，单击“分配”按钮，完成封装选择并将其添加到“已分配的封装”列表框中，如图3-81所示。

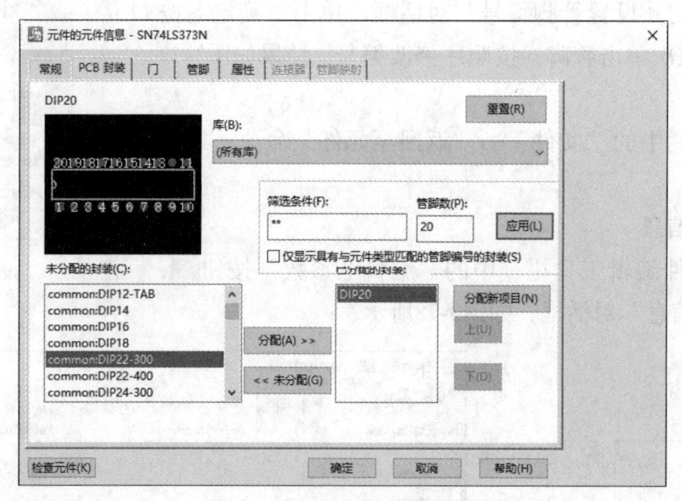

图3-81 “PCB封装”选项卡2

（5）单击“分配新项目”按钮，弹出“分配新的PCB封装”对话框，在文本框中输入封装名称“DIP20”，如图3-82所示。

（6）单击“确定”按钮，弹出如图3-83所示的提示对话框，关闭该对话框，完成封装的分配。

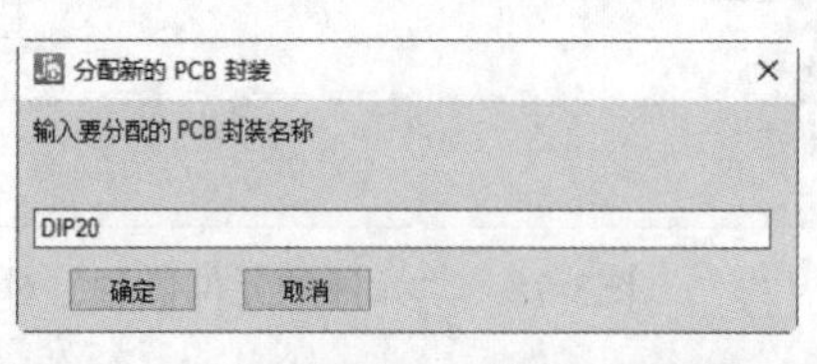

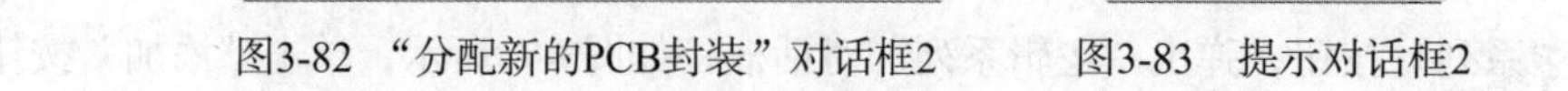
图3-82 “分配新的PCB封装”对话框2　　图3-83 提示对话框2

（7）在“常规”选项卡的“元件统计数据”选项组下显示管脚信息，如图3-84所示。

（8）单击“确定”按钮，退出对话框，完成元件属性设置。

（9）选择菜单栏中的“文件”→“退出文件编辑器”命令，返回原理图编辑环境。

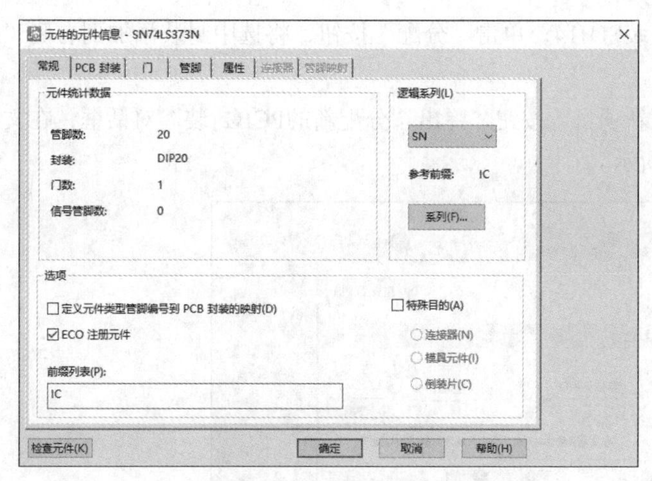

图3-84　显示元件信息

3.5.2　门元件的设计

扫码看视频

在本例中，用绘图工具创建包含多部件的元件，对比单部件元件的绘制方法，有何异同。

1. 创建工作环境

（1）单击PADS Logic图标，打开PADS Logic VX.2.8。

（2）单击“标准工具栏”中的“新建”按钮，新建一个原理图文件。

2. 元件编辑环境

选择菜单栏中的“工具”→“元件编辑器”命令，系统会进入元件封装编辑环境。默认创建名称为“NEW_PART”的元件，在该界面中可以对该元件进行编辑。

3. 添加部件

（1）单击“元件编辑工具栏”中的“编辑电参数”按钮，弹出“元件的元件信息”对话框。

（2）选择“门”选项卡，单击“添加”按钮，添加两个门部件A、B，如图3-85所示。

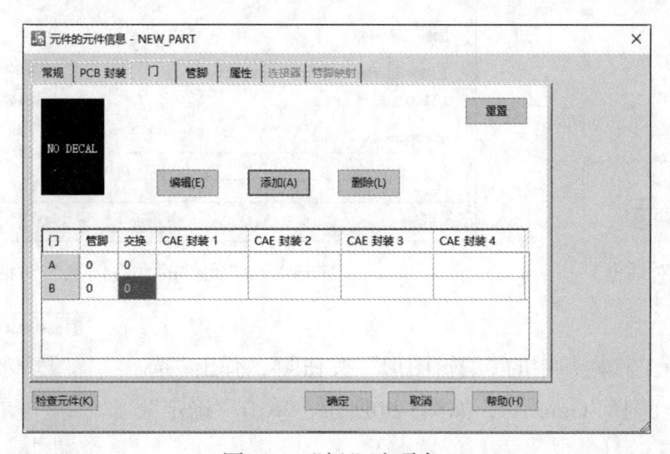

图3-85　“门”选项卡2

（3）选择“PCB封装”选项卡，在“管脚数”栏输入管脚数14，选择“仅显示具有元件类型匹配的管脚编号的封装”复选框，单击“应用”按钮，在“未分配的封装”列表框中显示封装库中的封装，选中需要的封装SOJ14，单击“分配”按钮，将选中封装添加到右侧“已分配的封装”列表框中，如图3-86所示。

（4）单击“分配新项目”按钮，弹出“分配新的PCB封装”对话框，在文本框中输入封装名称“SOJ14”，如图3-87所示。

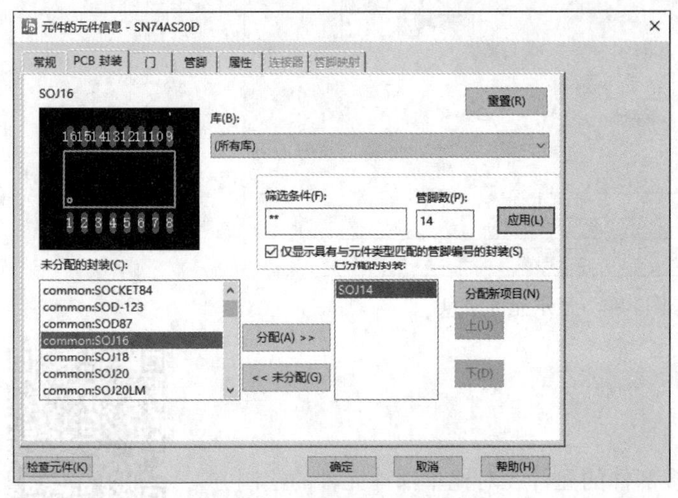

图3-86 “PCB封装”选项卡3

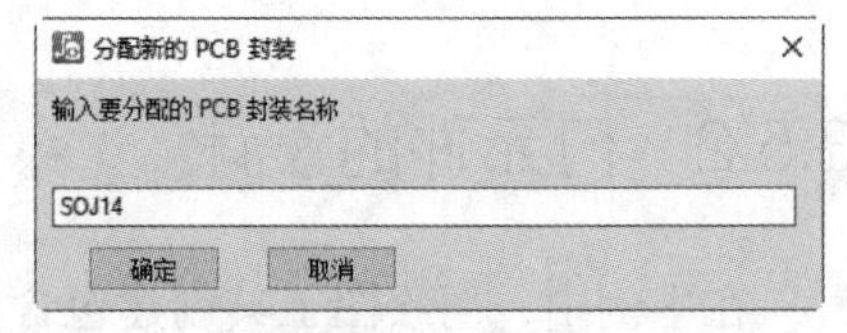

图3-87 “分配新的PCB封装”对话框3

（5）单击“确定”按钮，弹出如图3-88所示的提示对话框，关闭该对话框，完成封装的分配。

（6）在“常规”选项卡的“元件统计数据”选项组下显示元件的管脚数、封装名及门数，如图3-89所示。

图3-88 提示对话框3

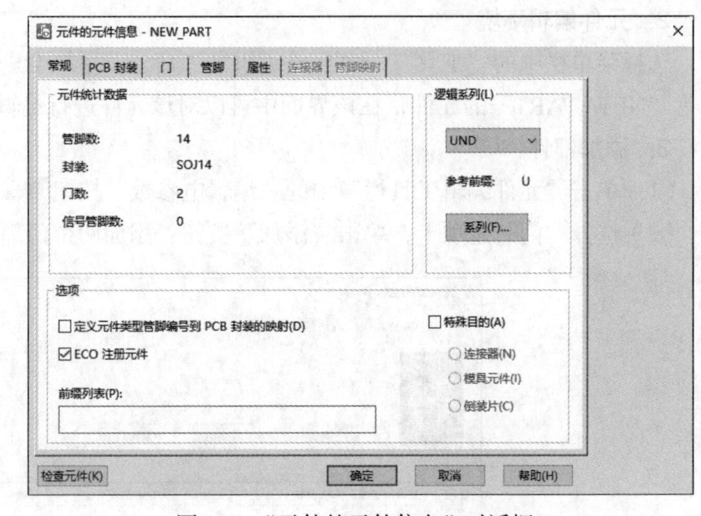

图3-89 “元件的元件信息”对话框3

4. 编辑部件A

单击“元件编辑工具栏”中的“编辑图形”按钮，弹出“选择门封装”对话框，选择“Gate A”，如图3-90所示，单击“确定”按钮，进入编辑环境。

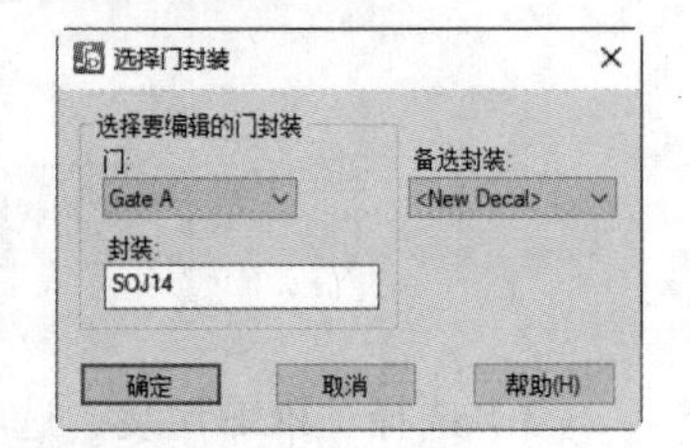

图3-90 “选择门封装”对话框2

5. 绘制元件符号

（1）单击“元件编辑工具栏”中的中的“封装编辑”工具栏

，弹出“符号编辑”工具栏。

（2）单击“原理图编辑工具栏”中的“创建2D线”按钮，绘制元件轮廓，结果如图3-91所示。

（3）单击“符号编辑工具栏”中的“添加端点”按钮，弹出如图3-92所示的“管脚封装浏览”对话框，选择添加管脚的类型，依次在元件外轮廓上单击，放置元件管脚，结果如图3-93所示。

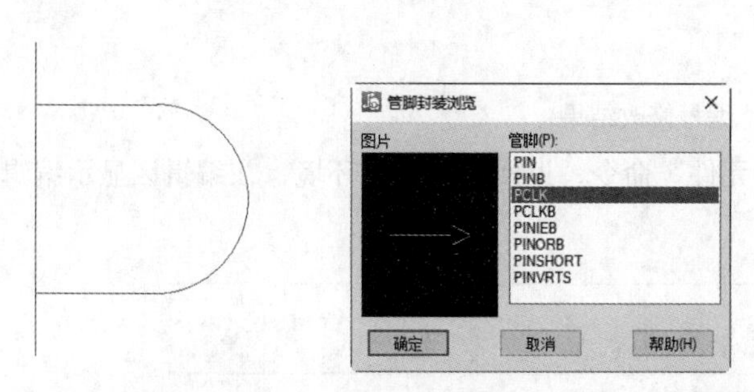

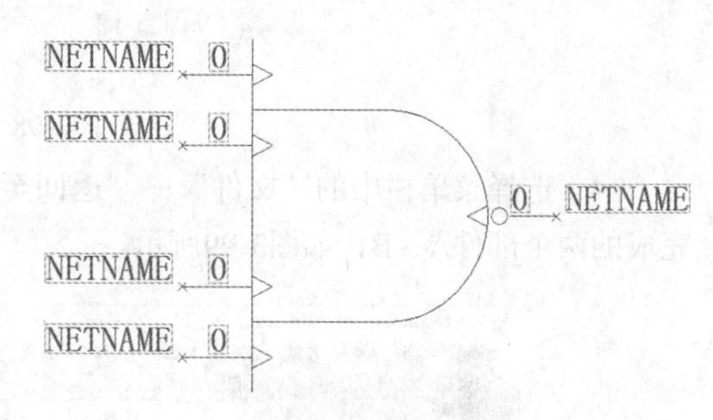

图3-91　绘制元件轮廓　图3-92　“管脚封装浏览”对话框4　　图3-93　元件外轮廓

（4）由于放置的管脚默认编号为0，双击放置管脚，在弹出的“端点特性”对话框中修改管脚编号，如图3-94所示，修改结果如图3-95所示。

图3-94　“端点特性”对话框2

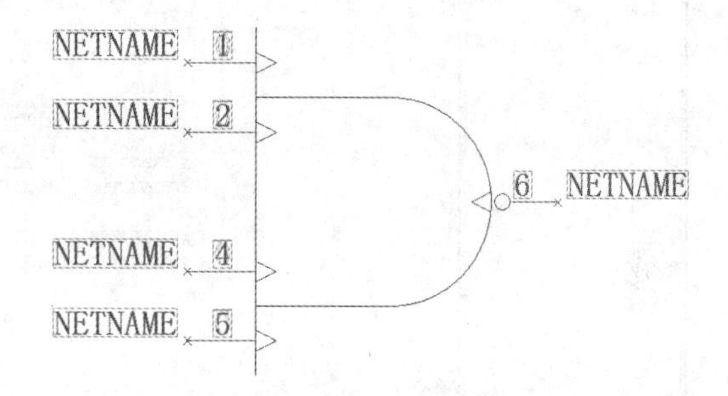

图3-95　修改后的元件外轮廓

（5）选择菜单栏中的“文件”→“返回至元件”命令，返回新建元件环境。

6. 编辑部件B

（1）单击“元件编辑工具栏”中的“编辑图形”按钮，弹出“选择门封装”对话框，选择“Gate B”，如图3-96所示。

（2）单击“确定”按钮，进入编辑环境，默认显示与部件A相同的轮廓与管脚，如图3-97所示。

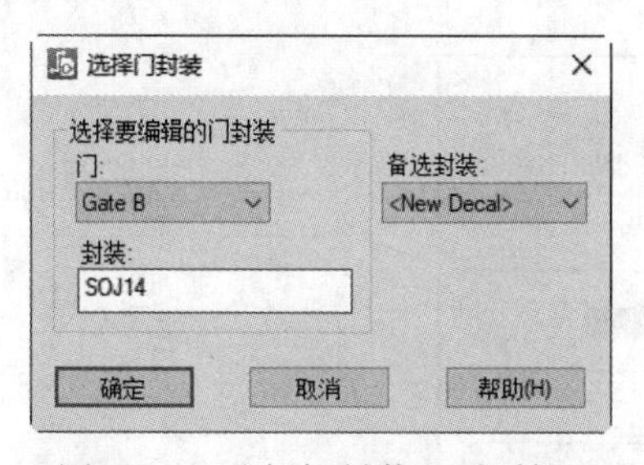

图3-96　“选择门封装”对话框3

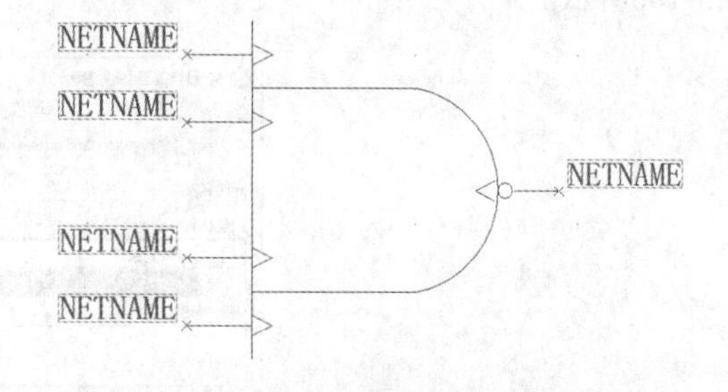

图3-97　自动加载元件轮廓

（3）单击“符号编辑工具栏”中的“更改编号”按钮，单击需要修改的编号，弹出“Pin

Number”对话框，输入要修改的编号，结果如图3-98所示。

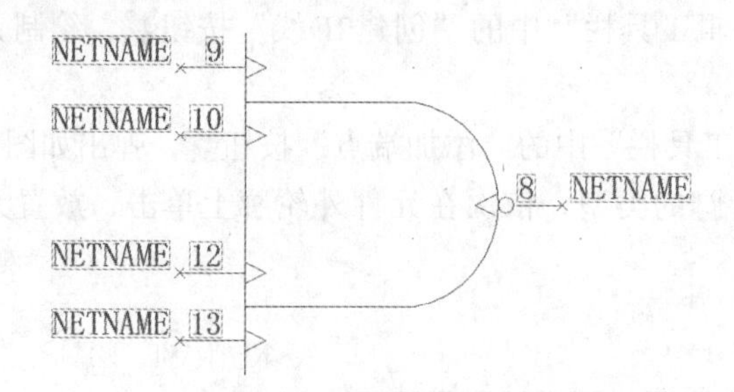

图3-98　编号修改结果

（4）选择菜单栏中的“文件”→“返回至元件”命令，返回元件编辑环境，在编辑区显示编辑完成的两个部件A、B，如图3-99所示。

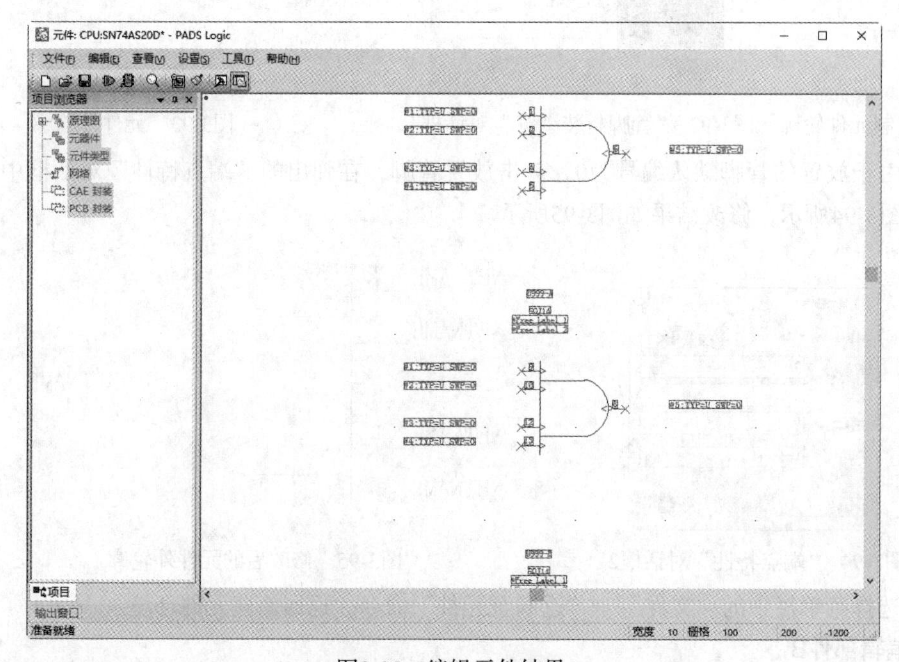

图3-99　编辑元件结果

7. 保存结果

单击“符号编辑器工具栏”中的“保存”按钮，弹出“将元件和门封装另存为”对话框，如图3-100所示。

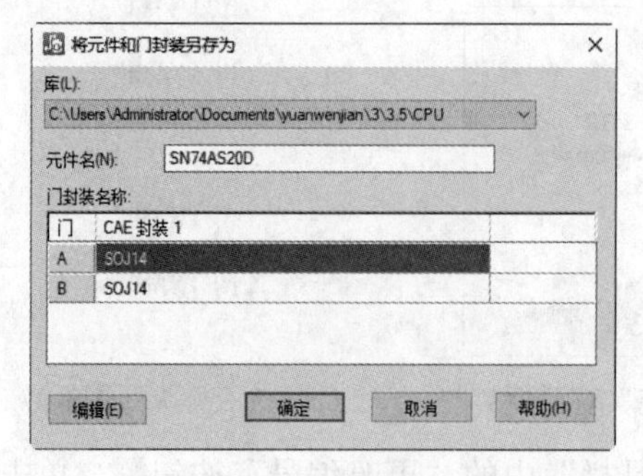

图3-100　“将元件和门封装另存为”对话框4

第 4 章

原理图的绘制

本章主要介绍在 PADS Logic 图形界面中进行原理图设计，原理图中有两个基本要素：元件符号和线路连接。绘制原理图的主要操作就是将元件符号放置在原理图图纸上，然后用线将元件符号中的管脚连接起来，建立正确的电气连接，如何将二者有机联系，对原理图设计有着至关重要的作用，需要读者学习、练习。

识

- 文件管理
- 原理图分类
- 电气连接
- 编辑原理图

4.1 文件管理

PADS Logic VX.2.8为用户提供了一个十分友好且宜用的设计环境，它延续传统的EDA设计模式，各个文件之间互不干扰又互有关联。因此，欲进行一个PCB电路板的整体设计，就需在进行电路原理图设计的时候，创建一个新的原理图文件。

本节将介绍有关文件管理的一些基本操作方法，包括新建文件、保存文件、打开文件等，这些都是进行PADS Logic VX.2.8操作的基础知识。

4.1.1 新建文件

1. 执行方式

（1）菜单栏：选择菜单栏中的“文件”→“新建”命令，新建一个原理图文件。

（2）工具栏：单击“标准工具栏”中的“新建”按钮，新建一个原理图文件。

（3）快捷键：按键盘上的快捷键Ctrl+N。

2. 操作步骤

（1）执行新建文件命令，系统创建一个新的原理图设计文件，如图4-1所示。

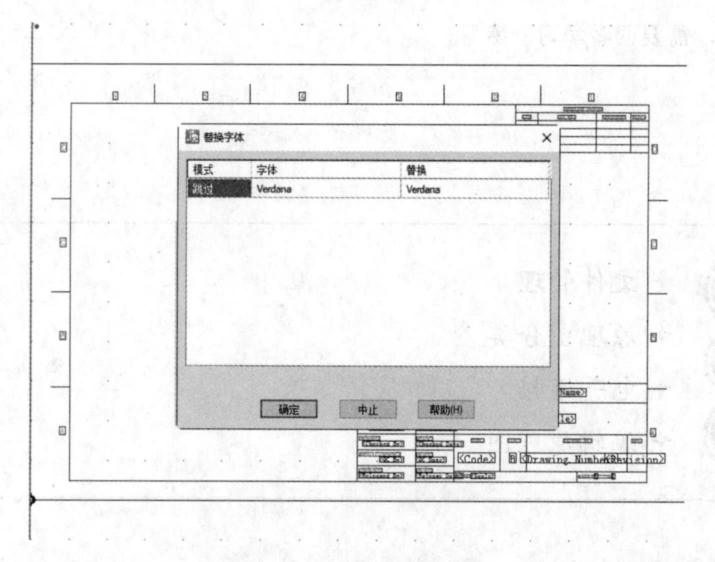

图4-1 新建原理图文件

（2）随着原理图文件的创建弹出“替换字体”对话框，如无特殊要求，单击“中止”按钮，关闭对话框，默认字体。

4.1.2 保存文件

1. 执行方式

（1）菜单栏：选择菜单栏中的“文件”→“保存”命令，保存原理图文件。

（2）工具栏：单击“标准工具栏”中的“保存”按钮，保存原理图文件。

（3）快捷键：按键盘上的快捷键Ctrl+S。

2. 操作步骤

（1）执行上述命令后，若文件已命名，则PADS自动保存为扩展名为“.sch”的文件；若文件未命名（即为默认名default.sch），则系统打开“文件另存为”对话框（见图4-2），用户可以重新命名保存。指定保存文件的路径；在“文件类型”下拉列表框中可以指定保存文件的类型。

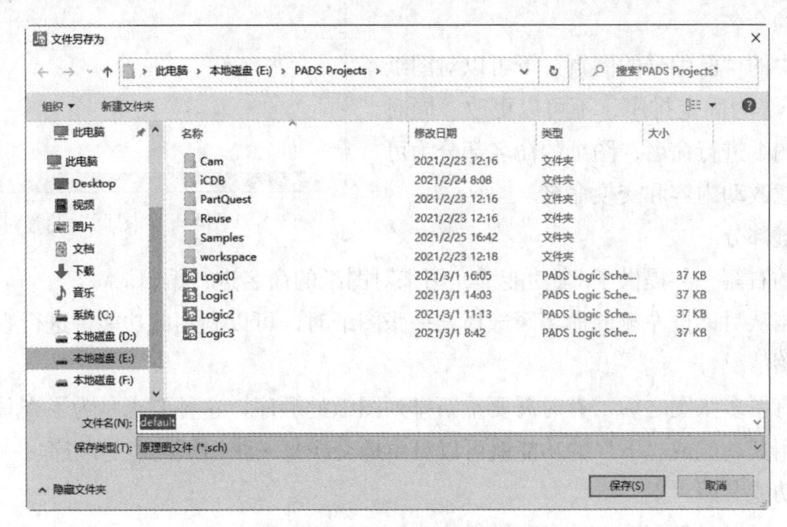

图4-2 “文件另存为”对话框

（2）为了防止因意外操作或计算机系统故障导致正在绘制的图形文件丢失，可以对当前图形文件设置自动保存。

4.1.3 备份文件

1. 执行方式

菜单栏：选择菜单栏中的“工具”→“选项”命令。

2. 操作步骤

（1）选择该命令，弹出优先参数设置对话框。单击“常规”选项，则系统进入了“常规”参数设置界面，如图4-3所示。

（2）在“间隔（分钟）”文本框中输入保存间隔，在“备份数”文本框中输入保存数。单击“备份文件”按钮，弹出的对话框中PADS Logic（0~3）为缺省的自动备份文件名。

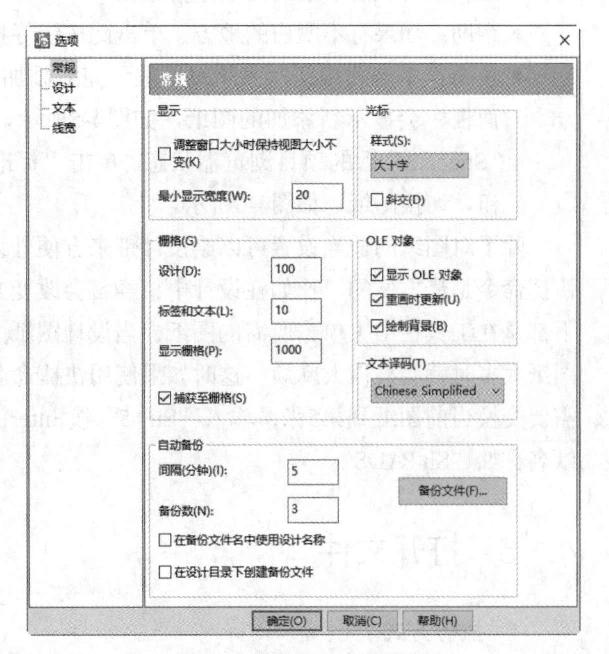

图4-3 “常规”参数设置

4.1.4 新建图页

1. 执行方式

菜单栏：选择菜单栏中的“设置”→“图页”命令。

2. 操作步骤

执行该命令，弹出如图4-4所示的“图页”设置对话框。

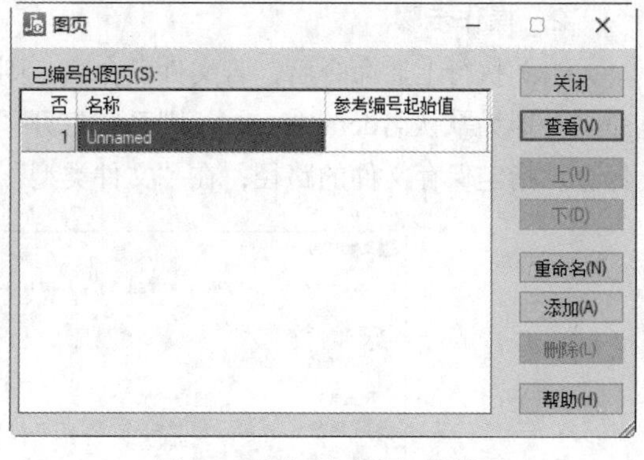

图4-4 “图页”设置对话框

从图4-4中可知，整个“图页”设置对话框可分为两大部分。

（1）图纸的命名。

在对话框中的“已编号的图页”下可以对图纸进行排序，“否”为固定排序，不可以更改。同时可以对每一张图纸进行命名，图纸的命名部分为可编辑区，可任意改动内容和交换命名。

（2）功能键部分。

在对话框的右侧一共提供了8个功能键，用来对图纸的命名进行编辑。

- 查看：当从对话框左侧的命名区选择某一张图纸时，可以利用此功能键进行查看该张图纸上的电路图情况。
- 上：当有了多张图之后，有时需要重新排列图纸的顺序，这种要求是为了查看方便或打印需要。使用其功能或“下”的功能就可以自由地交换每一张图纸的相对顺序。
- 下：其功能参照“上”。
- 重命名：可以对每张图纸的名称进行修改。
- 添加：当现有图纸不能完成整个设计的需求时，使用此“添加”功能增加新的图纸。PADS Logic允许用户为一个原理图设置多达1024张的图纸。
- 删除：对当前多余的图纸进行删除。
- 帮助：如果有不明白的地方，单击此按钮寻找所需答案。
- 关闭：单击此按钮，关闭对话框。完成添加图之后，在“项目浏览器”面板中会显示新添加的图纸，如图4-5所示，即当前为原理图新添加的“Sheet 2”后的项目浏览器状态。单击“标准工具栏”中的选择图纸按钮，切换图纸，如图4-6所示。

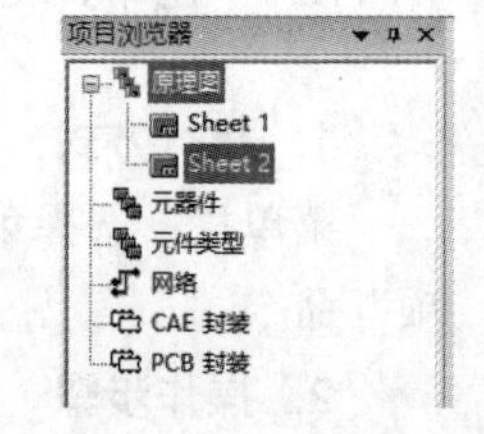

图4-5 项目浏览器

除了对图纸的适当设置可以给设计带来方便外，很多时候使用快捷键或者快捷命令是最方便的。比如在设计中，经常会改变当前显示的图纸，一般情况下都是在工具栏中去单击所需的图纸，当设计图纸少量时并没多大不便，但是图纸太多时就会显得太麻烦。这时如果使用快捷命名“Sh”就省事多了；比如需要交换当前图纸到第5张，输入“Sh 5”按Enter键即可，当然也可以输入图纸名称如“Sh PADS”。

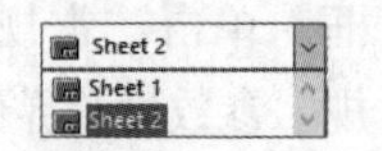

图4-6 切换图纸

4.1.5 打开文件

1. 执行方式

（1）菜单栏：在菜单栏中选择“文件”→“打开”命令。

（2）工具栏：单击“标准工具栏”中的“打开”按钮。

（3）快捷键：按键盘上的快捷键Ctrl+O。

2. 操作步骤

执行该命令，系统弹出“文件打开”对话框，打开已存在的设计文件，如图4-7所示。

图4-7　打开原理图文件

4.2 原理图分类

随着电子技术的发展，所要绘制的电路越来越复杂，在一张图纸上就很难完整地绘制出来，即使绘制出来也因为过于复杂，不利于用户的阅读分析与检测，也容易出错。

1. 按照结构分，分为一般电路与层次电路

层次电路采用层次化符号，有别于其他一般电路的主要区别，将整个设计分成多张图纸进行绘制，而每张图纸的逻辑关系主要靠页间连接符来连接。

当一个电路比较复杂时，就应该采用层次电路图来设计，即将整个电路系统按功能划分成若干个功能模块，每一个模块都有相对独立的功能。按功能分，层次原理图分为顶层原理图、子原理图，在不同的原理图纸上分别绘制出各个功能模块。然后在这些子原理图之间建立连接关系，从而完成整个电路系统的设计。由顶层原理图和子原理图共同组成，这就是所谓的层次化结构。而层次化符号就是各原理图连接的纽带。

图4-8所示为一个层次原理图的基本结构图。

针对每一个具体的电路模块，可以分别绘制相应的电路原理图，该原理图一般称之为子原理图，而各个电路模块之间的连接关系则采用一个顶层原理图来表示。顶层原理图主要由若干个原理图符号即层次化符号组成，用来表示各个电路模块之间的系统连接关系，描述了整体电路的功能结构。这样，把整个系统电路分解成顶层原理图和若干个子原理图以分别进行设计。

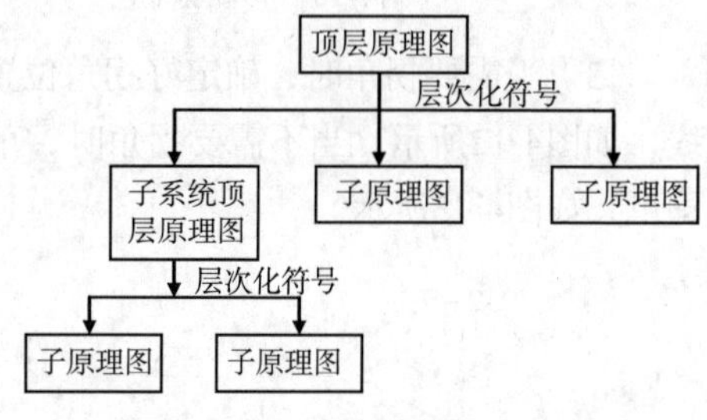

图4-8　层次原理图的基本结构图

其中，子原理图用来描述某一电路模块具体功能的普通电路原理图，只不过增加了一些页间连接符，作为与顶层原理图进行电气连接的接口。

2. 按照功能分，原理图又可分为一般电路与仿真电路

仿真原理图指使用LineSim对输入的原理图进行信号完整性仿真，信号完整性原理图和我们通常所提到的逻辑原理图或者PCB原理图不同，它既包含了电学信息，又包含有物理结构信息。

4.3 电气连接

元器件之间电气连接的主要方式是通过导线来连接。导线是电路原理图中最重要也是用得最多的图元，它具有电气连接的意义，不同于一般的绘图工具，绘图工具没有电气连接的意义。

4.3.1 添加连线

导线是电气连接中最基本的组成单位，连接线路是电气设计中的重要步骤，当将所有元器件放置在原理图中，按照设计要求进行布线时，建立网络的实际连通性成为首要解决的问题。

从“标准工具栏”中单击“原理图编辑工具栏”按钮，打开原理图编辑工具栏，从工具栏中单击“添加连线”按钮，激活连线命令。

（1）选择连线的起点，在选中管脚上单击鼠标左键，如图4-9所示。

（2）选中连线起点后，在鼠标的十字光标上会黏附着连线，移动鼠标，黏附连线会一起移动，如图4-10所示。当连线到终点元件管脚时，双击鼠标左键即可完成连线，结果如图4-11所示。

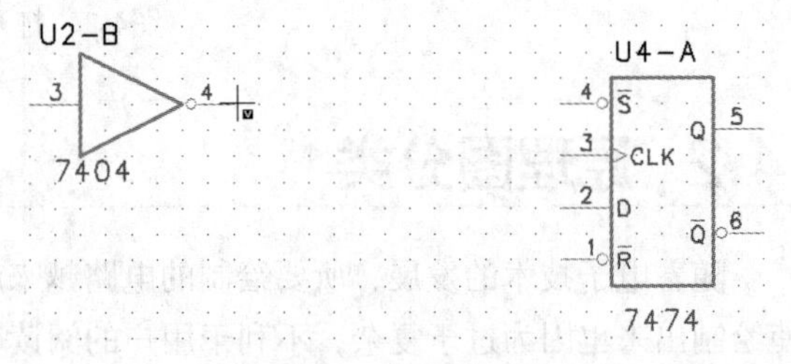

图4-9 捕捉起点

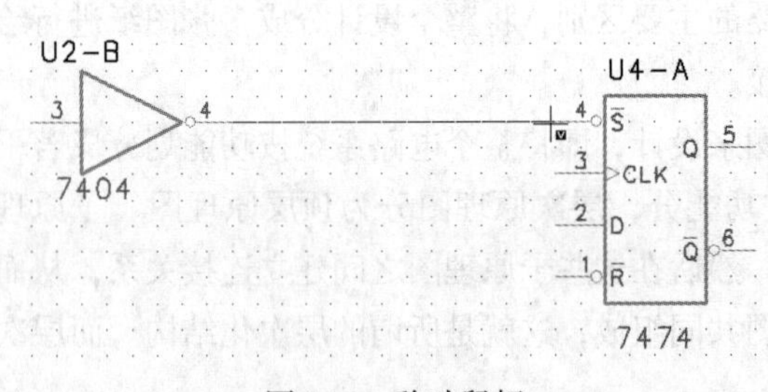

图4-10 移动鼠标

图4-11 完成连线

（3）当需要拐角时，确定好拐角位置后单击鼠标左键即可，添加拐角后继续拖动鼠标，绘制连线，如图4-12所示，当不需要拐角时，单击鼠标右键，在弹出的快捷菜单中选择“删除拐角”命令即可，如图4-13所示。

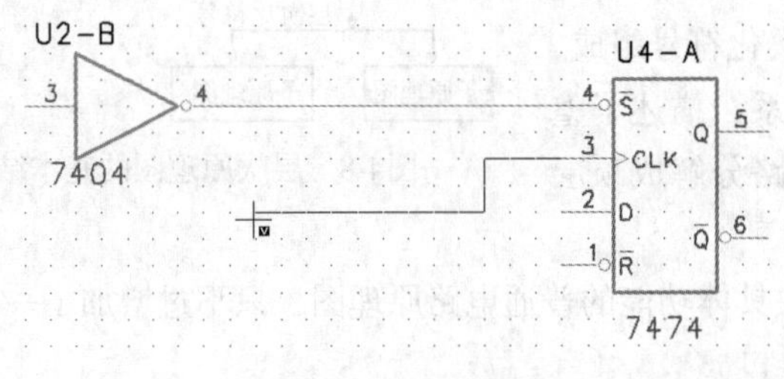

图4-12 添加拐角

图4-13 快捷菜单1

（4）当需要绘制斜线时，确定好斜线位置后单击鼠标右键，在图4-13所示的快捷菜单中选择“角度”命令即可，图中显示斜线，如图4-14所示，添加斜线后继续拖动鼠标，绘制连线。

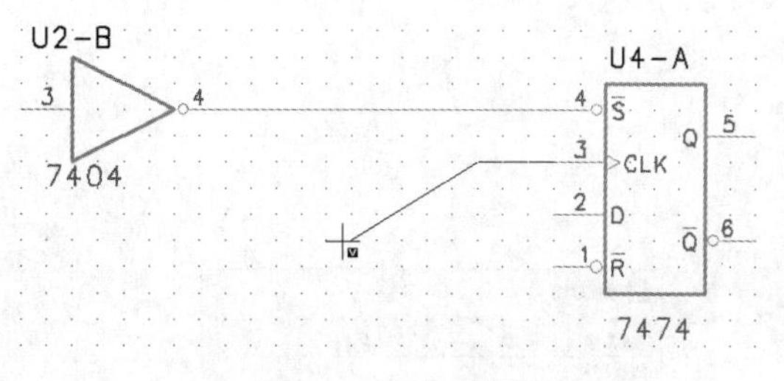

图4-14 添加斜线

（5）在连线过程中，如果同一网络需要相连的两条连线相交，则在连线过程中，将黏附在鼠标上的连线移动到需要相交连接的连线上单击鼠标左键，这时系统会自动增加相交结点，相交结点标志着这两条线的关系不仅仅相交而且是同一网络。

（6）在相交结点上单击鼠标左键继续连线，当连线到终点元件管脚时，双击鼠标左键即可完成连线。

4.3.2 添加总线

在大规模的原理图设计，尤其是数字电路的设计中，如果只用导线来完成各元件之间的电气连接，那么整个原理图的连线就会显得杂乱而烦琐。在原理图中使用较粗的线条代表总线。而总线的运用可以大大简化原理图的连线操作，使原理图更加整洁、美观。

通常总线会有网络定义，将多个信号定义为一个网络，并以总线名称开头，后面连接想用的数字及总线各分支子信号的网络名，如图4-15所示。

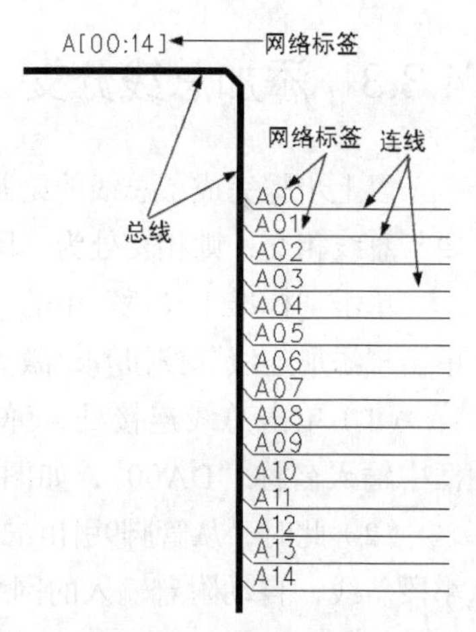

图4-15 总线示意图

（1）单击“选择筛选条件工具栏”中的“总线”按钮，再单击“原理图编辑工具栏”中的“添加总线”按钮，进入总线设计模式。

（2）确定总线起点，在起点处单击鼠标左键。

（3）移动鼠标，鼠标十字光标上黏附着可以随着鼠标移动方向不同而做相应变化的总线，将鼠标十字光标朝着自己所需总线形式的方向移动，这时可单击鼠标右键，弹出如图4-16所示的快捷菜单。

完成 <Enter>
添加拐角 <Space>
删除拐角 <Backspace>
取消 <Esc>

图4-16 弹出快捷菜单

从图4-16中可知，利用弹出的快捷菜单可以对总线进行增加和删除一个拐角的操作，但实际设计中，在增加或删除一个拐角时使用弹出菜单来完成比较麻烦，只需在前一个拐角确定后单击一下鼠标左键就可以增加第二个拐角，将总线沿原路返回，当拐角消失后单击鼠标即可删除拐角。完成总线绘制时双击鼠标左键。

（4）当完成总线绘制时，系统会自动弹出如图4-17所示的对话框。在弹出的对话框中要求输入总线名称，而且在对话框下面还有格式提示，如果总线名称输入格式错误，系统会弹出提示对话框。

（5）当输入总线名称正确后，总线名黏附于十字光标上，移动到适当的位置后单击鼠标左键确定，结果如图4-18所示。

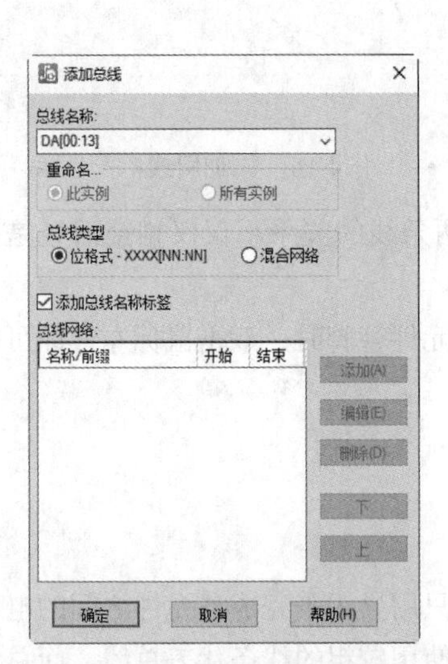

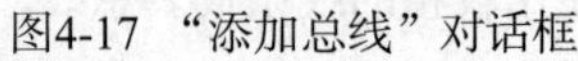
图4-17 “添加总线”对话框

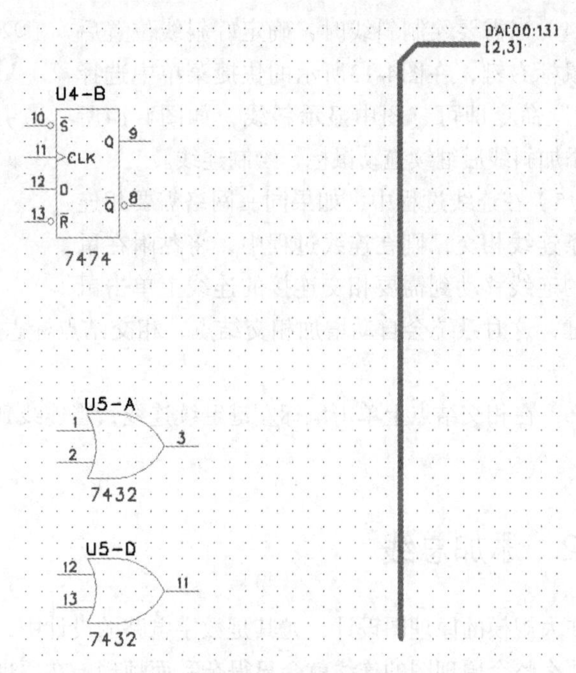

图4-18 添加总线

4.3.3 添加总线分支

以上步骤完成了总线的绘制，下一步还要将各个信号线连接在总线上，在连线过程中，如果需要与总线相交，则相交处为一段斜线段。

单击“标准工具栏”中的“原理图编辑工具栏”按钮，打开原理图编辑工具栏，从工具栏中单击“添加连线”按钮，激活连线命令。

（1）单击总线连接处，弹出“添加总线网络名”对话框，在对话框中输入名称“DA00”，如图4-19所示。

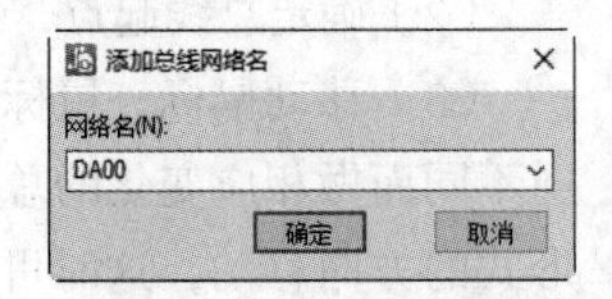

图4-19 输入网络名

（2）此时，从管脚9引出的连线自动分配给总线，相交处自动添加一小段斜线，自动附着输入的网络名，标志着这两条线的关系不仅仅相交而且是同一网络，如图4-20所示。

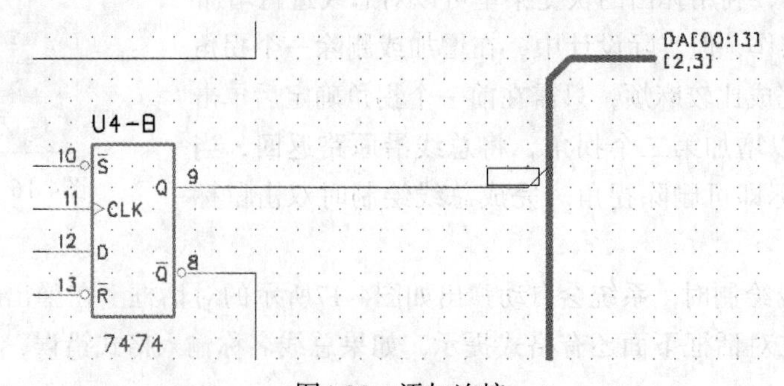

图4-20 添加连接

（3）单击“添加总线网络名”对话框中的“确定”按钮，完成连线，结果如图4-21所示。

（4）按照上述步骤可以完成总线其他的连接。

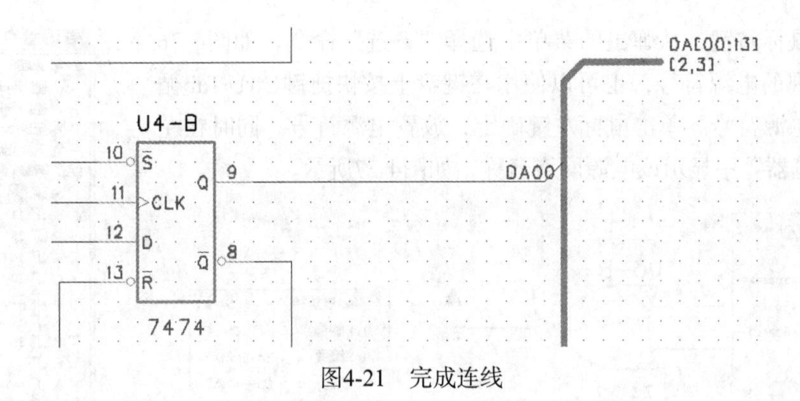

图4-21　完成连线

4.3.4　添加页间连接符

在原理图设计过程中，页间连接符用于在相同的页面或不同的页面之间进行元件管脚同一网络的连接。一个大的项目分成若干个小的项目文件进行设计，需要页间连接符进行连通，不管在同一页还是在不同的页，只要网络名相同，那么就是同一网络。通过页间连接符就可以将不同页面的同一网络连接在一起。

当生成网表文件时，PADS Logic自动将具有相同页间连接符号的网络连接在一起。

（1）单击“原理图编辑工具栏”中的“添加连线”按钮，执行连线操作。

（2）移动光标，单击鼠标右键，弹出如图4-22所示的快捷菜单，选择“页间连接符”命令。

（3）一个页间连接符黏附在鼠标十字光标上，也可使用快捷键旋转（Ctrl+R）或镜像（Ctrl+F）页间连接符。

（4）单击鼠标左键，放置页间连接符号。这时系统又会弹出对话框，如图4-23所示，在图中输入网络名，单击“确定”按钮，退出对话框，完成页间连接符的插入，结果如图4-24所示。

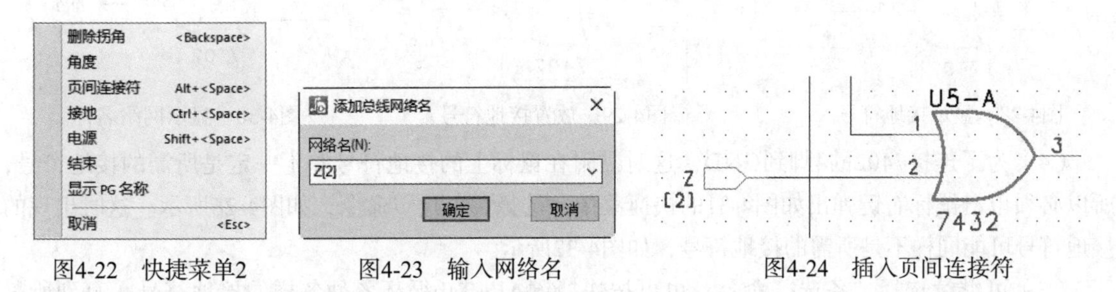

图4-22　快捷菜单2　　图4-23　输入网络名　　图4-24　插入页间连接符

4.3.5　添加电源符号

电源和接地符号是电路原理图中必不可少的组成部分。为了使所绘制的原理图简洁明了，在连接线完成连接到电源或地线时使用一个特殊的符号（地线和电源符号）结束，这样就可以使用地线符号将元件的管脚连接到地线网络，电源符号可以连接元件的管脚到电源网络。

（1）单击“原理图编辑工具栏”中的“添加连线”按钮，选择U3的4脚。

（2）当走出一段线后单击鼠标右键，弹出如图4-25所示的快捷菜单，选择“电源”命令，一个电源符号黏附在光标上。

（3）单击鼠标右键，从弹出的菜单中选择“备选”命令，如图4-26所示。切换出现的电源符号，也可以使用在键盘上按快捷键Ctrl+Tab循环各种各样的电源符号。单击鼠标左键确定，放置电源符号。同时在左侧的“项目浏览器”中显示该电源网络名称，如图4-27所示。

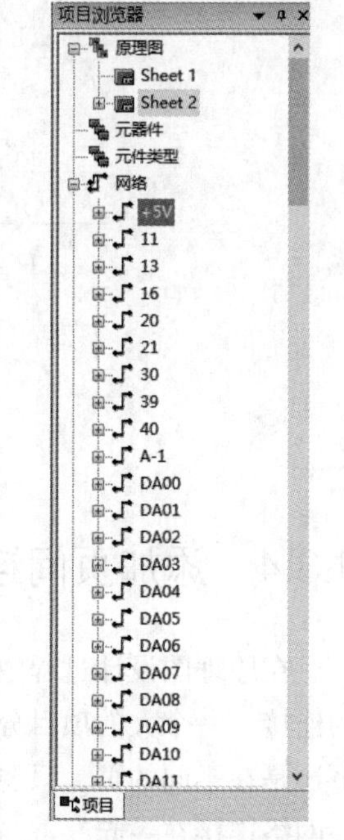

图4-27　显示电源网络名称

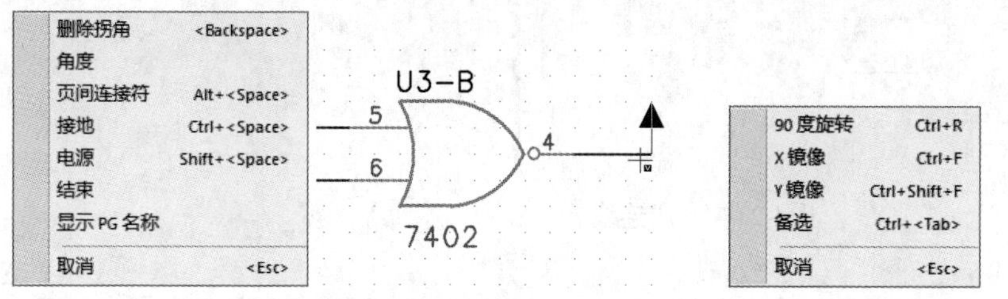

图4-25　选择“电源”命令　　图4-26　选择“备选”命令

4.3.6　添加接地符号

下面介绍怎样放置接地符号连接。

（1）单击“原理图编辑工具栏”中的“添加连线”按钮，选择7402的4脚。

（2）当画出一段线后单击鼠标右键，弹出如图4-25所示的快捷菜单，选择“接地”命令，一个接地符号黏附在光标上，如图4-28所示，单击左键，放置接地符号，如图4-29所示。

（3）如果需要将地网络名显示出来，在图4-25中先选择“显示PG名称”命令，然后再选择“接地”符号进行放置，这时在接地符号旁边将显示网络字符GND，如图4-30所示。

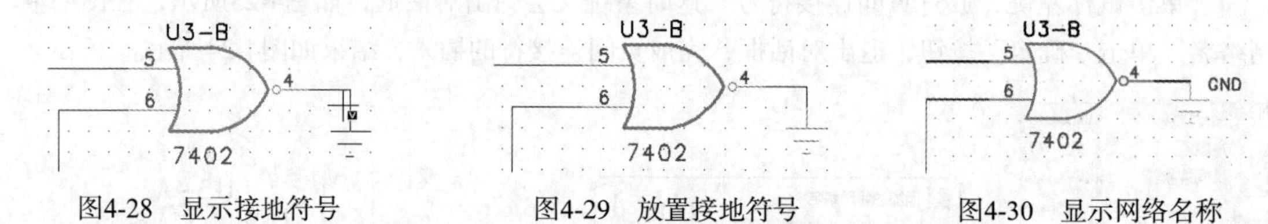

图4-28　显示接地符号　　图4-29　放置接地符号　　图4-30　显示网络名称

（4）为了连接7402的4脚到GND，这时黏附在鼠标上的接地符号并不一定是所需的接地符号，所以必须单击鼠标右键弹出如图4-31的快捷菜单，选择“备选”命令，如图4-26所示。这时出现的接地符号可能同样不是所需的接地符号，如图4-32所示。

（5）可继续选择“备选”命令，也可按快捷键Alt+Tab循环各种各样的接地符号，直到所需符号出现为止。单击鼠标左键确定，放置接地符号。这时连接到地的网络名称将出现在状态栏的左面。

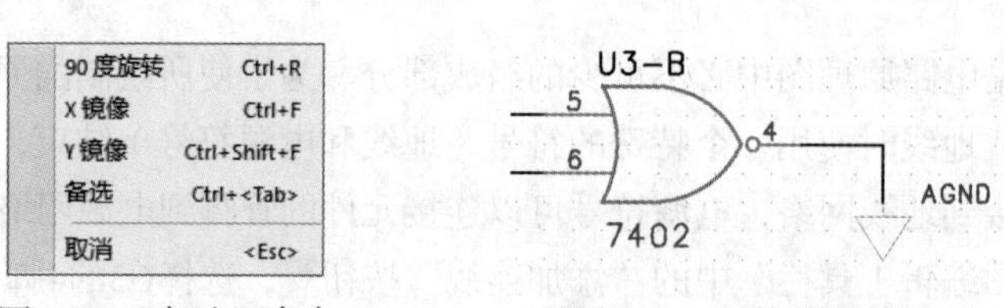

图4-31　“备选”命令　　图4-32　切换接地符号

4.3.7　添加网络符号

在原理图绘制过程中，元器件之间的电气连接除了使用导线外，还可以通过设置网络标签的方法来实现。所有连线都会被赋予一个固定的网络名称。

网络标签具有实际的电气连接意义，具有相同网络标签的导线或元件引脚不管在图上是否连接在一起，其电气关系都是连接在一起的。特别是在连接的线路比较远，或者线路过于复杂，而使走线比较困难时，使用网络标签代替实际走线可以大大简化原理图。

选择菜单栏中的“工具”→“选项”命令，弹出“选项”对话框，如图4-33所示，选择“设计”选项卡，在右侧“选项”选项组下选择“允许悬浮连线”复选框，单击“确定”按钮，退出对话框。完成此设置后，在原理图中可以绘制浮动连线。

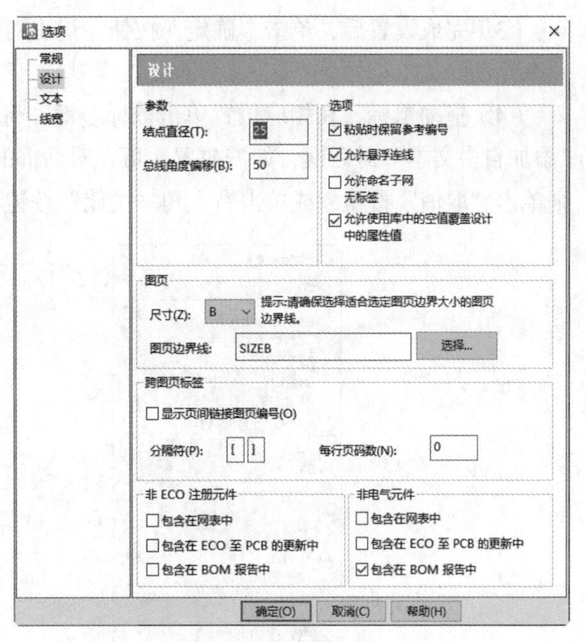

图4-33　“选项”对话框

（1）单击“原理图编辑工具栏”中的“添加连线”按钮，激活连线操作。

（2）选中连线起点后，在鼠标的十字光标上会黏附着连线，移动鼠标，黏附连线会一起移动，双击鼠标左键或按Enter键完成绘制，这些连线是浮动的，结果如图4-34所示。

（3）双击连线，弹出如图4-35所示的“网络特性”对话框，选择“网络名标签”复选框，连线被赋予一个默认的名称，如图4-36所示。

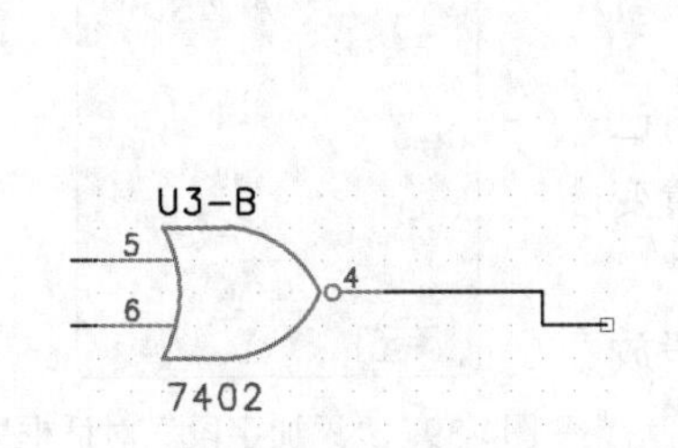

图4-34　绘制浮动连线

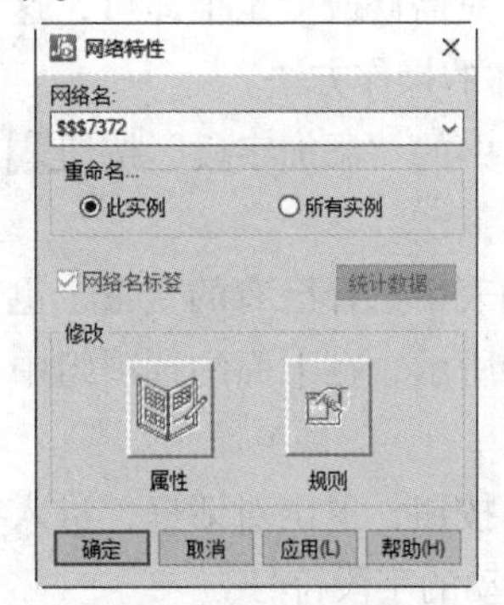

图4-35　“网络特性”对话框

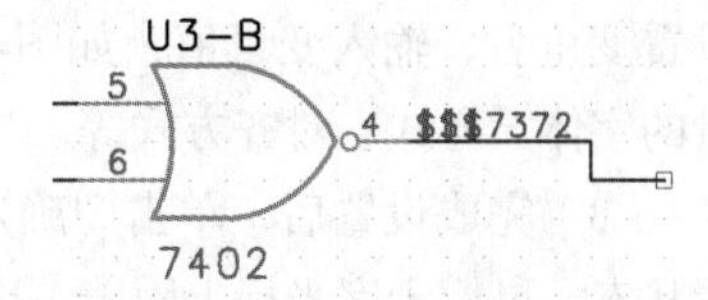

图4-36　显示网络名

4.3.8　添加文本符号

在绘制电路原理图的时候，为了增加原理图的可读性，设计者会在原理图的关键位置添加文字说明，即添加文本符号。

（1）单击“原理图编辑工具栏”中的“创建文本”按钮，弹出如图4-37所示的“添加自由文本”对话框。

（2）在该对话框中输入要添加的文本内容，还可以在对话框下部的选项中设置文本的字体、样式、对齐方式等。

（3）完成设置后，单击“确定”按钮，退出对话框，进入文本放置状态，鼠标十字光标上附着一个浮动的文本符号。

（4）拖动鼠标，在相应位置单击鼠标左键，将文本放置在原理图中，如图4-38所示。同时弹出“添加自由文本”对话框，如需放置，可在对话框的“文本”文本框中输入文本内容；若不需放置，则单击“取消”按钮，或单击右上角“关闭”按钮 ×，关闭对话框即可。

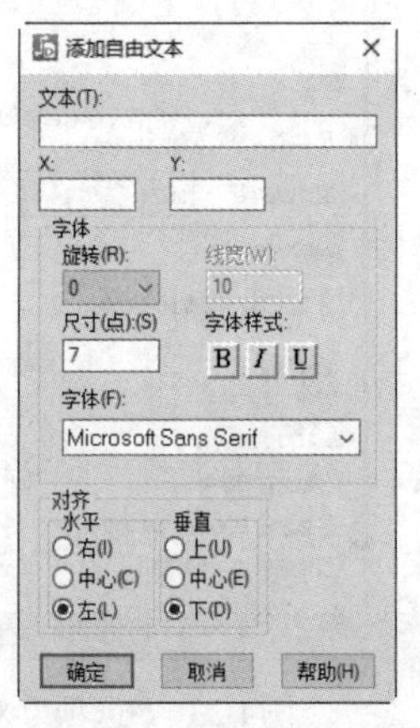

图4-37 “添加自由文本”对话框

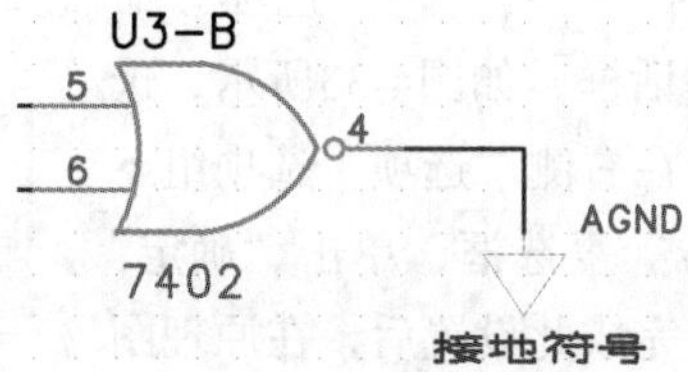

图4-38 放置文本符号

4.3.9 添加字段

在绘制电路原理图的时候，为了简化文本的修改，可以将文本设置成一个变量，无须重复修改文本，只需修改变量值即可，这种变量文本被称之为“字段”。下面讲解具体的操作方法。

（1）单击“原理图编辑工具栏”中的“添加字段”按钮，弹出“添加字段”对话框。

（2）在该对话框“名称”下拉列表中选择已有的变量，也可自己设置变量名，输入变量值，如图4-39所示，在下面的选项组中设置变量的字体、样式、对齐方式等。

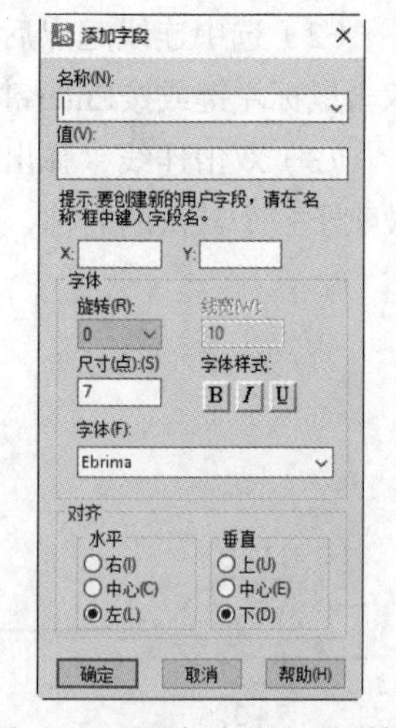

图4-39 “添加字段”对话框

（3）完成设置后，单击“确定”按钮，退出对话框，进入字段放置状态，鼠标十字光标上附着一个浮动的字段符号。

（4）拖动鼠标，在相应位置单击鼠标左键，将字段变量值放置在原理图中，如图4-40所示。同时继续弹出“添加字段”对话框，如需放置，可继续在对话框中的输入变量名及变量值；若不需放置，则单击“取消”按钮，或单击右上角“关闭”按钮 ×，关闭对话框即可。

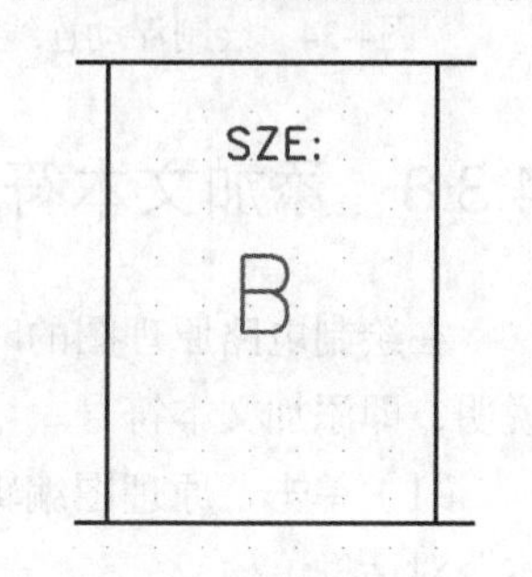

图4-40 放置文本符号

4.3.10 添加层次化符号

层次化符号外轮廓包含方框、管脚（输入、输出），每一个层次化符号代表一张原理图。

（1）单击“原理图编辑工具栏”中的“新建层次化符号”按钮，弹出如图4-41所示的“层次化符号向导”对话框。

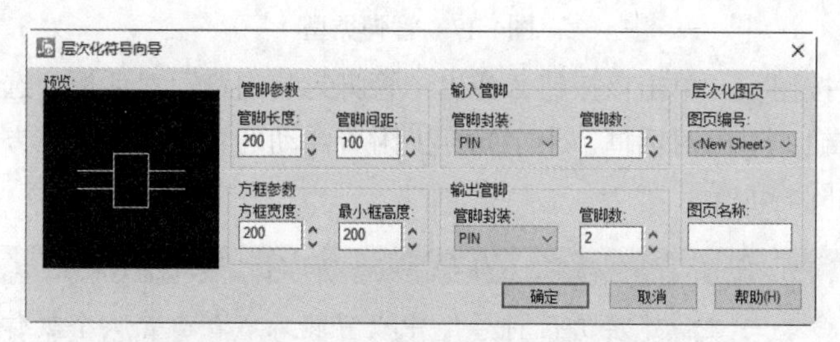

图4-41　“层次化符号向导”对话框

（2）在该对话框中可以预览层次化符号，对话框右侧显示各选项设置参数：管脚参数（左侧为输入管脚，右侧为输出管脚），方框参数，输入管脚，输出管脚。读者可按照所需进行设置。在右下角“图页名称”文本框中输入层次化符号名称，即层次化符号所对应的子原理图名称。

（3）按照图4-42设置对话框后，单击“确定”按钮，退出对话框，进入“层次化符号”编辑状态，编辑窗口预览显示的层次化符号，如图4-43所示。

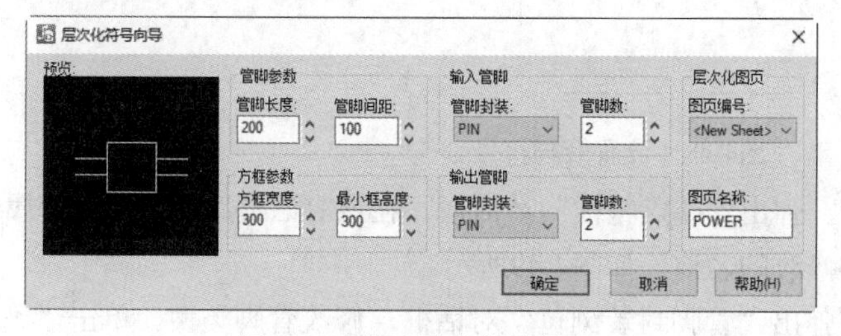

图4-42　设置层次化符号

CPU

图4-43　编辑层次化符号

（4）在该编辑窗口中通过“符号编辑工具栏”（见图4-44）对层次符号进行编辑。

图4-44　符号编辑工具栏

在该工具栏中主要包括以下几个功能。

1）“设置管脚名称”按钮：单击该按钮，弹出“端点起始名称”对话框，如图4-45所示，输入管脚名称。

2）“更改管脚封装”按钮：单击该按钮，弹出“管脚封装浏览”对话框，如图4-46所示。在对话框左侧可以预览管脚，有7种类型，如图4-47所示。在右侧“管脚”列表框中选择管脚类型，单击“确定”按钮，退出对话框，在对应管脚上单击，修改管脚类型。

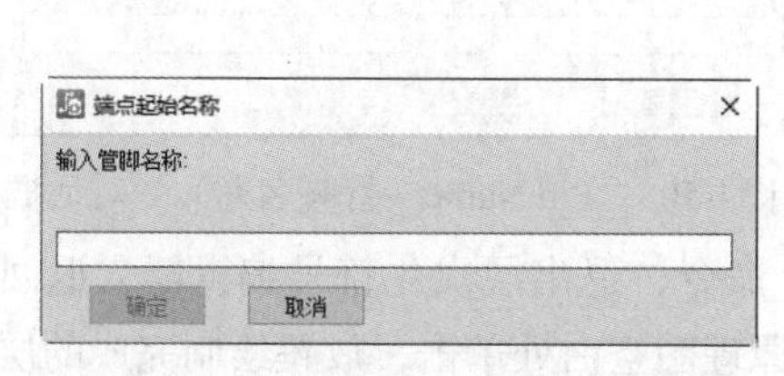

图4-45　“端点起始名称”对话框

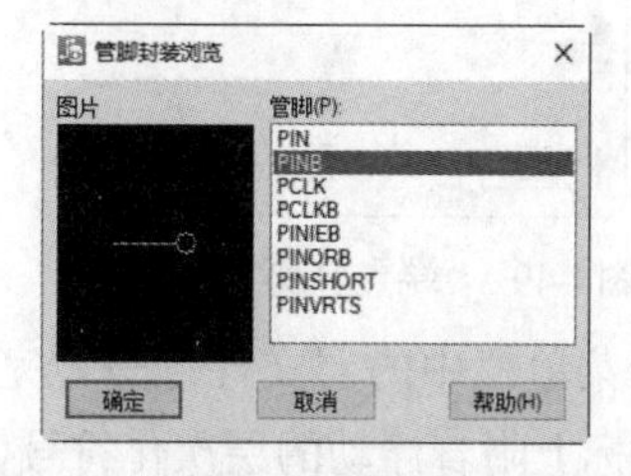

图4-46　“管脚封装浏览”对话框

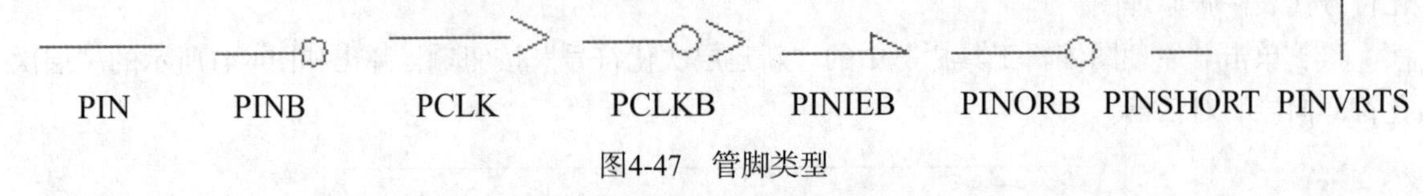

图4-47 管脚类型

3）“增加端点”按钮：单击该按钮，弹出“管脚封装浏览”对话框，选择要新增加的管脚类型，单击“确定”按钮，退出对话框，十字光标上附着浮动的管脚符号，在方块外侧单击，放置新增管脚符号，结果如图4-48所示。

> **注意**
>
> “新增端点”命令与“新建层次化符号”中设置输入/输出管脚个数作用相同，进入层次化符号编辑器后，层次化符号中的管脚位置也可调整，直接拖动鼠标即可。

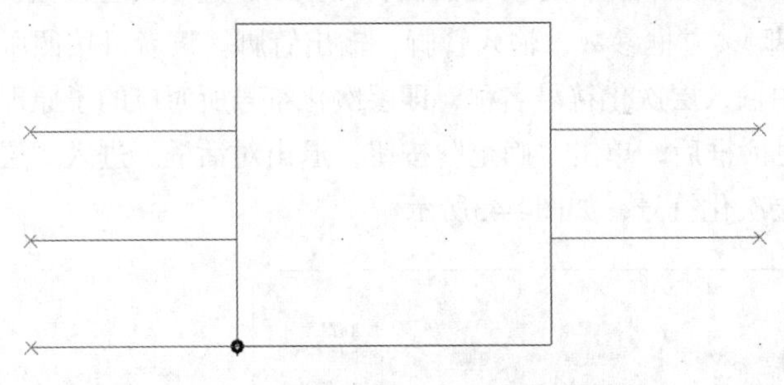

图4-48 放置管脚符号

（5）修改管脚属性。双击管脚，弹出“端点特性”对话框，在该对话框选中编辑管脚属性。

- 在“名称”文本框中输入要修改的名称，如图4-49所示。
- 单击“更改封装”按钮，可弹出“管脚封装浏览”对话框，修改管脚类型。单击“确定”按钮，退出对话框，完成管脚名称修改。

设置管脚名称可采用以下几种方法：

- 单击“符号编辑工具栏”中的“设置管脚名称”按钮，弹出“端点起始名称”对话框，输入名称，单击添加名称的管脚。
- 单击“符号编辑工具栏”中的“更改管脚名称”按钮，单击需要修改的管脚，弹出“Pin Name（管脚名称）”对话框，如图4-50所示。
- 双击管脚，弹出“端点特性”对话框。

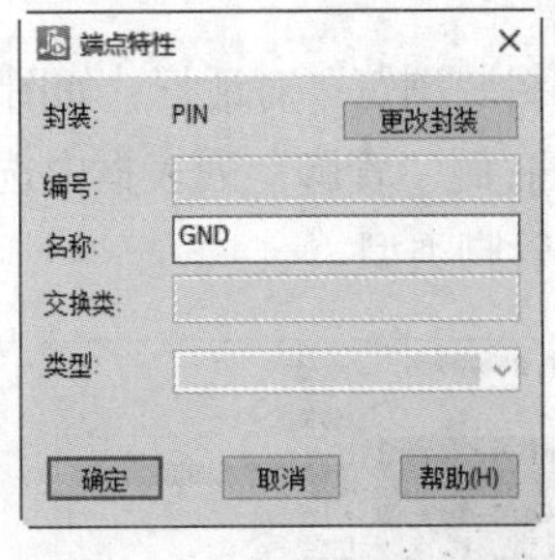

图4-49 “端点特性”对话框

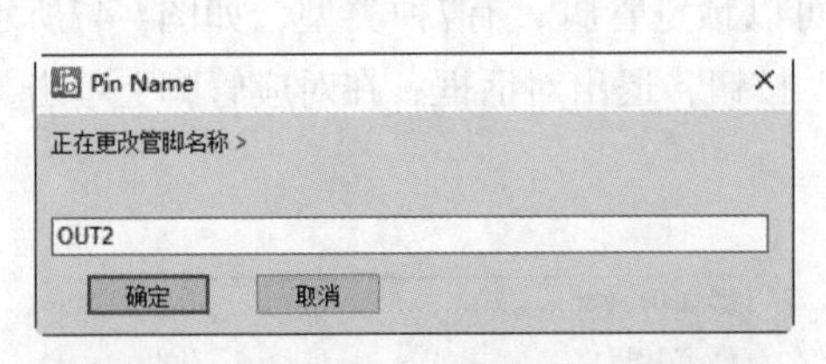

图4-50 “Pin Name（管脚名称）”对话框

（6）选择菜单栏中的“文件”→“完成”命令，退出层次化符号编辑器，返回原理图编辑环境，使十字光标上附着浮动的层次化符号，在原理图空白处单击，放置绘制完成的层次化符号。

4.4 编辑原理图

对于建立好的连线或者由于原理上的需要而对原理图进行修改是司空见惯的，下面简单介绍各种电器连接方式的编辑方法。

4.4.1　编辑连线

在修改连线时，一定要先在工具栏中单击“选择”图标后再选择连线进行移动，否则无法执行移动操作。要对元件重新连接有两种方法。

- 单击“选择筛选条件工具栏”中的“删除”按钮，单击需要删除的连线，删除此连线后重新建立连接线。
- 单击“原理图编辑工具栏”中的“选择”按钮，单击需要修改连线的末端，则连线末端黏附在鼠标十字光标上，移动鼠标，最后在与新连接处双击鼠标完成连线。

4.4.2　分割总线

绘制完成的总线并不是固定不变的，新绘一条总线时并非一次性绘制好，有时需要对原理图进行修改等，这时往往是直接在原来总线的基础上进行。PADS Logic总线工具盒提供了两种修改总线的工具，它们分别是分割总线和延伸总线。

（1）单击“原理图编辑工具栏”中的“分割总线”按钮。

（2）在总线上单击鼠标左键，移动鼠标，这时被分割部分的总线会随着鼠标的移动而变化，调整分割部分总线到适当的位置，单击鼠标完成分割修改过程，如图4-51所示。

（3）分割总线的操作只有当单击总线的非连接处主体时，分割功能才有效，当单击总线与各网络线连接部分时，系统在“输出窗口”中显示如图4-52所示的警告信息。

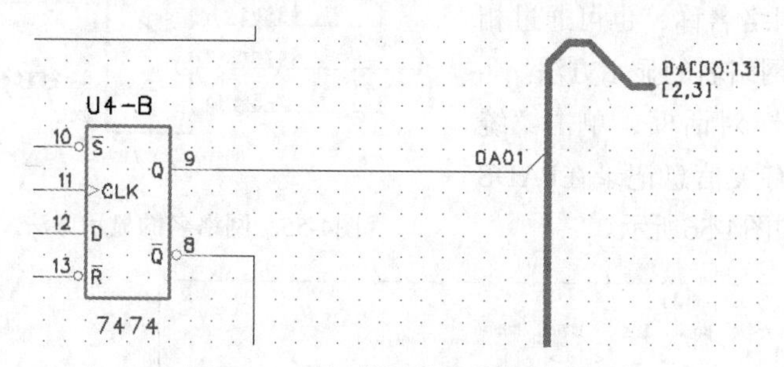

图4-51　利用分割总线功能修改总线

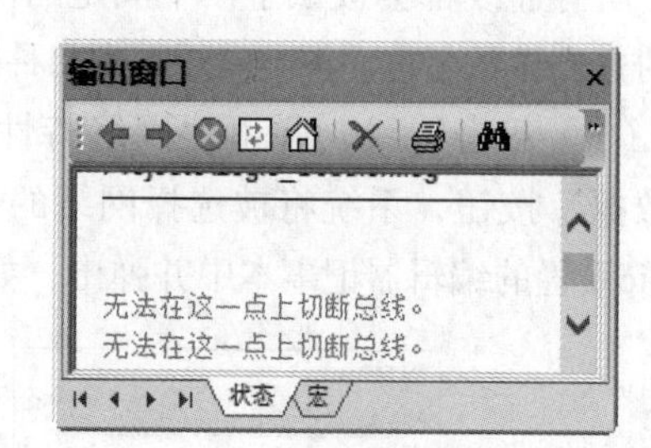

图4-52　禁止分割总线提示

4.4.3　延伸总线

修改总线的第二种方式是运用“延伸总线”，顾名思义，延伸就是在原来的基础上进行一定的扩展，所以这个操作相对比较简单。

（1）单击“选择筛选条件工具栏”中的“延伸总线”图标。

（2）修改前的总线如图4-53所示，在图中单击总线的端部，这时总线的端部会随着鼠标的移动而进行延伸变化，在总线延伸变化中可以增加总线拐角，当其延伸到适当位置后单击鼠标左键确定即可，如图4-54所示。

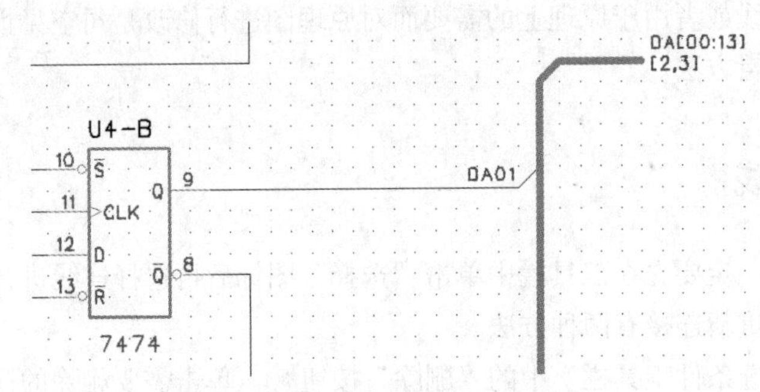

图4-53　延伸总线修改前的总线

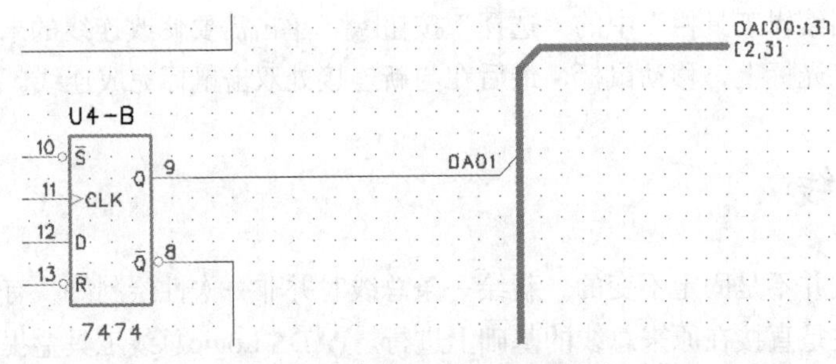

图4-54　延伸总线修改后的总线

（3）在运用延伸总线功能时要注意，延伸总线只是针对总线的两个端部。如果在延伸总线功能模式下单击总线非端部的部分，则操作无效。

4.4.4　编辑网络符号

所有连线都会被赋予一个固定的网络名称，也可通过相同的方式显示名称，图4-55所示为几种网络名的显示方法。

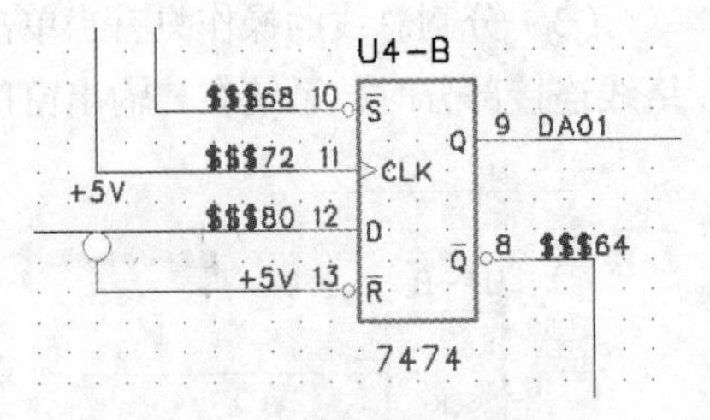

图4-55　网络名的显示方法

（1）双击连线，弹出“网络特性”对话框，单击“统计数据”按钮，系统将被选择网络的有关信息记录在PADS Logic设置的编辑器记事本中并弹出，如图4-56所示。

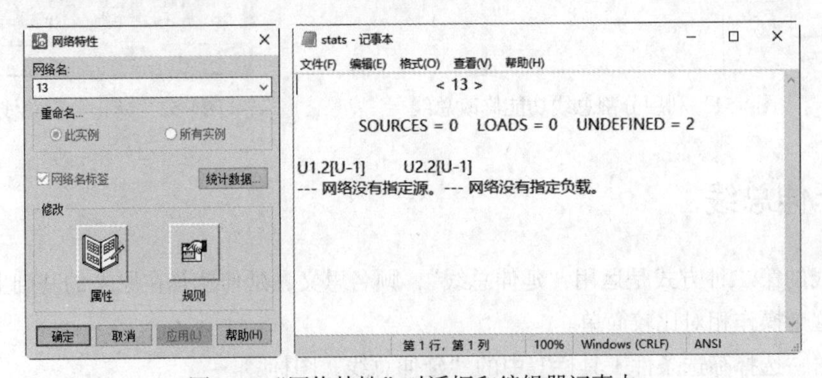

图4-56　“网络特性”对话框和编辑器记事本

（2）单击“属性”和“规则”按钮，改变网络的属性和被选网络的设计规则。查询修改完之后，单击“确定”按钮即可完成网络的查询与修改。

4.4.5　编辑文本符号

相对于元器件的查询与修改，对文本的操作就简单得多。

选中文本文字，单击“原理图编辑工具栏”中的“特性”按钮，弹出如图4-57所示的“文本特性”对话框。

通过“文本特性”对话框中的“文本”编辑框可以改变被选择文本文字的内容。

文本文字坐标（X：Y）的值如果不是在对文本文字有严格的坐标控制下，一般是不会在这里设置，而是直接在设计中移动文本文字到适当的位置即可。

除此之外，还可以通过对话框中的设置项“线宽”和“尺寸”来改变被选择项文本文字的字体高度和文体线宽。

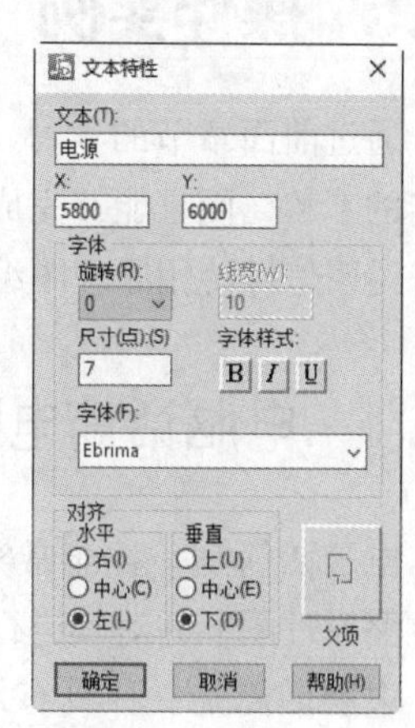

图4-57　“文本特性”对话框

假如所选择的文本文字是一个与图形冻结而成的冻结体中的文本文字，则可以单击对话框中“父项”按钮直接对这个冻结体中的图形进行查询与修改操作。而对于文本文字的方位变化，一般都是通过直接移动文本文体来改变。

4.4.6　编辑字段符号

在任何时候都可以直接修改变量值，从而达到修改所有已使用字段的目的。

在原理图中放置文本，使用“字段”命令与“文本”命令任何一种均可；若放置相同文本，在需要修改的过程中，“字段”修改一次，则其余相同文本全部自动修改；普通文本则无此功能，需要逐个修改。

4.4.7　合并/取消合并

在设计过程中根据需要有时可能会设计一些，比如由一个圆、矩形和多边形组成的组合图形，另外可能在组合图形中还会有一些文本文字。由于这些组合体是由不同的绘制方式得来的，所以它们是彼此独立的，如果需要对其复制、删除和移动等，则希望把这个组合图形看成一个整体来一次性操作，这样会带来很大的方便。

为了解决这个问题，PADS Logic采用了一种称为“合并”的方法，该功能允许将设计中的图形与图形、图形与文本文字进行冻结组合，这种冻结后的结果是将冻结体中比如图形与文字看成一个整体，当在进行复制、删除和移动等操作时都是针对这个整体而言。

1. 合并

单击“原理图编辑工具栏”中的“合并/取消合并”按钮，或选择如图4-58所示的右键快捷菜单中的“合并”命令，完成冻结。

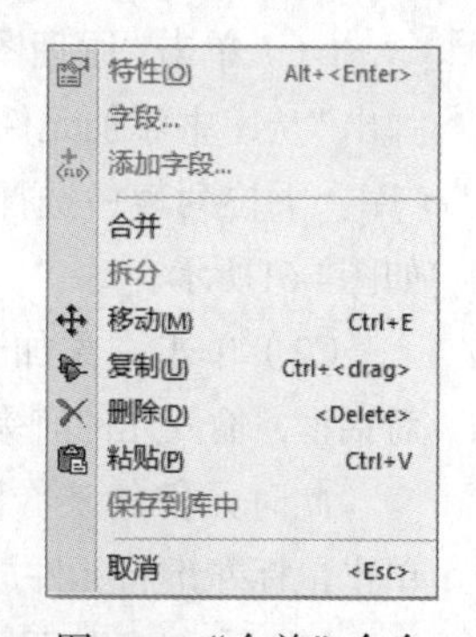

图4-58　“合并”命令

完成了冻结后，点亮的所有的对象都成为一个整体而一起移动。下面介绍解除冻结的方法。

2. 取消合并

选中冻结体后单击鼠标右键，在弹出的快捷菜单中选择“拆分”命令，即可完成解冻。

4.5 操作实例

通过前面章节的学习，用户对PADS Logic VX.2.8原理图编辑环境、原理图编辑器的使用有了初步的了解，而且能够完成简单电路原理图的绘制。这一节从实际操作的角度出发，通过具体的实例来说明怎样使用原理图编辑器来完成电路的设计工作。

4.5.1 电脑话筒电路

扫码看视频

电脑话筒是一种非常实用的多媒体电脑外部设备。本实例设计一个电脑话筒电路原理图，并对其进行查错和编译操作。

电脑话筒是一种具有录音功能的输入设备。使用电脑录入声音时，先由话筒采集外界的声波信号，并将这些声波转换成电子模拟信号，经过电缆传输到声卡的话筒输入端口，由声卡将模拟信号转换成数字信号再转由CPU进行相应的处理。

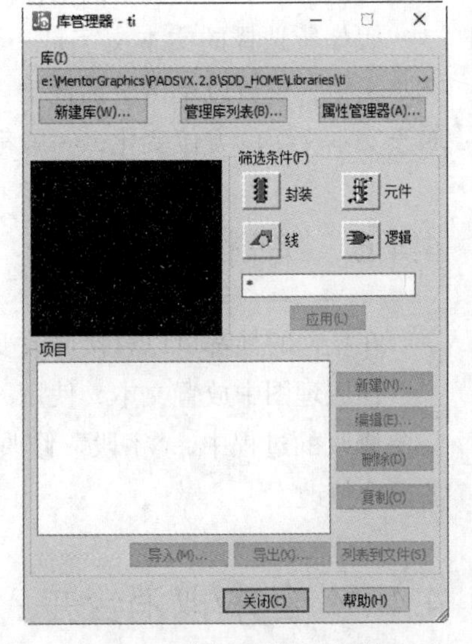

图4-59 “库管理器”对话框1

1. 设置工作环境

（1）单击PADS Logic图标，打开PADS Logic VX.2.8。

（2）选择菜单栏中的“文件”→“新建”命令或单击“标准工具栏”中的“新建”按钮，新建一个原理图文件。

（3）单击“标准工具栏”中的“保存”按钮，输入原理图名称“Computer Microphone”，保存新建的原理图文件。

2. 库文件管理

（1）选择菜单栏中的“文件”→“库”命令，弹出如图4-59所示的“库管理器”对话框。

（2）单击“管理库列表”按钮，弹出如图4-60所示的“库列表”对话框，显示在源文件路径下加载的库文件。

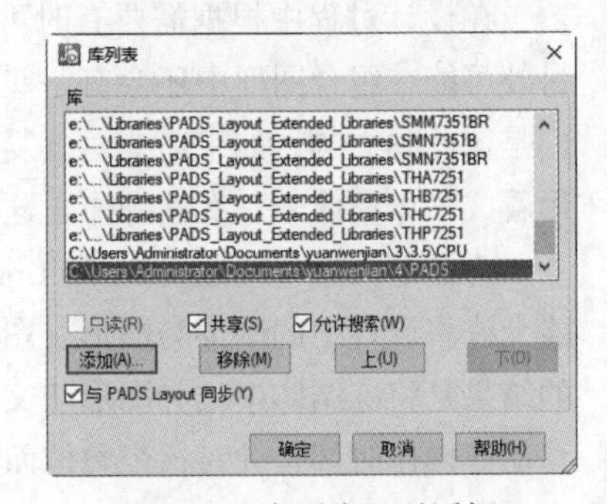

图4-60 “库列表”对话框1

3. 增加元件

（1）单击“原理图编辑工具栏”中的“添加元件”按钮，弹出“从库中添加元件-PADS”对话框，在“筛选条件”选项组“库”下拉列表中选择“PADS”，选择三极管元件“2N3904”，如图4-61所示。

（2）单击“添加”按钮，弹出如图4-62所示的“Question”对话框，输入元件前缀“VT”，单击“确定”按钮，关闭对话框。

此时元件的映像附着在光标上，移动光标到适当的位置，单击鼠标左键将元件放置在当前光标的位置上，如图4-63所示。

（3）在“库”下拉列表中选择“PADS”，在“项目”文本框中选择电源元件“BATTERY”，如

图4-64所示。单击“添加”按钮，将元件放置在原理图中。

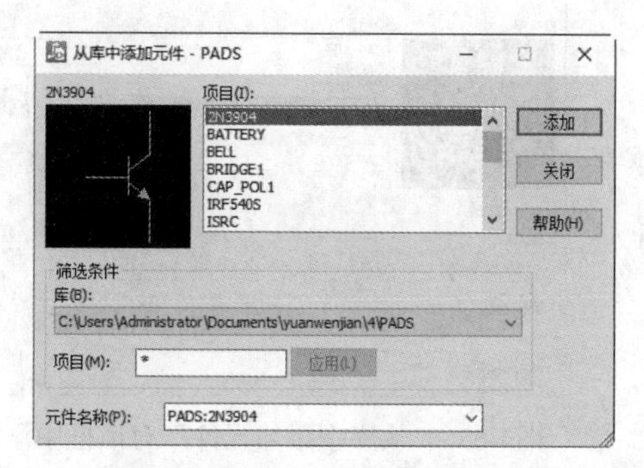

图4-61　“从库中添加元件”对话框中添加三极管元件

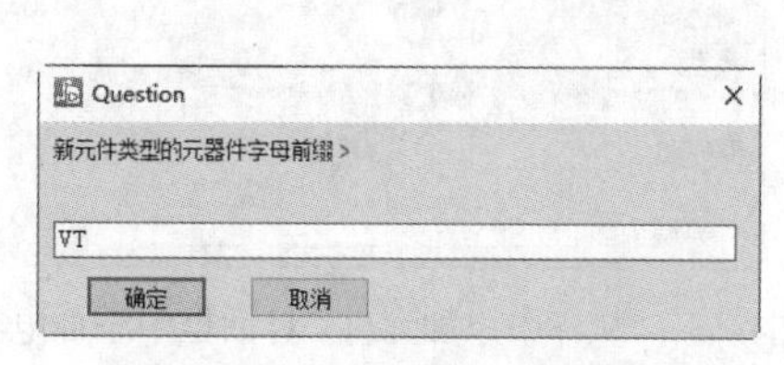

图4-62　“Question”对话框

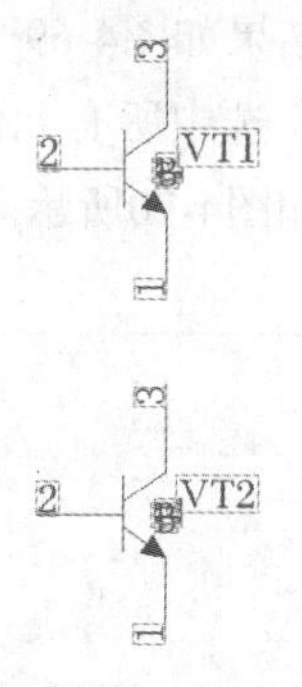

图4-63　放置三极管元件

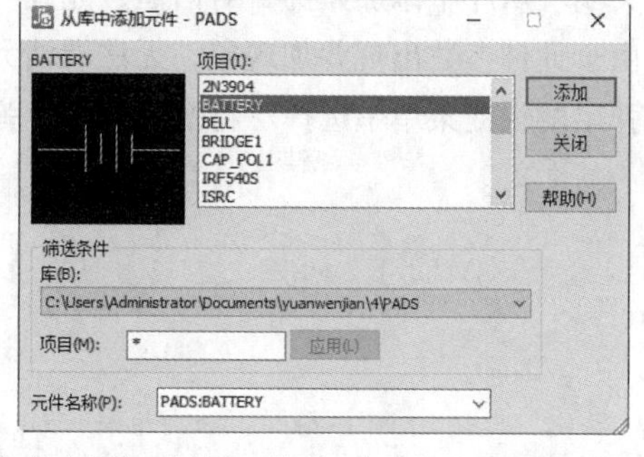

图4-64　“从库中添加元件”对话框中添加电源元件“BATTERY”

（4）在“库”下拉列表中选择“PADS”，在“项目”文本框中选择话筒元件“MIC2”，如图4-65所示。单击“添加”按钮，将元件放置在原理图中。

（5）在“库”下拉列表中选择“PADS”，在“项目”文本框中选择电阻元件“RES2”，如图4-66所示，单击“添加”按钮，将元件放置在原理图中。

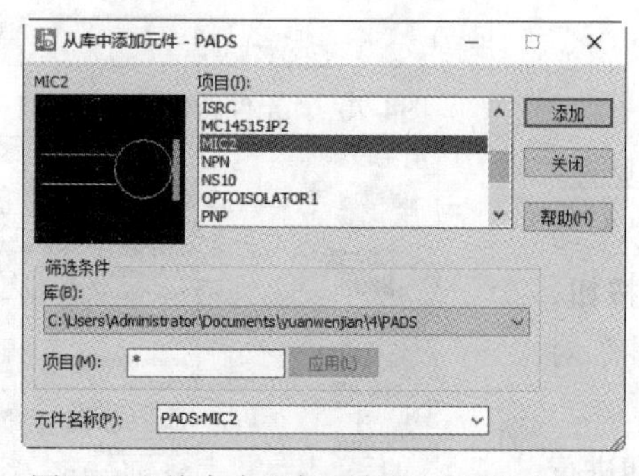

图4-65 “从库中添加元件”对话框中添加话筒元件“MIC2”

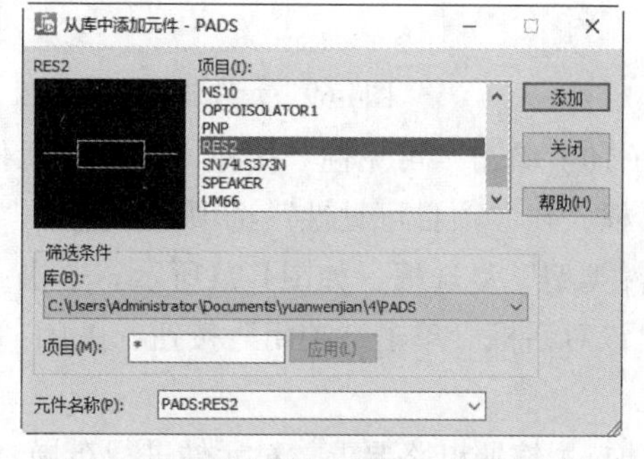

图4-66 “从库中添加元件”对话框中添加电阻元件“RES2”

（6）在“库”下拉列表中选择“MISC”，在“项目”文本框中输入关键词元件“*CAP*”，单击“应用”按钮，在“项目”列表框中显示电容元件，选择电容元件“CAP-CC05”，将元件放置在原理图中，如图4-67所示。

（7）在“项目”列表框中选择极性电容元件“CAP-B6”，将元件放置在原理图中，如图4-68所示。

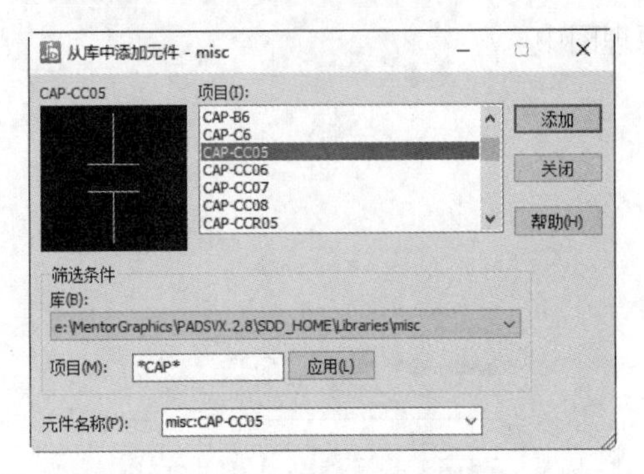

图4-67 “从库中添加元件”对话框中添加电容元件

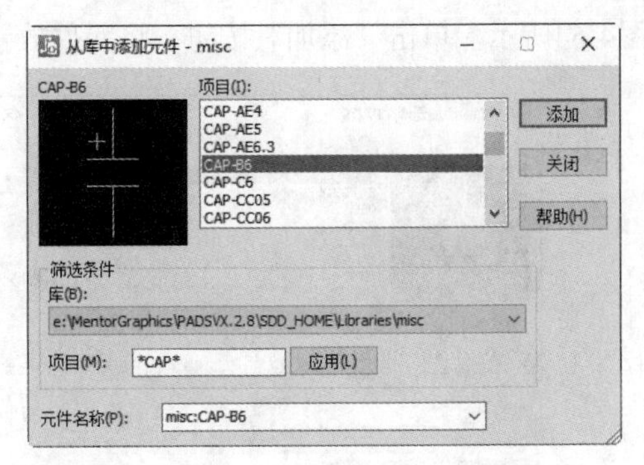

图4-68 “从库中添加元件”对话框中添加极性电容元件“CAP-CC05”

（8）关闭“从库中添加元件”对话框，完成所有元件的放置，元件放置结果如图4-69所示。

（9）由于元件参数出现叠加现象，无法看清元件，需要进行简单的修改。选中所有元件，单击右键，在弹出的快捷菜单中选择“特性”命令，弹出“元件特性”对话框，如图4-70所示。

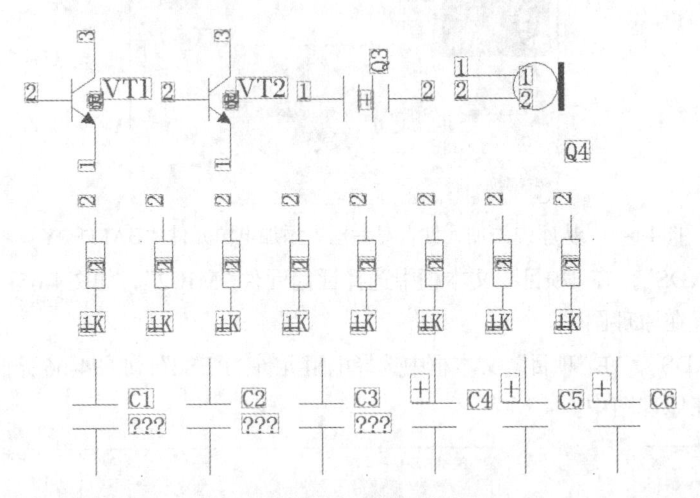

图4-69 元件放置结果

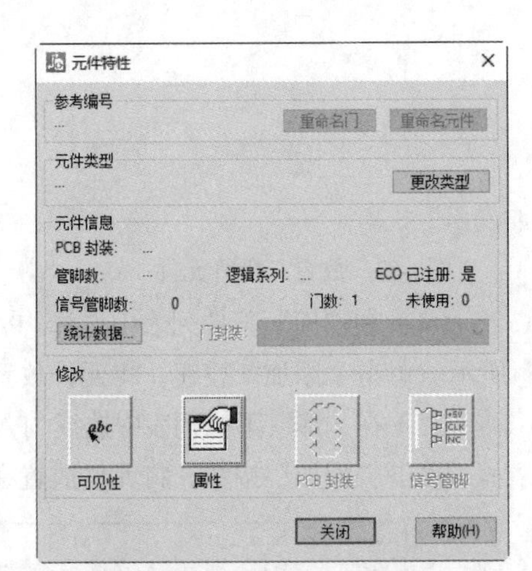

图4-70 “元件特性”对话框1

（10）单击“可见性”按钮，弹出“元件文本可见性”对话框，在“项目可见性”选项组中选择“参考编号”与“元件类型”复选框，如图4-71所示。单击“确定”按钮，退出该对话框。单击“关闭”按钮，关闭“元件特性”对话框。

（11）按照电路要求，对元件进行布局，方便后期进行布线、放置原理图符号，除对元件进行移动操作外，必要时，对元件进行翻转、X镜像、Y镜像，布局结果如图4-72所示。

图4-71 “元件文本可见性”对话框1

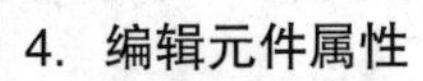

4. 编辑元件属性

（1）双击元件VT3，弹出“元件特性”对话框，如图4-73所示，单击“参考编号”栏右侧的“重命名元件”按钮，弹出“重命名元件”对话框，在文本框中输入元件编号“B1”，如图4-74所示。单击“确定”按钮，完成参考编号的设置，单击“关闭”按钮，关闭“元件特性”对话框。

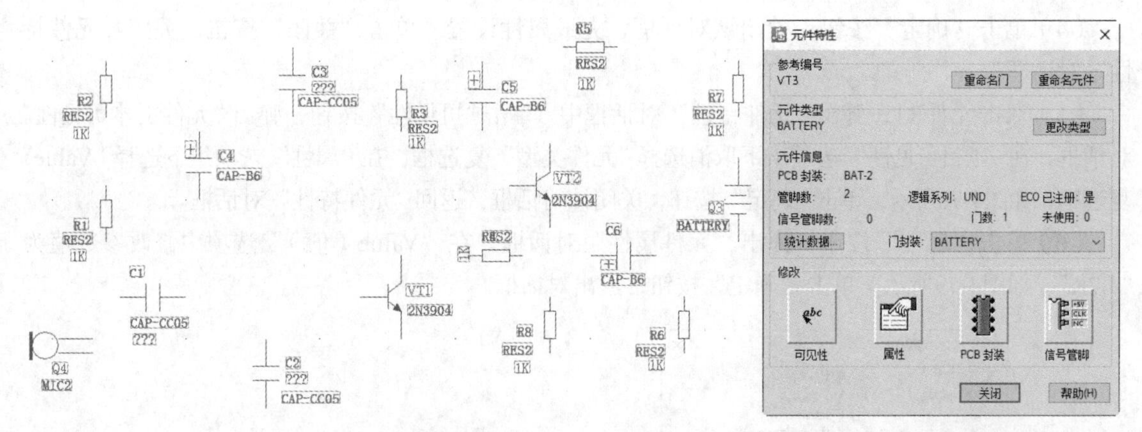

图4-72　元件布局结果

图4-73　“元件特性”对话框2

（2）双击元件VT1，弹出“元件特性”对话框，如图4-75所示，单击“可见性”按钮，弹出“元件文本可见性”对话框，在“项目可见性”选项组下取消选择“元件类型”复选框，在“属性”选项组选择“Comment”复选框，如图4-76所示，单击“确定”按钮，关闭该对话框，返回“元件特性”对话框。

（3）单击“属性”按钮，弹出“元件属性”对话框，在“属性”选项组下修改“Comment”值为“BC413B”，如图4-77所示。

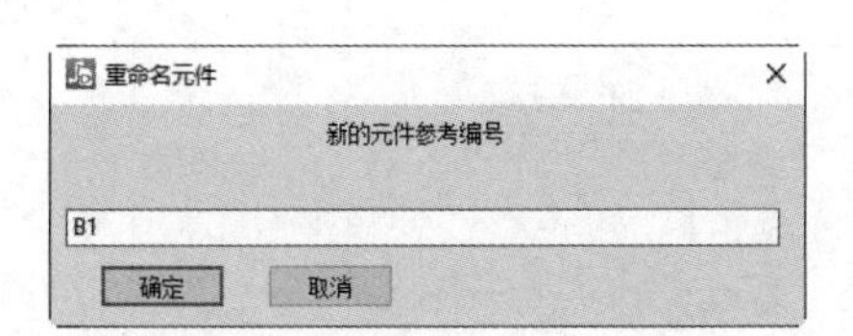

图4-74　“重命名元件”对话框

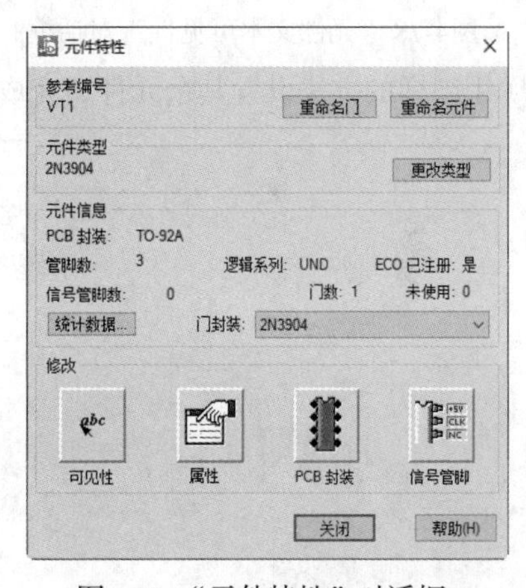

图4-75　“元件特性”对话框3

图4-76　“元件文本可见性”对话框2

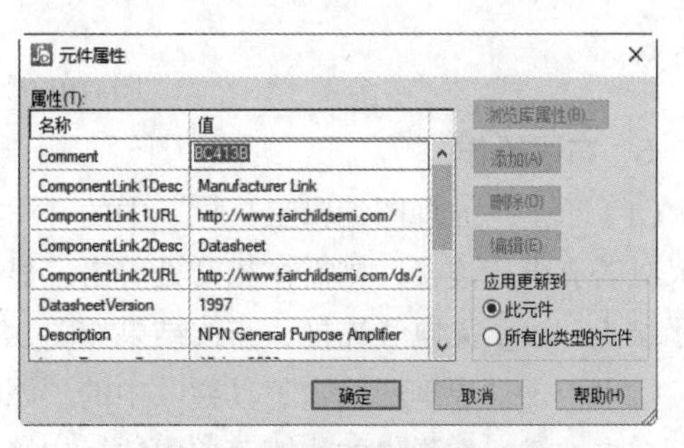

图4-77　“元件属性”对话框1

（4）单击“确定”按钮，关闭该对话框，完成属性设置。单击“关闭”按钮，关闭“元件特性”对话框。

（5）双击元件R1，弹出“元件特性”对话框中，单击“可见性”按钮，弹出“元件文本可见性”对话框，在“项目可见性”选项组下取消选择“元件类型”复选框，在“属性”选项组下选择“Value”复选框，如图4-78所示，单击“确定”按钮，关闭该对话框，返回“元件特性”对话框。

（6）单击“属性”按钮，弹出“元件属性”对话框，在“Value（值）”选项中修改参数值为“4.7K”，如图4-79所示。单击“确定”按钮，退出对话框。

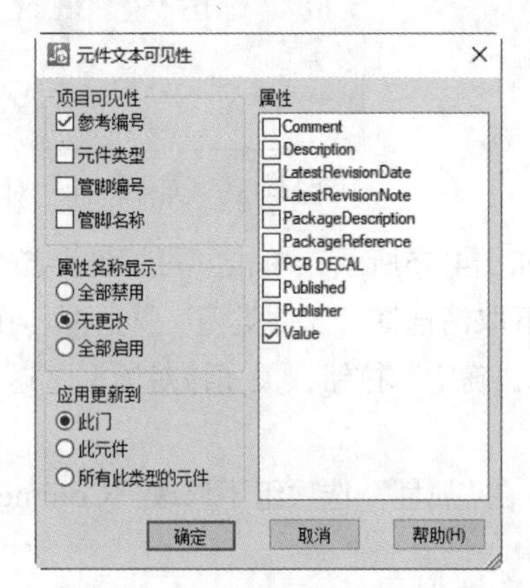

图4-78 “元件文本可见性”对话框3

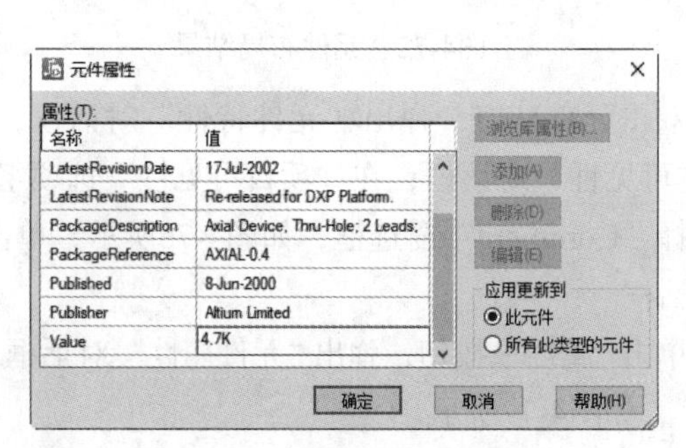

图4-79 “元件属性”对话框2

（7）用同样的方法设置其余元件，完成元器件显示设置，编辑结果如图4-80所示。

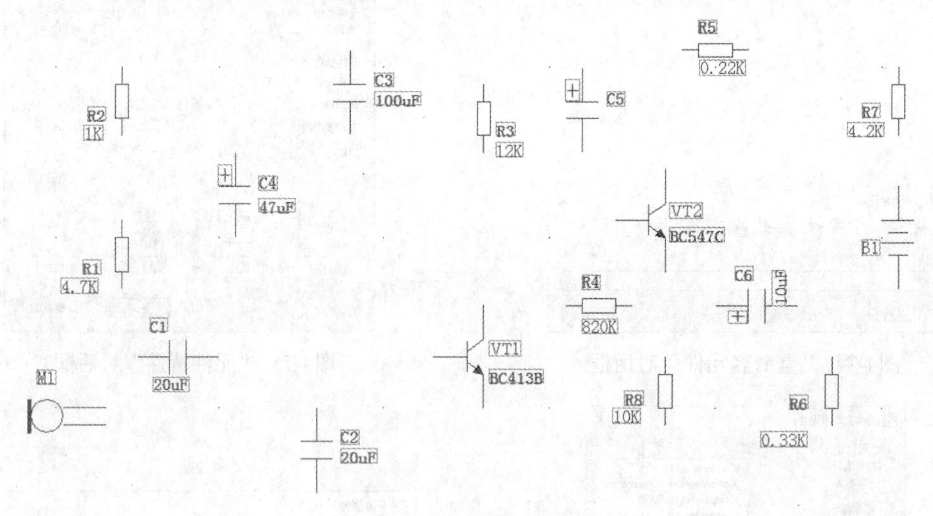

图4-80 元件属性编辑结果

5. 布线操作

（1）单击“原理图编辑工具栏”中的“添加连线”按钮，进入连线模式，进行连线操作，在交叉处若有电气连接，则需在相交处单击，显示结点，表示有电气连接，若不在交叉处单击，则不显示结点，表示无电气连接，布线结果如图4-81所示。

（2）单击“原理图编辑工具栏”中的“添加连线”按钮，进入连线模式，拖动鼠标到适当位置，单击右键，在弹出的快捷菜单中选择“接地”命令，鼠标上显示浮动的接地符号，单击左键放置接地符号，结果如图4-82所示。

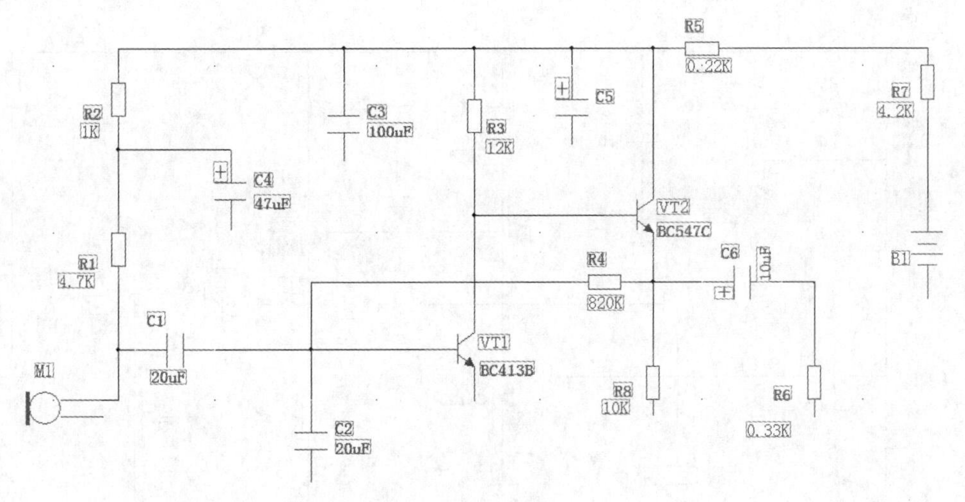

图4-81　电气连线操作

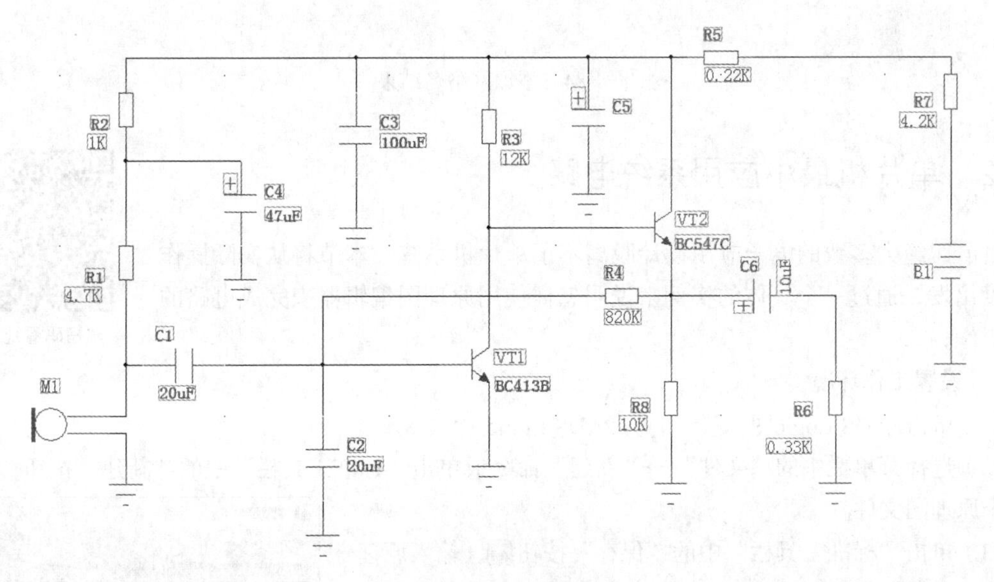

图4-82　添加接地符号

（3）单击“原理图编辑工具栏”中的“添加连线”按钮，进入连线模式，拖动鼠标到适当位置，单击右键，在弹出的快捷菜单中选择“页间连接符”命令，鼠标上显示浮动的接地符号，单击左键放置页间连接符，弹出如图4-83所示的“添加网络名”对话框，在“网络名”文本框中输入网络名“NIFINPUT”，单击“确定”按钮，完成网络名的设置，添加结果如图4-84所示。

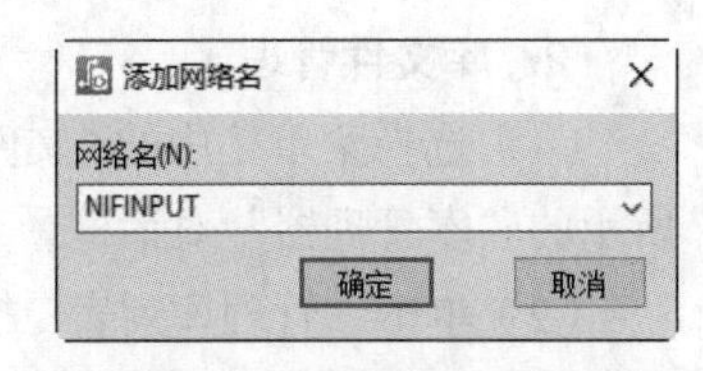

图4-83 “添加网络名”对话框

6. 保存原理图文件

原理图绘制完成后，单击“标准工具栏”中的“保存”按钮，保存绘制好的原理图文件。

7. 退出PADS Logic

选择菜单栏中的“文件”→“退出”命令，退出PADS Logic。

本实例主要介绍原理图设计中经常遇到的一些知识点，包括查找元件及其对应元件库的载入、基本元件的编辑和原理图的布局和布线。

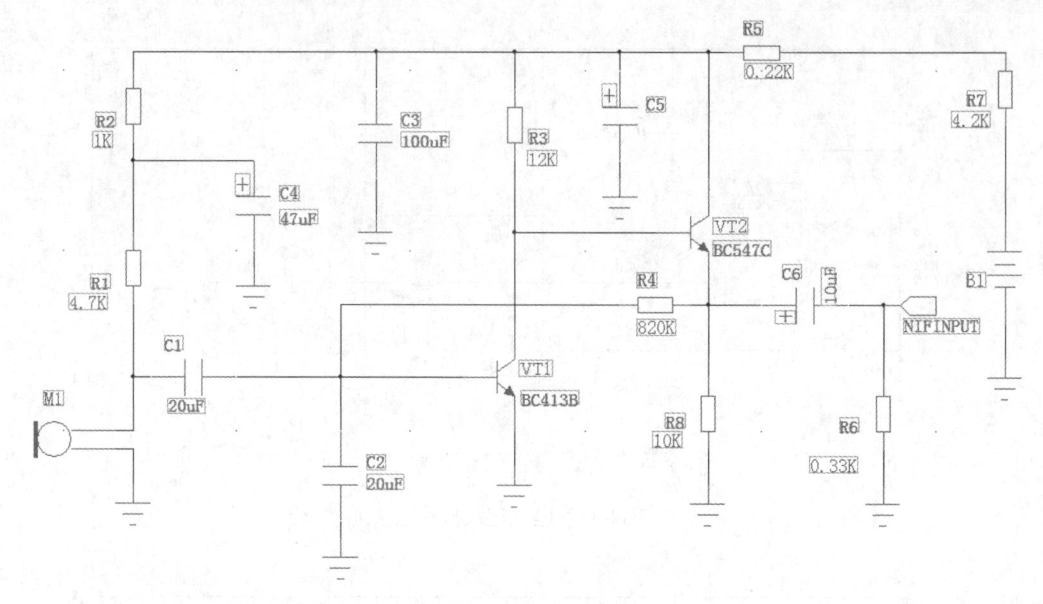

图4-84 添加网络名结果

4.5.2 单片机最小应用系统电路

扫码看视频

目前，绝大多数的电子应用设计脱离不了单片机系统。本节将从实际操作的角度出发，通过一个具体的实例来说明怎样使用原理图编辑器来完成电路的设计工作。

1. 设置工作环境

（1）单击PADS Logic图标，打开PADS Logic VX.2.8。

（2）选择菜单栏中的“文件”→“新建”命令或单击“标准工具栏”中的“新建”按钮，新建一个原理图文件。

（3）单击“标准工具栏”中的“保存”按钮，输入原理图名称“PIC”，保存新建的原理图文件。

2. 库文件管理

（1）选择菜单栏中的“文件”→“库”命令，弹出如图4-85所示的“库管理器”对话框。

（2）单击“管理库列表”按钮，弹出如图4-86所示的“库列表”对话框，显示在源文件路径下加载的库文件。

（3）单击“标准工具栏”中的“原理图编辑工具栏”按钮，打开原理图编辑工具栏。

3. 增加元件

（1）单击“原理图编辑工具栏”中的“添加元件”按钮，弹出“从库中添加元件-CPU”对话框，在“筛选条件”选项组“库”下拉列表中选择“CPU”，在“项目”文本框中选择元件单片机芯片P89C51RC2HFBD，如图4-87所示。

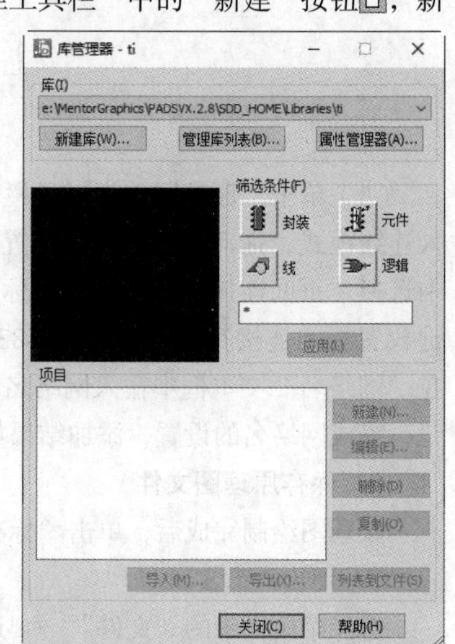

图4-85 “库管理器”对话框2

（2）单击“添加”按钮，元件的映像附着在光标上，移动光标到适当的位置，单击鼠标左键将元件放置在当前光标的位置上。

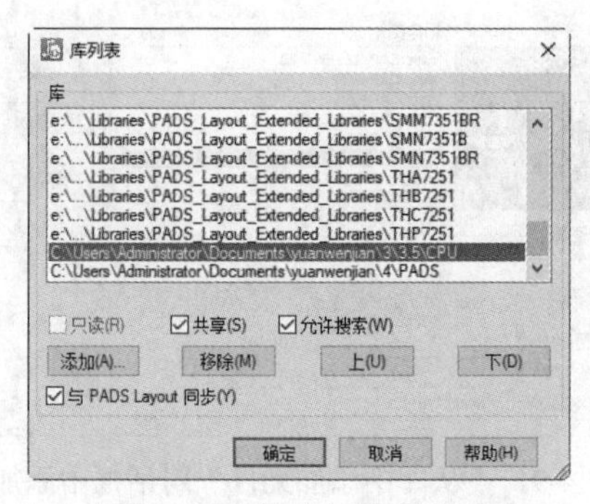

图4-86 “库列表”对话框2

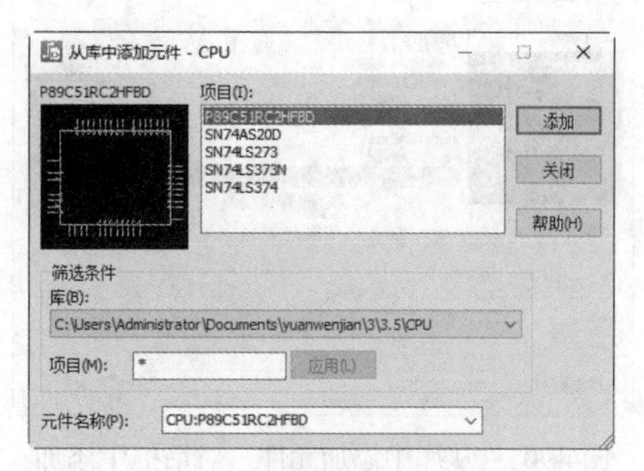

图4-87 “从库中添加元件”对话框中添加单片机芯片“P89C51RC2HFBD ”

（3）在“库”下拉列表中选择“CPU”，在“项目”文本框中选择地址锁存器元件“SN74LS373N”，如图4-88所示。单击“添加”按钮，将元件放置在原理图中。

（4）在“筛选条件”选项组下“库”下拉列表中选择“所有库”，在“项目”文本框中输入关键词“*MCM6264*”，单击“应用”按钮，在“项目”列表框中显示符合条件的元件，如图4-89所示。选择数据存储器元件“MCM6264P”，单击“添加”按钮，将元件放置在原理图中。

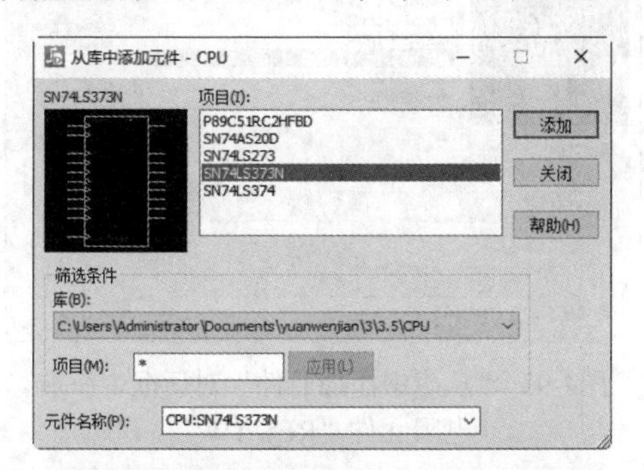

图4-88 “从库中添加元件”对话框中添加地址锁存器元件“SN74LS373N”

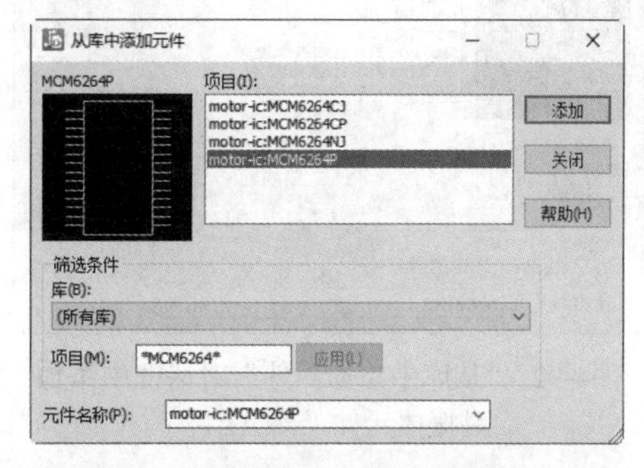

图4-89 “从库中添加元件”对话框中添加数据存储器元件“MCM6264P”

注意

单片机的应用系统中，时钟电路和复位电路是必不可少的。在本例中，我们采用一个石英晶振和两个匹配电容构成单片机的时钟电路，晶振频率是 20MHz。复位电路采用上电复位和手动复位的方式，由一个 RC 延迟电路构成上电复位电路，在延迟电路的两端跨接一个开关构成手动复位电路。因此，需要放置的外围元件包括两个电容、两个电阻、1 个极性电容、1 个晶振、1 个复位键。

（5）在“筛选条件”选项组的“库”下拉列表中选择“所有库”，在“项目”文本框中输入关键词元件“*CAP*”，单击“应用”按钮，在“项目”列表框中显示电容元件，选择电容元件“CAP-CC05”，将元件放置在原理图中，如图4-90所示。

（6）选择极性电容元件“CAP-C6”，将元件放置在原理图中，如图4-91所示。

（7）在“筛选条件”选项组的“库”下拉列表中选择“所有库”，在“项目”文本框中输入关键词元件“*XTAL*”，单击“应用”按钮，在“项目”列表框中显示元件，选择晶振体元件“XTAL1”，将元件放置在原理图中，如图4-92所示。

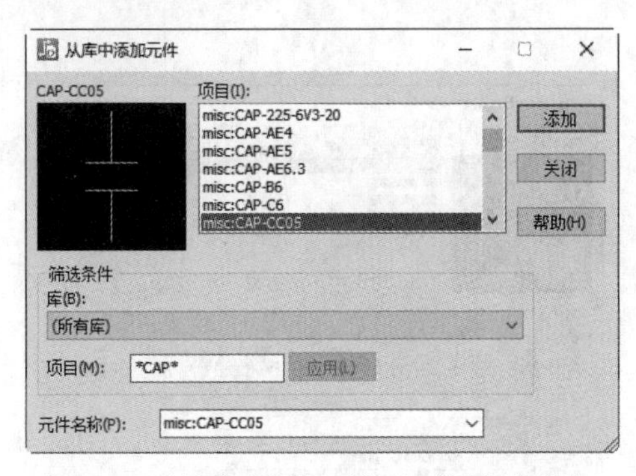

图4-90 “从库中添加元件”对话框中添加电容元件“CAP-CC05”

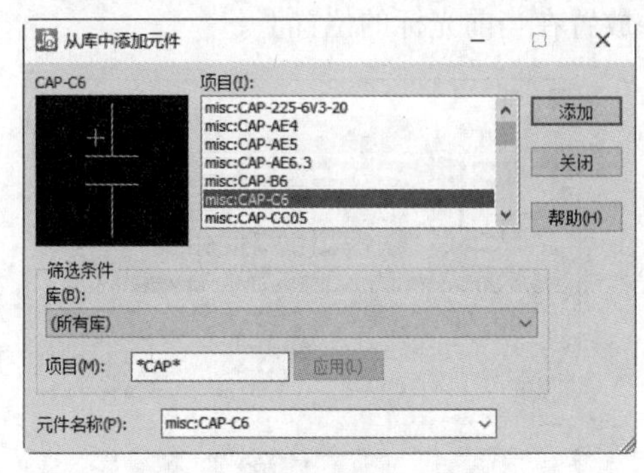

图4-91 “从库中添加元件”对话框中添加极性电容元件“CAP-C6”

（8）在“筛选条件”选项组的“库”下拉列表中选择“所有库”，在“项目”文本框中输入关键词元件“*RES*”，单击“应用”按钮，在“项目”列表框中显示符合条件的元件，选择电阻元件“RES-1W”，将元件放置在原理图中，如图4-93所示。

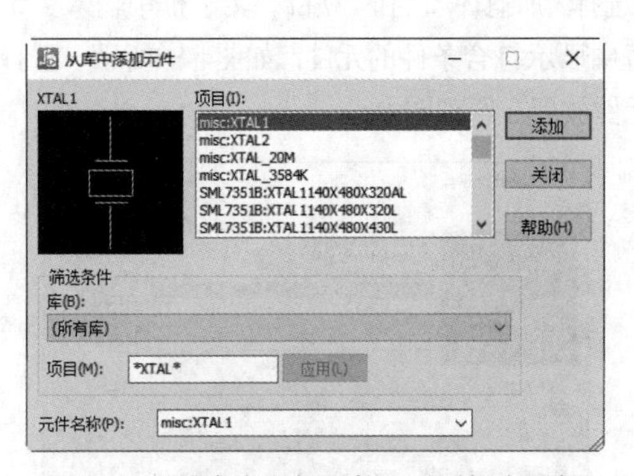

图4-92 “从库中添加元件”对话框中添加晶振体元件“XTAL1”

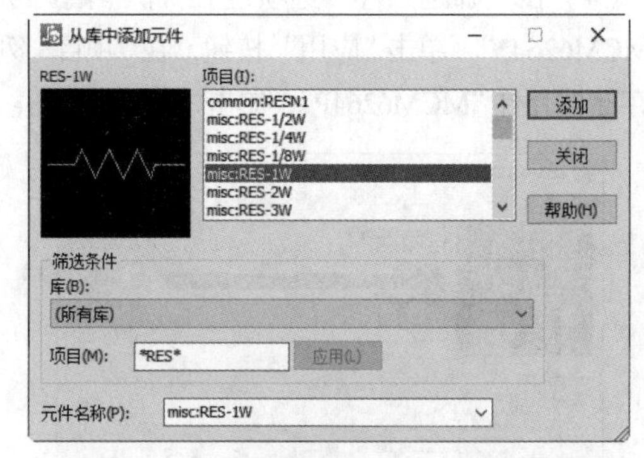

图4-93 “从库中添加元件”对话框中添加电阻元件“RES-1W”

（9）在“筛选条件”选项组的“库”下拉列表中选择“所有库”，在“项目”文本框中输入关键词元件“*SW*”，单击“应用”按钮，在“项目”列表框中显示符合条件的元件，选择开关元件“SW-SPST-NO”，将元件放置在原理图中，如图4-94所示。

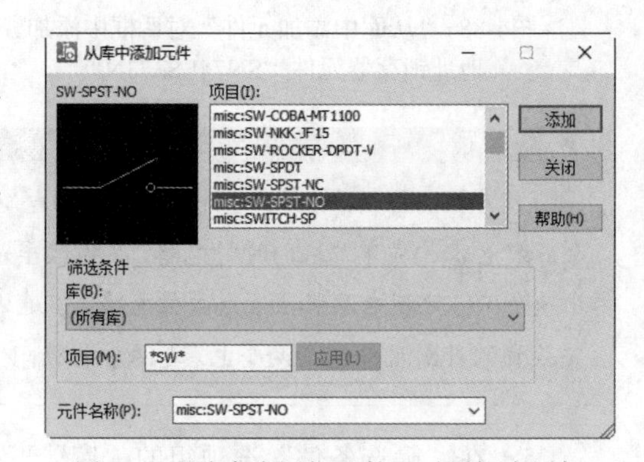

图4-94 “从库中添加元件”对话框中添加开关元件“SW-SPST-NO”

（10）关闭“从库中添加元件”对话框，完成所有元件放置，如图4-95所示。

（11）按照电路要求，对元件进行布局，方便后期进行布线，放置原理图符号，除对元件进行移动操作外，必要时，对元件进行翻转、X镜像、Y镜像，布局结果如图4-96所示。

4. 编辑元件属性

（1）双击元件U1标签，弹出“参考编号特性”对话框，如图4-97所示。在“参考编号”文本框中输入元件编号“IC3”，单击“确定”按钮，完成参考编号设置，如图4-98所示。

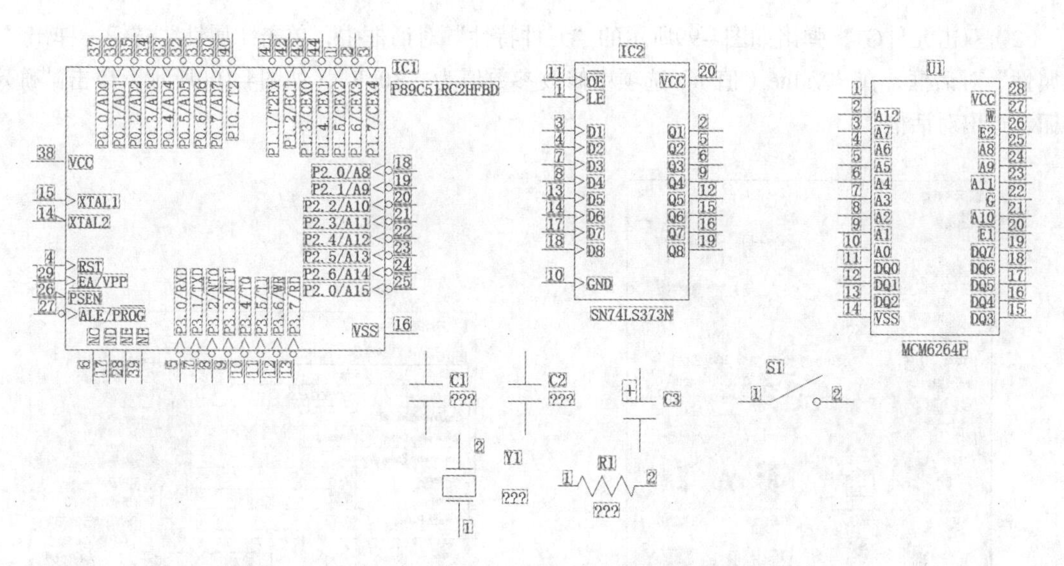

图4-95　元件放置结果

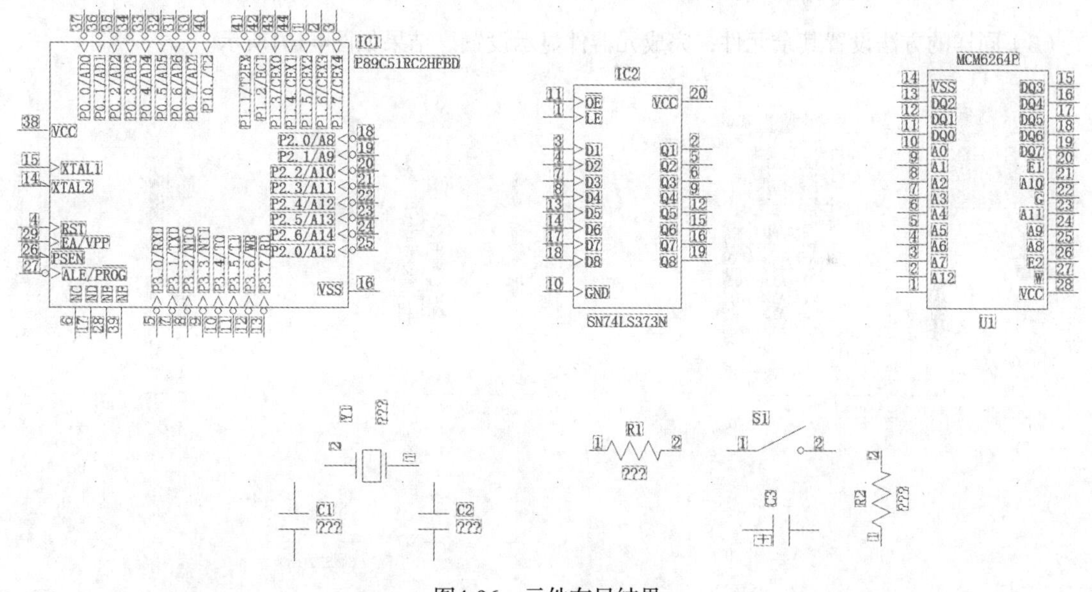

图4-96　元件布局结果

图4-97　“参考编号特性”对话框

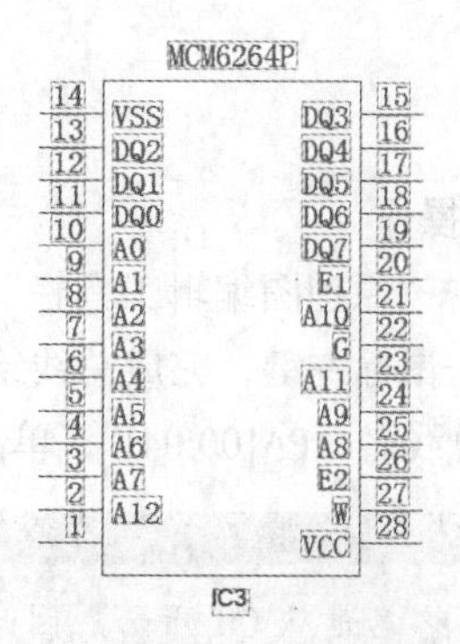

图4-98　编辑编号结果

（2）双击元件C1，弹出如图4-99所示的“元件特性”对话框中，单击“属性”按钮，弹出“元件属性”对话框，在“Value（值）”选项中修改参数值为“30pF”，如图4-100所示，单击“确定”按钮，退出对话框。

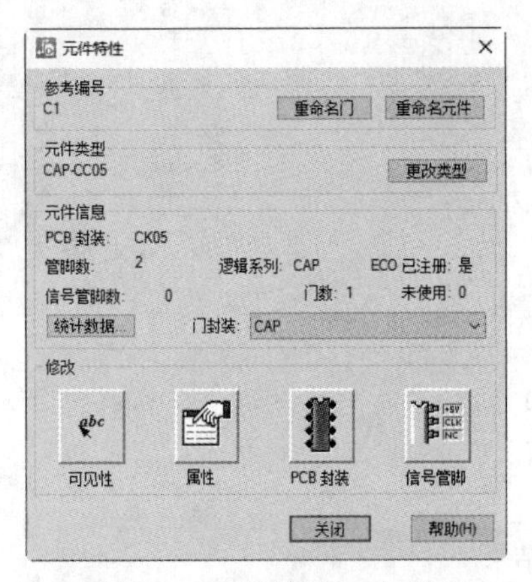

图4-99 “元件特性”对话框

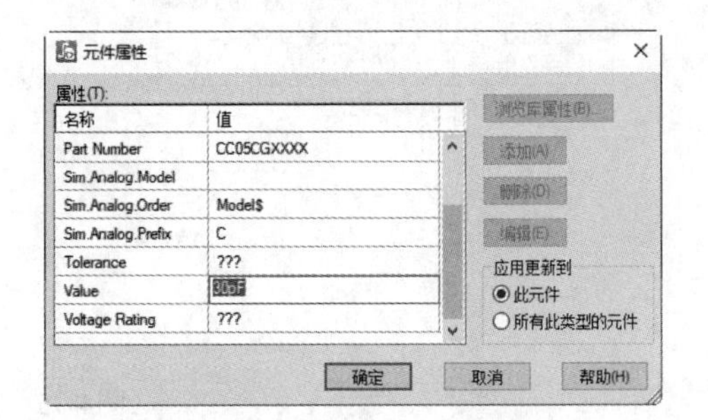

图4-100 “元件属性”对话框3

（3）同样的方法设置其余元件，完成元器件显示设置。结果如图4-101所示。

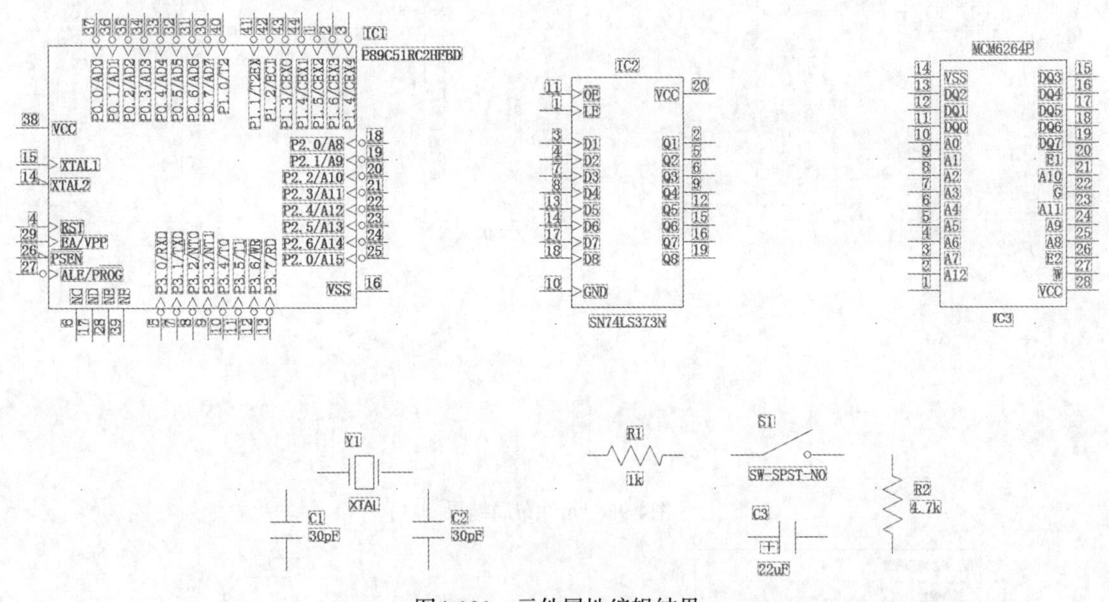

图4-101 元件属性编辑结果

5. 布线操作

（1）单击“原理图编辑工具栏”中的“添加总线”按钮，进入总线设计模式，拖动鼠标绘制总线。双击鼠标左键，完成总线绘制。系统会自动弹出如图4-102所示的对话框。在弹出对话框中要求输入总线名“PA[00:04]”，单击“确定”按钮，关闭对话框。

注意

由于网络名是从00开始，因此5个网络结束名为04。

（2）总线名黏附于十字光标上，移动到适当的位置后单击鼠标左键确定，结果如图4-103所示。

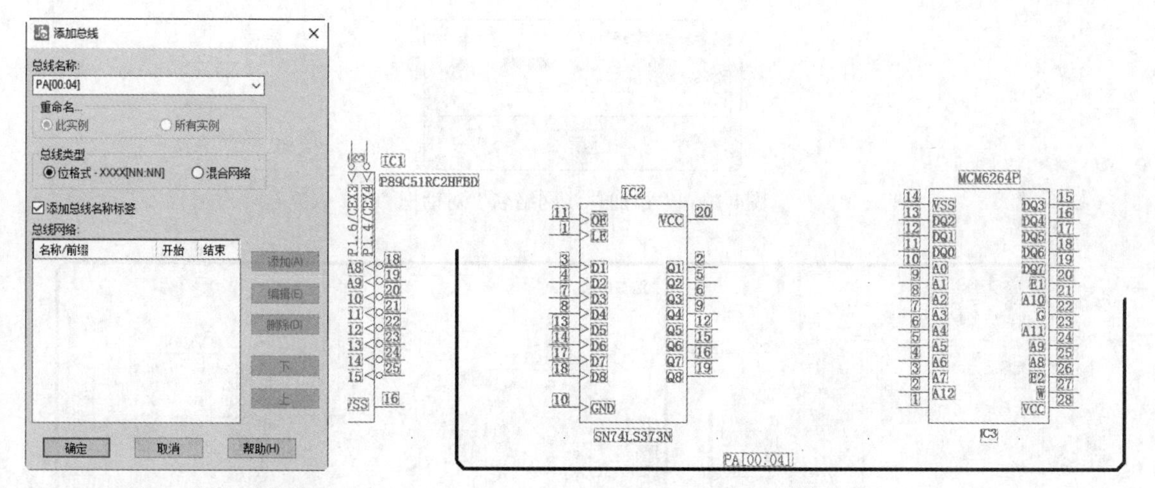

图4-102 “添加总线”对话框　　　　　　　　　　　　图4-103　添加总线结果

（3）同样的方法继续绘制其他的总线，结果如图4-104所示。

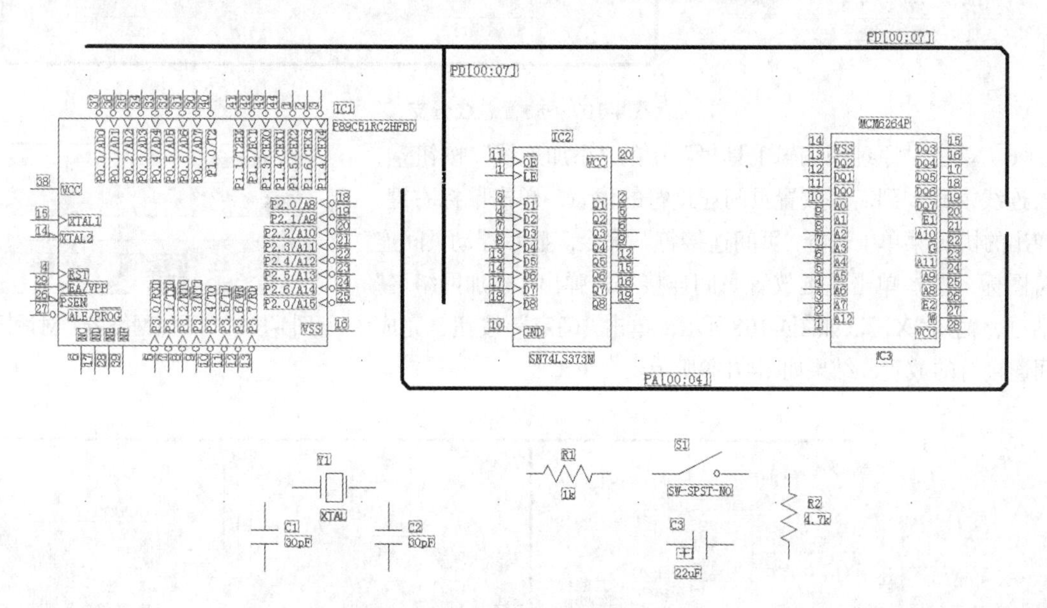

图4-104　绘制总线

（4）单击“原理图编辑工具栏”中的“交换管脚”按钮，交换元件IC3中的管脚，将A8~A12按顺序排列在同一侧，以方便总线连接，如图4-105所示。

（5）单击“原理图编辑工具栏”中的“添加连线”按钮，进入连线模式，拖动鼠标，在总线PA[00:04]位置上单击，在总线与导线间自动添加总线分支，同时弹出“添加总线网络名”对话框，自动显示网络名PA0，如图4-106所示。

继续连接其余总线，结果如图4-107所示。

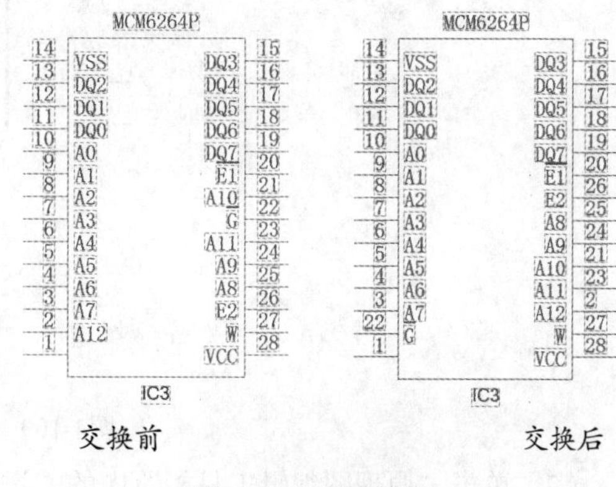

图4-105　交换管脚

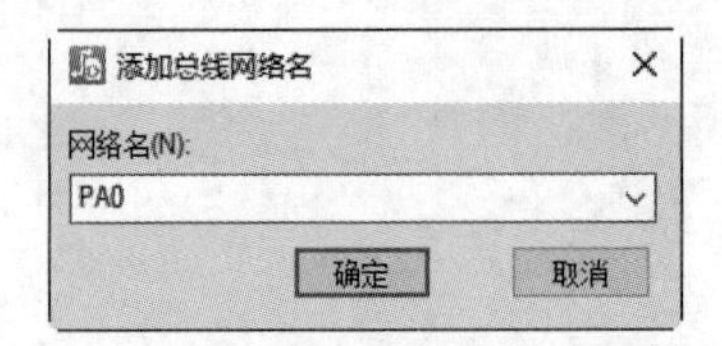

图4-106 “添加总线网络名”对话框

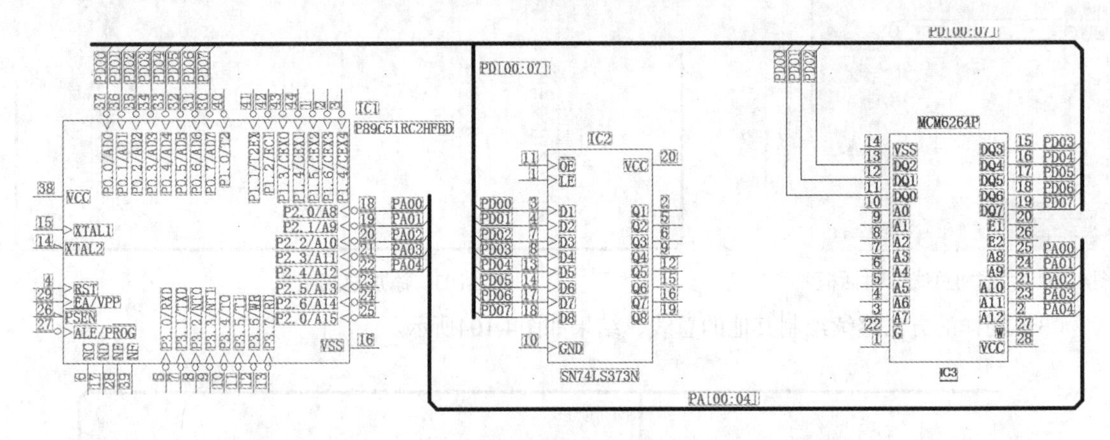

图4-107 放置总线分支

（6）单击“原理图编辑工具栏”中的“添加连线”按钮，进入连线模式，到需要放置页间连接符的位置，单击鼠标右键，在弹出的快捷菜单中选择“页间连接符”命令，显示浮动页间连接符图标，选择单击左键放置页间连接符，弹出“添加网络名”对话框，输入“X1”，如图4-108所示，单击“确定”按钮，完成页间连接符的放置，结果如图4-109所示。

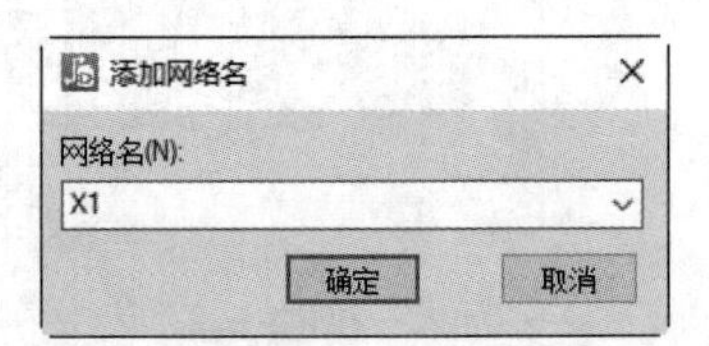

图4-108 “添加网络名”对话框

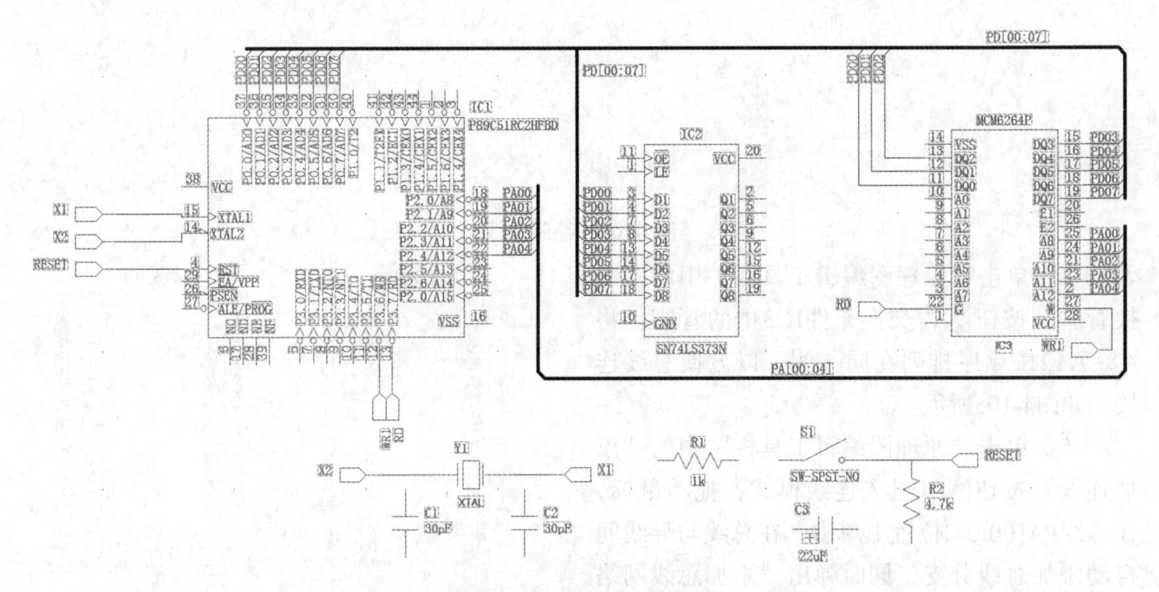

图4-109 放置页间连接符

（7）单击“原理图编辑工具栏”中的“添加连线”按钮，进入连线模式，单击鼠标右键，在弹出的快捷菜单中选择“接地”命令，放置接地、电源符号，结果如图4-110所示。

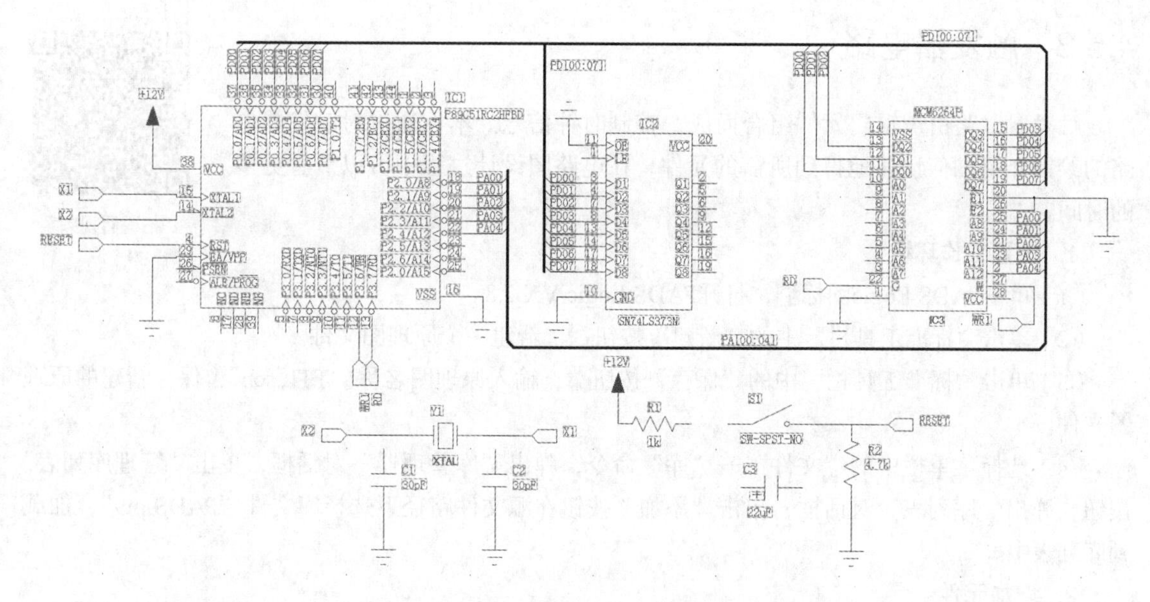

图4-110　放置接地、电源符号

（8）单击“原理图编辑工具栏”中的“添加连线”按钮，进入连线模式，进行剩余连线操作，结果如图4-111所示。

6. 保存原理图文件

原理图绘制完成后，单击“标准工具栏”中的“保存”按钮，保存绘制好的原理图文件。

7. 退出PADS Logic

选择菜单栏中的“文件”→“退出”命令，退出PADS Logic。

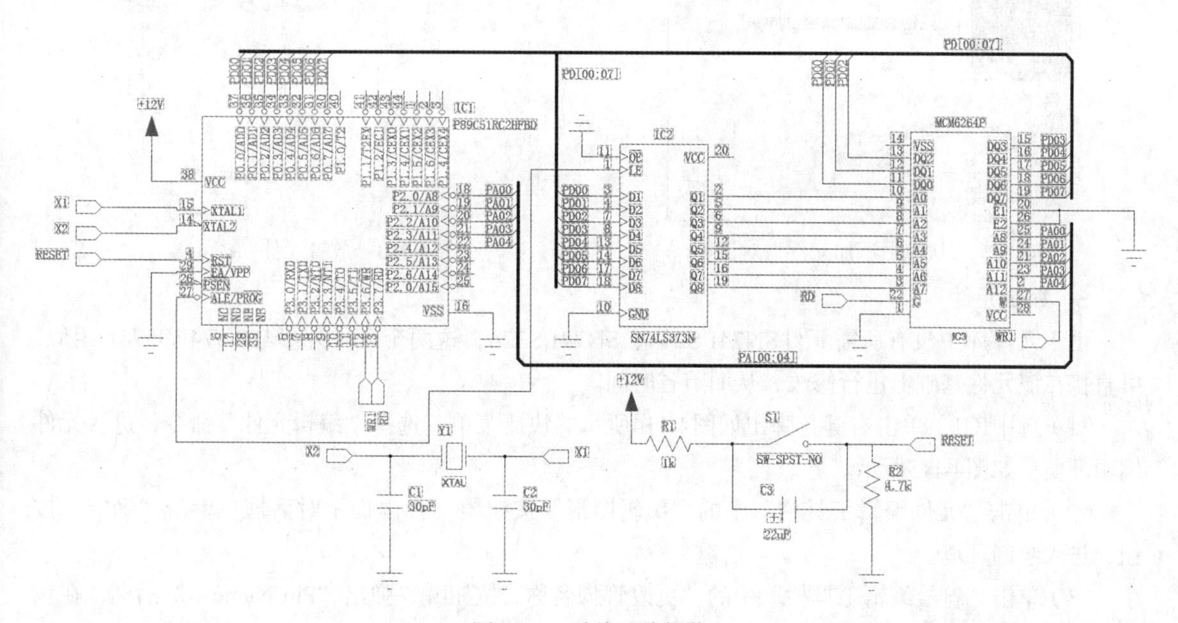

图4-111　总线连线操作

在本例中，重点介绍了总线的绘制方法。总线需要有总线分支和网络标签来配合使用。总线的适当使用，可以使原理图更规范、整洁和美观。

4.5.3 触发器电路

扫码看视频

触发器电路由逻辑门元件组合而成，控制时钟信号。本例通过对触发器电路的绘制介绍如何快速地得到所需的元件，在电路图设计过程中可以节省更多的时间。

1. 设置工作环境

（1）单击PADS Logic图标，打开PADS Logic VX.2.8。

（2）单击“标准工具栏”中的“新建”按钮，新建一个原理图文件。

（3）单击“标准工具栏”中的“保存”按钮，输入原理图名称“TTL.sch”，保存新建的原理图文件。

（4）选择菜单栏中的“文件”→“库”命令，弹出“库管理器”对话框，单击“管理库列表”按钮，弹出“库列表”对话框，单击“添加”按钮在源文件路径下选择库文件“PADS.pt9”，加载到库列表中。

2. 增加元件

（1）单击“原理图编辑工具栏”中的“添加元件”按钮，弹出“从库中添加元件-CPU”对话框，在元件库“CPU.pt9”中选择SN74LS373N，如图4-112所示。

（2）单击“添加”按钮，此时元件的映像附着在光标上，移动光标到适当的位置，单击鼠标左键，将元件放置在当前光标的位置上，按Esc键结束放置，元件标号默认为IC1、IC2，如图4-113所示。

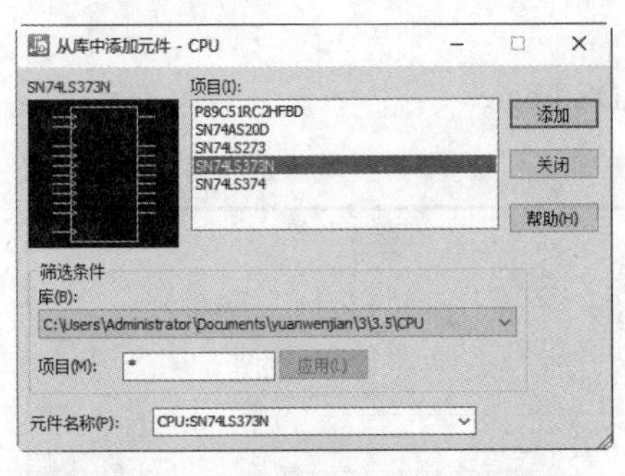

图4-112 “从库中添加元件”对话框

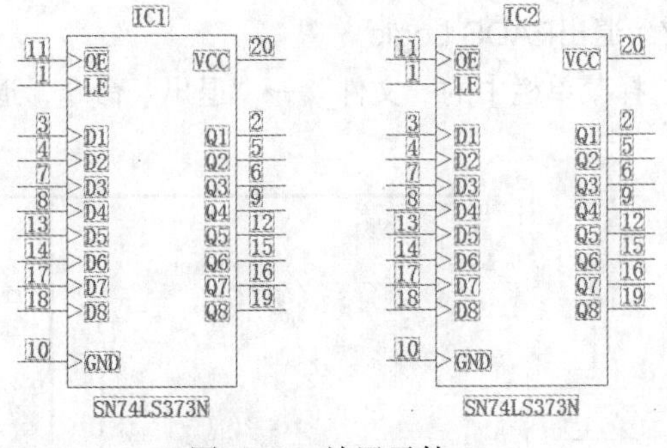

图4-113 放置元件

3. 编辑元件

由于元件库中没有所需元件SN74LS273、SN74LS374，这两个元件外形与SN74LS373N相似，可直接在该元件基础上进行修改，从而节省时间。

（1）选中IC1，单击右键，弹出如图4-114所示的快捷菜单，选择“编辑元件”命令，进入元件编辑环境，如图4-115所示。

（2）单击“元件编辑工具栏”中的“编辑图形”按钮，弹出提示对话框，单击“确定”按钮，进入绘制环境。

（3）单击“符号编辑工具栏”中的“更改管脚名称”按钮，弹出“Pin Name”对话框，在该对话框中输入要修改的管脚名称，继续单击管脚，结果如图4-116所示。

（4）单击“符号编辑工具栏”中的“更改管脚封装”按钮，弹出“管脚封装浏览”对话框，选择要修改的管脚的类型，结果如图4-117所示。

（5）选择菜单栏中的“文件”→“返回至元件”命令，退出元件绘制环境，返回元件编辑环境。

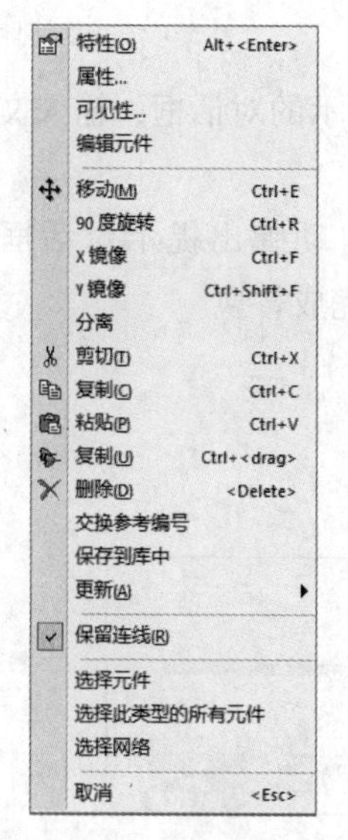

图4-114 快捷菜单

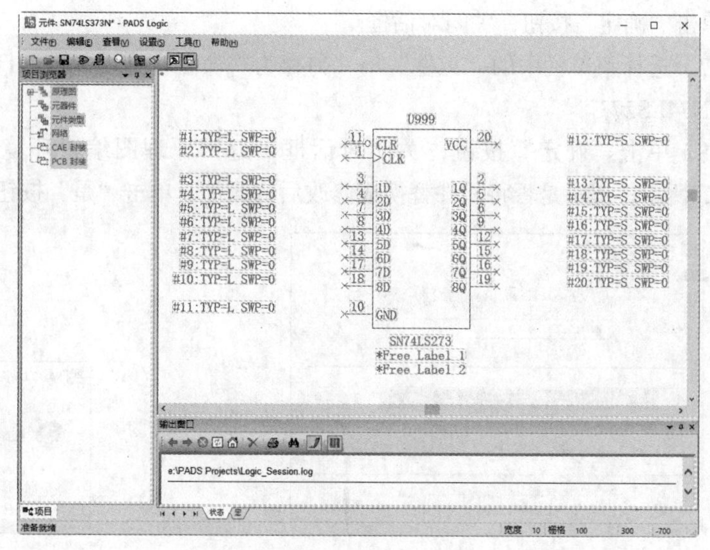

图4-115 元件编辑环境

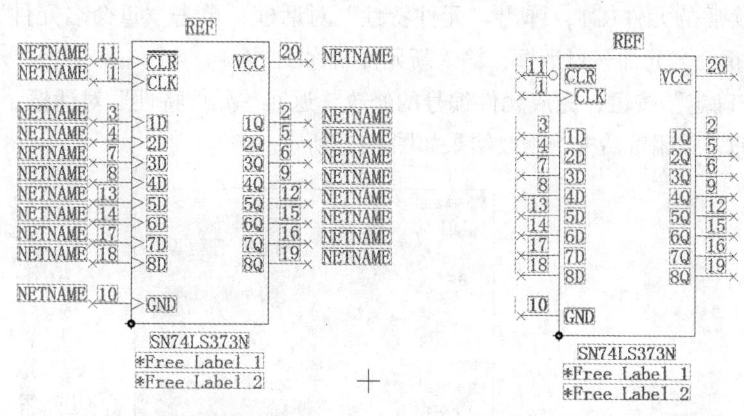

图 4-116 设置管脚名称　　图4-117 修改管脚类型

（6）单击“元件编辑工具栏”中的“编辑电参数”按钮，弹出“元件的元件信息”对话框，在“逻辑系列”下拉列表中选择新建的“TTL”系列，参考前缀为“U”，如图4-118所示。

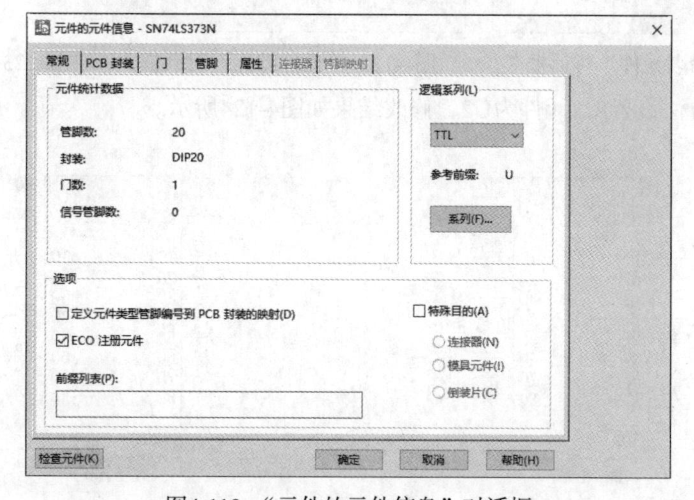

图4-118 “元件的元件信息”对话框

单击“确定”按钮，关闭对话框。

（7）选择菜单栏中的“文件”→“另存为”命令，弹出如图4-119所示的对话框，输入文件名称为SN74LS273。

（8）单击“确定”按钮，关闭对话框，返回原理图编辑环境，自动弹出提示对话框，如图4-120所示，提示是否将元件替换成修改后的元件，单击“是”按钮，完成替换。

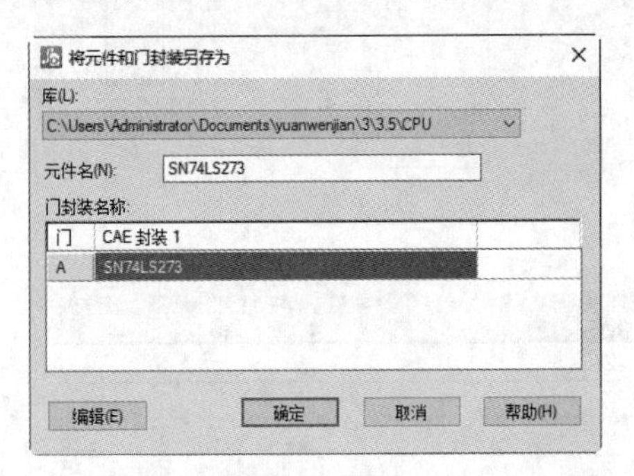

图4-119 “将元件和门封装另存为”对话框

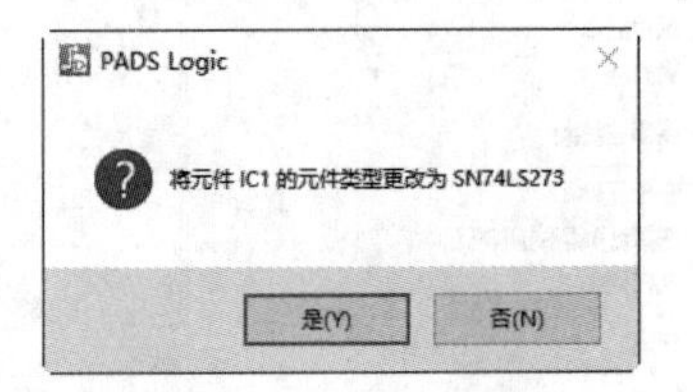

图4-120 提示对话框

（9）双击替换后的元件IC1，弹出“元件特性”对话框，单击“重命名元件”按钮，弹出如图4-121所示的“重命名元件”对话框，输入新元件名称U1。

（10）单击“确定”按钮，完成元件编号的修改，返回“元件特性”对话框，如图4-122所示，单击“确定”按钮，关闭对话框，修改结果如图4-123所示。

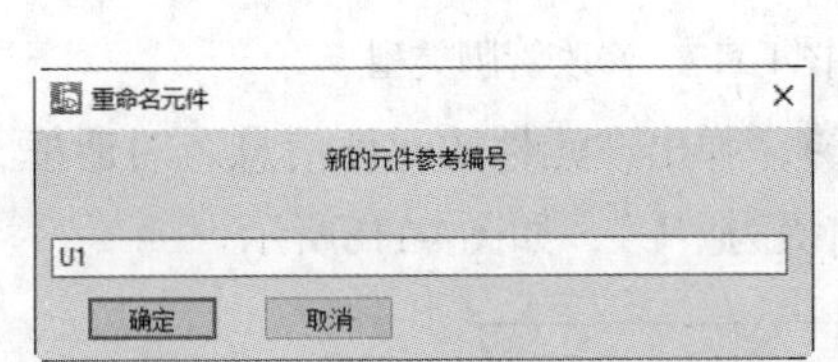

图4-121 “重命名元件”对话框

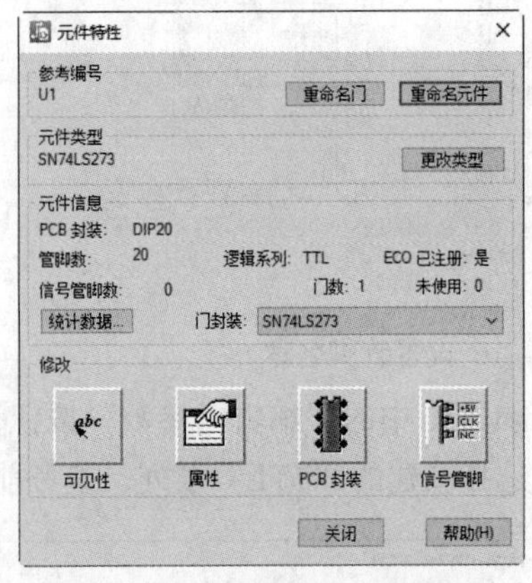

图4-122 “元件特性”对话框

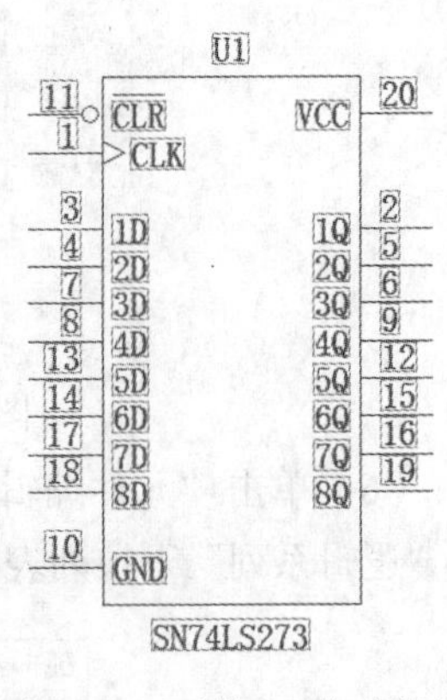

图4-123 元件IC1修改结果

（11）同样的方法设置IC2元件为U2，修改结果如图4-124所示。

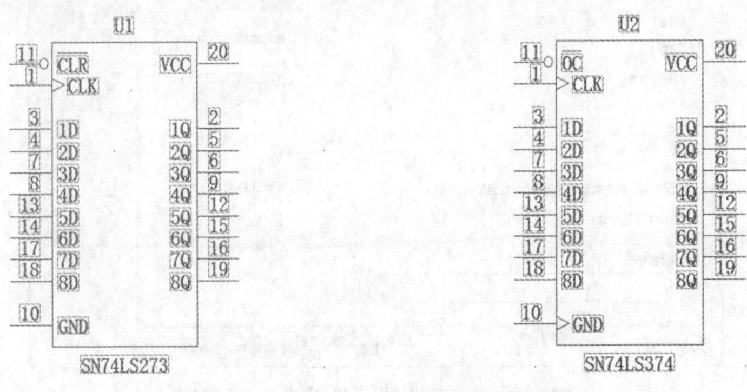

图4-124 元件IC2修改结果

4. 布线操作

（1）单击“原理图编辑工具栏”中的“添加总线”按钮，进入总线设计模式，拖动鼠标绘制总线，输入总线名“D[01:08]”，结果如图4-125所示。

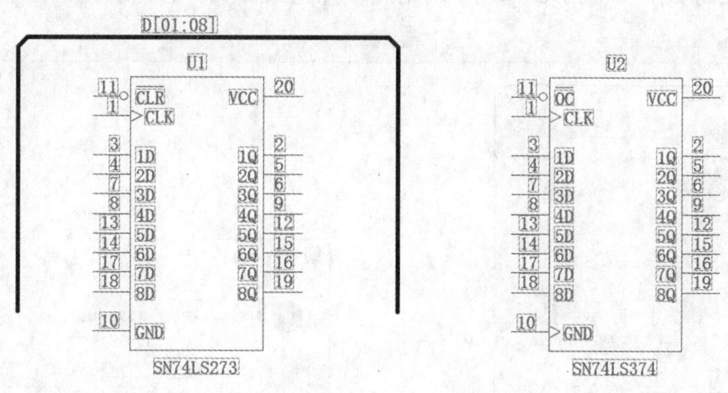

图4-125　添加总线

（2）单击“原理图编辑工具栏”中的“添加连线”按钮，进入连线模式，拖动鼠标，在总线D[01:08]位置上单击，在总线与导线间自动添加总线分支，同时弹出“添加总线网络名”对话框，自动显示网络名D01，继续连接其余总线，结果如图4-126所示。

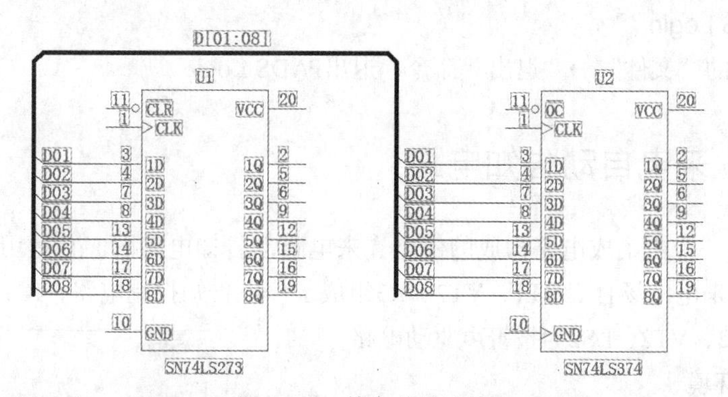

图4-126　其余总线连接

（3）单击“原理图编辑工具栏”中的“添加连线”按钮，进入连线模式，在管脚处单击，向右拖动鼠标，在适当位置双击或按“Enter”键，绘制悬浮线，结果如图4-127所示。

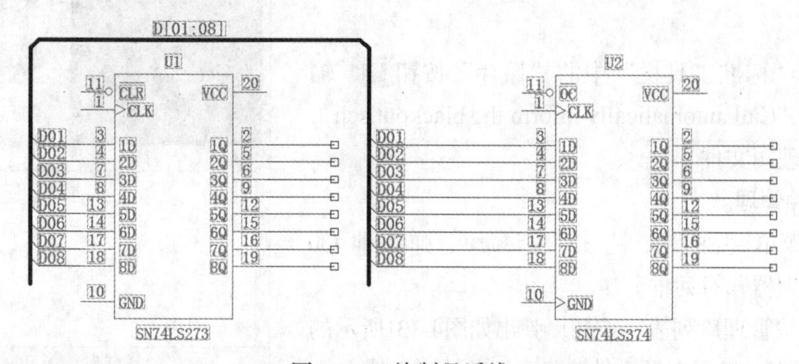

图4-127　绘制悬浮线

（4）双击悬浮线，弹出“网络特性”对话框，在“网络名”栏输入新的网络名，选择“网络名标签”复选框，如图4-128所示，单击“确定”按钮，关闭对话框，继续修改其余悬浮线的网络名。

注意

在输入相同网络名时，弹出如图 4-129 所示的对话框，提示是否合并网络，单击“是”按钮，合并两个不相连的导线，相同网络名的导线完成实际意义上的“电气连接”，作用与连接的导线、页间连接符等相同。

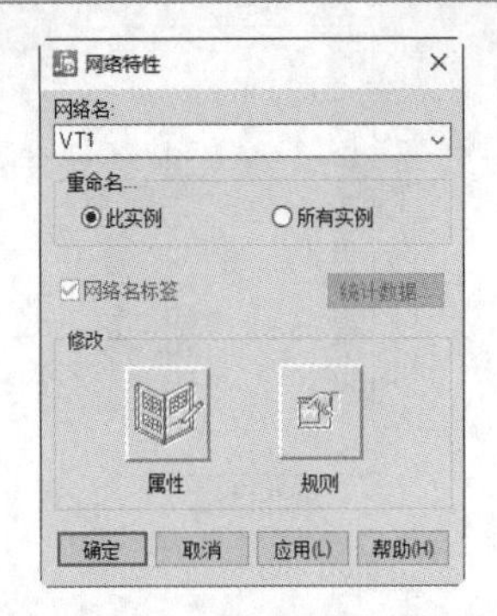

图4-128 “网络特性”对话框

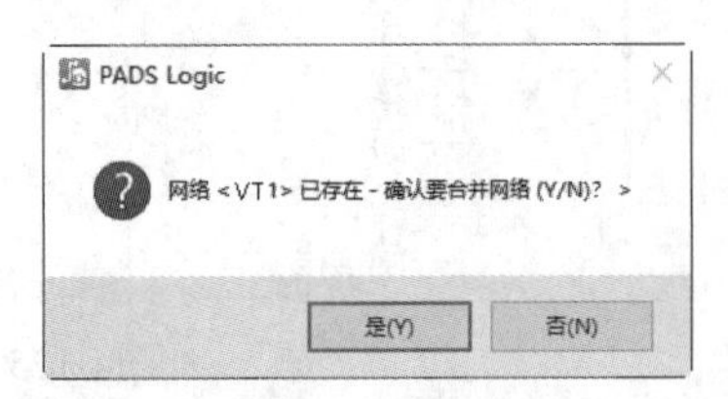

图4-129 是否合并网络提示对话框

5. 保存原理图文件

原理图绘制完成后，单击“标准工具栏”中的“保存”按钮，保存绘制好的原理图文件。

6. 退出PADS Logic

选择菜单栏中的“文件”→“退出”命令，退出PADS Logic。

4.5.4 停电、来电自动告知电路

扫码看视频

本例设计的是一个由集成电路构成的停电、来电自动告知电路图。它适用于需要提示停电、来电的场合。VT1、VT2、R3组成了停电告知控制电路；IC1、D1等构成了来电告知控制电路；IC2、VT2、LS2为报警声驱动电路。

1. 设置工作环境

（1）单击PADS Logic图标，打开PADS Logic VX.2.8。

（2）选择菜单栏中的“文件”→“新建”命令或单击“标准工具栏”中的“新建”按钮，新建一个原理图文件。

（3）单击“标准工具栏”中的“保存”按钮，输入原理图名称“Call automatically inform the blackout.sch”，保存新建的原理图文件。

2. 库文件管理。

（1）选择菜单栏中的“文件”→“库”命令，弹出图4-130所示的“库管理器”对话框。

（2）单击“管理库列表”按钮，弹出如图4-131所示的“库列表”对话框，显示在源文件路径下加载的库文件。

3. 增加元件

（1）在“库”下拉列表中选择“PADS”，在“项目”

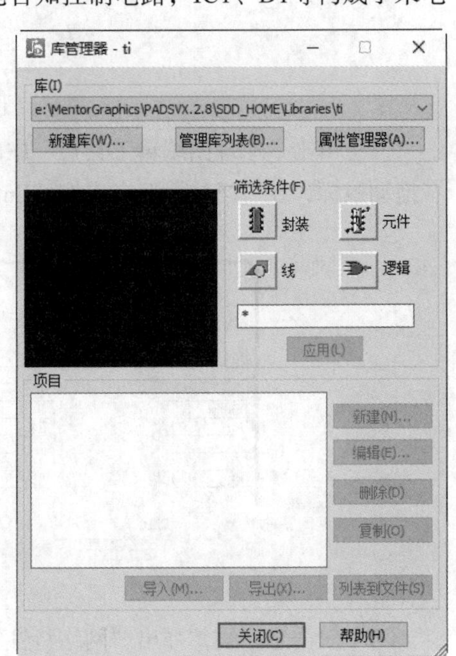

图4-130 “库管理器”对话框3

文本框中选择电源元件“UM66”，如图4-132所示，单击“添加”按钮，弹出提示对话框，输入前缀“IC”，将元件放置在原理图中。

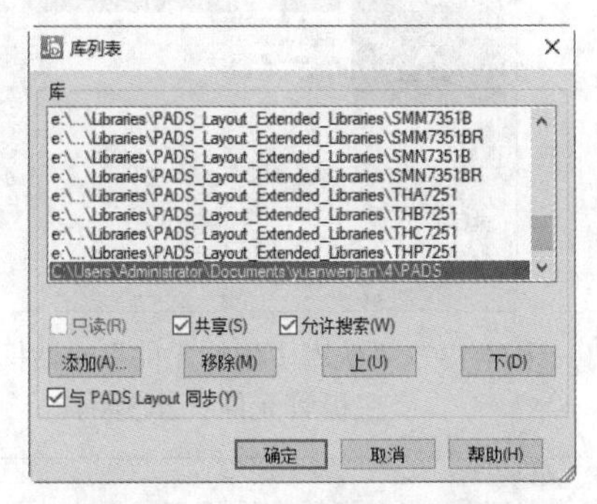

图4-131　“库列表”对话框3

图4-132　“从库中添加元件”对话框添加电源元件“UM66”

（2）在“库”下拉列表中选择“PADS”，在“项目”文本框中选择门铃元件“BELL”，如图4-133所示。单击“添加”按钮，提示输入元件前缀“LS”，将元件放置在原理图中。

（3）在“库”下拉列表中选择“PADS”，在“项目”文本框中选择扬声器元件“SPEAKER”，如图4-134所示，单击“添加”按钮，将元件放置在原理图中。

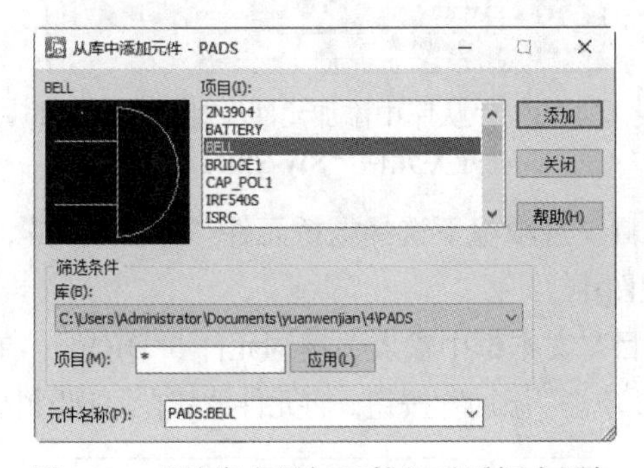

图4-133　“从库中添加元件”对话框中添加门铃元件“BELL”

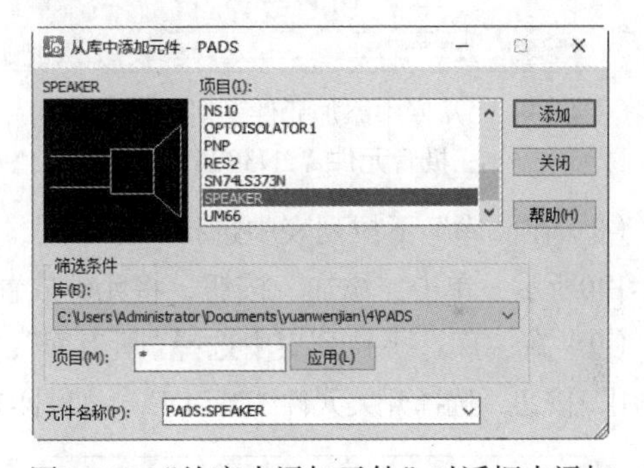

图4-134　“从库中添加元件”对话框中添加扬声器元件“SPEAKER”

（4）在“库”下拉列表中选择“PADS”，在“项目”文本框中选择电源元件“BATTERY”，如图4-135所示，单击“添加”按钮，将元件放置在原理图中。

（5）在“库”下拉列表中选择“PADS”，在“项目”文本框中选择光隔离器元件“OPTOISOLATOR1”，如图4-136所示，单击“添加”按钮，将元件放置在原理图中。

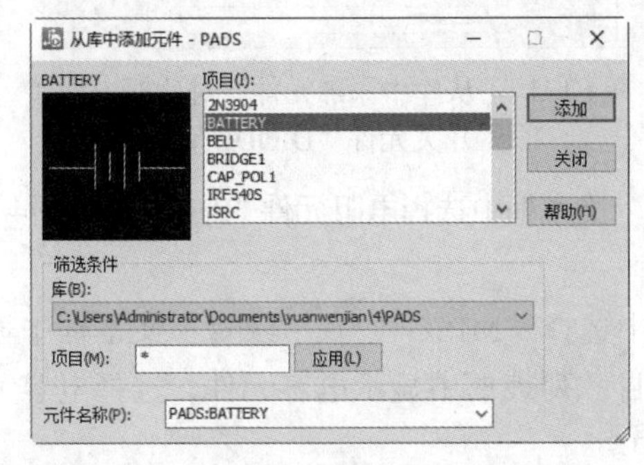

图4-135　“从库中添加元件”对话框中添加电源元件“BATTERY”

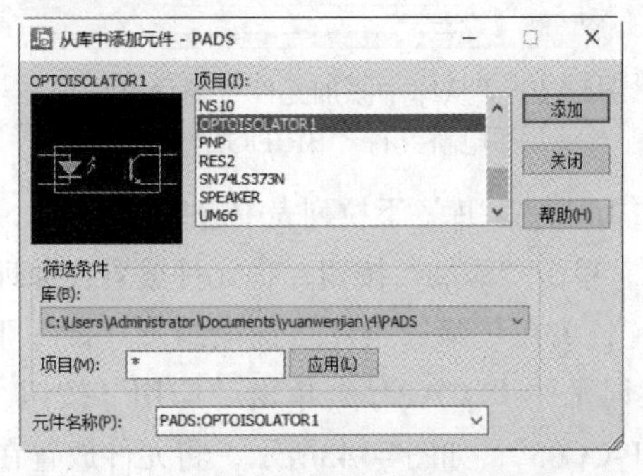

图4-136　“从库中添加元件”对话框中添加光隔离器元件“OPTOISOLATOR1”

（6）在“筛选条件”选项组下“库”下拉列表中选择“所有库”，在“项目”文本框中输入关键词元件“*2N*”，单击“应用”按钮，在“项目”列表框中显示三极管元件，选择“2N3904”“2N3906”，如图4-137、图4-138所示，将元件放置在原理图中。

（7）在“库”下拉列表中选择“misc”，在“项目”文本框中输入关键词元件“*SW*”，单击“应用”按钮，选择开关元件“SW-SPDT”，如图4-139所示，单击“添加”按钮，将元件放置在原理图中。

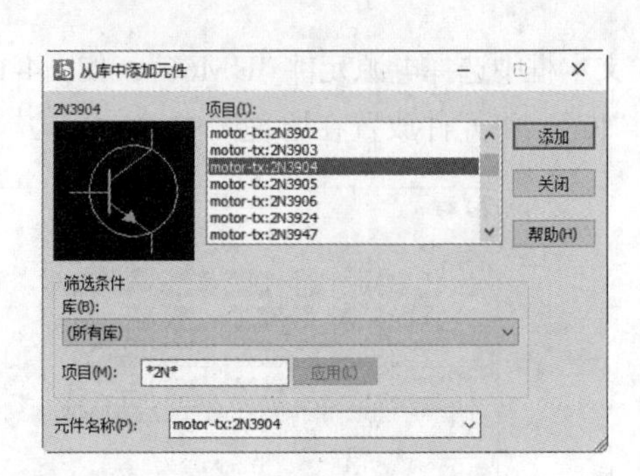

图4-137 “从库中添加元件”对话框中添加三极管元件“2N3904”

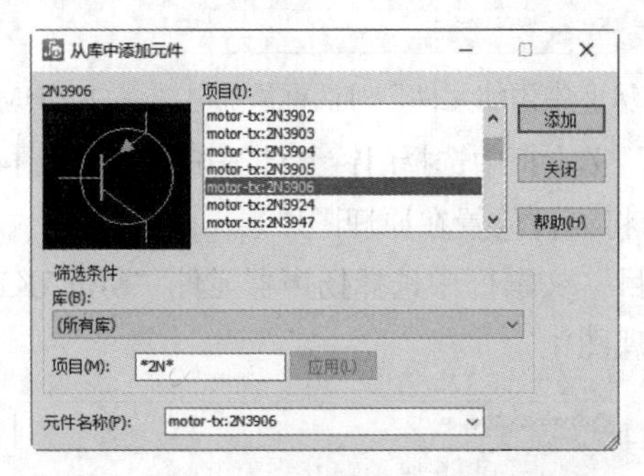

图4-138 “从库中添加元件”对话框中添加三极管元件“2N3906”

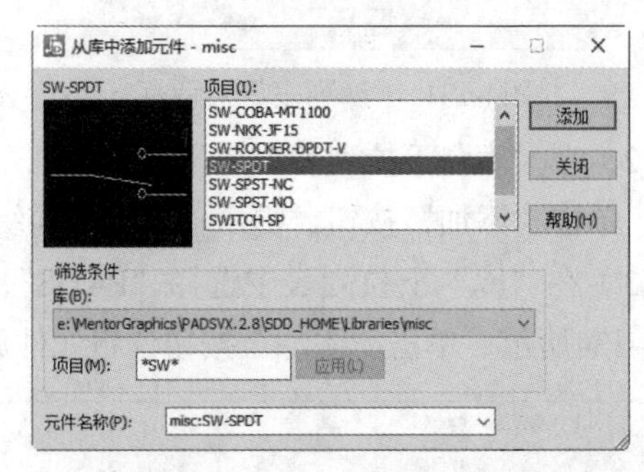

图4-139 “从库中添加元件”对话框中添加开关元件“SW-SPDT”

（8）在“库”下拉列表中选择“PADS”，在“项目”选项组下选择电桥元件“BRIDGE1”，如图4-140所示，单击“添加”按钮，将元件放置在原理图中。

（9）在“库”下拉列表中选择“所有库”，在“项目”文本框中输入关键词元件“*DIO*”，单击“应用”按钮，选择开关元件“DIODE”，如图4-141所示，单击“添加”按钮，将元件放置在原理图中。

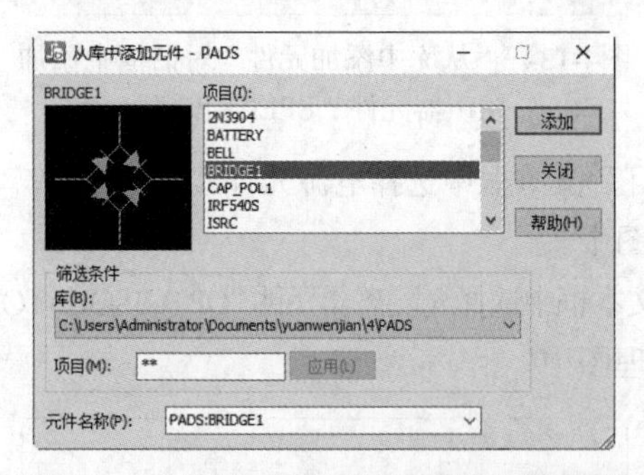

图4-140 “从库中添加元件”对话框中添加电桥元件“BRIDGE1”

图4-141 “从库中添加元件”对话框中添加开关元件“DIODE”

（10）在“库”下拉列表中选择“PADS”，在“项目”文本框中选择电阻元件“RES2”，如图4-142所示，单击“添加”按钮，将元件放置在原理图中。

（11）在“筛选条件”选项组下“库”下拉列表中选择“MISC”，在“项目”文本框中输入关键词元件“*CAP*”，单击“应用”按钮，在“项目”列表框中显示电容元件，选择电容元件“CAP-CC05”，如图4-143所示，将元件放置在原理图中。

（12）在“项目”列表框中选择极性电容元件“CAP-B6”，如图4-144所示，将元件放置在原理图中。

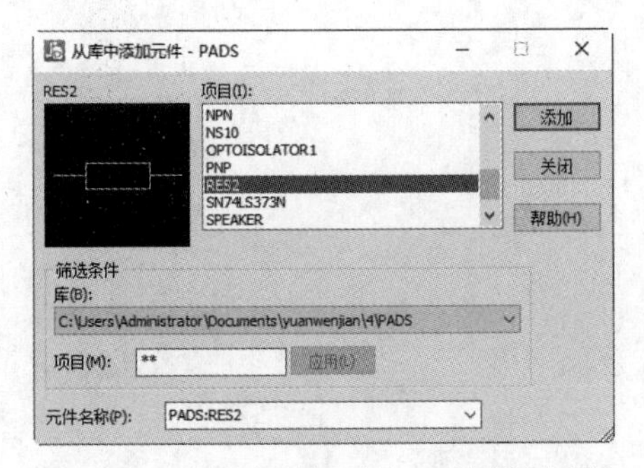

图4-142 “从库中添加元件”对话框中添加电阻元件“RES2”

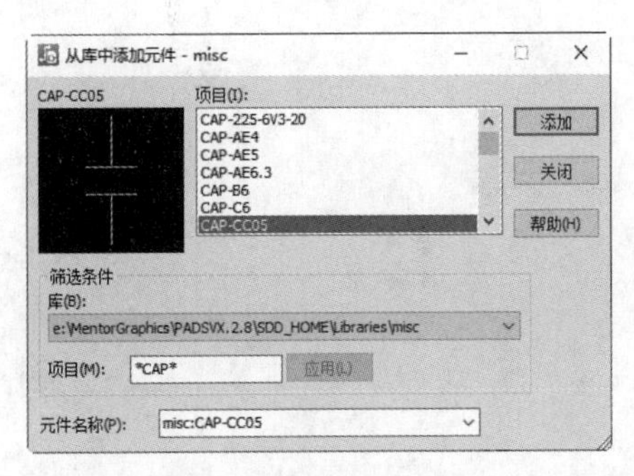

图4-143 “从库中添加元件”对话框中添加电容元件“CAP-CC05”

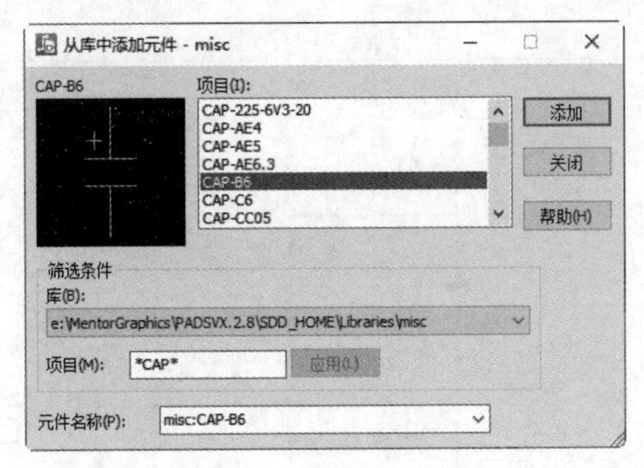

图4-144 “从库中添加元件”对话框中添加电容元件“CAP-B6”

（13）关闭“从库中添加元件”对话框，完成所有元件放置，元件放置结果如图4-145所示。

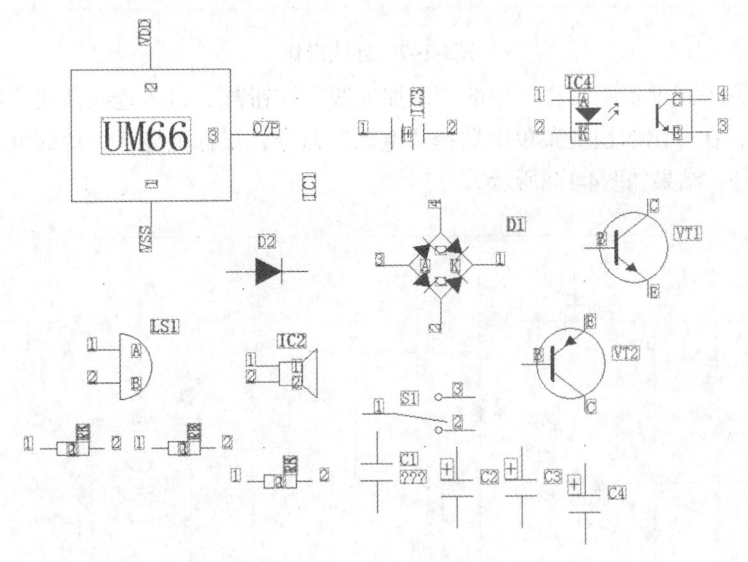

图4-145 元件放置结果

（14）按照电路要求，对元件进行布局并编辑元件属性，方便后期操作，结果如图4-146所示。

4. 布线操作

（1）单击“原理图编辑工具栏”中的“添加连线”按钮，进入连线模式，进行连线操作，在交叉处若有电气连接，则需在相交处单击，显示结点，表示有电气连接；若不在交叉处单击，则不显示结点，表示无电气连接，布线结果如图4-147所示。

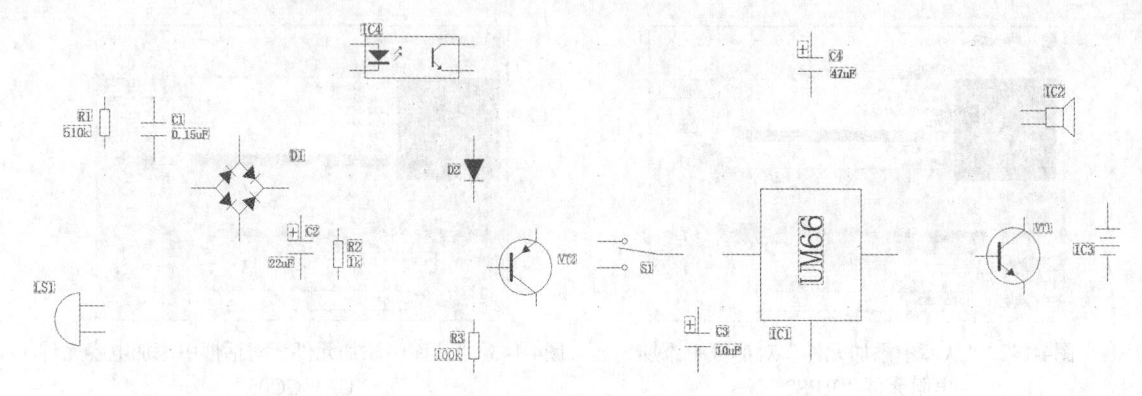

图4-146　元件布局结果

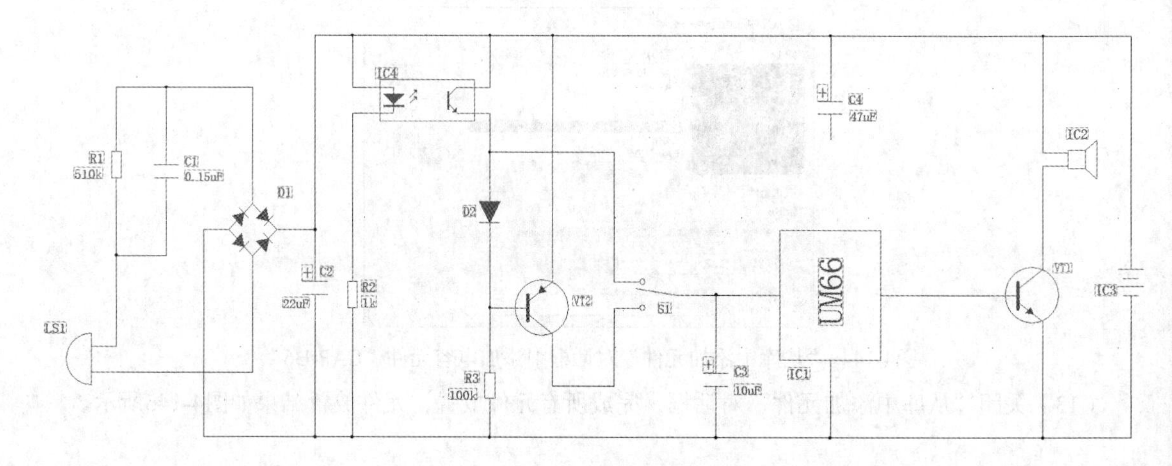

图4-147　连线操作

（2）单击“原理图编辑工具栏”中的“添加连线”按钮，进入连线模式，拖动鼠标到适当位置，单击右键，在弹出的快捷菜单中选择“电源”命令，鼠标上显示浮动的电源符号，单击左键，放置接地符号，结果如图4-148所示。

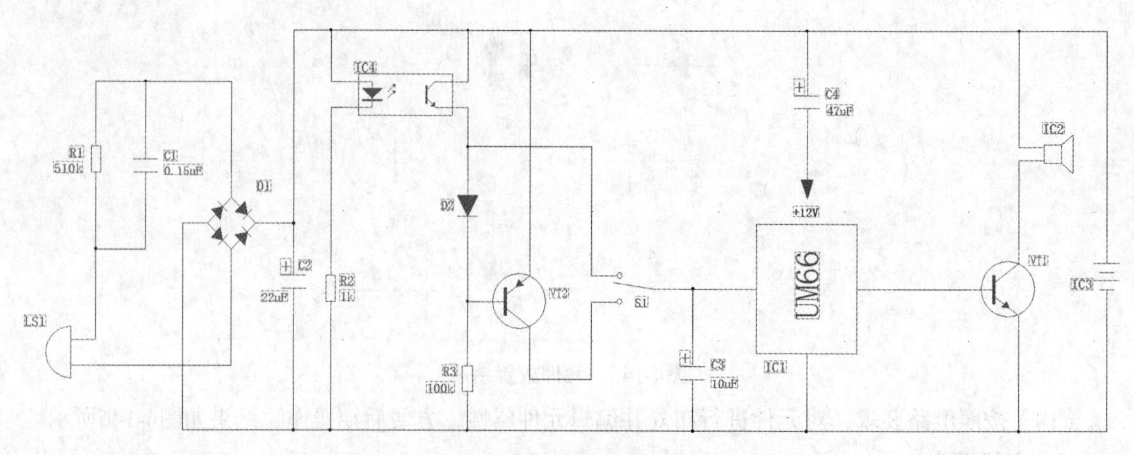

图4-148　放置电源符号

（3）单击“原理图编辑工具栏”中的“创建文本”按钮，弹出“添加自由文本”对话框。在“文本”文本框中输入要添加的文本内容“停电告知”，在“尺寸”文本框中设置文本的字体大小为15，如图4-149所示。

（4）完成设置后，单击"确定"按钮，退出对话框，在相应位置单击鼠标左键，将文本放置在原理图中，结果如图4-150所示。

（5）原理图绘制完成后，单击"标准工具栏"中的"保存"按钮，保存绘制好的原理图文件。

（6）选择菜单栏中的"文件"→"退出"命令，退出PADS Logic。

本例中主要介绍了文本的放置，在电路的设计中，利用原理图编辑器所带的绘图工具，还可以在原理图上创建并放置各种各样的图形、图片。这些注释的添加，使读者更容易理解复杂电路。

图4-149　"添加自由文本"对话框

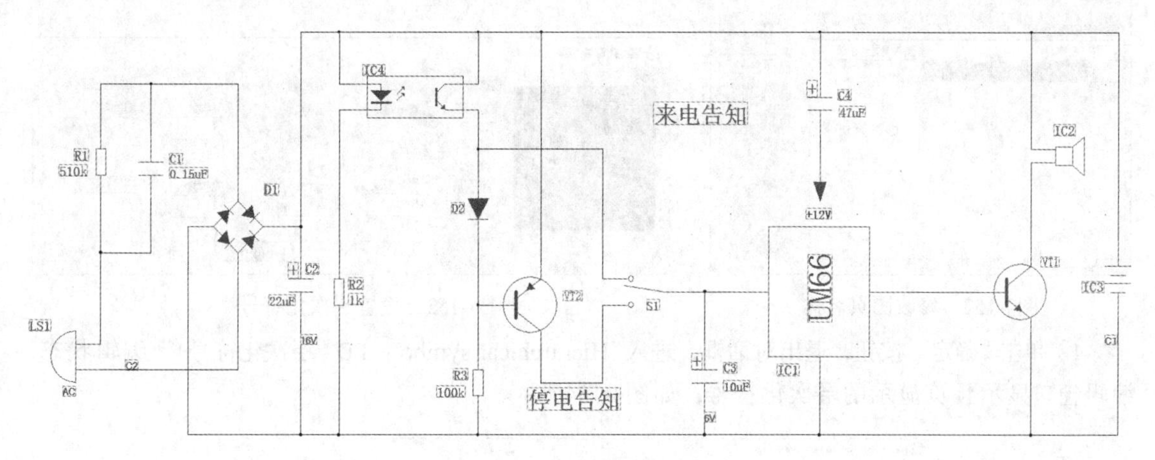

图4-150　放置文本符号

4.5.5　锁相环路电路

扫码看视频

层次原理图设计分为自上而下与自下而上两种方法。下面我们以系统提供的锁相环路电路图为例，介绍自上而下的层次原理图设计的具体步骤。

1. 自上而下

自上而下的层次电路原理图设计指先绘制出顶层原理图，然后将顶层原理图中的各个方块图对应的子原理图分别绘制出来。采用这种方法设计时，首先要根据电路的功能把整个电路划分为若干个功能模块，然后把它们正确地连接起来。

（1）设置工作环境。

1）单击PADS Logic图标，打开PADS Logic VX.2.8。

2）选择菜单栏中的"文件"→"新建"命令或单击"标准工具栏"中的"新建"按钮，新建一个原理图文件。

3）单击"标准工具栏"中的"保存"按钮，输入原理图名称"PLI"，保存新建的原理图文件。

（2）图纸管理。

1）选择菜单栏中的“设置”→“图页”命令，弹出如图4-151所示的“图页”对话框。

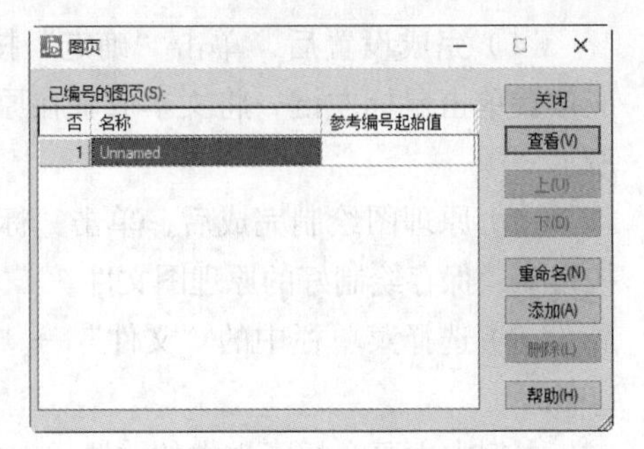

图4-151 “图页”对话框

2）在“已编号的图页”选项组下显示当前图页默认名称，单击“重命名”按钮，修改当前图纸的名称为“TOP”，如图4-152所示。

3）单击“原理图编辑工具栏”中的“新建层次化符号”按钮，弹出“层次化符号向导”对话框，在左侧显示层次化符号预览，右侧设置管脚个数，如图4-153所示，在右下角“图页名称”文本框中输入层次化符号名称PD，及该符号所代表的子原理图名称。

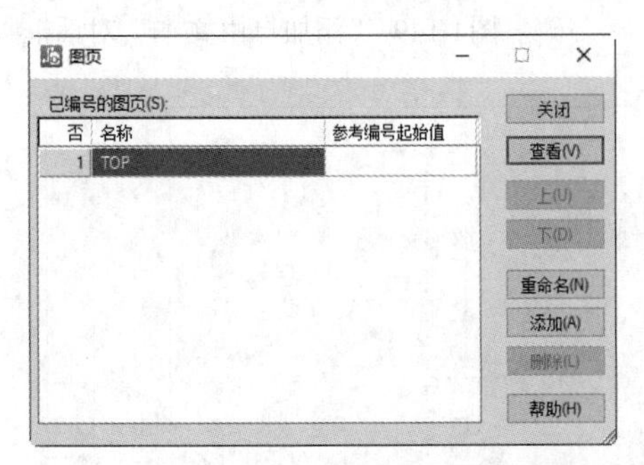

图4-152 修改图页名称

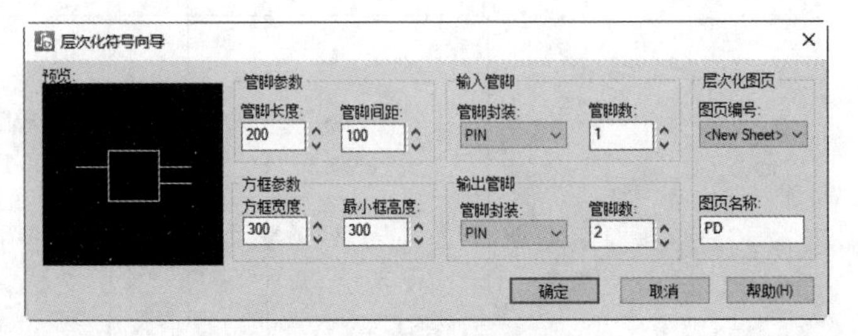

图4-153 设置层次化符号

4）单击“确定”按钮，退出对话框，进入“Hierarchical symbol：PD（层次化符号）”编辑状态，编辑窗口显示预览显示的层次化符号，如图4-154所示。

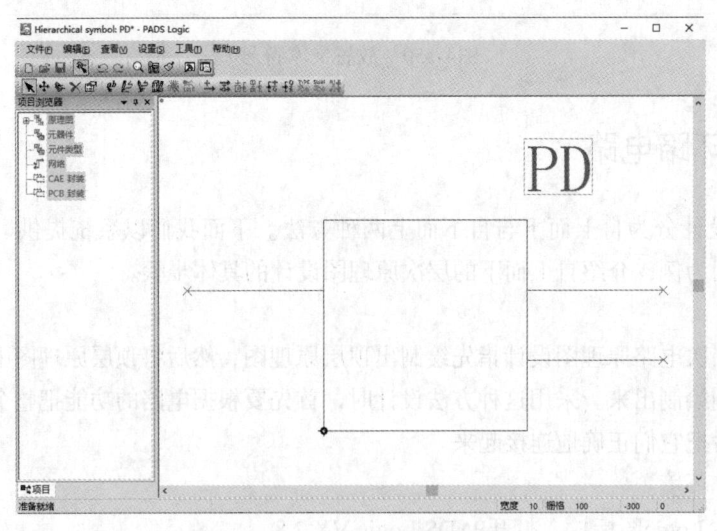

图4-154 层次化符号编辑环境

5）单击“符号编辑工具栏”中的“设置管脚名称”按钮，弹出“端点起始名称”对话框，输入管脚名称“INPUT”，如图4-155所示。

6）单击“确定”按钮，退出对话框，在左侧最上方管脚处单击，显示管脚名称“INPUT”；同样的方法，在右侧输出管脚上设置管脚名称“OUTPUT1”“OUTPUT2”，如图4-156所示。

7）由于元件分布不均，出现叠加现象，单击“符号编辑工具栏”中的“修改2D线”按钮，在矩形框上单击，向右拖动矩形，调整结果如图4-157所示。

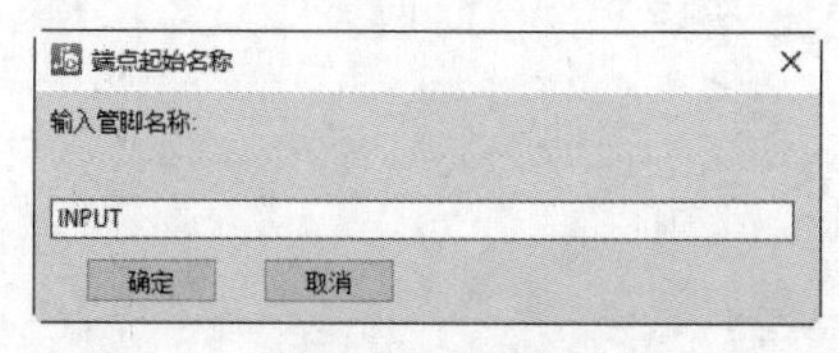

图4-155　“端点起始名称”对话框

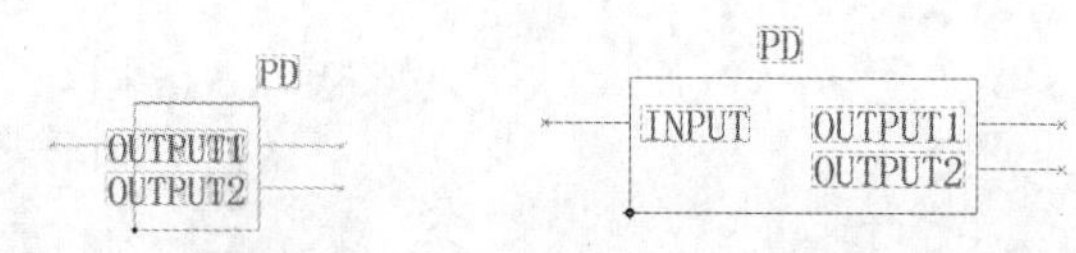

图4-156　设置管脚名称　　图4-157　外形绘制结果

8）选择菜单栏中的“文件”→“完成”命令，退出层次化符号编辑器，返回原理图编辑环境，在原理图空白处单击，放置绘制完成的层次化符号，如图4-158所示。

9）同样的方法放置另外2个层次化符号LF、VCO，并设置好相应的管脚，如图4-159所示。

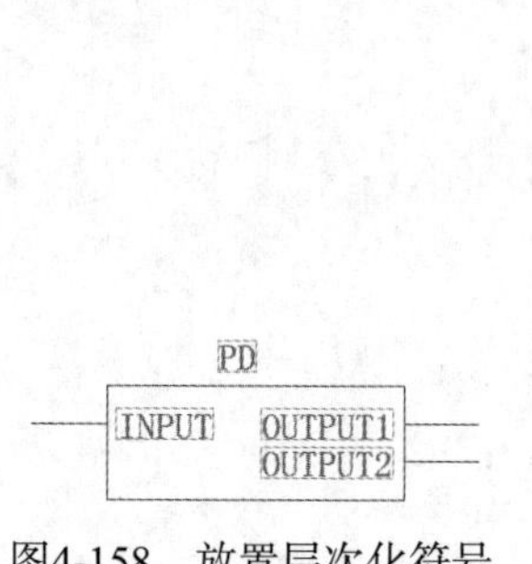

图4-158　放置层次化符号

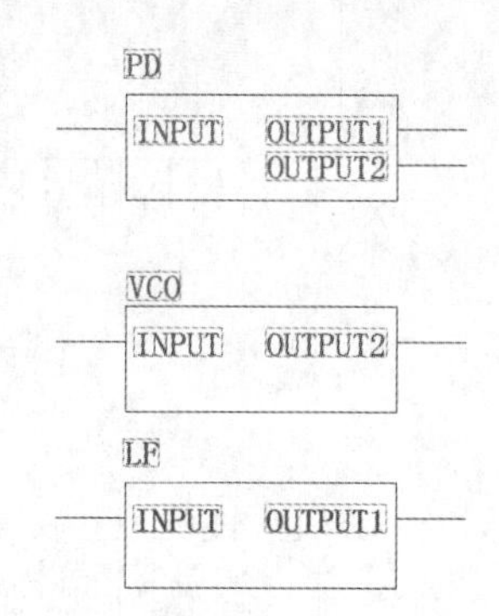

图4-159　设置好的4个层次化符号

10）单击“原理图编辑工具栏”中的“添加连线”按钮，使用导线把每一个层次化符号上的相应管脚连接起来，如图4-160所示。

至此，完成顶层原理图的绘制。

在绘制原理图符号的过程中，在“项目浏览器”中会显示新添加的同名图纸，如图4-161所示。

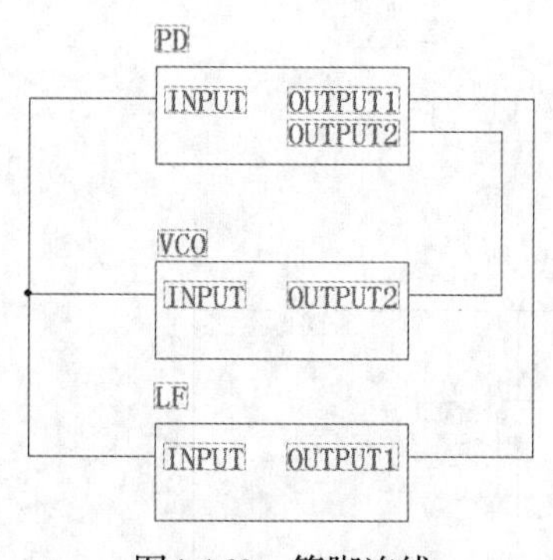

图4-160　管脚连线

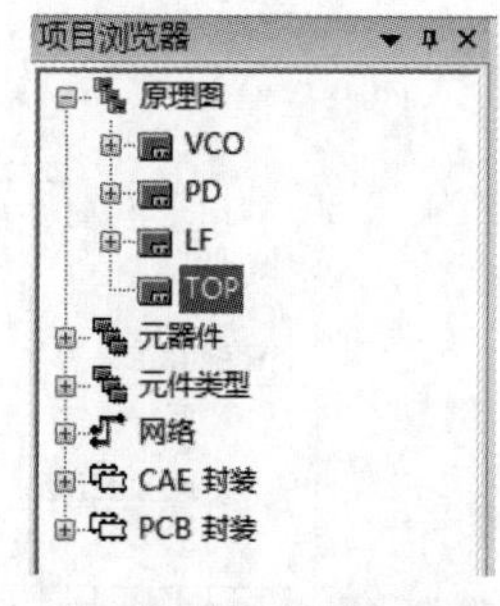

图4-161　项目浏览器

（3）绘制子原理。

双击项目管理器中的图页PD，打开该原理图，进入原理图编辑环境。

1）单击“原理图编辑工具栏”中的“添加元件”按钮，弹出“从库中添加元件”对话框，在该对话框中选择所需元件，并进行属性编辑与布局，结果如图4-162所示。

2）单击“原理图编辑工具栏”中的“添加连线”按钮，进入连线模式，进行连线操作，在交叉处若有电气连接，则需在相交处单击，显示结点，表示有电气连接；若不在交叉处单击，则不显示结点，表示无电气连接，布线结果如图4-163所示。

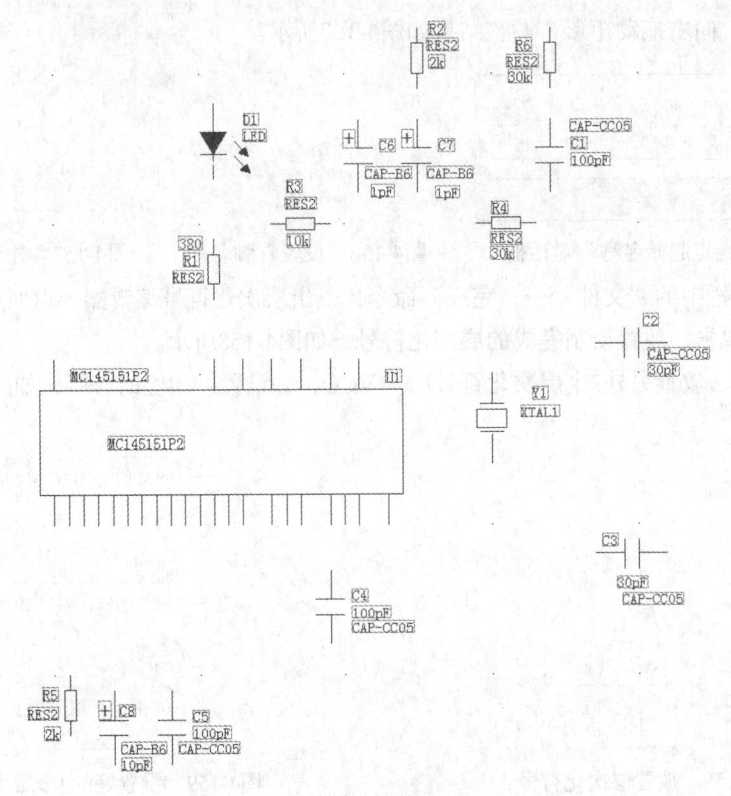

图4-162　布局结果

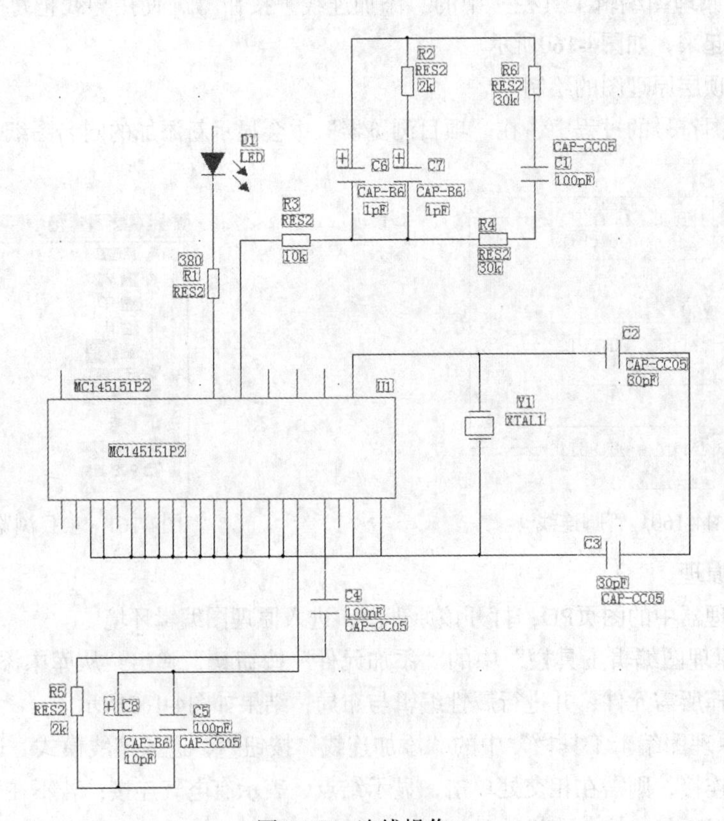

图4-163　连线操作

3）单击“原理图编辑工具栏”中的“添加连线”按钮，进入连线模式，拖动鼠标到适当位置，单击右键，在弹出的快捷菜单中选择“电源”命令，鼠标上显示浮动的电源符号，单击左键，放置接地符号，结果如图4-164所示。

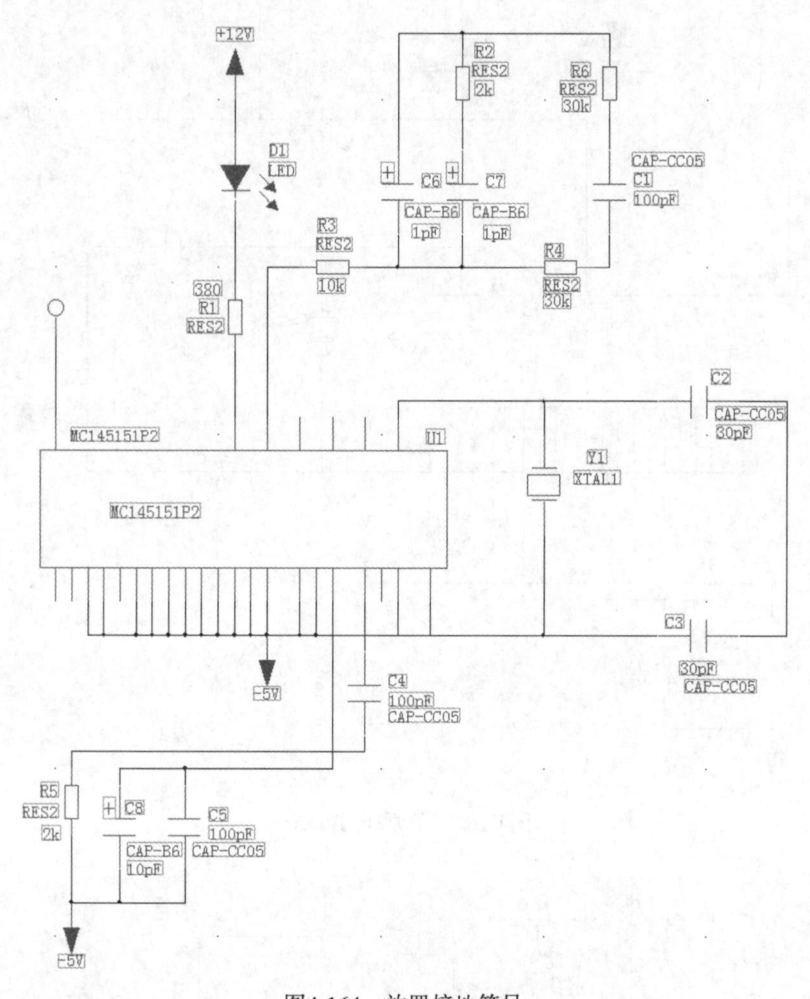

图4-164　放置接地符号

4）单击“原理图编辑工具栏”中的“添加连线”按钮，进入连线模式，拖动鼠标到适当位置，单击右键，在弹出的快捷菜单中选择“页间连接符”命令，鼠标上显示浮动的接地符号，单击左键，放置页间连接符，弹出如图4-165所示的“添加网络名”对话框，在“网络名”文本框中输入网络名“OUTPUT1”，单击“确定”按钮，完成网络名的设置，添加结果如图4-166所示。

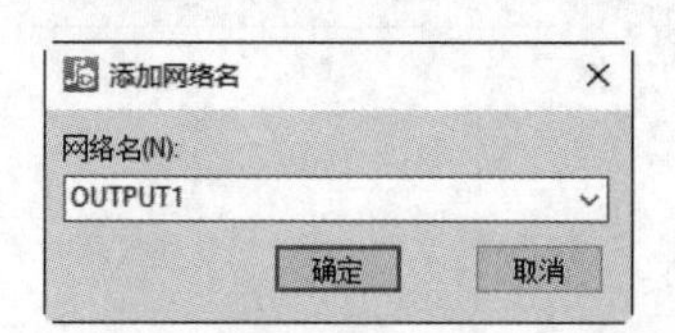

图4-165　“添加网络名”对话框

同样的方法绘制子原理图LF.sch，绘制完成的原理图如图4-167所示。

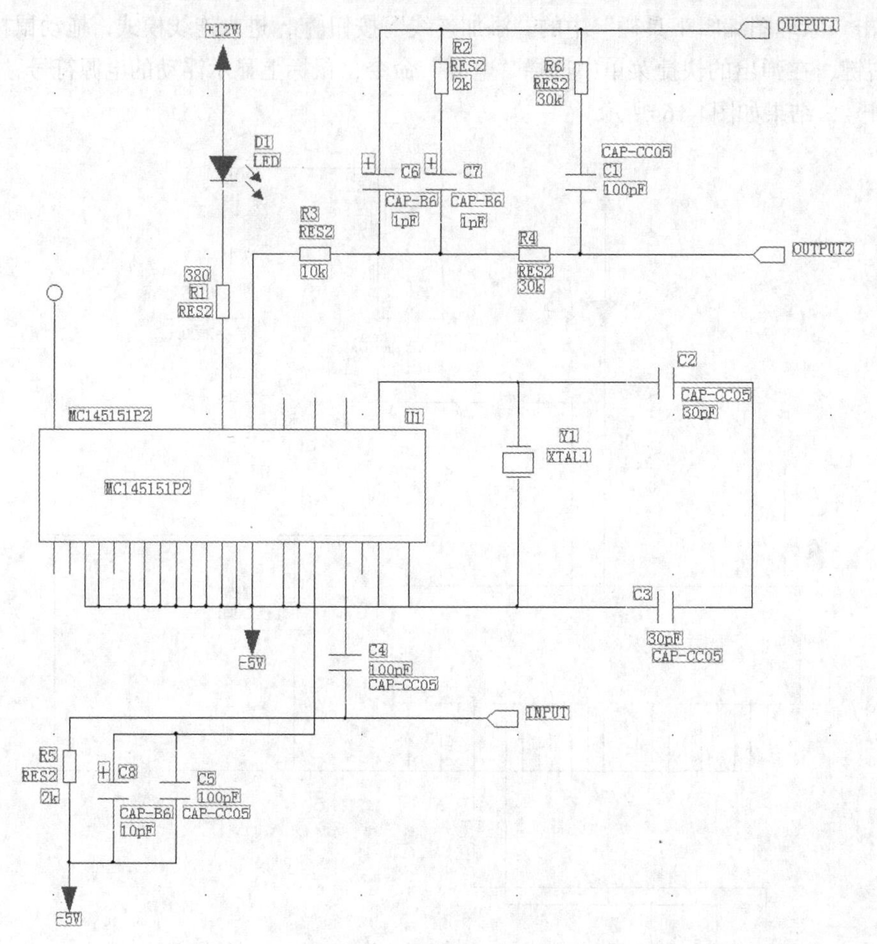

图4-166　子原理图PD.sch

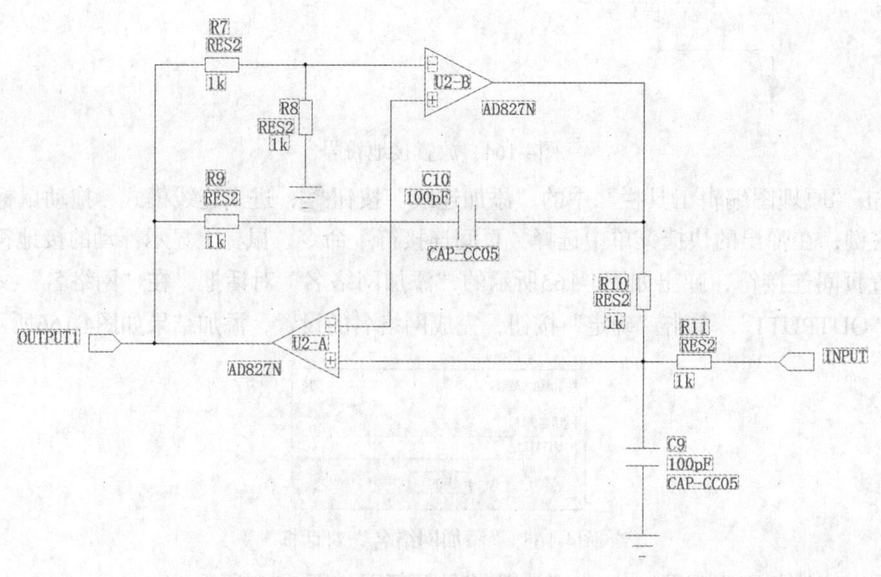

图4-167　子原理图LF.sch

5）采用同样的方法绘制另一张子原理图VCO.sch，绘制完成的原理图如图4-168所示。

至此，完成自上而下的层次原理图的绘制。

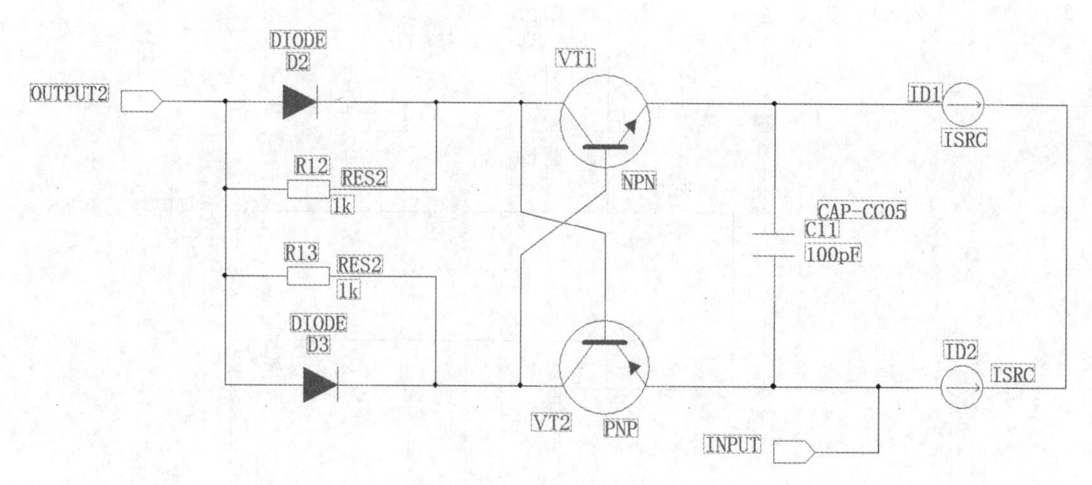

图4-168　子原理图VCO.sch

2. 自下而上

自下而上的层次原理图设计指先根据功能电路模块绘制出子原理图，然后由子图生成方块电路，组合产生一个符合自己设计需要的完整电路系统。

（1）设置工作环境。

1）选择菜单栏中的“文件”→“新建”命令或单击“标准工具栏”中的“新建”按钮，新建一个原理图文件。

2）单击“标准工具栏”中的“保存”按钮，输入原理图名称“PLI1”，保存新建的原理图文件。

（2）图纸管理。

1）选择菜单栏中的“设置”→“图页”命令，弹出“图页”对话框，在“已编号的图页”选项组下显示当前图页名称，单击“重命名”按钮，修改当前图纸的名称为“TOP”，单击“添加”按钮，分别添加3个图页，如图4-169所示。

在“项目浏览器”中会显示新添加的图纸，如图4-170所示。

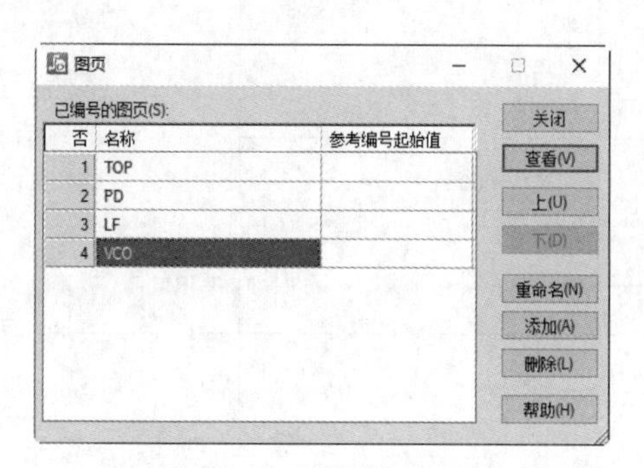

图4-169　“图页”对话框

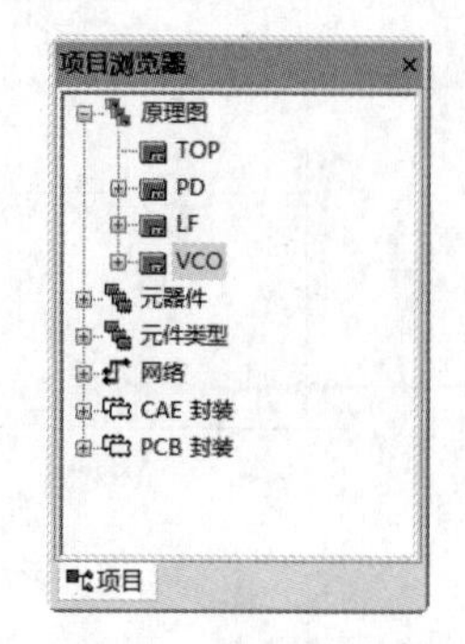

图4-170　项目浏览器

2）按照一般原理图的绘制方法，绘制三个子原理图，分别如图4-171、图4-172、图4-173所示。

（3）绘制顶层原理图

打开“TOP”图页，进入原理图编辑环境。

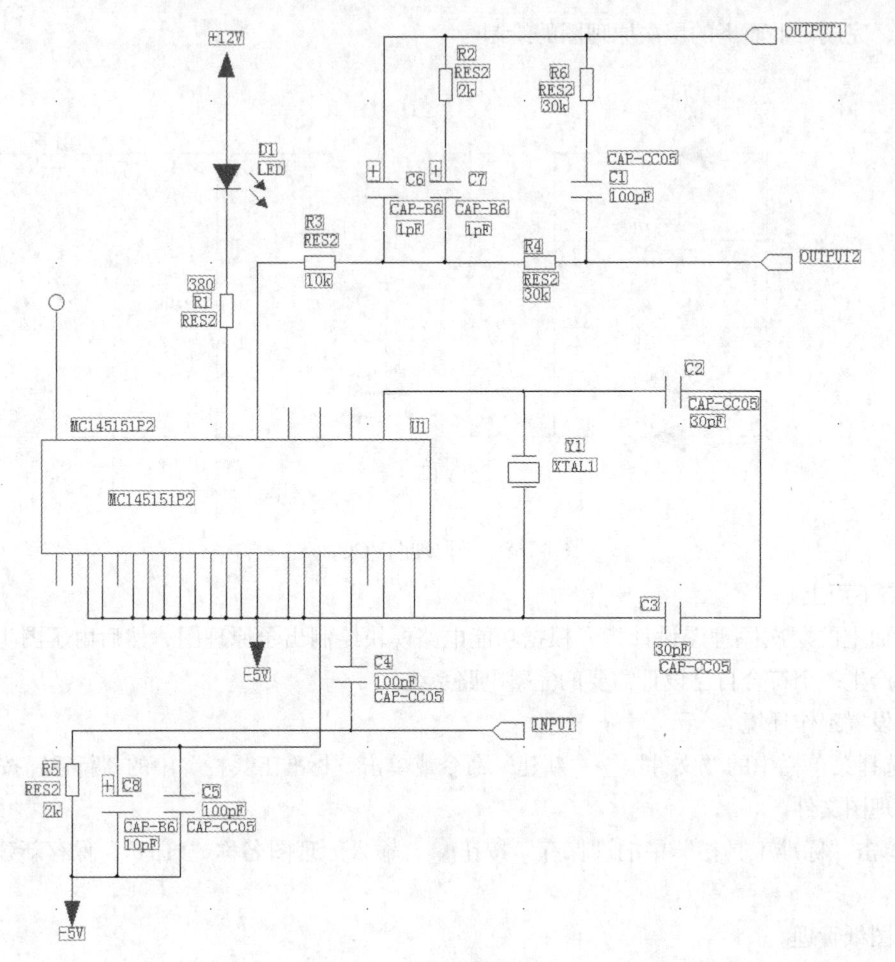

图4-171　子原理图PD.sch

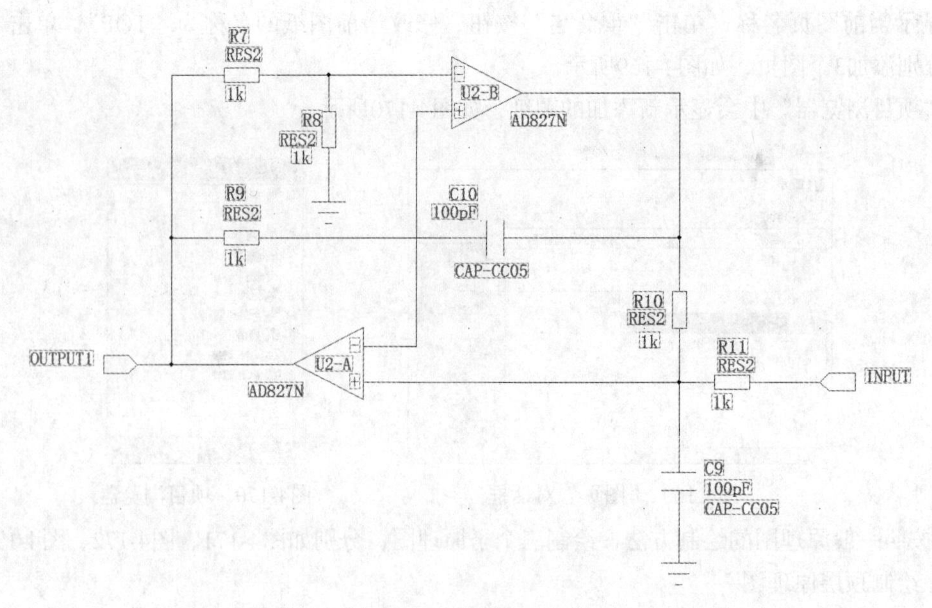

图4-172　子原理图LF.sch

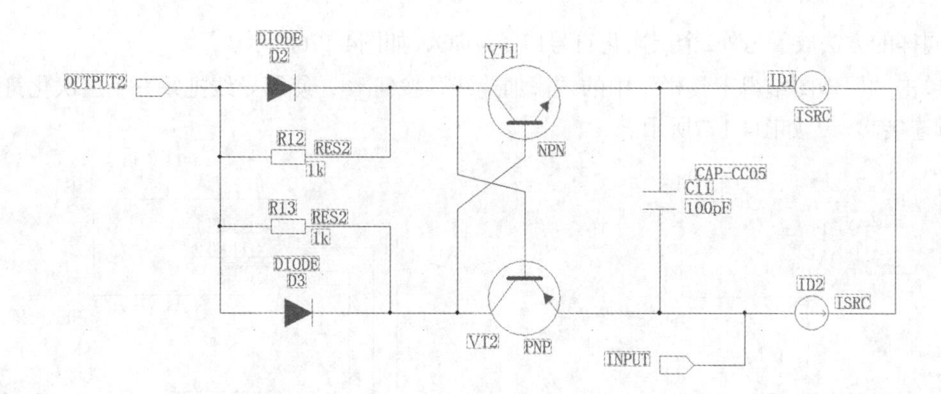

图4-173　子原理图VCO.sch

1）单击“原理图编辑工具栏”中的“新建层次化符号”按钮，弹出“层次化符号向导”对话框，在“层次化图页”选项组的“图页编号”下拉列表中选择子原理图PD，如图4-174所示。

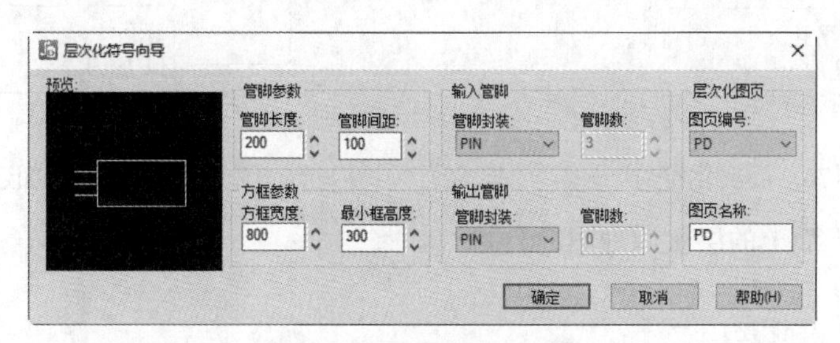

图4-174　设置层次化符号

2）单击“确定”按钮，退出对话框，进入“Hierachical symbol：PD（层次化符号）”编辑状态，显示代表该子原理图的层次符号，如图4-175所示。

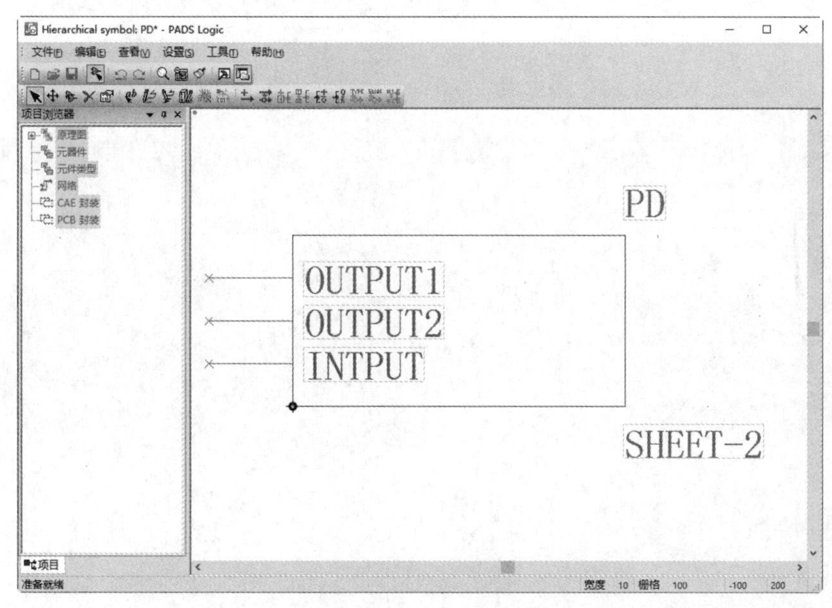

图4-175　层次化符号编辑状态

3）选择菜单栏中的“文件”→“完成”命令，退出编辑环境，将该符号放置到原理图中空白处。

4）同样的方法放置另外2个层次化符号LF、VCO，如图4-176所示。

5）单击“原理图编辑工具栏”中的“添加连线”按钮，使用导线把每一个层次化符号上的相应管脚连接起来，如图4-177所示。

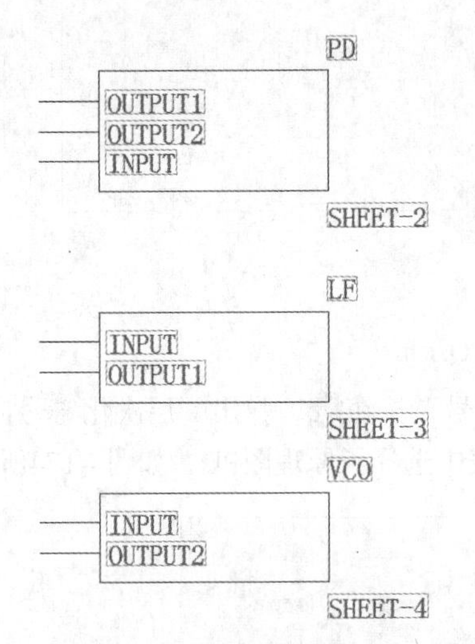

图4-176　层次化符号

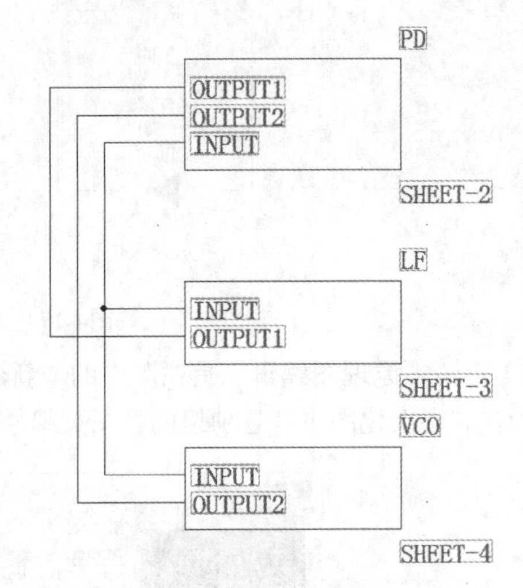

图4-177　添加连线

至此，完成自下而上的层次原理图的绘制。

第 5 章

原理图的后续操作

PADS Logic VX.2.8 为原理图编辑提供了一些高级操作，掌握了这些高级操作，将大大提高电路设计的工作效率。

本章将详细介绍这些高级操作，包括工具的使用、基本操作、层次电路的设计和报表文件的生成等。

识

- 视图操作
- 报告输出
- 打印输出
- 生成网络表

5.1 视图操作

在设计原理图时，常常需要进行视图操作，如对视图进行缩放和移动等操作。PADS Logic为用户提供了很方便的视图操作功能，设计人员可根据自己的习惯选择相应的功能。

5.1.1 直接命令和快捷键

直接命令亦称无模式命令，它的应用能够大大提高工作效率。因为在设计过程中有各种各样的设置，但是有的设置经常会随着设计的需要而变动，甚至在某一个具体的操作过程中也会多次改变。无模式命令通常用于那些在设计过程中经常需要改变的设置。

直接命令窗口是自动激活的，当从键盘上输入的字母是一个有效的直接命令的第一个字母时，直接命令窗口自动激活弹出，而且不受任何操作模式限制。输入完直接命令后按Enter键即可执行直接命令。

直接按键盘中的M，弹出图5-1所示的右键快捷菜单，可直接选择菜单上的命令进行操作。

直接按键盘中的“SR1”组合键，弹出“无模命令”对话框，如图5-2所示，按Enter键，在原理图中查找元器件R1，并局部放大显示该元器件。

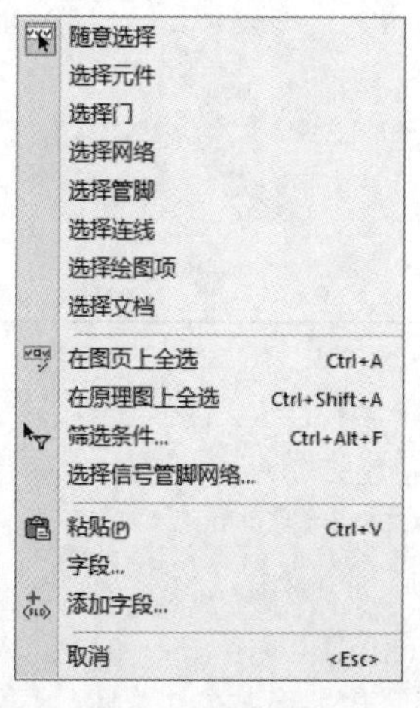

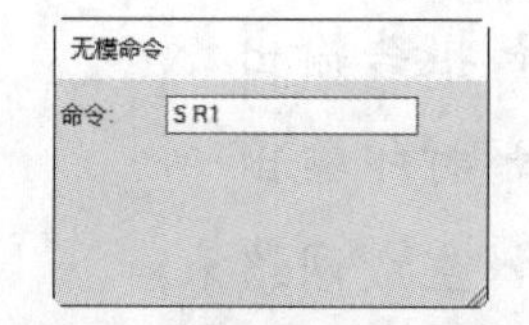

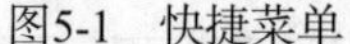

图5-1 快捷菜单　　图5-2 “无模命令”对话框

> **注意**
>
> 对话框中输入的命令中“R1”为元器件名称，与前面的无模命令之间有无空格均可。

快捷键允许通过键盘直接输入命令及其选项。PADS Logic应用了大量的标准Windows快捷键，下面介绍两个常用的快捷键的功能。

- Alt+F：用于显示文件菜单等命令。
- Esc键：可取消当前的命令和命令序列。

有关PADS Logic中所有快捷键的介绍请参考在线帮助，记住一些常用的快捷键能使设计变得快捷而又方便。

5.1.2　缩放命令

在对图形设计进行放大和缩小时，可以使用两键鼠标打开和关闭缩放图标。在缩放方式下，光标的移动将改变缩放的比例。使用三键鼠标时，中间键的缩放方式始终有效。

放大和缩小是通过将光标放在区域的中心，然后拖出一个区域进行的。

放大和缩小是通过将光标放在区域中心然后拖出一个区域进行的，步骤如下：

（1）在工具栏上选择“缩放”图标。如果你使用三键鼠标，则直接跳到第2步，使用中间键替代第2步和第3步中的鼠标左键。

（2）放大：在希望观察的区域中心按住鼠标左键，向上方拖动鼠标，随着光标的移动，将出现一个动态的矩形，当这个矩形包含了希望观察的区域后，松开鼠标即可。

（3）缩小：重复第2步的内容，但是拖动的方向向下。一个虚线构成的矩形就是当前要观察的区域。

（4）按缩放方式图标结束缩放方式。

5.2 报告输出

在设计过程中，人为的错误在所难免（例如逻辑连线连接错误或者漏掉了某个逻辑连线的连接），这些错误如果靠肉眼去寻找有时是不太可能的事，从产生的设计报告中可以发现。

当完成了原理图的绘制后，这时需要当前设计的各类报告以便对此设计进行统计分析。诸如此类的工作都需要用到报告的输出。打开PADS Logic软件，在主菜单中选择“文件”→“报告”命令，弹出如图5-3所示的“报告”对话框。

从图5-3中可知，在PADS Logic中可以输出6种不同类型的报告：未使用、元件统计数据、网络统计数据、限制、连接性和材料清单。

（1）单击图5-3中的“设置”按钮，弹出“材料清单设置”对话框，选择“属性”选项卡，显示原理图元器件属性，如图5-4所示。

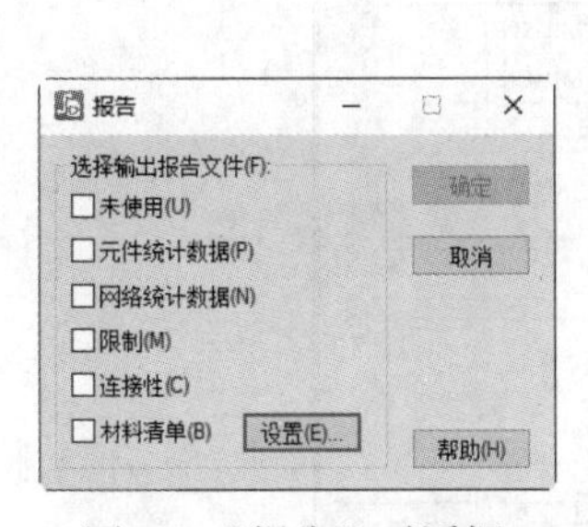

图5-3　“报告”对话框

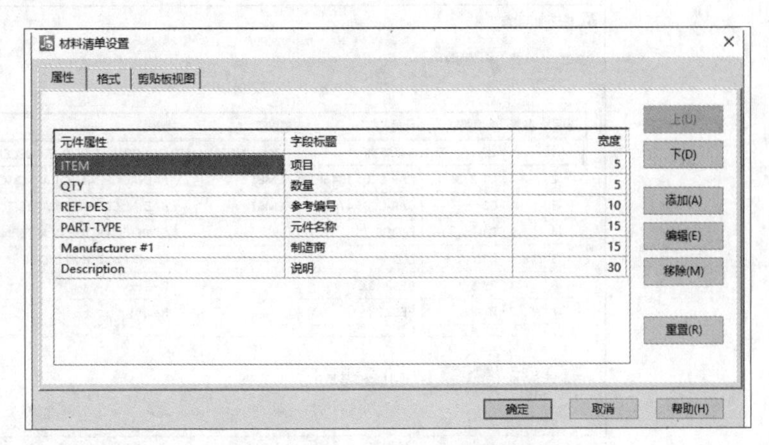

图5-4　“属性”选项卡

对话框中各选项意义如下。

- 上：将选中的元器件属性上移。
- 下：将选中的元器件属性下移。

- 添加：添加元器件属性。
- 编辑：编辑元器件属性。
- 移除：移除元器件属性。
- 重置：恢复默认设置。

（2）选择“格式”选项卡，进行原理图的分隔符、文件格式等设置，如图5-5所示。

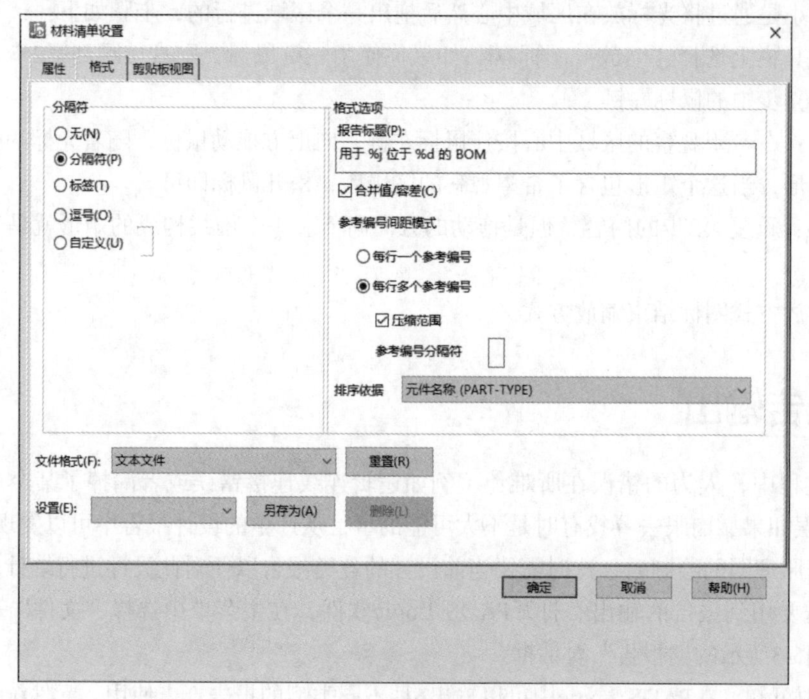

图5-5 “格式”选项卡

（3）选择“剪贴板视图”选项卡，显示元器件的详细信息，选择可进行复制操作的元器件，如图5-6所示。

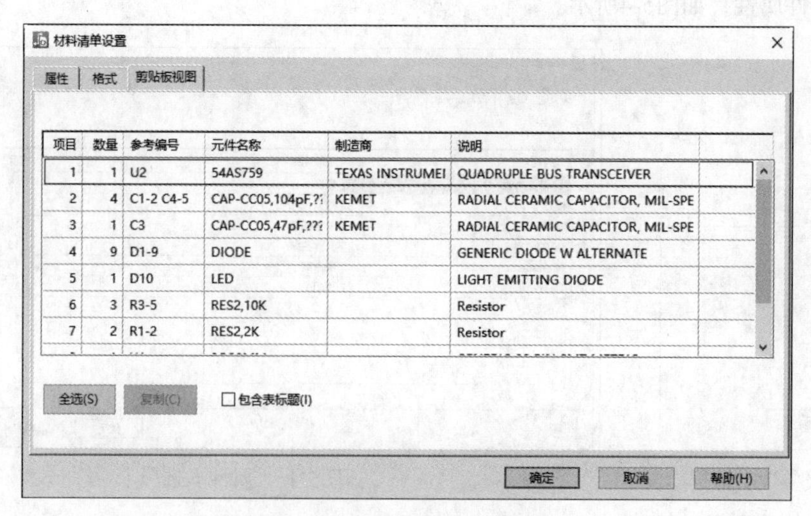

图5-6 “剪贴板视图”选项卡

了解了如何进行元器件设置，下面详细介绍各个不同类型的报告文件。

5.2.1　未使用情况报表

在生成报表时必须打开设计文件，否则生成的将是一张没有任何数据的空白报表，因为报表的数据来自于当前的设计。

选择菜单栏中的“文件”→“报告”命令，在弹出的“报告”对话框中选择“未使用”复选框，单击“确定”按钮，弹出如图5-7所示的原理图输出的未使用项目报表。可以看到在该报表中包含3部分。

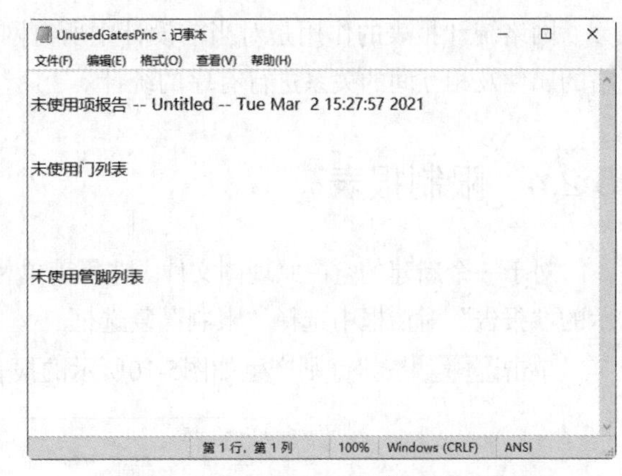

图5-7　原理图输出的未使用项目报表

在报表的始端第一行（未使用项报告-- Untitled -- Tue Mar 2 15:27:57 2021）中包含了报表的名称、设计文件名和报表生成的时间等信息。

在报表的第二个信息栏（未使用门列表）下分别列出了当前设计中未使用的逻辑门，由于当前是空白原理图，所以没有内容。

在报表的第三个信息栏（未使用管脚列表）下列出了当前设计中各元件未使用的元件脚，由于当前是空白原理图，所以没有内容。

产生报表的目的是从中发现当前设计中未利用的资源，以便能充分利用。同时发现那些隐藏的错误，及时得以纠正。

5.2.2　元件统计报表

对于一个新建的空白原理图文件，选择菜单栏中的“文件”→“报告”命令，在弹出的如图5-3所示的“报告”对话框中选择“元件统计数据”复选框。

单击 确定 按钮，产生如图5-8所示的报表。由于原理图中没有任何内容，所以在该元件统计报表中只有报表的名称部分，也就是报表的开始端第1行（元件状态报告-- Untitled -- Tue Mar 2 15:29:12 2021），其中包含了报表的名称、设计文件名和报表生成的时间等信息。

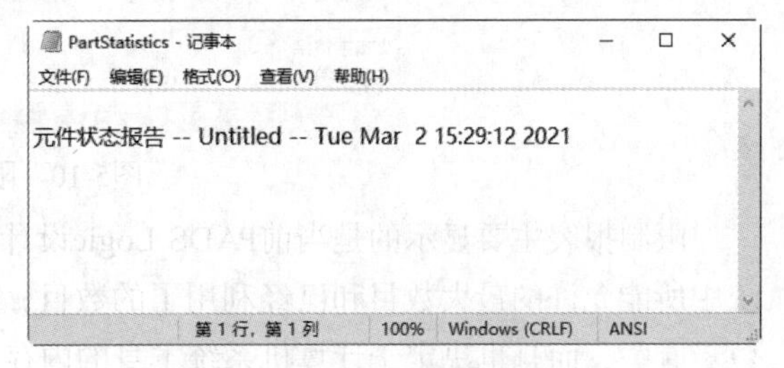

图5-8　元件统计报表格式

元件统计报表的作用是通过有序的汇总方式总结当前设计中的所有元件的信息。

5.2.3　网络统计报表

对于一个新建的空白原理图文件，选择菜单栏中的“文件”→“报告”命令，在弹出的如图5-3所示的“报告”对话框中选择“网络统计数据”复选框。

单击 确定 按钮，则产生如图5-9所示的报表。由于原理图中没有任何内容，所以在该元件统计报表中只有报表的名称部分，也就是报表的开始端第1行（网络状态报告-- Untitled -- Tue Mar 2 15:31:01 2021），其中包含了报表的名称、设计文件名和报表生成的时间等信息。

网络统计报表的作用是对当前设计中所有网络的属性及相互间的关系进行有序的统计。

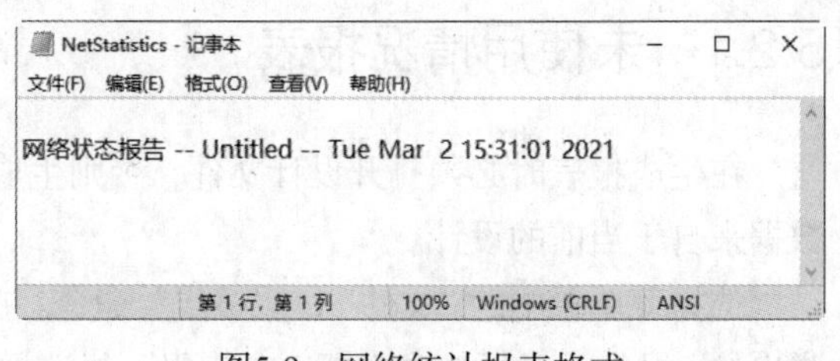

图5-9 网络统计报表格式

5.2.4 限制报表

对于一个新建的空白原理图文件，选择菜单栏中的“文件”→“报告”命令，在弹出的如图5-3所示的“报告”对话框中选择“限制”复选框。

单击 确定 按钮，则产生如图5-10所示的报表。

DesignLimits - 记事本

文件(F) 编辑(E) 格式(O) 查看(V) 帮助(H)

作业限制报告 -- Untitled -- Tue Mar 2 15:31:42 2021

项目类型	已分配	已使用
图页	1024	1
图页门/网络参考	2048	0
元件	256	0
元件参数参考编号	1024	0
元件参数名称	2048	0
网络	256	0
网络字符	1024	235
其他	988	988

-------------- 下一图页编号 1 --------------

项目类型	已分配	已使用
文本字符串	128	68
文本字符	1024	419

第 1 行，第 1 列 100% Windows (CRLF) ANSI

图5-10 限制报表格式

限制报表主要显示的是当前PADS Logic设计文件的各个项目（元件、网络和文本文字等）在系统中所能允许的最大数目和已经利用了的数目，这个最大的极限数目不但跟当前设计的每一个项目数量有关，而且也决定于计算机系统本身的内存资源。

从输出的报表中可以知道，报表的第一部分显示了本系统可利用资源的极限值，但紧接着又显示了目前资源被利用的情况，这样使设计者对当前系统资源情况一目了然。在表第一部分第一列分别为各个项目对象，在表的第二列中列出了系统允许的极限值，以此相对应的第三列中列出了目前设计已经应用了的资源。

5.2.5 页间连接符报表

对于一个新建的空白原理图文件，选择菜单栏中的“文件”→“报告”命令，在弹出的如图5-3

所示的“报告”对话框中选择“连接性”复选框。

单击 确定 按钮，则产生如图5-11所示的报表。由于原理图中没有任何内容，所以在该元件统计报表中只有报表的名称部分，也就是报表的开始端第1行（页间连接参考编号表和连接性错误报告- Untitled - Tue Mar 2 15:32:32 2021），其中包含了报表的名称、设计文件名和报表生成的时间等信息。

图5-11　页间连接符报表格式

页间连接符是在原理图设计过程中设置不同页面为同一网络的一种连接方法，页间连接符报表能使我们通过报表中连接符的坐标迅速地找到所需的连接符。

5.2.6　材料清单报表

对于一个新建的空白原理图文件，在如图5-3所示的对话框中单击 设置(E)... 按钮，弹出如图5-12所示的“材料清单设置”对话框。

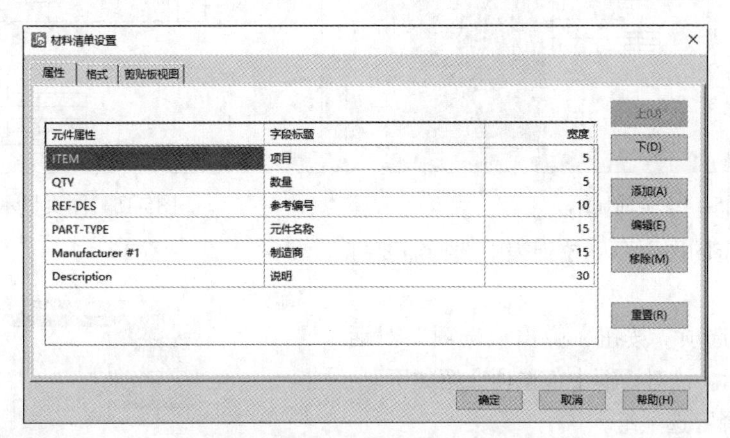

图5-12 “材料清单设置”对话框

然后只选择“报告”对话框中的“材料清单”复选框后单击 确定 按钮，则产生一个当前原理图的材料清单报表文件，如图5-13所示。

由于当前原理图中没有任何内容，所以在材料清单报表中只包含了以下两部分内容：

- 材料清单报表的名称部分；
- 材料清单部分。

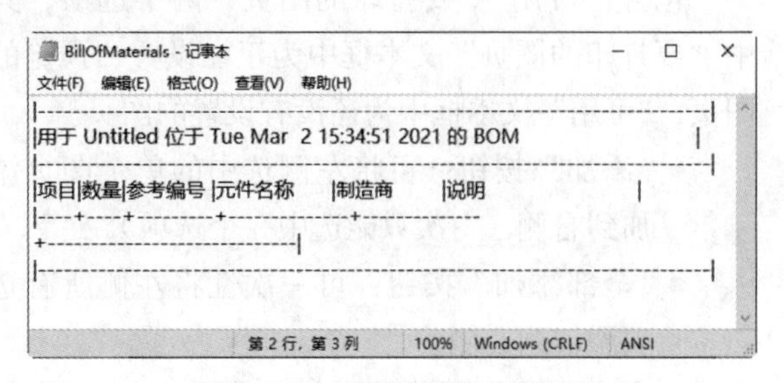

图5-13　材料清单报表格式

5.3 打印输出

原理图设计完成后，经常需要输出一些数据或图纸。本节将介绍原理图的报表打印输出。

PADS Logic VX.2.8具有丰富的报表功能，可以方便地生成各种不同类型的报表。当电路原理图设计完成并且经过报告输出检查之后，应该充分利用系统所提供的这种功能来创建各种原理图的报表文件。借助于这些报表，用户能够从不同的角度，更好地掌握整个项目的设计信息，以便为下一步的设计工作做好充足的准备。

为方便原理图的浏览，经常需要将原理图打印到图纸上。PADS Logic VX.2.8提供了直接将原理图打印输出的功能。

在打印之前首先进行打印设置。单击菜单栏中的“文件”→“打印预览”命令，弹出“选择预览”对话框，如图5-14所示。

（1）单击“图页”按钮，预览显示为整个页面，如图5-15所示。单击“全局显示”按钮，显示如图5-14所示的预览效果。

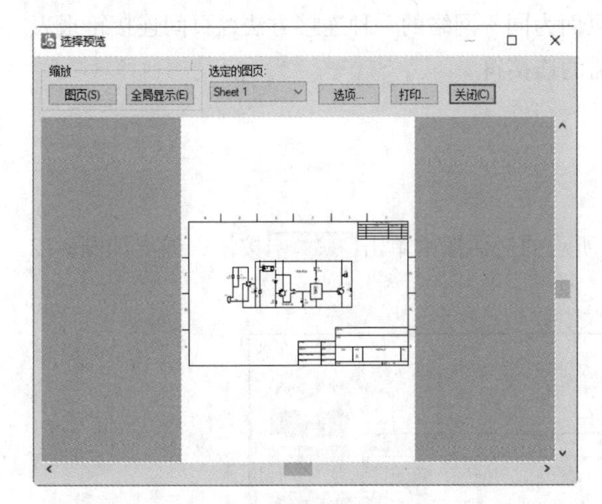

图5-14　全局显示

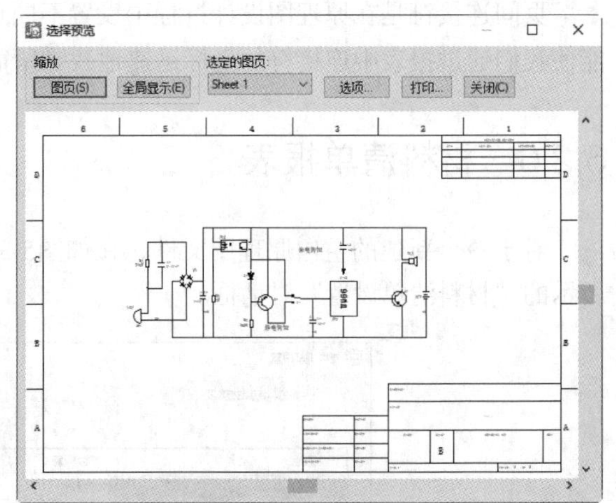

图5-15　图页显示

（2）在“选定的图页”下拉列表中选择需要打印设置的图页。

（3）单击“选项”按钮，弹出“选项”对话框，如图5-16所示。该对话框中各选项介绍如下。

1）“图页选择”选项组。

包含“可用”“要打印的图页”两个选项，其中“要打印的图页”文本框中为正在设置、预览的图页，“可用”文本框中为还没有设置的图页。

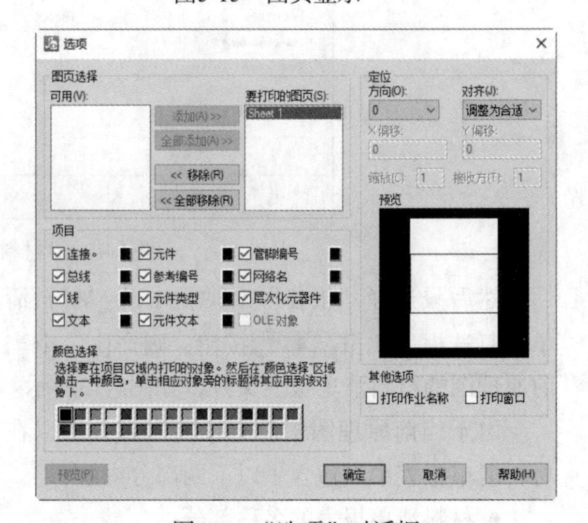

图5-16　“选项”对话框

- “添加”按钮：可将左侧选中的单个图页添加到右侧（一次只能选中一个选项）。
- “全部添加”按钮：可一次性将左侧所有选项添加到右侧。
- “移除”按钮：可将右侧选中的单个图页转移到左侧（一次只能选中一个选项）。
- “全部移除”按钮：可一次性将右侧所有选项添加到左侧。

注意

双击两侧文本框中的图页选项，也可将图纸添加、移除到另一侧。

2）“定位”选项组。

调整图纸在整个编辑环境中位置。主要包括方向、对齐、X偏移、Y偏移、缩放、接收方、预览。

3）“项目”选项组。

显示原理图的打印预览项目。

4）“颜色选择”选项组。

选择要在项目区域内打印的对象。在“颜色选择”区域单击一种颜色，单击相应对象旁的标题，将其应用到该对象上。

5）“其他选项”选项组。

包括打印作业名称、打印窗口。

设置、预览完成后，单击“打印”按钮，打印原理图。

此外，选择菜单栏中的“文件”→“打印”命令，或单击“原理图标准工具栏”中的“打印”按钮🖨，也可以实现打印原理图的功能。

5.4 生成网络表

网络表的内容主要是原理图中元件之间的链接。在进行PCB设计或仿真时，需要元件之间的链接，在PADS Logic中，可以为PCB生成网络表。

5.4.1 生成SPICE网络表

SPICE网络表主要用于电路的仿真，具体步骤如下。

（1）选择菜单栏中的“工具”→“SPICE网络表”命令，弹出如图5-17所示的“SPICEnet”对话框。

- 选择图页：可以在该列表中选择需要输出网络表的原理图纸。
- 包含子图页：选择此复选框，则输出原理图所包含的子页面的网络表。
- 输出格式：在该下拉列表中，可以设置输出的SPICE网络表格式为intusoft ICAP/4格式、Berkeley SPICE 3格式、PSpice 格式。

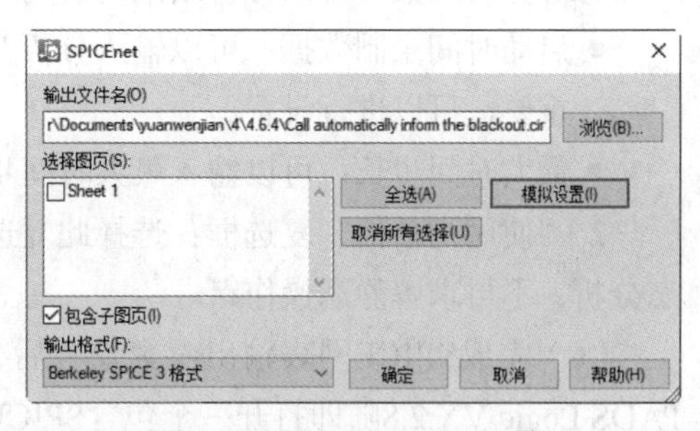

图5-17 “SPICEnet”对话框

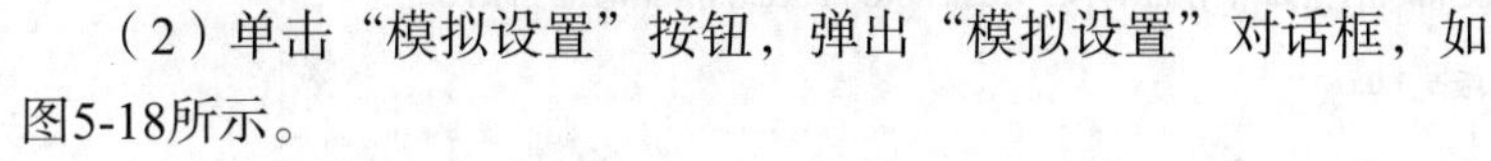

（2）单击“模拟设置”按钮，弹出“模拟设置”对话框，如图5-18所示。

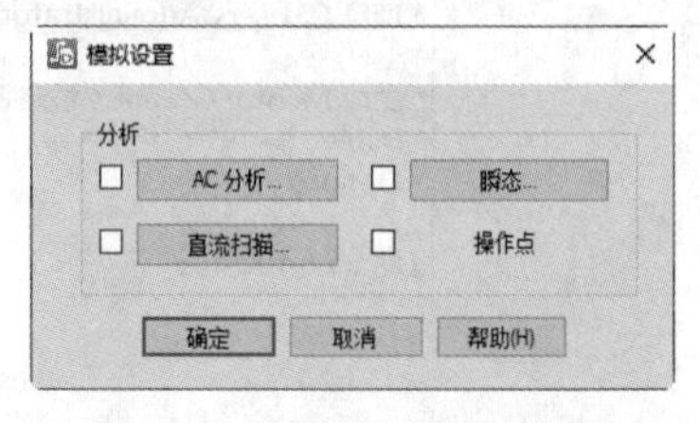

图5-18 “模拟设置”对话框

通过该对话框可以设置AC分析（交流分析）、直流扫描分析和瞬态分析等。

- AC分析：交流分析，使SPICE仿真器执行频域分析。
- 直流扫描分析：使SPICE仿真器在指定频率下执行操作点分析。
- 瞬态分析：使SPICE仿真器执行时域分析。

在该对话框中还可以设置操作点选项，设置SPICE仿真器确定电路的直流操作点。

（3）单击“AC分析”按钮，弹出如图5-19所示的“AC分析”对话框。

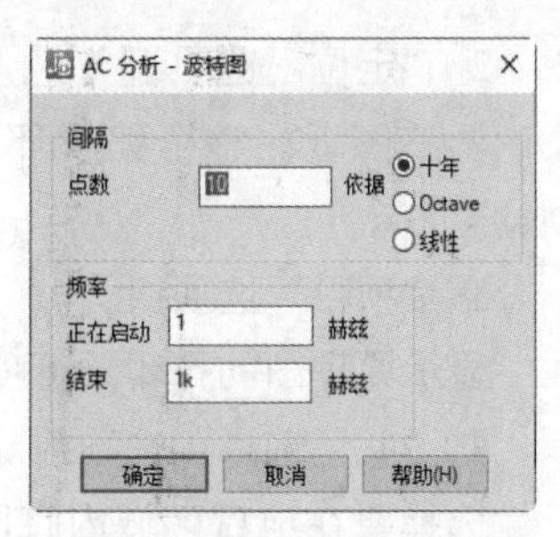

图5-19 “AC分析”对话框

1）“间隔”选项组。

- 点数：可以输入间隔的点数。
- 依据：包括3种变量，十年、Octave（八进制）、线性。

2）“频率”选项组。

- 正在启动：输入仿真分析的起始频率。
- 结束：输入仿真分析的结束频率。

（4）单击“直流扫描”按钮，弹出如图5-20所示的“直流源扫描分析”对话框。

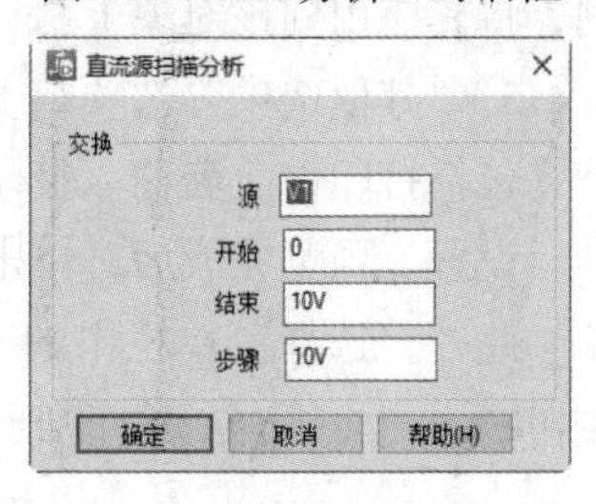

图5-20 “直流扫描分析”对话框

“交换”选项组包括如下。

- 源：可以输入电压或电流源的名称。
- 开始：可以输入扫描起始电压值。
- 结束：可以输入扫描终止电压值。
- 步骤：可以输入扫描的增量值。

（5）单击“瞬态”按钮，弹出如图5-21所示的“瞬态分析”对话框。

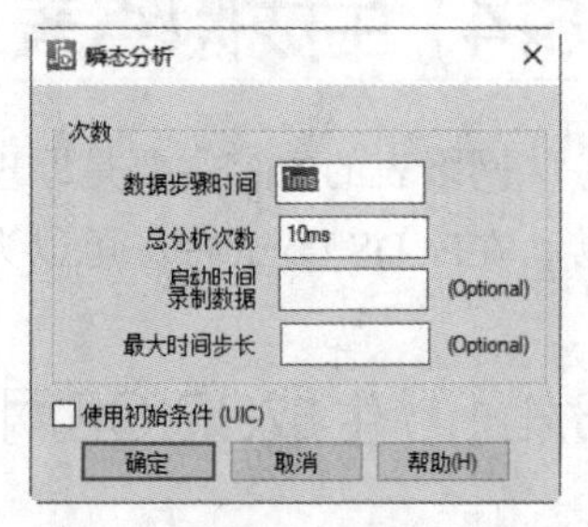

图5-21 “瞬态分析”对话框

1）“次数”选项组。

- 数据步骤时间：可以输入分析的增量值。
- 总分析次数：可以分析结束的时间。
- 启动时间录制数据：可以输入分析开始记录数据的时间，如果仿真文件过大，且数据不是很重要，可以进行设置。
- 最大时间步长：可以输入最大时间步长值。

2）“使用初条件”复选框：选择此复选框，则SPICE使用“IC=...”所设定的初始瞬态值进行瞬态分析，不再求解静态操作点。

（6）完成SPICE网表输出参数设置后，单击“确定”按钮，即生成SPICE网络表文件“.cir”，PADS Logic VX.2.8随即打开一个包含SPICE网表信息的文本文件，如图5-22所示。

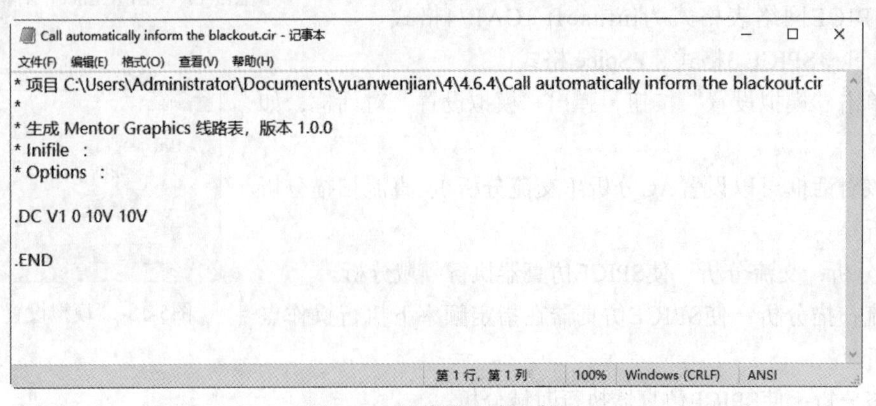


```
* 项目 C:\Users\Administrator\Documents\yuanwenjian\4\4.6.4\Call automatically inform the blackout.cir
*
* 生成 Mentor Graphics 线路表，版本 1.0.0
* Inifile  :
* Options  :

.DC V1 0 10V 10V

.END
```

图5-22 网络表文本文件

5.4.2　生成PCB网表

在设计PCB时，可以在PADS Logic中生成网表，然后将其导入到PADS Layout中进行布局布线。

在PADS Logic中，选择菜单栏中的“工具”→“PADS Layout”命令或单击“标准工具栏”中的“PADS Layout”图标，打开“PADS Layout链接”对话框，如图5-23所示。

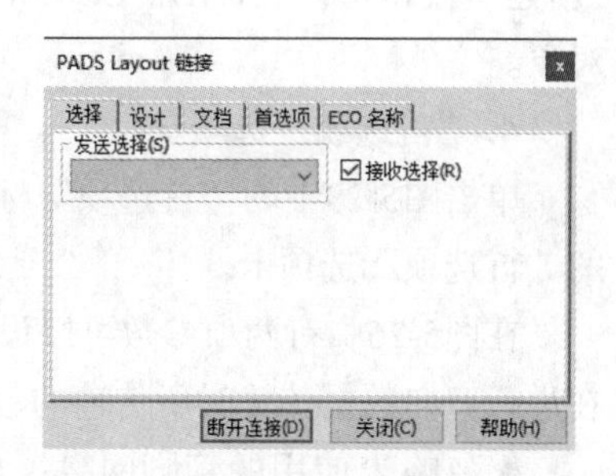

图5-23　“PADS Layout 链接”对话框

下面介绍图5-23所示的“PADS Layout链接”对话框中各个按钮的功能。

1. “选择”选项卡

在此选项卡中选择需要输出网络表的原理图纸，如图5-23所示。

2. “设计”选项卡

一共有4个按钮，如图5-24所示，具体功能分别介绍如下。

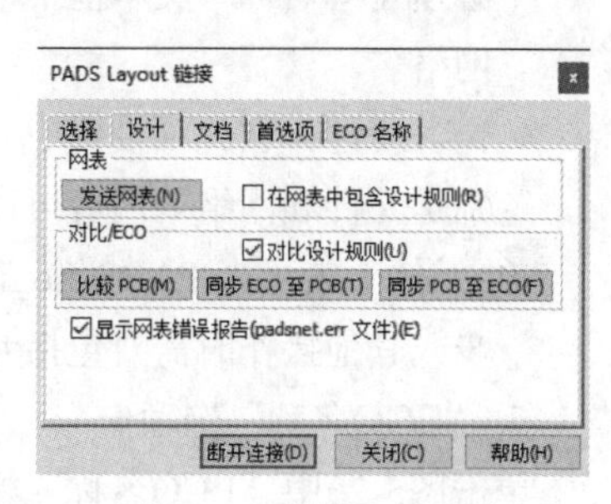

图5-24　“设计”选项卡

（1）发送网表。

通过它可以将原理图自动传送PADS Layout中，在传输网络表前可以在对话框中“文档”和“首选项”选项卡中进行一些相关的设置，这两个设置模式后面再介绍。

（2）比较 PCB。

在设计的过程中可以实时通过“比较PCB”来观察当前的PCB设计是否与原理图设计保持一致，如果不一致，系统将会把那些不一致的信息记录在记事本中，然后弹出以供你查阅。

（3）同步ECO至PCB。

如果在原理图设计中定义了PCB设计过程中所必须遵守的规则（比如线宽、线距等），那么可以通过“同步ECO至PCB”（将规则传送入PCB设计中）按钮将这些规则传送到当前的PCB设计中。在进行PCB设计时，如果将DRC（设计规则在线检查）打开，那么设计操作将受这些规则所控制。

（4）同步PCB至ECO。

这个按钮功能与功能按钮“同步ECO至PCB”刚好相反，因为可能会在PADS Layout设计环境中去定义某些规则或者修改Power Logic中定义的规则，那么可以通过“同步PCB至ECO”（将规则从PCB反传回ECO中）按钮将这些规则反传送回当前的原理图设计中，使原理图具有同PCB相同的规则设置。

PADS Layout与PADS Logic在进行数据传输时是双向的，任何一方的数据都可以实时传给对方，这有力地保证了设计的正确性，真正做到了设计即正确的最新设计概念。这在EDA领域实属一大领先创举，为EDA领域的板级设计树立了一个划时代的里程牌。

3. “文档”选项卡

单击图5-23中的“文档”标签，则变为如图5-25中所示的“文档”选项卡。

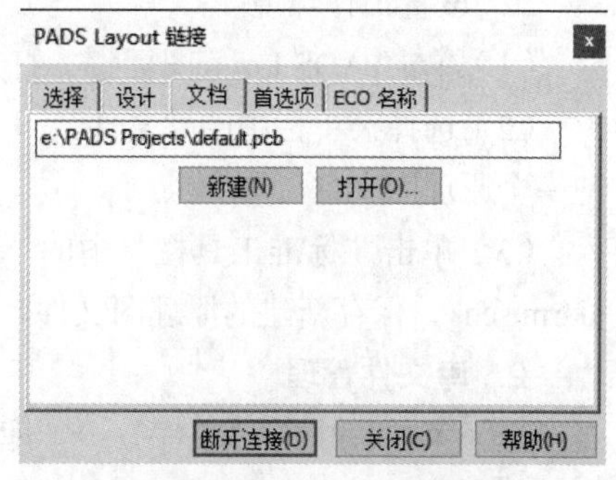

图5-25　“文档”选项卡

“文档”设置模式主要用来设置跟PADS Logic中当前

设计OLE所链接的PCB设计对象的路径和文件名，单击“新建”按钮可以在PADS Layout中重新建立一个新的链接对象。

4. “首选项”选项卡

单击图5-23中的“首选项”标签，则变成如图5-26所示的“首选项”选项卡。

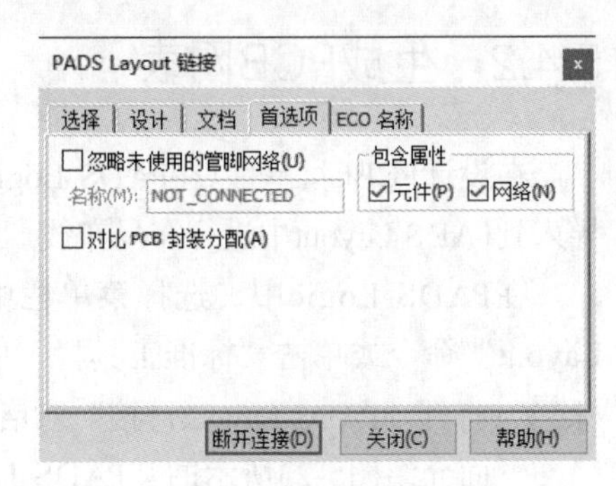

图5-26 “首选项”选项卡

在图5-26中有两项参数可以设置，这些参数设置控制了在进行双向数据传输时所传输的数据，介绍如下。

- 忽略未使用的管脚网络：如果选择此项设置，那么必须在“名称”文本框中输入此忽略未使用元件管脚的网络名。
- 包含属性：在此项设置中有两个选项可供选择使用，分别是元件和网络。两者可以选其一也可全选，比如选择“元件”表示当 PADS Logic 跟PADS Layout进行数据同步或其他操作时需要包括元件的属性。

5. “ECO名称”选项卡

单击图5-23中“ECO名称”标签，则变成如图5-27所示的“ECO名称”选项卡。

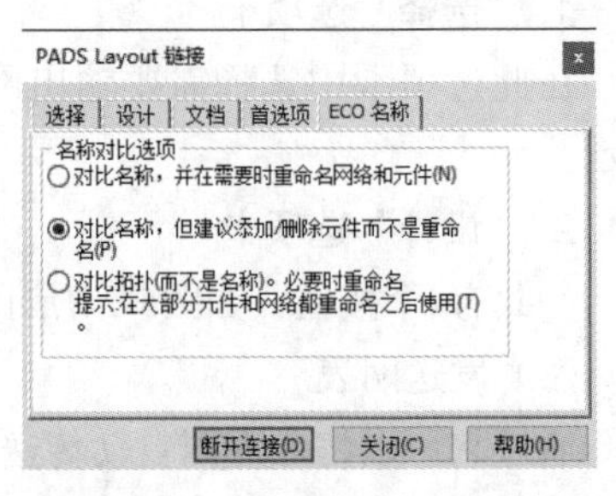

图5-27 “ECO名称”选项卡

5.5 操作实例

通过前面的学习，相信用户对PADS的后续操作有了一定的了解，这一节，我们将通过具体的实例讲述完整的电路原理图的报表文件的输出、打印输出等。

5.5.1 汽车多功能报警器电路

扫码看视频

本例要设计的是汽车多功能报警器电路，如图5-28所示。即当系统检测到汽车出现各种故障时进行语音提示报警。其中，前轮视频信号需要进行数字处理，在每个语音组合中加入200ms的静音。

在本例中，主要学习原理图绘制完成后的编译和打印输出。

1. 设置工作环境

（1）单击PADS Logic图标，打开PADS Logic VX.2.8。

（2）选择菜单栏中的“文件”→“新建”命令或单击“标准工具栏”中的“新建”按钮，新建一个原理图文件。

（3）单击“标准工具栏”中的“保存”按钮，输入原理图名称“Automobile multi-function alarm.sch”，保存新建的原理图文件。

2. 库文件管理

选择菜单栏中的“文件”→“库”命令，弹出“库管理器”对话框。单击“管理库列表”按钮，弹出如图5-29所示的“库列表”对话框，显示在源文件路径下加载的库文件。

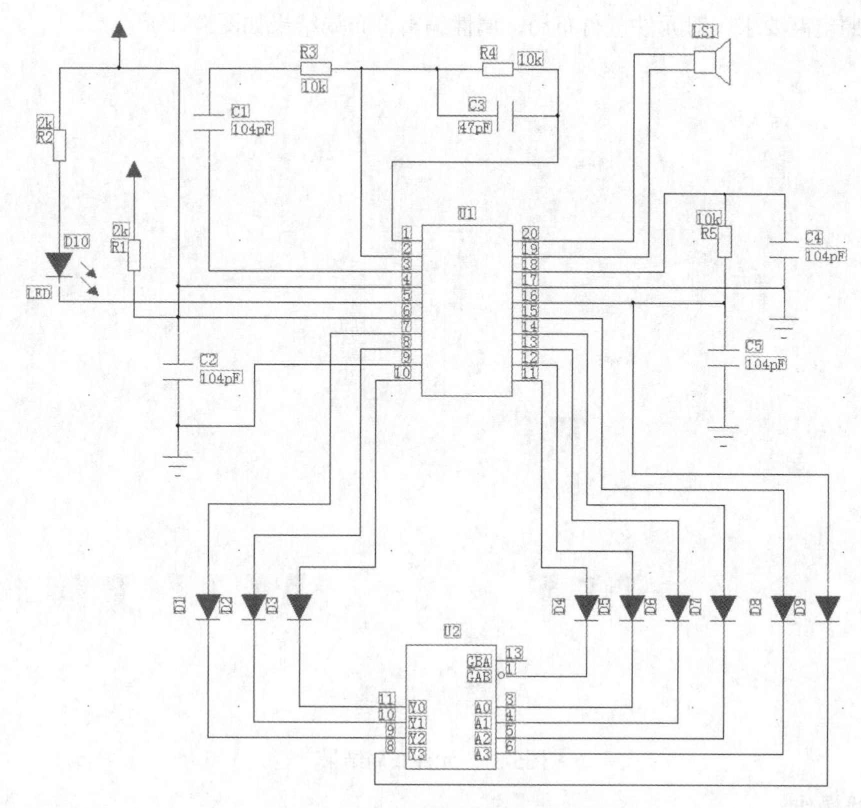

图5-28　汽车多功能报警器电路

3. 增加元件

（1）单击“原理图编辑工具栏”中的“增加元件”按钮，弹出“从库中添加元件”对话框，在“common.Pt9”元件库找到SO20MM芯片，在“ti.Pt9”元件库找到54AS759芯片，在“PADS.pt9”元件库找到电阻RES2、扬声器元件SPESKER，在“misc.pt9”元件库找到二极管、电容等元件，放置在原理图中，如图5-30所示。

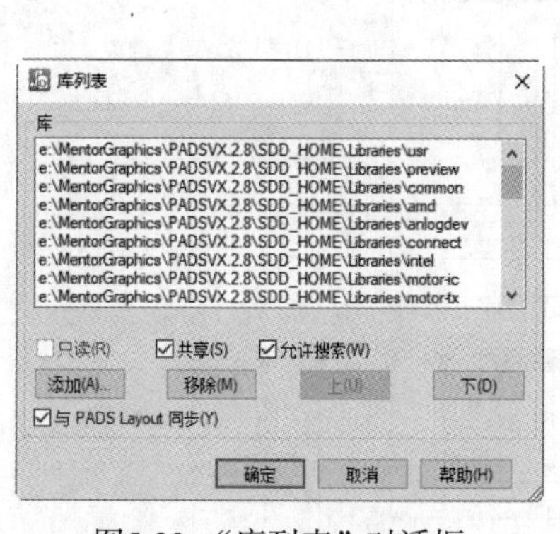

图5-29 “库列表”对话框

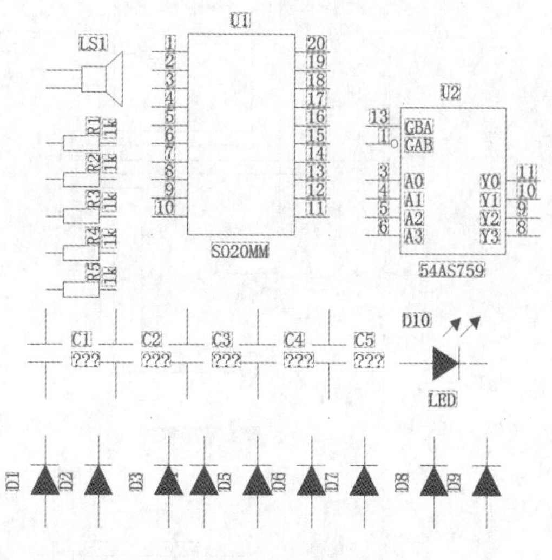

图5-30　元件放置结果

（2）按照电路要求，对元件进行布局、属性编辑，布局结果如图5-31所示。

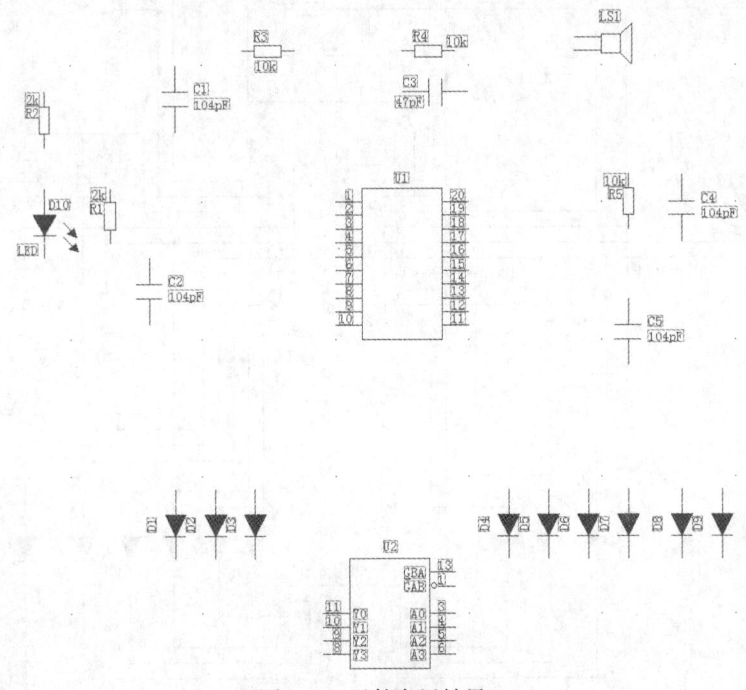

图5-31　元件布局结果

4．布线操作

（1）单击“原理图编辑工具栏”中的“添加连线”按钮，进入连线模式，进行连线操作，在交叉处若有电气连接，则需在相交处单击，显示结点，表示有电气连接；若不在交叉处单击，则不显示结点，表示无电气连接，布线结果如图5-32所示。

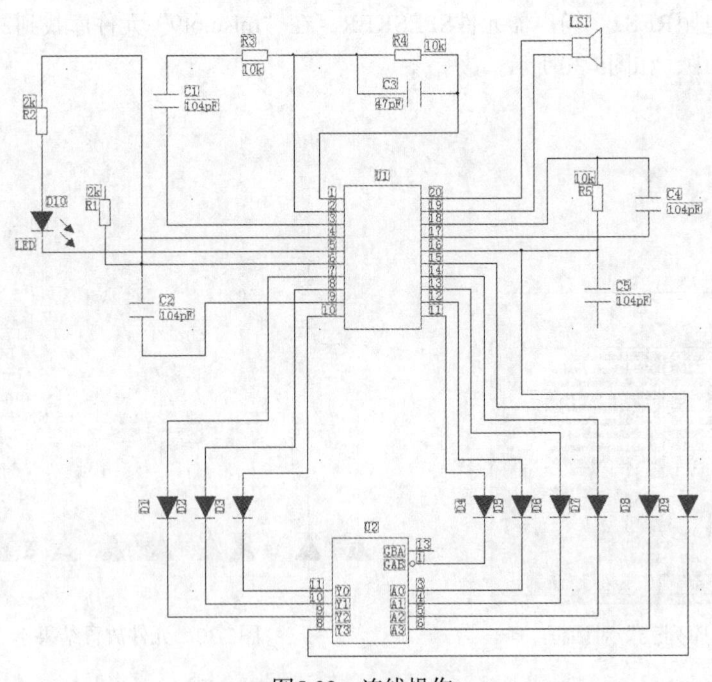

图5-32　连线操作

（2）单击“原理图编辑工具栏”中的“添加连线”按钮，进入连线模式，拖动鼠标指针到适当位置，单击鼠标右键，在弹出的快捷菜单中选择“接地”命令，单击左键，放置接地符号，结果如图5-33所示。

原理图绘制完成后，单击“标准工具栏”中的“保存”按钮，保存绘制好的原理图文件。

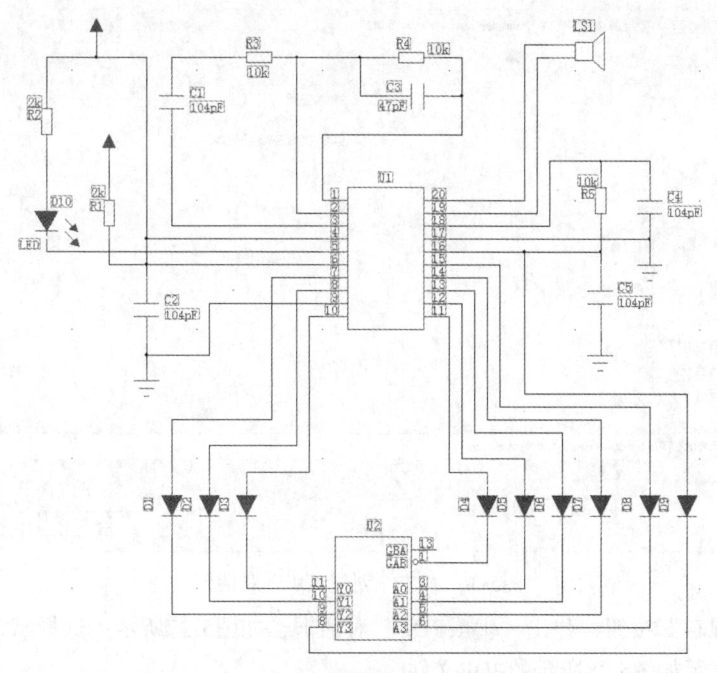

图5-33　放置接地、电源符号

5. 打印预览

（1）单击菜单栏中的“文件”→“打印预览”命令，弹出“选择预览”对话框，如图5-34所示。

（2）单击“图页”按钮，预览显示为整个页面显示，如图5-35所示。单击“全局显示”按钮，显示如图5-34所示的预览效果。

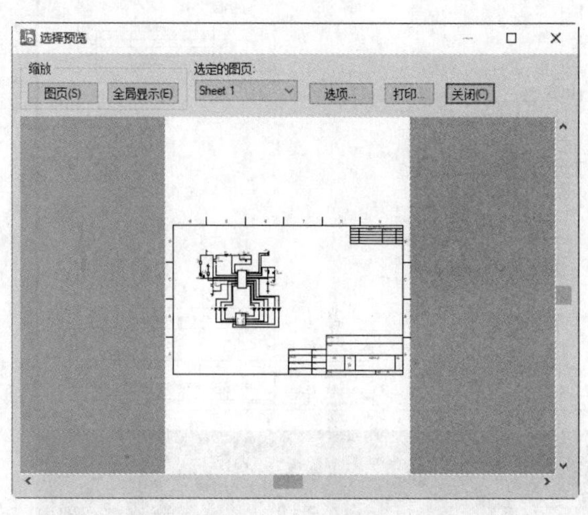

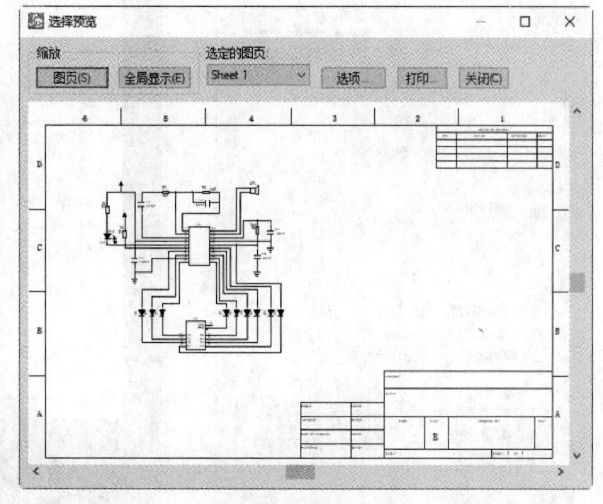

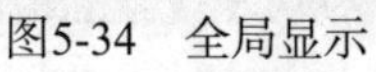

图5-34　全局显示

图5-35　图页显示

连接好打印机后，单击“打印”按钮，即可打印原理图。

6. 文档输出

（1）选择菜单栏中的“文件”→“生成PDF”命令，弹出“文件创建PDF”对话框，如图5-36所示。

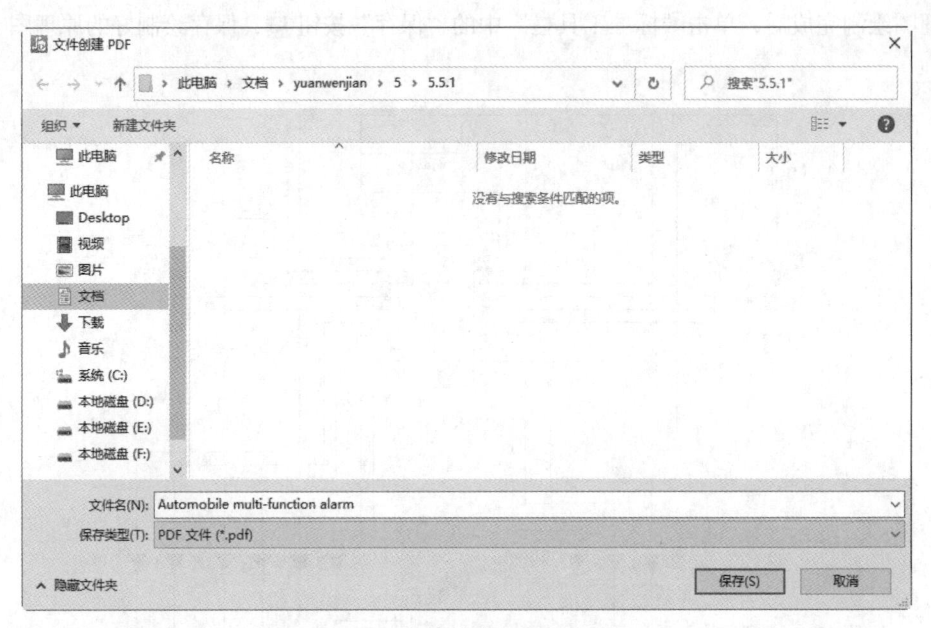

图5-36 “文件创建PDF”对话框

（2）单击“保存”按钮，弹出“生成PDF”对话框，如图5-37所示。选择默认设置，单击“确定”按钮，自动显示如图5-38所示的PDF文件。

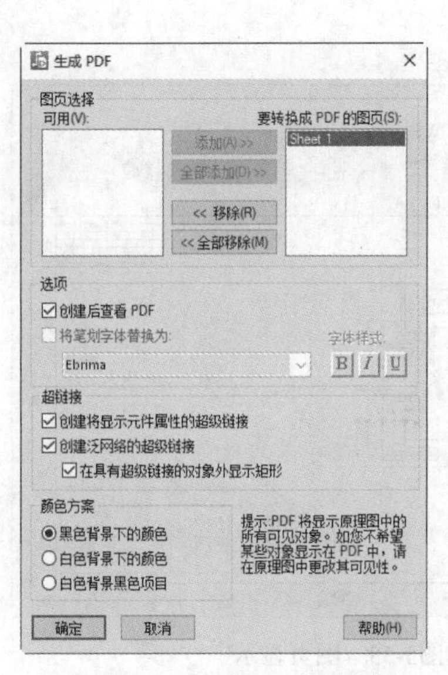

图5-37 “生成PDF”对话框

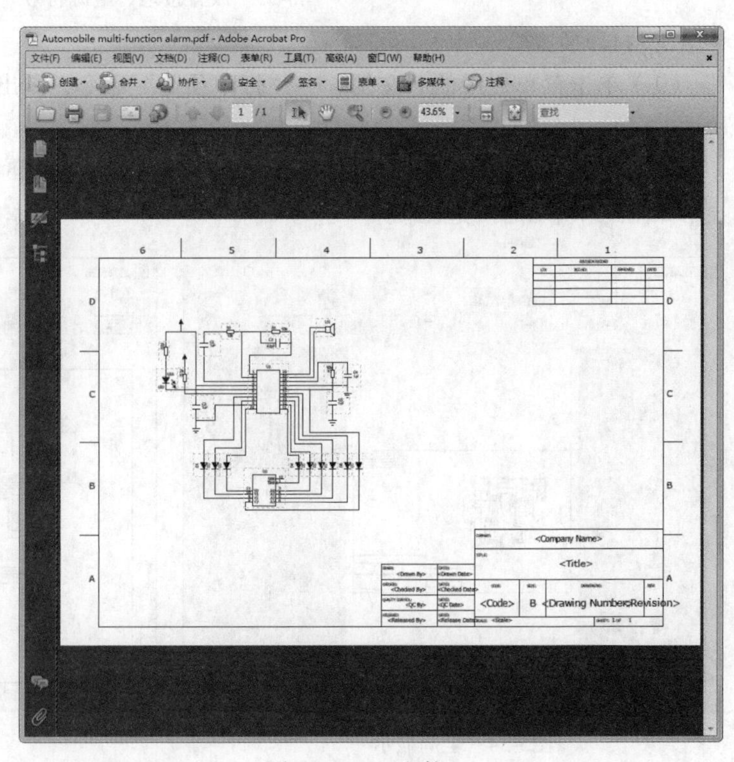

图5-38 PDF文件

5.5.2　看门狗电路

本例要设计的是看门狗电路，如图5-39所示。即当系统检测到有外来者闯入时进行语音提示报警。

1. 设置工作环境

（1）单击PADS Logic图标，打开PADS Logic VX.2.8。

（2）选择菜单栏中的“文件”→“新建”命令或单击“标准工具栏”中的“新建”按钮，新建一个原理图文件。

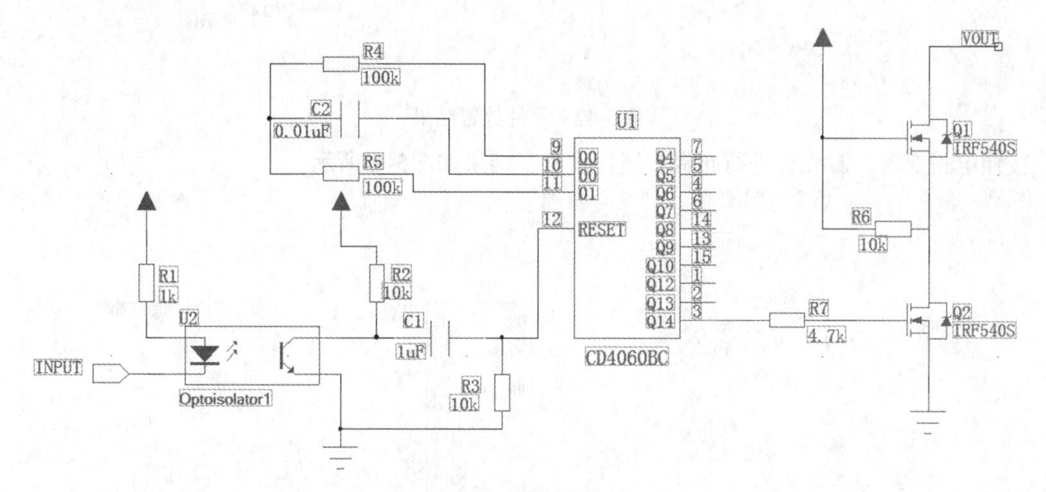

图5-39　看门狗电路

（3）单击“标准工具栏”中的“保存”按钮，输入原理图名称“Guard Dog.sch”，保存新建的原理图文件。

2. 库文件管理

选择菜单栏中的“文件”→“库”命令，弹出“库管理器”对话框，单击“管理库列表”按钮，弹出如图5-40所示的“库列表”对话框，显示在源文件路径下加载的库文件。

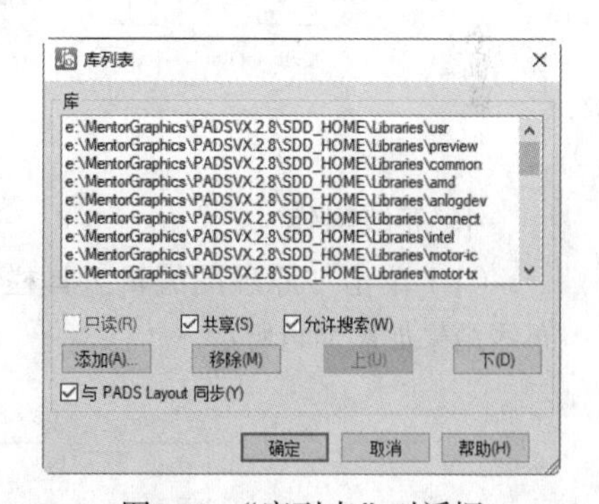

图5-40　“库列表”对话框

3. 增加元件

（1）单击“原理图编辑工具栏”中的“添加元件”按钮，弹出“从库中添加元件”对话框，在“筛选条件”选项组下“项目”文本框中输入“*CD4060BC*”，单击“应用”按钮，在“项目”列表框中显示元件CD4060BC，如图5-41所示。

（2）单击“添加”按钮，元件的映像附着在光标上，移动光标到适当的位置，单击鼠标左键，将元件放置在当前光标的位置上。

（3）在“PADS”库中选择电桥元件Optoisolator1、电阻元件RES2、芯片IRF540S，在“misc”库中选择电容元件CAP-0005，完成所有元件放置，元件放置结果如图5-42所示。

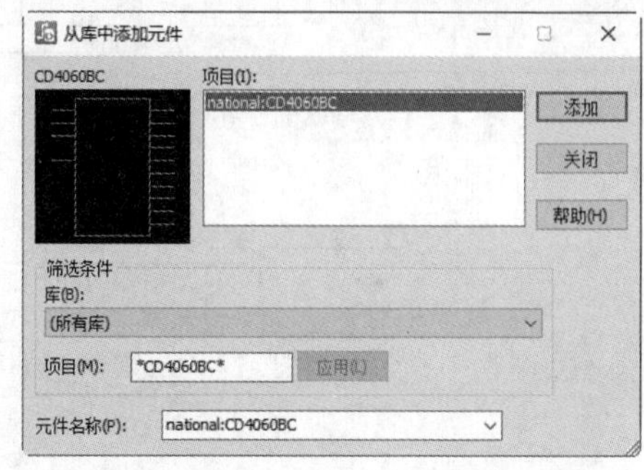

图5-41　“从库中添加元件”对话框

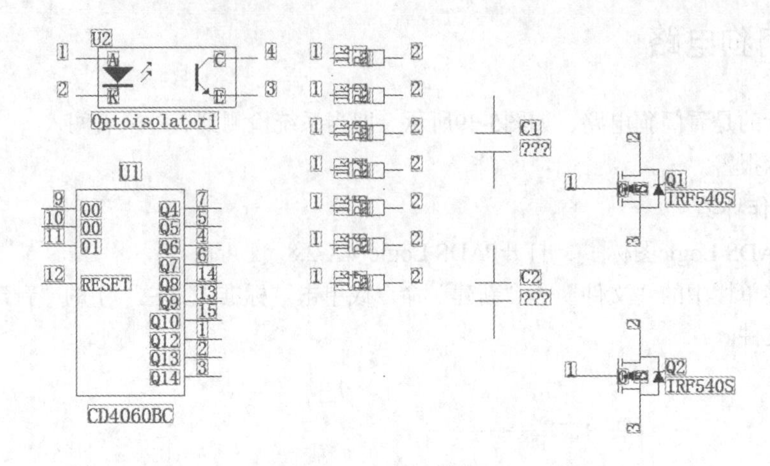

图5-42 元件放置结果

按照电路要求，对元件进行布局、属性设置，结果如图5-43所示。

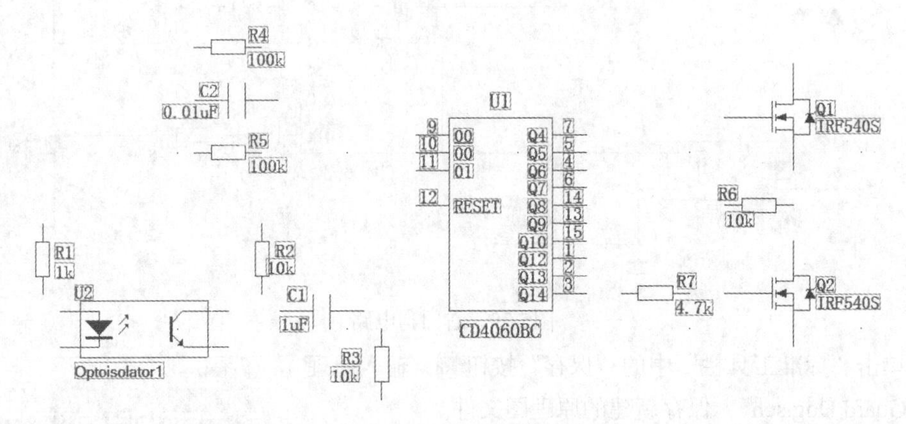

图5-43 元件布局结果

4. 布线操作

（1）单击“原理图编辑工具栏”中的“添加连线”按钮，进入连线模式，进行连线操作，布线结果如图5-44所示。

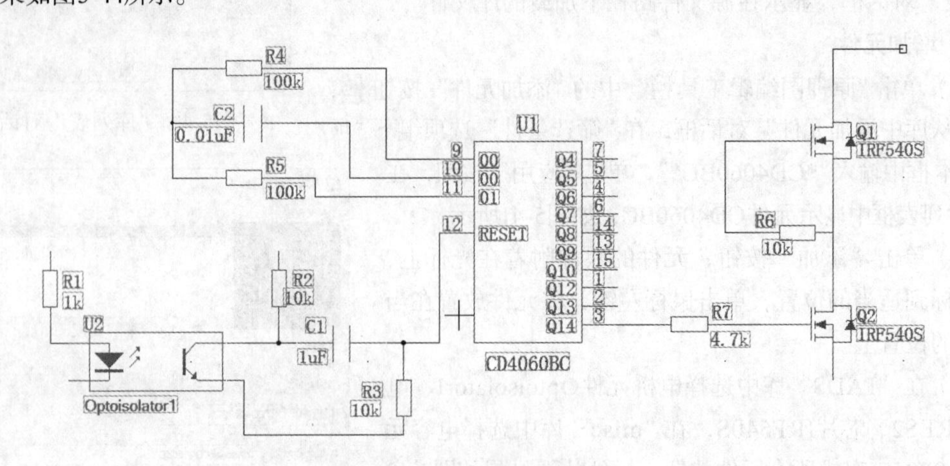

图5-44 布线结果

（2）单击“原理图编辑工具栏”中的“添加连线”按钮，进入连线模式，拖动鼠标指针到适当位置，单击鼠标右键，在弹出的快捷菜单中选择“接地”命令，鼠标上显示浮动的接地符号，单击左键，放置接地符号，结果如图5-45所示。

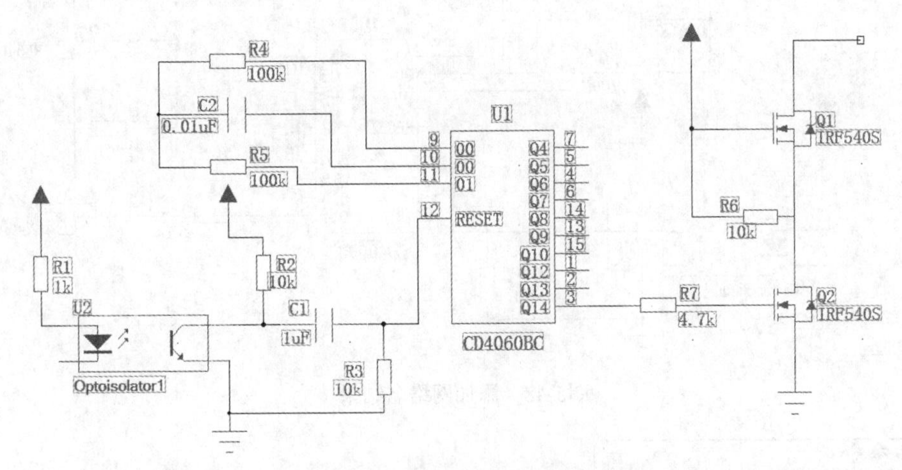

图5-45　放置接地、电源符号

（3）单击“原理图编辑工具栏”中的“添加连线”按钮，进入连线模式，拖动鼠标指针到适当位置，单击鼠标右键，在弹出的快捷菜单中选择“页间连接符”命令，鼠标上显示浮动的接地符号，单击左键，放置页间连接符，弹出“添加网络名”对话框，在“网络名”文本框中输入网络名“INPUT”，单击“确定”按钮，完成网络名的设置，添加结果如图5-46所示。

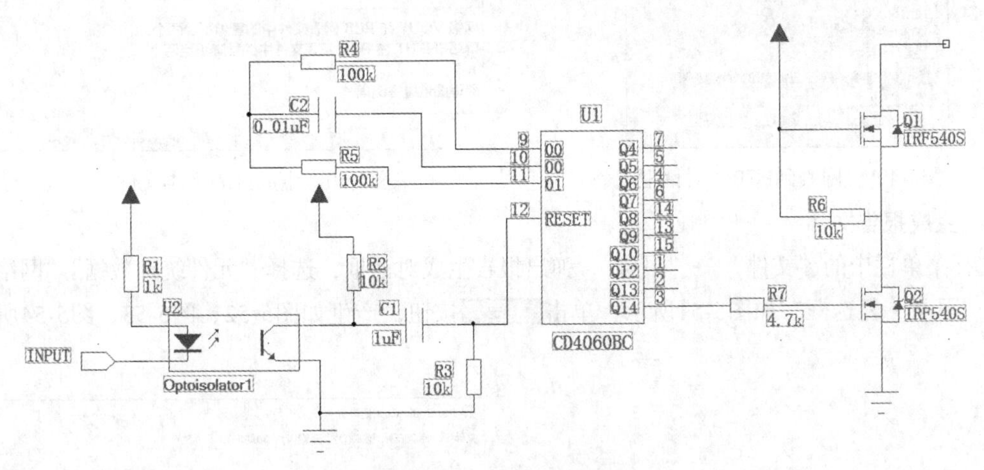

图5-46　放置页间连接符

（4）双击悬浮线，弹出“网络特性”对话框，输入网络名为VOUT，选择“网络名标签”复选框，如图5-47所示，单击“确定”按钮，完成网络设置，在该导线上显示网络名，结果如图5-48所示。

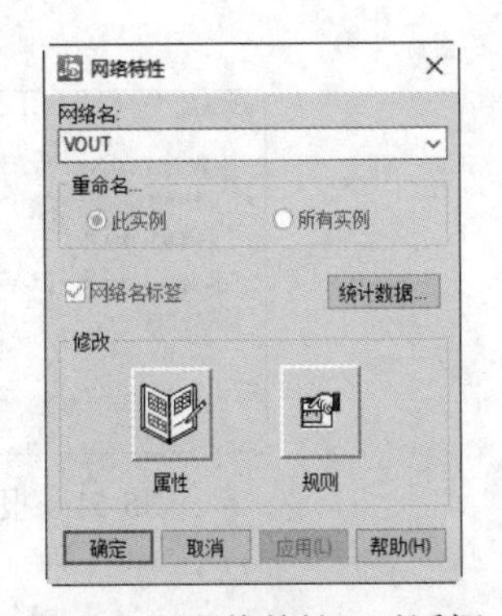

图5-47　“网络特性”对话框

（5）原理图绘制完成后，单击“标准工具栏”中的“保存”按钮，保存绘制好的原理图文件。

5. 生成PCB网表

（1）选择菜单栏中的“工具”→“Layout网表”命令，弹出如图5-49所示的“网表到PCB”对话框。

（2）单击“确定”按钮，弹出生成网表文本文件，如图5-50所示。

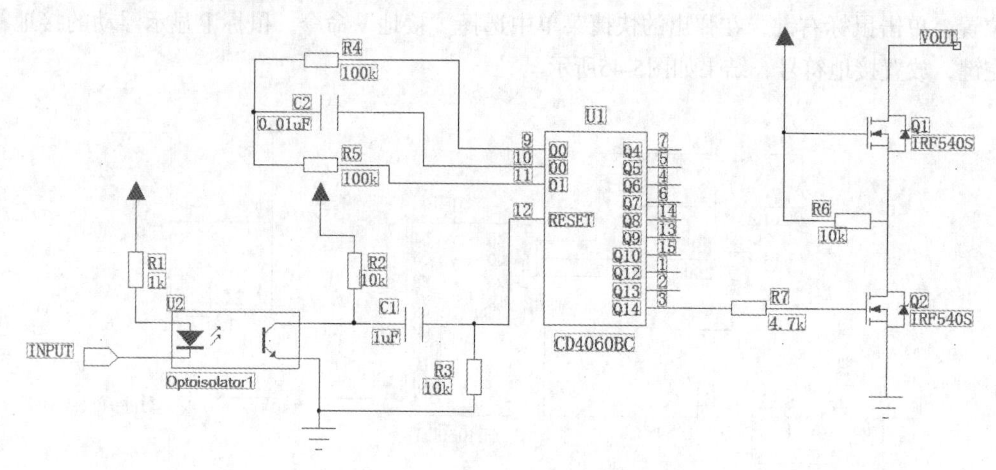

图5-48　添加网络名结果

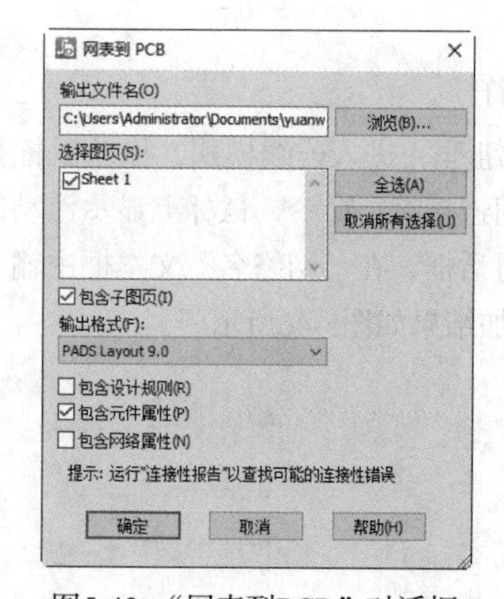

图5-49　“网表到PCB”对话框

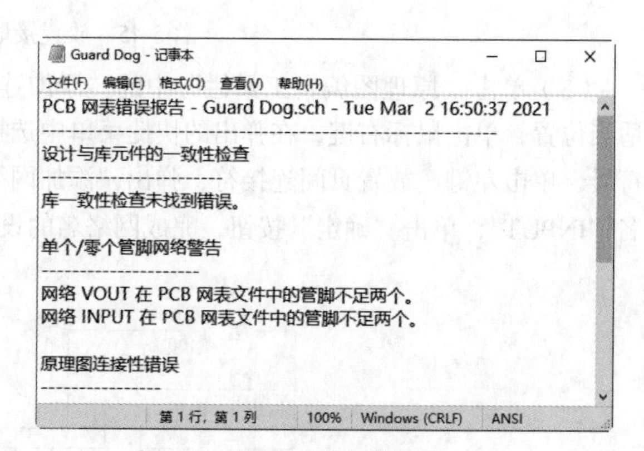

图5-50　生成网表文本文件

6. 生成报告文件

选择菜单栏中的“文件”→“报告”，弹出报告生成对话框，选择“元件统计数据”“网络统计数据”“限制”复选框，如图5-51所示，单击 确定 按钮，产生如图5-52、图5-53、图5-54所示的报表。

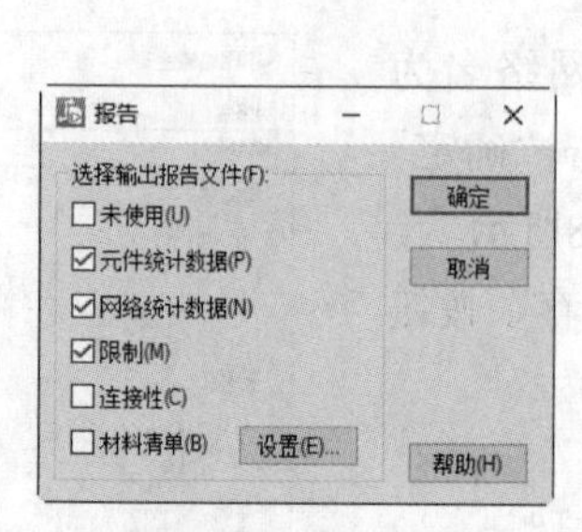

图5-51　报告输出

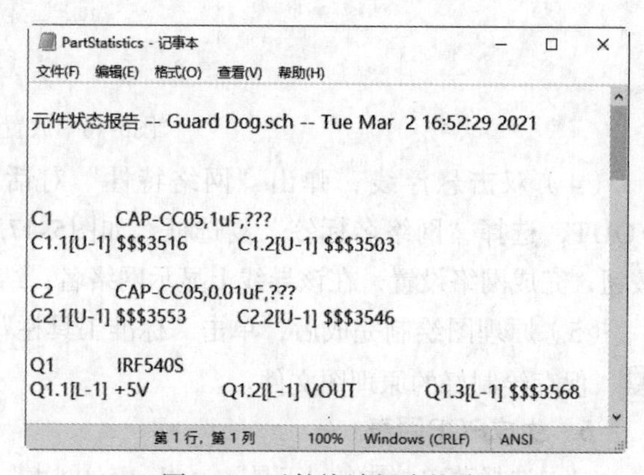

图5-52　元件统计报表格式

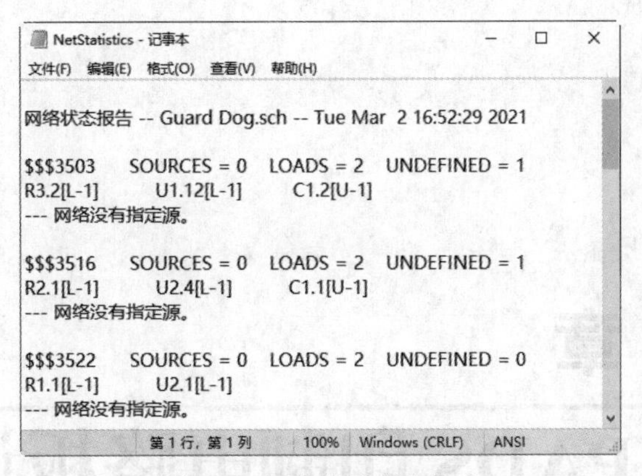

NetStatistics - 记事本

文件(F) 编辑(E) 格式(O) 查看(V) 帮助(H)

网络状态报告 -- Guard Dog.sch -- Tue Mar 2 16:52:29 2021

$$$3503 SOURCES = 0 LOADS = 2 UNDEFINED = 1
R3.2[L-1] U1.12[L-1] C1.2[U-1]
--- 网络没有指定源。

$$$3516 SOURCES = 0 LOADS = 2 UNDEFINED = 1
R2.1[L-1] U2.4[L-1] C1.1[U-1]
--- 网络没有指定源。

$$$3522 SOURCES = 0 LOADS = 2 UNDEFINED = 0
R1.1[L-1] U2.1[L-1]
--- 网络没有指定源。

第 1 行，第 1 列 100% Windows (CRLF) ANSI

图5-53　网络统计报表格式

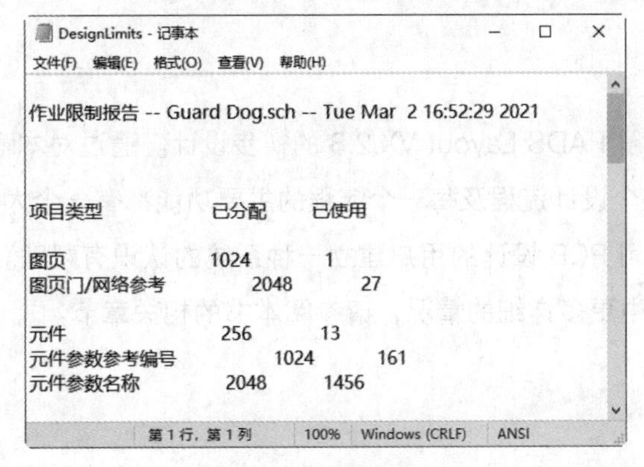

DesignLimits - 记事本

文件(F) 编辑(E) 格式(O) 查看(V) 帮助(H)

作业限制报告 -- Guard Dog.sch -- Tue Mar 2 16:52:29 2021

项目类型	已分配	已使用
图页	1024	1
图页门/网络参考	2048	27
元件	256	13
元件参数参考编号	1024	161
元件参数名称	2048	1456

第 1 行，第 1 列 100% Windows (CRLF) ANSI

图5-54　限制报表格式

第 6 章

PADS 印制电路板设计

本章主要讲解 PADS Layout VX.2.8 的初步设计。通过对本章的学习，读者对 PCB 的整个设计流程及每一个流程的主要功能都有一个大概的了解，这对于刚开始学习 PCB 设计的用户建立一种系统的认识有帮助。如果需要了解每一个流程中更多详细的情况，请参阅本书的相关章节。

知识点

- PADS Layout VX.2.8的设计规范
- PADS Layout VX.2.8的设计流程

6.1 PADS Layout VX.2.8的设计规范

6.1.1 概述

设计规范是什么？简单地说，设计规范就是为了防止出废品而制定的一套设计规则。

为了防止不懂制造工艺的设计者设计出不合理PADS Layout板子的最有效的方法，就是结合工艺、方法制定一套有章可循的设计标准。

6.1.2 设计流程

PADS Layout的设计流程分为网表输入、规则设置、元器件布局、布线、检查复查、输出6个步骤。

1. 网表输入

网表输入有两种方法，一种是使用PADS Logic的OLE连接功能，选择“Send Netlist”选项，应用OLE功能，可以随时保持原理图和PCB图的一致，尽量减少出错的可能。另一种方法是直接在PADS Layout中装载网表，选择菜单栏中的“文件”→“导出”命令，将原理图生成的网表输入进来。

2. 规则设置

如果在原理图设计阶段就已经设置好PCB的设计规则，输入网表时就不用再进行设置这些规则了，因为输入网表时，设计规则已随网表输入进PADS Layout了。如果修改了设计规则，必须同步修改原理图，保证原理图和PCB的一致。除了设计规则和层定义外，还有一些规则需要设置，比如焊盘堆栈，需要修改标准过孔的大小。如果设计者新建了一个焊盘或过孔，一定要加上Layer25。

注意

PCB 设计规则、层定义、过孔设置、CAM 输出设置已经作为缺省启动文件，名称为Default.stp，网表输入进来以后，按照设计的实际情况，把电源网络和地分配给电源层和地层，并设置其他高级规则。在所有的规则都设置好以后，在 PADS Logic 中，使用 OLEPADS Layout 链接的功能，更新原理图中的规则设置，保证原理图和 PCB 图的规则一致。

3. 元器件布局

网表输入以后，所有的元器件都会放在工作区的零点，重叠在一起，下一步的工作就是把这些元器件分开，按照一定规则摆放整齐，即元器件布局。PADS Layout提供了两种方法，手工布局和自动布局。

（1）手工布局步骤如下。

① 工具印制板的结构尺寸画出板边。

② 将元器件分散，元器件会排列在板边的周围。

③ 把元器件一个一个地移动、旋转，放到板边以内，按照一定的规则摆放整齐。

（2）自动布局。

PADS Layout提供了自动布局和自动的局部簇布局，但对大多数的设计来说，效果并不理想，不推荐使用。

注意

（1）布局的首要原则是保证布线的布通率，移动器件时注意飞线的连接，把有连线关系的器件放在一起。

（2）数字器件和模拟器件要分开，尽量保持一定的距离。

（3）去耦电容尽量靠近器件的VCC。

（4）放置器件时要考虑以后的焊接，器件不要太密集。

（5）多使用软件提供的“排列”和“组合”功能，提高布局的效率。

4. 布线

布线的方式也有两种，手工布线和自动布线。PADS Router提供的手工布线功能十分强大，包括自动推挤、在线设计规则检查（DRC设置）；自动布线由Specctra的布线引擎进行，通常这两种方法配合使用，常用的步骤是先手工再自动然后手工。

（1）手工布线。

- 自动布线前，一些重要的网络先用手工布线，比如高频时钟、主电源等，这些网络往往对走线距离、线宽、线间距、屏蔽等有特殊的要求；另外一些特殊封装，如BGA自动布线很难布得有规则，也要用手工布线。
- 自动布线很难布得有规则，也要用手工布线。
- 自动布线以后，还要用手工布线对PCB的走线进行调整。

（2）自动布线。

手工布线结束以后，剩下的网络就交给自动布线器来自布。选择菜单栏中的“工具”→“自动布线”命令，启动布线器的接口，设置好DO文件，单击“继续”按钮就启动了Specctra布线器自动布线，结束后如果布通率为100%，那么就可以进行手工调整布线了；如果布通率未到100%，说明布局或手工布线有问题，需要调整布局或手工布线，直至全部布通为止。

注意

有些错误可以忽略，例如有些接插件的Outline的一部分放在了板框外，检查间距时会出错；另外每次修改走线和过孔之后，都要重新覆铜一次。

5. 复查

根据“PCB检查表”，复查内容包括设计规则，层定义、线宽、间距、焊盘、过孔设置；还要重点复查器件布局的合理性，电源、地线网络的走线，高速时钟网络的走线与屏蔽，去耦电容的摆放和连接等。复查不合格，设计者要修改布局和布线，合格之后，复查者和设计者分别签字。

6. 设计输出

PCB设计可以输出到打印机或输出光绘文件。打印机可以把PCB分层打印，便于设计者和复查者检查；光绘文件交给制板厂家，生产印制板。光绘文件的输出十分重要，关系到这次设计的成败，下面将着重说明输出光绘文件的注意事项。

（1）需要输出的层有布线层（包括顶层、底层、中间布线层）、电源层（包括VCC层和GND层）、丝印层（包括顶层丝印、底层丝印）、阻焊层（包括顶层阻焊和底层阻焊），另外还要生成钻孔文件（NCDrill）。

（2）如果电源层设置为Split/Mixed，那么在“添加文档”对话框的“文档类型”选项中选择Routing，并且每次输出光绘文件之前，都要对PCB图使用覆铜管理器的连接面进行覆铜；如果设置为CAM平面，则选择平面，在设置“层”选项的时候，要添加Layer25，在Layer25层中选择焊盘和过孔。

（3）在“输出设置”对话框中，将“光绘”的值改为199。

（4）在设置每层的Layer时，选择“板框”。

（5）设置丝印层的Layer时，不要选择“元件类型”，选择顶层（底层）和丝印层的边框、文本、2D线。

（6）设置阻焊层的“层”时，选择过孔表示过孔上不加阻焊，未选择过孔表示加阻焊，视具体情况确定。

（7）生成钻孔文件时，使用PADS Layout的缺省设置，不要作任何改动。

（8）所有光绘文件输出以后，用CAM350打开并打印，由设计者和复查者根据“PCB检查表”进行检查。

6.2 PADS Layout VX.2.8图形界面

PADS Layout VX.2.8不但具有标准的Windows用户界面，而且在这些标准的各个图标上都带有非常形象化的功能图形，使用户可以根据这些功能图标上的图形判断出此功能图标的大概功能。

选择“程序”→“PADS VX.2.8”→“PADS Layout VX.2.8”命令，启动PADS Layout VX.2.8，立即进入PADS Layout VX.2.8的欢迎界面，如图6-1所示，同样的，PADS Layout采用的是完全标准的Windows风格。

欢迎界面不是印制电路板设计界面，因此需要进行后期电路板操作还需要新建或打开新的设计文件。

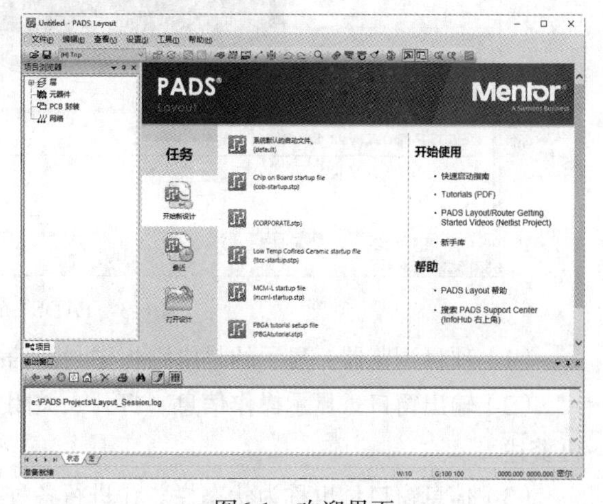

图6-1 欢迎界面

6.2.1 窗口管理

选择欢迎界面内的“开始新设计”选项卡，包含不同类型的设计文件，在没有特殊说明的情况下，选择“系统默认的启动文件”，立即新建新的设计文件，进入PADS的整体界面，进入印制电路板电路编辑环境。

选择菜单栏中的“文件”→“新建”命令，弹出“设置启动文件”对话框，如图6-2所示。在“起始设计”文本框中选择

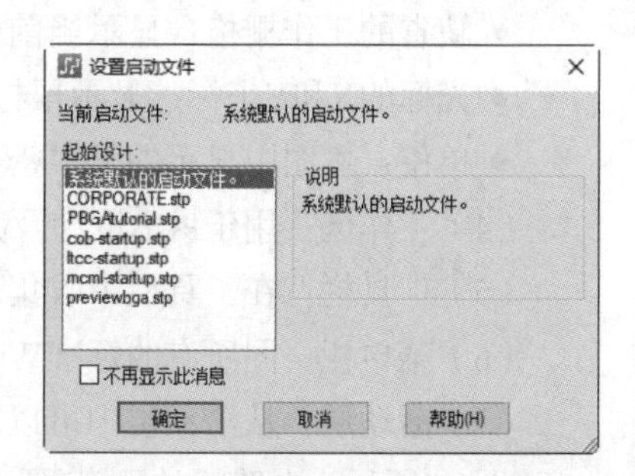

图6-2 “设置启动文件”对话框

默认的启动文件，单击“确定”按钮，退出对话框，新建空白印制电路板电路。

印制电路板示意图包括下拉菜单界面、弹出清单、快捷键、工具栏等，这使得用户非常容易掌握其操作。PADS的这种易于使用和操作的特点在EDA软件领域中可以说是独树一帜，从而使PADS成为PCB设计和分析领域的绝对领导者。

从图6-3可知，PADS Layout整体用户界面包括以下6个部分。

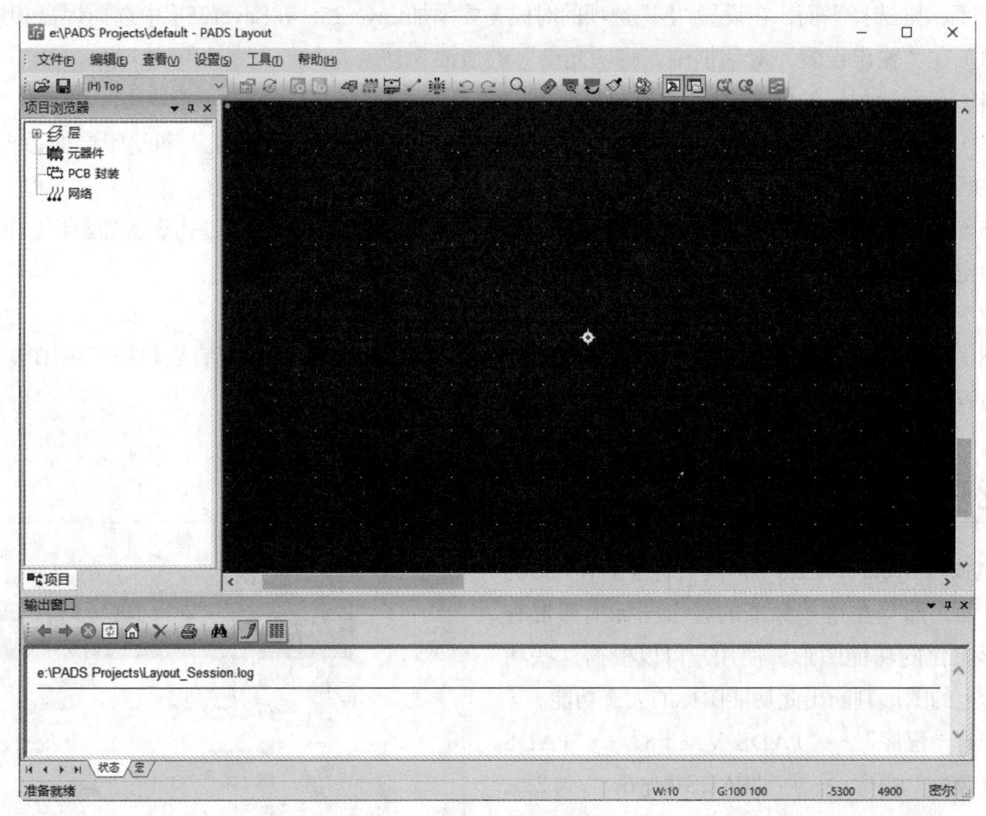

图6-3　PADS Layout整体用户界面

（1）项目浏览器：显示的是电路板中封装信息，与PADS Logic中作用相同。

（2）输出窗口：显示操作信息。打开、关闭方式在原理图PADS Logic中已经详细讲述，这里不再赘述。

（3）信息窗口：也称为状态栏。在进行各种操作时，状态栏都会实时显示一些相关的信息，所以在设计过程中应养成查看状态栏的习惯。

- 缺省的宽度：显示缺省线宽设置。
- 缺省的工作栅格：显示当前的设计栅格的设置大小，注意区分设计栅格与显示栅格的不同。
- 光标的X和Y坐标：显示鼠标十字光标的当前坐标。
- 单位：本图中显示的是“密尔”。

（4）工作区：用于PCB设计及其他资料的应用区域。

（5）工具栏：在工具栏中收集了一些比较常用的功能，将它们图标化以方便用户操作使用。

（6）菜单栏：同所有的标准Windows应用软件一样，PADS采用的是标准的下拉式菜单。

（7）活动层：从活动层中可以激活任何一个板层使其成为当前操作层。

图6-4所示为电路板的示意图，读者可按照上面的界面介绍对比各部分在实际电路中的显示。

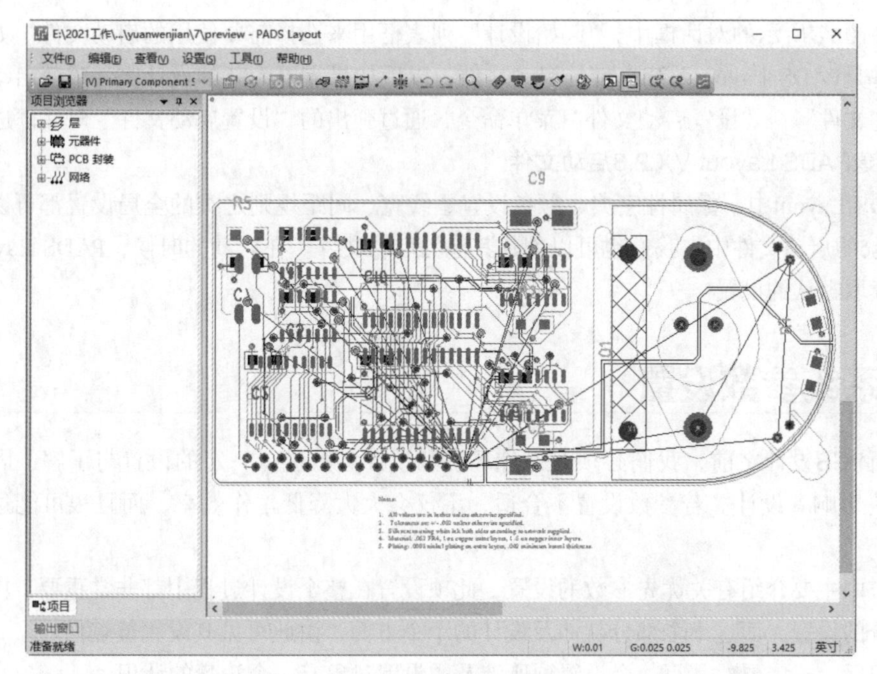

图6-4　电路板示意图

6.2.2　文件管理

1. PADS Layout VX.2.8的文件格式

PADS Layout VX.2.8可以打开两种格式的文件，一种是扩展名为.pcb的文件，另一种是扩展名为.reu的文件（物理可重用文件）。执行“文件”→“打开”菜单命令，弹出文件打开对话框，在“文件类型”下拉列表中显示如图6-5所示的文件类型。

它不能打开扩展名为.job的文件。Job文件是PADS Layout的前身PADSPERFORM的档案格式，可以在Windows 98和DOS环境下运行。

当打开一个文件时，PADS Layout VX.2.8就会把数据格式转换为当前格式。

2. 新建PADS Layout VX.2.8文件

新建一个PADS Layout VX.2.8文件，其过程如下：

（1）选择菜单中的“文件”→“新建”命令，系统弹出如图6-6所示的询问对话框。

（2）如果单击对话框中的 是(Y) 按钮，则可以完成对旧文件的保存，若选择对话框中的 否(N) 按钮，则直接弹出“设置启动文件”对话框，如图6-7所示，当前设计的改动将不被保存。

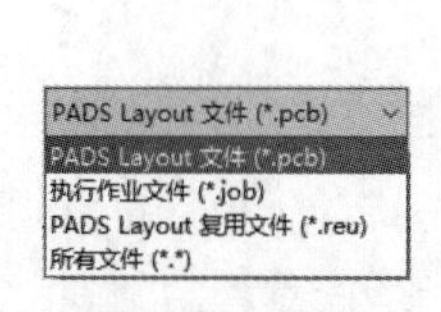

图6-5　对话框

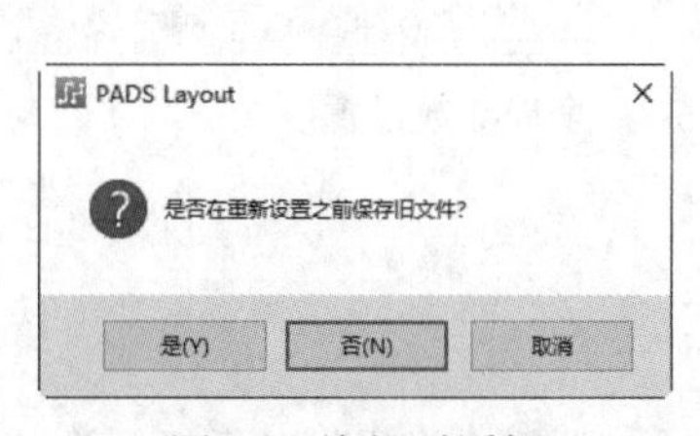

图6-6　询问对话框

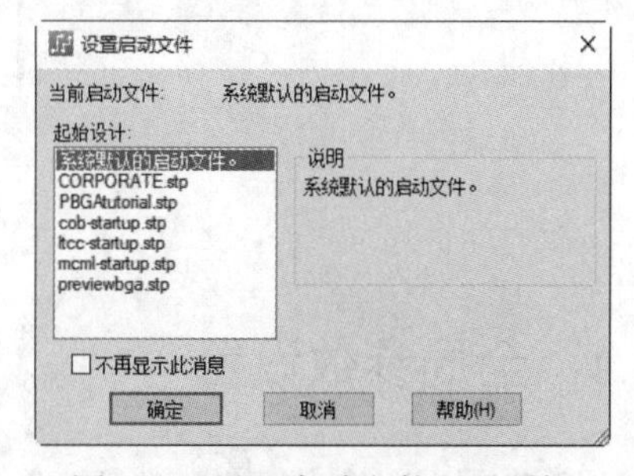

图6-7　“设置启动文件”对话框

（3）在图6-7所示的对话框中，“起始设计”列表框用来选择需要使用的启动文件。如图所显示的启动文件是PADS Layout系统自带的启动文件，以后如果需要为新的设计文件改变启动文件，则可以执行“文件”→“设置启动文件”菜单命令，通过弹出的“设置启动文件”对话框进行设置。

3. 创建PADS Layout VX.2.8启动文件

在PADS Layout中，像属性字典、颜色设置、线宽、间距规则之类的全局设置都可以保存在名为default.asc的启动文件中。我们也可以创建其他的启动文件。在启动的时候，PADS Layout会从启动文件中读取默认的设置。

6.3 系统参数设置

在进行PCB设计之前，我们必须对设计环境和设计参数进行一定的设置与了解，因为这些参数自始至终影响着设计。若参数设置不合适，不仅会大大降低工作效率，而且很可能达不到设计要求。

在本节中主要介绍有关优先参数的设置，此项设置在整个设计过程中都非常重要，因为它包含了十个部分的设置，而这十个部分就涉及设计的十个方面，由此可见其设置覆盖面之广，所以通过本节的学习后，一定要对其每一个设置项所涉及的设置对象有一个清楚的认识。

选择菜单栏中的“工具”→“选项”命令，弹出“选项”对话框，如图6-8所示。

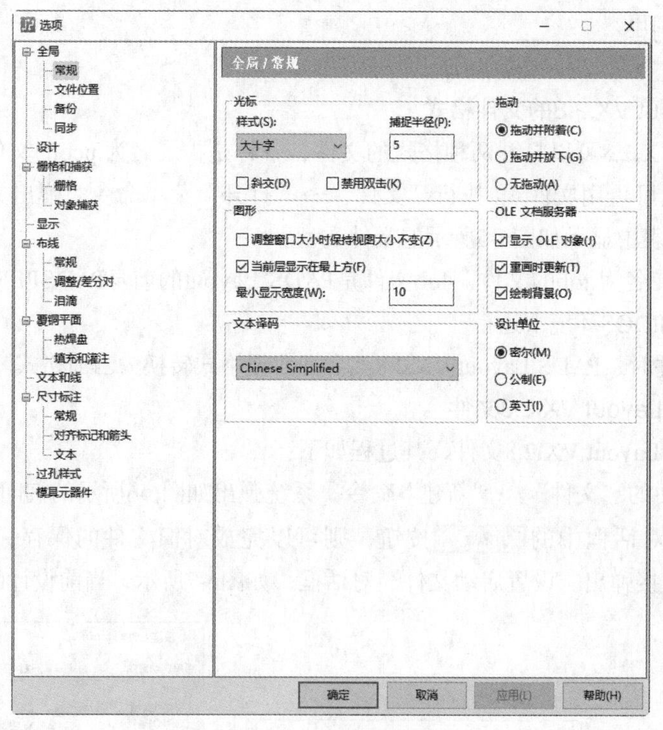

图6-8　全局参数设置

6.3.1 全局参数设置

选择菜单栏中的“工具”→“选项”命令，弹出“选项”对话框，选择“全局”选项卡，如图6-8

所示。

顾名思义，“全局”参数的设置是对整体设计而言，并不专门针对哪一方面或功能。全局设置下有4个选项卡。

1. 打开“常规”选项卡

（1）“光标”选项组。

- “样式”选项：在这个下拉列表中，PADS Layout一共提供了4种不同的光标风格，即“正常”风格、“小十字”风格、“大十字”风格和“全屏”风格。

> **注意**
>
> 在某种情况下（比如布局），使用全屏光标显示风格会使设计变得更轻松。

- “捕捉半径”选项：该选项表示在选择或点亮某一个对象时，鼠标十字光标距离该捕捉对象多远时单击鼠标才可以有效地选择对象或者点亮对象，即单击鼠标左键选择一个对象时允许的离对象最远的距离。一般默认值是5Mils，特别注意此值设置大或小既有好的一面，又有坏的一面，比如设置太大时虽然增加了捕捉度，但可能因为捕捉度太大而容易误选无关的对象；而捕捉半径太小时，选择对象就需要更准确地单击，所以建议用户使用默认值。
- “斜交”选项：选择这个选项，光标将以对角线的形式（“X”）显示，否则光标以正十字显示。
- “禁用双击”选项：如果选择了此项，则在设计中双击鼠标左键时都将视为无效的操作。双击鼠标在很多操作中都能用到，比如添加过孔、完成走线、对某对象查询等，所以推荐不要选择此项。

（2）“图形”选项组。

- “调整窗口大小时保持视图大小不变”选项：设计环境窗口变化是否保持同一视图选项，当PCB设计环境窗口变化时，选择该选项可以保持工作画面视图与其的比例。
- “当前层显示在最上方”选项：激活的层显示在最上面层选项，选择此项表示当前进行操作的层（激活层）拥有最高显示权，显示在所有层的前面，一般缺省为选择状态。
- “最小显示宽度”选项：该选项用于设置最小显示宽度，其单位为当前设计的单位。可以人为地设定一个最小的显示线宽值，如果当前PCB中有小于这个值的线宽时，则此线不以其真实线宽显示而只显示其中心线；对于大于该设定值的线，按实际线宽度显示。如果该选项的值被设置为“0”时，则所有的线都以实际宽度显示。这个值越大，刷新速度越快。设计文件太大，显示刷新太慢时可以这么做。

（3）“文本译码”选项组。

该选项用于设置文本字体，在下拉列表中设置类型如图6-9所示。

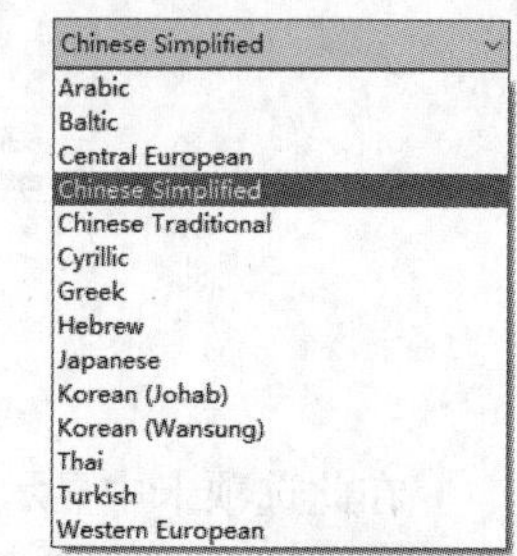

图6-9　下拉列表

（4）“拖动”选项组。

该选项组用来设置对象的拖动方式，共有3个选项。

- “拖动并附着”选项：可以拖动被选择的对象。选择该选项后，选中对象时按住鼠标左键直接拖取对象而使其移动，对象移动后可松开鼠标左键，移动到所需位置时单击鼠标左键将其对象放下即可，选择此项设置有助于提高设计效率。
- “拖动并放下”选项：可以拖动被选择的对象。选择该选项后，在移动选中对象时，不能松开鼠标左键。当松开鼠标左键时，拖动完成，即松开鼠标的位置就是对象的新位置。

- “无拖动”选项：此选择不允许拖动对象，而必须激活一个对象之后使用移动命令（比如单击鼠标右键，在弹出的快捷菜单中选择“移动”命令）才能移动选择对象。

（5）“OLE文档服务器”选项组。

该选项组包括3个选项。

- “显示OLE对象”选项：该选项用于设置是否显示已插入的OLE对象。如果当前设计中存在OLE对象，那么打开太多的OLE链接目标会严重影响系统的运行速度。
- “重画时更新”选项：刷新、更新数据选项这个设置仅仅应用于PADS Layout被嵌入其他应用程序中的情况。在满足以下两个条件时，系统更新其他应用程序中的PADS Layout连接嵌入对象。
  - 在分割的窗口中编辑PADS Layout对象。
  - 在分割的窗口中单击（重画）按钮。
- “绘制背景”选项：画图背景选项这个设置仅仅应用于PADS Layout被嵌入其他应用程序中的情况。应用同上，可以为被嵌入的PADS Layout目标设置背景颜色，当此选项关闭时，背景呈透明状态。

（6）“设计单位”选项。

设计单位有3种：密尔、公制和英寸，三者只能选择其中之一使用。系统默认单位为“密尔”。

2. 选择“文件位置”选项卡

“文件位置”选项卡如图6-10所示。

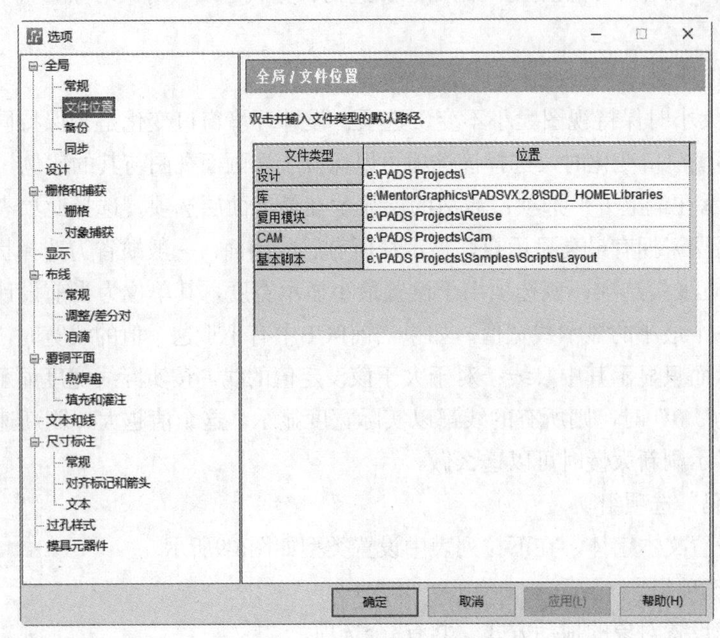

图6-10 “文件位置”选项卡

在此选项卡中显示文件类型及对应位置，双击即可修改文件路径。

3. 选择“备份”选项卡

“备份”选项卡如图6-11所示。

“自动备份”选项组。

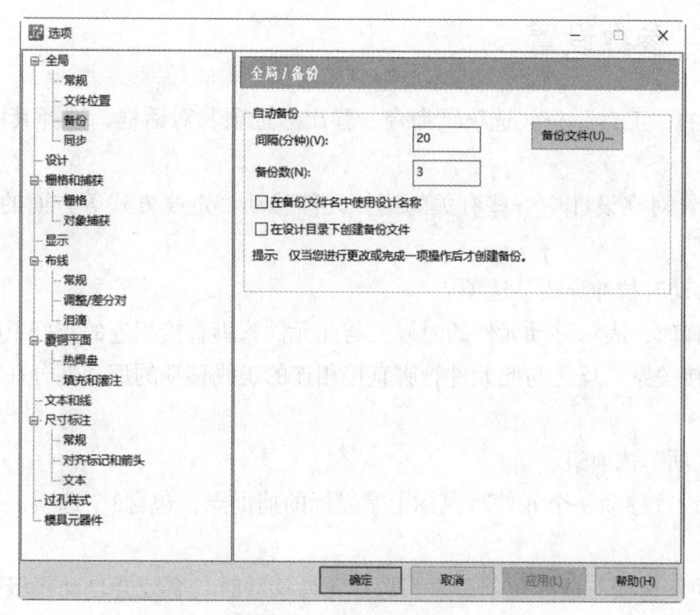

图6-11　“备份”选项卡

- “间隔（分钟）”选项：自动存盘时，每个自动备份文件之间的时间间隔。此间隔值要适可而止，比如太小会因为系统总是在进行自动存盘而降低了系统对设计操作的反应。用户可以通过单击“备份文件”按钮来指定自动存盘的文件名和存放路径。
- “备份数”选项：可以设定所需的自动备份文件个数，但此数范围只能是1～9，系统默认3个。文件命名方式为“PADS Layout1.pcb”“PADS Layout2.pcb”“PADS Layout3.pcb”。

4. 选择“同步”选项卡

“同步”选项卡如图6-12所示。

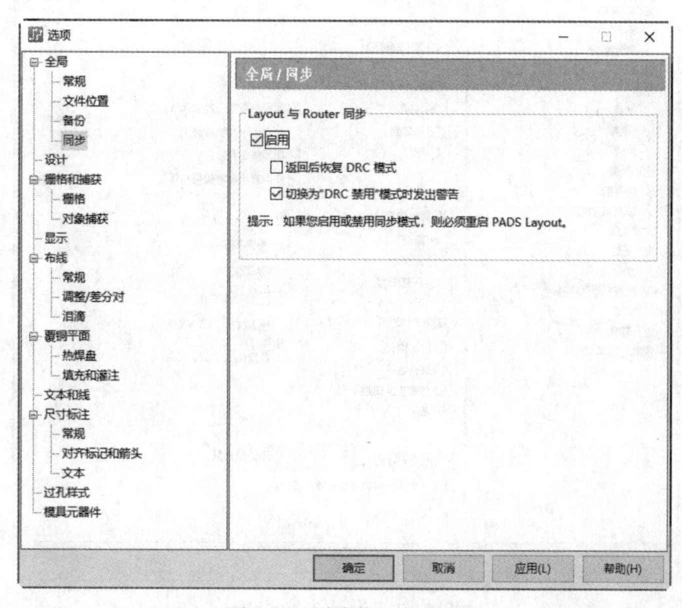

图6-12　“同步”选项卡

“Layout与Router同步”选项组：

启用：选择此复选框，则“PADS Layout”与“PADS Router”同步。

6.3.2 “设计”参数设置

选择菜单栏中的“工具”→“选项”命令，弹出“选项”对话框，选择其中的“设计”选项卡，如图6-13所示。

此项设置主要针对在设计中一些有关的诸如元件移动、走线方式等方面的设置，包括以下9部分。

（1）“元器件移动时拉伸导线”选项。

当此选项被选择时，表示移动元件的时候，与此元件管脚直接相连的布好了的走线在移动完成后仍然保持走线连接关系，反之与此元件管脚直接相连的走线移动的那一部分在元件移动后将变为了鼠线连接状态。

（2）“移动首选项”选项组。

该选项组用于设置移动一个元件时鼠标十字光标的捕捉点，包含3个选项，每次仅允许选择一个选项。

- “按原点移动”选项：选择此项后，当选择元件移动时，系统会自动将鼠标十字光标定位在元件的原点上，以原点为参考点来移动。这个原点是在编辑元件时设定的位置，而不一定是元件本身的某个位置。
- “按光标位置移动”选项：此项表示移动元件时，用鼠标十字光标单击元件任意点，则元件移动定位时就以此点为参考点来进行移动。

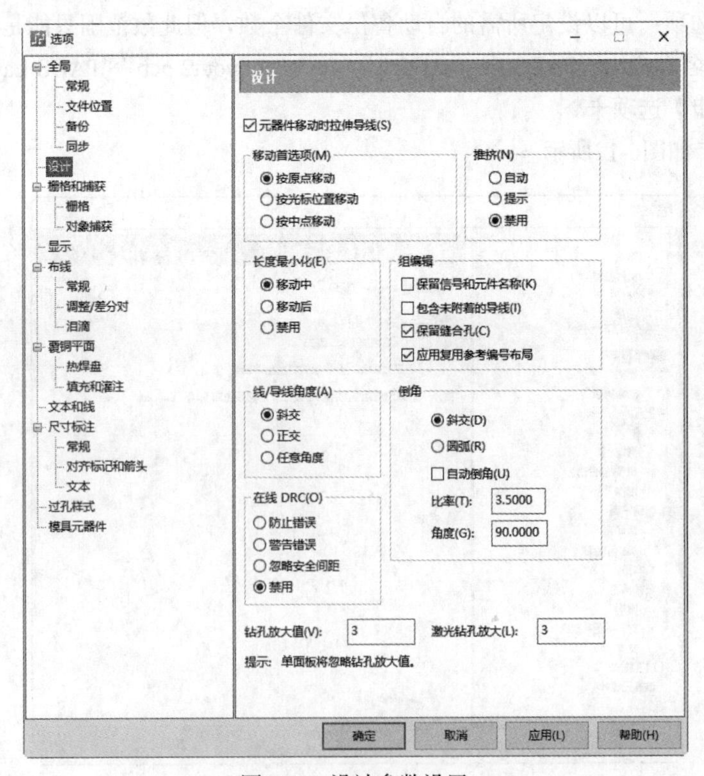

图6-13　设计参数设置

- “按中点移动”选项：该选项表示在移动元件时，系统自动把光标定位在元件的中心上，以元件中心为参考来移动元件或定位。

（3）“长度最小化”选项组。

该选项组包括以下3个选项。

- “移动中”选项：在移动一个元件时，系统会实时比较与此移动元件管脚直接相连的同一网络连接点，并将其与最短距离点相连接。此项设置在有效状态下有助于布局设计，但对于某些特殊的PCB设计需要关闭这种最短化连接方式。
- “移动后”选项：选择该项后，则在移动元件的过程中不计算鼠线长度；只有当元件移动固定后，系统才会进行鼠线最短距离计算。
- “禁用”选项：此选项禁止系统进行鼠线长度最短化计算。

（4）“线/导线角度”选项组。

该选项组包括以下3个选项。

- “斜交”选项：选中此项后，系统在绘图或布线设计中走线时采用45°的整数倍改变线的方向。可以使用快捷命令AD直接切换到此状态下。
- “正交”选项：与“斜交”不同，选中此项后，系统在绘图或布线设计中走线时采用90°的整数倍改变线的方向。可用快捷命令AO取代此设置。
- “任意角度”选项：选择该选项后，系统可以采用任意角度来改变线的方向。可用快捷命令AA直接关闭。

（5）“在线DRC”（在线设计规则检查）选项组。

该选项组包括以下4个选项：

- “防止错误”选项：在进行设计之前，选择“设置”→“设计规则”命令，在“规则”对话框中定义了各种各样的设计规则，比如走线宽度、线与线之间的距离、走线长度等。如果在进行设计的过程中将此选项打开，那么设计将实时处于在线规则检查之下，如果违背了定义的规则，系统将会阻止继续操作。
- “警告错误”选项：当违背间距规则时，系统警告并输出错误报告，但不允许布交叉走线。
- “忽略安全间距”选项：此项可忽略间距规则，但不可以布交叉走线。
- “禁用”选项：关闭一切规则控制，自由发挥不受所有设计规则约束。

小技巧

以上四种状态模式的切换快捷键命令分别为：DRP 命令可直接切换到阻止错误状态；DRW 直接切换到警告错误状态；DRI 直接切换到忽略安全间距状态；DRO 命令转化到关闭模式。我们在快捷命令的记忆上应该讲究技巧：把烦琐、复杂的记忆内容分成很多份来记不失为一种有效的方法。

（6）“推挤”选项组。

该选项组包括以下3个选项。

- “自动”选项：当将一个元件不小心放在另一个元件之上时，如果选择了此选项设置，那么系统会自动按照设计规则将这两个元件分开放置。
- “提示”选项：同上面选项不同，系统首先不会自动去调整元件位置，而是弹出一个“推挤元件和组合”对话框进行询问，如图6-14所示，可以从此对话框中选择任何一种推挤方向，自动、左、右、上和下，然后单

图6-14　“推挤元件和组合”对话窗口

击“运行”按钮，系统将按所选择的方式自动调整元件的位置。

- “禁用”选项：关闭自动调整元件放置功能。

（7）“组编辑”选项组。

这个功能主要针对块操作而言，组操作是Windows操作系统一大特色，所以一般都具有此项功能。块的概念就是定义一个区域，在这个区域内所有的对象就组合成了一个整体，对这个整体的操作就好像对某单个对象操作一样。

- “保留信号和元件名称”选项：如果选择此选项，那么在进行组操作时（比如复制、粘贴），将会保持信号的连接性和元件名。
- “包含未附着的导线”选项：当进行组操作时，比如复制一个组，在选中的块范围内的走线不管在组内是否与其他元件相连，均被同等对待，但复制的块并不与原块保持信号线连接。
- “保留缝合孔”选项：选择该项后，在进行编辑时禁止删除缝合孔。
- “应用复用参考编号布局”选项：选择该项后，进行组操作时，对编号进行布局。

（8）“倒角”选项。

在进行画图设计时，如果对所画图形的拐角长度要求一定（这个拐角可以是斜角和圆弧），则可以设定一种模式，然后在画图时将按此模式进行拐角处理。系统提供了3种方式：斜交、圆弧和自动倒角，只是在选定自动模式时，需要设定拐角圆弧的比率（半径）和角度范围。

（9）“钻孔放大值”选项。

“钻孔放大值”实际上相当于一个钻孔镀金补偿值，比如实际板中过孔直径为30mil，但在设计中如果不考虑补偿值，那么加工PCB时先钻孔，过孔按设定值30mil钻孔，但此过孔还需要沉铜加工来使过孔导通，这样实际的过孔直径一定小于30mil，所以一定需要这个补偿值，其默认值为“3”。

小技巧

如果不希望使用这项设置，可以在设置“选项”对话框“过孔样式”选项中不选择其设置界面最下面的“Plated（电镀）”选项。

6.3.3 “栅格和捕获”参数设置

选择菜单栏中的“工具”→“选项”命令，弹出“选项”对话框，单击其中的“栅格和捕获”选项，分为“栅格”“对象捕获”两个选项卡。

首先介绍“栅格”选项卡，如图6-15所示的设置对话框。

注意

栅格也就是平常说的格子，建立这种网状格子主要是利用这些格子来控制需要的距离或者在空间上作一个参考。能够在设计中控制移动操作或者对象放置时最小间隔单位的栅格叫作设计栅格，这个设计栅格是不可以显示的。而能够显示在设计画面中仅供设计参考用的那些可见阵列格子为显示栅格。

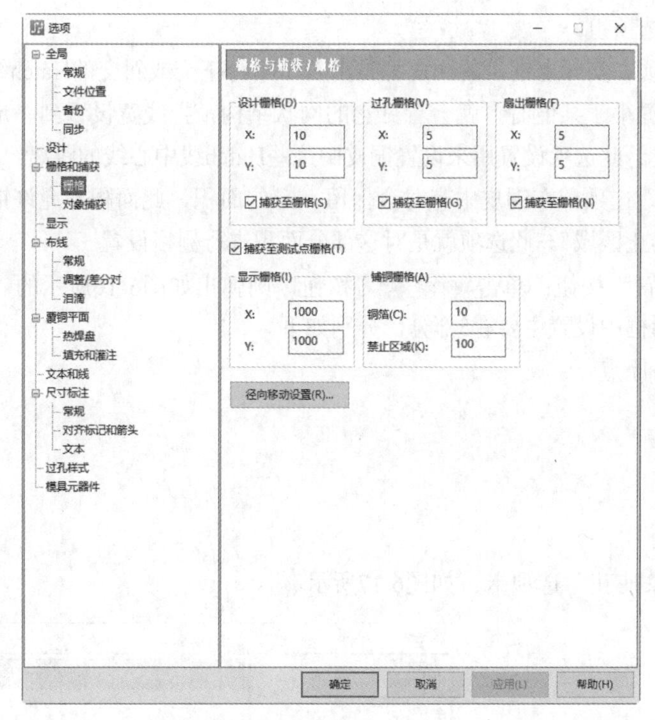

图6-15 “栅格”选项卡

有关栅格的设置有以下六个部分：

- “设计栅格”选项组：栅格是由X和Y两个参数来决定格子的大小，多数情况下X和Y值相等，也就是说栅格的每一个格子为正方形。以下各项栅格设置也一样，其实在实际设计中，设置设计栅格最好的方法是使用直接命令“G”，比如输入G25。

小技巧

尽管设置了栅格参数值，但是可以不受其控制，只要不选择 X 和 Y 值下面的“捕获至栅格”复选框就可以了。

- “过孔栅格”选项组：这项设置主要控制过孔在设计中的放置条件，设置方法和“设计栅格”一样。
- “扇出栅格”选项组：这项设置主要是为自动布器PADS Router扇出功能进行设置，其设置方法和“设计栅格”一样。
- “显示栅格”选项组：在设计画面中有很多的点阵，如果没有，是因为X和Y值设置得太小，不妨将其值变大。这些点阵格子就是设计参考栅格，也是唯一能真正显示出来的栅格，所以称为显示栅格。这种栅格主要用于设计中作参考用。当然可以将其设置为与其他几个中任何一种栅格设置具有相同的X和Y值，那么那种栅格也得到了显示。显示栅格的设置方法同上述几种一样，只是没有选择“捕获至栅格”复选框，这是因为它只能看不可以用。

小技巧

使用直接命令 GD 设置显示栅格会更方便快捷。

- “铺铜栅格”选项组。
  - “铜箔”选项：实际上铺设的铜皮都是由若干平行正交或斜交的Hatch线构成的，当将这些Hatch线设置小于某值时，就会看见它的网状结构，把线宽设置到一定值时，就看见的是一整片铜皮。此选项设置用来设置铜皮中这些Hatch线中心线的距离。
  - “禁止区域”选项：在铜皮中有时会保留一定的面积，此面积不允许铺铜。这部分面积就称之为“禁止区域”。此选项就是对这部分面积进行栅格设置。
- “径向移动设置”按钮：单击 径向移动设置(R)... 按钮，则弹出如图6-16所示的“径向移动设置”对话框。该对话框中设置主要有5部分，分别如下。
  - 极坐标栅格原点。
  - 角度参数。
  - 移动选项。
  - 方向。
  - 极坐标方向。

下面介绍“对象捕获”选项卡，如图6-17所示。

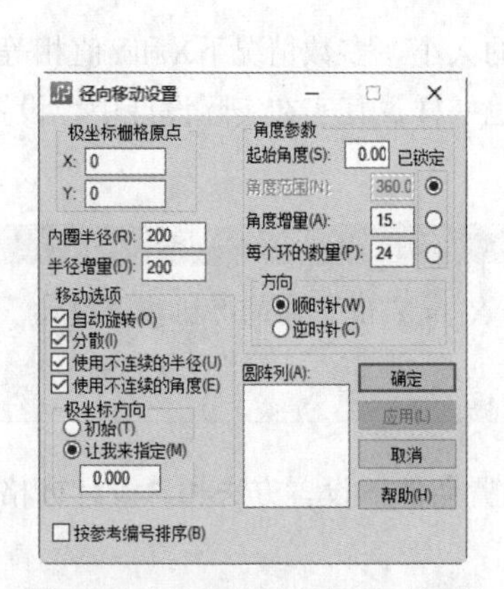

图6-16 “径向移动设置”对话框

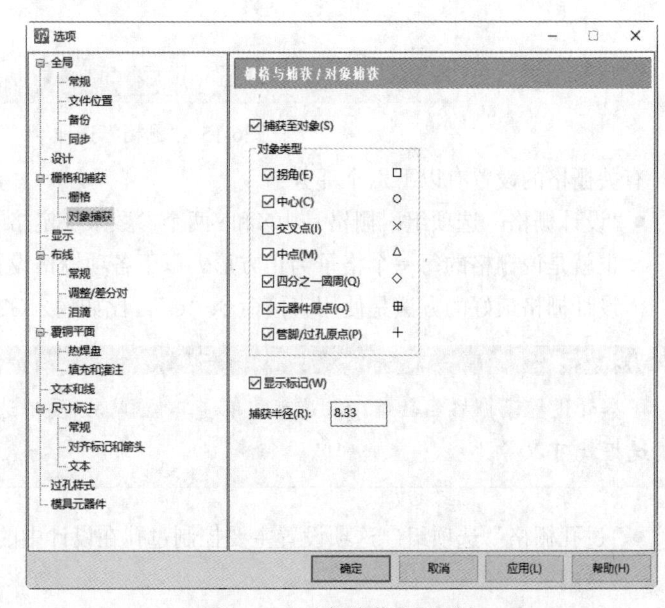

图6-17 “对象捕获”选项卡

- 捕获至对象：选择此复选框，设置捕获类型。
- “对象类型”选项组：主要包括对象类型，分别为拐角、中心、交叉点、中点、四分之一圆周、元器件原点、管脚/过孔原点。
- 显示标记：在捕捉点显示对应的捕捉标记，“对象类型”选项组下对象右侧符号即是标记样式。
- 捕获半径：默认数值为8.33。

6.3.4 “显示”参数设置

选择菜单栏中的“工具”→“选项”命令，弹出“选项”对话框，单击“显示”选择，则弹出如图6-18所示的对话框。

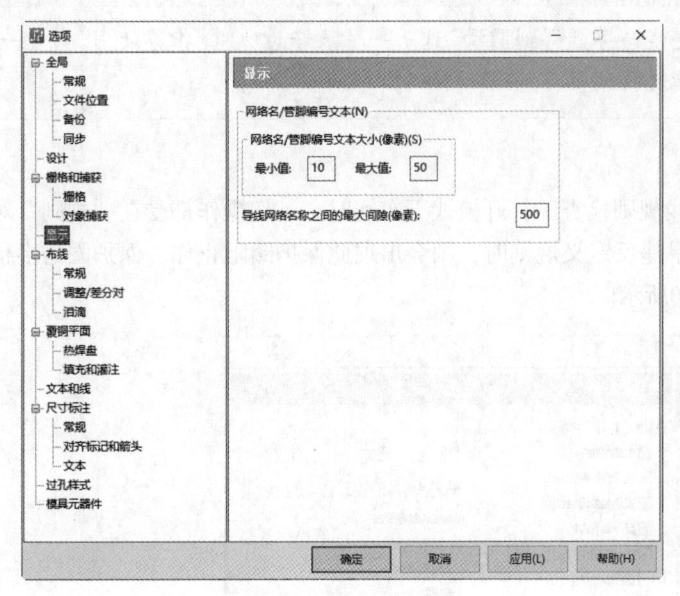

图6-18 “显示”选项卡

显示设置主要用于设置导线、过孔及引脚上显示网络名的相关显示参数。选项卡有以下2个选项组。

● “网络名/管脚编号文本”选项组。

网络名/管脚编号文本大小（像素）：选择此选项可以设置文本最大值、最小值，下面为显示默认值。

◆ 最大值：10。

◆ 最小值：50。

● 导线网络名称之间的最大间隙（像素）：默认参数值为500。

6.3.5 “布线”参数设置

选择菜单栏中的“工具”→“选项”命令，弹出“选项”对话框，“布线”选择卡分为常规、调整/差分对和泪滴三部分。

1. “常规”选项卡

单击“常规”选项，则弹出如图6-19所示的界面。

布线设置主要针对走线设计中的一些要求和爱好进行设置。这些设置可以使设计变得更加方便和可靠，所以在走线过程中或者走线上出现一些不希望看到的现象时，请检查一下布线设置。“布线”选项卡有以下5个选项组。

（1）“布线”选项组。

该选项组中共有如下11个选项。

● 生成泪滴。

选择此项可以使在布线设计过程中，布线时在焊盘和走线之间或过孔与走线连接处自动产生泪滴。

注意

泪滴可以使走线与焊盘得到圆滑，这是一种很好的功能，推荐使用。对于一些高精高密度板，系统还允许对泪滴进行编辑。

- 显示保护带。

当在DRC（在线规则检查）打开模式下布线时，一切操作都受在“规则”对话框中定义好的设计规则所控制，如果违反定义规则时，则会出现此保护圈阻止你。保护圈的半径是规则中的最小安全距离值，如图6-20所示。

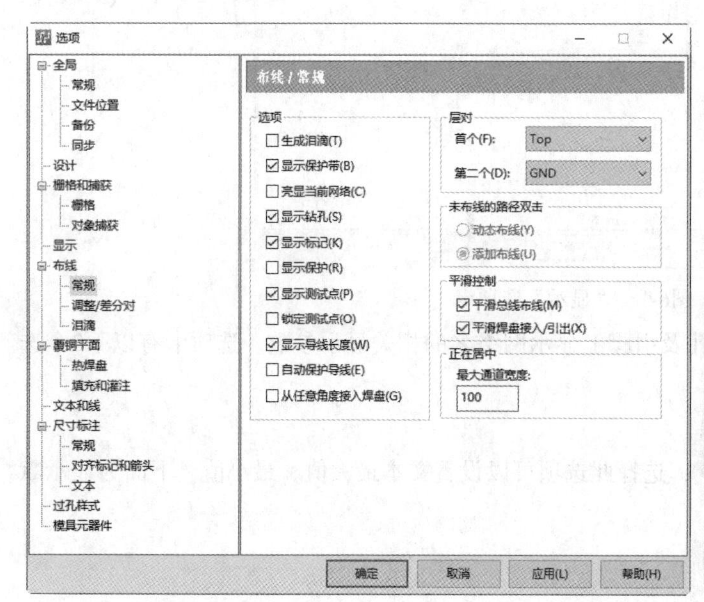

图6-19 “常规”选项卡

图6-20 保护带图

- 亮显当前网络。

选择此选项表示当激活某一个网络时，则此网络颜色呈高亮状态。

小技巧

高亮显示颜色在“显示颜色设置”对话框中设置。

- 显示钻孔。

打开此选项可以显示所有钻孔焊盘内径，否则均为实心圆显示状态。

- 显示标记。

在“层定义”设置对话框中“布线方向”选项组中设置了每一个层的走线方向，但在实际走线时，除非设置成“任意”，否则根本不可能每一网络均在同一个方向布线。同一根走线中的某些线段可能会违背这个规则，如果选择“显示标记”复选框，系统就会在那些违背了方向定义的线段拐角处作一个方形标记。这对于设计无影响，推荐不要选择此选项。

- 显示保护。

可以把有某些网络设置为保护状态，先点亮需设置的网络或网络中某部分连线等，然后单击鼠标右键，在弹出的菜单中选择“特性”命令，则弹出如图6-21所示的对话框，选择“保护布线”复选框，再单击“确定”按钮即可。被保护的走线将会处于一种保护模式下，对其的编辑操作，比如修改走线，移动和删除走线都将视为无效。

小技巧

当对某个网络设置了保护之后，即在这里选择了“显示保护”复选框，那么在处于关闭所有实心对象并以只显示外框的模式时（以外框线显示所有实心对象的直接命令是 O），被保护的线以外框显示出来，反之以实心线显示，总之被保护的走线显示方式与其他未被保护走线刚好相反，这样就很容易区分出来。保护线的两种显示模式显示测试点如图 6-22 所示。

如图6-23所示，上面的那一个过孔已经被定义为用于测试点，通过打开此项测试点标记显示设置，可以很清楚地知道哪些过孔是被作为测试点使用。

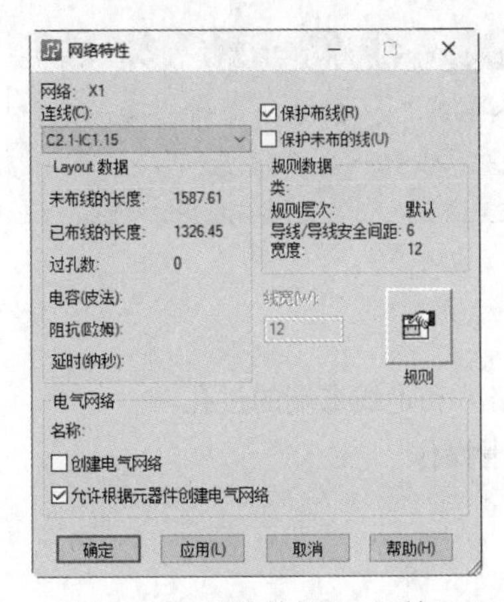

图6-21 “网络特性”对话框

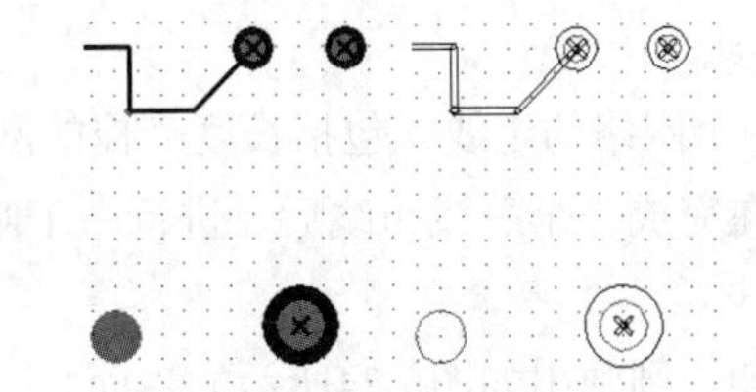

图6-22　保护线的两种显示模式显示测试点

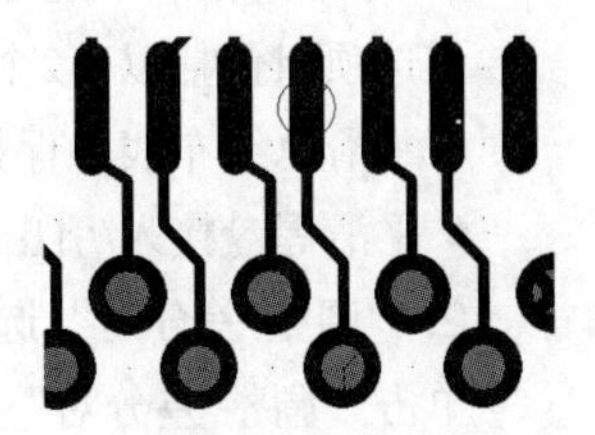

图6-23　测试点

- 显示测试点。

选择此选项，在电路图中显示测试点。

- 锁定测试点。

选择此选项表示在移动元件时不能移动测试点。

- 显示导线长度。

选择该选项后，布线时会在光标处显示已布线的长度和总长度。

- 自动保护导线。

该选项用于设置是否自动保护走线不被拉伸、移动、推挤、圆滑处理。

- 从任意角度接入焊盘。

选择该选项后，布线可以以任意角度进出焊盘，无须考虑“焊盘角度”的设置参数。

（2）“正在居中”选项组。

该选项组中的“最大通道宽度”选项用于设置最大通道宽度。

（3）“层对”选项组。

这个选项组用于定义板层对，有2个选项。

- 首个：设置板层对的第1层。
- 第二个：设置板层对的第2层。

小技巧

当设计多层板时，比如只希望在第二层和第三层之间操作，就可以将“首个”设置为 Inner Layer2，而将“第二个”设置为 Inner Layer3，这样在走线或者其他操作时，系统将自动只在第 2 层和第 3 层之间切换。也可用快捷命令“PL”来代替这个设置，因为在多层板设计中，同一根走线有时可能要交换两次以上的层对，如果都在对话框中设置就太麻烦了，特别是正在操作过程中。

（4）“未布线的路径双击”选项组。

该选项组包括以下2个选项。

- 动态布线：设置此项表示在动态走线模式下，只需双击鼠标左键即可完成一个动态布线操作。
- 添加布线：双击鼠标左键即可完成一个手工走线操作。

注意

这个设置一般默认为“添加布线”，如果需要设置成“动态布线”，则必须在线检查 DRC 模式下（打开在线检查用直接命令 DRP）。

（5）“平滑控制”选项组。

该选项组包括以下2个选项。

- 平滑总线布线：保护一个网络的走线（包括长度受控的网络）和走线末端的过孔。
- 平滑焊盘接入/引出：在完成一个总线布线后，进行一个圆滑操作。

2. “调整/差分对”选项卡

单击“调整/差分对”选项，则弹出如图6-24所示的界面。

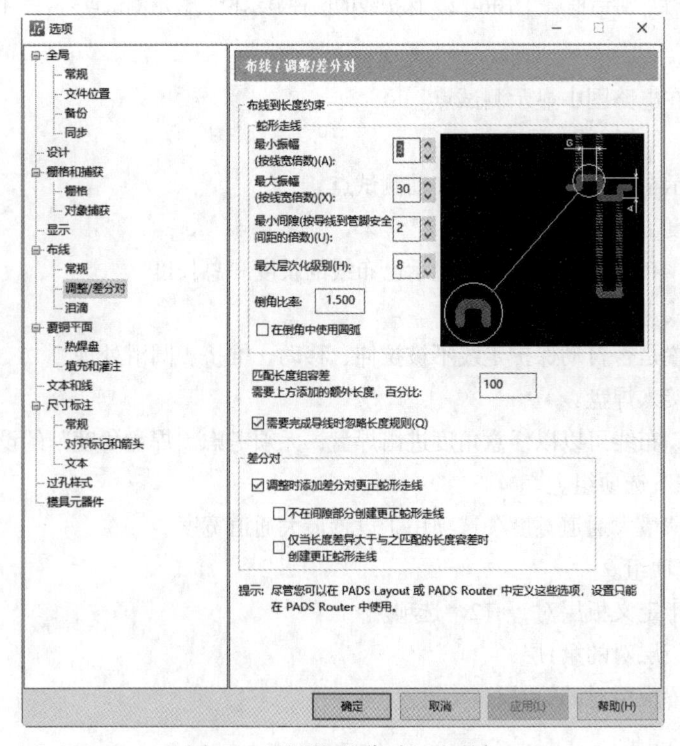

图6-24 “调整/差分对”选项卡

该选项用于设置在PADS Router中使用的蛇形走线与差分对走线的参数。

（1）“布线到长度约束”选项。

在长度规则下布线时，参数的设置是为了满足长度规则的要求蛇形走线，以达到所需要的布线长度。

● “蛇形走线”选项组。

◆ 最小振幅：蛇形布线区域最小振幅的实际值，是布线宽度乘以该文本框中的数值。

◆ 最大振幅：蛇形布线区域最大振幅的实际值，是布线宽度乘以该文本框中的数值。

◆ 最小间隙：蛇形布线区域最小间隙的实际值，是布线宽度乘以该文本框中的数值。

◆ 最大层次化级别：默认值为8。

◆ 倒角比率：默认值为1.5。

◆ 在倒角中使用圆弧：选择此复选框，布线时遇到拐角时直线用圆弧代替。

● 匹配长度组容差需要上方添加的额外长度，百分比：默认值为100。

● 需要完成导线时忽略长度规则：选中此复选框，当需要完成布线时，忽略此长度规则。

（2）“差分对”选项组。

差分对走线是一种常用于高速电路PCB设计中差分信号的走线方法，将差分信号同时从源管脚引出，并同时进行走线，最终将差分信号连接到目标管脚位置，即差分走线的终点。

3. “泪滴”选项卡

单击“泪滴”选项，则弹出如图6-25所示的界面。

> **注意**
>
> 泪滴是用来加强走线与元件脚焊盘之间连接趋于平稳过程化的一种手段，目前随着大量高频设计板的出现，它的作用也远远不止于此，直至今日，PADS 公司在泪滴功能方面又增强了很多，适应了用户在不同领域设计中的需要。

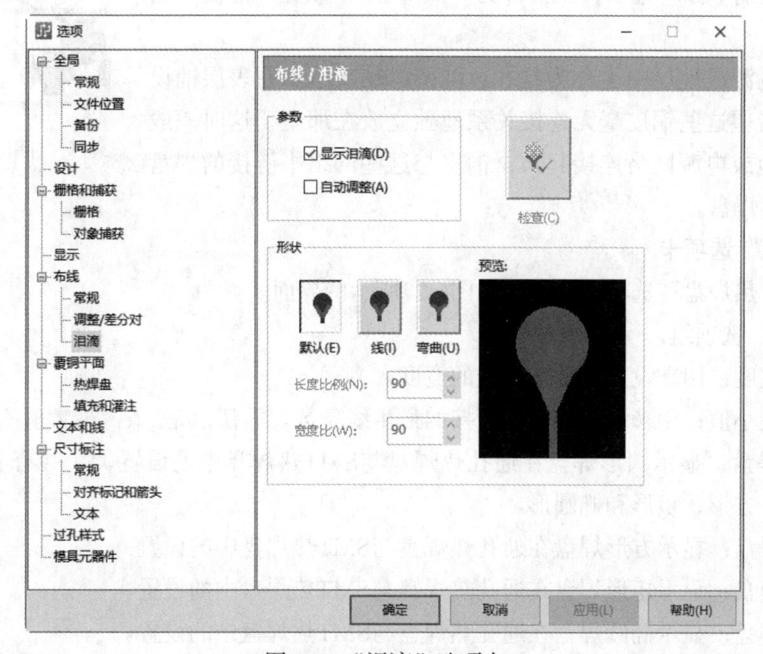

图6-25　“泪滴”选项卡

“泪滴”选项卡主要包括以下2个选项组。

（1）“参数”选项组。

- 显示泪滴：设置是否在设计中显示泪滴。

> **注意**
>
> 如果设计有泪滴存在，这里设置为不显示并不影响泪滴的设计检查和最终的CAM输出，只是不希望它显示出来，这样可以提高画面的刷新速度。

- 自动调整：设置是否允许在设计过程中根据不同的要求来自动调整泪滴。

（2）“形状”选项组。

该选项组用来设置滴泪的形状，并可以通过预览区域观察。它主要包括以下5个选项。

- 默认：表示在设计中使用系统默认的泪滴形状。
- 线：这种模式下泪滴的过渡外形线为直线，可以编辑其长度与宽度。
- 弯曲：设置此种模式时，泪滴的外形线为弧形线，可以对其长度和宽度进行编辑。这种泪滴在高频和高精密集度PCB中非常适用。比如，在高密度板中，由于泪滴外形轮廓线为弧形，所以可以节省大量的空间。
- 长度比例：设置滴泪长度与其连接的焊盘直径的比例，其值为百分数。如该项的值为200，而其连接的焊盘直径为60mils，则滴泪的长度为120mils。
- 宽度比：设置滴泪宽度与其连接的焊盘直径的比例，其值为百分数。

6.3.6 “覆铜平面”参数设置

选择菜单栏中的“工具”→“选项”命令，弹出“选项”对话框，单击其中的“覆铜平面”选项，主要分为“热焊盘”“填充和灌注”两个选项卡。

热焊盘在电源或地层中也称为花孔，如图6-26所示。在表层铺设大片的铜皮并希望这些铜皮毫无连接关系地独立放在那里，这时一般都会将它们与地或电源网络连接起来，铜皮与这些网络中链接的焊盘或过孔称其为热焊盘。

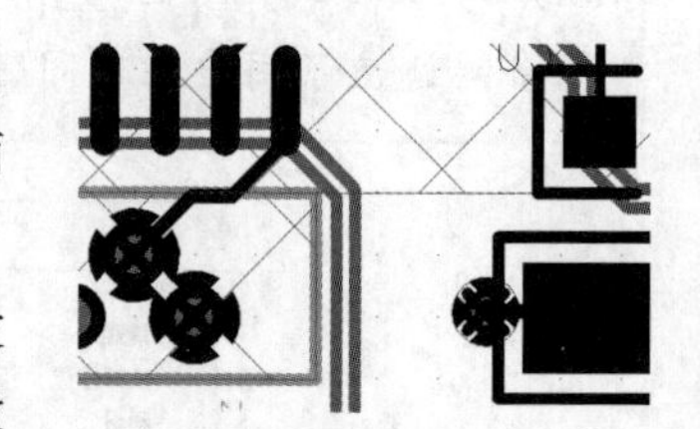

图6-26　花孔

1.“热焊盘”选项卡

首先介绍“热焊盘”选项卡，弹出如图6-27所示的界面。

- “热焊盘”选项组。
  - 开口宽度：用来设置花孔连接线的宽度。
  - 开口最小值：用来设置与铜皮连接的最少线条数，默认值是2条，最大值不能超过4。
  - 圆形焊盘：显示圆形焊盘在通孔热焊盘与SMT热焊盘中的设置，一共有4种形状供选择，圆形、方形、矩形和椭圆形。
  - 方形焊盘：显示方形焊盘在通孔热焊盘与SMT热焊盘中的设置。
  - 矩形焊盘：显示矩形焊盘在通孔热焊盘与SMT热焊盘中的设置。
  - 椭圆焊盘：显示椭圆焊盘在通孔热焊盘与SMT热焊盘中的设置。

图6-27　“热焊盘”选项卡

● “给已布线元器件焊盘添加热焊盘”选项。

如果选择了此选项，系统会将元件的管脚焊盘也形成热焊盘。

● “显示通用覆铜平面指示器”选项。

只有在CAM功能生成Gerber文件阅览时可以看到内层电源或地层的花孔，平时的设计是看不见的，但是如果选择此选项，系统会自动在内层热焊盘通孔的表层上标注一个X形标记，使工程人员从通孔的表层就可以知道此通孔在内层有花孔存在，便于识别。内层热焊盘在表层标记如图6-28所示。

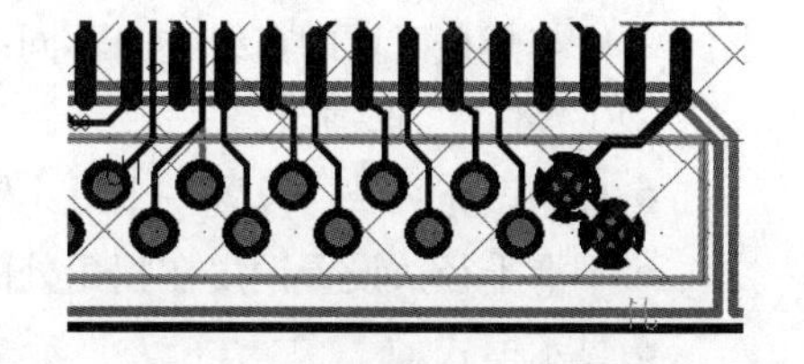

图6-28　内层热焊盘在表层标记

● “移除未使用的焊盘”选项。

该选项用于在铺铜操作过程中自动移走孤立的铜皮。

● “对热焊盘和隔离盘使用设计规则”选项。

此项可以保证在形成热焊盘时，如果热焊盘中有某一条连接线违背了定义好了的设计规则，系统自动将其移出去。

2. “填充和灌注”选项卡

单击“填充和灌注”选项卡，弹出如图6-29所示的界面。

（1）“填充”设置。

● 查看选项组。

◆ 正常：一般情况下完全显示板中铺设的铜皮。

◆ 无填充：不显示铜皮。

◆ 用影线显示：将铜皮显示成一些影线平行线。

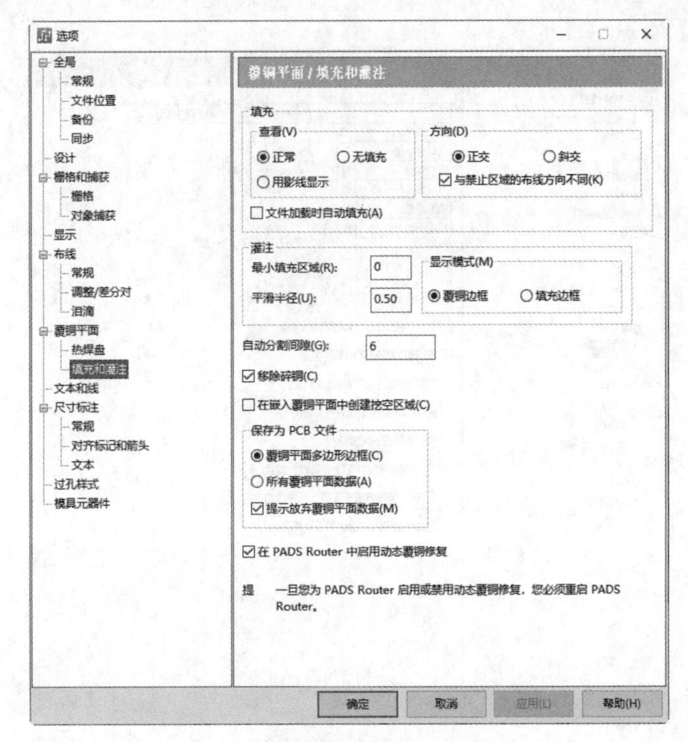

图6-29 “填充和灌注”选项卡

- 方向选项组。
  - ◆ 正交：将铺设铜皮中的影线组合线呈正交显示。
  - ◆ 斜交：将铺设铜皮中的影线组合线以斜交状显示。
  - ◆ 与禁止区域的布线方向不同：在禁止区域使用相反的影线方向。

（2）“灌注”选项组。

- 最小填充区域：设置一个最小铜皮面积，当覆铜时小于这个面积的铜皮，系统将自动删除。
- 平滑半径：设置铜皮在拐角处的平滑度。
- 显示模式。
  - ◆ 覆铜边框：注意影线是覆铜中的每一部分，影线不可能脱离覆铜而独立存在，它的集合就构成了覆铜，所以只有建立了覆铜才能讲影线。选择此选项表示显示这一块铜箔中每一个影线的外框。
  - ◆ 填充边框：只显示整块铜皮的外框，也就是不显示为实心状况。
- 自动分隔间隙：当混合分割层进行平面自动分割时（比如在这个层上有两个电源，则必须将它们分开，划分为两个互不相连的独立铜皮）所自动分割出来的各部分之间的保持距离值。
  - ◆ 移除碎铜：覆铜时，系统将自动删除那些没有任何网络连接的孤立铜皮。
  - ◆ 在嵌入覆铜平面中创建挖空区域：使用该选项创建铜箔挖空区域嵌入平面层。
- “保存为PCB文件”选项组。
  - ◆ 覆铜平面多边形边框：PADS Layout提供了一种巧妙存储大数据文件的一种方法。如果在设计中存在混合分割层，当存盘保存为文件时，系统只是将混合分割层的铜皮外框数据保存，而不是将整块铜皮数据保存，这样保存文件就会大大减少磁盘存储空间。但这一点并不影响设计，下次调入该文件时，使用铜箔管理器中“影线”功能恢复铜箔即可。推荐选择此选项。

- ◆ 所有覆铜平面数据：选择此选项，系统将会完整保存平面层所有的数据，这与上述设置选项相反，此时文件字节数比使用上述设置要大得多。一般情况下推荐使用此选项。
- ◆ 提示放弃覆铜平面数据：选择此选项，当放弃平面数据时，弹出提示对话框。

- ● 在PADS Router中启用动态覆铜修复：选择此选项，在PADS Router中保存PADS Layout中平面覆铜数据。

6.3.7 “文本和线”参数设置

选择菜单栏中的“工具”→“选项”命令，弹出“选项”对话框，选择其中的“文本和线”选项，文本和线设置对话框主要是对工具栏中绘图工具按钮中的功能所产生的结果进行控制，如图6-30所示的设置对话框。

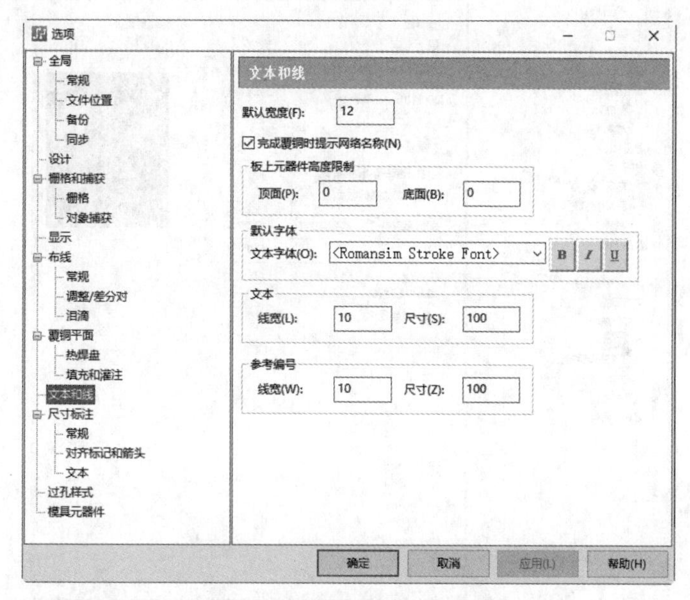

图6-30 “文本和线”选项卡

- ●“默认宽度”：在绘制图形及各种外框时所使用的默认线宽值，可重新输入一个新的缺省值。
- ● 完成覆铜时提示网络名称：该选项用于设置PADS是否弹出对话框，提示为覆铜分配网络。
- ●“板上元器件高度限制”选项组。
  - ◆ 顶面：设置限制PCB表面层所有元件在表层所能容许的最高高度值，在文本框中输入元件限制最高高度值。
  - ◆ 底面：限制板底层元件所允许的最高高度。
- ●“默认字体”选项组。

文本字体：选择文本字体类型，设置字体样式。字体样式按钮为 B I U，分别为加粗、倾斜、加下画线。

- ●“文本”选项组。
  - ◆ 线宽：设置文字笔画宽度。
  - ◆ 尺寸：限制文字高度。

- “参考编号”选项组：
  - ◆ 线宽：对元件参考标识符（比如元件名）的文字线宽控制。特别注意的是，设置只是针对在设计中附增加的元件名，而不能对设置以前的元件起作用，当设置好这个值后增加的元件或元件类名都将以设置的为准。比如，需要为元件增加双丝印。
  - ◆ 尺寸：设置元件参考标识符高。

6.3.8 “尺寸标注”参数设置

选择菜单栏中的“工具”→“选项”命令，弹出“选项”对话框，单击其中的“尺寸标注”选项，则弹出如图6-31所示的界面。

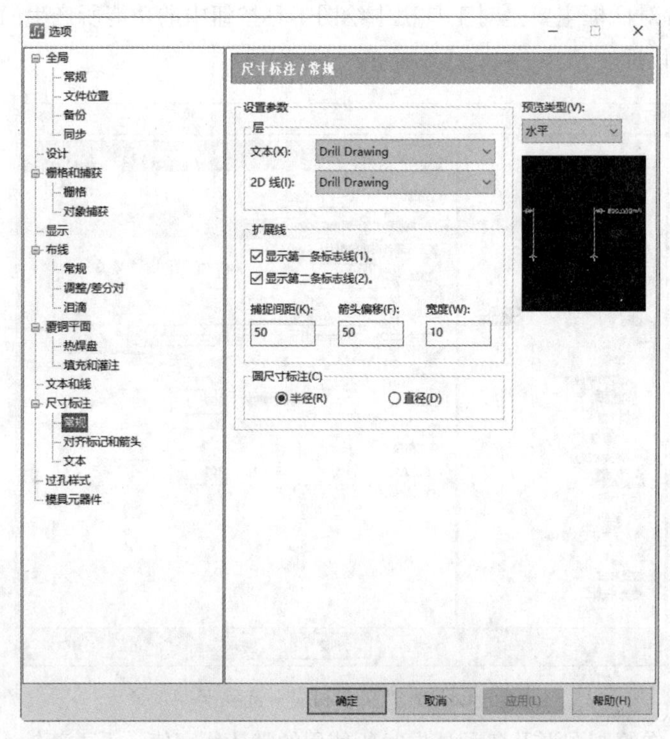

图6-31 “尺寸标注”界面

尺寸标注对电子设计非常重要，主要是对标注尺寸时的标注线和文字的有关方面进行设置，其设置一共包括三大类，它们分别是：常规设置、对齐标记和箭头、文本设置。

系统缺省的是常规，其余两类的选择可以通过“常规”选项中的参数来选择。

（1）“常规”选项。

设置参数：该选项对应尺寸标注的一些通用、基本的设置，如图6-31所示。

- 层。

这部分设置很简单，主要是对“文本”和“2D线”进行层设置，从对应的下拉列表中选择一个层，就表示将“文本”和“2D线”在尺寸标注时放在该层上。

- 扩展线。

扩展线是指尺寸标注线的一端可以人为地根据自己的需要来控制，而基本部分不变。

  - ◆ 显示第一条标志线：这是尺寸标注的起点界线标注线，选择表示需要。

◆ 显示第二条标志线：同上类似，这是测量点终点界线的标注线。
◆ 捕捉间距：这个距离表示从测量点到尺寸标注线一端之间的距离，如果为零，则表示尺寸标注线从测量点开始出发。
◆ 箭头偏移：设置尺寸标注线超出箭头的延伸线长度。
◆ 宽度：尺寸标注线的宽度。

小技巧

在进行这部分设置时，最好的方法是参考界面右侧的阅览区域，因为每一个参数不同的设置都会在阅览区域中体现出来。

● 圆尺寸标注。

在这个设置中只有两种选择，表示当标注圆弧时是用半径标注还是用直径标注。

●“预览类型”选项。

该选项的设置不会对尺寸标注产生影响，只是便于用户查看当前设置。如果在“对齐标记和箭头”设置界面中改变箭头或者对齐标记的形状，便可以立即在预览区域看到改变的结果。该选项的下拉列表中有如下5个选项。

◆ 水平。
◆ 垂直。
◆ 对齐。
◆ 角度。
◆ 圆。

（2）对齐标记和箭头。

选择“对齐标记和箭头”选项卡，如图6-32所示。选项卡中包括两大部分设置：对齐工具和箭头。

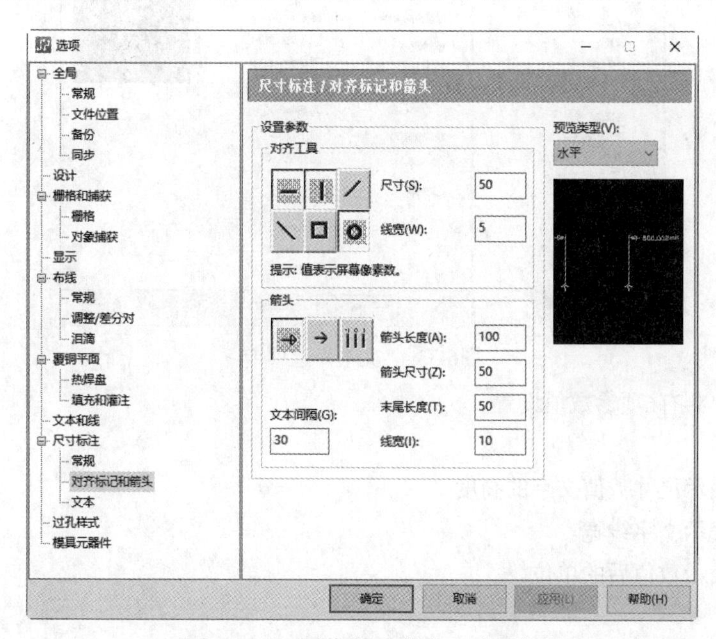

图6-32 “对齐标记和箭头”选项卡

● 对齐工具：同上述第一类设置一样，在设置时如果对某项设置要求不太清楚，最好的方法是，改变某设置选项后在对话框的预览区域中示范有何变化，如果看不出变化，可将参数值改大些即可。对齐工具中一共有6个按钮、、、、、，这六个按钮中可以任选择组合成校准直线，从本对话框的“预览”区域中可以看到尺寸标注线的标注起点和终点上都有一个由“对齐工具”中六个按钮所组成的图形。当选择标注起点和终点时，它就会出现在选择点上，供对齐标注线。其参数设置有两个，“尺寸”表示标注线的一端与校直点的距离，如果设为零，则表示标注线从对齐点也就是测量点开始；“线宽”表示对齐线的线宽值。

- “箭头”：此选项设置主要针对标注箭头，包括3个小按钮、、，分别用来设置箭头的3种形状，需要哪种就单击哪个按钮。
  - ◆ 文本间隔：此选项用来设置尺寸标注值与标注线的一端之间保持的距离。
  - ◆ 箭头长度：尺寸标注箭头的长度值。
  - ◆ 箭头尺寸：尺寸标注箭头的宽度值。
  - ◆ 末尾长度：箭尾就是箭头标注线长度减去箭头长度的值。
  - ◆ 线宽：箭头线的宽度。
- 预览类型：改变上面各参数，同时可以在此界面中看到改变后的结果。

（3）“文本”设置。

尺寸标注除了一般性设置和箭头设置外，还有一些文字设置。选择“文本”选项，对标注尺寸值文字的设置界面如图6-33所示。

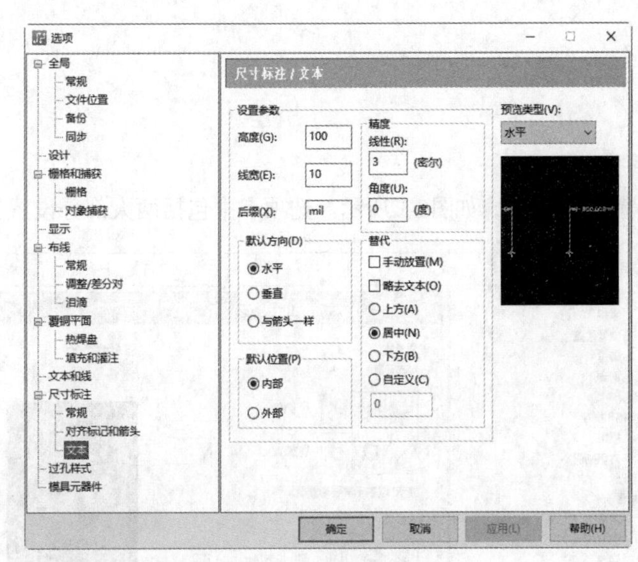

图6-33 “文本”选项卡

在此项设置中共有6项参数值设置。

- 设置参数。
  - ◆ 高度：表示尺寸数值文字的高度。
  - ◆ 线宽：表示文字线宽。
  - ◆ 后缀：表示数值后的单位。
- 默认方向。
  - ◆ 水平：使尺寸标注文字水平放置状态。
  - ◆ 垂直：使尺寸标注文字处于垂直放置状态。

◆ 与箭头一样：使尺寸标注文字与标注箭头方向一致。

● 默认位置。

◆ 内部：尺寸标注文字处于测量起点和终点标注线的里面。

◆ 外部：尺寸标注文字在测量起点和终点标注线外面。从右侧“预览”区域可以清楚地看到这种设置变化。

● 精度。

◆ 线性：线性标注精度。如果设置为1，表示精确到小数点后一位数。

◆ 角度：角度标注精度值设置。

● 替代。

◆ 手动放置：标注尺寸时，人为手工来放置尺寸标注文字。

◆ 略去文本：标注尺寸时，不需要尺寸标注文字。

◆ 上方：将尺寸标注文字放在箭头标注线上面。

◆ 居中：将尺寸标注文字放在与箭头同一直线上并在其箭头线中间位置。

◆ 下方：尺寸标注文字放在箭头线下面。

◆ 自定义：让用户自己定义尺寸标注文字位置。

● 预览类型：参数设置同“常规”选项卡中的“预览类型”设置。

6.3.9 “过孔样式”参数设置

选择菜单栏中的“工具”→“选项”命令，弹出“选项”对话框，单击“过孔样式”选项，则弹出如图6-34所示的选项卡。

图6-34 “过孔样式”选项卡

该选项卡用来设置缝纫过孔和保护过孔的参数，介绍如下。

- 当屏蔽时。
  - ◆ 从网络添加过孔：选择保护过孔所属的网络。
  - ◆ 过孔类型：选择保护过孔的类型。
- 屏蔽间距。
  - ◆ 使用设计规则：应用设计规则中关于过孔到保护对象之间的距离规定。
  - ◆ 过孔到边缘的值：定义不同于设计规则中的过孔到布线或铜箔的最小间距。
  - ◆ 过孔到接地边：可以激活“指定的值”文本框。
  - ◆ 指定的值：设定过孔到铜箔的距离，激活后默认值为100。
  - ◆ 过孔间距：过孔中心距，默认值为100。
  - ◆ 添加后胶住过孔：选中此选项，过孔胶住。
  - ◆ 忽略过孔栅格：选中此选项，否则过孔附着在过孔栅格上。
- 当缝合形状时。

在下面的文本框中添加、编辑、移除网络类型，将制订的网络通过指定的过孔类型缝纫到铜箔上。

- 样式。

在右侧显示过孔类型预览，左侧显示两种过孔类型。

  - ◆ 填充：将过孔布满区域，包含对齐、交错两种类型。
  - ◆ 沿周边：在区域四周一圈放置过孔，其余中间部分空置。
- 过孔到形状：制订过孔到边界的距离，取值范围为0～100mil。
- 仅填充选定的填充边框：选中此选项后，按照绘制的图形填充边框。

6.3.10 “模具元器件”参数设置

选择菜单栏中的“工具”→“选项”命令，弹出“选项”对话框，单击“模具元器件”选项，则弹出如图6-35所示的选项卡。

该选项卡用来设置创建模具元件时所需数据的参数，共分为两个部分。

- 在层上创建模具数据。
  - ◆ 模具边框和焊盘：设置模具轮廓和焊盘出现的板层。
  - ◆ 打线：设置Wire连接出现的板层。
  - ◆ SBP参考：设置SBP引导出现的板层。
- 打线编辑器。
  - ◆ 捕获SBP至参考。
  - ◆ 捕获阈值。
  - ◆ 保持SBP焦点位置。
  - ◆ 显示SBP安全间距。
  - ◆ 显示打线长度和角度。

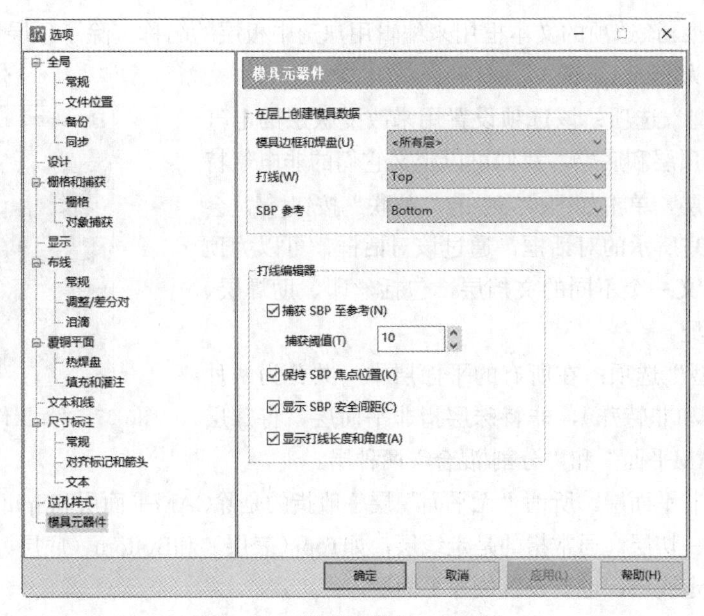

图6-35 “模具元器件”选项卡

6.4 工作环境设置

6.4.1 层叠设置

在设计PCB时，由于考虑电路的复杂程度以及PCB的密度，往往需要采用多层板（多于两层）。如果设计的PCB是多层板（四层以上，包括四层），那么“层定义”设置是必须要做的。因为PADS Layout提供的缺省值是两层板设置。选择菜单栏中的“设置”→“层定义”命令，则弹出如图6-36所示的“层设置”对话框。

从图6-36对话框中可知，该对话框有5个部分，现分别介绍如下。

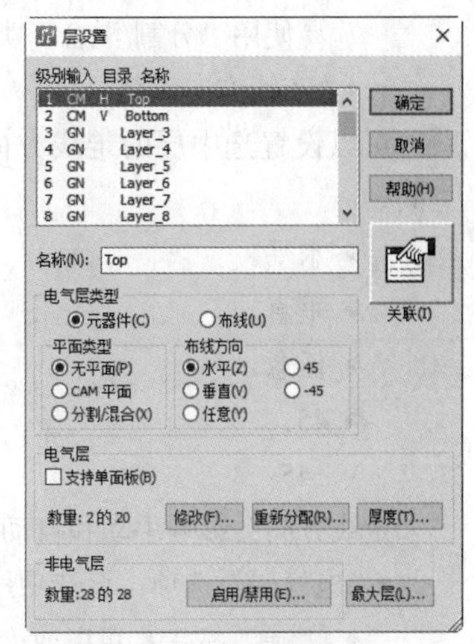

图6-36 “层设置”对话框

- “层”列表框：图6-36对话框中最上面有一个滚动条窗口列表框，在列表框中列出了我们可以使用的所有的层，每一个层都显示出相关的四种信息，其分别介绍如下。
    - ◆ 级别：指PCB层，层数用数字来表示（如第一层用1）。
    - ◆ 输入：层所属的类型，层类型包括CM元件面、RX混合分割层、GN普通层（也可叫作自定义层）、SS丝印层等，层的类型不需要人为地定义，一旦定义好该层的其他属性，则层类型会自动更新缺省设置。
    - ◆ 目录：该板层的走线方向，在对话框中“布线方向”选项组中定义。H表示水平，V表示垂直，A表示任意方向。
    - ◆ 名称：板层的名称，可以对板层名称修改，修改时只需在对话框中的“名称：”文本框中输入一个新的层名，则系统将自动更新其缺省板层名。

- “名称”选项：该选项的文本框用来编辑用户选中板层的名称。除了顶层和底层，其他层的名字都默认为Inner Layer。
- “电气层类型”选项：该选项设置用来改变板层的电气特性。对于顶层和底层，我们可以定义它们的非电气特性。选中顶层，单击如图6-36中的“关联”按钮，会弹出如图6-37所示的对话框。通过该对话框，可以为顶层或底层定义一个不同的文档层，包括丝印、助焊层、组焊层和装配。

图6-37 “元器件层关联性”对话框

  - ◆“平面类型”选项：在所有的平面层中一共分为两种层（特殊和非特殊），非特殊层指非平面层，特殊层包括“CAM平面”和“分割/混合”两种层。
  - ➢ 无平面：非平面层。所谓“无平面”层一般指的是除CAM平面层和Split/Mixed这两个特殊层以外的一切层。通常指的是走线层，如Top（表层）和Bottom（底层），但是如果在多层板中有纯走线层，也要设置成非平面层。
  - ➢ CAM平面：CAM平面层。这个平面层比较特殊，是因为它在输出菲林文件时是以负片的形式输出Gerber文件，在设计中我们常常将电源和地层的平面层类型设置成“CAM平面”层，因为电源和地层都是一大块铜皮，如果输出正片，其数据量很大，不但不方便交流，而且对设计也不利。当将电源或地层设置为“CAM平面”时，我们只需要将电源或地网络分配到该层（关于如何分配，本小节下面有详解），则在此层的分配网络会自动产生花孔，不需要再去通过其他的手段（如走线或铺铜）来将它们连接。
  - ➢ 分割/混合：分割混合层。它同“CAM平面”一样，一般也是用来处理电源或地平面层，只是它输出菲林文件时不是以负片的形式输出，而是输出正片。所以分配到该层的电源或地网络都必须靠铺铜来连接，但是在铺铜时，系统可以自动地将两个网络（电源或地）分割开来，形成没有任何连接关系的两个部分。在这个层中可允许存在走线，除了比较特殊的板采用这种层类型外，通常电源或地层都会选择“CAM平面”类型。推荐一般不要轻易使用“分割/混合”类型，除非你对其与“CAM平面”的区别和用途非常清楚。
  - ◆“布线方向”部分。

可以设置选中层的走线方向。所有的电气层都要定义走线方向，非电气层可以不设置走线方向。

- ➢ 水平。
- ➢ 垂直。
- ➢ 任意。
- ➢ 45。
- ➢ -45。

走线方向会影响手动和自动布线的效果。

- “电气层”选项：该选项用来改变板层数、重新定义板层序号、改变层的厚度及电介质信息。
  - ◆ 修改(F)... 按钮：可以改变设计中电气层的数目。
  - ◆ 重新分配(R)... 按钮：可以把一个电气层的数据转移到另一个电气层。
  - ◆ 厚度(T)... 按钮：可以改变层的厚度及电介质信息。

● “非电气层”选项：单击 启用/禁用(E)... 按钮，会弹出“启用/禁用”对话框，通过对对话框进行设置可以使特定的非电气层有效。

6.4.2　颜色设置

显示颜色的设置直接关系到设计工作的效率。选择菜单栏中的“设置”→“显示颜色”命令，则系统弹出如图6-38所示的“显示颜色设置”对话框。

该对话框用于设置当前设计中的各种对象的颜色及可见性。通过设置不仅为设计者提供和自己习惯的工作背景，还方便选择性查看设计中的各种对象效果。

● 选定的颜色：在该选项组下选择颜色，然后单击需要的颜色对象即可。

◆ 调色板：单击此按钮，系统弹出如图6-39所示的“颜色”对话框，读者可以从对话框中调配颜色。

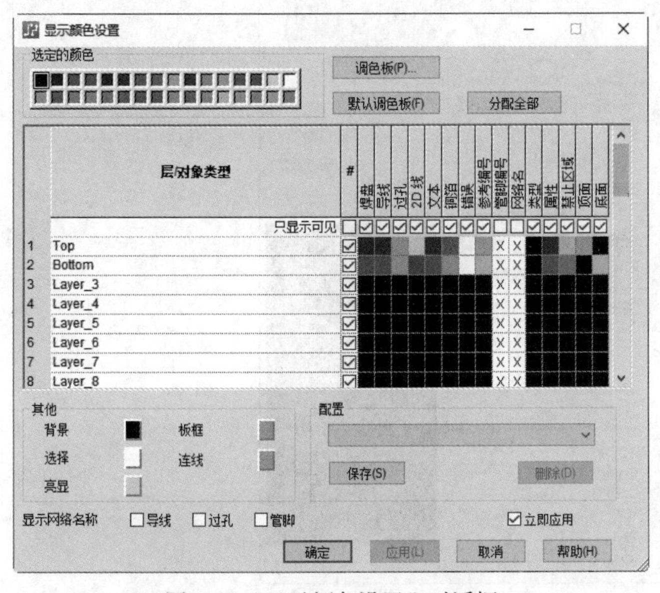

图6-38　“显示颜色设置”对话框

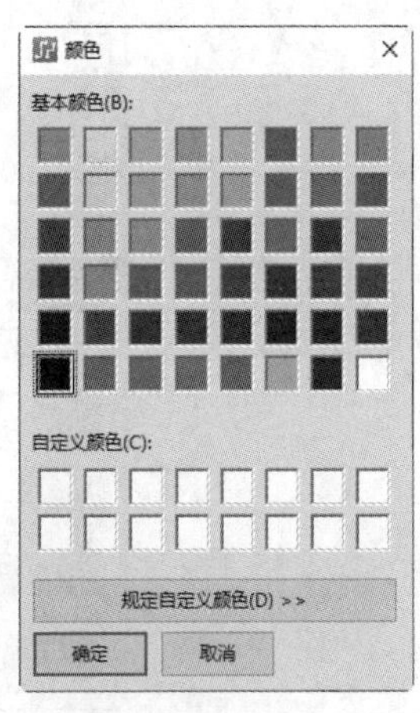

图6-39　“颜色”对话框

◆ 分配全部：单击此按钮，弹出如图6-40所示的对话框，统一分配颜色。

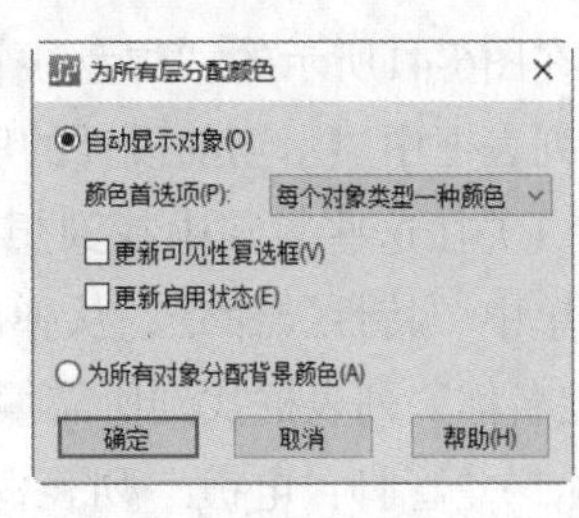

图6-40　“为所有层分配颜色”对话框

“颜色首选项”列表框中包含每个对象一种颜色、每层一种颜色、选定的颜色三种，前两种所设置的颜色为系统自动选择，最后一种使用的前提是在“显示颜色设置”对话框中选定想要设置的颜色。

● 层/对象类型：此列表作为一个以层为行，以对象为列的矩阵，每一个小方块所在的行说明它所在PCB的层数，所在的列说明它代表的是何种对象。

● 只显示可见：只要单击某一层（对象）复选框即可以实现该层的可见性的切换。

● 其他：在此选项组下可以设置背景、板框、选择、连线、亮显的颜色。

● 配置：选择配置类型为default、monochrome。单击“保存”按钮，保存新的设置作为配置类型，以供后期使用。

- 显示网络名称：选择导线、过孔、管脚复选框后，则在PCB中显示元器件的导线、过孔、管脚。

6.4.3 焊盘设置

进行焊盘设置，选择菜单栏中的“设置”→“焊盘栈”命令，则系统弹出如图6-41所示的对话框。

该对话框显示的是当前设计的信息，用来指定焊盘、过孔的尺寸和形状。

在图6-41所示的“焊盘栈特性”对话框中“焊盘栈类型”选项组有两个选项，这就说明焊盘栈设置分成两类，分别是封装和过孔。

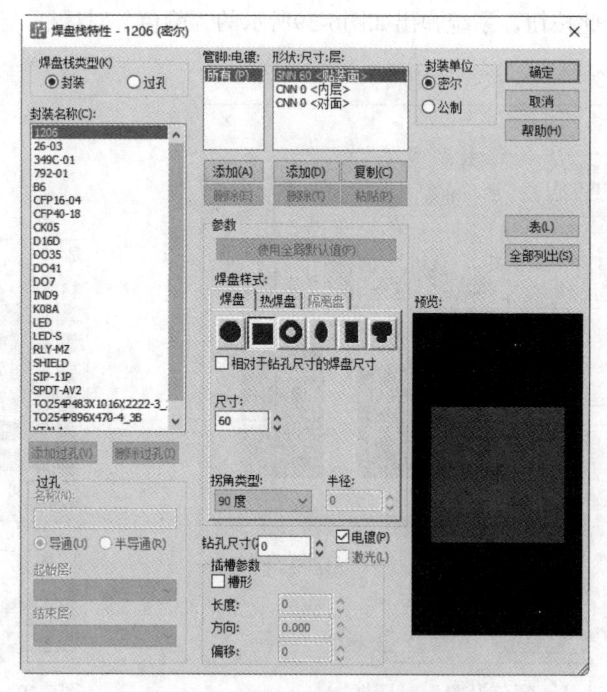

图6-41　焊盘参数设置对话框

在图6-41所示的“焊盘栈特性”对话框中“焊盘栈类型”选项组选择“封装”选项，“封装名称”列表框中显示当前设计的所有元件封装，设置指定的封装焊盘，具体操作如下。

（1）在这些封装中找到想要编辑的元件封装（在设计中可以点亮该元件后单击右键，选择弹出菜单中“特性”命令，从弹出的“元器件特性”对话框中可以知道该被点亮元件的封装名），在“封装名称”列表框找到所需编辑封装后单击鼠标左键，选择其封装名。

（2）“管脚：电镀”列表框中找到所需要对该元件封装的那些元件焊盘脚，进行编辑，单击鼠标左键选择所需编辑的元件脚。

（3）当选择好编辑的元件脚之后，在它旁边有一个列表框，列表框为“形状:尺寸:层”，这里面的选项就是你所选择的元件脚在PCB各层的形状、大小的参数，比如选择“CNN50<贴装面>”层，这表示选择的元件脚为圆形，外径尺寸为50，所属层是“贴装面”。

（4）当选择好元件脚所在的某一层，比如上述中的“贴装面”，然后就可设置该元件脚在这个层的尺寸，尺寸设置在对话框的右下角，比如尺寸、长度、半径和钻孔尺寸等。设置好该层之后再选择该元件脚在PCB的其他层，比如Inner Layer（中间层），进行尺寸设置，直到设置完所有的层。

小技巧

如果没有打开任何焊盘设计，则该对话框没有元件信息，见图 6-42。

焊盘的另一种设置是对过孔进行设置，在图6-41中的“焊盘栈类型”选项组中选择“过孔”选项，则对话框将变成如图6-43所示界面。

在PCB设计中除了使用系统缺省的过孔设置之外，很多时候我们都会根据设计的需要来增加新的过孔类型以满足设计的需要。

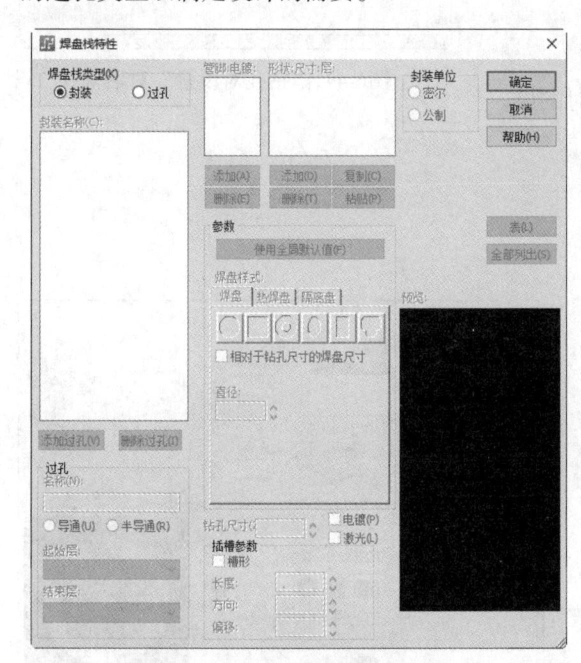

图6-42　焊盘设置图

图6-43　过孔设置

如图6-43所示，这个对话框是专门提供给用户设置或新增加Via之用，当前的设置只有两种过孔：MICROVIA（微小型过孔）和STANDARDVIA（标准过孔），可以改变它们的孔径和外径大小，编辑方式同前面讲述的元件脚的编辑方法一样。这里只重点介绍增加新过孔类型。

过孔就是在布线设计中一条走线从一个层到板的另一个层的连接通孔。增加新过孔点，单击图6-43中“添加过孔”按钮，同时系统需要你在“名称”文本框中输入新的过孔名称，一般系统缺省的过孔是通孔型，默认选择“导通”选项；但是某些设计多层板的用户可能要用到PartialVia（埋入过孔或盲孔），这时一定要选择“半导通”选项，而且“起始层”和“结束层”被激活，这表示还必须设置这个埋入孔或盲孔的起始层和结束层。

从“起始层”下拉列表中选择设置的盲孔起始层，同样的方法打开“结束层”，选择盲孔的终止层，最后同样需要对新过孔进行各个层的孔径设置。

注意

建议用户一般不要使用（盲孔型）过孔，其受工艺水平的影响较大。

6.4.4 钻孔对设置

在定义过孔之前，用户必须先进行钻孔对设置。特别是盲孔，它们钻孔层对在PADS Layout中被定义为一对数字或钻孔对，通过这些数字或钻孔对，系统才知道这些过孔从哪个层开始，钻到哪个层结束，从而检查出那些非法的盲孔。

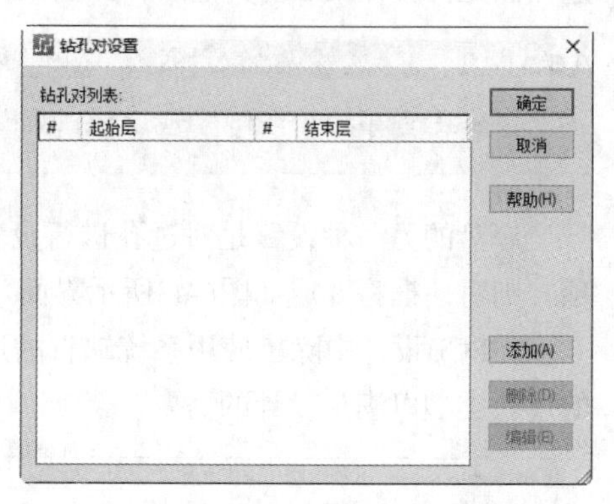

图6-44 “钻孔对设置”对话框

选择菜单栏中的“设置”→“钻孔对”命令，系统弹出“钻孔对设置”对话框，如图6-44所示。

建立钻孔层对的步骤如下。

（1）单击“添加”按钮添加一对钻孔层。

（2）在“起始层”和“结束层”中选择要成对的层。

（3）单击“确定”按钮结束添加。

6.4.5 跳线设置

跳线可以提高电路板的适应性和其他设备的兼容性，PowerPCB为用户提供了一个方便实用的跳线功能。这个跳线功能允许在布线时就加入走线网络中，也允许加入布好的走线网络中，而且可以实时在线修改。

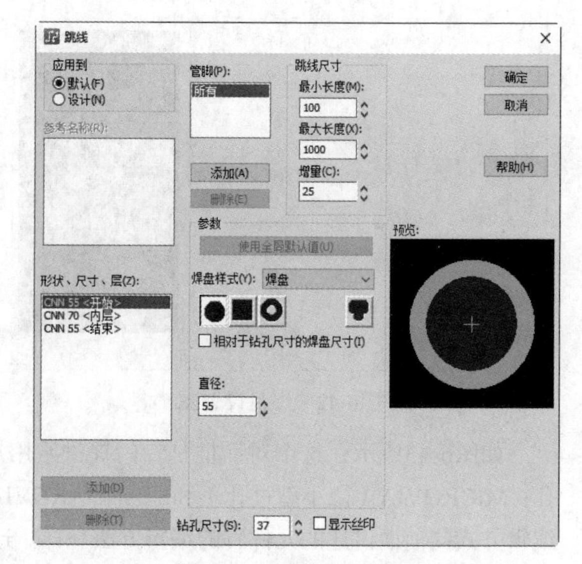

图6-45 “跳线”对话框

选择菜单栏中的“设置”→“跳线”命令，则会弹出如图6-45所示的对话框。从“应用到”选项组中可知跳线设置有两种。

- 默认：在设计中加入的任何一个跳线都是以当前的设置为依据。
- 设计：此项设置用于统一管理或编辑当前设计中已经存在的跳线。如果当前的设计中还没有加入任何的一个跳线，则窗口中所有的设置项均为灰色无效状态，这是因为这项设置的对象只能针对设计中已经存在的跳线。一旦当前设计中存在任何一个跳线时，“参考名称”列表框中就会出现跳线的参考名（如Jumper1），可以通过选择参考名来对此设计中对应的跳线进行设置。

6.5 设计规则设置

PADS Layout从开始就提出了“设计即正确”的概念，即保证一次性设计正确，因为PADS Layout有一个实时监控器（设计规则约束驱动器），实时监控用户的设计是否违反设计规则。这些规则除了来自设计经验之外，还可以通过使用PADSEDA系统的仿真软件Hyperlynx对原理图进行门特性、传输性特性、信号完整性以及电磁兼容性等方面的仿真分析。在本节我们将详细介绍在PADS Layout中设置设计规则。

选择菜单栏中的“设置”→“设计规则”命令，则系统弹出如图6-46所示的对话框。

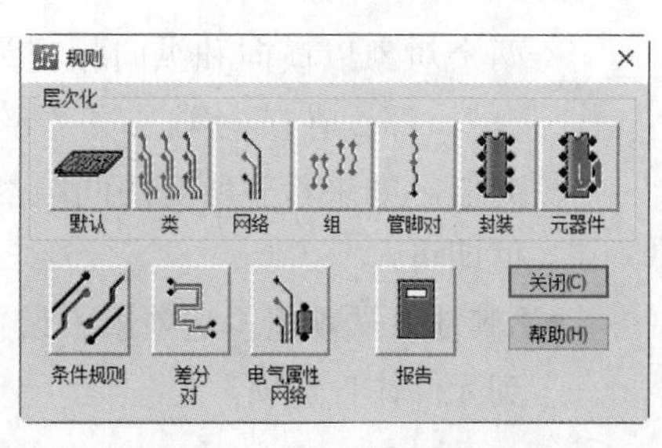

图6-46 “规则”对话框

从图6-46中可知，PADS Layout的设计规则设置总共有11类。

- “默认”设置。
- “类”设置。
- “网络”设置。
- “组”设置。
- “管脚对”设置。
- “封装”设置。
- “元器件”设置。
- “条件规则”设置。
- “差分对”设置。
- “电气属性网络”设置。
- “报告”设置。

6.5.1 “默认”规则设置

单击图6-46中“默认”按钮，弹出如图6-47所示的对话框。对话框中有6个按钮。

（1）单击图6-47中“安全间距”按钮，则系统弹出如图6-48所示的“安全间距规则：默认规则”对话框。

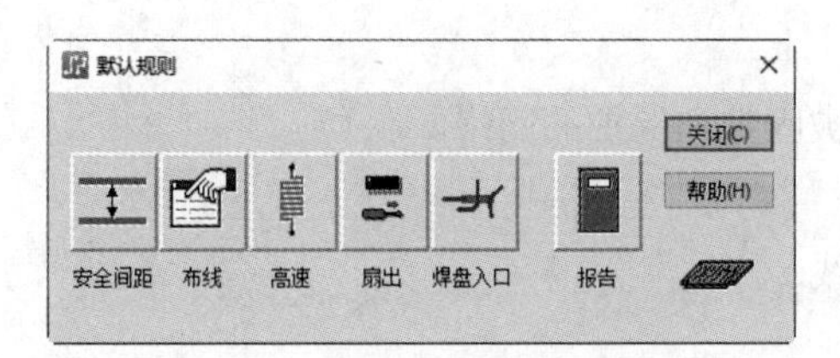

图6-47 “默认规则”对话框

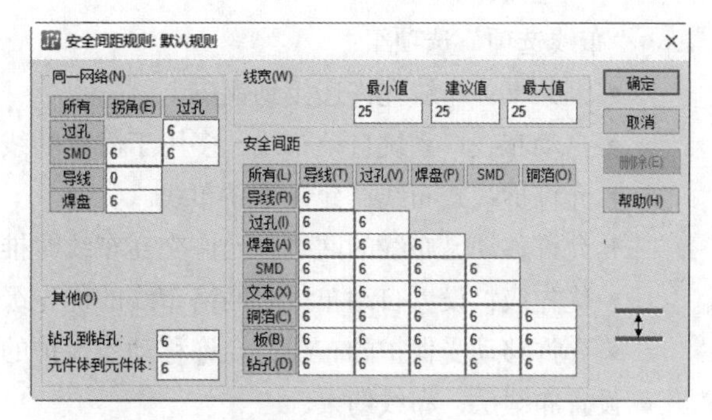

图6-48 “安全间距规则：默认规则”对话框

“安全间距规则：默认规则”设置对话框包括4个部分，介绍如下。

- 同一网络：该选项用来设置同一网络中两个对象之间边缘到边缘的安全距离。
- 线宽：选项用来设置设计中的布线宽度，这个布线宽度值是以“建议值”为准，比如这里的设置是8mil，那么在布线时的走线宽度就为8mil。而“最大值”和“最小值”是用来限制在修改线宽时的极限值。
- 安全间距：设置设计中各个对象之间的安全间距值，每两个对象设置一个安全间距值，这两个对象以横向和纵向相交为准来配对，比如横向第二项是“导线”，纵向第三项是“焊盘”，那么在横向第二项“导线”第三个文本框中的值就表示走线与元件脚焊盘的安全距离值。如果希望所有的间距都为同一值，单击“所有”按钮，在弹出的对话框中输入一个值即可。

- “其他”选项组：选项组中设置只有两个，一个是“钻孔到钻孔”选项，另一个是“元件体到元件体”选项。

注意

默认规则设置是整体性的，所以它不像其他设置那样在设置前一定要先选择某一设置目标，因为它们的设置是有针对性的。

（2）“默认”规则设置中的第二个设置是布线规则设置，布线规则设置主要针对网络鼠线和自动布线设计中的一些相关设置，单击图6-47中“布线”按钮，则会弹出如图6-50所示的“布线规则：默念规则”对话框。从图6-49中可知，布线规则设置分为四部分。

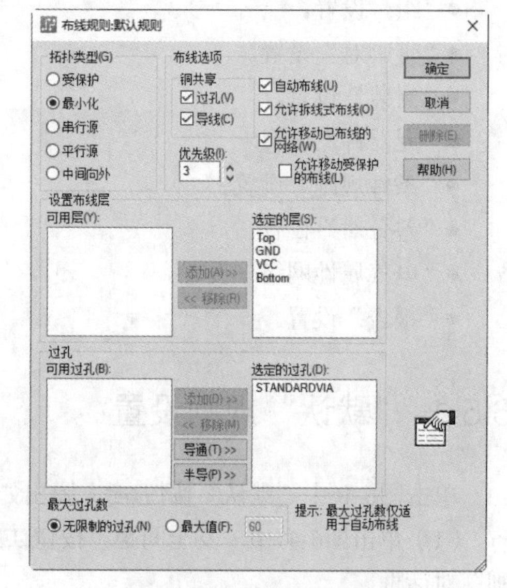

图6-49　布线规则设置

- “拓扑类型”选项组。
  - 受保护：设置保护类型。
  - 最小化：设置长度最小化。
  - 串行源：以串行方式放置最多的管脚（ECL）。
  - 平行源：以并行方式放置多个管脚。
  - 中间向外：以指定的网络顺序最短化和组织连接。
- “布线选项”选项组。
  - 铜共享：布线允许连接到铜皮上。
  - 自动布线：系统自动布线，多用于简单的线路。
  - 允许拆线式布线：允许重新布线。
  - 允许移动已布线的网络：允许交互布线时推挤被固定和保护的网络。
  - 优先级：设置自动布线时网络布线的优先级。
  - 允许移动受保护的布线：允许移动受保护的走线。
- 设置布线层：布线约束。

这项设置表示在布线时可以限制某些网络或网络中某两个元件管脚之间的连线不能在某个层上。图6-49中在“设置布线层”下有两个列表框，如果左边的“可用层”列表框中没有任何层选项，则表示对所有网络没有进行层布线限制。如果希望进行层布线约束设置，可将右边“选定的层”列表框中的禁止层通过“移出”按钮移到左边列表框中。

- 过孔：过孔设置。

同上述的布线约束一样，如果希望某种过孔不被使用，可以同上述的方法一样设置，这里不再重复。

（3）从图6-47中知道，“默认”规则设置的第三项是“高速”规则。

目前设计频率要求越来越高，我们都将面临高频所带来的困扰。

注意

一般在处理高速数字设计的相互连接时，主要存在两个问题：一是在计算互联信号路径引入的传播延迟时要满足时序的要求，即控制建立和保持时间、关键的时序路径和时钟偏移，同时考虑通过互联信号路径引入的传播延时。二是保持信号完整性。信号完整性一般受到阻抗不匹配影响的损害，即噪声、瞬时扰动、过冲、欠冲和串扰等都会破坏电路的设计。因此我们面临着对高速 PCB 设计的挑战。

单击图6-46中“高速”按钮，则弹出“高速规则：默认规则”对话框，如图6-50所示。

从6-50图中可以知道，高速规则设置分成四类，每一类分别介绍如下。

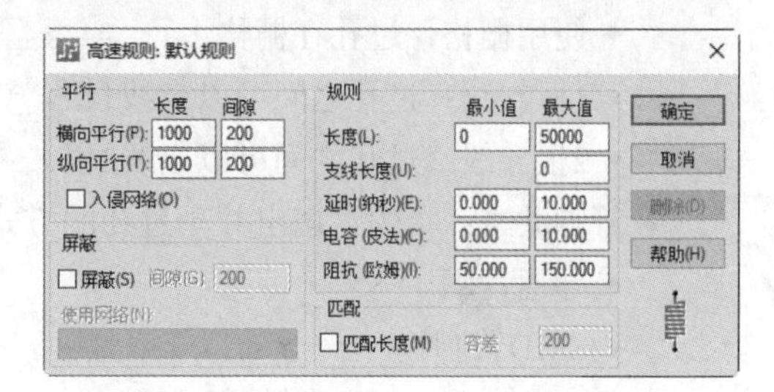

图6-50 “高速规则：默认规则”对话框

● 平行。

平行就是不同的网络在布线时保持平行走线的长度。在此主要设置“长度”和“间隙”两个参数值。

◆ 横向平行：在PCB同一个信号层中不同网络平行走线长度。

◆ 纵向平行：在PCB中不同信号层上的纵向平行网络的平行走线长度。

◆ 入侵网络：确定所定义的网络是否为干扰源。

● 规则。

◆ 长度：走线长度值，单位以系统设置为准。

◆ 支线长度：T形分支走线是指在主信号干线上由分支线与其他管脚相连或导线相连，如果分支线长度过长将会引起信号衰减或混乱。

◆ 延时：延时以纳秒（ns）为单位。

◆ 电容：设置电容最大/最小值，以皮法（pF）为单位。

◆ 阻抗：设置阻抗最大/最小值，以欧姆（Ω）为单位。

● 匹配。

匹配长度：设置匹配长度值。

● 屏蔽。

在设计中，某些网络借助于一些特殊网络在自己走线两边进行布线，从而达到屏蔽的效果。值得注意的是，用作屏蔽的网络一定是定义在平面层上的网络。

◆ 屏蔽：确定是否使用屏蔽，如果使用，选择“屏蔽”复选框。

◆ 间隙：网络与屏蔽网络之间的间距值。

◆ 使用网络：选择屏蔽网络。

（4）默认规则设置中第四项是“扇出”规则，单击图6-47中“扇出”按钮，弹出如图6-51所示的对话框。

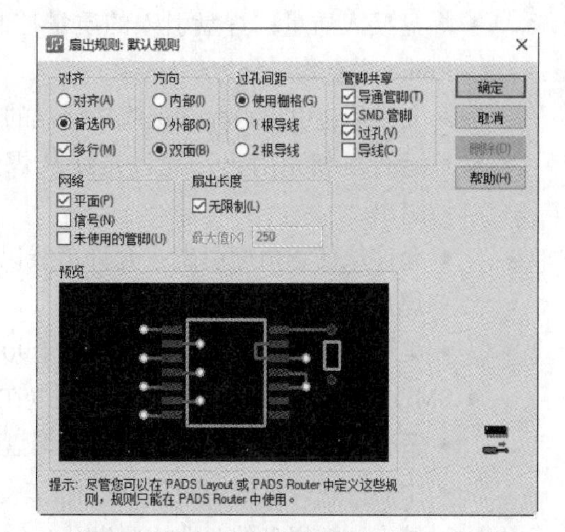

图6-51 “扇出规则：默认规则”对话框

所谓扇出就是将焊盘上的网络以走线的形式离开焊盘，如图6-51所示。扇出的形式比较多样，从设计的可靠性考虑，需要对扇出的网络进行约束。扇出定义的规则主要是在自动布线器中使用。

扇出的设置分为6部分。

- 对齐：指扇出的过孔的对齐方式。
  - ◆ 对齐：过孔排成一列对齐。
  - ◆ 备选：过孔呈交替对齐。
  - ◆ 多行：过孔可以多行排列，是前两项的可选项。
- 方向：指扇出走线的方向分别为内部、外部和双面。
- 过孔间距：指扇出过孔之间的距离。
  - ◆ 使用栅格：过孔在栅格上。
  - ◆ 1根导线：过孔之间可以走线1根。
  - ◆ 2根导线：过孔之间可以走线2根。
- 管脚共享：指焊盘扇出共享过孔的方式。
  - ◆ 导通管脚。
  - ◆ SMD管脚。
  - ◆ 过孔。
  - ◆ 导线。
- 网络：指扇出的网络类型。
  - ◆ 平面：平面层网络。
  - ◆ 信号：信号网络。
  - ◆ 未使用的管脚：无用的管脚。
- 扇出长度。
  - ◆ 无限制：设置扇出的长度是否需要限制。
  - ◆ 最大值：最大扇出的长度。

（5）默认规则设置中第五项是“焊盘入口”规则，单击图6-47中“焊盘入口”按钮，弹出如图6-52所示的对话框。

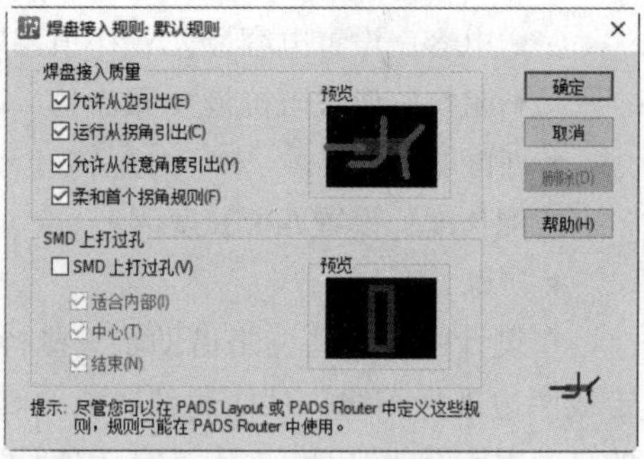

图6-52 “焊盘接入规则：默认规则”对话框

- 焊盘接入质量：焊盘引入的质量控制，在Blaze Router中有效，分为4个选项。
  - ◆ 允许从边引出：允许走线从焊盘的侧面引出。
  - ◆ 运行从拐角引出：允许走线从焊盘的拐角中引出。
  - ◆ 允许从任意角度引出：允许走线以任何角度从焊盘中引出。
  - ◆ 柔和首个拐角规则：走线以小于90°的角度离开焊盘。
- SMD上打过孔：选中此项表示可以在焊盘下放置过孔。
  - ◆ 适合内部：过孔的大小应小于焊盘的大小。
  - ◆ 中心：在焊盘的中间放置过孔。
  - ◆ 结束：在焊盘的两端放置过孔。

（6）默认规则设置中最后一项是报告规则，主要是用来产生安全间距、布线和高速等设置的报告，单击图6-47中“报告”按钮，弹出如图6-53所示的“规则报告”对话框。

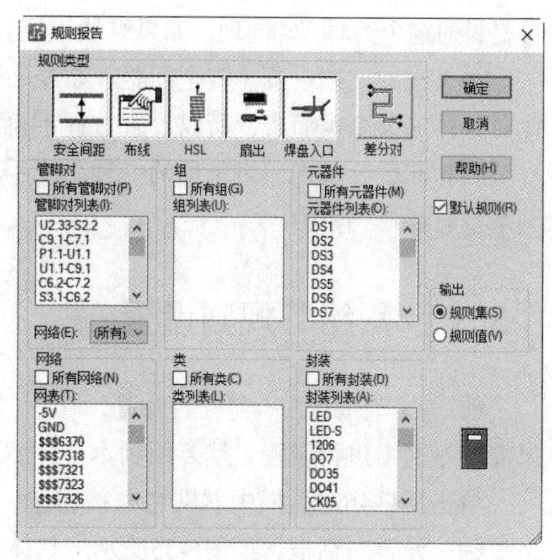

图6-53 “规则报告”对话框

从图6-53中可知，“规则报告”输出很简单，大致分为两部分。

- 规则类型。

从六种规则类型中可任选输出类型，单击相应的按钮即可。

- 选择输出内容：包括管脚对、组、元器件、网络类和封装，在对应的选项组中选择复选框，可对内容进行输出。

当所有的选项都设置好后，单击对话框中“确定”按钮，系统将按所设置的输出选项内容自动打开记事本，将其设置内容输入进去。

6.5.2 “类”规则设置

前面讲述的默认规则设置是针对整体而言，但是在实际设计中的设置，特别是“布线”设置和“高速”设置，往往都是针对部分特殊网络的，甚至是网络中的管脚对。不管是网络还是管脚对，很多时候有多个网络或管脚对遵守相同的设计规则，于是PADS Layout就将这些具有相同规则的网络合并在一起，称为“类”。

单击图6-46对话框中“类”按钮，则弹出如图6-54所示的“类规则”对话框。

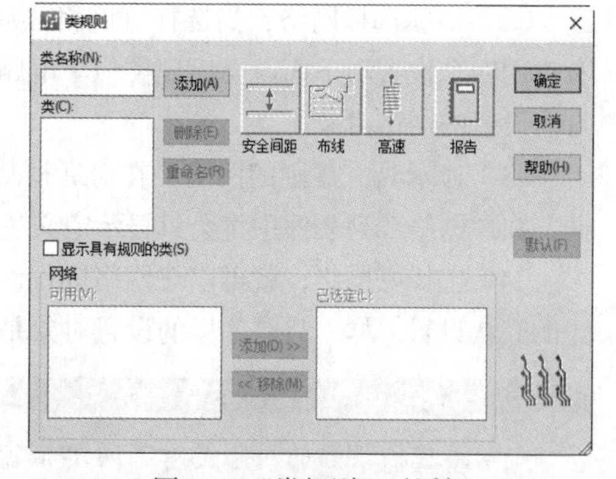

图6-54 “类规则”对话框

有关进行“类规则”设置的步骤如下。

（1）如果以前没有建立任何一个类，则打开“类规则”对话框时，在对话框中“类”列表框中没有任何一个类名。这时需要先创建类，单击“添加”按钮，弹出对话框询问是否建立新类，单击“确定”按钮，这时在“类”列表框出现缺省类名。

（2）在对话框中有两个类，其中上面的“类名称”是表示当前被激活的类的名称，下面的“类”表示所有的类。需要改变缺省的类名，选中这个类名后修改，修改完后单击右边“重命名”按钮。

（3）对话框左下角的“可用”列表框中列出了当前设计的所有网络，因为类由网络组成，所以要创建类，首先在“类”列表框中选中一个类名，然后在“可用”列表框中选择这个类中包含的网络，这些网络必须遵守相同的设计规则，无规则的多项选择可按住键盘上Ctrl键进行逐一选择多个网络。

（4）选择好所属类的网络后，单击右边“添加”按钮将这些选择网络分配到右边“已选定”列表框中，这样就完了一个类的建立。同样的方法创建其他类。

（5）当完成了类的创建后，就可以对每一个类进行规则设置。先在“类”列表框中选择一个类，然后单击右边需要设置的按钮，在弹出的设置对话框的标题栏中是设置的类名，这就表示当前的设置是针对这个类而言。同理，如果继续设置其他类，必须先选择类的类名，然后再去进行每项设置。

（6）类的三项设置（安全间距、布线、高速）同本章节上述的默认规则设置，只不过这里设置针对具体的某个类而言，所以设置过程不再重复讲述。通过上述步骤可以完成类的设置，创建类是对具有相同设计规则网络采用的一种简便手段，其设置的参数只对其选择的类有效，对设计中其他网络没有任何约束力。

6.5.3 “网络”规则设置

前一小节讲述了“类”的设置，“类”是以网络为单位构成的，是对网络的一种群体设置，如果需要对网络进行设置，就要用到本节介绍的“网络”规则设置。

单击图6-46对话框中“网络”按钮，则弹出“网络规则”设置对话框，如图6-55所示。具体“网络规则”设置步骤如下。

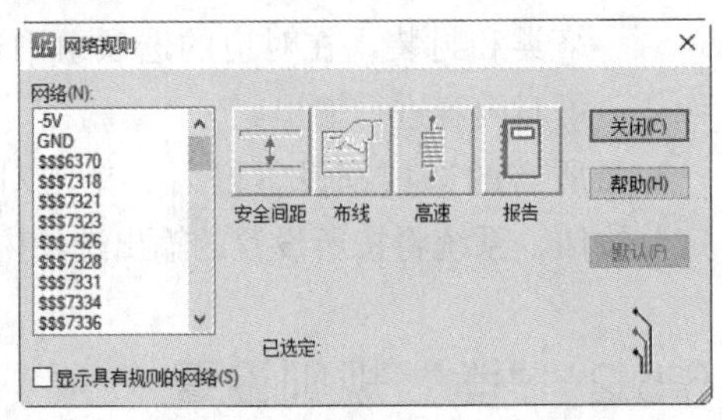

图6-55 “网络规则”设置

（1）既然是对网络设置，就必须先选择需要设置的网络。在图6-55所示的对话框中的“网络”列表框中列出了当前设计所有的网络，移动滚动条选择所需设置的网络名。找到网络名后在其上单击鼠标左键选择。

（2）多项选择网络：当选择好网络之后，在选择框右边的四个设置项下面就会出现类似于电路板的四个按钮，在按钮下面将显示Selected:XXX，表明目前设置的网络对象。

（3）显示具有规则的网络：在对话框最下面有一个选项“显示具有规则的网络”，选择此复选框，在“网络”列表框中将会只显示定义过规则的网络名。

（4）选择好网络，就可以对网络进行设置。有关网络的安全间距、布线和高速的设置同前面讲述的默认设置一样，只是这里的设置对象是一个特定的网络。

小技巧

网络规则设置的对象是对某网络而言，所以在设计中如果需要对某个特殊网络进行定义设计规则时，可利用其 Net 规则设置来完成。

6.5.4 “组”规则设置

“组”跟“类”相似，只是“类”的组成单位是网络，而“组”的组成单位是“管脚对”。管脚对指的是两个元件脚之间的连接，也可以说组是管脚对集合的一种形式。这种集合形式在定义多项具有相同设计规则的管脚对时很方便。

在图6-46所示的对话框中单击“组”按钮，则弹出如图6-56所示的“组规则”设置对话框。

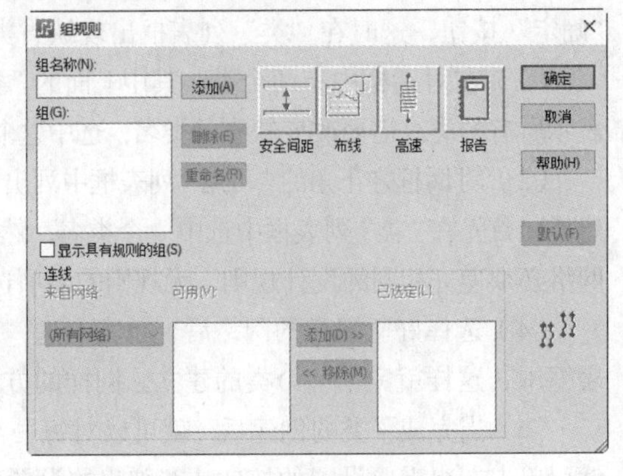

图6-56 “组规则”对话框

进行组设计规则设置的步骤如下。

（1）如果以前没有建立任何组，则打开“组规则”对话框时，“组”列表框中没有组名。这时需要先创建组，单击“添加”按钮，弹出对话框询问是否建立新组，单击“确定”按钮，这时在“组”列表框中出现缺省组名（Group_0）。

（2）在对话框中有两个“组”，其中排在上面的“组名称”是表示当前被激活的组的组名，下面的“组”表示所有的组名。需要改变缺省的组名，选中这个组名后修改，修改完后单击右侧的“重命名”按钮。

（3）对话框的左下角“可用”列表框中列出了当前设计的所有管脚对，要建立组，先在“组”列表框中选中一个组名，然后在“可用”列表框中选择这个组中包含的管脚对，无规则的多项选择可按住键盘上Ctrl键进行逐一选择。

（4）选择好所属组的管脚对之后，单击右边“添加”按钮将这些选择的管脚对分配到对话框“已选定”列表框中，这样就完了一个组的建立。同样的道理，如果需要继续再建立组，依照上述步骤完成即可。

（5）当完成了组的建立之后，就可以对每一个组进行规则设置。先在“组”列表框中选择一个组，然后单击需要设置的按钮，在弹出的对话框最上面的标题栏中可以看见设置的组名，这就表示当前的设置是针对这个组而言。同理，如果继续设置其他组，必须先选择组的类名，然后再进行每项设置。

（6）关于组的三项设置（安全间距、布线、高速），同6.5.1中的默认设置，这里不再重复讲述。

6.5.5　“管脚对”规则设置

前面讲述了“类”设置，它是“网络”的一种集合设置方式。讲述的“组”设置是“管脚对”的一种集合设置方式。但有时又往往只需要针对某一管脚对进行设置，这就可以使用“管脚对”来进行设置。

单击图6-46对话框中“管脚对”按钮，弹出“管脚对规则”对话框，如图6-57所示。

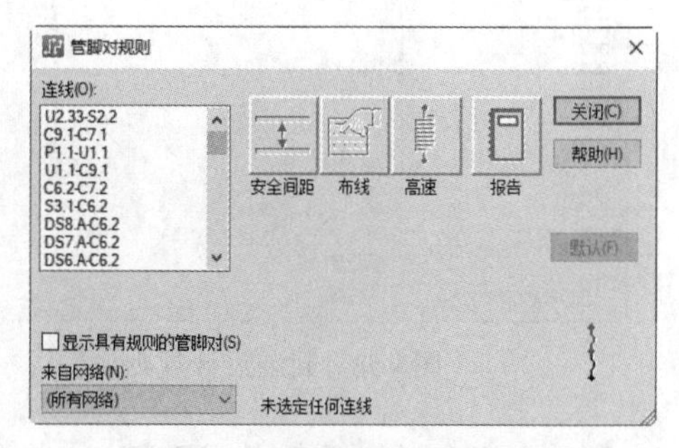

图6-57　“管脚对规则”对话框

“管脚对规则”设置步骤如下。

1. 选择管脚对

既然是对管脚对设置，就必须先选择需要设置的管脚对。在“连线”列表框中列出了当前设计所有的管脚对，移动滚动条选择所需设置的管脚对，找到后在其上单击鼠标左键选择。

2. 过滤网络

在缺省状态下，对话框最下面的“来自网络”下拉列表框中为“所有网络”。假如只需要对某个网络选择管脚对时，可以在此网络列表中选择此网络，那么“连线”列表框中将只显示该网络管脚对。

3. 多项选择管脚对

当选择好管脚对之后，在选择框右边的四个设置项下面就会出现类似于电路板四个按钮，在按钮下面将显示Selected:XXX，表明目前设置的管脚对对象。

4. 显示具有规则的管脚对

在对话框最下面有一个选项“显示具有规则的管脚对”，选择此复选框，在“连线”列表框中将会只显示定义过规则的管脚对名称。

5. 设置管脚对

选择好管脚对，接下来就可以对管脚对进行设置。

有关管脚对中安全间距、布线和高速的设置同前面讲述的默认设置一样，只是这里的设置对象是特定的管脚对。

> **小技巧**
>
> 管脚对是所有设置对象中范围最小的对象，这项设置在 PADS Logic 中不能设置，所以只能在 PADS Layout 中进行设置。

6.5.6 “封装”和“元器件”规则设置

封装的设计规则设置是针对封装进行的，不同封装的管脚大小和管脚间距的大小是不同的。所以不同的封装要进行不同的规则设置。

由于相同的封装可能有不同的功能和速率，那么设计规则也有些不同，所以也要区别对待。

单击图6-46对话框中的“封装”按钮，弹出图6-58所示的对话框，在“封装”列表框中选择需要设置的封装，然后设置相应的设计规则，如安全间距、布线、扇出和焊盘入口等。

单击图6-46对话框中的“元器件”按钮，就会弹出“元器件规则”对话框，如图6-59所示，元器件的规则设置和封装的类似，不再赘述。

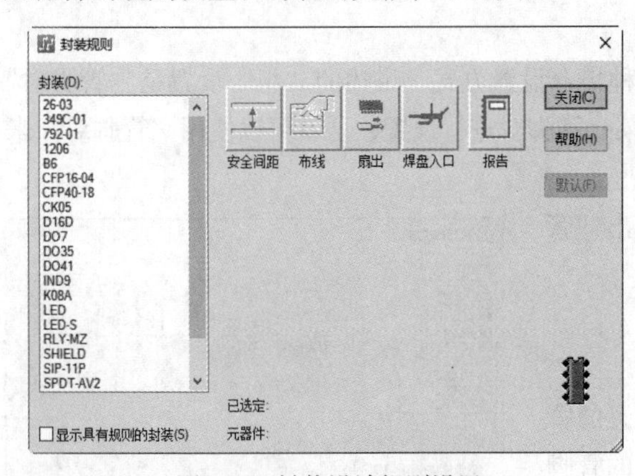

图6-58 封装设计规则设置

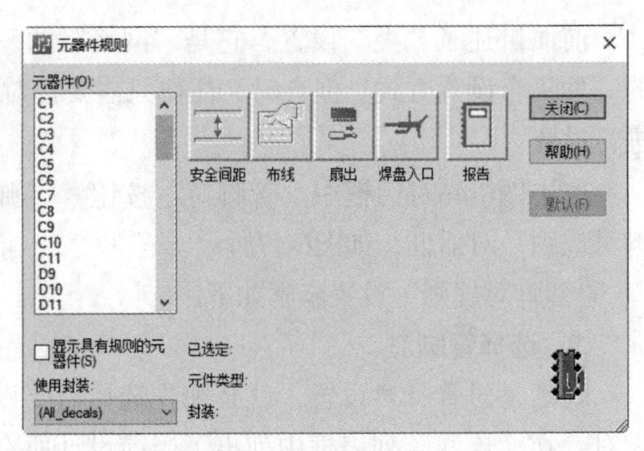

图6-59 “元器件规则”对话框

6.5.7 “条件规则”设置

在前面几个小节中都介绍了“安全间距”的设置，其规则优先级顺序是，如果在类、网络、组和管脚对中没有设置规则的对象，一律以默认设置为准。但如果在设计中遇到有满足条件规则设置的情况，系统一律优先以条件规则约束条件为准。

在图6-46对话框中单击“条件规则”按钮，则系统弹出如图6-60所示的“条件规则设置”对话框。

条件规则设置操作步骤如下。

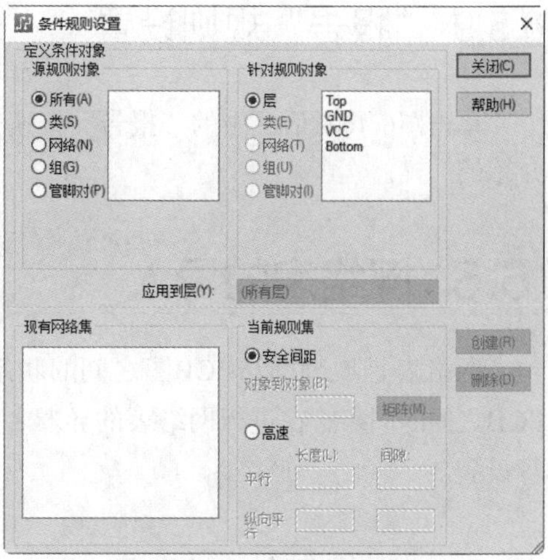

1. 选择“源规则对象”

在图6-60对话框中，首先要选择源规则对象，在选择之前应确定源规则对象所属类别（比如网络或者管脚对等），然后选择所属类别选项。

2. 选择“针对规则对象”

有了源规则对象，就必须为它选择相对的规则对象。“针对规则对象”的选择同“源规则对象”一样，这里不再重复。值得注意的是“针对规则对象”可以选择“层”。

3. 选择规则应用层

选择好源规则对象和针对规则对象后，还必须确定这两个对象在哪一板层上才受下列设置参数的约束，在“应用到层”下拉列表中选择一个板层即可。

图6-60　条件规则设置

4. 建立相对关系

当“源规则对象”和“针对规则对象”以及它们所应用的层都选择好之后，单击对话框中的“创建”按钮，则可建立它们之间的相对关系，在对话框“当前规则集”选项组中就会出现这一新的相对项。

5. 规则设置

在“现有网络集”选项组中选择一个选项，然后在“当前规则集”选项组中即可单独对选择的选项进行安全间距和高速两项设置。

6.5.8 “差分对”规则设置

差分对规则设置允许两个网络或两个管脚对一起定义规则，但这些规则并不能进行在线检查和设计验证，只是用于自动布线器。

在如图6-46所示的对话框中单击“差分对”按钮，则会弹出“差分对”对话框，如图6-61所示。

“差分对”设置步骤如下。

1. 选择类型

在图6-61所示的对话框中有三个选项卡，可以选择需要设置规则的差分对类型：网络、管脚对和电气网络。

2. 建立差分对

在对话框的“可用”列表框中选择一个网络或管脚对，单击对话框中的“添加”按钮，再选择网络或管脚对，单击下面的“添加”按钮，然后在“最小值”文本框中输入最短长度值，在“最大值”文本框中输入最大长度值，一个差分对即建成。

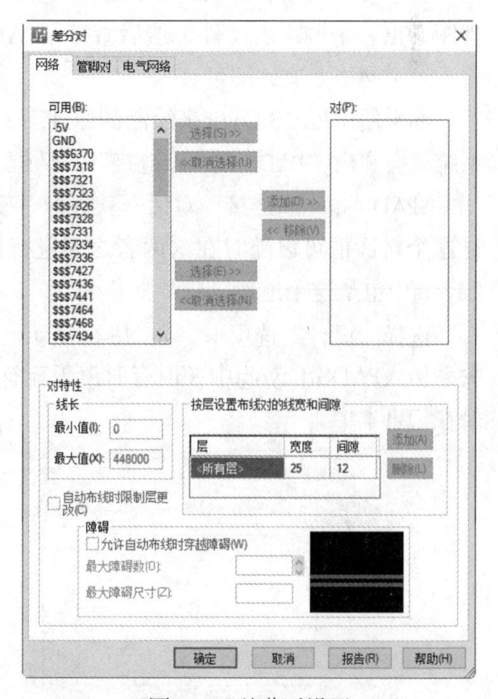

图6-61　差分对设置

6.5.9 “报告”规则设置

单击图6-46对话框中的“报告”按钮▣，则弹出如图6-53所示的对话框，其使用方法与6.5.1中介绍的一样。

6.6 网络表的导入

网络表是原理图与PCB图之间的联系纽带，原理图的信息可以通过导入网络表的形式完成与PCB之间的同步。在进行网络表的导入之前，需要装载元件的封装库及对同步比较器的比较规则进行设置。

6.6.1 装载元件封装库

由于PADS采用的是集成的元件库，因此对于大多数设计者来说，在进行原理图设计的同时便装载了元件的PCB封装模型，一般可以省略该项操作。但PADS同时也支持单独的元件封装库，只要PCB文件中有一个元件封装不是在集成的元件库中，用户就需要单独装载该封装所在的元件库。元件封装库的添加与原理图中元件库的添加步骤相同，这里不再赘述。

6.6.2 导入网络表

将原理图网络表导入PADS Layout有两种方式，如果用其他的软件来绘制的原理图，可以将原理图导出一个网络表文件，然后直接在PADS Layout中选择菜单栏中的“文件”→“导入”命令，输入这个网络表文件即可。

如果使用PADS Logic来绘制的原理图，只需选择菜单栏中的“工具”→“PADS Layout”命令，系统就会弹出“PADS Layout链接”对话框，如图6-62所示。

“PADS Layout链接”对话框就好像一座桥梁将PADS Layout与PADS Logic动态地链接起来，通过这个对话框可以随时在这两者之间进行数据交换，实际上PADS Logic自动将原理图输入PADS Layout中也是这个道理。

选择“设计”选项卡，如图6-63所示。单击 发送网表(N) 按钮，系统会自动地将原理图网络链接关系传入PADS Layout中，但有时由于疏忽会出现一些错误，传送网表时系统会将这些错误信息记录在记事本中。

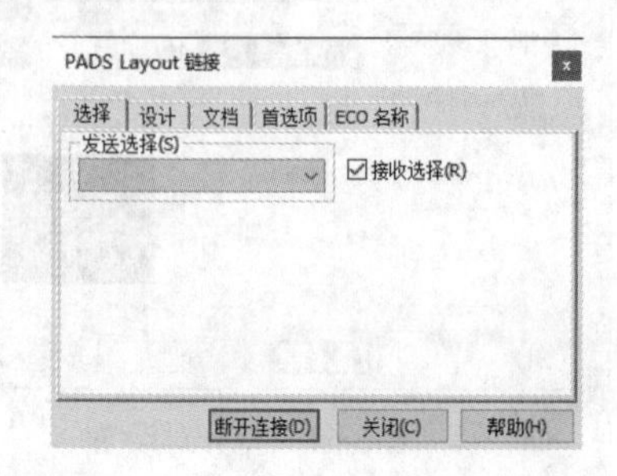

图6-62 “PADS Layout链接”对话框

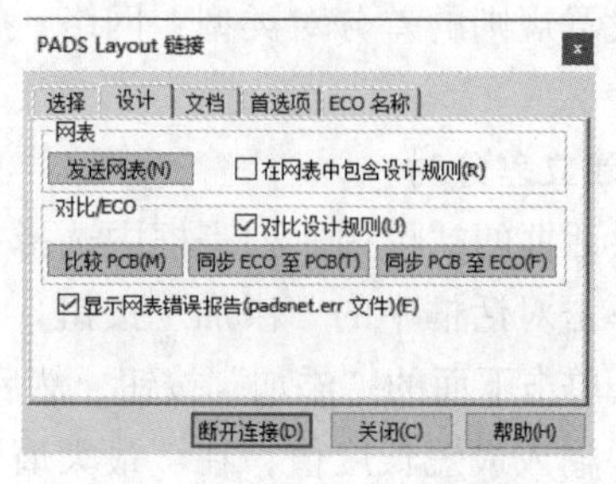

图6-63 “设计”选项卡

选择“显示网表错误报告”复选框，当网表传送完之后会自动打开记事本，如图6-64所示，这时可以将这些错误信息打印下来后逐一去解决它们，直到没有错误为止，才算成功地将原理图网表传到PADS Layout中。

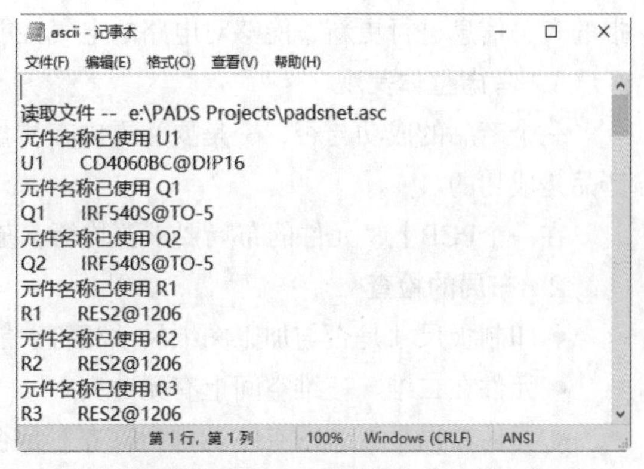

图6-64 “传送网表信息”记事本

6.6.3 打散元件

当完成了一些有关的设置之后，由于原理图从PADS Logic中传送过来之后全部都是放在坐标原点，这样不但占据了板框面积而且也不利于对元件观察，而且给布局带来了不便，所以在进行布局之前必须将这些元件全部打散放到板框线外去。

选择菜单栏中的“工具”→“分散元器件”命令，弹出如图6-65所示的提示对话框，单击“是”按钮，可以看到元件被全部散开到板框线以外（除了被固定的元件），并有序地进行排列，如图6-66所示。

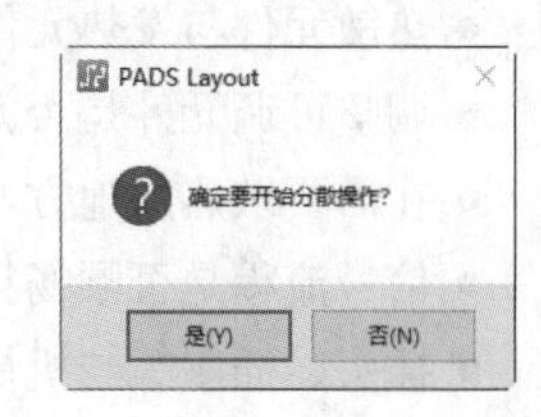

图6-65 散开元件提示对话框

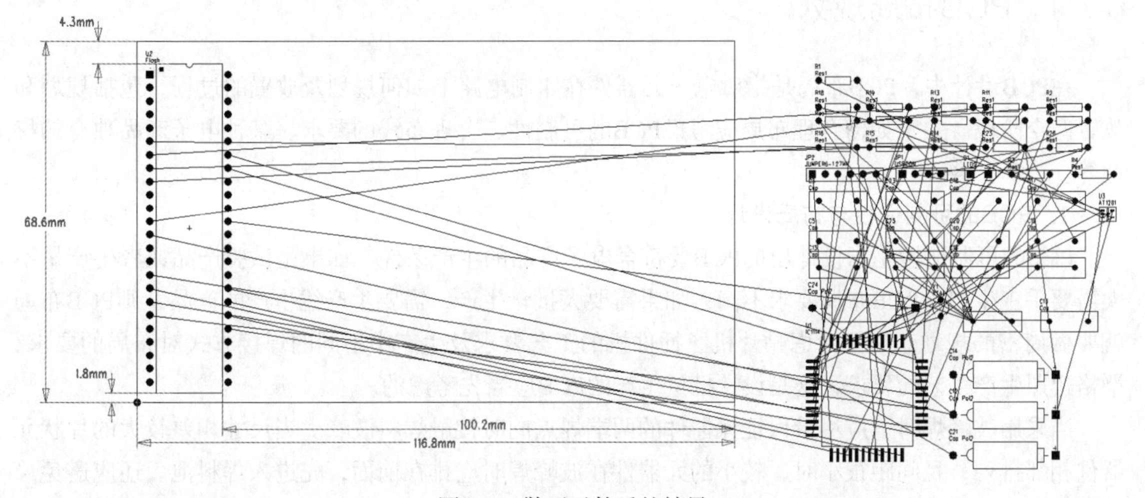

图6-66 散开元件后的结果

6.7 元件布局

在PCB设计中，布局是一个重要的环节。布局结果的好坏直接影响布线的效果，因此可以这样认为，合理的布局是PCB设计成功的关键一步。

布局的方式分两种，一种是交互式布局，另一种是自动布局，一般是在自动布局的基础上用交互式布局进行调整，在布局时还可根据走线的情况对门电路进行再分配，将两个门电路进行交换，使其成为便于布线的最佳布局。在布局完成后，还可对设计文件及有关信息进行返回标注于原理图，使得PCB中的有关信息与原理图相一致，以便在今后的建档、更改设计能同步起来，同时对模拟的有关信息进行更新，能够对电路的电气性能及功能进行板级验证。

1. 考虑整体美观

一个产品的成功与否，一是要注重内在质量，二是兼顾整体的美观，两者都较完美才能认为该产品是成功的。

在一个PCB上，元件的布局要求要均衡，疏密有序，不能头重脚轻或一头沉。

2. 布局的检查

- 印制板尺寸是否与加工图纸尺寸相符？能否符合PCB制造工艺要求？有无定位标记？
- 元件在二维、三维空间上有无冲突？
- 元件布局是否疏密有序，排列整齐？是否全部布完？
- 需经常更换的元件能否方便地更换？插件板插入设备是否方便？
- 热敏元件与发热元件之间是否有适当的距离？
- 调整可调元件是否方便？
- 在需要散热的地方，是否装散热器？空气流是否通畅？
- 信号流程是否顺畅且互连最短？
- 插头、插座等与机械设计是否矛盾？
- 线路的干扰问题是否有所考虑？

6.7.1 PCB布局规划

在PCB设计中，PCB布局是指对电子元器件在印制电路上如何规划及放置的过程，包括规划和放置两个阶段。关于如何合理布局应考虑PCB的可制性、合理布线的要求、某种电子产品独有的特性等。

1. PCB的可制造性与布局设计

PCB的可制造性是指设计出的PCB要符合电子产品的生产条件。如果是试验产品或者生产量不大需要手工生产，PCB布局要求不高；如果需要大批量生产，需要生产线生产的产品，则PCB布局就要做周密的规划。需要考虑贴片机、插件机的工艺要求及生产中不同的焊接方式对布局的要求，严格遵照生产工艺的要求，这是设计批量生产的PCB应当先考虑的。

当采用波峰焊时，应尽量保证元器件的两端焊点同时接触焊料波峰。当尺寸相差较大的片状元器件相邻排列，且间距很小时，较小的元器件在波峰焊时应排在前面，先进入焊料池。还应避免尺寸较大的元器件遮蔽其后面尺寸较小的元器件，造成漏焊。板上不同组件相邻焊盘图形之间的最小间距应在1mm以上。

元器件在PCB上的排向，原则上是随元器件类型的改变而变化，即同类元器件尽可能按相同的方向排列，以便元器件的贴装、焊接和检测。布局时，DIP封装的IC摆放的方向必须与过锡炉的方向垂直，不可平行。如果布局上有困难，可允许水平放置IC（SOP封装的IC摆放方向与DIP相反）。

元件布置的有效范围：在设计需要生产线生产PCB时，X，Y方向均要留出传送边，每边为3.5mm，如不够，需另加工艺传送边。在印制电路板中位于电路板边缘的元器件离电路板边缘一般不小于2mm。电路板的最佳形状为矩形，长宽比为3：2或4：3。电路板面尺寸大于200mm×150mm时，应考虑电路板所受的机械强度。

在PCB设计中，还要考虑导通孔对元器件布局的影响，避免在表面安装焊盘上，或在距表面安装焊盘0.635mm以内设置导通孔。如果无法避免，需用阻焊剂将焊料流失通道阻断。作为测试支撑导通孔，在设计布局时，需充分考虑不同直径的探针进行自动在线测试（ATE）时的最小间距。

2. 电路的功能单元与布局设计

PCB的布局设计中要分析电路中的电路单元，根据其功能合理地进行布局设计，对电路的全部元器件进行布局时，要符合以下原则：（1）按照电路的流程安排各个功能电路单元的位置，使布局便于信号流通，并使信号尽可能地保持一致的方向。（2）以每个功能电路的核心元件为中心，围绕它来进行布局。元器件应均匀、整齐、紧凑地排列在PCB上；尽量减少和缩短各元器件之间的引线和连接。（3）在高频下工作的电路，要考虑元器件之间的分布参数。一般电路应尽可能使元器件平行排列。这样，不但美观，而且装焊容易，易于批量生产。

3. 特殊元器件与布局设计

在PCB设计中，特殊的元器件是指高频部分的关键元器件、电路中的核心器件、易受干扰的元器件、带高压的元器件、发热量大的元器件以及一些异形元器件等。这些特殊元器件的位置需要仔细分析，做到布局满足电路功能的要求及生产的要求，不恰当地放置它们，可能会产生电磁兼容问题、信号完整性问题，从而导致PCB设计的失败。

在设计如何放置特殊元器件时，首先要考虑PCB尺寸的大小。PCB尺寸过大时，印制线条长，阻抗增加，抗噪声能力下降，成本也增加；PCB尺寸过小时，则散热不好，且邻近线条易受干扰。在确定PCB尺寸后，再确定特殊元件的位置。最后，根据电路的功能单元，对电路的全部元器件进行布局。特殊元器件的位置在布局时一般要遵守以下原则。

（1）尽可能缩短高频元器件之间的连线，设法减少它们的分布参数和相互间的电磁干扰。易受干扰的元器件不能相互挨得太近，输入和输出元件应尽量远离。

（2）某些元器件或导线之间可能有较高的电位差，应加大它们之间的距离，以免放电引起意外短路。带高电压的元器件应尽量布置在调试时手不易触及的地方。

（3）质量超过15g的元器件，应当用支架加以固定，然后焊接。那些又大又重、发热量多的元器件，不宜装在印制板上，而应装在整机的机箱底板上，且应考虑散热问题。热敏元件应远离发热元件。

（4）对于电位器、可调电感线圈、可变电容器、微动开关等可调元件的布局，应考虑整机的结构要求。若是机内调节，应放在印制板上方便调节的地方；若是机外调节，其位置要与调节旋钮在机箱面板上的位置相适应。

（5）应留出印制板定位孔及固定支架所占用的位置。

6.7.2　布局步骤

面对如此多的元件应该如何去将它们放到板框内呢？这对于工程人员来讲，如果碰见比较复杂的PCB有时难免会变得茫然，就更不用说PCB设计新手了。

其实只要自己多总结，将其步骤化，到时按部就班，这就省事多了。下面是笔者总结的一点布局经验提供给大家参考。其步骤大概分为五步，分别是：

（1）放置板中固定元件。

（2）设置板中有条件限制的区域。

（3）放置重要元件。

（4）放置比较复杂或者面积比较大的元件。

（5）根据原理图将剩下的元件分别放到上述已经放好的元件周围，最后整体调整。

为什么把放置固定元件放在布局的第一步呢？其实很简单，因为固定元件在板中的位置主要是根据这PCB在整个产品系统结构中的位置来决定的，当然也有可能由其他原因决定。不管由什么原因决定，总之这些固定的位置一旦确定下来是不可以随便改动的，有时有误差也可能导致心血付之东流。

放置好固定元件之后布局的第二个步骤需要设置一些条件区域，这些条件区域会对设置的区域进行某种控制，使得元件、走线或其他对象不可以违背此限制。为什么将其放在第二步呢？因为固定元件已经考虑了这个条件，不受此约束，但是对于其他元件则必须考虑了。

电路板上通常的控制是对板上某个区域器件高度限制、禁止布线限制及不允许放入测试点限制等。这些限制条件有必要而且有些是必须考虑的。

设置局部控制区域：设置好局部区域限制条件之后进入布局设计的第三步，现在可以将一些比较重要的元件放入板框中，因为这些元件（特别是对于高频电路）在设计上可能对其有一定的要求，其中包括它的管脚走线方式等，所以必须先考虑它们，否则会给以后的设计带来麻烦。

放置好重要元件后剩下的元件都是平等的，不过根据设计经验，还是必须先放置那些比较大或者比较复杂的元件，因为这些元件（特别是元件脚较多的元件）包括的网络较多，放置好它们之后就可以参考网络连接或设计要求来放置最后剩余的元件，不过在放置最后剩余的元件时最好参考原理图。

6.7.3 PCB自动布局

PADS Layout系统提供了两种布局方式，其中一种布局方式是自动智能簇布局。智能簇布局器是一个交互式和全自动多遍无矩阵布局器，可进行半自动或全自动的概念定义和布局操作，可人工、半自动或全自动地进行簇的布局、子簇的布局，可打开簇进行单元和器件的布局和调整以及布局优化等工作，也可单独使用对其中的某一部分进行一遍或几遍的反复调整，直到布局效果达到最佳状态。

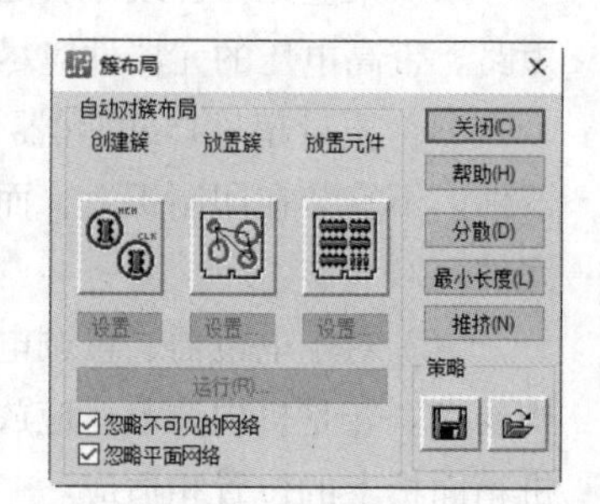

图6-67 “簇布局”对话框

打开自动簇布局器。在PADS Layout中，选择菜单栏中的“工具”→“簇布局”命令，则弹出如图6-67所示的“簇布局”对话框。

自动簇布局器用以实现对大规模、高密度和复杂电路的设计以及大量采用表面安装器件（SMD）和PGA器件的PCB设计自动布局。

自动簇布局器一共有3个工具，分别用于创建簇、放置簇和放置元件。

1. 创建簇

这个工具可以将在板框外的对象自动创建一个新的簇。创建簇设置如图6-68所示。

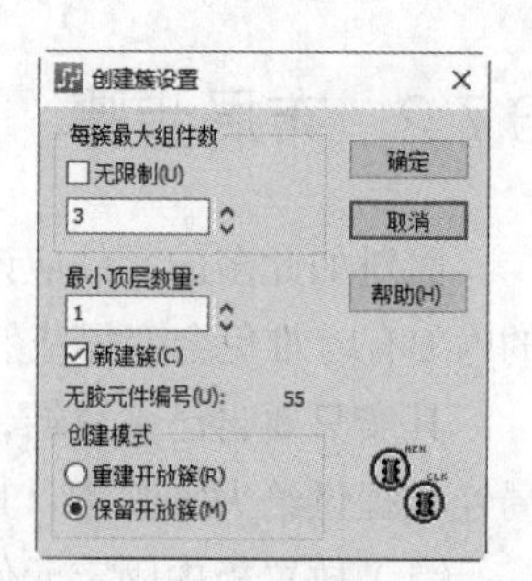

图6-68 “创建簇设置”对话框

- 每簇最大组件数：设置每个簇包含的元件的最大个数。如果选择“无限制”复选框就是不加以限制的意思。
- 最小顶层数量：设置最小的顶层簇的数量。一个顶层簇的意思是说这个簇没有被其他的簇所包含。

- 新建簇：是否创建新的簇。
- 无胶元件编号：当前没有被锁定的元件的数目。
- 创建模式：簇分为重建开放簇和保留开放簇。

2. 放置簇

簇放置设置如图6-69所示。

（1）元件放置规则。

- 板框间距：设置簇到板框的最小间距。
- 元件交换比率：设置簇之间的距离，0为最小间距，100%为最大间距。
- 自动、手动：自动还是手动设置布局规则。

（2）尽力级别。

尽力级别指对布局的努力程度，PADS Layout提供了3个选项，即建议值、高和让我来指定。布局的努力程度分为两个部分，分别是“创建通过”的努力程度和“小范围微调”的努力程度。

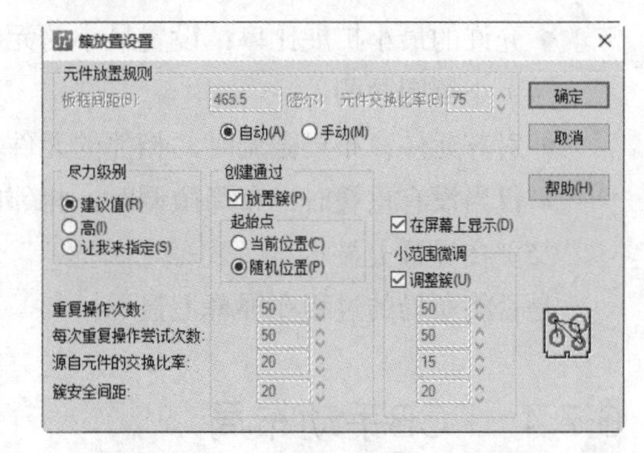

图6-69 “簇放置设置”对话框

- 重复操作次数：对簇布局的次数。
- 每次重复操作尝试次数：每次布局的尝试，增加这个值可以使元件和固定的元件结合得更加紧密。
- 源自元件的交换比率：在布局的时候有时需要重新对元件、簇或组合进行定位，增加这个值可以增加对元件、簇或组合进行交换的概率。
- 簇安全间距：元件扩展的范围。

（3）创建通过。

创建通过包括的选项如下。

- 放置簇：是否对簇进行布局，如果用户已经对簇进行了布局，这个选项可以去掉。
- 起始点：如果设置了对簇进行布局，就要设置布局的开始点。当前位置，如果元件已经放置在板框内，可以选择这个选项，这样可以保持元件的位置；随机位置，在板框内的任意位置进行布局。

（4）小范围微调。

微调布局时，选择“调整簇”复选框，便可以通过改变“调整簇”下面的参数对布局进行微调。

（5）在屏幕上显示。

在“屏幕上显示”指是否将布局的过程在屏幕上显示。

3. 放置元件

元件放置设置如图6-70所示。

（1）元件放置规则。

布局规则，同簇布局的设置相同。

（2）创建通过。

- 放置元件：是否对元件进行布局，如果元件

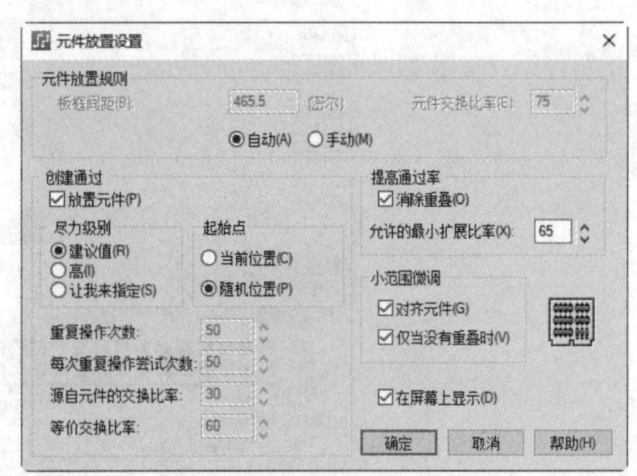

图6-70 “元件放置设置”对话框

已经进行了布局且只需要微调，可以将此项去掉。

- 尽力级别：和簇布局的意义相同。
- 起始点：和簇的意义相同。

（3）提高通过率。

- 消除重叠：是否要消除元件重叠的情况。
- 允许的最小扩展比率：设置最小的元件空间扩展的比例。

（4）小范围微调。

- 对齐元件：布局微调时，相邻的元件是否要对齐。
- 仅当没有重叠时：布局微调时，相邻的元件要对齐的前提是没有元件叠加的情况。

（5）在屏幕上显示。

是否将布局的过程在屏幕上显示。

6.7.4 PCB手动布局

PADS Layout系统提供的另一种布局方式是手工布局，手工布局可以使用“查找”工具进行元器件的迅速查找、多重选择和按顺序移动。系统具有元器件的自动推挤、自动对齐、器件位置互换、任意角度旋转、极坐标方式放置元件、在线切换PCB封装、镜像和粘贴等功能，元器件移动时能够动态飞线重连、相关网络自动高亮、指示最佳位置和最短路径。一般操作步骤分为布局前的设置、散开元件、放置元件等。

1. 布局前的设置

布局设计前，很有必要进行一些布局的参数设置，比如设计栅格一般设置成20mil（输入直接快捷命令G 20即可），PCB的一些局部区域高度控制等，这些参数的设置对于布局设计是必不可少的。

除此之外，对于一些比较特殊而且非常重要的网络，特别是对于高频设计电路中的一些高频网络，这种设置就显得更有必要，因为将这些特殊的网络分别用不同的颜色显示在当前设计中，这样在布局设计时就可以将这些特殊网络的设计要求（比如走线要求）考虑进去，不至于在以后的设计中再进行调整。

设置网络的颜色选择菜单栏中的“查看”→“网络”命令，则弹出如图6-71所示的“查看网络”对话框。

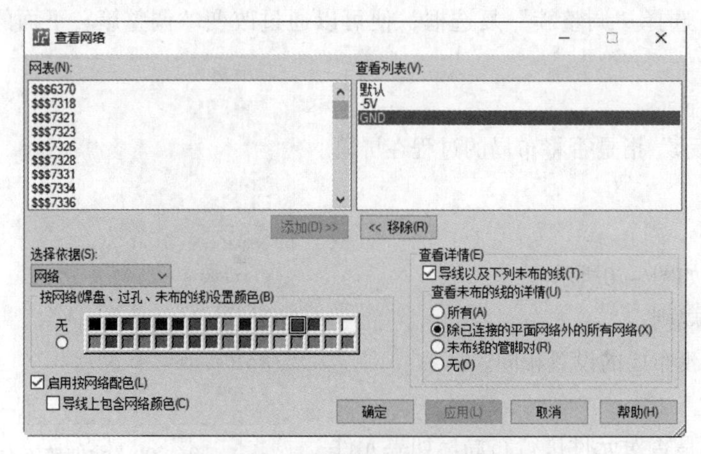

图6-71 “查看网络”对话框

在这个对话框中有两个并列的列表框，左边的“网表”列表框中显示了当前设计中的所有网络，右边的“查看列表”列表框中所显示的是需要设置特殊颜色及进行其他一些设置的网络，可以通过“添加”按钮将左边列表框的网络增加到右边列表框中，也可通过“移除”按钮将右边列表框中的网络还回到左边的列表框中。

当进行特殊网络颜色设置时，首先将需要设置的网络从左边“网表”列表框中通过“添加”按钮传送到右边“查看列表”的列表框中。然后在“查看列表”列表框中用鼠标选择一个网络，再单击对话框中“按网络（焊盘、过孔、未布的线/设置颜色）”下某一个颜色块下面的对应凹陷圆圈，这样完成了一个网络的颜色设置。依此类推，你可以按这种设置步骤再去设置多个网络，当这些特殊网络的颜色设置完之后单击“确定”按钮，这些特殊的网络在当前的设计中按照设置的颜色分别显示出来。

有时有些网络（特别是设计多层板时的地线网络和电源网络）在布局时并不需要考虑它们的布线空间，如果全都显示出来难免显得杂乱，实际中常常先将它们隐去而不显示出来，这时只需在对某一网络进行特殊颜色设置时，再选择对话框中“查看未布的线的详情”选项组下面的“未布线的管脚对”选项即可。

2. 散开元件

在PADS Layout中只需要选择“工具”→“分散元器件”命令，这时弹出如图6-72所示的询问“确定要开始分散操作?”对话框，单击“是”按钮，则PADS Layout系统就会自动将所有的元件按归类放在板框线外，如图6-73所示。

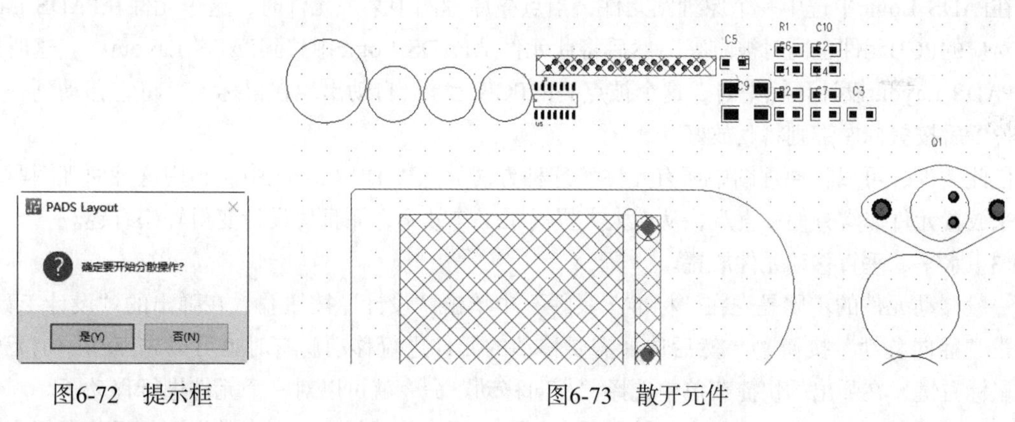

图6-72　提示框　　　　图6-73　散开元件

3. 放置元件

在整个布局设计中，掌握好元件的各种移动方式对于快速布局是不可缺少的一部分。一般来讲，元件移动方式有两种，一种是水平和垂直移动，另一种是极坐标移动。不过移动元件前有时需要建立一些群组合，这会给移动带来方便，下面就分别介绍如何建立群组合及各种移动方式。

（1）建立元件群组合。

当在进行PCB布局设计或者其他一些操作时，我们常希望将某些相关元件结合成一个整体，最常见的是一个IC元件和它的去耦电容。当建立了这种组合之后，它们就会成为另一个新的整体，对其进行移动或其他操作时，这个组合就像一个元件一样整体移动或进行其他动作。

打开PCB设计文件，下面介绍怎样建立一个最基本的群组合（一个IC元件与它对应的去耦电容）。

首先用寻找命令调出一个IC元件U5，将其放好，然后再用寻找命令找出一个与它对应的去耦电容，将这个去耦电容放在U1的电源脚位旁，调整好位置之后用鼠标选中U1将其点亮，然后按下Ctrl键，再用鼠标选中电容C5，使其点亮，现在U5与C5都同时处于点亮状态，单击鼠标右键，从弹出的菜单中选择“创建组合”命令，则弹出“组合名称定义”对话框，如图6-74所示。

图6-74 “组合名称定义”对话框

系统缺省的群组合名是UNI_1，如果想重新命名这个组合，则在这个对话框中输入一个新的组合名称，然后单击“确定”按钮，一个新的组合就建立完毕。

（2）采用最先进的原理图驱动放置元件进行布局设计。

有很多的工程人员对于布局设计并不太重视，其实PCB布局设计是否合理对于以后的布线设计及其他一些设计都是举足轻重的，所以尽可能在布局设计时将有关的条件都考虑进去，以免给以后的设计带来麻烦。

另外，我们知道，可以通过OLE将PADS Logic与PADS Layout动态地链接起来，下面介绍怎样利用这种动态链接关系来使用原理图驱动进行放置元件布局。

首先在PADS Layout中打开原理图文件，启动PADS Layout，将PADS Layout与PADS Logic通过OLE动态链接起来，再将原理图网络表传入PADS Layout中。

将网络表传入PADS Layout之后，在PADS Layout“标准工具栏”中单击“设计”按钮，在弹出的“设计工具栏”中单击“移动”按钮，之后就可以利用原理图驱动，从原理图中单击某元件后，直接在PADS Layout中放置该逻辑元件所对应的PCB封装。

在PADS Logic中选中一个原理图元件，当点亮原理图中某一元件时，这个元件在PADS Layout中所对应的PCB元件也同时被点亮，然后将此元件从PADS Logic中移到PADS Layout中。这时鼠标移到PADS Layout设计环境中时，这个被点亮的PCB元件会自动出现在鼠标上，将它移动到一个确定的位置后按鼠标左键则将其放好。

依此类推，可以将原理图中所有元件按这种方法放入PADS Layout中。利用这种原理图驱动的方法来放置元件非常方便、直观，从而大大提高了工作效率，而且使设计变得轻松有趣。

（3）水平、垂直移动元件放置。

一般移动元件的步骤是先在“标准工具栏”中单击“设计”按钮，在弹出的“设计工具栏”中单击“径向移动”按钮，然后选择需要移动的元件进行移动。有时也可以先点亮一个元件再单击鼠标右键，在弹出的快捷菜单中选择“径向移动”命令就可以对一个元件进行移动了。

上述两种方法对于移动元件来讲并非最方便的，更多的时候只需点亮某个元件后将鼠标十字光标放在该元件上，按下鼠标左键不放移动鼠标，则这个元件就可以移动了。当然这种移动方式是有条件的，必须选择菜单栏中的“工具”→“选项”命令，在弹出的“选项”对话框中选择“全局”→“常规”选项卡，在“拖动”选项组下将其设置成“拖动并附着”或者“拖动并放下”，如果设置成“无拖动”，则表示关闭了这种移动方式。

在很多的情况下，被移动的元件经常需要改变状态，比如旋转90°等，这时只需在移动状态下单击鼠标右键，从弹出的快捷菜单中选择想改变的状态选项即可。当然也可以利用菜单“编辑”→“移动”的快捷键Ctrl+E。

小技巧

实际上，在元件移动状态时，用键盘上的 Tab 键来改变元件的状态是最好的方式。

如果改变一个放置好了的元件在原地的状态，可以使用“设计工具栏”下的按钮，它们分别是“旋转”按钮、“绕原点旋转”按钮和“交换元件”按钮。当然也可以先点亮某个元件，再单击鼠标右键来选择弹出菜单中的某个命令来改变元件状态。

除了单个元件移动之外，很多时候常需要做整体块移动，组合移动。当做块移动时，可以按住鼠标左键不放，然后移动拉出一个矩形框来，矩形框中目标被点亮，这些被点亮的目标就可以同时被作为一个整体来移动了。但有时矩形框中的某些被点亮的目标并不都是所希望移动的，这就需要在选择目标前先用过滤器把所不希望移动的目标过滤掉。同理，在移动组合体时也需要先在过滤器中选择“选择组合/元器件”选项，然后才可以点亮组合体而进行移动。

总之，不管是移动还是改变元件状态，在实际过程中多总结，多试试，看哪一种方式才是自己认为最方便的。

（4）“径向移动”元件放置。

“径向移动”实际上就是常说的极坐标移动。在PCB设计中虽然不常用径向移动，但如果没有这种移动方式，有时极不方便，因为有时设计某些产品的时候，需要将元件以极坐标的方式来放置。

单击“标准工具栏”中的“设计工具栏”图标，在弹出的“设计工具栏”中单击“移动”按钮和“径向移动”按钮，再选择需要移动的元件，也可先点亮元件后再选择功能图标。其实很多时候选择点亮了目标之后单击鼠标右键，从弹出的菜单中选择“径向移动”命令就可以了。当选择“径向移动”方式后，极坐标会自动显示出来，然后就可以参考坐标放置好元件，如图6-75所示。

在进行极坐标移动之前一般都要对其设置，使之适合于自己的设计要求。关于极坐标的设置是：选择菜单栏中的“工具”→“选项”命令，在弹出的“选项”对话框中选择“栅格和捕获”→“栅格”选项卡，单击“径向移动设置”按钮，则弹出的对话框如图6-76所示。

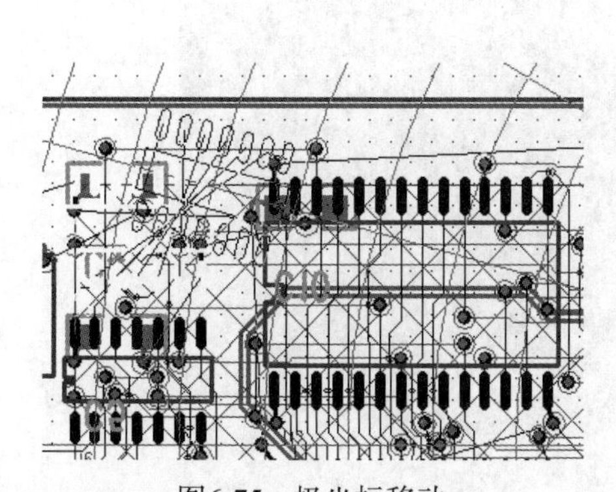

图6-75　极坐标移动

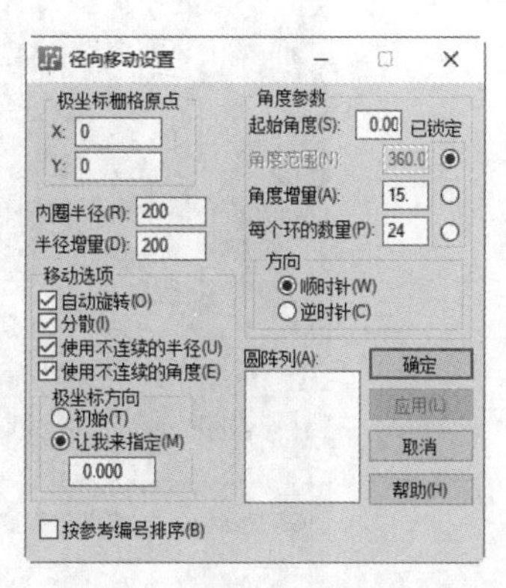

图6-76　径向移动参数设置

现将图6-76中的有关参数设置解释如下，以方便大家设置。

（1）极坐标栅格原点。

- X：原点的 X 坐标。
- Y：原点的 Y 坐标。

（2）内圈半径：靠近原点的第一个圆环与原点的径向距离，默认值为700。

（3）半径增量：除第一个圆环外，其他各圆环之间的径向距离，默认值为200。

（4）角度参数：角度参数设置。

- 起始角度：起始角度值。
- 角度范围：整个移动角度的范围。
- 角度增量：最小移动角度。
- 每个环的数量：在移动角度范围内最小移动角度（Delta Angle）的个数。
- 已锁定：锁定某选项，默认是锁定“角度范围”选项，被锁定的选项不可以被改变。
- 顺时针：顺时针方向。
- 逆时针：逆时针方向。

（5）移动选项：当移动元件时的参数设置。

- 自动旋转：移动元件时自动调整元件状态。
- 分散：移动元件时自动疏散元件。
- 使用不连续的半径：移动元件时可以在径向上进行不连续地移动元件。
- 使用不连续的角度：移动元件时在角度方向上可以不连续地移动元件。

（6）极坐标方向：极坐标方向的设置。

- 初始：使用最初的。
- 让我来指定：由自己设置。

6.7.5 动态视图

选择菜单栏中的“查看”→“PADS 3D”命令，弹出如图6-77所示的动态视图窗口。在视图中利用鼠标旋转、移动电路板，也可利用窗口中的菜单命令，工具栏命令进行操作，这里不再赘述。

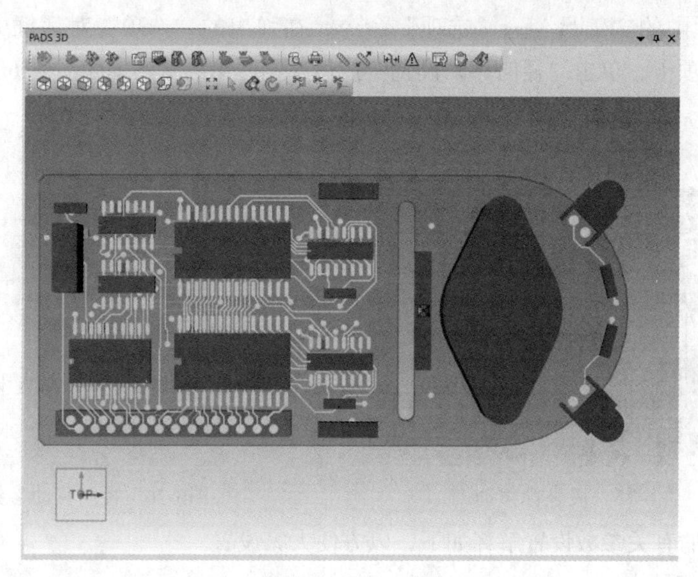

图6-77 动态窗口

6.8 元件布线

在PCB设计中，布线是完成产品设计的重要步骤，可以说前面的准备工作都是为它而做的，在整个PCB中，以布线的设计过程限定最高，技巧最细、工作量最大。

6.8.1　布线原则

做PCB时是选用双面板还是多层板，要根据最高工作频率和电路系统的复杂程度以及对组装密度的要求来决定。在时钟频率超过200MHz时最好选用多层板。如果工作频率超过350MHz，最好选用以聚四氟乙烯作为介质层的印制电路板，因为它的高频衰耗要小一些，寄生电容要小一些，传输速度要快一些，对印制电路板的走线有如下原则要求。

（1）所有平行信号线之间要尽量留有较大的间隔，以减少串扰。如果有两条相距较近的信号线，最好在两条信号线之间走一条接地线，这样可以起到屏蔽作用。

（2）设计信号传输线时要避免急拐弯，以防传输线特性阻抗的突变而产生反射，要尽量设计成具有一定尺寸的均匀的圆弧线。

（3）印制线的宽度可根据上述微带线和带状线的特性阻抗计算公式计算，印制电路板上的微带线的特性阻抗一般在50 ~ 120Ω之间。要想得到大的特性阻抗，线宽必须做得很窄。但很细的线条又不容易制作。综合考虑各种因素，一般选择68Ω左右的阻抗值比较合适，因为选择68Ω的特性阻抗，可以在延迟时间和功耗之间达到最佳平衡。一条50Ω的传输线将消耗更多的功率；较大的阻抗固然可以使消耗功率减少，但会使传输延迟时间增大。由于负线电容会造成传输延迟时间的增大和特性阻抗的降低，但特性阻抗很低的线单位长度的本征电容比较大，所以传输延迟时间及特性阻抗受负载电容的影响较小。具有适当端接的传输线的一个重要特征是，分支短线对线延迟时间基本没有影响。当Z0为50Ω时。分支短线的长度必须限制在2.5cm以内，以免出现很大的振铃。

（4）对于双面板（或六层板中走四层线）电路板两面的线要互相垂直，以防止互相感应产主串扰。

（5）印制板上若装有大电流器件，如继电器、指示灯、扬声器等，它们的地线最好要分开单独走，以减少地线上的噪声，这些大电流器件的地线应连到插件板和背板上的一个独立的地总线上去，而且这些独立的地线还应该与整个系统的接地点相连接。

（6）如果板上有小信号放大器，则放大前的弱信号线要远离强信号线，而且走线要尽可能地短，如有可能还要用地线对其进行屏蔽。

6.8.2　布线方式

PADS Layout发展到今天，在其机械手工布线和智能布线功能方面可以说是相当成熟，采用交互式和半自动的布线方式，利用这些先进的智能化布线工具大大缩短了我们的设计时间。

单击“标准工具栏”中的“设计工具栏”图标，弹出设计工具栏，在该工具栏中包括5种布线方式。

- 添加布线。
- 动态布线。
- 草图布线。
- 自动布线。
- 总线布线。

6.8.3 布线设置

在5种布线方式中，除了“添加布线”布线方式以外，其他布线方式都必须是在在线设计规则DRC打开的模式下才可以进行操作，这是因为这些布线方式在布线过程中，所有的设计规则都是计算机根据在线规则检查来控制。

选择菜单栏中的“工具”→“选项”命令，在弹出的“选项”对话框中选择“设计”选项卡，如图6-78所示，在“在线DRC”选项组下选择“禁用”选项外其余3个选项，才可操作其余布线模式。

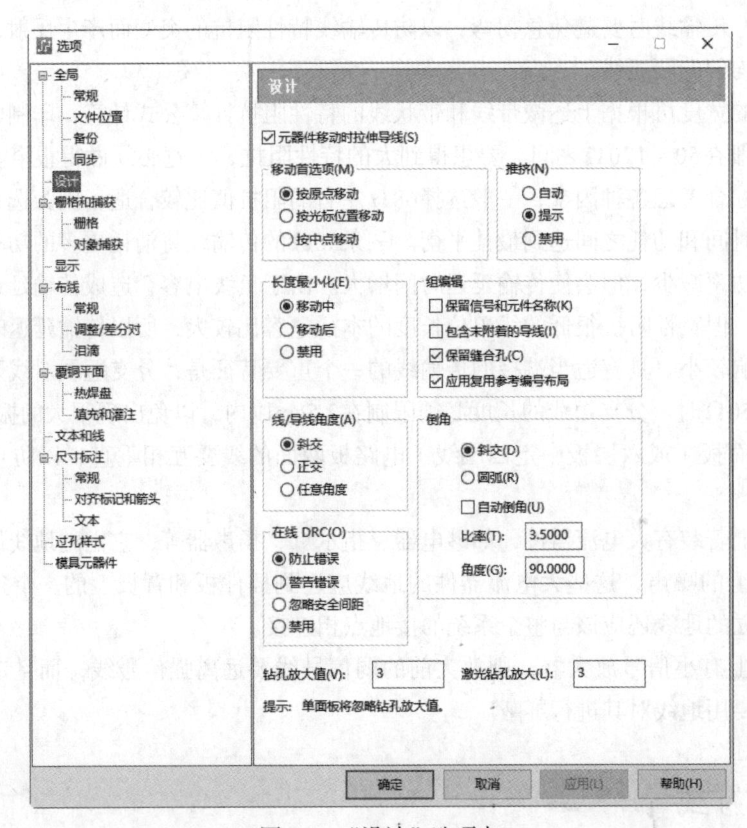

图6-78 “设计”选项卡

关于DRC（在线规则检查）模式，PADS Layout提供了4种选择，在布线过程中可以去选择任何一种来进行操作，这4种方式分别如下。

● 防止错误。

这种模式要求非常严格，在布线过程中，系统会严格按照在设计规则中，设置的规则来控制走线操作，当有违背规则时，系统将马上阻止继续操作，除非改变违规状态，但同时因为动态布线具有智能自动调整功能，所以在遇到有违背规则现象时，系统会进行自动排除。在设计过程中可使用直接命令“DRP”随时切换到此模式下。

● 警告错误。

当在布线或布局过程中有违背安全间距规则现象时，允许继续操作，并产生出错误信息报告。但在布线过程中不允许出现走线交叉违规现象。可使用直接命令“DRW”随时切换到此模式下。

● 忽略安全间距。

在布线时禁止布交叉走线，其他一切规则忽略，可使用直接命令“DRI”随时切换到此模式下。

● 禁用。

完全关闭DRC（在线设计规则检查），允许一切错误出现，完全人为自由操作。“添加布线”布线方式可以在DRC的4种模式下工作，而其他4种布线方式只能在DRC的“防止错误”模式下操作，所以在应用时要引起注意。

6.8.4　添加布线

“添加布线”的布线方式是原始而又基本的布线方式，可以在在线设计检查打开或者关闭的状态下操作。在整个布线过程中，它不具有任何的智能性，所有的布线要求比如拐角等都必须人为地来完成。所以也可称它为机械布线方式。

在开始布线前，先检查一下设计栅格设计，因为设计栅格是移动走线的最小单位，其设置最好依据线宽和线距的设计要求，使线宽和线距之和为其整数倍，这样就方便控制其线距了。

在“设计工具栏”中单击“添加布线”按钮，激活走线模式，用鼠标单击所需布线的鼠线即可开始布线，当布线开始后，可单击鼠标右键，从弹出的菜单中选择所需的功能菜单命令，如图6-79所示。

在图6-79中所示的功能菜单命令分别是。

● 添加拐角<Space>。
● 添加过孔shift+LButton+<Click>。
● 添加跳线<Ctrl+Alt+J>。
● 完成<Enter>。
● 结束Ctrl+ LButton+<Click>。
● 备份 <Backspace>。
● 层切换 <F4>。
● 交换结束点。
● 以过孔结束模式。
● 添加圆弧。
● 坐标{S[R] <x,y>}。
● 宽度 {W <nn>}。
● 层{L <nn>}。
● 过孔类型。
● 忽略安全间距。
● 角度模式。
● 忽略泪滴。

图6-79中的功能菜单命令都是走线要用到的，有了这些功能就可以完成走线。菜单中大部分的菜单所执行的功能都可以用快捷键和直接命令来代替，所以在布线设计时几乎都采用其对应的快捷键和直接命令，这样就大大提高了布线效率。

下面介绍一些在布线过程中经常用的功能。

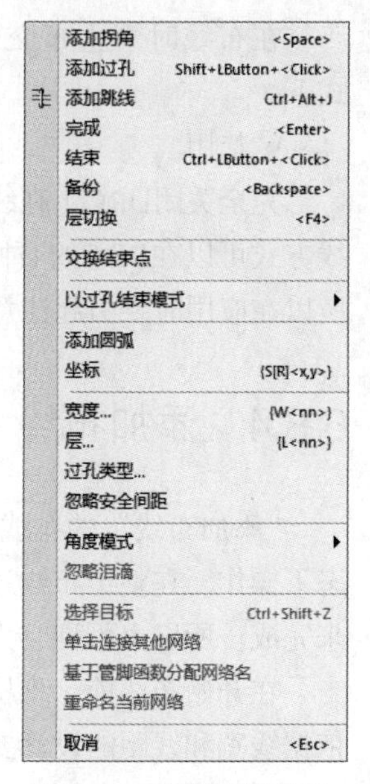

图6-79　布线功能菜单

- 添加拐角。

可以在图6-79中选择“添加拐角”命令来完成，而实际上最快的方法是在需要拐角的地方单击一下鼠标就可以了。

- 添加过孔。

图6-79中的“添加过孔”命令可以执行此功能，实际中只需按住键盘上的Shift键后单击一下鼠标左键或者按F4键就可以自动增加过孔。当需要改变目前的过孔类型时，输入直接命令“V”即可从当前所有的过孔类型中去选择一个所需的过孔类型，当然也可以选择图6-79中“过孔类型”命令来执行。

- 层切换。

增加过孔实际上也是一种换层操作，但是它所转换的层只能是当前的层对，意思是如果当前的层对是第一层和第四层，那么使用增加过孔来换层只能在第一和第四层之间转换。当然可以使用直接命令“PL”随时在线改变层对设置，然后再用增加过孔来换层，所以如果直接命令“PL”与增加过孔配合使用就可以达到任意换层的目的。除此之外，可以单独使用直接命令“L”随时在线切换走线层。

- 备份。

在走线过程中我们往往有时走了一段后忽然发现有点不对，但是并不想放弃已经走好的一部分，只希望返回到某一段，这时你可以仍然处于继续走线模式下，然后按键盘上Enter键上面的“Backspace”键，每按一次就取消一个走线拐角，直到返回至你所需的拐角为止。如果希望完全取消这个网络的布线，则直接按Esc键即可。

- 宽度。

在线修改线宽，在布线过程中随时可以使用直接命令“W”使同一网络的走线宽度呈现不同的线宽。

- 捕捉鼠线。

如果板走线密度很大，有时在单击所需的鼠线时总是捕捉不到自己所需的鼠线，对于多个设计对象，比如鼠线和元件管脚等重叠放置，只需捕捉到重叠中的任何一个后，按键盘上Tab键就可以切换到重叠对象中的任何一个。

- 完成。

当完成某个网络的布线时，只需将鼠标的光标移动到终点焊盘上，当鼠标的光标在终点焊盘上变成两个同心圆形状时，表示已经捕捉到了鼠线终点，这时只需单击鼠标左键即可完成走线。

以上这些操作都是在布线过程中经常用到的，这些操作不仅针对Add Route布线方式，对于其他走线方式均适合。提高布线效率除了本身与软件提供的功能有关以外，自身的经验和熟练程度也是一个重要的因素，所以必须要不断地训练自己，从中总结经验。

6.8.5　动态布线

动态智能布线只能在DRC的“防止错误”模式下才有效。动态布线是一种以外形为基础的布线技术，系统最小栅格可定义到0.01mil，进行动态布线时，系统自动进行在线检查，并可用鼠标牵引鼠线动态地绕过障碍物，动态推挤其他网络以开辟新的布线路径。这样就避免了用手工布线时的布线路径寻找、走线拐角、拆线和重新布线等一系列复杂的过程，从而使布线变得非常轻松有趣。

在“设计工具栏”中单击“动态布线”按钮，激活动态布线，具体布线过程，可参考“添加布线”布线介绍，这里不再重复介绍。

6.8.6　自动布线

自动布线方式主要反映在“自动”二字上，其意思是只要用鼠标双击即可完成一个连接的布线，当然如果在走线已经有一定密度时再使用此功能，就要付出大量的时间去等待，所以什么时候选用此功能要具体情况具体安排。

在“设计工具栏”中单击“自动布线”按钮，进入自动布线方式状态。

6.8.7　草图布线

“草图布线”与其说是一种布线方式，不如说是一种修改布线方式，在“设计工具栏”中单击“草图布线”按钮，进入草图布线方式。

在完成了某个网络的走线以后，有时会发觉走线如果换成另一种路径的布线方法可能会更好，为了达到这个目的，一般会采取重新布线或者移动走线，但是PADS Layout提供了一种“草图布线”方式可以快速完成这种修改。

6.8.8　总线布线

“总线布线”方式是PADS公司在智能布线的又一大杰作，在布线的过程中不但具有动态布线方式那样可以自动调整规则冲突和完成优化走线，而且可以同时进行多个网络的布线，这大概就是总线命名的由来。

（1）单击“标准工具栏”中的“设计工具栏”图标，在弹出的“设计工具栏”中单击“总线布线”按钮，系统进入总线布线状态。

（2）在总线布线状态下，如果只对一个网络布线，那与动态布线一样，选择网络的方式不是直接单击网络，不管是选择一个还是多个，都必须用区域选择方式进行选择。区域选择就是用鼠标单击某一点，然后按住鼠标左键不放来移动，这种移动就会设定出一个有效的操作范围来。当希望对几个网络使用总线布线来操作时，就必须先用这个方法将这几个网络的焊盘同时选上，然后只有对其中的某一个网络进行布线时，其他网络会紧随其后自动进行布线，而且走线状态完全相同，如图6-80所示。

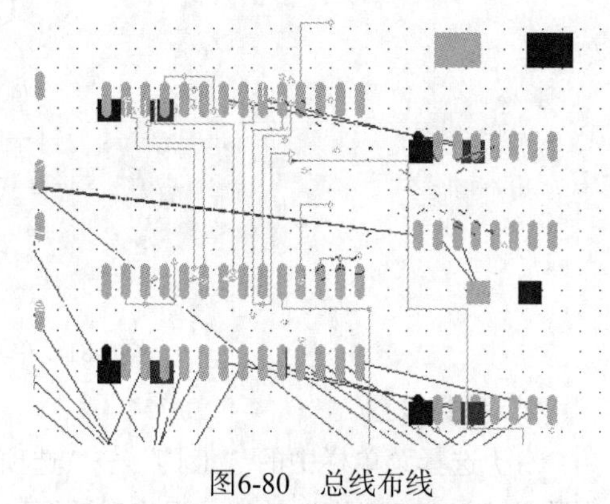

图6-80　总线布线

（3）用上述介绍的区域选择方式选择网络进行总线布线的网络比较有限，因为如果这些网络的起点焊盘如果不是连续的，那么将无法选择。

（4）对于不连续焊盘，如果需要使用总线布线，那么管脚焊盘的选择方法是先退出总线布线模式，不要处于任何一种布线模式下，单击鼠标右键，从弹出的菜单中选择“随意选择”命令，然后按住键盘上Ctrl键，用鼠标依次单击元件管脚，将它们全部点亮后再去单击“设计工具栏”中的“总线布线”按钮，当进入总线布线模式后，网络中某一网络自动出现在鼠标光标上，这时就可以对这些网络利用总线布线方式进行布线了。

对于布线过程中的其他操作，比如加过孔和换层等与“添加总线”一样，这里不再重复介绍。

千万不要把整个设计寄希望于某一个走线功能来完成，无论多好的功能都要在某一条件下才能发挥得最好，这五个布线功能在设计中相辅相成。在实际设计中，根据实际情况决定使用哪一种布线方式，灵活地运用它们才能发挥它们最好的作用，否则事倍功半。

6.9 操作实例——单片机最小应用系统PCB设计

完成如图6-81所示的单片机最小应用系统电路板外形尺寸规划，实现元件的布局和布线。本例学习电路板的创建及参数设置。另外，还将学习PCB布局的一些基本规则。

扫码看视频

1. 设置工作环境

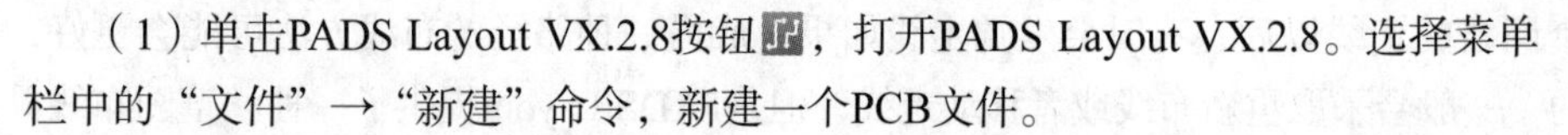

（1）单击PADS Layout VX.2.8按钮，打开PADS Layout VX.2.8。选择菜单栏中的“文件”→“新建”命令，新建一个PCB文件。

（2）单击“标准工具栏”中的“保存”按钮，输入文件名称“PIC”，保存PCB图。

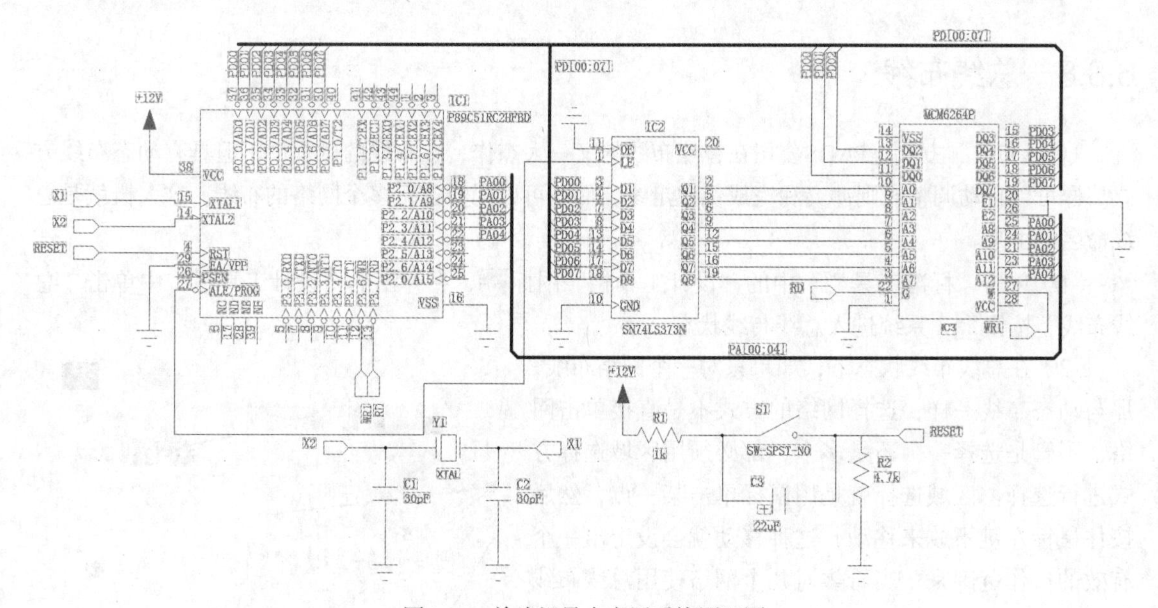

图6-81　单片机最小应用系统原理图

2. 参数设置

（1）选择菜单栏中的“工具”→“选项”命令，弹出“选项”对话框，如图6-82所示。选择默认设置，单击“确定”按钮，退出对话框。

（2）选择菜单栏中的“设置”→“层定义”命令，弹出“层设置”对话框，对PCB的层定义进行参数设置，如图6-83所示。

（3）选择菜单栏中的“设置”→“设计规则”命令，弹出“规则”对话框，如图6-84所示对PCB的规则进行参数设置。

图6-82　参数设置

图6-83　“层设置”对话框

3. 绘制电路板边界

（1）单击“标准工具栏”中的“绘图工具栏”按钮，打开绘图工具栏。

（2）单击“绘图工具栏”中的“板框和挖空区域”按钮，进入绘制边框模式，单击鼠标右键，在弹出的快捷菜单中选择绘制“矩形”的图形命令，在工作区的原点单击鼠标左键，移动光标，拉出一个边框范围的矩形框，单击鼠标左键，确定电路板的边框，如图6-85所示。

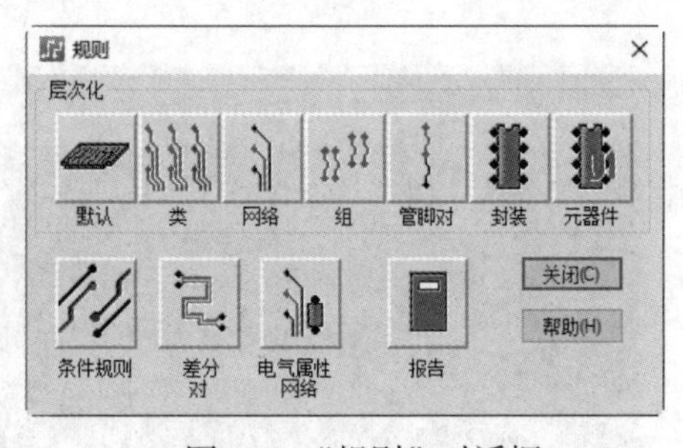

图6-84　“规则”对话框

图6-85　电路板边框图

4. 导入网络表

（1）打开PADS Logic，单击“标准工具栏”中的“打开”按钮，在弹出的“文件打开”对话框中选择绘制的原理图文件“PIC.sch”。

（2）在PADS Logic窗口中，单击“标准工具栏”中的“PADS Layout”按钮，打开“PADS Layout链接”对话框，单击“设计”选项卡中的“发送网表”按钮，如图6-86所示。

（3）将原理图的网络表传递到PADS Layout中，打开PADS Layout窗口，可以看到各元件已经显示在PADS Layout工作区域的原点上，如图6-87所示。

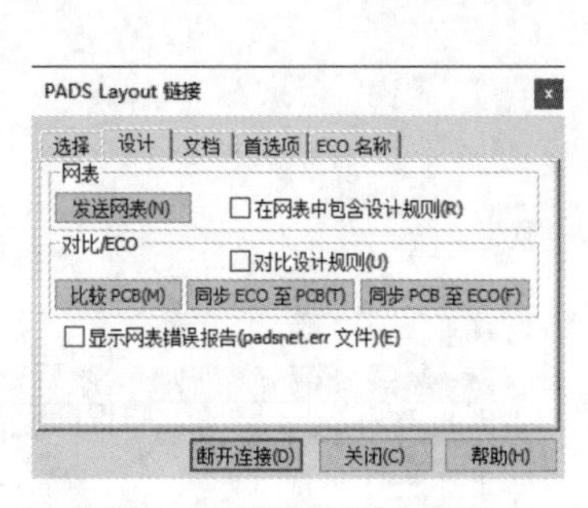

图6-86 “设计”选项卡

图6-87 调入网络表后的元件PCB图

5. 自动布局

（1）选择菜单栏中的“工具”→“簇布局”命令，则弹出如图6-88所示的“簇布局”对话框。

（2）单击“放置簇”图标，激活“运行”按钮，单击“运行”按钮，进行自动布局，结果如图6-89所示。

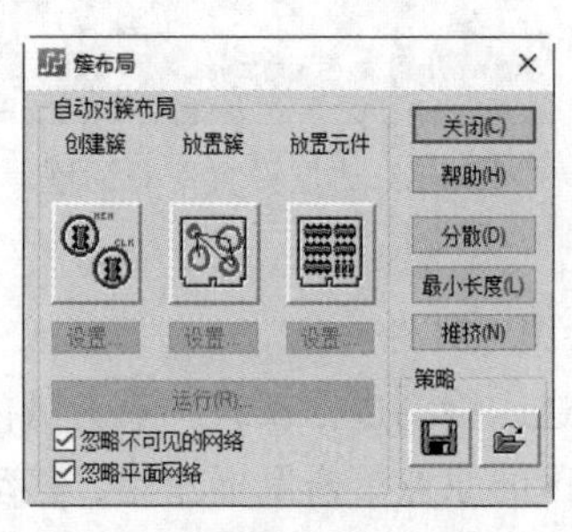

图6-88 “簇布局”对话框

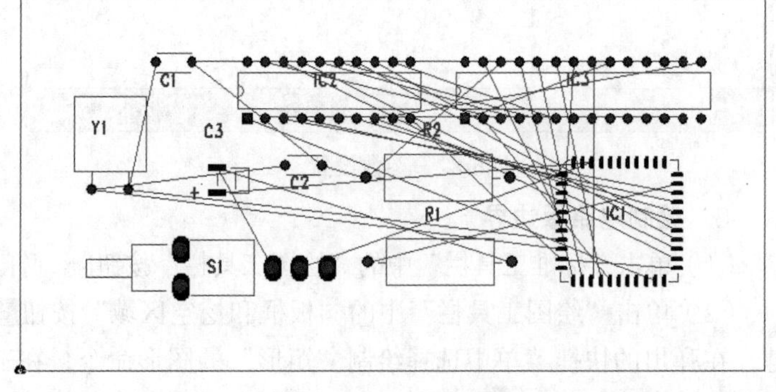

图6-89 自动布局结果

6. 电路板显示

选择菜单栏中的“查看”→“PADS 3D”命令，弹出如图6-90所示的动态视图窗口，观察电路板动态视图。

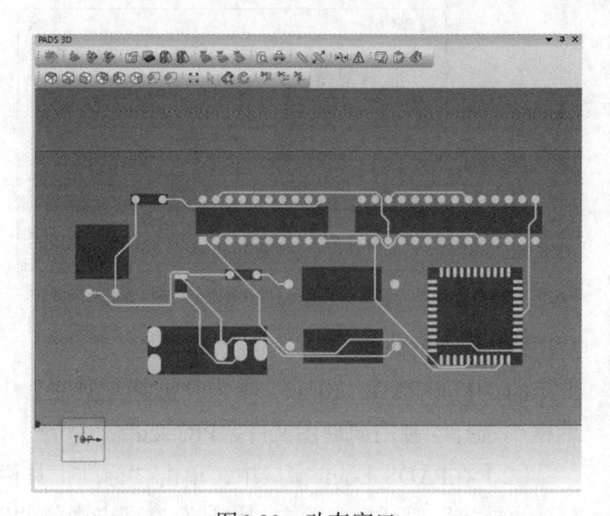

图6-90 动态窗口

7. 自动布线

（1）选择菜单栏中的“工具”→“选项”命令，在弹出的“选项”对话框中选择“设计”选项卡，在“在线DRC”选项组下选择“防止错误”单选按钮，如图6-91所示。

（2）选择“栅格和捕获”选项下的“栅格与捕获”选项卡，设置“设计栅格”“过孔栅格”“扇出栅格”值为10，如图6-92所示，单击“确定”按钮，关闭对话框。

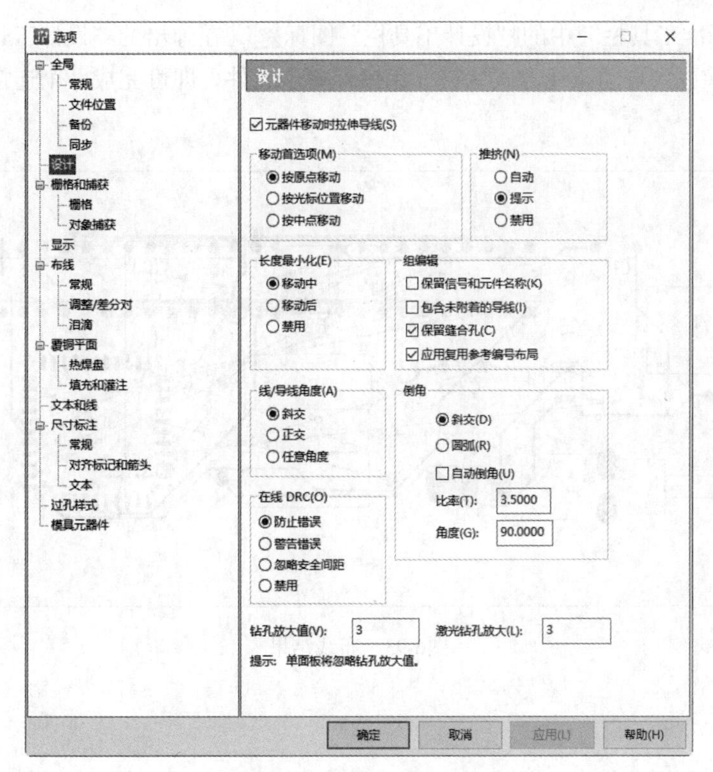

图6-91　“设计”选项卡

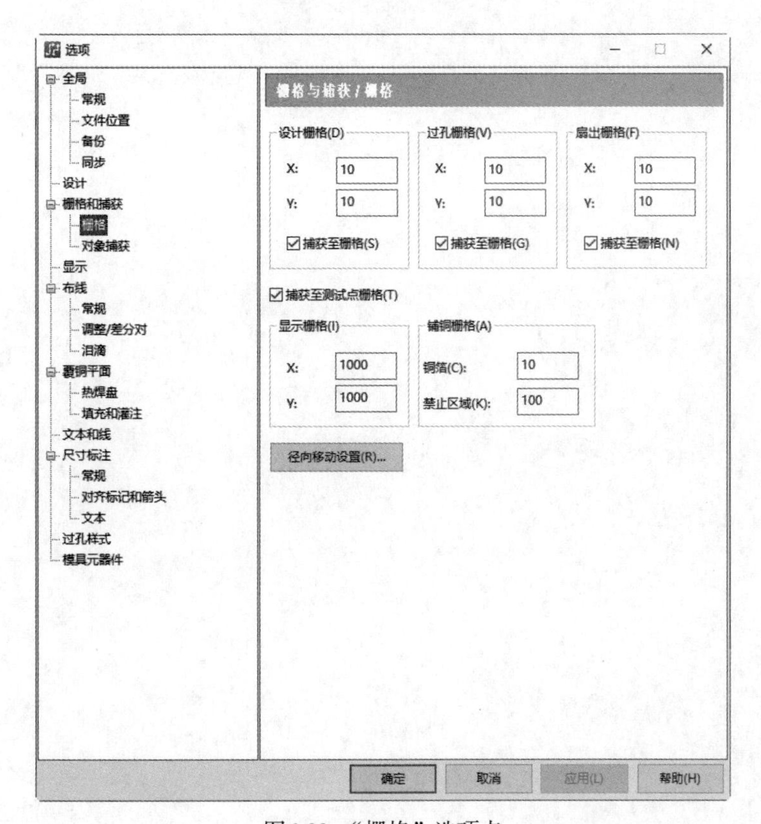

图6-92　“栅格”选项卡

（3）单击“标准工具栏”中的“设计工具栏”图标，在弹出的“设计工具栏”中单击“自动布线”按钮，进入自动布线方式状态，用鼠标单击元件，即可完成一个连接的布线，结果如图6-93所示。

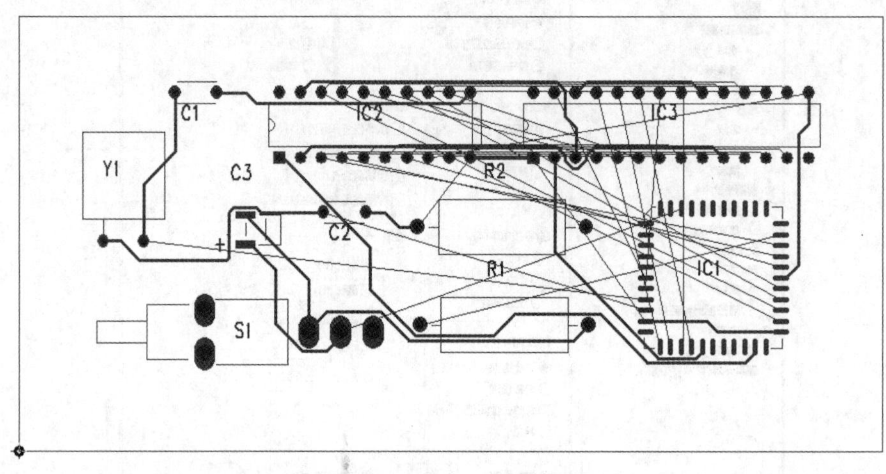

图6-93　布线结果

第 7 章

封装库设计

本章主要讲解 PCB 封装的创建，封装是设计不可缺少的一部分，由于系统自带的封装不能满足电路设计的要求，制作封装成了唯一的解决方法。

知识点

- 封装概述
- 建立元件类型
- 使用向导制作封装
- 手工建立PCB封装
- 保存PCB封装

7.1 封装概述

电子元件种类繁多，其封装形式也是多种多样。所谓封装是指安装半导体集成电路芯片用的外壳，它不仅起着安放、固定、密封、保护芯片和增强导热性能的作用，还是沟通芯片内部世界与外部电路的桥梁。

芯片的封装在PCB上通常表现为一组焊盘、丝印层上的边框及芯片的说明文字。焊盘是封装中最重要的组成部分，用于连接芯片的管脚，并通过印制板上的导线连接到印制板上的其他焊盘，进一步连接焊盘所对应的芯片管脚，实现电路功能。在封装中，每个焊盘都有唯一的标号，以区别封装中的其他焊盘。丝印层上的边框和说明文字主要起指示作用，指明焊盘组所对应的芯片，方便印制板的焊接。焊盘的形状和排列是封装的关键组成部分，确保焊盘的形状和排列正确才能正确地建立一个封装。对于安装有特殊要求的封装，边框也需要绝对正确。

PADS提供了强大的封装绘制功能，能够绘制各种各样的新型封装。考虑到芯片管脚的排列通常是有规则的，多种芯片可能有同一种封装形式，PADS提供了封装库管理功能，绘制好的封装可以方便地保存和引用。

7.1.1 常用元封装介绍

总体上讲，根据元件所采用安装技术的不同，可分为通孔安装技术（Through Hole Technology，THT）和表面安装技术（Surface Mounted Technology，SMT）。

使用通孔安装技术安装元件时，元件安置在电路板的一面，元件管脚穿过PCB焊接在另一面上。通孔安装元件需要占用较大的空间，并且要为所有管脚在电路板上钻孔，所以它们的管脚会占用两面的空间，而且焊点也比较大。但从另一方面来说，通孔安装元件与PCB连接较好，机械性能好。例如，排线的插座、接口板插槽等类似接口都需要一定的耐压能力，因此，通常采用通孔安装技术。

表面安装元件，管脚焊盘与元件在电路板的同一面。表面安装元件一般比通孔元件体积小，而且不必为焊盘钻孔，甚至还能在PCB的两面都焊上元件。因此，与使用通孔安装元件的PCB相比，使用表面安装元件的PCB上元件布局要密集很多，体积也小很多。此外，应用表面安装技术的封装元件也比通孔安装元件要便宜一些，所以目前的PCB设计广泛采用了表面安装元件。

常用元件封装分类如下。

- BGA（Ball Grid Array）：球栅阵列封装。因其封装材料和尺寸的不同还细分成不同的BGA封装，如陶瓷球栅阵列封装CBGA、小型球栅阵列封装μBGA等。
- PGA（Pin Grid Array）：插针栅格阵列封装。这种技术封装的芯片内外有多个方阵形的插针，每个方阵形插针沿芯片的四周间隔一定距离排列，根据管脚数目的多少，可以围成2～5圈。安装时，将芯片插入专门的PGA插座。该技术一般用于插拔操作比较频繁的场合，如计算机的CPU。
- QFP（Quad Flat Package）：方形扁平封装，是当前芯片使用较多的一种封装形式。
- PLCC（Plastic Leaded Chip Carrier）：塑料引线芯片载体。
- DIP（Dual In-line Package）：双列直插封装。

- SIP（Single In-line Package）：单列直插封装。
- SOP（Small Out-line Package）：小外形封装。
- SOJ（Small Out-line J-Leaded Package）：J形管脚小外形封装。
- CSP（Chip Scale Package）：芯片级封装，这是一种较新的封装形式，常用于内存条。在CSP方式中，芯片是通过一个个锡球焊接在PCB上，由于焊点和PCB的接触面积较大，所以内存芯片在运行中所产生的热量可以很容易地传导到PCB上并散发出去。另外，CSP封装芯片采用中心管脚形式，有效地缩短了信号的传输距离，其衰减随之减少，芯片的抗干扰、抗噪性能也能得到大幅提升。
- Flip-Chip：倒装焊芯片，也称为覆晶式组装技术，是一种将IC与基板相互连接的先进封装技术。在封装过程中，IC会被翻转过来，让IC上面的焊点与基板的接合点相互连接。由于成本与制造因素，使用Flip-Chip接合的产品通常根据I/O数多少分为两种形式，即低I/O数的FCOB（Flip Chip on Board）封装和高I/O数的FCIP（Flip Chip in Package）封装。Flip-Chip技术应用的基板包括陶瓷、硅芯片、高分子基层板及玻璃等，其应用范围包括计算机、PCMCIA卡、军事设备、个人通信产品、钟表及液晶显示器等。

COB（Chip on Board）：板上芯片封装，即芯片被绑定在PCB上。这是一种现在比较流行的生产方式。COB模块的生产成本比SMT低，还可以减小封装体积。

7.1.2　理解元件类型、PCB封装和逻辑封装间的关系

不管是在建一个新的元件还是对一个旧的元件进行编辑，都必须清楚地知道在PADS中，一个完整的元件到底包含了哪些内容以及这些内容是怎样来有机地表现一个完整的元件。

不管是绘制一张原理图还是设计一块PCB，都必须要用到一个用来表现一个元件的具体图形，根据该元件的图形就会清楚地知道各个元件之间的电性连接关系，把元件在PCB上的图形称为PCB封装，原理图上的元件图形称为CAE（逻辑封装）。

在PADS Logic中，一个元件类型（也就是一个类）中可以最多包含四种不同的CAE封装和十六种不同的PCB封装。

PCB封装是一个实际零件在PCB上的脚印图形，有关这个脚印图形的相关资料都存放在库文件XXX.pd9中，它包含各个管脚之间的间距及每个脚在PCB各层的参数“焊盘栈”、元件外框图形、元件的基准点“原点”等信息。所有的PCB封装只能在PADS Layout的“PCB封装编辑器”中建立。

7.1.3　PCB库编辑器

在PADS Layout中，选择菜单栏中的“工具”→“PCB封装编辑器”命令，打开“PCB封装编辑器”，进入元件封装编辑环境，如图7-1所示。

元件编辑器环境中有一个Type字元标号和Name字元标号及一个PCB封装原点标记。

Type和Name字元标号的存放位置将会影响到当增加某个PCB封装到设计中的序号出现的位置，这时这个PCB封装的序号（如：U1，R1）出现的位置就是在建这个PCB封装时，Name字元标号所放在的位置。

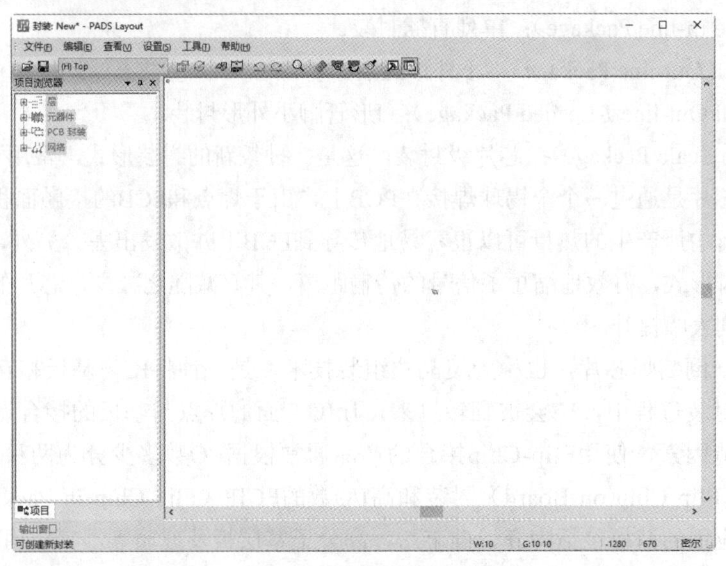

图7-1　元件编辑器环境

PCB封装原点标记的位置将用于对这个PCB封装进行移动、旋转及其他的一些有关的操作时，鼠标的十字光标被锁定在这个PCB封装元件的位置。

建立一个新的PCB封装时有两种选择，一些标准元件或者接近标准元件的封装使用“PCB封装编辑器”可以非常轻松愉快地完成PCB封装的建立，对于不规则非标准封装就只能采用一般的建立方法。

单击“标准工具栏”中的“绘图工具栏”图标，打开如图7-2所示的封装编辑器绘图工具栏，该工具栏包括封装元件的绘制按钮。

图7-2　封装编辑器绘图工具栏

7.2 建立元件类型

不管是建立逻辑封装还是PCB封装，当建立并完成保存之后，如果不建立相应的元件类型，则无法对该封装进行调用。在PADS系统中允许一个元件类型可同时包含四个逻辑封装和十六种不同的PCB封装，这是因为一种元件型号的元件经常会由于不同的需要而存在不同的封装。从这一点就应该明白元件封装和元件类型的区别，它们是一种包含关系。

在PADS Logic或者PADS Layout中任何一方均可建立元件类型，因为元件类型是包含逻辑封装和PCB封装，你完全可以选择在建立了逻辑封装后还是建立了PCB封装后来建立相应的元件类型，不管选择哪一方都是一样的。如果选择在建立逻辑封装后建立元件类型，那么当在PADS Layout中将此元件类型的PCB封装建立完成之后，通过元件库管理器来编辑在PADS Logic中建立的元件类型，编辑时将建好的PCB封装分配到该元件类型中即可，反之亦然。但由于在两个不同的环境中，所以在建立时还是有小小的区别。为了大家能比较清楚地掌握这部分内容，我们将在PADS Layout中建立封装之后对如何建立完整的元件类型进行介绍。

在PADS Layout中建立了PCB封装之后，建立其相应的元件类型的基本步骤如下。

（1）选择“文件”→“库”命令，打开“库管理器”对话框，如图7-3所示。

（2）在“库管理器”对话框中单击“元件”按钮，然后单击“新建”按钮，则进入“元件的元件信息”对话框，如图7-4所示。

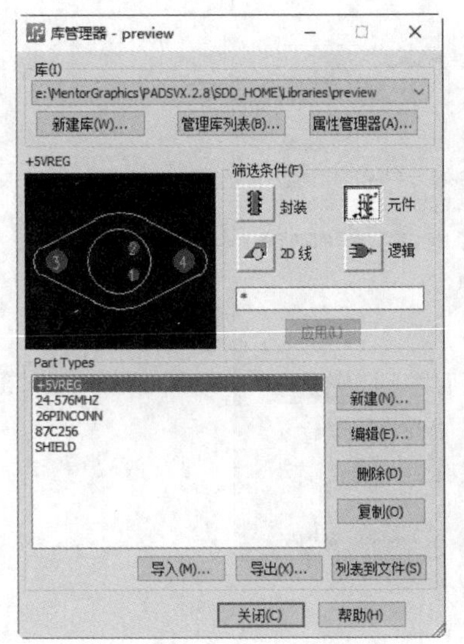

图7-3 “库管理器”对话框

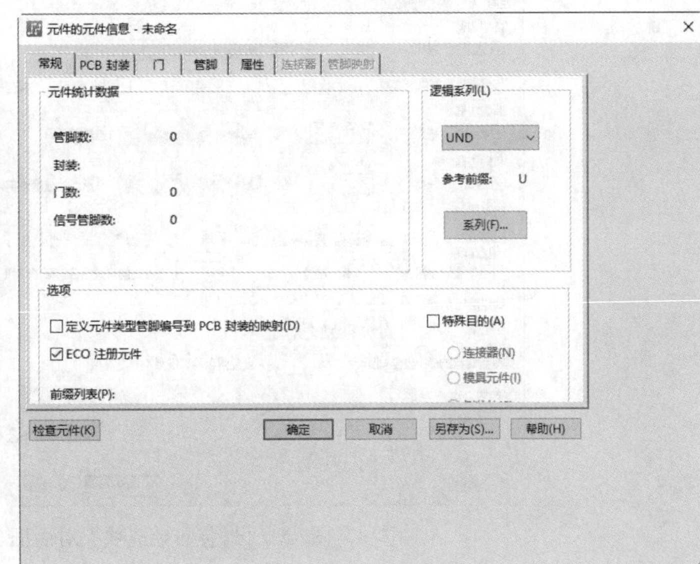

图7-4 “元件的元件信息”对话框

（3）选择“元件的元件信息”对话框中的“常规”选项卡，进行总体设置。

（4）选择“元件的元件信息”对话框中的“PCB封装”选项卡，在其中指定对应的PCB封装。

（5）选择“元件的元件信息”对话框中的“门”选项卡，为新元件类型指定CAE封装。

（6）在为元件类型分配完PCB封装和CAE封装后，在“管脚”选项卡中进行元件信号管脚分配。

（7）在“属性”选项卡中为元件类型设置属性。

在设计中，一些元件的CAE封装或者PCB封装的管脚是用字母来表示的。

（8）在“管脚映射”选项卡中进行设置，将字母和数字对应起来。

7.3 使用向导制作封装

利用向导建立元件封装时只需按照每一个表格中的提示输入相应的数据，而且每一个数据产生的结果在对话框右边的阅览框中都可以实时看到变化，这对于设计者来讲完全是一种可见可得的设计方法。由于这种建立方式就好像填表一样简单，所以也称其为填表式。

7.3.1 设置向导选项

（1）单击“封装编辑器绘图工具栏”中的“向导选项”按钮，弹出“封装向导选项”对话框，该对话框包括两个选项卡，在“全局”选项卡中设置“丝印边框”“装配边框”“布局边框”“阻焊层”“组合屏蔽”和助焊层等常规参数，如图7-5所示。

（2）打开“封装元件类型”选项卡，如图7-6所示，在“封装元件类型”下拉列表中显示需要设置的选项，如图7-7所示。选择不同选项，设置对应的环境参数。单击“此类型的默认值”按钮，将该类型的参数值设置为默认。

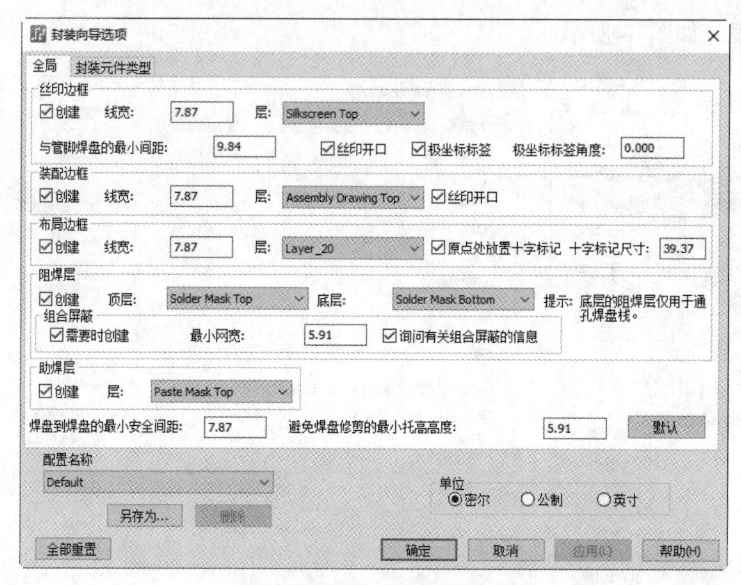

图7-5 “封装向导选项”对话框

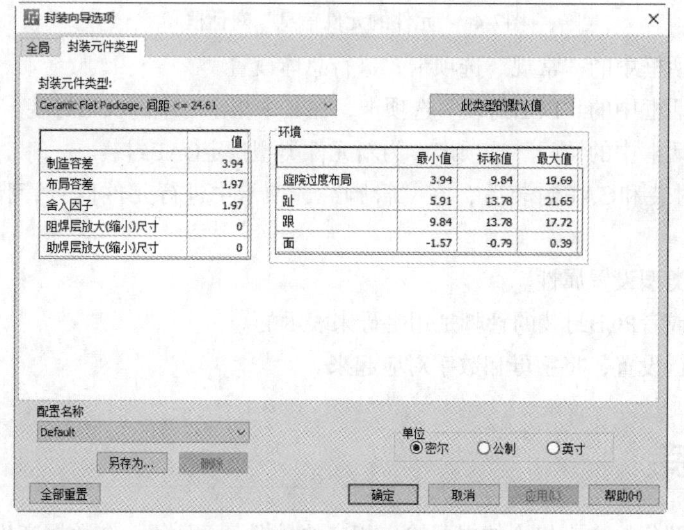

图7-6 “封装元件类型”选项卡

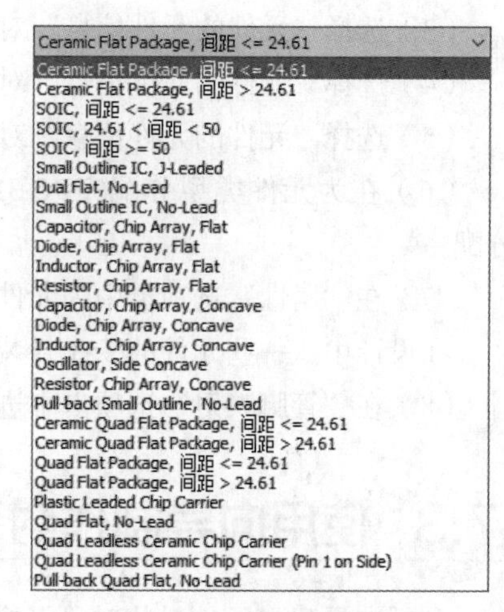

图7-7 下拉列表中的选项

7.3.2 向导编辑器

（1）单击“封装编辑器绘图工具栏”中的“向导”按钮，打开PCB封装编辑器，利用向导设置封装。

该编辑器有4个选项卡，可以轻松地建立DIP、SOIC、QUAD、Polar、SMD、BGA、PGA等7种标准的PCB封装。

（2）选择“双”选项卡，如图7-8所示。在该选项卡“设备类型”选项组中包括“通孔”和“SMD”选项，可设置DIP、SMD这两种封装。

（3）在“设备类型”选项组中选择“通孔”选项，即可进行DIP参数设置，如图7-9所示。

DIP类的主要特点是双列直插，直插的分立元件如阻容元件，便属于此类。

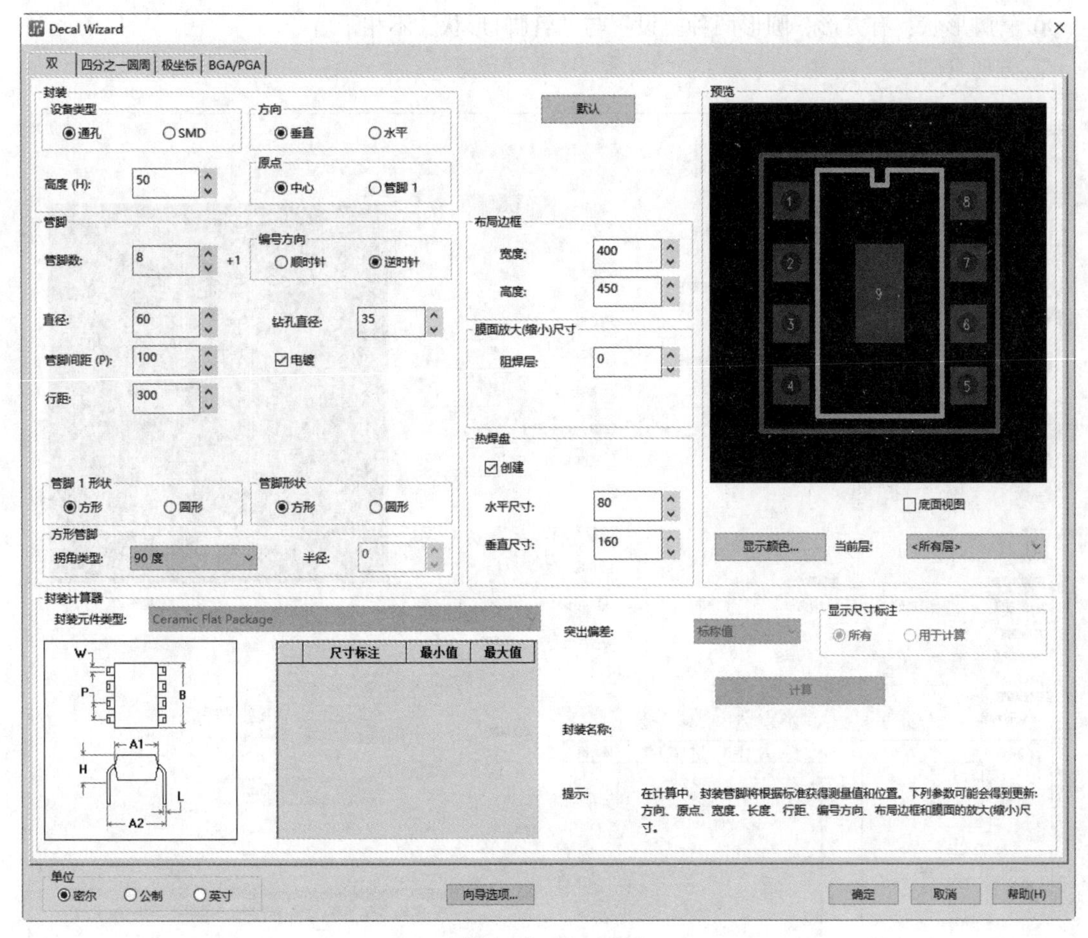

图7-8 “双”选项卡

下面介绍选择“通孔”选项后的参数设置。

（1）“封装”选项组。

① 设备类型。

有两种不同的类型：通孔和SMD。

② 方向。

封装方向为：水平或垂直，这个选项可以任意设置。

③ 高度。

封装高度默认值为50。

④ 原点。

指封装的原点，可以设置为中心或管脚1。

（2）“管脚”选项组。

① 管脚数。管脚个数设置为20，以建立DIP20的封装。

② 设置管脚直径、钻孔直径、管脚的间距和行距，分别设置为60、35、100和300。

③“电镀”：指孔是否要镀铜，选择此复选框。

④ 编号方向：可选择顺时针、逆时针。

⑤ 管脚1形状：有方形、圆形两种。

⑥ 管脚形状：有方形、圆形两种。设置与“管脚1形状”不相干。

⑦ 方形管脚。

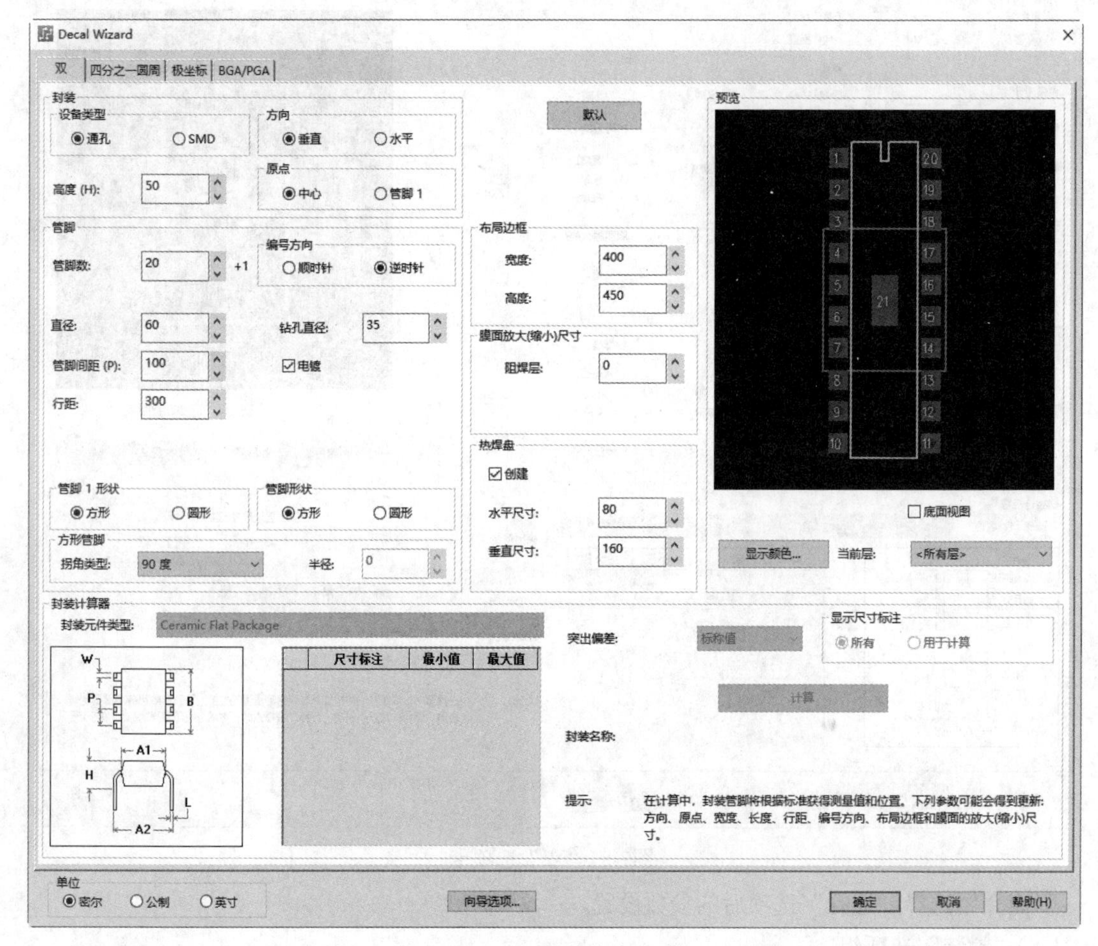

图7-9　DIP封装参数

- 拐角类型：90°、倒斜角、圆角。
- 半径：设置圆角半径。

（3）“布局边框”选项组。

主要设置边框宽度与高度。

（4）“膜面放大（缩小）尺寸”选项组。

设置阻焊层尺寸。

（5）“热焊盘”选项组。

选择“创建”复选框，可以激活下面的数值设置。

- 水平尺寸：默认值为80。
- 垂直尺寸：默认值为160。

（6）“封装计算器”选项组。

计算封装管脚获得的具体尺寸。

（7）“单位”选项组。

可以有3种设置，这里选择密尔。

在“设备类型”选项组下选择“SMD”，进行封装SMD参数设置，如图7-10所示，选项说明这里不再赘述。

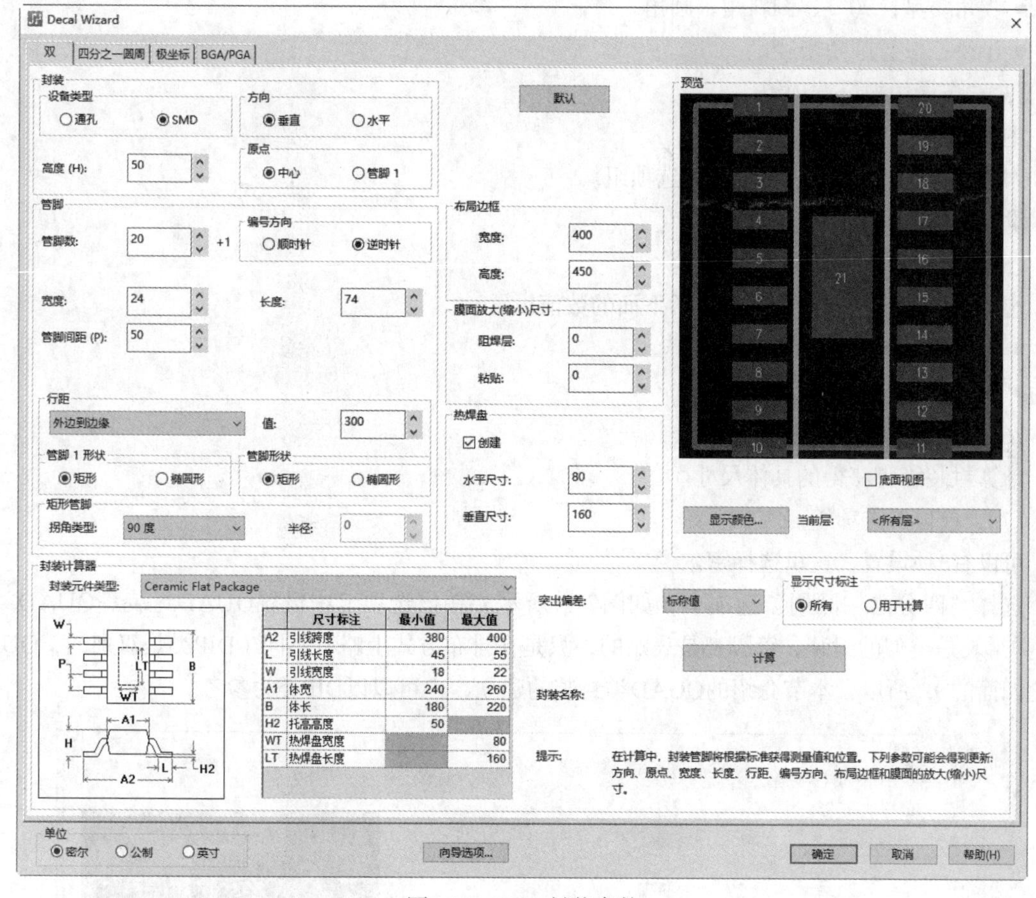

	尺寸标注	最小值	最大值
A2	引线跨度	380	400
L	引线长度	45	55
W	引线宽度	18	22
A1	体宽	240	260
B	体长	180	220
H2	托高高度	50	
WT	热焊盘宽度		80
LT	热焊盘长度		160

图7-10　SMD封装参数

（1）“封装”选项组。

① 高度。

封装高度默认值为50。

② 原点。

指封装的原点，可以设置为中心或管脚1。

（2）“管脚”选项组。

① 间距。

设置管脚数、宽度、管脚间距和长度值，可采用默认值，也可修改参数值。

② 编号方向。

可选择顺时针、逆时针。

③ 行距。

设置行距的测量值类型。

④ 管脚1形状。

有矩形、椭圆形两种，设置类型与其余管脚无联系。

⑤ 管脚形状。

有矩形、椭圆形两种。设置与“管脚1形状”不相干。

⑥ 矩形管脚。

- 拐角类型：90°、倒斜角、圆角。
- 半径：设置圆角半径。

（3）“布局边框”选项组。

主要设置边框宽度与高度。

（4）“膜面放大（缩小）尺寸”选项组。

设置阻焊层尺寸。

（5）“热焊盘”选项组。

选择“创建”复选框，可以激活下面的数值设置。

- 水平尺寸：默认值为160。
- 垂直尺寸：默认值为160。

（6）“封装计算器”选项组。

计算封装管脚获得的具体尺寸。

（7）“单位”选项组。

可以有3种设置，这里选择密尔。

选择“四分之一圆周”选项卡，如图7-11所示。在该选项卡中设置QUAD封装。QUAD类和DIP类封装是类似的封装，管脚都是表贴的，只是在排布方式上略有不同（DIP类是双列的，QUAD类是四面的），所以，本节介绍的QUAD类封装的建立，也可以以DIP类为参考。

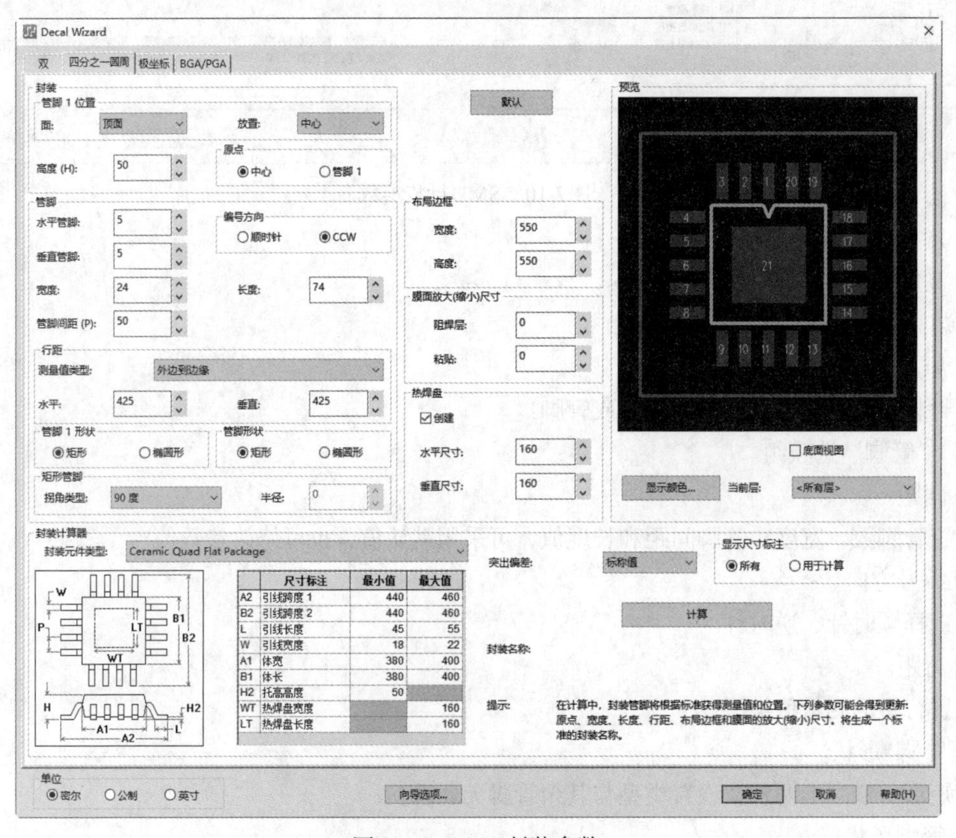

图7-11　QUAD封装参数

（1）“封装”选项组。

① 管脚1位置。

需要设置两个选项：面和放置。在“面”下拉列表中包括顶面、底面、左、右；在“放置”下拉列表中包括中心、左、右。

② 高度。

封装高度默认值为50。

③ 原点。

指封装的原点，可以设置为中心或管脚1。

（2）“管脚”选项组。

① 间距。

设置水平管脚、垂直管脚、宽度、管脚间距和长度值，可采用默认值，也可修改参数值。

② 编号方向。

可选择顺时针、CCW。

③ 行距。

设置行距的测量值类型。

④ 管脚1形状。

有矩形、椭圆形两种，设置类型与其余管脚无联系。

⑤ 管脚形状。

有矩形、椭圆形两种。设置与“管脚1形状”不相干。

⑥ 矩形管脚。

- 拐角类型：90°、倒斜角、圆角。
- 半径：设置圆角半径。

（3）“布局边框”选项组。

主要设置边框宽度与高度。

（4）“膜面放大（缩小）尺寸”选项组。

设置阻焊层尺寸。

（5）“热焊盘”选项组。

选择“创建”复选框，可以激活下面的数值设置。

- 水平尺寸：默认值为160。
- 垂直尺寸：默认值为160。

（6）“封装计算器”选项组。

计算封装管脚获得的具体尺寸。

（7）“单位”选项组。

可以有3种设置，这里选择密尔。

选择“极坐标”选项卡，如图7-12所示。极坐标类封装管脚都分布在圆形的圆周上，只有一类的管脚是通孔的，另一类的管脚是表贴的（SMD）。

（1）“封装”选项组。

① 设备类型。

有两种不同的类型：通孔和SMD。

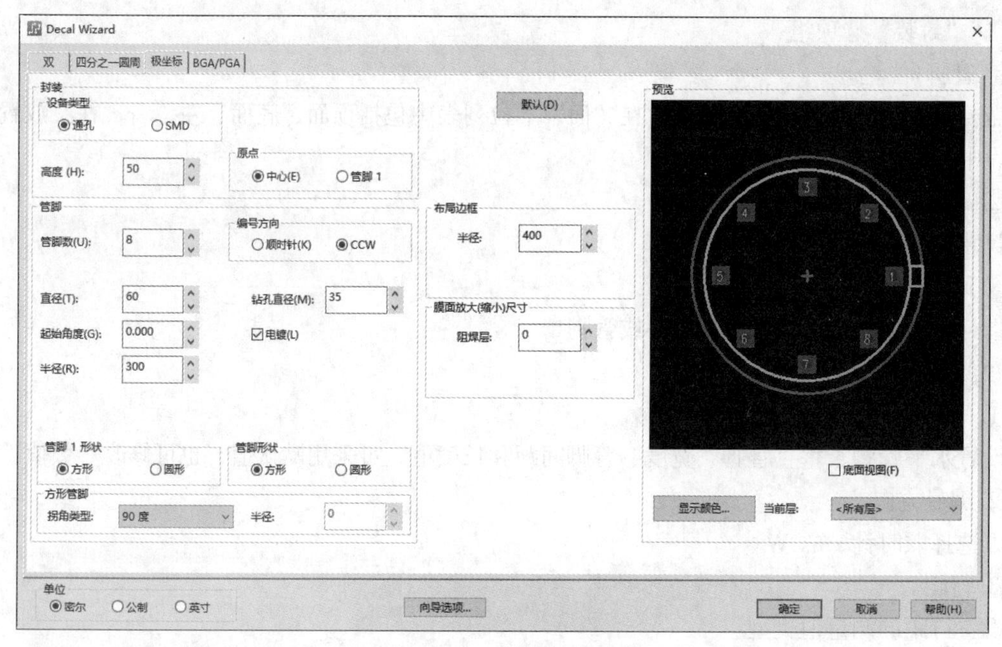

图7-12 SMD封装参数

② 高度。

封装高度默认值为50。

③ 原点。

指封装的原点，可以设置为中心或管脚1。

（2）“管脚”选项组。

① 间距。

设置管脚数、直径、起始角度和半径，可采用默认值，也可修改参数值。

②“电镀”指孔是否要镀铜，选择此复选框。

③ 编号方向。

可选择顺时针、CCW。

④ 钻孔直径。

设置封装的钻孔直径。

⑤ 管脚1形状。

有方形、圆形两种，设置类型与其余管脚无联系。

⑥ 管脚形状。

有方形、圆形两种。设置与“管脚1形状”不相干。

⑦ 方形管脚。

- 拐角类型：90°、倒斜角、圆角。
- 半径：设置圆角半径。

（3）“布局边框”选项组。

主要设置边框半径。

（4）“膜面放大（缩小）尺寸”选项组。

设置阻焊层尺寸。

在“设备类型”选项组中选择“SMD”，进行封装SOIC参数设置，如图7-13所示，选项说明这里不再赘述。

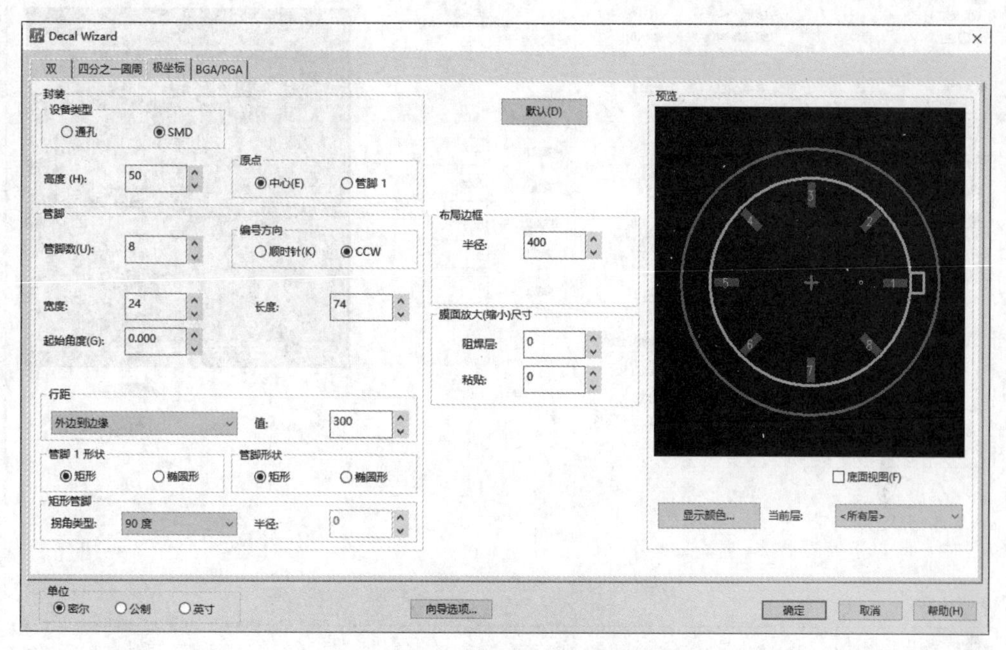

图7-13　封装SOIC参数

选择“BGA/PGA”选项卡。目前BGA/PGA封装已被广泛地应用，建立BGA/PGA封装是PCB设计过程中不可缺少的部分，BGA/PGA封装的管脚排列主要有两种，一种是标准的阵列排列，另一种是管脚交错排列，如图7-14与图7-15所示。

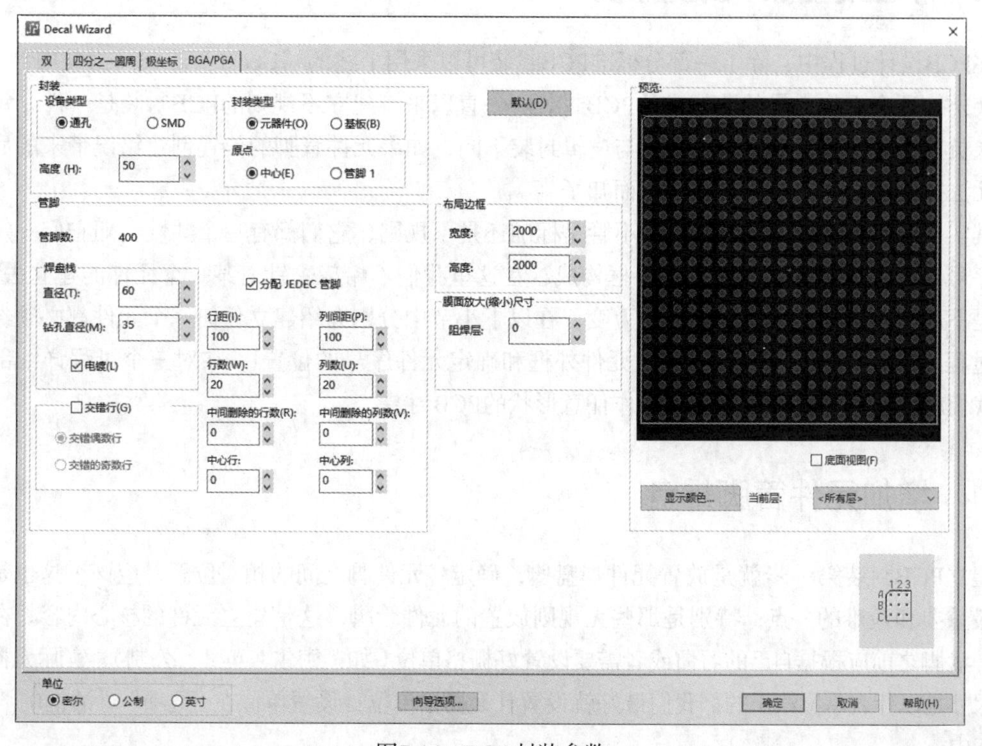

图7-14　BGA封装参数

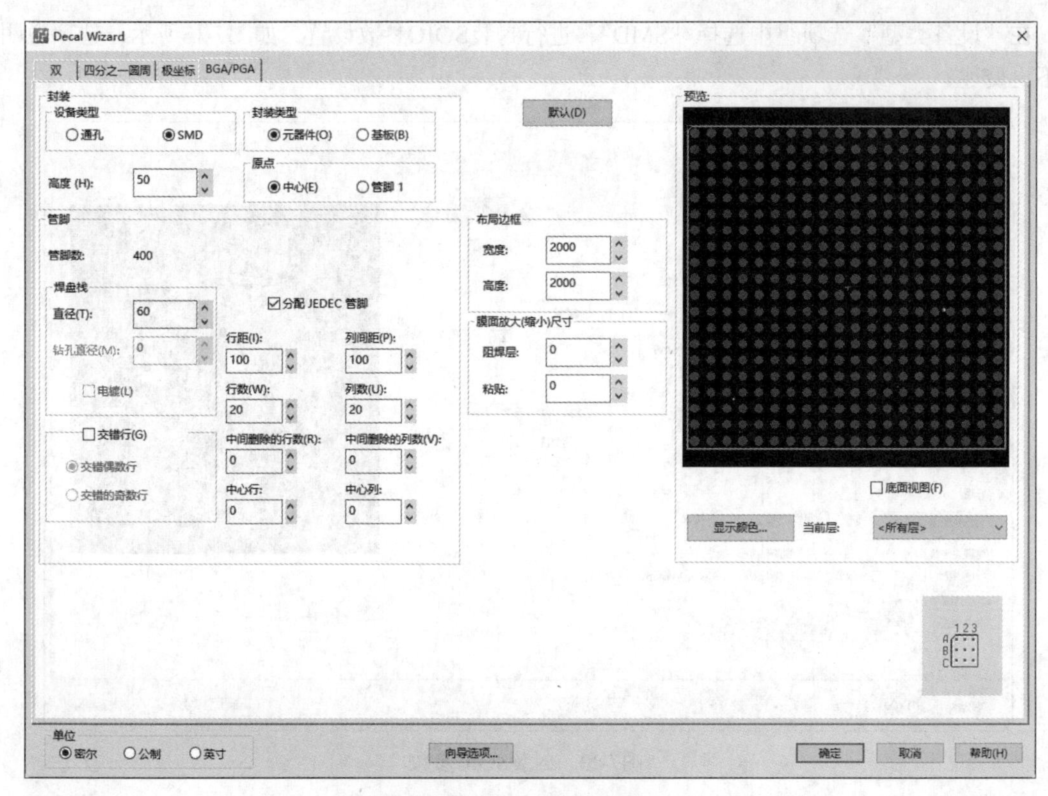

图7-15 PGA封装参数

7.4 手工建立PCB封装

在PCB设计过程中，除了一部分标准PCB封装可以采用上述的“Decal Wizard（封装向导）”完成封装外，还会面临大量的非标准的PCB封装。一直以来，建立不规则的PCB封装是一件令每一个工程人员都头痛的事，而且PCB封装与逻辑封装不同，如果元件管脚的位置创建错误带来的后果是器件无法插装或贴片，其后果是可想而知了。

其实，对于一个PCB封装来讲，不管是标准还是不规则，它们都有一个共性，即它们一定是由元件序号、元件脚（焊盘）和元件外框构成，在这里我们不希望去针对某一个元件的建立去讲解，既然是不规则的事物，则应以不变应万变，在以下小节中分别介绍建立任何一个元件都必须经历的三个过程[增加元件脚（焊盘）、建立元件外框和确定元件序号的位置]。在对三个过程详细剖析之后，我们就能快速而又准确地手工制作任意形状的PCB封装。

7.4.1 增加元件管脚焊盘

建立PCB封装第一步就是放置元件焊盘脚，确定各元件脚之间的相对位置，应该讲这也是建立元件最重要和最难的一点，特别是那些无规则放置的元件管脚，这是建立元件的核心内容。在放置元件焊盘脚之前应根据自己的习惯或者需要设置好栅格单位（如：密尔、英寸、公制）。实际元器件的物理尺寸是以什么单位给出的，我们最好就设置什么栅格单位。设置单位在“选项”对话框的“全局”选项卡中。

设置好栅格单位，接下来就开始放置每一个元件管脚焊盘。

（1）单击“封装编辑器绘图工具栏”中的“端点”按钮增加元件焊盘，弹出如图7-16所示的焊盘属性编辑器对话框。

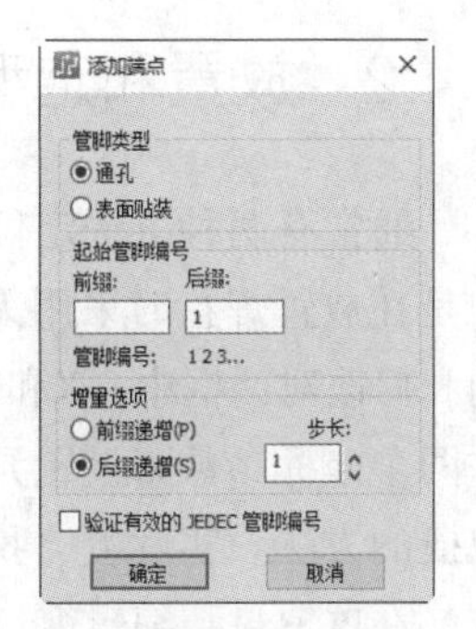

图7-16　焊盘属性设置对话框

（2）单击“确定”按钮，退出对话框，进入焊盘放置状态，只要在当前的元件编辑环境中任意一坐标点单击鼠标左键，则一个新的元件脚焊盘就出现在当前设计中。

（3）如果这个新的焊盘不是所希望的形状，可以点亮它之后单击鼠标右键，在弹出的菜单中选择“特性”命令进行编辑，而在实际中通常的作法是先不用管它，等放完所有的元件脚之后再进行总体编辑，也可以选择“设置”→“焊盘栈”命令，弹出如图7-17所示的“焊盘栈特性-新建封装”对话框，一次性设置焊盘属性。

放置元件脚焊盘时可以一个一个地来放置，但这样不仅费时而且焊盘坐标精度又很难保证，特别对于一些特殊又不规则的排列就更难保证，有时根本就做不到。

下面给大家介绍既简便又准确的重复放置元件管脚焊盘的快捷方法。

（1）运用前面介绍的方法放置好第一个元件脚焊盘，作为此后放置元件管脚焊盘的参考点，然后退出放置元件管脚焊盘模式（用鼠标单击“封装编辑器绘图工具栏”中的“选择模式”按钮即可，注意如果不退出这个模式将会继续放置新的元件脚焊盘）。点亮放置好的第一个元件管脚焊盘，使其成为被选中状态，再单击鼠标右键，弹出如图7-18所示的快捷菜单。

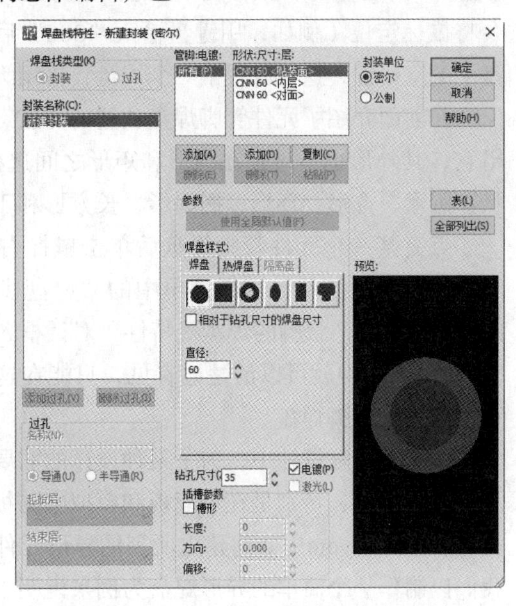

图7-17　“焊盘栈特性-新建封装”对话框

（2）从图7-18中选择“焊盘栈”命令，则弹出如图7-19所示的对话框。

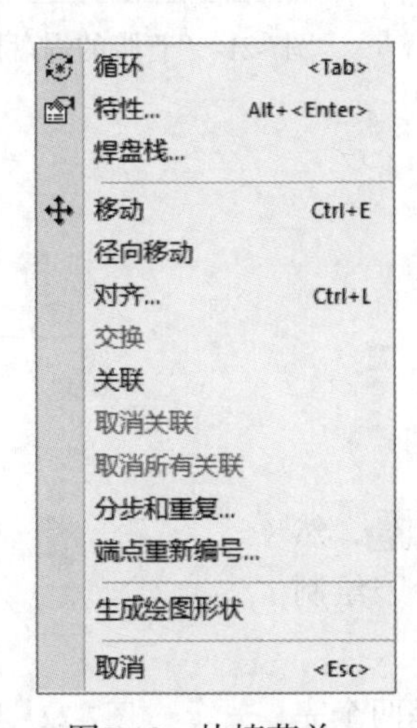

图7-18　快捷菜单

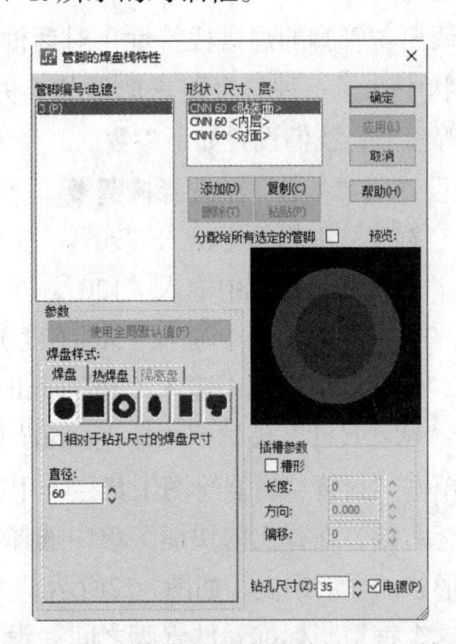

图7-19　“管脚的焊盘栈特性”对话框

7.4.2 放置和定型元件管脚焊盘

通常有两种方法定位元件管脚焊盘，一种是坐标定位，另一种是在放置焊盘时采用无模命令定位。在如图7-20所示的焊盘查询和修改对话框中，X和Y两个坐标参数决定了焊盘的位置，通过这两个坐标参数来设置元件管脚焊盘的位置，是一种最准确而又快捷的方法。实际上，我们还可以在放置焊盘时采用无模命令定位。在PCB封装编辑窗口，单击“封装编辑器绘图工具栏”中的“端点”按钮后，鼠标处于放置焊盘状态，这时，采用无模命令将鼠标定位（例如，用键盘输入“S00”后按Enter键，就把鼠标定位到设计的原点），然后按键盘上的空格键，这就放置了一个焊盘，再用无模命令还可以继续放置焊盘。

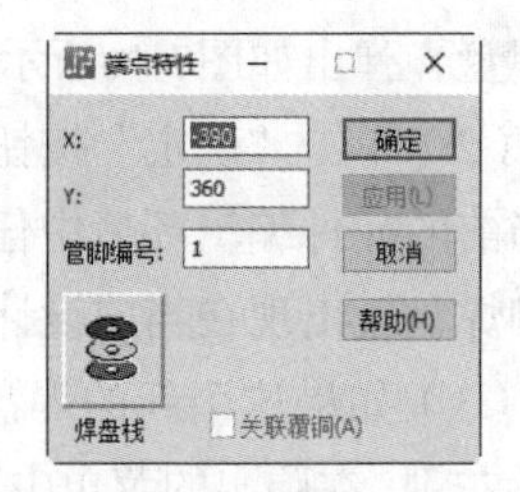

图7-20　焊盘查询和修改对话框

在前面介绍了元件管脚焊盘放置的方式，放置的元件脚都是比较规范的元件管脚，即使可以编辑它，其外形也不过是在圆形和矩形之间选择。PADS Layout系统一共提供了6种元件管脚焊盘形状：圆形、方形、环形、椭圆形、长方形和丁字形。

点亮某一个元件管脚焊盘后单击鼠标右键，则会弹出如图7-18所示的菜单，选择菜单中的“焊盘栈”命令，弹出如图7-21所示的“管脚的焊盘栈特性”对话框，在对话框设置项“参数”选项中就可以清楚地看见，只能在这六种焊盘中选择一种作为元件脚焊盘。

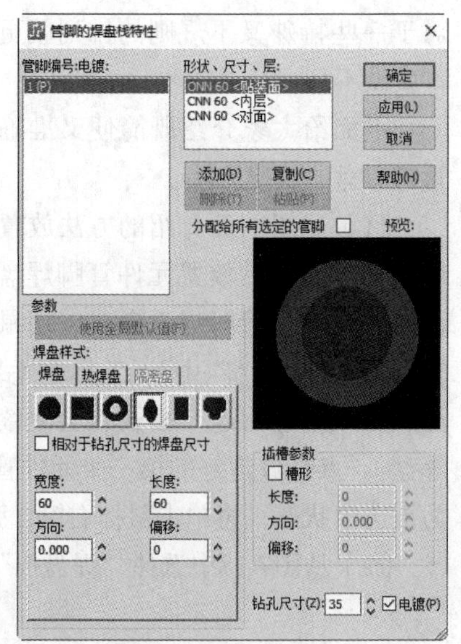

图7-21　“管脚的焊盘栈特性”对话框

但是在实际设计中，为了某种设计的需要不得不采用异形元件管脚焊盘，特别是在单面板和模拟电路板中更为常见，那么在PADS Layout中如何建立所需的异形元件脚焊盘呢？下面我们以制作一个简单的异形焊盘为例来说明。

（1）利用前面讲述的增加元件脚的操作方法先放置一个标准的元件脚焊盘，因为异形焊盘对于元件管脚焊盘来说只是在焊盘上去处理。

（2）调出“管脚的焊盘栈特性”对话框，在系统提供的6种焊盘形状中选择一种符合要求的形状，并按要求修改其直径、钻孔等参数，我们设置如下参数。

① 在设置项“参数”中选择椭圆。

② 在“宽度”编辑框中输入“90”。

③ 在“长度”编辑框中输入“120”。

④ 在“方向”编辑框中输入“30”（度）。

⑤ 在“偏移”编辑框中输入“20”（mil）。

⑥ 在“钻孔尺寸”编辑框中输入“50”（mil）。

（3）单击“封装编辑器绘图工具栏”中的“铜箔”按钮，然后单击鼠标右键，在弹出的快捷菜单中选择“多段线”命令，绘制符合实物形状的异形铜皮，如图7-22所示。

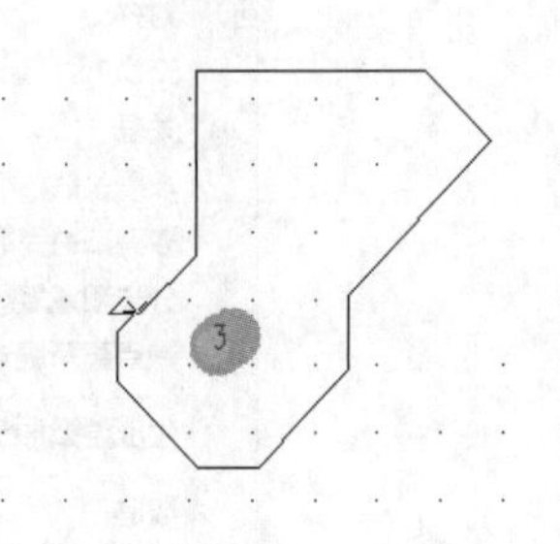

图7-22　异形铜皮

这时这个铜箔与标准元件管脚之间并没有任何关系，是两个完全独立的对象，系统也不会默认此铜箔是该标准元件管脚的焊盘，所以还必须经过一种结合方式使完全独立的两个对象融合成一体。点亮标准元件管脚后单击鼠标右键，从弹出的快捷菜单中选择“关联”命令，如图7-23所示。再点亮需要融合的对象铜箔，这时两者都处于高亮状态，说明这两者已经融为一体了，它们从此将被作为一个整体来操作，此时如果去移动它，你就会看见它们会同时移动。

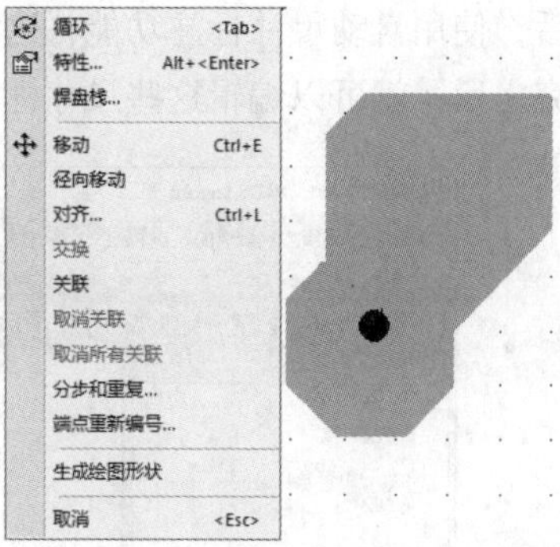

图7-23　“关联”命令

7.4.3　快速交换元件管脚焊盘序号

在放置焊盘的过程中，当将所有的焊盘放置完或者放置了一部分时，这些被放置好的焊盘的序号往往都是按顺序排列的，但有时希望交换某些元件管脚的顺序，很多的工程人员会采用移动焊盘本身来达到目的，实际上，PADS Layout已经提供了一个很好的自动交换元件管脚焊盘排序功能。

首先用鼠标点亮需要交换排序的元件管脚，再单击鼠标右键，从弹出的快捷菜单中选择“端点重新编号”命令，这时系统会弹出如图7-24所示的对话框，在这个对话框中需要输入被点亮的元件管脚焊盘将交换位置那一个元件管脚的序号。比如与4号元件管脚交换就在对话框中输入4。

当输入所需交换的元件管脚号后单击“确定”按钮，这时被选择的元件管脚焊盘排号变成了所输入的数字号，同时鼠标十字光标上出现一段提示下一重新排号的号码是多少，如图7-25所示。需要将这个序号分配给哪一个焊盘就用鼠标单击那个焊盘，依此类推，最后双击鼠标左键结束。这样就快速完成了元件序号的交换。

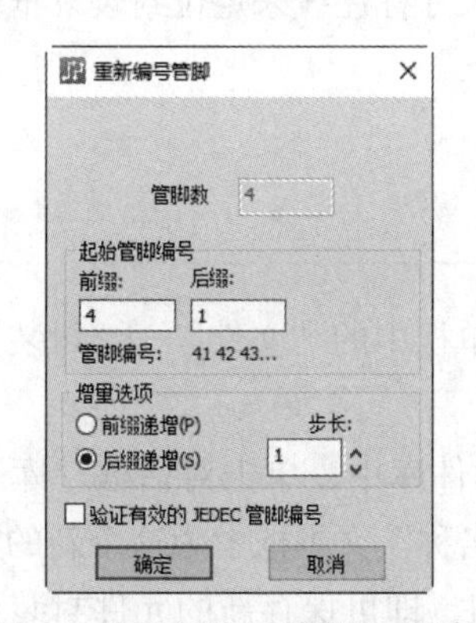

图7-24　“重新编号管脚”对话框

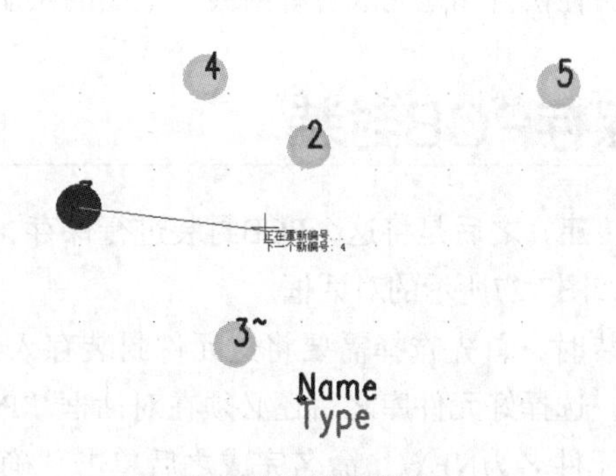

图7-25　交换焊盘排序

7.4.4　增加PCB封装的丝印外框

当放置好所有的元件脚焊盘之后，接下来就是建立这个PCB封装的外框。在图7-26所示的窗口中单击“封装编辑器绘图工具栏”中的“2D线”按钮，系统进入绘图模式。

在绘图模式中可以通过选择弹出菜单中的“多边形”、“圆形”、“矩形”或者“路径”命令来直接完成绘制各种图形。在绘制封装外框时，有一种最好的方法可以快速而又准确地完成绘制。首先无须去理会封装外框的准确尺寸，通过绘图模式将所需的外框图全部画出来；完成外框图绘制以后，使用自动尺寸标注功能将这个外框所需要调整编辑的尺寸全部标注出来，当这些尺寸全部标注完之后，就可以编辑这些尺寸标注。

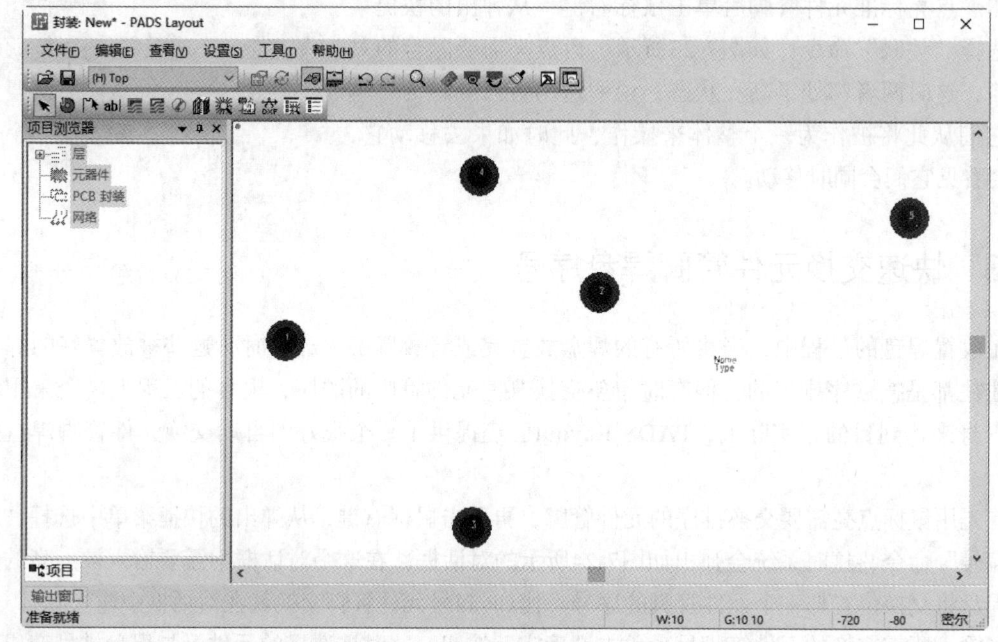

图7-26　绘图模式

当选择尺寸标注线的一端后进行移动，所标注的尺寸值也随着尺寸标注线的移动在变化，当尺寸标注值变化到外框所需要的尺寸时即停止移动，然后将封装外框线调整到这个位置，此时尺寸标注值就是封装外框尺寸，其他各边依此类推。这种利用调整尺寸标注线来定位封装外框尺寸的方法可以使你能够轻松自如地完成各种封装外框图的绘制。

7.5 保存PCB封装

PCB封装建好之后是将这个PCB封装进行保存，选择菜单栏中的“文件”→“封装另存为”命令，则弹出如图7-27所示的对话框。

保存封装时，首先选择需要将这元件封装存入到哪一元件库中，单击对话框“库”的下拉按钮进行选择，选择好元件库之后还必须在对话框“PCB封装名称”文本框中为这个新的元件封装命名，默认的元件名为NEW，命名完成之后单击“确定”按钮，即可保存新的元件封装到指定的元件库中。

其实在保存封装到元件库时，系统会询问是否建立新的元件类型，如图7-28所示。

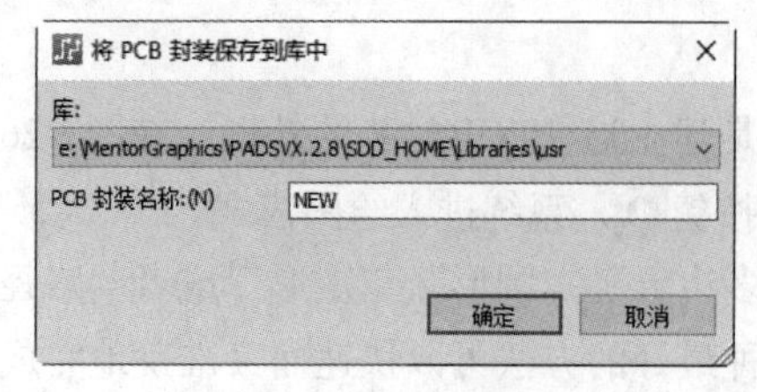

图7-27　保存PCB封装

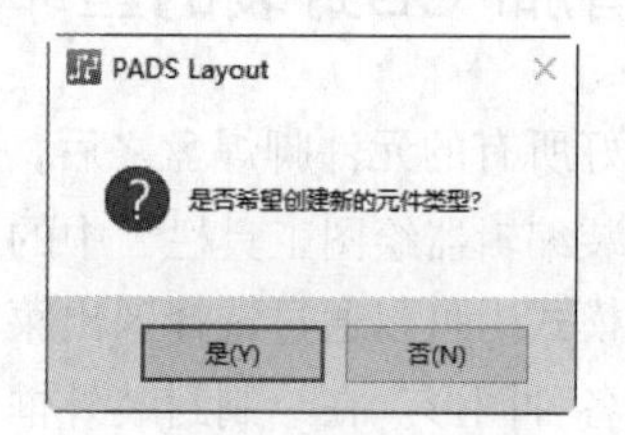

图7-28　提示对话框

如果单击“是”按钮，则在弹出的对话框中输入一个元件类型名即可。尽管通过这种方式建立了相应的元件类型，但是这并不表示这个元件类型已经完全建好。打开库管理器，然后从该元件类型库中找到这个新的元件类型名，单击元件管理器中“编辑”按钮，系统将打开这个新元件类型的编辑对话框，在此对话框中查看一下这个新元件类型的有关参数设置后会发现，此时这个新元件类型的参数设置除了包含了这个新建的PCB封装之外，其他什么内容都没有，这就说明如果要完善这个新元件类型还必须要进一步对其进行操作，如果保持现状，它就形同一个PCB封装的一个替身而已。

7.6 操作实例

通过下面的学习，读者将了解在封装元件编辑环境下新建封装库、绘制封装符号的方法，同时练习绘图工具的使用方法。

扫码看视频

7.6.1　创建元件库

1. 创建工作环境

单击PADS Layout VX.2.8按钮，打开PADS Layout VX.2.8，默认新建一个PCB文件。

2. 创建库文件

（1）选择菜单栏中的“文件”→“库”命令，弹出如图7-29所示的“库管理器”对话框，单击“新建库”按钮，弹出“新建库”对话框，选择新建的库文件路径，设置为“\yuanwenjian\7\7.5”，输入文件名称“example”，如图7-30所示，单击“保存”按钮，生成库文件。

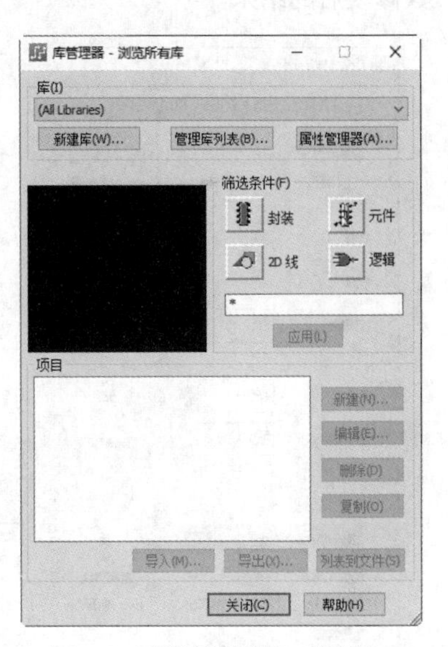

图7-29　“库管理器”对话框1

（2）单击“管理库列表”按钮，弹出如图7-31所示的“库列表”对话框，显示新建的库文件自动加载到库列表中。

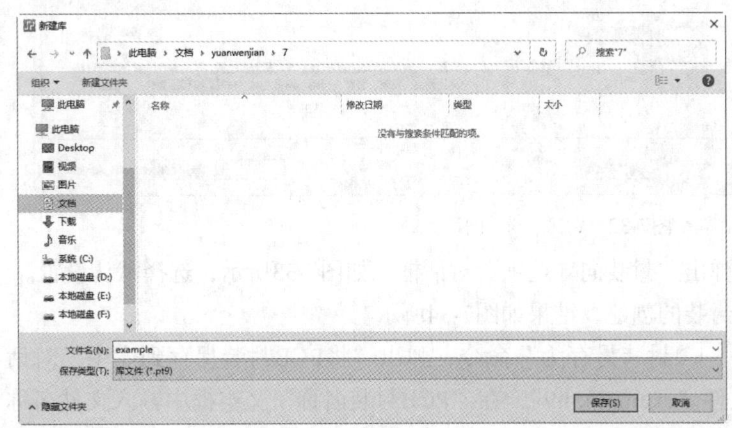

图7-30　“新建库”对话框

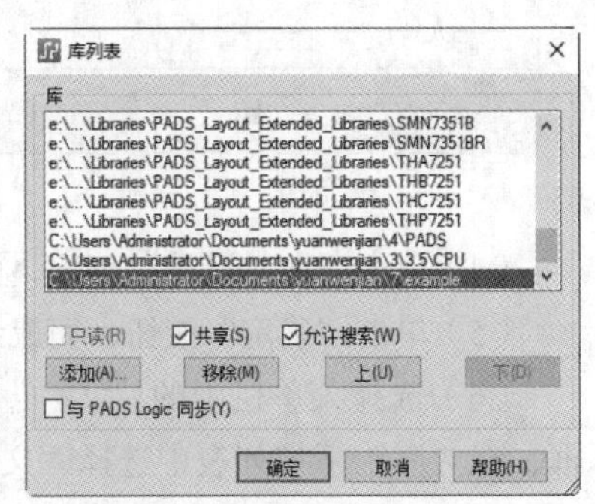

图7-31　“库列表”对话框

7.6.2 SO-16封装元件

（1）在PADS Layout中，选择菜单栏中的“工具”→“PCB封装编辑器”命令，打开PCB封装编辑器，进入元件封装编辑环境。

（2）单击“标准工具栏”中的“绘图工具栏”图标，打开封装编辑器绘图工具栏，单击“封装编辑器绘图工具栏”中的“向导”按钮，打开PCB封装编辑器，利用向导设置封装“Decal Wirzard”。

（3）选择“双”选项卡，如图7-32所示，在“设备类型”选项组下选择“SMD”单选按钮，设置“管脚数”为16，取消选择“热焊盘”选项组中的“创建”复选框，在“预览”区域实时观察参数修改后的结果。

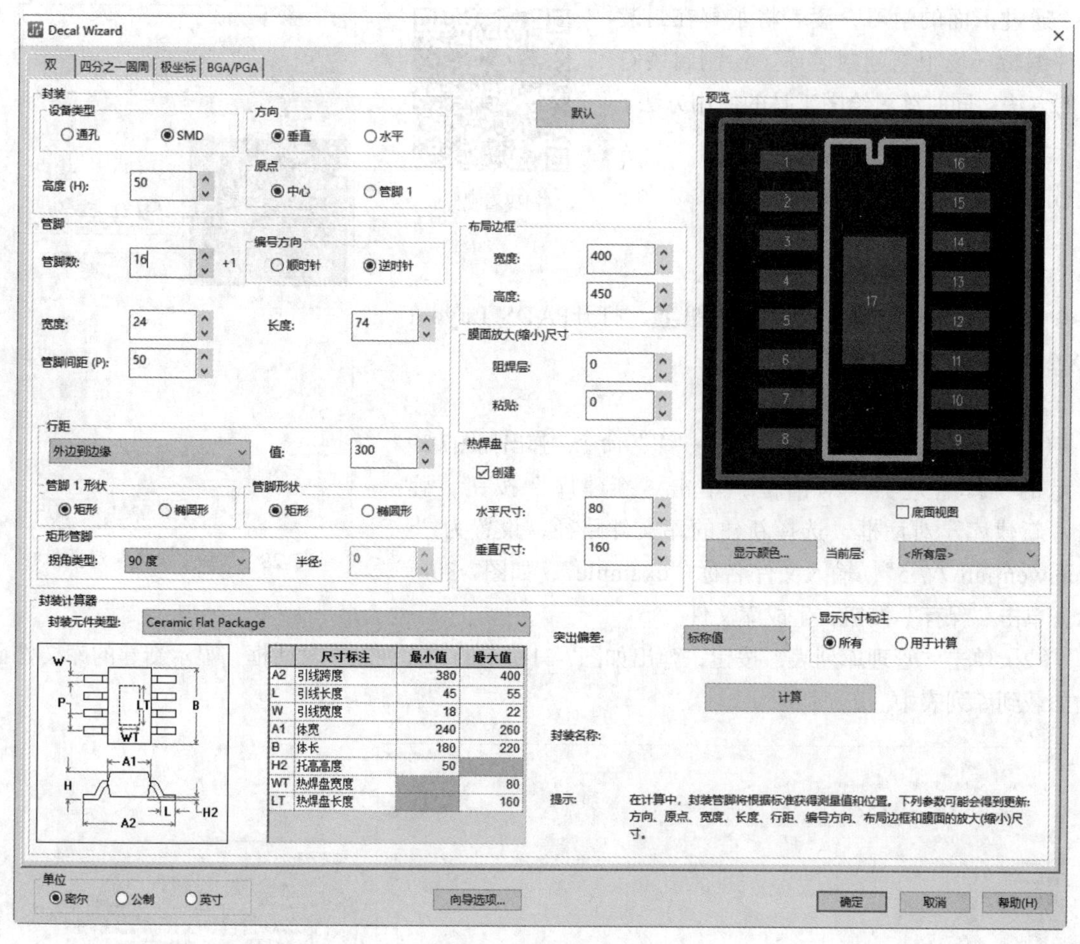

	尺寸标注	最小值	最大值
A2	引线跨度	380	400
L	引线长度	45	55
W	引线宽度	18	22
A1	体宽	240	260
B	体长	180	220
H2	托高高度	50	
WT	热焊盘宽度		80
LT	热焊盘长度		160

图7-32 “双”选项卡

（4）单击“向导选项”按钮，弹出“封装向导选项”对话框，如图7-33所示，选择默认设置。

（5）单击“确定”按钮，完成封装的创建，结果如图7-34所示。

（6）选择菜单栏中的“文件”→“封装另存为”命令，弹出“将PCB封装保存到库中”对话框，在“库”下拉列表中选择库文件“example.pt9”，在“PCB封装名称”文本框中输入文件名称“SO-16”，如图7-35所示。

（7）单击“确定”按钮，完成封装元件的绘制，并将保存的新元件封装到指定的元件库中。

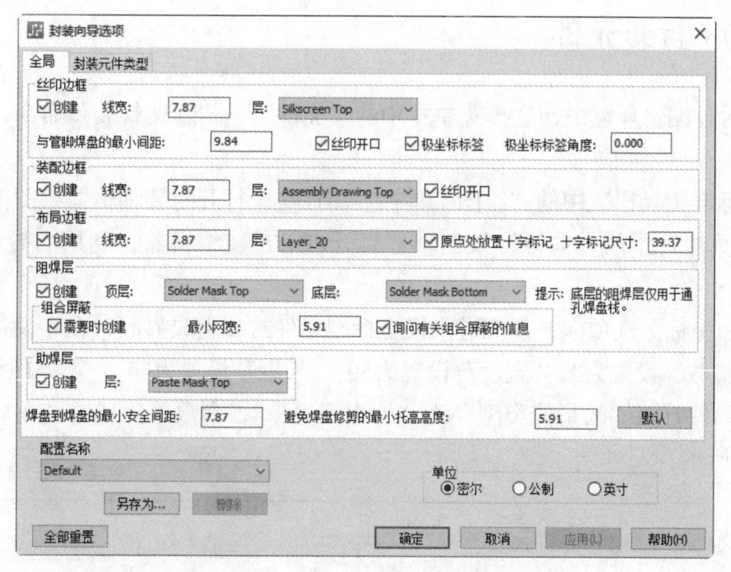

图7-33 “封装向导选项”对话框

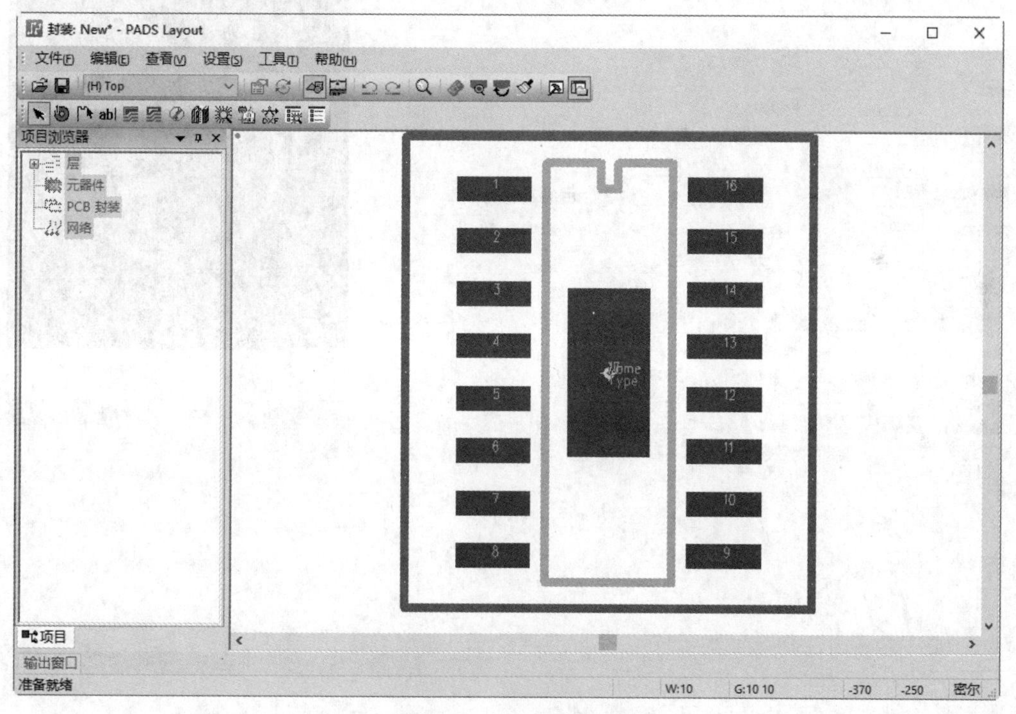

图7-34 向导创建封装

将 PCB 封装保存到库中

库:

C:\Users\Administrator\Documents\yuanwenjian\7\example

PCB 封装名称:(N)　SO-16

确定　取消

图7-35 “将PCB封装保存到库中”对话框

7.6.3 27–03 封装元件

（1）在PCB封装编辑环境中，选择菜单栏中的“文件”→“新建封装”命令，创建一个新的封装元件。

（2）单击“标准工具栏”中的“绘图工具栏”图标，打开封装编辑器绘图工具栏，单击“封装编辑器绘图工具栏”中的“向导”按钮，打开PCB封装编辑器，利用向导设置封装“Decal Wirzard”。

（3）选择“极坐标”选项卡，系统进入极坐标型元件封装生成界面，在“设备类型”选项组选择SMD，将“管脚数”设置为3，“宽度”设置为50，“长度”设置为50，“管脚1形状”、“管脚形状”均选择椭圆形。元件行距“测量值类型”为“外边到边缘”，参数值为100，“布局边框”半径设置为120，如图7-36所示。

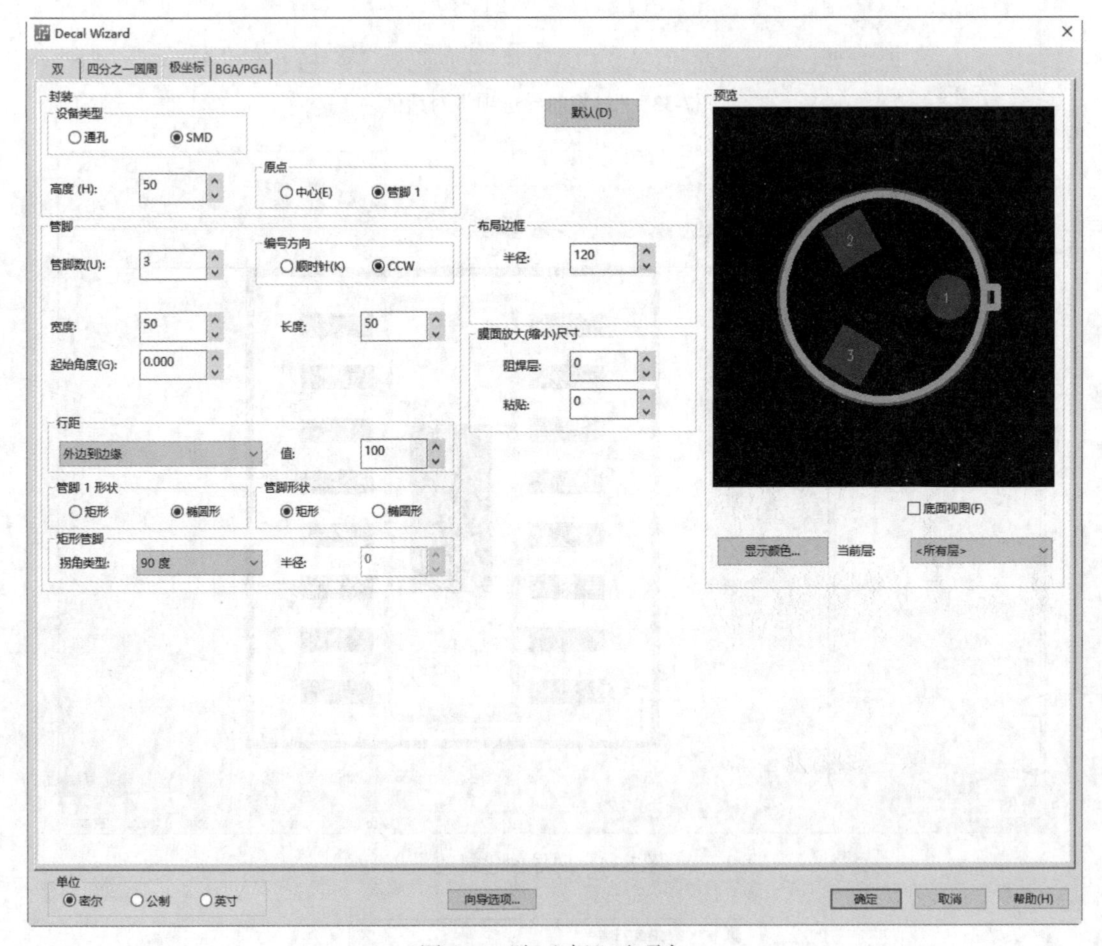

图7-36 “极坐标”选项卡

（4）完成参数设置后，单击“确定”按钮，完成封装创建，如图7-37所示。

（5）选择菜单栏中的“文件”→“保存封装”命令，弹出“将PCB封装保存到库中”对话框，在“库”下拉列表中选择库文件“example.pt9”，在“PCB封装名称”文本框中输入文件名称“27-03”，如图7-38所示。

（6）单击“确定”按钮，完成封装元件的绘制，并将保存的新元件封装到指定的元件库中。

图7-37　极坐标元件

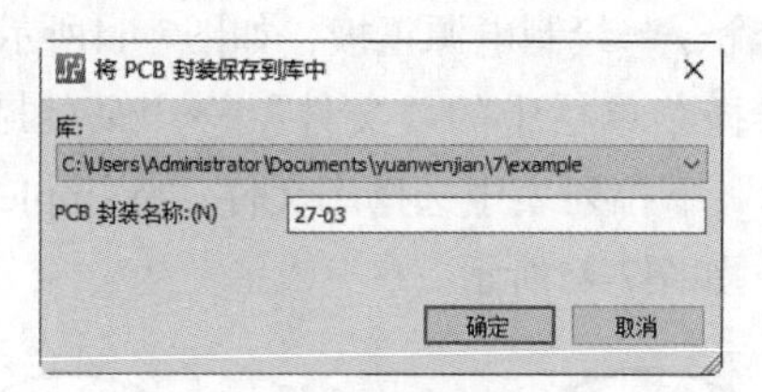

图7-38　保存PCB封装1

7.6.4　CX02-D 封装元件

（1）在PCB封装编辑环境中，选择菜单栏中的“文件”→“新建封装”命令，创建一个新的封装元件。

（2）单击“标准工具栏”中的“绘图工具栏”图标，打开“封装编辑器绘图工具栏”，单击“封装编辑器绘图工具栏”中的“端点”按钮，弹出如图7-39所示的“添加端点”对话框。

（3）单击“确定”按钮，退出对话框，进入焊盘放置状态，放置两个元件焊盘，如图7-40所示。

（4）选中焊盘2，单击鼠标右键，在弹出的菜单中选择“焊盘栈”命令，弹出“管脚的焊盘栈特性”对话框，在“焊盘样式”选项组中选择方形焊盘，如图7-41所示。

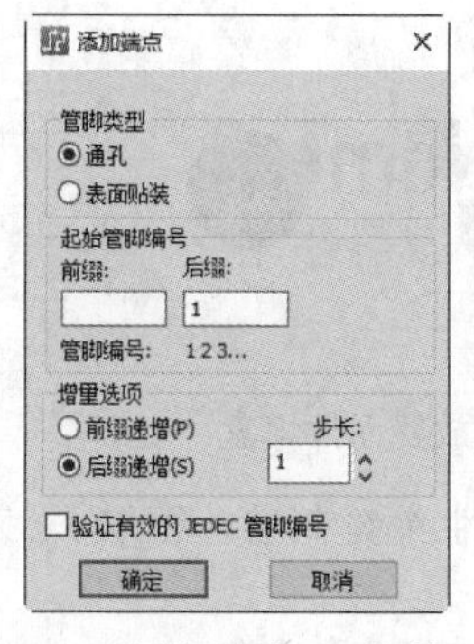

图7-39　“添加端点”对话框1

图7-40　放置元件焊盘

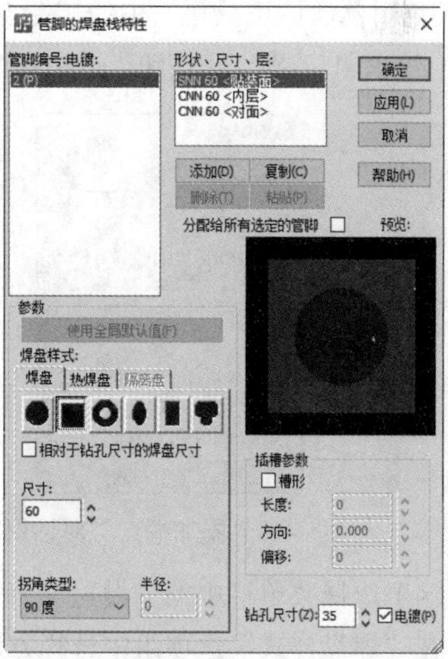

图7-41　“管脚的焊盘栈特性”对话框

（5）单击“确定”按钮，退出对话框，焊盘修改结果如图7-42所示。

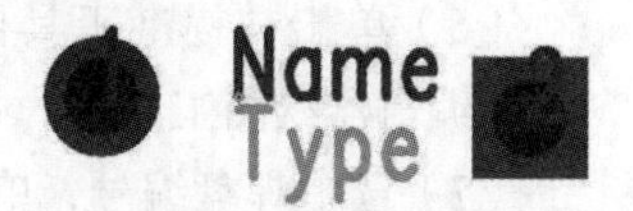

图7-42　修改焊盘

（6）单击“标准工具栏”中的“绘图工具栏”图标，打开“封装编辑器绘图工具栏”，单击“封装编辑器绘图工具栏”中的“2D

线”按钮，进入绘图模式，单击鼠标右键，选择快捷菜单中的“圆形”命令，绘制圆形外轮廓，如图7-43所示。

（7）单击“标准工具栏”中的“绘图工具栏”图标，打开封装编辑器绘图工具栏，单击“封装编辑器绘图工具栏”中的“2D线”按钮，进入绘图模式，单击鼠标右键，选择快捷菜单中的“路径”命令，绘制电源正极，如图7-44所示。

（8）选择菜单栏中的“文件”→“保存封装”命令，弹出“将PCB封装保存到库中”对话框，在“库”下拉列表中选择库文件“example.pt9”，在“PCB封装名称”文本框中输入文件名称“CX02-D”，如图7-45所示。

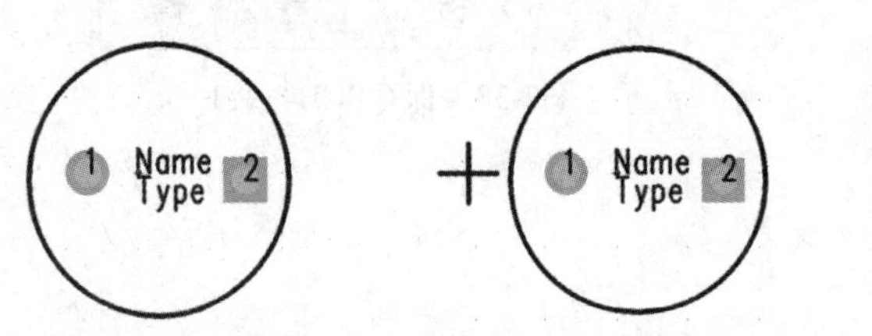

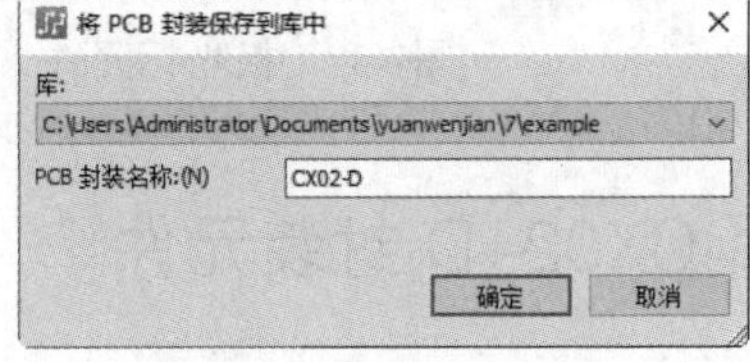

图7-43　绘制圆形外轮廓　　图7-44　绘制电源正极　　图7-45　保存PCB封装2

（9）单击“确定”按钮，完成封装元件的绘制，并将保存的新元件封装到指定的元件库中。

7.6.5　RS030封装元件

（1）在PCB封装编辑环境中，选择菜单栏中的“文件”→“新建封装”命令，创建一个新的封装元件。

（2）单击“标准工具栏”中的“绘图工具栏”图标，打开封装编辑器绘图工具栏，单击“封装编辑器绘图工具栏”中的“端点”按钮，弹出如图7-46所示的“添加端点”对话框。

（3）单击“确定”按钮，退出对话框，进入焊盘放置状态，放置两个元件焊盘，如图7-47所示。

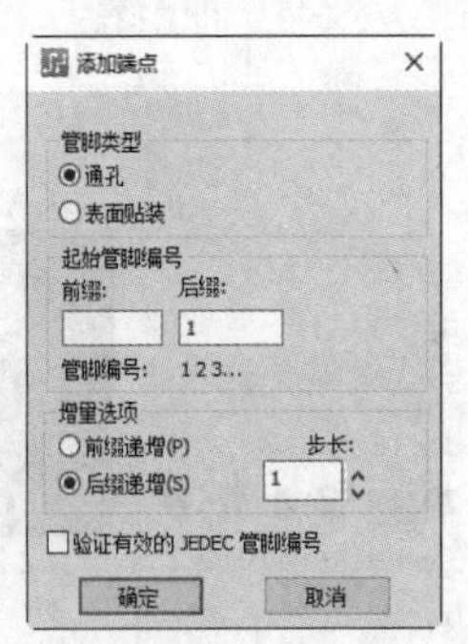

图7-46 “添加端点”对话框2

图7-47　放置元件焊盘

（4）选择菜单栏中的“设置”→“焊盘栈”命令，弹出“焊盘栈特性-新建封装（密尔）”对话框，在“焊盘样式”选项组中选择方形焊盘，如图7-48所示。

（5）单击“确定”按钮，退出对话框，焊盘修改结果如图7-49所示。

（6）单击“标准工具栏”中的“绘图工具栏”图标，打开封装编辑器绘图工具栏，单击“封装编辑器绘图工具栏”中的“2D线”按钮，进入绘图模式，绘制封装轮廓，如图7-50所示。

（7）选中焊盘编号，单击鼠标右键，在弹出的快捷菜单中选择“特性”命令，弹出如图7-51所示的“端点特性”对话框，设置编号位置，结果如图7-52所示。

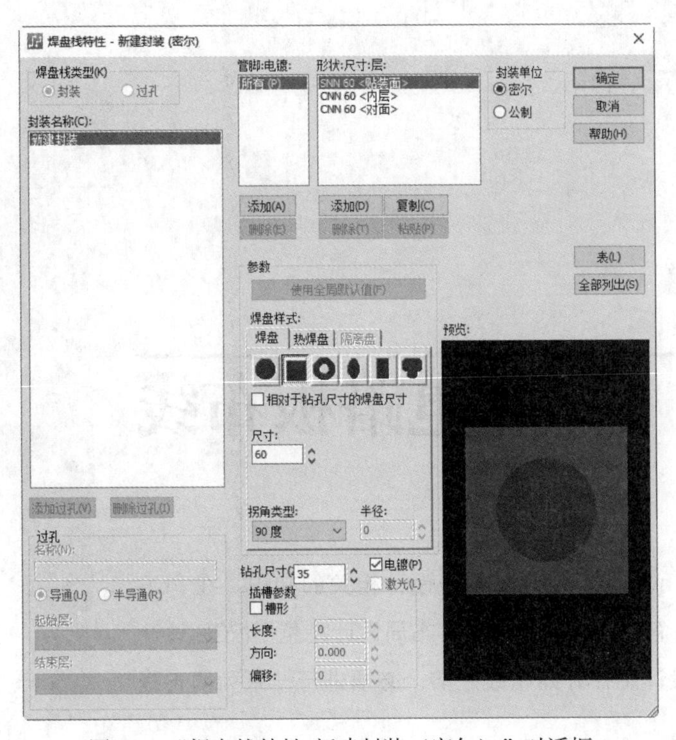

图7-49　修改焊盘

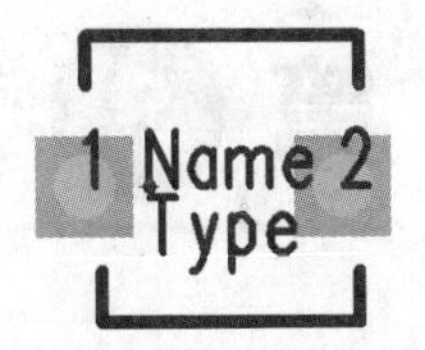

图7-50　绘制轮廓

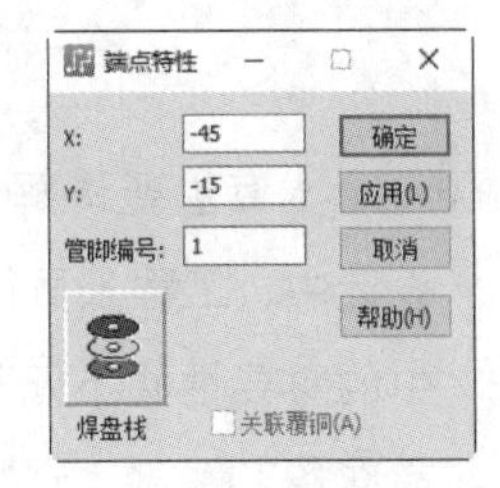

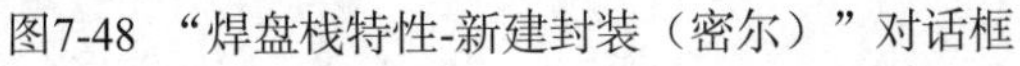

图7-48　“焊盘栈特性-新建封装（密尔）”对话框　　　　图7-51　“端点特性”对话框

（8）选择菜单栏中的“文件”→“保存封装”命令，弹出“将PCB封装保存到库中”对话框，在“库”下拉列表中选择库文件“example.pt9”，在“PCB封装名称”文本框中输入文件名称“RS030”，如图7-53所示。

（9）单击“确定”按钮，完成封装元件的绘制，并将保存的新元件封装到指定的元件库中。

（10）选择菜单栏中的“文件”→“退出封装元件编辑器”命令，退出封装编辑环境。

（11）选择菜单栏中的“文件”→“库”命令，弹出图7-54所示的“库管理器”对话框，在“库”下拉列表中选择库文件“example”，单击“封装”按钮，显示创建的元件。

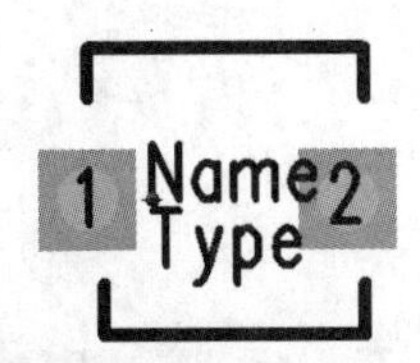

图7-52　设置编号位置

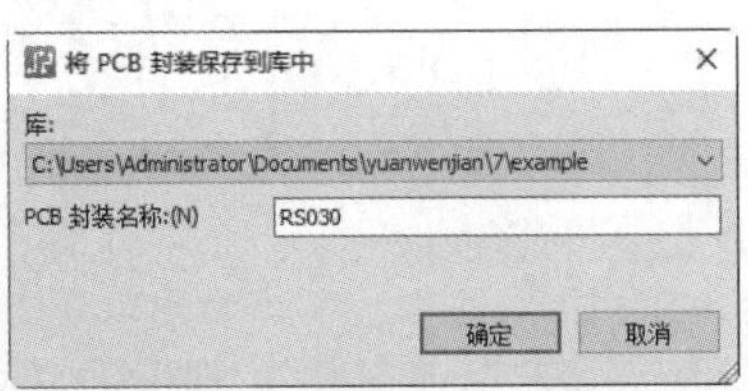

图7-53　保存PCB封装3

图7-54　“库管理器”对话框2

（12）单击“关闭”按钮，关闭该对话框。

第 8 章

电路板布线

本章主要讲解 PADS Layout VX.2.8 的布线设计相关的知识。在 PCB 设计中，工程人员往往容易忽视布局设计，其实布局设计在整个 PCB 设计中的重要性并不低于布线设计。在开始布线之前，必须进行一系列的布线前准备工作。

知识点

- ECO设置
- 布线设计
- 覆铜设计

8.1 ECO设置

PADS Layout专门提供了一个用于更改使用的ECO（Engineering Change Order）工具盒。如果在其他工具栏操作状态下进行有关的更改操作，PADS Layout系统都会实时提醒在ECO模式下进行操作，因为PADS Layout系统对所有的更改实行统一管理，统一记录所有ECO更改数据。这个记录所有更改数据的ECO文档不仅可以对原理图实施自动更改，使其与PCB设计保持一致，而且由于它可以使用文字编辑器打开，所以为设计提供又一个可供查询的证据。

在PADS Layout中，单击“标准工具栏”中“ECO工具栏”按钮，则先弹出一个“ECO选项”设置对话框，如图8-1所示。

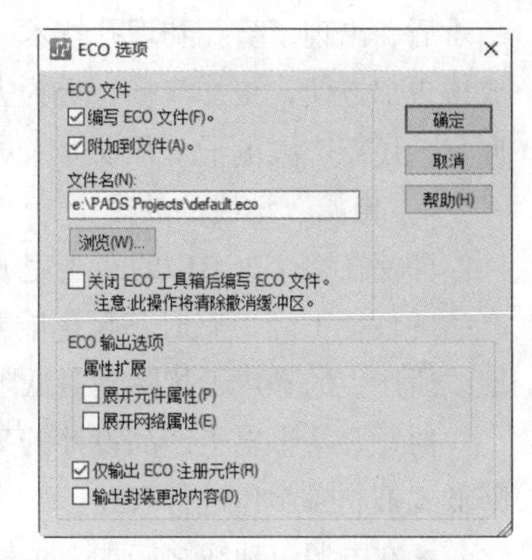

图8-1 “ECO选项”设置对话框

“ECO选项”设置对话框中的各个设置项意义如下。

（1）编写ECO文件：如果选择这个选项，则表示PADS Layout将所有的ECO过程记录在XXX.eco文件中，并且这些记录数据可以反馈到相应的原理图中。

（2）附加到文件：如果选择此选项设置，那么在ECO更改中，对于使用同一个更改记录文件来记录更改数据时，每一次的更改数据都是在前一次之后继续往下记录，而不会将以前的记录数据覆盖。

（3）文件名：设置记录更改数据的文件名和保存此文件的路径。

（4）关闭ECO工具箱后编写ECO文件：在关闭ECO工具盒或者退出ECO模式时更新ECO文件数据。

（5）属性扩展：设计领域扩展到更高的层，用于记录属性，比如从ECO文件中选择元件类型或板框。

- 展开元件属性。
- 展开网络属性。

（6）仅输出ECO注册元件：如果选择此选项，表示在ECO中只记录在建立元件时已经注册了的元件。

（7）输出封装更改内容：选择该选项后，在ECO文件中记录元件封装的改变。

8.2 布线设计

在PCB设计中，布线是完成产品设计的重要步骤，可以说前面的准备工作都是为它而做的。PCB布线有单面布线、双面布线及多层布线。布线的方式也有两种：自动布线及交互式布线，在自动布线之前，可以采用交互式预先对要求比较严格的线进行布线，输入端与输出端的边线应避免相邻平行，以免产生反射干扰。必要时，应加地线隔离，两个相邻层的布线要互相垂直，平行容易产生寄生耦合。

自动布线的布通率，依赖于良好的布局，布线规则可以预先设定，包括走线的弯曲次数、导通孔的数目、步进的数目等。一般先进行探索式布线，快速地把短线连通，然后进行迷宫式布线，先把要布的连线进行全局的布线路径优化，它可以根据需要断开已布的线，并试着重新再布线，以改进总体效果。

对于目前高密度的PCB设计不能再采用贯通孔，因为它浪费了许多宝贵的布线通道，为解决这一矛盾，出现了盲孔和埋孔技术，它不仅完成了导通孔的作用，还省出许多布线通道使布线过程完成得更加方便，更加流畅，更为完善，PCB的设计过程是一个复杂而又简单的过程，要想很好地掌握它，还需广大电子工程设计人员自己体会，才能得到其中的真谛。

1. 电源、地线的处理

即使在整个PCB中的布线完成得都很好，但由于电源、地线的考虑不周到而引起的干扰，会使产品的性能下降，有时甚至影响到产品的成功率。所以对电源、地线的布线要认真对待，把电源、地线所产生的噪声干扰降到最低限度，以保证产品的质量。

对每个从事电子产品设计的工程人员来说都明白地线与电源线之间噪声所产生的原因，现只对降低式抑制噪声作进行表述。

- 在电源、地线之间加上去耦电容。
- 尽量加宽电源、地线宽度，最好是地线比电源线宽，它们的关系是：地线＞电源线＞信号线，通常信号线宽为：0.2～0.3mm，最细宽度可达0.05～0.07mm，电源线为1.2～2.5mm。
- 对于数字电路的PCB，可使用宽的地导线组成一个回路，即构成一个地网来使用（模拟电路的地不能这样使用）。
- 用大面积铜层作为地线用，在印制板上把没被用上的地方都与地相连接作为地线用。或是做成多层板，电源、地线各占用一层。

2. 数字电路与模拟电路的共地处理

现在有许多PCB不再是单一功能电路（数字或模拟电路），而是由数字电路和模拟电路混合构成的。因此，在布线时就需要考虑它们之间互相干扰问题，特别是地线上的噪声干扰。

数字电路的频率高，模拟电路的敏感度强，对信号线来说，高频的信号线尽可能地远离敏感的模拟电路器件，对地线来说，整个PCB对外界只有一个结点，所以必须在PCB内部进行处理数、模共地的问题，而在板内部数字地和模拟地实际上是分开的，它们之间互不相连，只是在PCB与外界连接的接口处（如插头等）相连。

3. 信号线布在电（地）层上

在多层印制板布线时，由于在信号线层没有布完的线已经不多了，再多加层数就会造成浪费也会给生产增加一定的工作量，成本也相应增加了，为解决这个矛盾，可以考虑在电（地）层上进行布线。首先应考虑用电源层，其次才是地层。因为最好是保留地层的完整性。

4. 大面积导体中连接腿的处理

在大面积的接地（电）中，常用元器件的腿与其连接，对连接腿的处理需要进行综合考虑，就电气性能而言，元件腿的焊盘与铜面满接为好，但对元件的焊接装配就存在一些不良隐患：①焊接需要大功率加热器。②容易造成虚焊点。所以兼顾电气性能与工艺需要，做成十字花焊盘，称之为热隔离（heatshield），俗称热焊盘（Thermal），这样，可使在焊接时因截面过分散热而产生虚焊点的可能性大大减少。多层板的接电（地）层元件腿的处理相同。

5. 布线中网络系统的作用

在许多CAD系统中，布线是依据网络系统决定的。网格过密，通路虽然有所增加，但步进太小，图场的数据量过大，这必然对设备的存储空间有更高的要求，同时也对像计算机类电子产品的运算速度有极大的影响。而有些通路是无效的，如被元件腿的焊盘占用的或被安装孔、定们孔所占用的等。网格过疏，通路太少对布通率的影响极大。所以要有一个疏密合理的网格系统来支持布线的进行。

标准元器件两腿之间的距离为0.1英寸（2.54mm），所以网格系统的基础一般就定为0.1英寸（2.54mm）或小于0.1英寸的整倍数，如：0.05英寸、0.025英寸、0.02英寸等。

6. 设计规则检查（DRC）

布线设计完成后，需认真检查布线设计是否符合设计者所制订的规则，同时也需确认所制订的规则是否符合印制板生产工艺的需求，一般检查如下几个方面。

- 线与线，线与元件焊盘，线与贯通孔，元件焊盘与贯通孔，贯通孔与贯通孔之间的距离是否合理，是否满足生产要求。
- 电源线和地线的宽度是否合适，电源与地线之间是否紧耦合（低的波阻抗），在PCB中是否还有能让地线加宽的地方。
- 对于关键的信号线是否采取了最佳措施，如长度最短，加保护线，输入线及输出线被明显地分开。
- 模拟电路和数字电路部分，是否有各自独立的地线。
- 后加在PCB中的图形（如图标、注标）是否会造成信号短路。
- 对一些不理想的线形进行修改。
- 在PCB上是否加有工艺线，阻焊是否符合生产工艺的要求，阻焊尺寸是否合适，字符标志是否压在器件焊盘上，以免影响电装质量。
- 多层板中的电源地层的外框边缘是否缩小，如电源地层的铜箔露出板外容易造成短路。

8.3 PADS Router布线编辑器

1999年，PADS公司推出了一个基于PADS全新Latium技术功能强大的全自动布线器PADS Router。PADS Router不但采用了全新的Latium技术，而且也继承了PADS的用户界面风格和容易操作使用的特点，一般会使用PADS Layout的用户也会使用它。所以PADS Router是一个非常实用的布线工具。

可以直接从PADS Layout中通过选择主菜单栏中的“工具”→“PADS Router”命令或到程序组中去单独启动PADS Router，因为它是一个可以脱离PADS Layout而独立运行的应用软件。启动界面如图8-2所示。

当一个PCB设计从PADS Layout中传送到PADS Router时，在PADS Layout中所定义的设计规则也会随着PCB设计而传送入PADS Router中，所以对于一个需要进行全自动布线的设计，可以在PADS Layout中去定义布线中所遵守的设计规则，当然这些设计规则也可以在PADS Router中去修改甚至重新定义。

由于PADS Router是一个独立的软件，所以对于PCB设计文件，如果不从PADS Layout VX.2.8调入，则可以单独启动PADS Router VX.2.8之后，直接选择菜单栏中的“文件”→“打开”命令，打开所需进行自动布线的文件。

当将PCB文件调入之后，就可以进行自动布线了，PADS Router自动布线的方式非常灵活，单击“标准工具栏”中的“布线”图标，在弹出的“布线工具栏”中单击“启动自动布线”按钮，即可进行整板自动布线；在进行自动布线时，可以根据需要去选择所需自动布线的对象，不仅如此，一些网络还可以在PADS Layout中先完成其走线，然后设置为保护线，那么这些保护线在PADS

Router中将不被作任何的改动而保持原样。

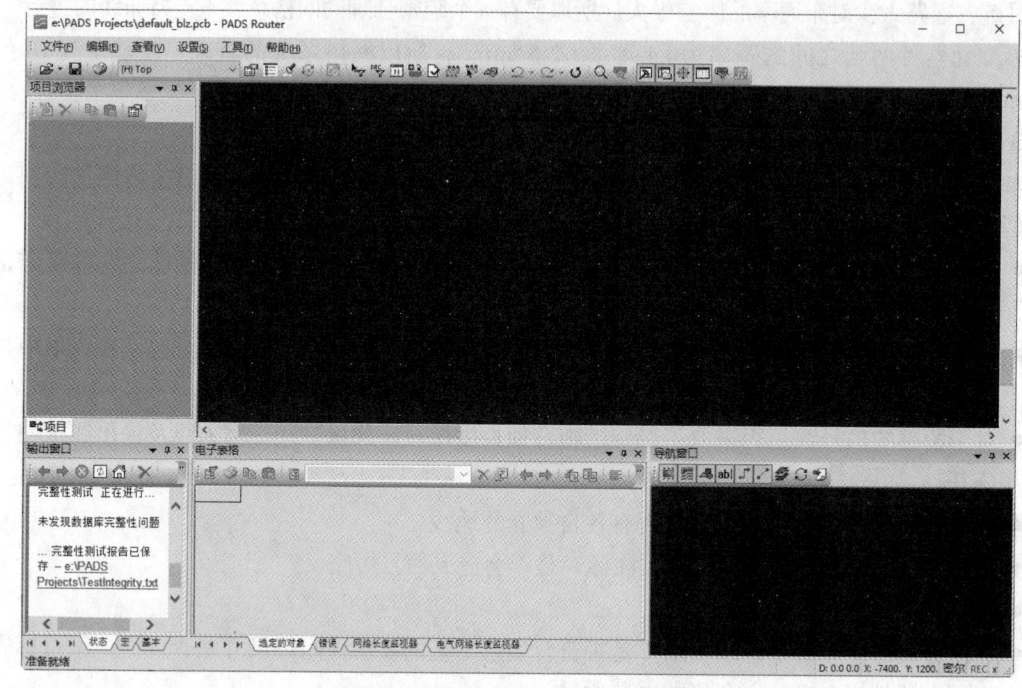

图8-2　PADS Router 全自动布线器

PADS Router其他功能使用方式和风格上与PADS Layout具有相同之处，对于一个PADS Layout的用户，使用PADS Router绝对不是一件难事。

8.4 覆铜设计

大面积覆铜是电路板设计后期处理的重要一步，它对电路板制作后的电磁性能起关键作用。对于速率较高的电路，大面积覆铜更是必不可少。有关其理论推导的内容，读者可以参阅电磁场和电磁波的相关书籍。

8.4.1　铜箔

在PADS Layout应用中，“铜箔”与“覆铜”是完全不同的，顾名思义，“铜箔”就是建立一整块实心铜箔，而“覆铜”是以设定的铜箔外框为准，对该框内进行灌铜，重点在这个灌字上，而且在灌铜的过程中它将遵循所定义的规则（比如铜箔与走线的距离，与焊盘的距离）来进行智能调整，以保证所灌入的铜与那些所定义的对象保持规定的距离等。

1. 建立“铜箔”

由于建立铜箔时不受任何规则约束，所以这个功能不能在DRC（在线规则检查）模式处于有效的状态下操作，如果系统此时DRC处于打开状态，可用直接命令DRO关掉它，否则将会弹出如图8-3所示的提示对话框。

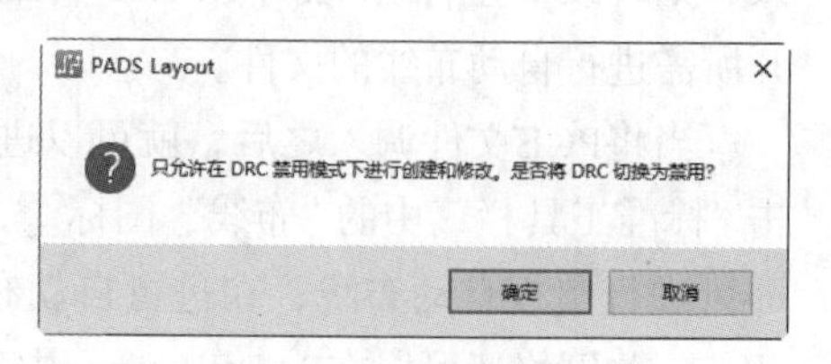

图8-3　DRC提示对话框

建立铜箔的操作步骤如下。

（1）启动PADS Layout，单击“标准工具栏”中“绘图”按钮。

（2）在打开的“绘图工具栏”中单击“铜箔”按钮，系统进入建立铜箔模式。

（3）单击鼠标右键，从弹出的快捷菜单中可以选择矩形、多边形、圆形、路径来建立四种形状的铜箔。

（4）当选好所要建立的铜箔形状之后，就可以分别在设计中将此铜箔画出。图8-4所示为对应的四种形状的铜箔。

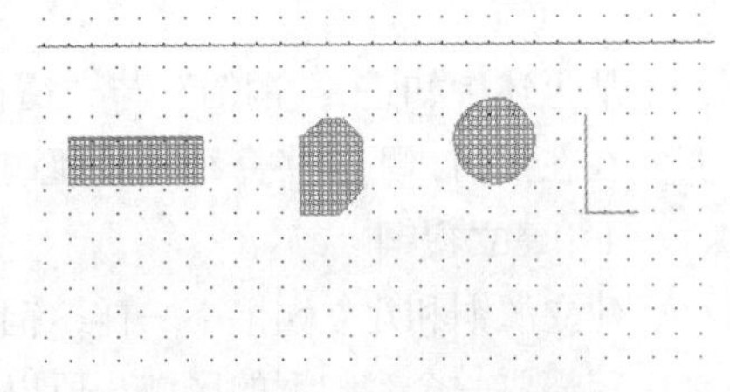

图8-4　四种形状的铜箔

铜箔在设计中是一个对象，所以完全可以对其进行编辑，甚至将其变为设计中的某一网络，下面将介绍如何编辑铜箔。

2. 编辑铜箔

当建好了一块实心铜箔，根据需要有时对其进行修改，修改时先退出建立铜箔状态，单击鼠标右键，选择弹出菜单中的“选择形状”命令可以一次性点亮整块铜箔，如果对这块铜箔的某一边编辑，则选择弹出菜单中的“随意选择”命令。

现在改变一个实心铜箔的网络名，使其与连在一起的网络（比如：GND）成为一个网络。如上所述，从弹出的菜单中选择“选择形状”命令，再单击实心铜箔外框，整个铜箔点亮，单击鼠标右键，从弹出的菜单中选择“特性”命令，则会弹出对话框，如图8-5所示。

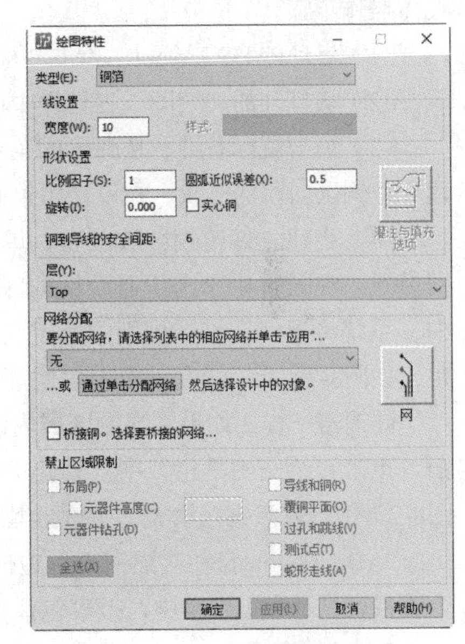

图8-5　“绘图特性”对话框

在这个对话框“网络分配”选项组中选择GND，单击“确定”按钮，则这个实心的铜箔就与GND网络成为一个网络。如果要改变实心铜箔的形状，先点亮某一边，再单击鼠标右键，选择所需的菜单命令进行修改即可。

注意

有时常需要在这个实心的铜箔中挖出各种形状的图形来，这时单击“绘图工具栏”中的“铜挖空区域”按钮，然后在一个实心铜箔中画一个所需的图形。但是画完之后并看不见被挖出的图形，其原因是没有将这个实心铜箔与这个挖出的图形进行“合并”。进行结合只需先点亮实心铜箔，按住键盘 Ctrl 键，再点亮挖出的图形框，也可以通过按住鼠标左键拉出一个矩形框来将它们同时点亮。然后单击鼠标右键，从弹出的快捷菜单中选择“合并”命令，则被挖出的图形就马上在实心铜箔中显示出来，如图 8-6 所示。

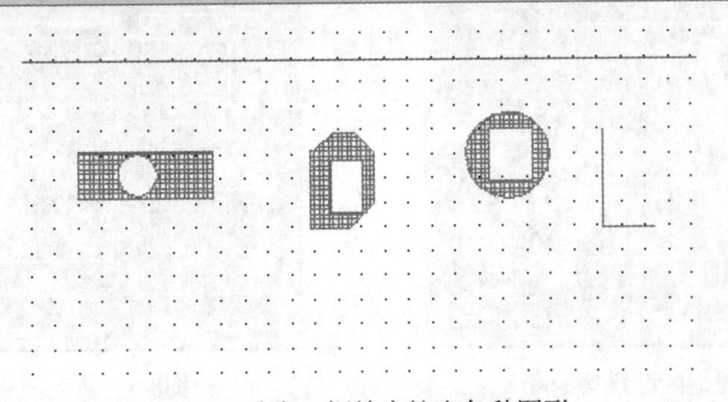

图8-6　从实心铜箔中挖出各种图形

8.4.2 覆铜

从上述中知道，"铜箔"与"覆铜"有很大区别，后者带有很大的智能性，而"铜箔"是一块实实在在铜箔，下面将介绍有关灌铜的操作和编辑。

1. 建立覆铜

建立灌铜和建立铜箔不一样，铜箔是画出来的，而灌铜却体现在一个灌字上面。既然是灌，那么一定需要一个容纳铜的区域，所以在建立灌铜时首先必须设定好灌铜范围。下面介绍有关灌铜的具体操作步骤。

（1）启动PADS Layout，单击"标准工具栏"中"绘图工具栏"图标。

（2）从打开的"绘图"工具栏中单击"覆铜平面"按钮，其目的是绘制出覆铜的区域。

（3）单击鼠标右键，从弹出的菜单中选择多边形、圆形、矩形和路径这四种绘图方式的一种来建立灌铜区面积的形状，在设计中绘制出所需灌铜的区域。

（4）当建立好覆铜区域以后，单击"绘图工具栏"中的"灌注"按钮，此时系统进入了灌铜模式。在设计中单击所需灌铜的区域外框，然后系统开始往此区域进行灌铜，在进行灌铜过程中，系统将遵守在设计规则中所定义的有关规则，比如铜箔与走线、过孔和元件管脚等之间的间距，如图8-7所示，这是一个对表层灌铜的范例。

同铜箔一样，如果在灌铜区域内设置一个禁止灌铜区，则系统在进行灌铜时这个禁区将不灌入铜。单击"绘图工具栏"中"禁止区域"按钮，然后单击鼠标右键，选择绘制禁止区方式，以图8-7为例，在灌铜区设置一个圆形禁铜区，重新灌铜后效果如图8-8所示。

PADS Layout自动对灌铜矩形边框进行灌铜操作，完成后会自动打开记事本，将灌铜时的错误生成报表显示在记事本中，报表包括错误的原因和错误的坐标位置。

2. 编辑灌铜

同编辑铜箔一样，可以对灌铜进行各种各样的编辑，最常见的就是查询与修改。

如果希望对某灌铜区进行编辑，最好使用直接命令PO将灌铜关闭，只显示灌铜区外框，否则可能无法点亮整个灌铜区。当点亮了灌铜区外框后，单击鼠标右键，从弹出的菜单中选择"特性"命令，则弹出如图8-9所示的对话框。

最常见的是编辑灌铜的属性，一般总是将灌铜与某一网络连在一起从而形成一个网络，最常见的连接网络有地（GND）和电源等。比如，连接地就可以在图8-9中"网络分配"选项组选择GND后单击"确定"按钮就可以了。

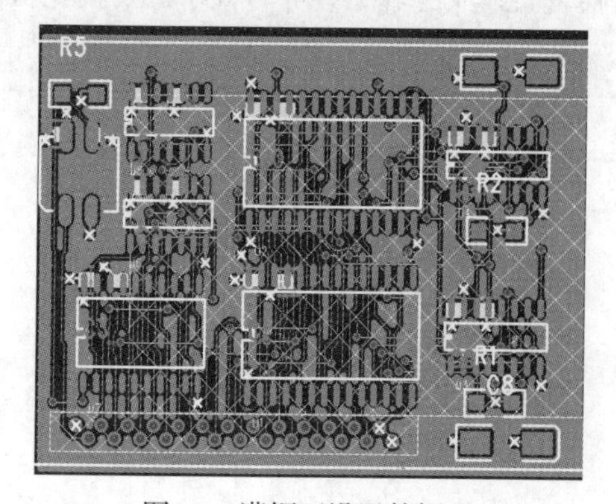

图8-7　灌铜区设置禁铜区

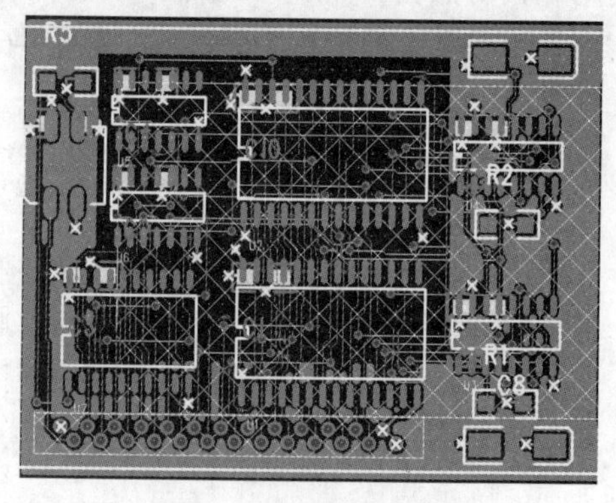

图8-8　重新灌铜后效果

3. 删除碎铜

在设计中进行大面积灌铜时，往往都会设置某一网络与铜箔连接。由于在进行灌铜的过程中，系统对于灌铜区内任何在设计规则规定以内的区域都将进行灌铜，这就会导致在灌铜区域出现一些没有任何网络连接关系的孤岛区域铜箔，我们称它为碎铜。对于那些很小的孤岛铜箔，有时由于板设计密度较高，所以会导致大量的孤岛铜箔出现，这些孤岛铜箔（特别是很小的孤岛铜箔）留在板上有时会对板的生产带来不利，所以一般都需要将它们删除。

在PADS Layout中，系统提供了一个查找碎铜的功能。选择菜单栏中的“编辑”→“查找”命令，打开查找对话框，如图8-10所示。在查找对话框“查找条件”下拉列表框中使其处于查找“碎填充边框”模式，然后单击“应用”按钮即可将当前设计中的碎片全部点亮，单击“确定”按钮退出查找对话框。由于所有碎铜仍然处于点亮状态，所以按键盘上Delete键即可将碎铜全部删除。

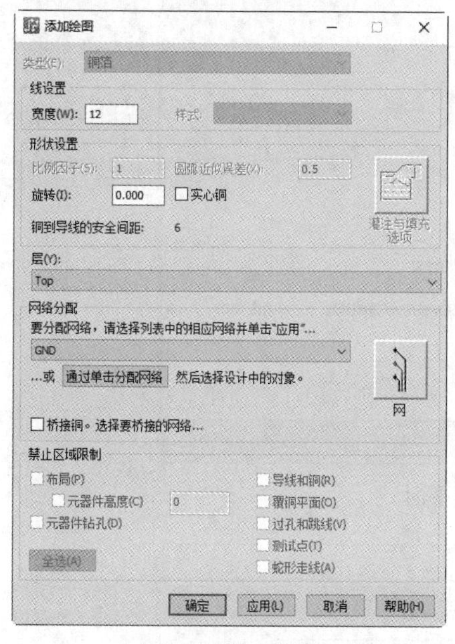

图8-9　修改灌铜

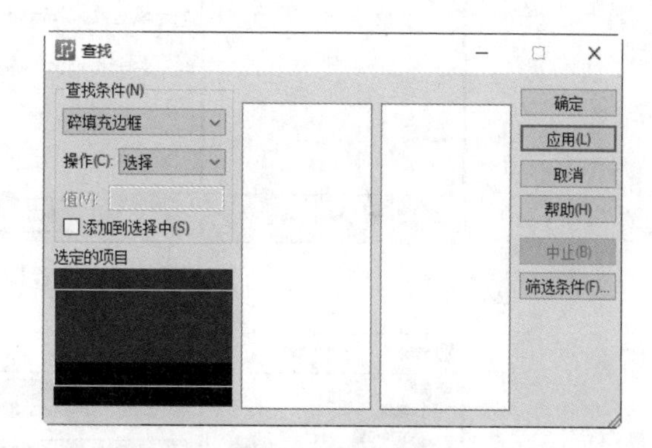

图8-10　查找碎铜

8.4.3　覆铜管理器

在PADS Layout系统中专门设置了一个有关灌铜的管理器，覆铜管理器的范围是针对当前整个设计，通过覆铜管理器可以很方便地对设计进行灌铜、快速灌铜和恢复灌铜等操作。

选择菜单栏中的“工具”→“覆铜平面管理器”命令，则系统弹出如图8-11所示的“覆铜平面管理器”对话框。

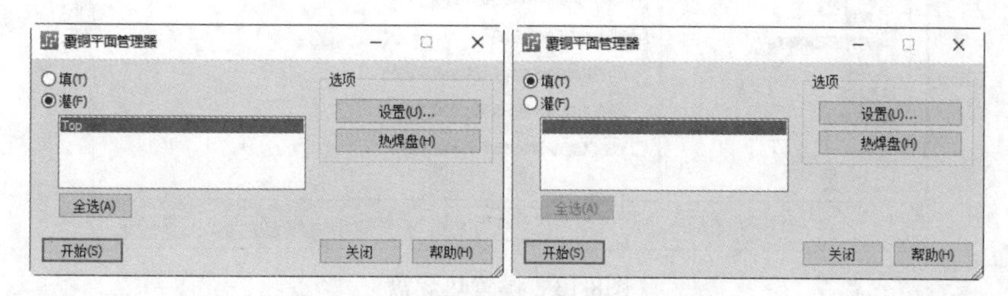

图8-11　“覆铜平面管理器”对话框

从图8-11中可知,“覆铜平面管理器”一共有两个部分：灌、填，如图8-11所示。右侧“选项”选项组中显示“设置”按钮与“热焊盘”按钮，用于设置覆铜平面与热焊盘参数，如图8-12和图8-13所示。

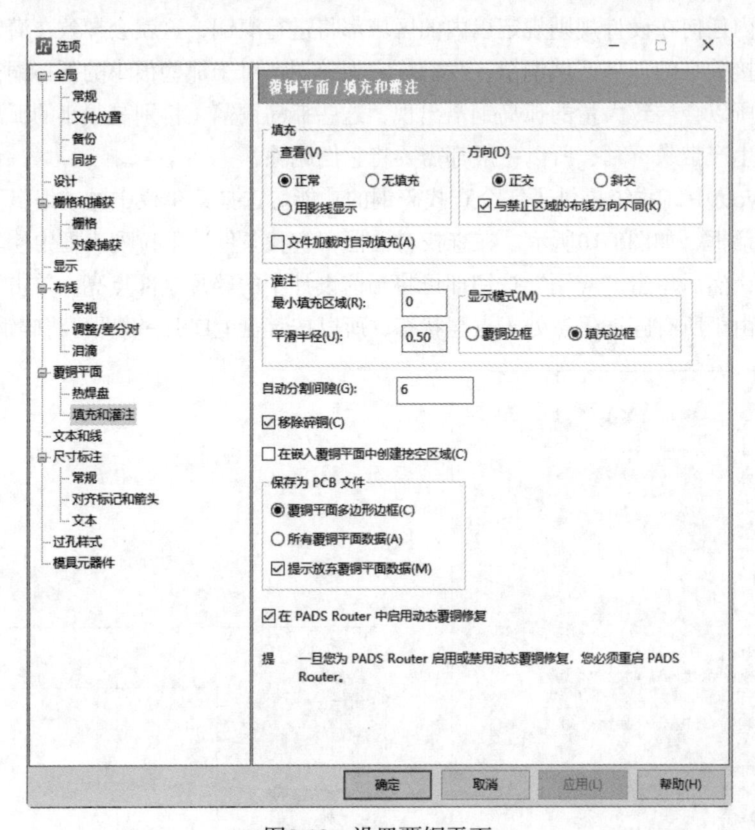

图8-12　设置覆铜平面

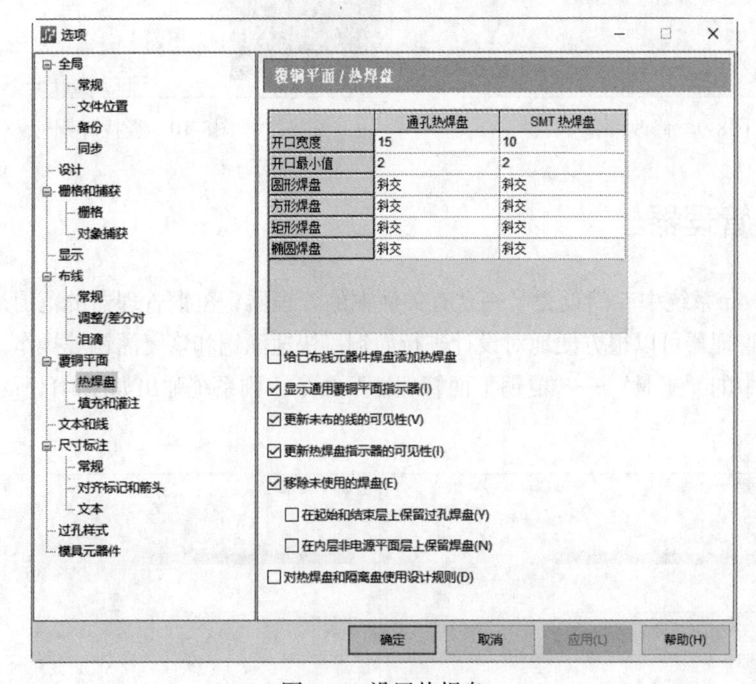

图8-13　设置热焊盘

在PADS Layout系统中平面层有两种，CAMPlane和Split/Mix，其实这里的平面层一般都是指电源（Power）和地层（GND）。CAMPlane层在输出Gerber时采用的是负片方式，不需要灌铜处理。而Split/Mix（混合分割层）却采用的是灌铜方式，所以需要对其进行灌铜。

在进行Split/Mix（混合分割层）灌铜时，可以使用“PlaneConnect”功能，在图8-11中选择某一个层后，单击“开始”按钮即可。

8.5 尺寸标注

尺寸标注是将设计中某一对象的尺寸属性以数字化的方式展现在设计中，给人一种一目了然的感觉，这种方式不仅在CAD领域中常用，在PCB设计中也尤其常见。

在PADS Layout系统中，单击“标准工具栏”中的“尺寸标注工具栏”按钮，则会弹出自动尺寸标注工具栏，如图8-14所示。

图8-14　自动尺寸标注工具栏

系统一共提供了8种尺寸标注方式：自动尺寸标注、水平、垂直、已对齐、已旋转、角度、圆弧和引线。

从PADS Layout自动尺寸标注工具栏中选择一种标注方式，然后在设计中空白处单击鼠标右键，则弹出如图8-15所示的快捷菜单。这个弹出菜单一共分成三部分。

（1）捕获方式：表示如何捕捉尺寸标注的起点和终点。包括捕捉至拐角、捕捉至中点、捕捉至任意点、捕捉至中心、捕获至圆/圆弧、捕获至交叉点、捕获至四分之一圆周和不捕获。

（2）取样方式：表示进行标注时对边缘的选取方式，其中有3种模式可以选择，使用中心线、使用内边和使用外边，如图8-16所示。

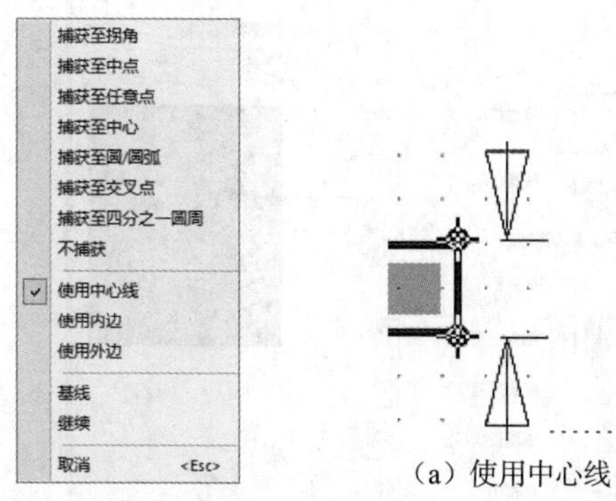

图18-15　右键弹出菜单

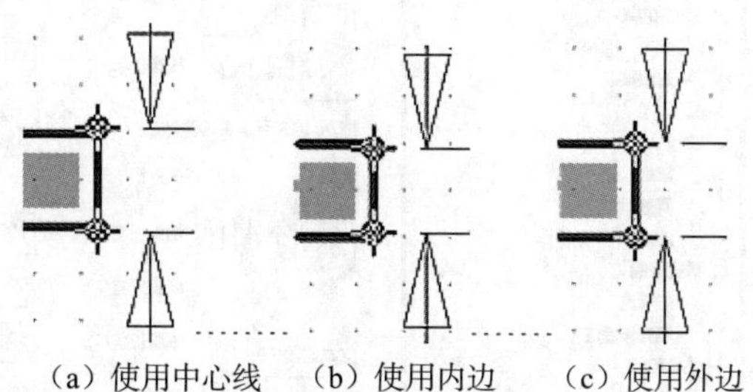

图8-16　取样模式

注意

“不捕获”方式是一种自由发挥的捕捉方式，可以选择设计中任何一个点作尺寸标注的首末点，包括设计画面空白处，这个空白处没有任何对象，这就是它区别于“捕获至任意点”选项的地方，因为“捕获至任意点”虽然可以捕捉任何点，但是捕捉对象一定要存在而不能是空白。

（3）标注基准线的选择方式：基线、继续。其中，“基准”是指进行尺寸标注时作为参考对象的线条，标注时的起点就是基准线上的点。

单击“尺寸标注工具栏”中的“尺寸标注选项”按钮，弹出如图8-17所示的“选项”对话框，默认打开“尺寸标注/常规”选项卡，设置标注所在图层及标注显示对象。

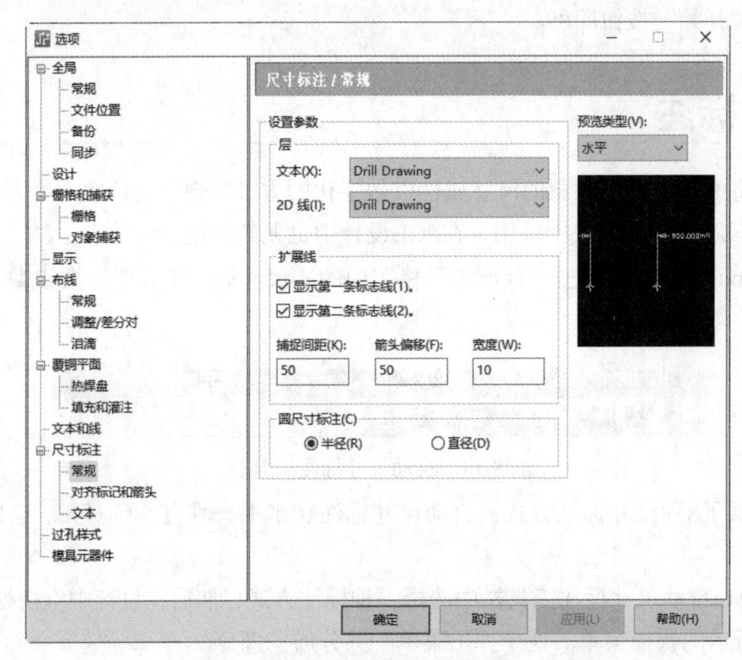

图8-17 “选项”对话框

选择“对齐标记和箭头”选项卡，如图8-18所示，设置标注的箭头样式及对齐工具。

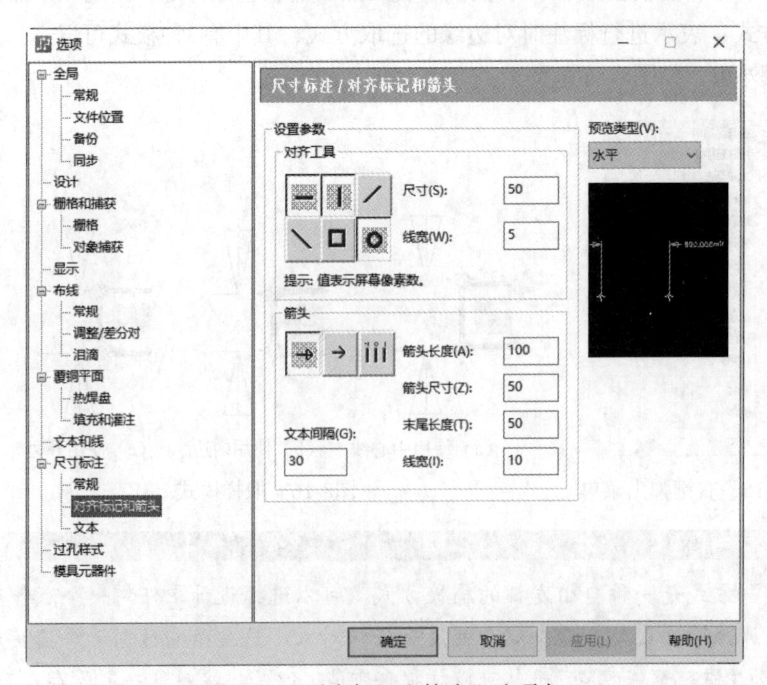

图8-18 “对齐标记和箭头”选项卡

选择“文本”选项卡，如图8-19所示，设置标注的文本参数。

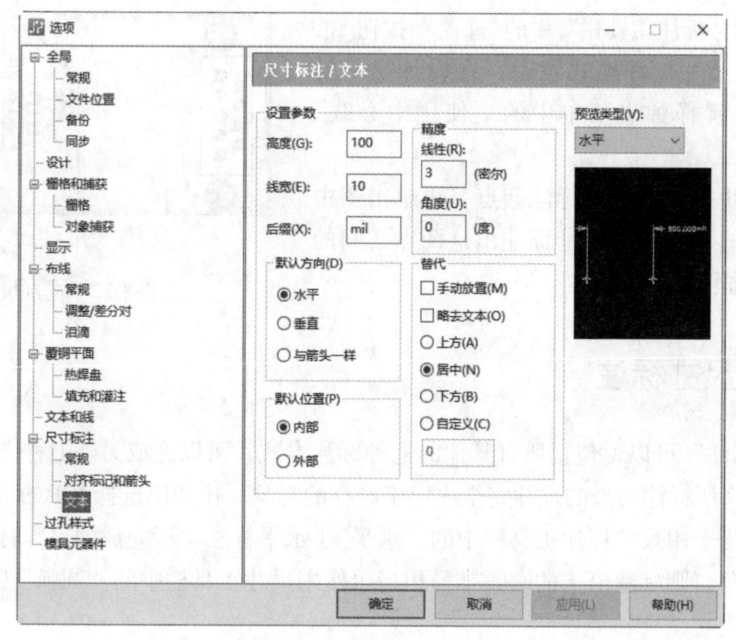

图8-19　“文本”选项卡

8.5.1　水平尺寸标注

水平尺寸标注是一个水平方向专用的尺寸标注工具，它的尺寸标注功能只仅仅是对水平方向而言，标注值就是指这首末两点之间的水平距离值。

（1）单击“尺寸标注工具栏”中的“水平”按钮，使系统进入水平尺寸标注模式状态，在设计空白处单击鼠标右键，选择弹出菜单中的“使用中心线”命令。

（2）单击图中第一点确立标注起点，再单击图中第二点，则系统自动以水平尺寸标注出这两点之间的水平距离，结果如图8-20所示。

如果尝试使用它对其他方向进行尺寸标注，那么将会有错误的信息提示对话框出现，如图8-21所示。

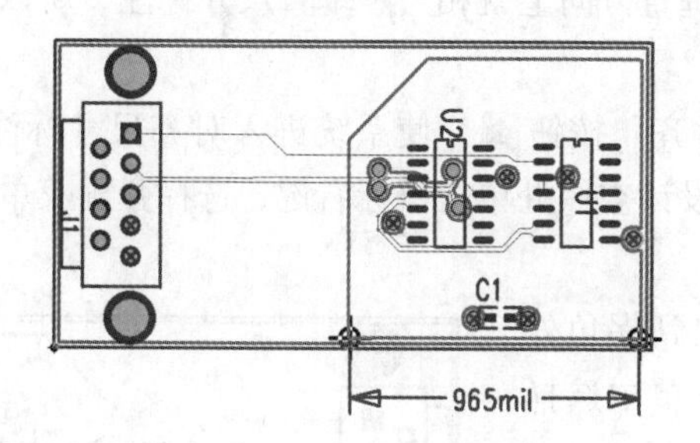

图8-20　水平尺寸标注

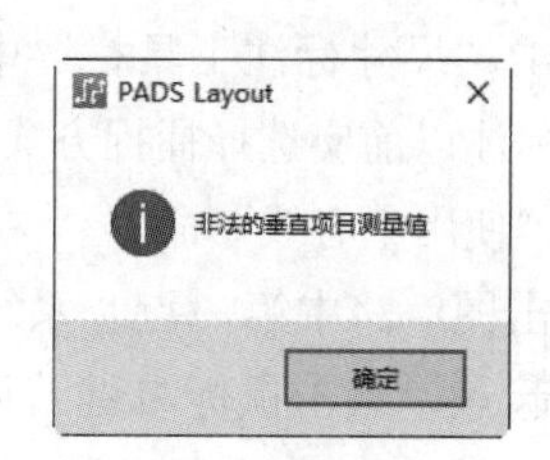

图8-21　错误提示

8.5.2　垂直尺寸标注

垂直尺寸标注是一个垂直方向专用的尺寸标注工具，它的尺寸标注功能只仅仅是对垂直方向而言，标注值就是指这首末两点之间的垂直距离值。

（1）单击“尺寸标注工具栏”中的“垂直”按钮，使系统进入垂直尺寸标注模式状态，在设计空白处单击鼠标右键，选择弹出菜单中的“使用中心线”命令。

（2）单击图中第一点确立标注起点，再单击图中第二点，则系统自动以垂直尺寸标注出这两点之间的垂直距离，结果如图8-22所示。

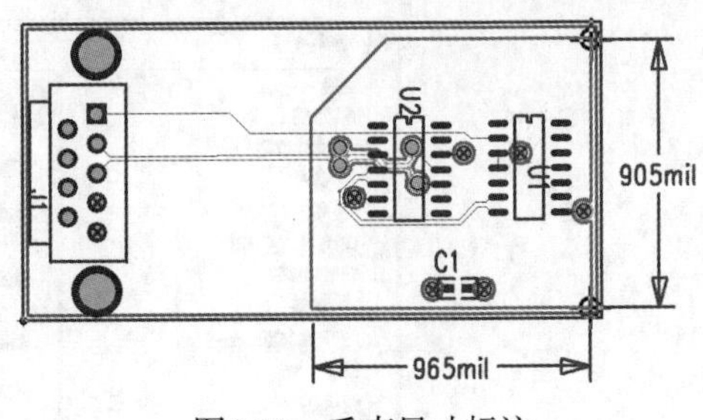

图8-22　垂直尺寸标注

8.5.3　自动尺寸标注

“自动尺寸标注”可以说包括所有其他的七种标注方式，可以完成另外七种方式中任何一种所能做到的标注。它所标注出来的尺寸完全决定于选择的对象，比如说选择PCB的水平外框线，则出现的标注就是相当于用尺寸标注工具栏中的“水平”（水平标注）所完成的尺寸标注；如果选择的是板框的圆角拐角，则标注出来的圆弧半径相当于使用尺寸工具栏中的“圆弧”（圆弧标注）功能图标来完成的标注。

单击“尺寸标注工具栏”中的“自动尺寸标注”按钮，进入自动标注模式。

在图中对象上任一点单击，则系统自动标注出对象对应尺寸，结果如图8-23所示。

如果使用“自动尺寸标注”按钮，会提高标注速度。只是在标注前一定要对所需标注的对象进行合适的设置，否则有可能得不到想要的标注结果。

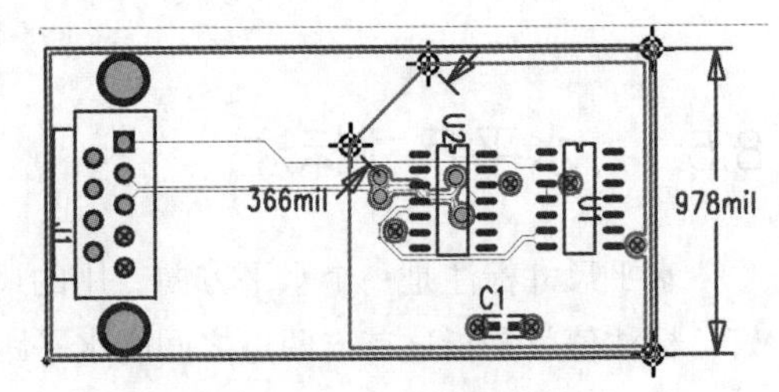

图8-23　自动标注

8.5.4　对齐尺寸标注

“对齐尺寸标注”是用来标注任意方向上两个点之间的距离值，这两个点不受方向上的限制，如果在水平方向上就相当于水平尺寸标注，在垂直方向上就相当于垂直尺寸标注，所以在某种意义上讲，它包括了水平和垂直两种标注方法。

（1）单击“尺寸标注工具栏”中的“已对齐”按钮，使系统进入对齐尺寸标注模式状态，在进行尺寸标注以前应选择捕捉方式，所以在设计空白处单击鼠标右键，选择弹出菜单中的“捕获至拐角”和“使用中心线”命令。

（2）单击图8-24中第一点，系统自动捕捉到拐角处建立了标注起点，单击鼠标右键，从弹出的菜单中选择“捕获至中点”命令。

（3）再单击图8-24中第一点所示圆弧线上任意一点，则系统自动捕捉到圆弧中点并以对齐尺寸标注方式标注出这两点之间的距离，如图8-25所示。

拖动浮动的标注，在适当位置单击，放置标注结果，如图8-26所示。

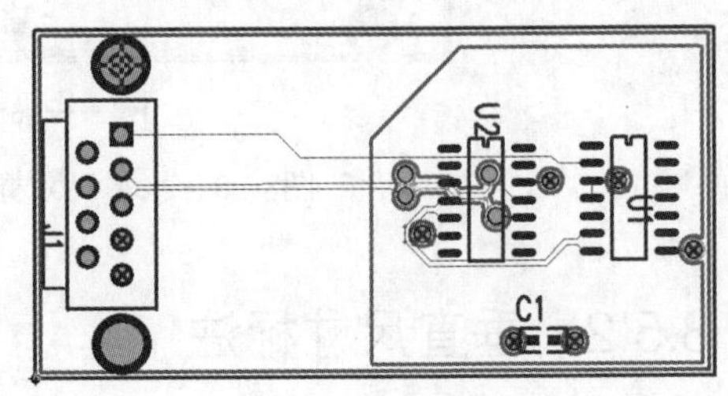

图8-24　选择第一点

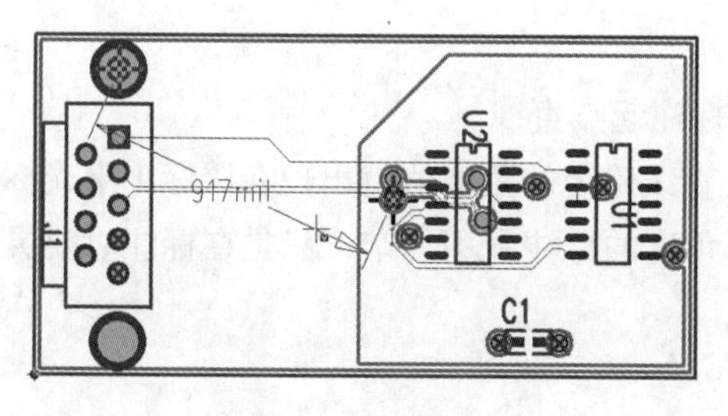

图8-25　选择第二点

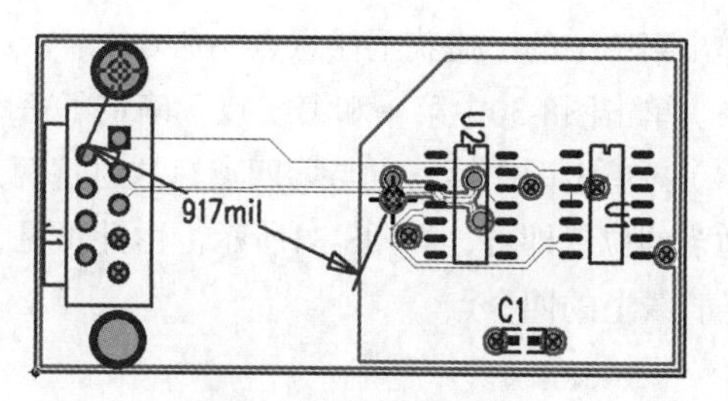

图8-26　放置标注结果

8.5.5　旋转尺寸标注

“已旋转”尺寸标注是一种更为特殊的尺寸标注模式，因为同其他标注方式相比较，它带有很大的灵活性并包含了上述三种标注方式。

对于任何两个点而言，它的尺寸标注值不是唯一的，给出的标注角度（此角度可以从0到360°）条件不同，就会得出不同的标注结果。所以称这种尺寸标注法为旋转尺寸标注法，也可以称其为条件标注法。

（1）单击“尺寸标注工具栏”中的“已旋转”按钮，使系统进入旋转尺寸标注模式状态。

（2）单击第一点，系统自动捕捉到拐角处建立了标注起点，第二点所在线段，系统自动捕捉到该段中点并弹出如图8-27所示的对话框，在这个“角度旋转”对话框中要求输入一个角度数，这个角度输入不同的值，尺寸标注值的结果就完全不一样。

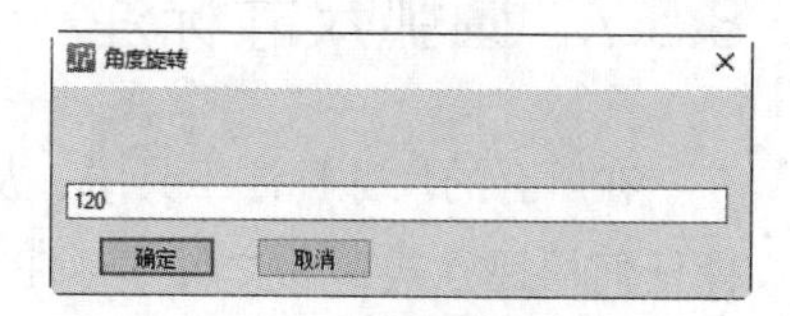

图8-27　输入角度

输入角度120，尺寸标注线出现在鼠标十字光标上，然后移动到合适的位置后单击鼠标左键确定，则旋转尺寸标注完成，如图8-28所示。

若输入角度为150，则显示标注如图8-29所示。

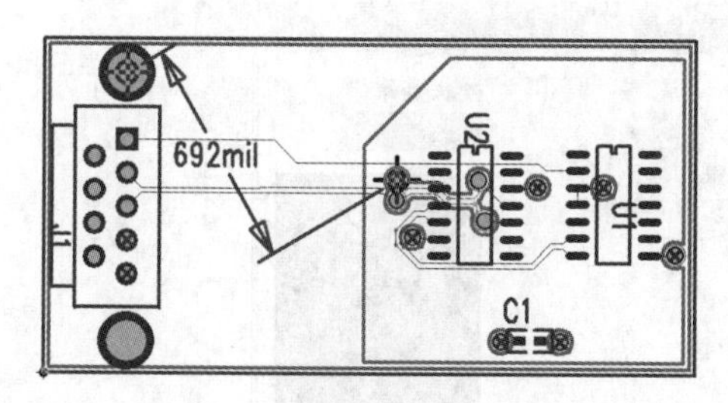

图8-28　旋转120°标注

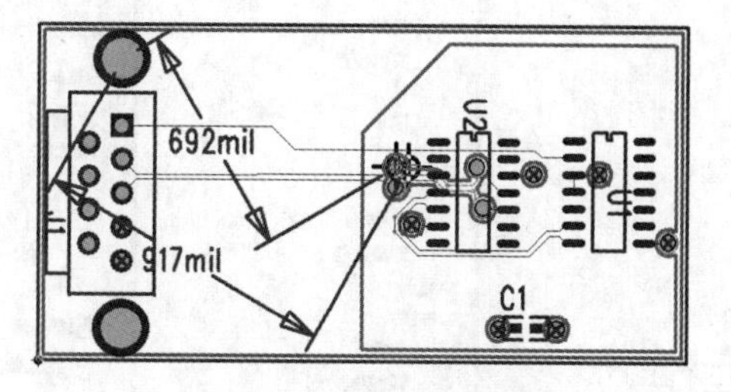

图8-29　旋转150°标注

8.5.6　角度尺寸标注

角度的标注原理和步骤与上述几种标注方式基本相同，最大的区别在于它需要选择两个点作为尺寸标注起点直线，同理尺寸标注终点也需要选择两个点，因为角度是由两条直线相交而形成的，两点确定一条直线，所以需要选择四个点产生两条相交直线。

（1）单击“尺寸标注工具栏”中的“角度”按钮，使系统进入角度尺寸标注模式状态。

（2）两点确定一条直线，这两个点可以是直线上任意两点。所以在设计空白处单击鼠标右键，选择弹出菜单中的“捕获至任意点”命令。

（3）单击图8-30中第一和第二点，确定了角度标注起点直线。

（4）再单击图中第三点与第四点，这时这两条直线确定的角度值就出现在鼠标十字光标上，调节到适当的位置即可，如图8-31所示。由此可见，角度的标注并不复杂，只是在标注时要灵活地选择两条直线上的四个点。

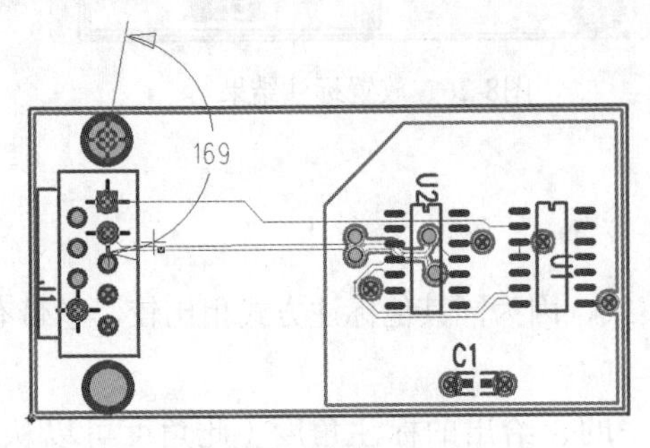

图8-30　角度尺寸标注

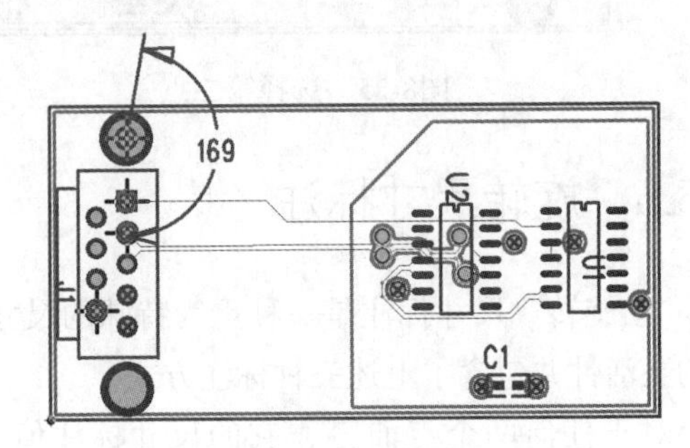

图8-31　放置标注

8.5.7　圆弧尺寸标注

在所有的尺寸标注工具中，从操作方式上讲，圆弧标注是最简单的一种标注方式，它不需要选择任何捕捉方式，在“尺寸标注工具栏”中单击“圆弧”按钮，直接到设计中选择所需要标注的任何圆弧，单击圆弧后系统就可以标注尺寸。

圆弧标注方式实际上是标注选定圆或圆弧的半径或直径，而不是弧长。选择菜单栏中的“工具”→“选项”命令，选择对话框中的“尺寸标注”选项卡，在“圆尺寸标注”选项组中设置，如图8-32所示。

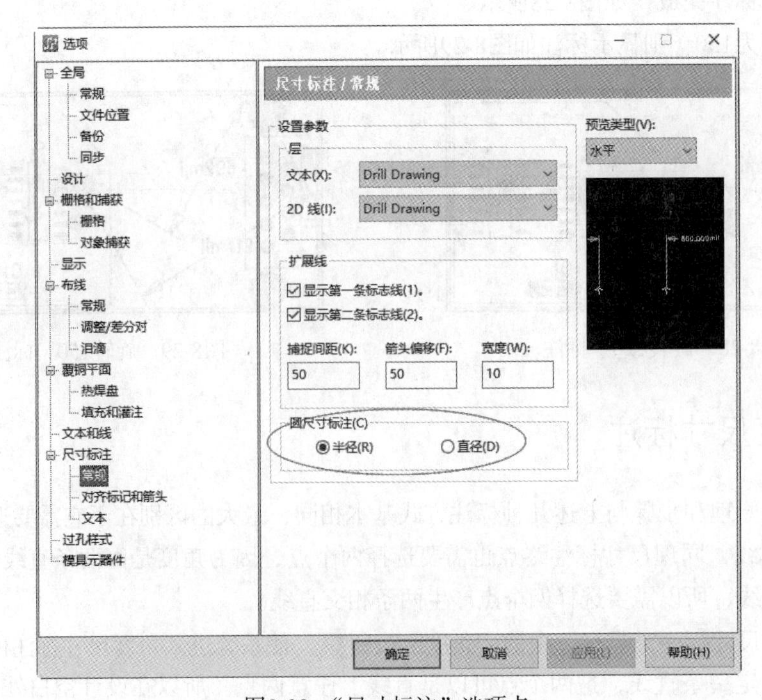

图8-32　“尺寸标注”选项卡

8.5.8　引线尺寸标注

除了前几个小节介绍的各种尺寸标注外，还有一种最特殊的标注法，它的标注不是自动产生，而是要人为输入。它实际上并不完全属于一种尺寸标注法。

单击“标准工具栏”中的“尺寸标注工具栏”按钮，打开尺寸标注工具栏。单击“尺寸标注工具栏”中的“引线”按钮，单击鼠标右键，选择捕捉方式，然后选择要标注的对象，在鼠标十字光标上出现一个箭头标注符，移动鼠标，最后双击鼠标左键定成，弹出一个对话框，可以在此对话框中输入任意的说明性（Text）文字。

在如图8-33所示的对话框中输入文字来对设计中的标注加以说明，输入完毕后单击“确定”按钮完成输入，则所输入的说明性文字出现在鼠标十字光标上，移动到合适位置双击鼠标完成放置。

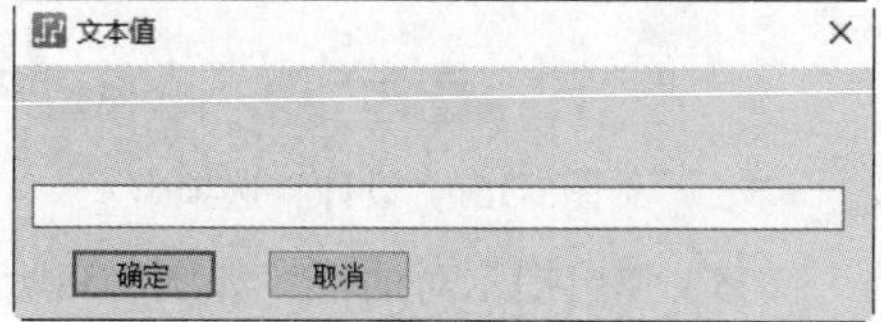

图8-33　“文本值”对话框

8.6　操作实例——看门狗电路的PCB设计

创建如图8-34所示的看门狗电路OLE链接，完整地演示电路板的设计过程，练习手动布局与自动布线。

扫码看视频

1. 删除碎铜

（1）打开PADS Logic，单击“标准工具栏”中的“打开”按钮，在弹出的“文件打开”对话框中选择绘制的原理图文件“Guard Dog.sch”。

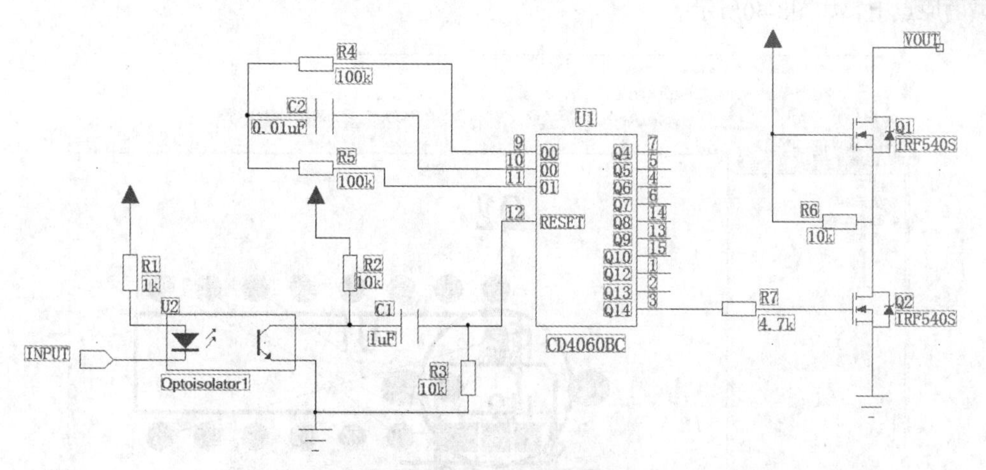

图8-34　看门狗电路原理图

（2）单击“标准工具栏”中的“PADS Layout”按钮，弹出提示对话框，如图8-35所示，单击“新建”按钮，打开PADS Layout，并自动创建一个新的文件。

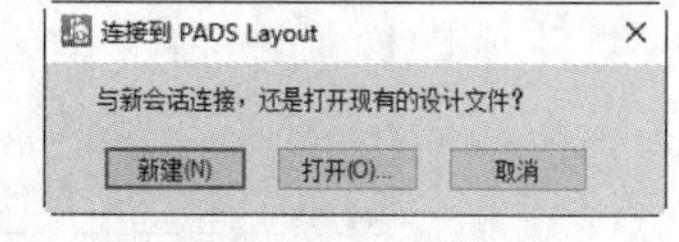

图8-35　提示对话框

（3）在PADS Logic对话框中，自动打开“PADS Layout链接”对话框，单击“设计”选项卡中的“发送网表”按钮，如图8-36所示。

（4）将原理图的网络表传递到PADS Layout中，同时记事本显示传递过程中的错误报表，如图8-37所示。

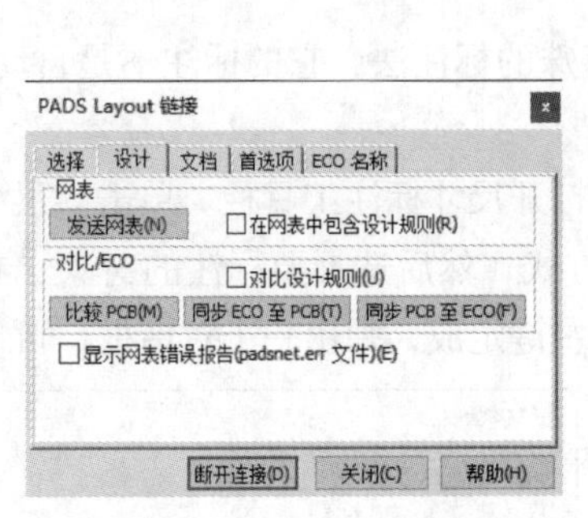

图8-36 “设计”选项卡

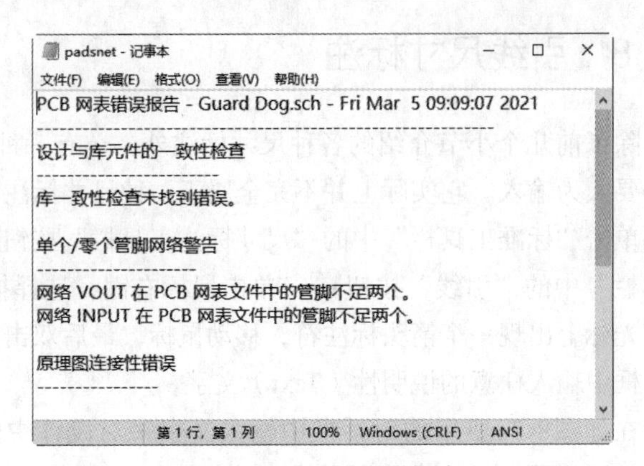

图8-37 显示的错误报表

（5）弹出提示对话框，如图8-38所示，单击“是”按钮，生成网表文本文件，如图8-39所示。

图8-38 提示对话框

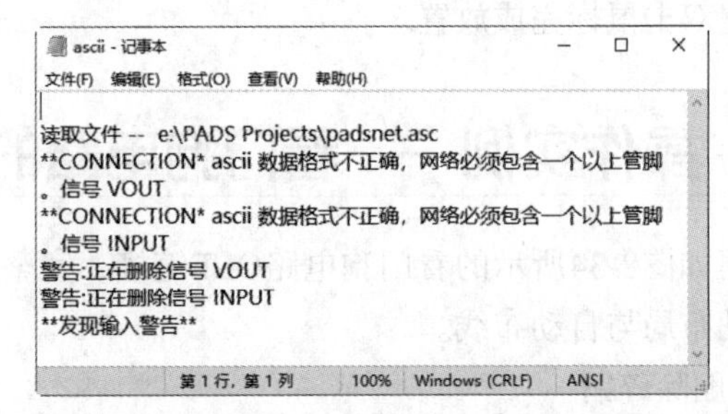

图8-39 生成网表文本文件

（6）关闭报表的文本文件，在PADS Layout窗口中可以看到各个元件已经显示在PADS Layout工作区域的原点上，如图8-40所示。

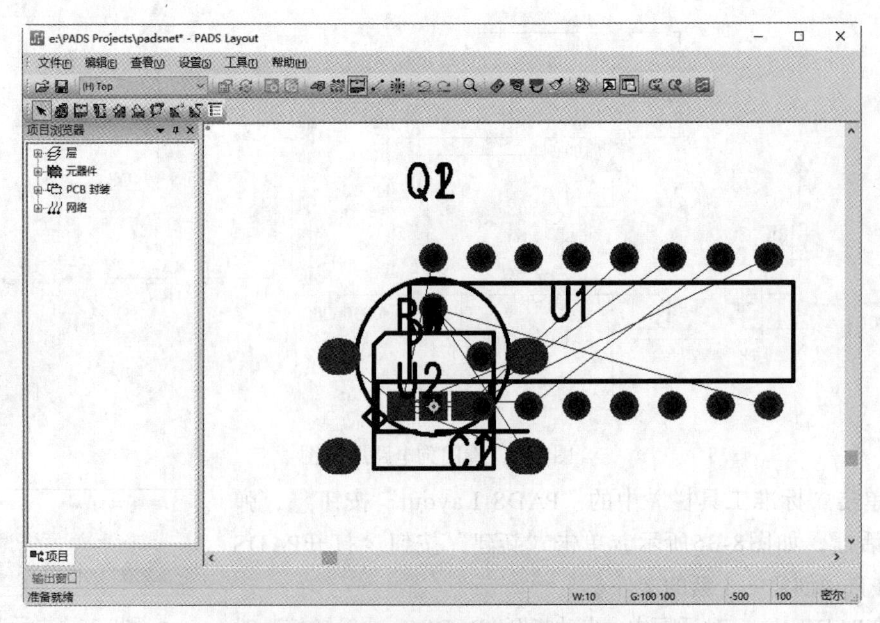

图8-40 调入网络表后的元件PCB图

（7）单击“标准工具栏”中的“保存”按钮，输入文件名称“Guard Dog”，保存PCB图。

（8）单击“标准工具栏”中的“绘图工具栏”按钮，打开绘图工具栏。

（9）单击“绘图工具栏”中的“板框和挖空区域”按钮，确定电路板的边框，如图8-41所示。

2. 环境设置

（1）选择菜单栏中的“工具”→“选项”命令，弹出“选项”对话框，选择其中的“全局”选项卡，选择单位为“密尔”，如图8-42所示。单击“确定”按钮，关闭对话框。

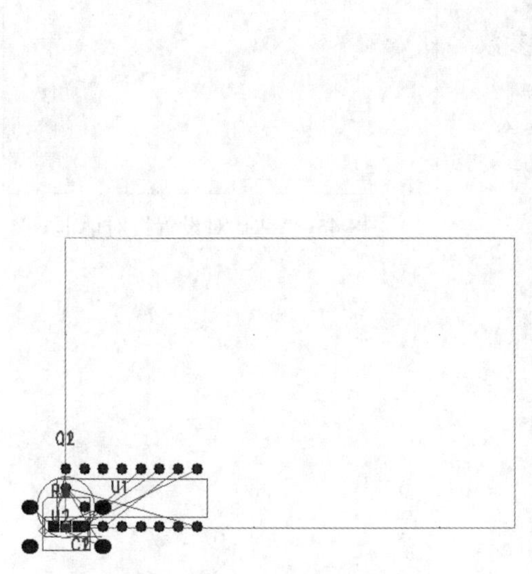

图8-41　电路板边框图　　　　图8-42　参数设置

（2）选择菜单栏中的“设置”→“层定义”命令，弹出“层设置”对话框，对PCB的层定义进行参数设置，如图8-43所示。

（3）选择菜单栏中的“设置”→“焊盘栈”命令，弹出“焊盘栈特性”对话框，对PCB的焊盘进行参数设置，如图8-44所示。

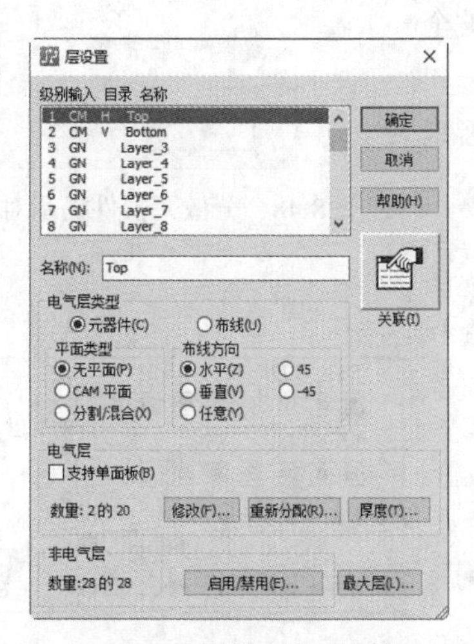

图8-43　“层设置”对话框

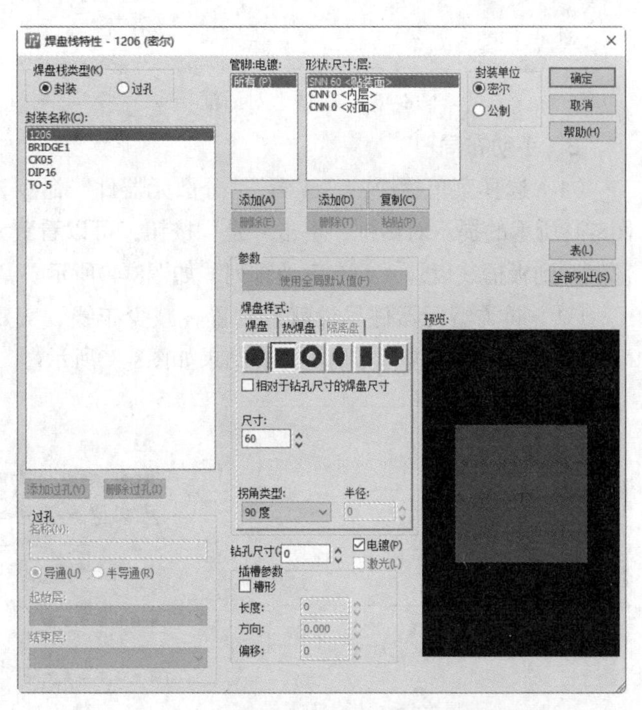

图8-44　焊盘设置

（4）选择菜单栏中的“设置”→“钻孔对”命令，弹出“钻孔对设置”对话框，如图8-45所示，对PCB的钻孔层对进行参数设置。

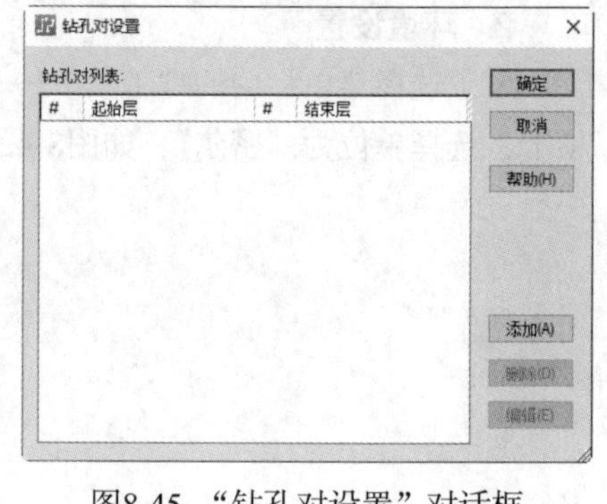

图8-45 “钻孔对设置”对话框

（5）选择菜单栏中的“设置”→“跳线”命令，弹出“跳线”对话框，如图8-46所示，对PCB的跳线进行参数设置。

（6）选择菜单栏中的“设置”→“设计规则”命令，弹出“规则”对话框，如图8-47所示，对PCB的规则进行参数设置。

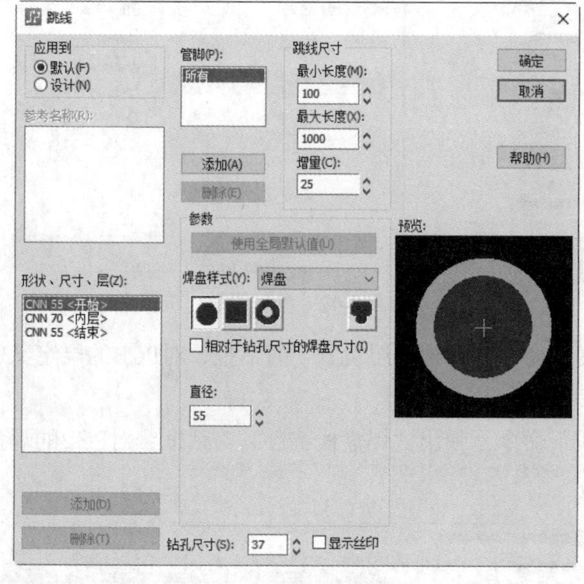

图8-46 “跳线”对话框

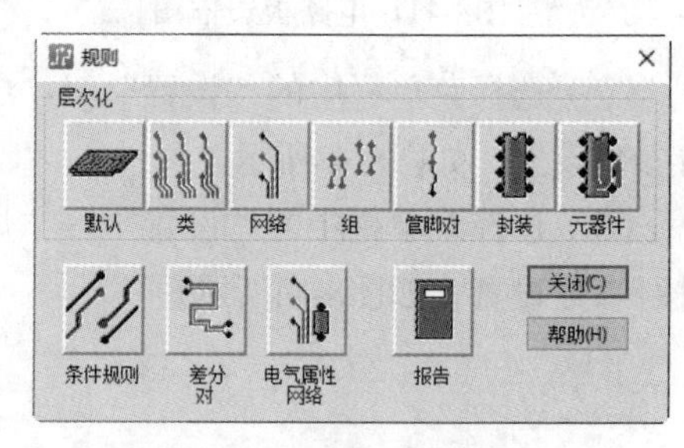

图8-47 “规则”对话框

3. 手动布局

（1）选择菜单栏中的“工具”“分散元器件”命令，弹出如图8-48所示的提示对话框，单击“是”按钮，可以看到元件被全部散开到板框线以外，并有序地排列，如图8-49所示。

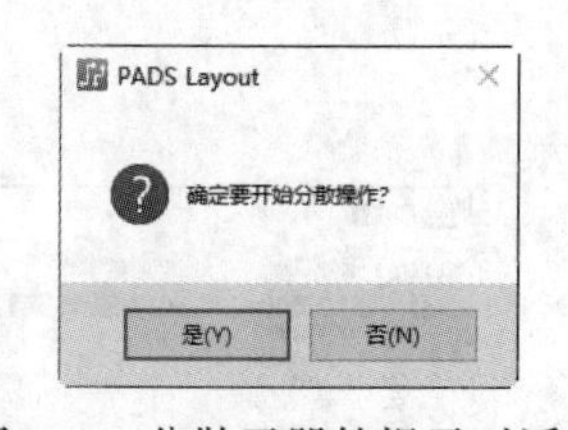

图8-48 分散元器件提示对话框

（2）同类型元器件尽量就近放置，减少布线、美观等因素下，对元器件封装进行布局操作，结果如图8-50所示。

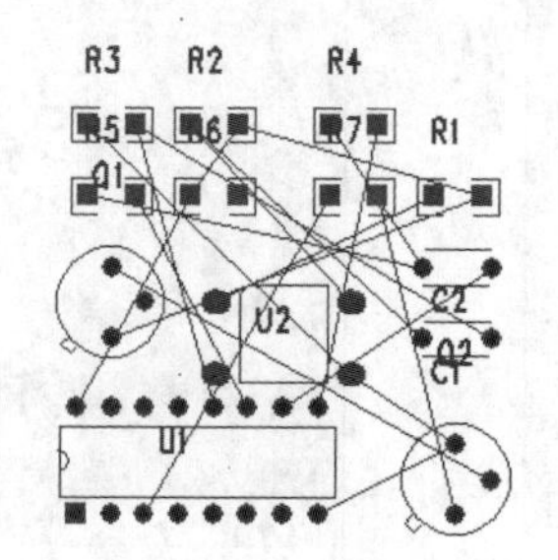

图8-49 散开元件

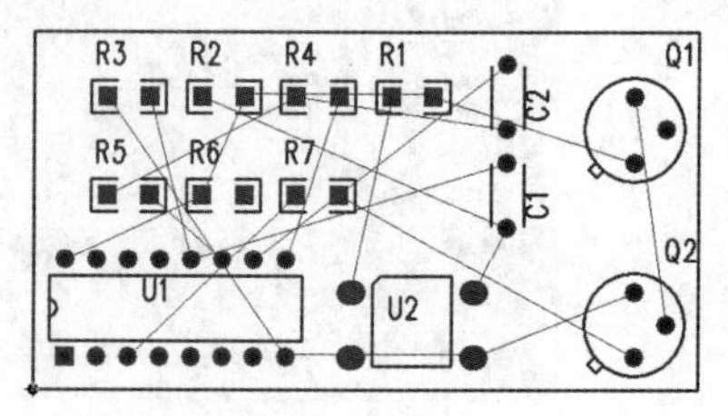

图8-50 布局图

4. 自动布线

（1）单击“标准工具栏”中的“布线”按钮，打开“PADS Router”界面，在该图形界面中对电路板进行布线设计，如图8-51所示。

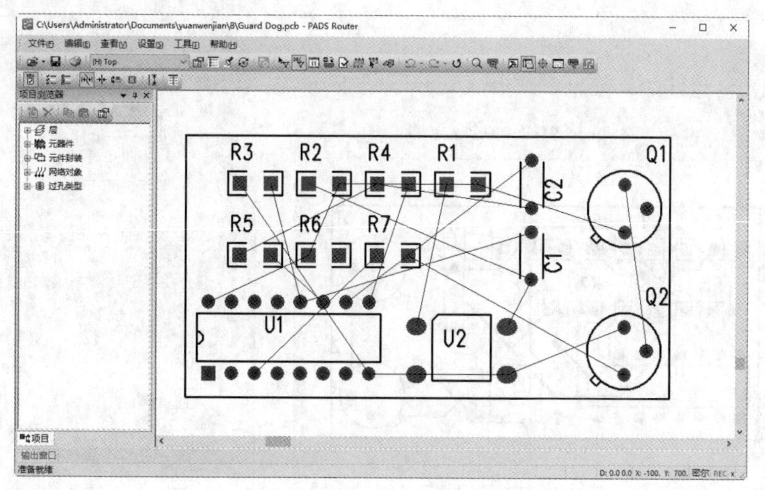

图8-51　进入布线界面

（2）单击“标准工具栏”中的“布线”按钮，弹出布线工具栏，单击“布线工具栏”中的“启动自动布线”按钮，进行自动布线，完成的PCB图如图8-52所示。

（3）在“输出窗口”区域显示布线信息，如图8-53所示。

（4）单击“标准工具栏”中的“保存”按钮，输入文件名称“Guard Dog_routed”，保存PCB图。

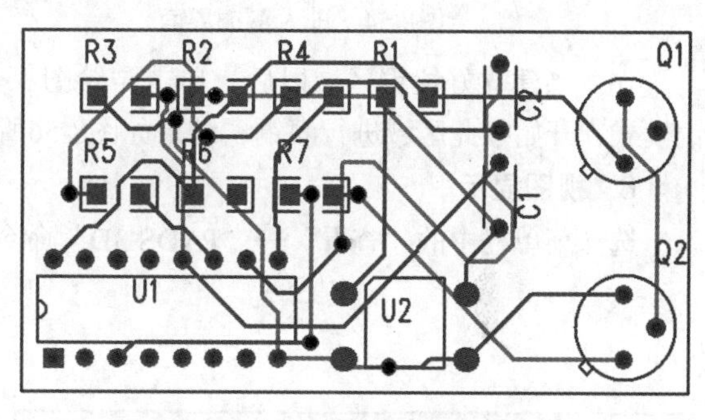

图8-52　自动布线完成的电路板图

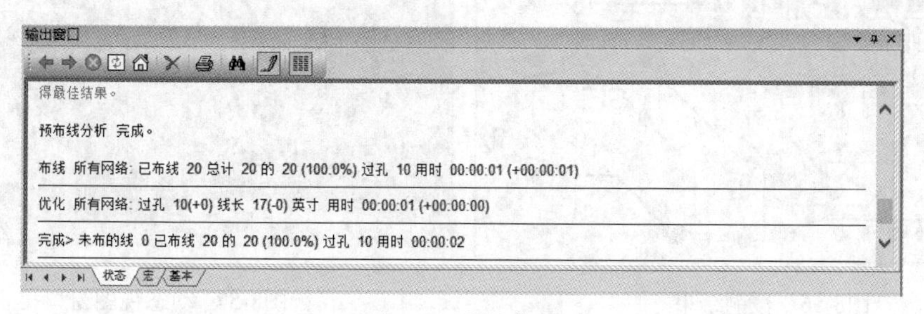

图8-53　布线信息

5. 覆铜

（1）在PADS Router中，单击“标准工具栏”中的“Layout”按钮，打开“PADS Layout”界面，进行电路板覆铜设计，如图8-54所示。

（2）单击“标准工具栏”中的“绘图工具栏”按钮，打开绘图工具栏。

（3）单击“绘图工具栏”中选择“覆铜平面”按钮，进入覆铜模式。

（4）单击鼠标右键，从弹出的菜单中选择“矩形”命令，沿板框边线绘制出覆铜的区域。

（5）单击鼠标右键，在弹出的菜单中选择“完成”命令，弹出“添加绘图”对话框，如图8-55

所示，单击“确定”按钮，退出对话框，在设计中绘制出所需灌铜的区域。

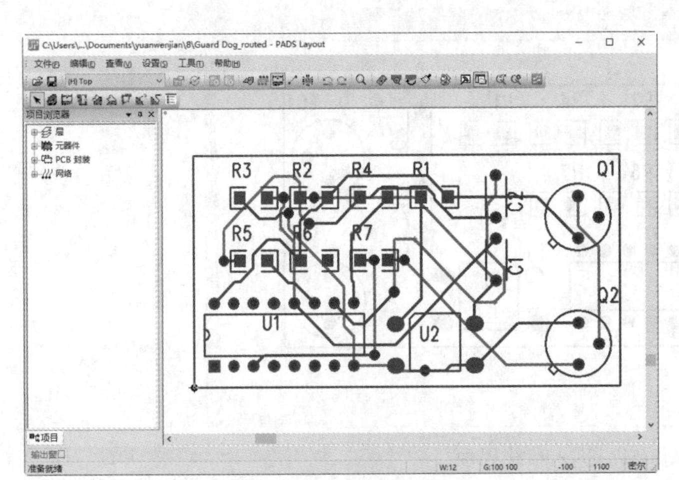

图8-54　进入覆铜界面

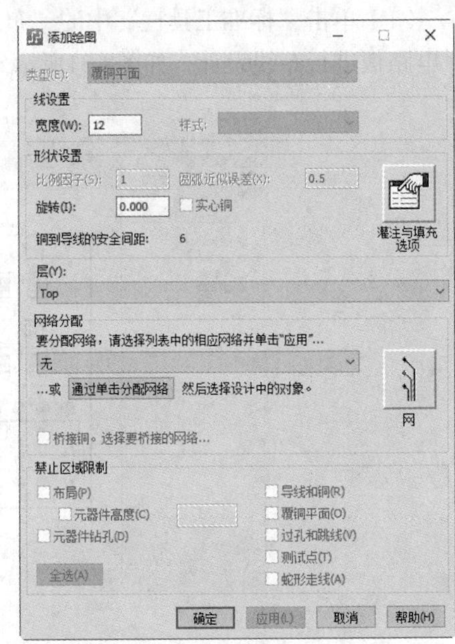

图8-55　“添加绘图”对话框

（6）当建立好覆铜区域以后，单击“绘图工具栏”中的“灌注”按钮，此时系统进入了灌铜模式，开始往此区域进行灌铜，结果如图8-56所示。

6. 视图显示

选择菜单栏中的“查看”→“PADS 3D”命令，弹出如图8-57所示的动态视图窗口。

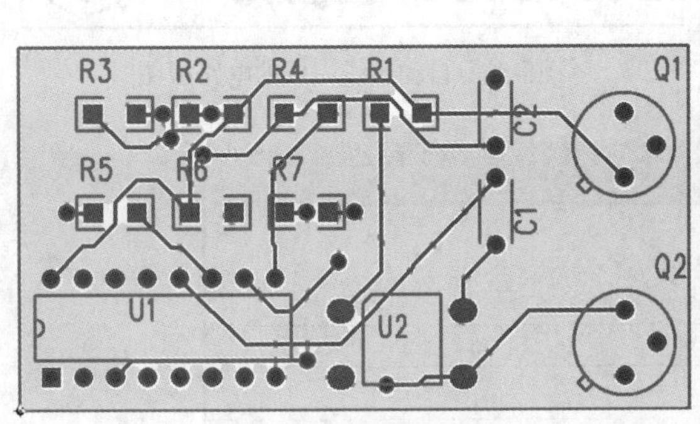

图8-56　覆铜结果

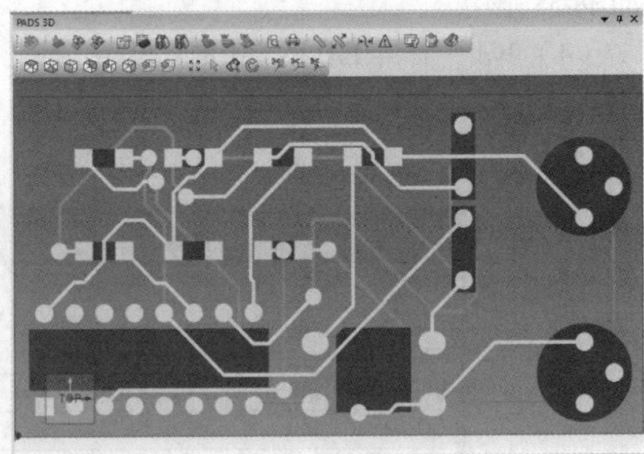

图8-57　动态视图窗口

第 9 章 电路板后期操作

本章主要讲述 PCB 设计验证方面的内容。当完成了 PCB 的设计过程之后，在将 PCB 送去生产之前，一定要对自己的设计进行一次全面的检查，以确保设计没有任何错误的情况下才可以将设计送去生产。设计验证可以对 PCB 设计进行全面或者部分检查，从最基本的设计要求，比如线宽、线距和所有网络的连通性开始到高速电路设计、测试点和生产加工的检查，自始至终都为设计提供了有力的保证。

- ✧ 设计验证
- ✧ CAM输出
- ✧ 打印输出
- ✧ 绘图输出

9.1 设计验证

每个电路板设计软件都带有设计验证的功能，PADS Layout也不例外。PADS Layout提供了精度为0.00001mil的设计验证管理器，设计验证可以检查设计中的所有网络、相同网络、走线宽度及距离、钻孔到钻孔的距离、元件到元件的距离和元件外框之间的距离等；同时进行连通性、平面层和热焊盘检查；还有动态电性能检查（Electro Dynamic Checking），主要针对平行度（Parallelism）、回路（Loop）、延时（Delay）、电容（Capacitance）、阻抗（Impedance）和长度等，这样避免在高速电路设计中出现问题。

打开PADS Layout VX.2.8，选择菜单栏中的“工具”→“验证设计”命令，打开“验证设计”对话框，如图9-1所示。

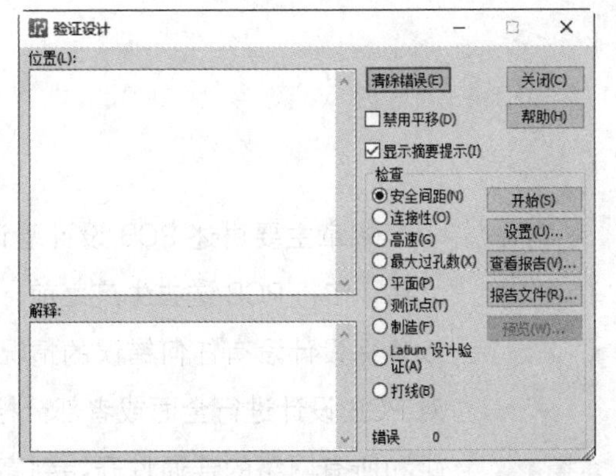

图9-1 “验证设计”对话框

对话框中各项主要设置含义如下。

在进行设计验证时如果有错误出现，“位置”列表框中的信息会提示这个错误的坐标位置，以方便寻找。“解释”列表框的信息显示了上述“位置”列表框中错误产生的原因。在“位置”列表框中选择每一个错误，在“解释”列表框中都有对应的错误原因信息。

对话框中的“清除错误”按钮用于清除所有的两个列表框中的信息，“清除错误”按钮下面的选项“禁用平移”，默认状态是被选择，如果改变这种默认状态，将其处于不被选择状态，这时只要你用鼠标选择“位置”列表框中的任何一个错误，则PADS Layout系统会自动将这个错误的位置移动到设计环境的中心点，从而达到自动定位每一个错误的目的。

此外，“验证设计”对话框中还包括了9种验证方式。

- 安全间距。
- 连接性。
- 高速。
- 最大过孔数。
- 平面。
- 测试点。
- 制造。
- Latium设计验证。
- 打线。

在设计验证中，难免会验证出各种各样的错误，为了便于用户识别在设计中的各种错误，PADS Layout分别采用了各种不同的标示符来表示不同的错误，这些错误标示符如下。

- 安全间距，安全间距出错标示符。
- 连接性，可测试性和连通性出错标示符。
- 高速，高频特性出错标示符。
- 制造，装配错误标示符。

- 最小/最大长度，最大或最小长度错误标示符，这个错误标示符只用于PowerBGA系统中。
- 制造（只有latium），在区域中集合出错标示符。
- 钻孔到钻孔，钻孔重叠放置错误标示符。
- 禁止区域，违反禁止区设置错误标示符。
- 板边框，违反板框设置错误标示符。
- 最大角度，只用于PADS BGA系统中的标示符。
- Latium错误标记，局部检查出错的标示符。

这些错误通常都会用标示符号标示出来，有了这些不同的标示符，就可以在设计中清楚地知道每一个出错点出错的原因。

9.1.1　安全间距验证

验证安全间距主要是检查当前设计中所有的设计对象是否有违反间距设置参数的规定，比如走线与走线距离，走线与过孔距离等。这是为了保证电路板的生产厂商可以生产电路板，因为每个生产厂商都有自己的生产精度，如果走线与过孔的放置太近的话，那么走线与过孔有可能短路。

利用“验证设计”对话框中的“安全间距”验证工具，用户可以毫不遗漏地检查整个设计中各对象之间的距离，验证的依据主要是在“设计规则”对话框中设置的安全间距参数值。

打开“验证设计”对话框，如图9-1所示，选择其中的“安全间距”选项，单击“开始”按钮即可开始间距验证。

单击图9-1中的“设置”按钮，则会弹出“安全间距检查设置”对话框，如图9-2所示。从中可以设置安全间距验证时所要进行的验证操作。

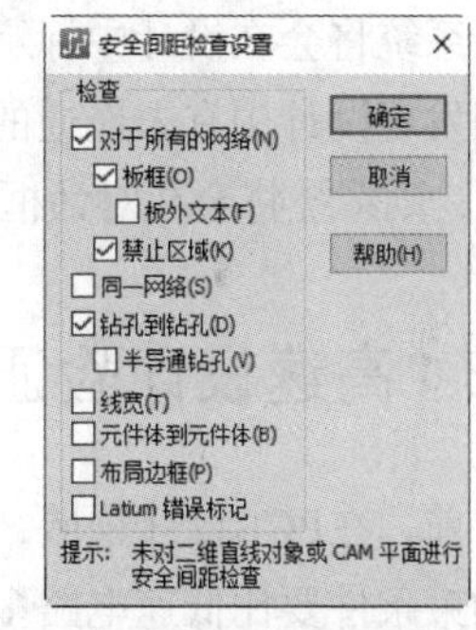

图9-2　“安全间距检查设置”对话框

- 对于所有的网络：表示对电路板上的所有网络进行间距验证。
- 板框：表示对电路板上的边框和组件隔离区进行间距验证。
- 板外文本：选择该选项后，如果进行间距验证时发现电路板外有“文本”和“符号”，则认为是间距错误。
- 禁止区域：表示用组件隔离区的严格规则来检查隔离区的间距。
- 同一网络：表示对同一网络的对象也要进行间距验证。

对于同一网络，PADS Layout系统在以下方面可以进行设置验证。

  - 从一个焊盘外边缘到另一个焊盘外边缘的间距。
  - 焊盘外边缘到走出线的第一个拐角距离。
  - SMD焊盘外边缘到穿孔焊盘外边缘的间距，其中穿孔焊盘包括通孔和埋入孔。
  - SMD焊盘外边缘到走出线第一个拐角的距离，这个设置可避免加工时SMD焊盘上的焊料可能引起的急剧角度。
  - 焊盘和走线的急剧角度，不管对于生产加工还是设计本身，这项检查都是很有必要的。

- 钻孔到钻孔：检查电路板上所有穿孔之间的间距。
- 半导通孔：若选择此复选框，检查的孔中包括半导通孔。

- 线宽：检查走线的宽度是否符合设计规则中规定线宽的限制。
- 元件体到元件体：检查各元件的边框是否过近。
- 布局边框：在默认模式下，第20层比较元器件边框之间的间距；若在增加层模式下，则在第120层比较元器件边框之间的间距。
- Latium错误标记：标注当前设计中违背Latium规则的错误。Latium规则包括以下几方面。
  - 元器件安全间距规则。
  - 元器件布线规则。
  - 差分对规则。
  - 焊盘上的过孔规则。

9.1.2 连接性验证

连接性的验证没有更多的设置参数，所以在“验证设计”对话框中的“设置”按钮成灰色无效状态。连接性除了检查网络的连通状况之外，还会对设计中的通孔焊盘进行检查，验证其焊盘钻孔尺寸是否比焊盘本身尺寸更大。

连接性的验证很简单，在验证时将当前设计整体化显示，打开“验证设计”对话框，如图9-1所示，选择“连接性”选项，再单击“开始”按钮，则PADS Layout系统即开始执行验证，如果有错误，系统将会在设计中标示出来。

当发现设计中有未连通的网络时，可以单击“验证设计”对话框中“位置”列表框中的每一个错误信息，则系统将会在对话框“解释”列表框中显示出该链接错误产生的元件脚位置，然后逐一排除。

9.1.3 高速设计验证

目前，在PCB设计领域，伴随着设计频率的不断提高，高速电路的比重越来越大。设计高速电路的约束条件要比低速电路多得多，所以在设计的最后必须对这些高速PCB设计规则进行验证。

PADS Layout对这些高频参数的验证称之为动态电性能检查（Electro Dynamic Check），简称EDC。

EDC具有在PCB设计过程中或者设计完成后对PCB的设计进行电特性的检验和仿真功能，验证当前设计是否满足该高速电路的要求，同时EDC还可以不进行PCB实际生产和元件的装配甚至电路的实际测量，只需通过仿真PCB电特性参数的方法进行PCB设计分析，从而为高速电路的PCB设计提供了依据，大大缩短了开发的周期和降低了产品的成本。

因为高速PCB的设计应该避免信号串扰、回路和分支线过长等情况的发生，即设计时可采用菊花链布线，当设计验证时，EDC可自动判断信号网络是否采用了菊花链布线。

由EDC进行的高速验证对于所有超出约束条件的错误会在设计中标示出来并产生相应的报告。EDC的验证可以将其分为两类，分别如下。

1. 线性参数检查

对于线性参数的检查，EDC会根据在系统设置定义中PCB的参数（比如：PCB板的层数、每个层的铜皮厚度、各个板层间介质的厚度和介质的绝缘参数等）、走线和铺铜的宽度和长度以及空间距离等，指定电源地层参数，自动对PCB设计中每一条网络和导线计算出其阻抗、长度、容抗和延时等数据，并对“设计规则”所定义的高速参数设置等进行检查。

2. 串扰分析检查

串扰是指在PCB上存在着两条或者两条以上的导线，由于在走线时平行走线长度过长或者相互距离太近，信号网络存在分支太长或回路所引起的信号交叉干扰及混乱现象。

进行EDC验证时，在“验证设计”对话框中（见图9-1）选择“高速”选项，在进行验证时有必要对所需验证的对象进行设置，所以在选择“高速”选项之后再单击右边的“设置”按钮，则系统弹出如图9-3所示的动态电性能检查对话框。

从图9-3中可知，在进行动态电性能检查时首先必须确定验证对象，单击动态电性能检查对话框中的“添加网络”或者“添加类”按钮将所需验证的信号网络或信号束增加到动态电性能检查对话框下“任务列表”列表框中。当所有所需的信号网络或信号束都增加到动态电性能检查对话框之后就可以在对话框中的8个验证选项中去选择所需验证的选项，这八个验证选项如下。

- 检查电容。
- 检查阻抗。
- 检查平行。
- 检查纵向平行导线。
- 检查长度。
- 检查延时。
- 检查分支。
- 检查回路。

选择好验证项目之后还可以进一步进行设置，单击动态电性能检查对话框中“参数”按钮，则弹出如图9-4所示的“EDC参数”对话框。

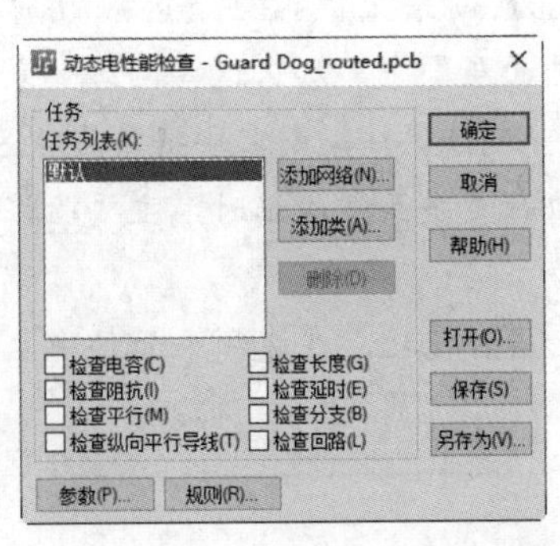

图9-3 “动态电性能检查”对话框

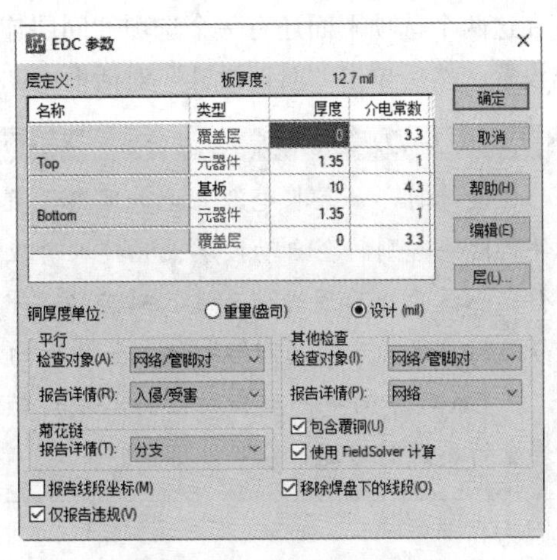

图9-4 “EDC参数”对话框

EDC参数设置有五部分，分别如下。

（1）层定义：有关层定义这部分设置本书中已做介绍，请自行翻阅。

（2）平行：在这部分有两个设置，“检查对象”和“报告详情”。在“检查对象”下拉列表中可以选择“网络/管脚对”选项，而产生“报告详情”可选择“入侵/受害”（信号干扰源网络/被干扰信号网络）选项。

（3）菊花链：在“报告详情”下拉列表中所需产生报表的选项有分支、管脚对、仅网络名和线段。

（4）其他检查：在这部分中可设置一个检查对象和产生报告的对象，其中可选项为“包含覆铜”和“使用FieldSolver计算”。

（5）在EDC参数设置对话框右下角有三个选择项可供选择使用，选择所需的选项即可。

设置完这些参数之后单击“确定”按钮退出设置，在“动态电性能检查”对话框中“参数”按钮旁还有一个“规则”设置按钮，其设置内容本书已做介绍，请自行翻阅。

当所有的EDC参数都设置完成之后，单击“动态电性能检查”对话框中“确定”按钮退出，然后在“设计验证”对话框中单击“开始”按钮，系统即开始高速验证。

9.1.4 平面层设计验证

在设计多层板（一般指四层以上）的时候，往往将电源、地等特殊网络放在一个专门的层中，在PADS Layout中称这个层为“平面层”。

进行“平面层”验证先打开自己的设计并将设计呈整体显示状态，单击菜单栏中的“工具”→“验证设计”命令进入“设计验证”对话框，如图9-1所示。选择图9-1对话框中“平面”选项，再单击左边的“设置”按钮可进行“平面”层验证设置，系统弹出如图9-5所示的对话框。

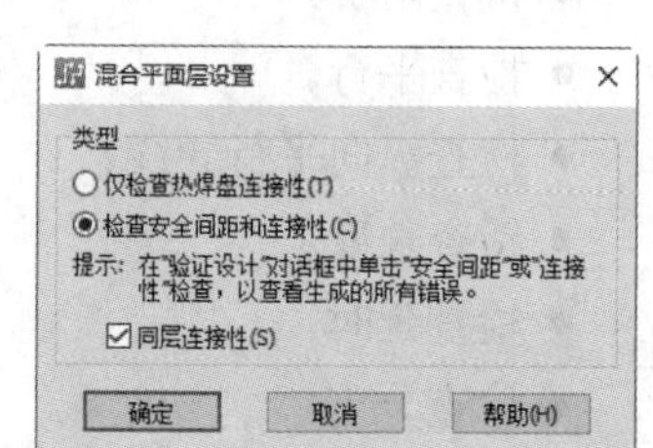

图9-5 “混合平面层设置”对话框

在这个对话框中有两个选项可供选择，分别如下。

（1）仅检查热焊盘连接性。

（2）检查安全间距和连接性。

在这两个选项下面还有一个选项“同层连接性”可供选择使用。设置完成后单击“确定”按钮退出设置，然后单击“验证设计”对话框中“开始”按钮即可开始“平面层”设计验证。

小技巧

在设计时，如果将电源、地等网络设置在对应的“平面层”中，那么这些网络如果是通孔元件脚器件，则将会自动按层设置接入对应的层，如果是SMD器件，则需要将鼠线从SMD焊盘引出一段走线后通过过孔连入对应的“平面层”。在执行“平面”验证时，主要验证是否所有分配到“平面层”的网络都接入了指定的层。

在CAM平面中一般指对应的元件脚和过孔是否在此层有花孔，在缓和平面层中主要验证热焊盘的属性和连通性。

9.1.5 测试点及其他设计验证

测试点设计验证主要用于检查整个设计的测试点，这些检查项包括测试探针的安全距离、测试点过孔和焊盘的最小尺寸与每一个网络所对应的测试点数目等。在“设计验证”对话框中选择“测试点”选项后单击“开始”按钮即可开始检查验证。

其他设计验证包括制造、Latium设计验证、打线等设计验证，图9-6、图9-7、图9-8分别为这三项设计验证的设置对话框，用户可以对所需要的验证进行设置，然后单击“设置”按钮即可进行设计验证。

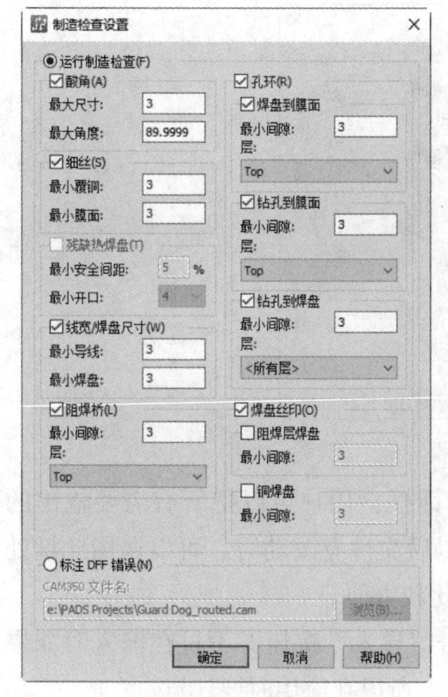

图9-6 “制造检查设置”对话框

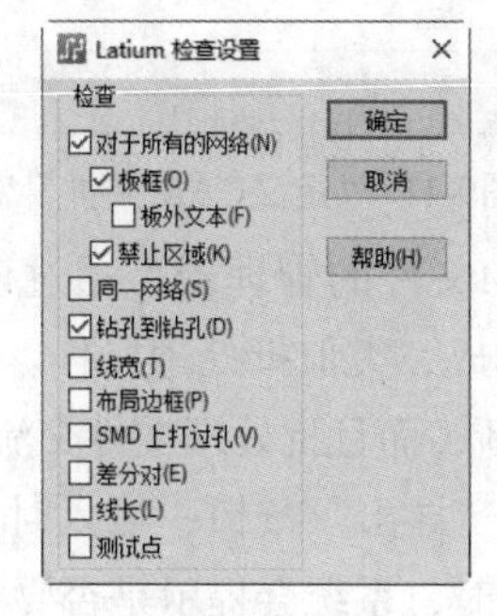

图9-7 “Latium检查设置”对话框

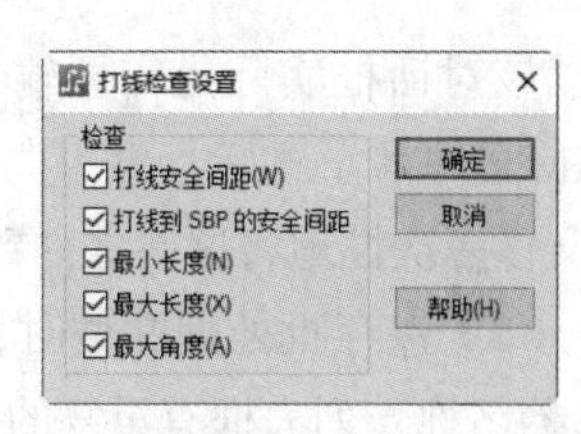

图9-8 “打线检查设置”对话框

9.1.6 布线编辑器设计验证

（1）打开PADS Router，单击“标准工具栏”中的“设计验证”按钮，弹出如图9-9所示的设计校验工具栏。

（2）在下拉列表中显示6种校验方法，如图9-10所示，选中其中一种校验方法，单击“验证设计”按钮，进行校验。

图9-9 设计校验工具栏

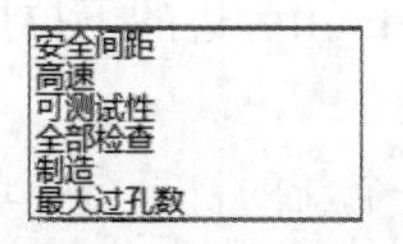

图9-10 校验方法

9.2 CAM输出

当完成了所有的设计并且经验证没有任何错误之后，将进行设计的最后一个过程，即输出菲林文件。

9.2.1 定义CAM

CAM即Computer-AidedManufacturing（计算机辅助制作），PADS Layout的CAM输出功能包括了打印和Gerber输出等，不管哪一种输出功能，其输出选项都可进行设置共享，而且具有在线阅览功能，能够使输出选择设置在线体现出来，真正做到了可见可得，从而保证了输出的可靠性。

（1）选择菜单栏中的“文件”→“CAM”命令，弹出“定义CAM文档”对话框，如图9-11所示。

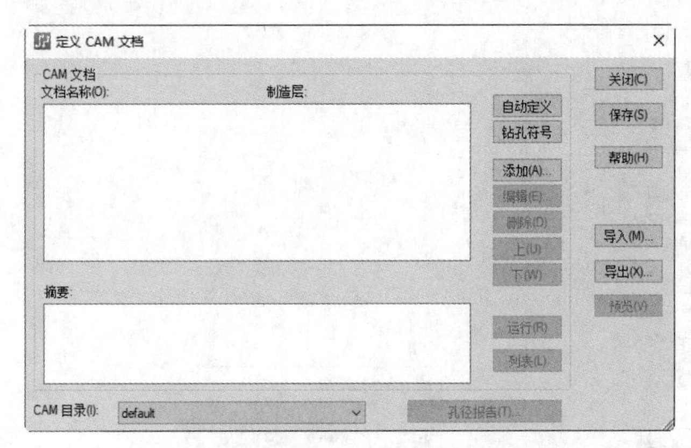

图9-11 “定义CAM文件”对话框

该对话框实际是需要输出CAM文件的管理器。通过该对话框，用户可以把所有需要输出的CAM文件都设置好，再一次输出完成，类似批处理操作。在以后文件有改动时，可以调用此批处理文件一次性地将这些文件数据更新，而且批处理文件交流也比较方便。

（2）保存批处理文件时，单击“导出”按钮，输入时单击“导入”按钮，不过在输入时如果“文档名称”列表框有重复的文件名时，系统会提示是否要覆盖，所以在应用时要注意。

（3）在“CAM目录”下拉列表中显示的是default，这个default是一个目录名而不是一个文件名。打开安装PADS Layout的目录，在里面可以找到一个CAM子目录，子目录下就有default这个目录了。

注意

default 是系统自带的缺省目录。它的作用是如果在输出 Gerber 文件或其他 CAM 输出文件时，这些文件都会保存在这个目录下。但在实际中往往希望不同设计的 CAM 输出文件放在不同的目录下。

（4）单击default旁边的下拉按钮，选择“创建”选项，系统会弹出一个对话框，如图9-12所示。

（5）输入一个新的目录名，单击“确定”按钮，关闭对话框，这个新的子目录名就建立完成。它是当前CAM输出文件的保存目录，当前所有的CAM输出文件都将保存在这个目录下。

（6）单击“孔径报告”按钮，将所有输出Gerber文件的光码文件合成为一个光码表文件。

（7）单击“添加”按钮，进入CAM输出（也就是Gerber文件输出）对话框，如图9-13所示。

图9-12 “CAM问题”对话框

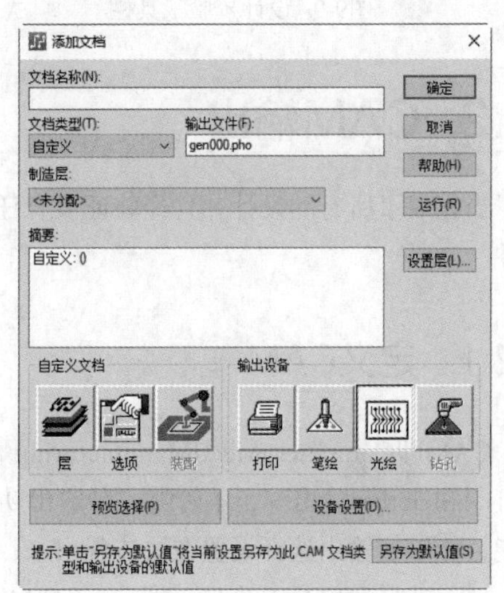

图9-13 “添加文档”对话框

9.2.2　Gerber文件输出

系统将所有的CAM输出都集中在“添加文档”对话框中，下面简要说明各选项的含义。

（1）文档名称：该选项的文本框用于输入CAM输出的名称。

（2）文档类型：表示CAM输出的类型，其下拉列表中共有10个选项。

- 自定义：表示用户定义CAM输出类型。
- CAM平面：表示输出平面层的Gerber文件。
- 布线/分割平面：表示输出走线的Gerber文件。
- 丝印：表示输出丝印层的Gerber文件。
- 助焊层：表示输出SMD元件的Gerber文件。
- 阻焊层：表示输出主焊层的Gerber文件。
- 装配：表示输出装配的Gerber文件。
- 钻孔图：表示输出钻孔的参考图文件。
- 数控钻孔：表示输出钻孔文件。
- 验证照片：表示检查输出的Gerber文件。

（3）输出文件：该选项的文本框用于输入CAM输出的文件名。

（4）制造层：该选项用于选择CAM输出用哪一种装配方法。

（5）摘要：用户设定的CAM输出的简要说明。

（6）自定义文档。

- “层”按钮：用于选择CAM输出是针对电路板上的哪几层进行的。单击该按钮，弹出如图9-14所示的对话框。
- “选项”按钮：用于对CAM输出进行设置。单击该按钮，弹出如图9-15所示的对话框。
- “装配”按钮：表示装配图的设置。

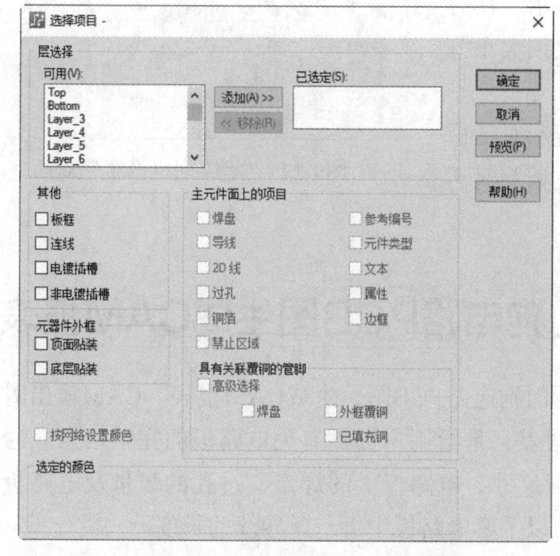

图9-14　“选择项目”对话框

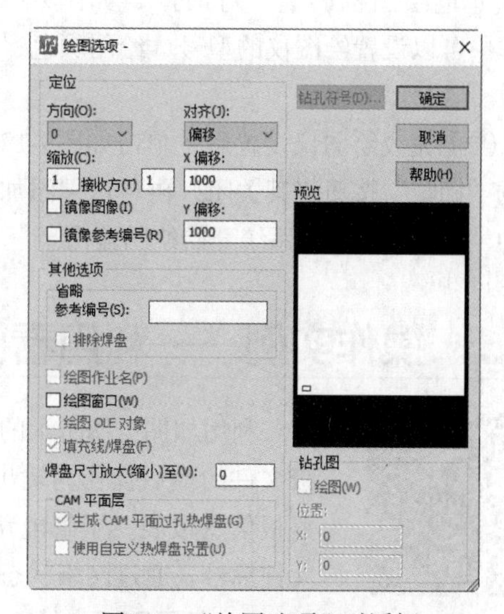

图9-15　“绘图选项”对话框

（7）输出设备。

- “打印”按钮：表示CAM输出是打印图纸。

- “笔绘”按钮：表示CAM输出是绘图仪绘制的图纸。
- “光绘”按钮：表示CAM输出是光绘图。
- “钻孔”按钮：表示CAM输出是钻孔设备对电路板的钻孔。

9.3 打印输出

将Gerber文件设置完成后，用户可以直接将其用打印机打印出来，在如图9-13所示的“添加文档”对话框中的“输出设备”选项组中单击“打印”按钮，表示用打印机输出设定好的Gerber文件。单击 预览选择(P) 按钮，系统则显示打印预览图。单击 设备设置(D)... 按钮，则弹出“打印设置”对话框，如图9-16所示，用户可以按实际情况完成打印机设置。

单击“打印设置”对话框中的“确定”按钮，关闭该对话框，再单击“添加文档”对话框中“运行”按钮，系统开始打印。

图9-16 “打印设置”对话框

9.4 绘图输出

绘图输出与打印输出一样，不同的是在如图9-13所示的“添加文档”对话框的输出设备选项组中单击“笔绘”按钮，选择用绘图仪输出设定好的Gerber文件。

（1）选择绘图输出后，单击 设备设置(D)... 按钮，则弹出“笔绘图机设置”对话框，如图9-17所示，在对话框中可以设置绘图仪的型号、绘图颜色、绘图大小等参数。

（2）完成绘图仪设置后，单击如图9-17所示对话框中的“确定”按钮将其关闭，再单击“添加文档”对话框中“运行”按钮，系统开始绘图输出。

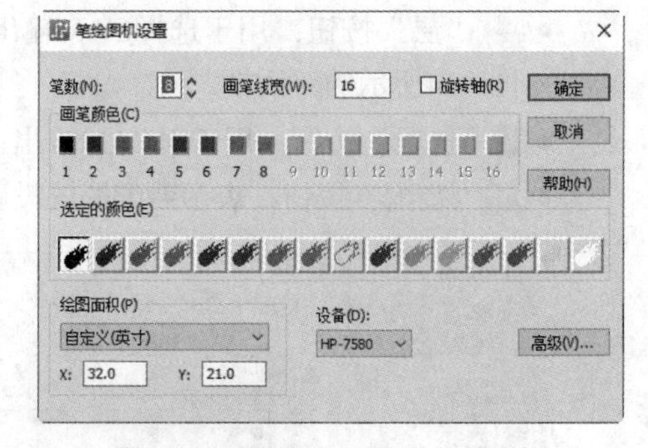

图9-17 “笔绘图机设置”对话框

9.5 操作实例——利用看门狗电路PCB图生成CAM报表

扫码看视频

利用如图9-18所示的看门狗电路PCB图，生成CAM报表。CAM输出时电路板文件的最后操作为输出报表，是给用户提供有关电路板的完整信息。通过电路板信息报表，了解电路板尺寸、电路板上的焊点、过孔的数量及电路板上的元件标号，通过网络状态可以了解电路板中每一条导线的长度。

1. 打开PCB文件

打开PADS Layout，单击“标准工具栏”中的“打开”按钮，打开需要验证的文件“Guard Dog_routed.pcb”，如图9-18所示。

2. 设计验证

（1）选择菜单栏中的“工具”→“验证设计”命令，弹出“验证设计”对话框，如图9-19所示。

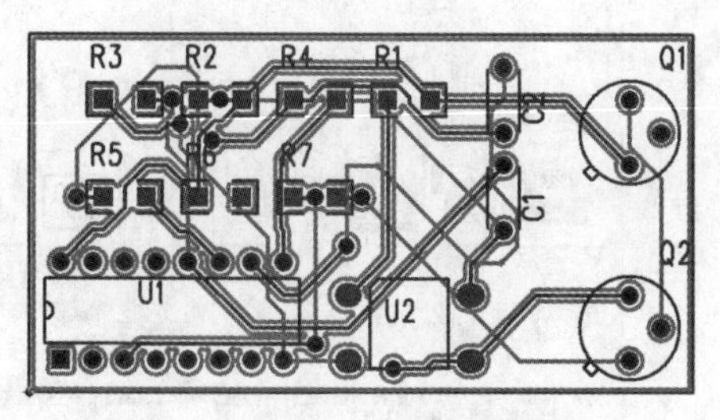

图9-18　看门狗电路的电路板

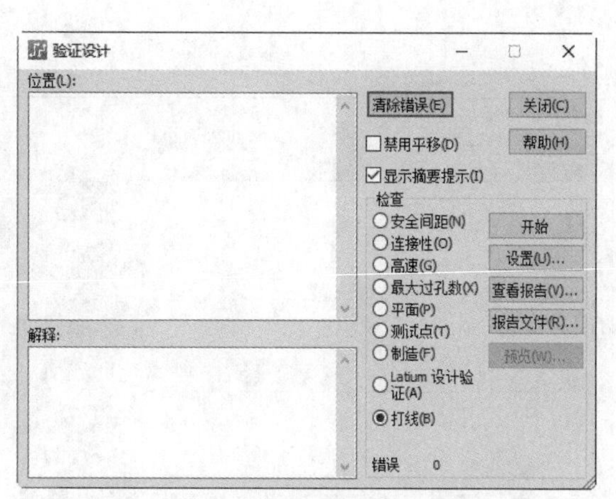

图9-19　“验证设计”对话框

（2）选择“安全间距”复选框，单击“开始”按钮，对当前PCB文件进行安全间距检查，弹出如图9-20所示的提示对话框，显示无错误，单击“确定”按钮，退出提示对话框，完成安全间距检查。

（3）选择“连接性”复选框，单击“开始”按钮，对当前PCB文件进行连接性检查，弹出如图9-21所示的提示对话框，显示无错误，单击“确定”按钮，退出提示对话框，完成安全性检查。

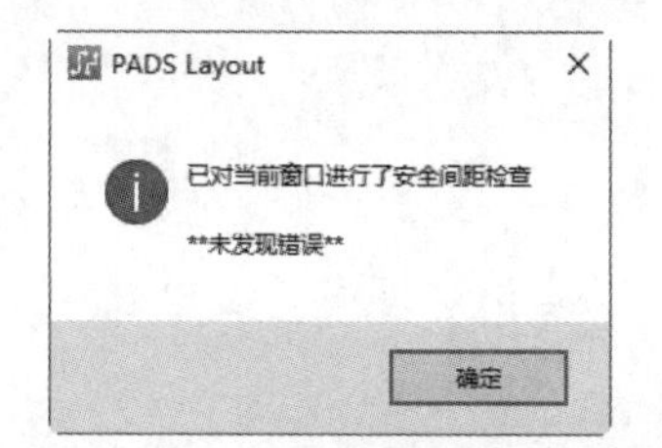

图9-20　安全间距检查提示对话框

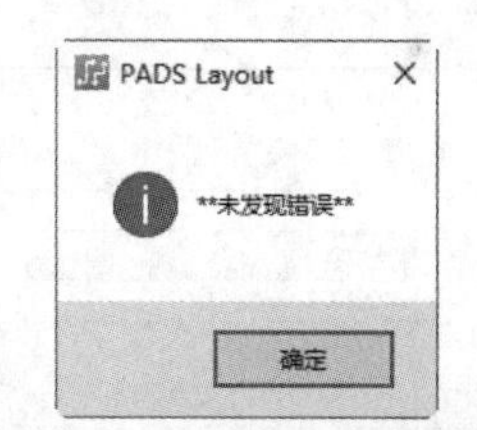

图9-21　检查提示对话框

（4）选择“最大过孔数”复选框，单击“开始”按钮，对当前PCB文件进行最大过孔数检查，弹出如图9-21所示的提示对话框，显示无错误，单击“确定”按钮，退出提示对话框，完成最大过孔数检查，单击“关闭”按钮，关闭“验证设计”对话框。

3. CAM输出

电路图的设计完成之后，我们可以将设计好的文件直接交给电路板生产厂商制板。一般的制板商可以将PCB文件生成Gerber文件拿去制板。将Gerber文件设置完成后，用户可以直接将其用打印机打印出来。

将PCB全部内容设置在“丝印层”中。

（1）选择菜单栏中的“文件”→“CAM”命令，打开“定义CAM文档”对话框，如图9-22所示。

（2）单击“添加”按钮，弹出“添加文档”对话框，在“文档名称”文本框中输入“Guard Dog”，作为输出文件名称。

（3）在“文档类型”下拉列表中选择“丝印”，弹出“层关联性”对话框，选择“Top（顶层）”，如图9-23所示。

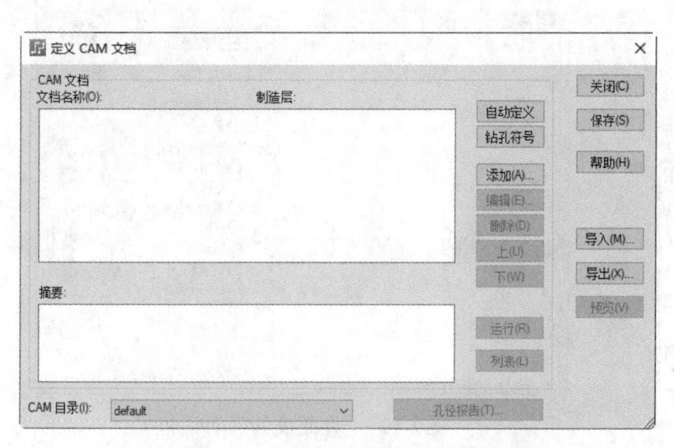

图9-22 “定义CAM文档”对话框

图9-23 选择文档类型

（4）单击“确定”按钮，完成设置，在“摘要”文本框中显示PCB层信息，如图9-24所示。

4. 打印输出

（1）单击“输出设备”选项组中的“打印”按钮，表示用打印机输出设定好的Gerber文件。

（2）单击“添加文档”对话框中的 预览选择(P) 按钮，系统则全局显示打印预览图，如图9-25所示。

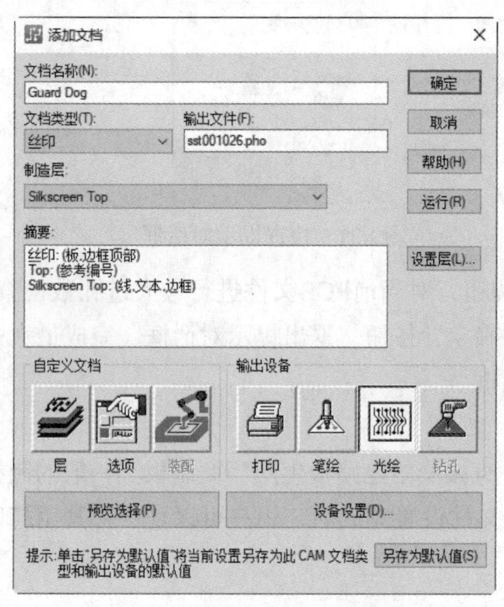

图9-24 显示PCB信息

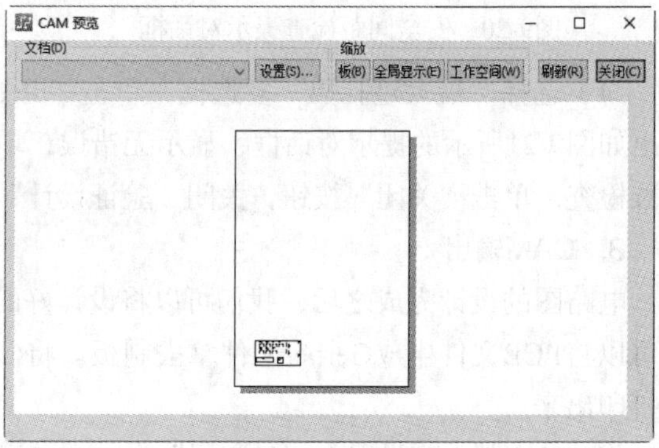

图9-25 预览图

（3）单击“CAM预览”窗口中的“板”按钮，显示电路板上的元器件，如图9-26所示。单击“关闭”按钮，关闭窗口。

（4）单击“层”按钮，弹出“选择项目”对话框，在“已选定”列表框中选择“Top”，取消选择“元件类型”复选框，如图9-27所示。

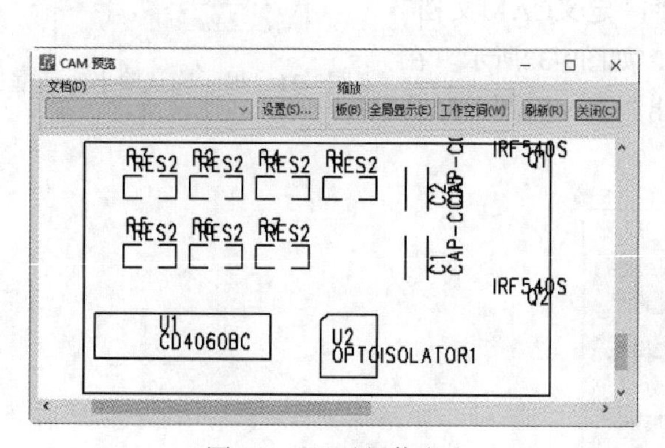

图9-26 显示板信息

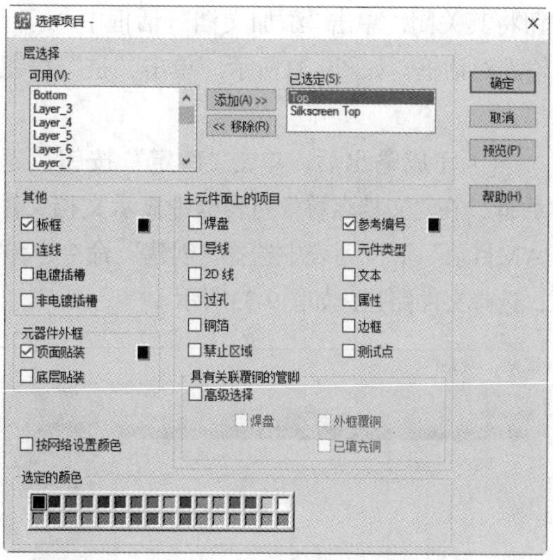

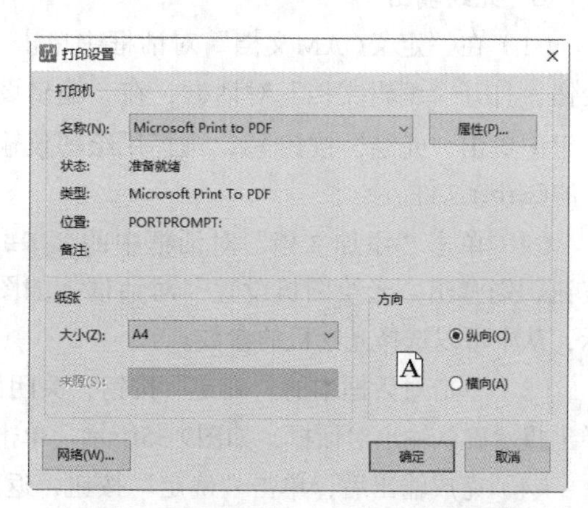

图9-27 “选择项目”对话框

（5）单击“确定”按钮，关闭该对话框，单击“添加文档”对话框中的 预览选择(P) 按钮，系统则全局显示打印预览图，如图9-28所示。

（6）单击“添加文档”对话框中的 设备设置(D)... 按钮，则弹出“打印设置”对话框，如图9-29所示，用户可以按实际情况完成打印机的设置。

（7）单击“打印设置”对话框中的“确定”按钮，关闭该对话框，单击“添加文档”对话框中“运行”按钮，系统立刻开始打印。

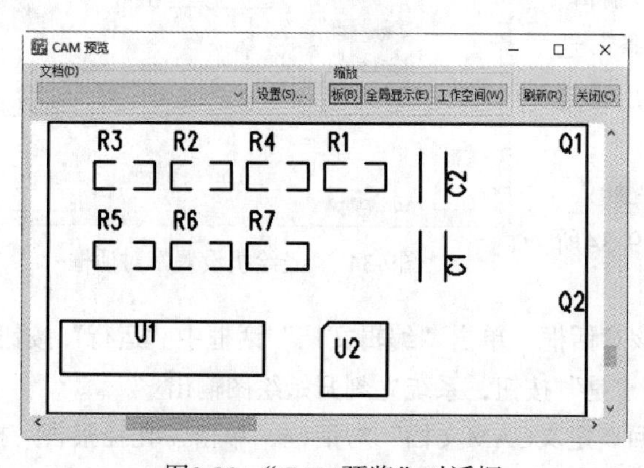

图9-28 “CAM预览”对话框

图9-29 打印设置图

5. 笔绘输出

（1）在如图9-13所示“添加文档”对话框中的“输出设备”选项组下单击“笔绘”按钮，选择用绘图仪输出设定好的Gerber文件。

（2）选择绘图输出后，单击“添加文档”对话框中的 设备设置(D)... 按钮，则弹出“笔绘图机设置”对话框，如图9-30所示，在对话框中可以设置绘图仪的型号、绘图颜色、绘图大小等参数。

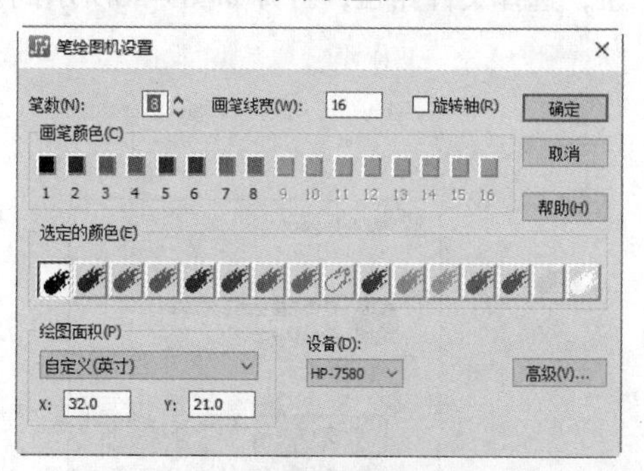

图9-30 “笔绘图机设置”对话框

（3）完成绘图仪设置后，单击对话框中的“确定”

按钮将其关闭，单击“添加文档”话框中“运行”按钮，弹出提示确认输出对话框，如图9-31所示。单击“是”按钮，系统立刻开始绘图输出。

图9-31　提示确认输出对话框

（4）完成输出后，单击“确定”按钮，返回“定义CAM文档”对话框，在“文档名称”列表框中显示文档文件，如图9-32所示。在“CAM目录”下拉列表中选择“创建”命令，弹出“CAM问题”对话框，选择文件路径，如图9-33所示。

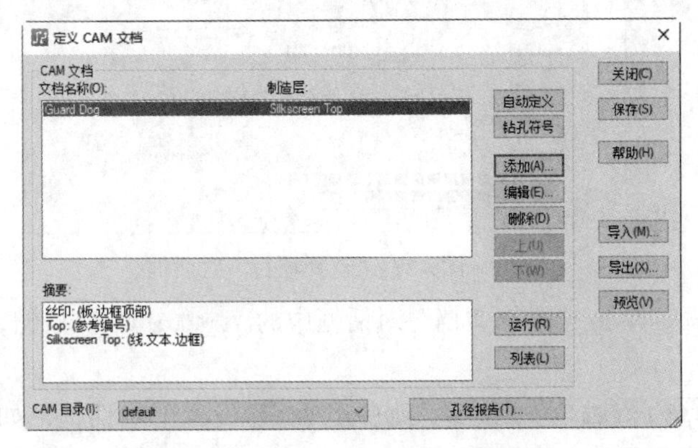

图9-32　“定义CAM文档”对话框

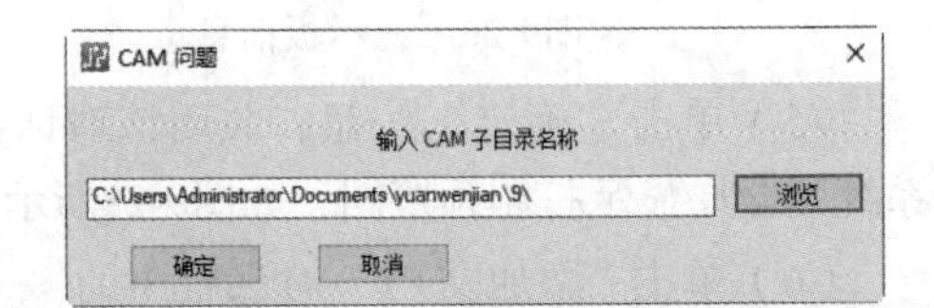

图9-33　“CAM问题”对话框

单击“确定”按钮，关闭“CAM问题”对话框。

6. 光绘输出

（1）在“定义CAM文档”对话框中单击“编辑”按钮，打开“编辑文档”对话框，在“输出设备”选项组中单击“光绘”按钮，选择用绘图仪输出设定好的Gerber文件。

（2）单击“添加文档”对话框中的 设备设置(D)... 按钮，则弹出“光绘图机设置”对话框，如图9-34所示，从中可以选择光绘机的参数。

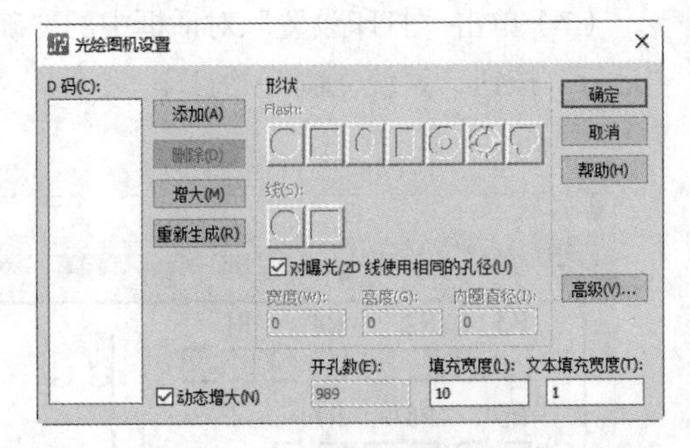

图9-34　“光绘机设置”对话框

（3）单击对话框中的“确定”按钮，关闭该对话框，单击“编辑文档”话框中“运行”按钮，弹出提示确认输出对话框，如图9-35所示。单击“是”按钮，系统立刻开始绘图输出。

（4）完成输出后，单击“确定”按钮，返回“定义CAM文档”对话框，单击“孔径报告”按钮，选择文件路径，打开如图9-36所示的孔径报告。

图9-35　提示确认输出对话框

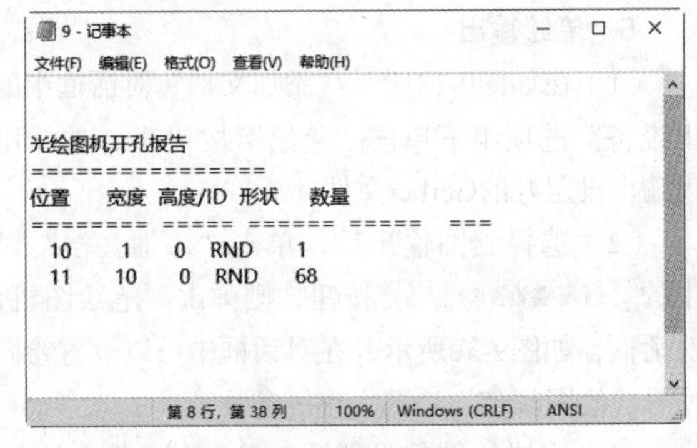

图9-36　孔径报告

第 10 章

单片机实验板电路设计实例

本章内容是对前面章节没有介绍的 PADS Logic 的应用以及 PCB 设计的一些功能的补充，通过对综合实例完整流程的演示，读者可以在较短时间内快速地理解和掌握 PCB 设计的方法和技巧，提高 PCB 的设计能力。

知识点

- 设计分析
- 装入元器件
- PCB设计
- 文件输出

10.1 电路板设计流程

作为本书的综合实例，在进行具体操作之前，再重点强调一下设计流程，希望读者可以严格遵守，从而达到事半功倍的效果。

10.1.1 电路板设计的一般步骤

（1）设计电路原理图，即利用PADS Logic的原理图设计系统（Advanced Schematic）绘制一张电路原理图。

（2）生成网络表。网络表是电路原理图设计与印制电路板设计之间的一座桥梁。网络表可以从电路原理图中获得，也可以从印制电路板中提取。

（3）设计印制电路板。在这个过程中，要借助PADS Layout、PADS Router提供的强大功能完成电路板的版面设计和高难度的布线工作。

10.1.2 电路原理图设计的一般步骤

电路原理图是整个电路设计的基础，它决定了后续工作是否能够顺利进展。一般而言，电路原理图的设计包括如下几个部分。

（1）设计电路图图纸大小及其版面。

（2）在图纸上放置需要设计的元器件。

（3）对所放置的元件进行布局布线。

（4）对布局布线后的元器件进行调整。

（5）保存文档并打印输出。

10.1.3 印制电路板设计的一般步骤

（1）规划电路板。在绘制印制电路板之前，用户要对电路板有一个初步的规划，这是一项极其重要的工作，目的是为了确定电路板设计的框架。

（2）设置电路板参数。包括元器件的布置参数、层参数和布线参数等。一般来说，这些参数用其默认值即可，有些参数在设置过一次后，几乎无须修改。

（3）导入网络表及元器件封装。网络表是电路板自动布线的灵魂，也是电路原理图设计系统与印制电路板设计系统的接口。只有装入网络表之后，才可能完成电路板的自动布线。

（4）元件布局。规划好电路板并装入网络表之后，用户可以让程序自动装入元器件，并自动将它们布置在电路板边框内。PADS Layout也支持手工布局，只有合理布局元器件，才能进行下一步的布线工作。

（5）自动布线。PADS Router采用的是世界上先进的无网络、基于形状的对角自动布线技术。只要相关参数设置得当，且具有合理的元器件布局，自动布线的成功率几乎是100%。

（6）手工调整。自动布线结束后，往往存在令人不满意的地方，这时就需要进行手工调整。

（7）保存及输出文件。完成电路板的布线后，需要保存电路线路图文件，然后利用各种图形输出设备，如打印机或绘图仪等，输出电路板的布线图。

10.2 设计分析

单片机实验板是学习单片机必备的工具之一，本章介绍一个实验板电路以供读者自行制作，如图10-1所示。

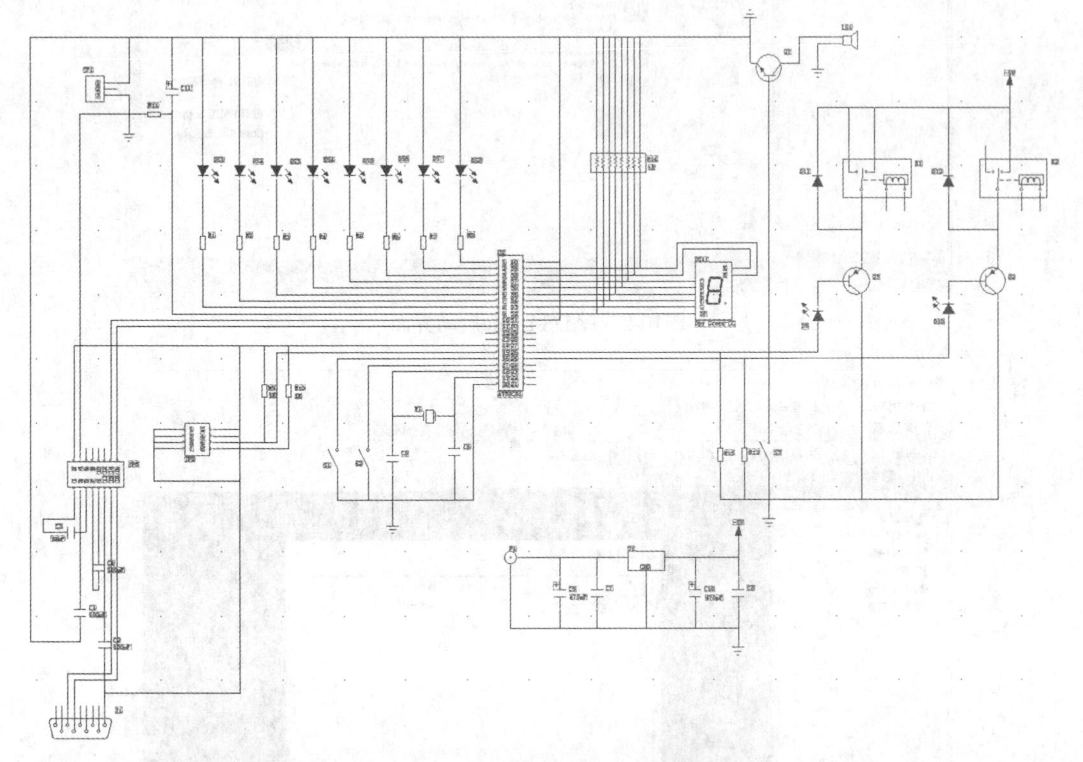

图10-1　单片机实验板电路

单片机的功能就是利用程序控制单片机引脚端的高低电压值，并以引脚端的电压值来控制外围设备的工作状态。本例设计的实验板是通过单片机串行端口控制各个外围设备，用它可以完成包括串口通信、跑马灯实验、单片机音乐播放、LED显示以及继电器控制等实验。

通过对前面章节的学习，读者基本上可以用PADS来完成电路板的设计，也可以直接用PCB文件来制作电路板，本章我们将通过实例详细说明一个电路板的设计过程，包括建立元件库、绘制原理图、绘制PCB图以及最后的PCB图打印输出等。

10.3 新建工程

扫码看视频

（1）单击PADS Logic图标，打开PADS Logic VX.2.8，进入启动界面，如图10-2所示。

（2）单击“标准工具栏”中的“新建”按钮，新建一个原理图文件，自动弹出“替换字体”对话框，如图10-3所示，单击“确定”按钮，默认替换字体。

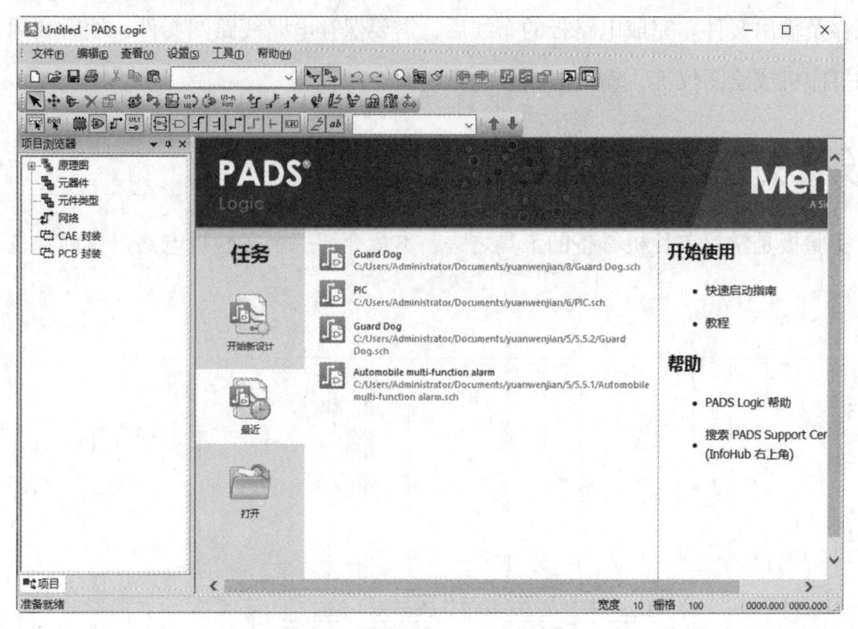

图10-2　PADS Logic启动界面

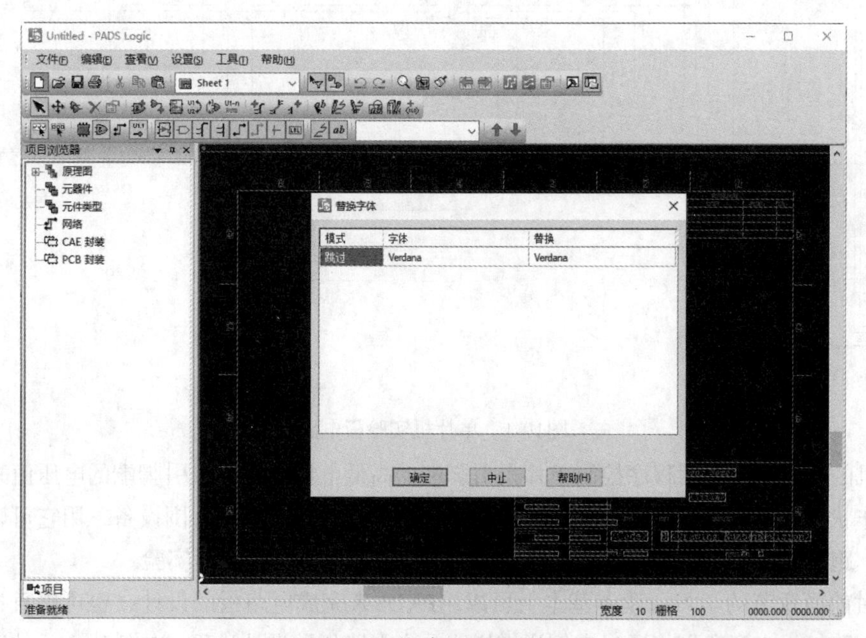

图10-3　新建原理图文件

（3）单击“标准工具栏”中的“原理图编辑工具栏”按钮，打开原理图编辑工具栏，如图10-4所示，使用该工具栏中的按钮进行原理图设计。

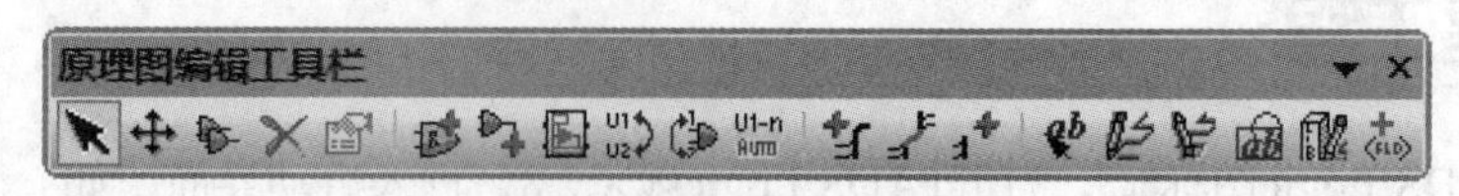

图10-4　原理图编辑工具栏

（4）选择菜单栏中的“工具”→“选项”命令，弹出“选项”对话框，选择“设计”选项卡，在“图页”选项组下设置图纸大小。

在“尺寸”下拉列表中选择“C”，在“图页边界线”文本框右侧单击“选择”按钮，弹出“从库中获取绘图项目”对话框，选择“SIZEC”，如图10-5所示，单击“确定”按钮，关闭对话框。

在“选项”对话框中显示图纸设置显示，如图10-6所示。

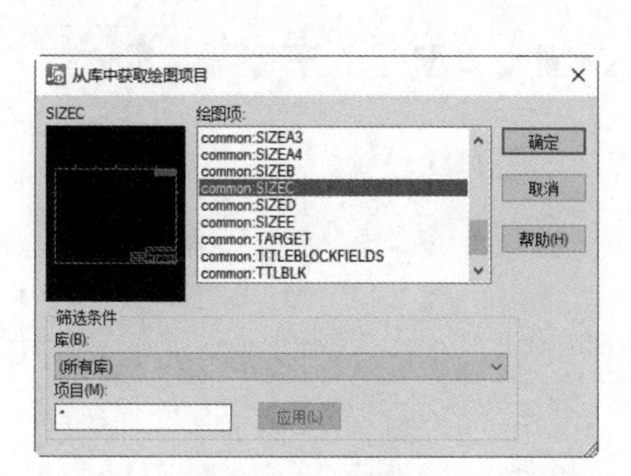

图10-5　“从库中获取绘图项目”对话框

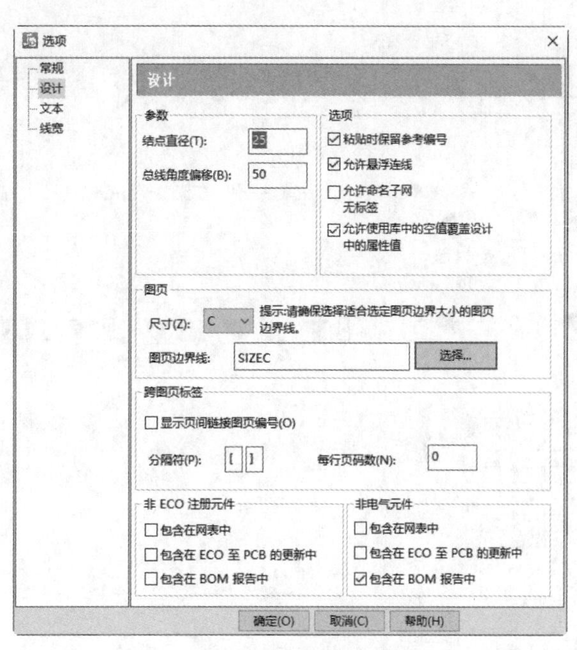

图10-6　图纸设置

10.4 装入元器件

原理图上的元件从要添加的元件库中选定来设置，先要添加元件库。系统默认已经装入了两个常用库，分别是常用元件杂项库“Misc.pt9”，自带电气元件库“SCM.pt9”。如果还需要其余元件库，则需要提前装入。

选择菜单栏中的“文件”→“库”命令，弹出“库管理器”对话框，在该对话框中，单击“管理库列表”按钮，弹出“库列表”对话框，如图10-7所示，可以看到此时系统已经装入的元件库。

（1）单击“原理图编辑工具栏”中的“增加元件”按钮，弹出“从库中添加元件”对话框，在“筛选条件”选项组下“库”下拉列表中选择“所有库”，如图10-8所示。

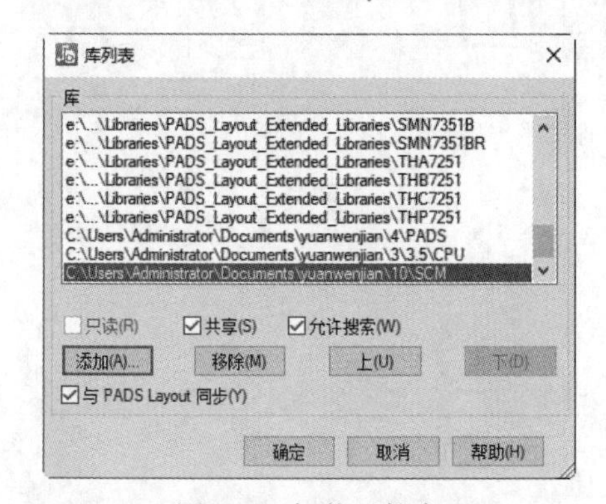

图10-7　加载元件库

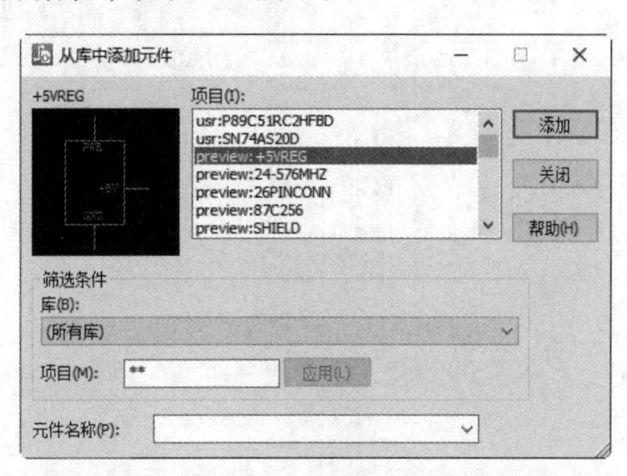

图10-8　“从库中添加元件”对话框

（2）在该对话框中依次选择发光二极管LED、二极管DIODE、电阻RES2、排阻RES PACK3、晶振XTAL1、电解电容CAP-B6、无极性电容CAP-CC05，以及PNP和NPN三极管、蜂鸣器SPEAKER、继电器RLY-SPDT和开关SW-SPST-NO，如图10-9所示。

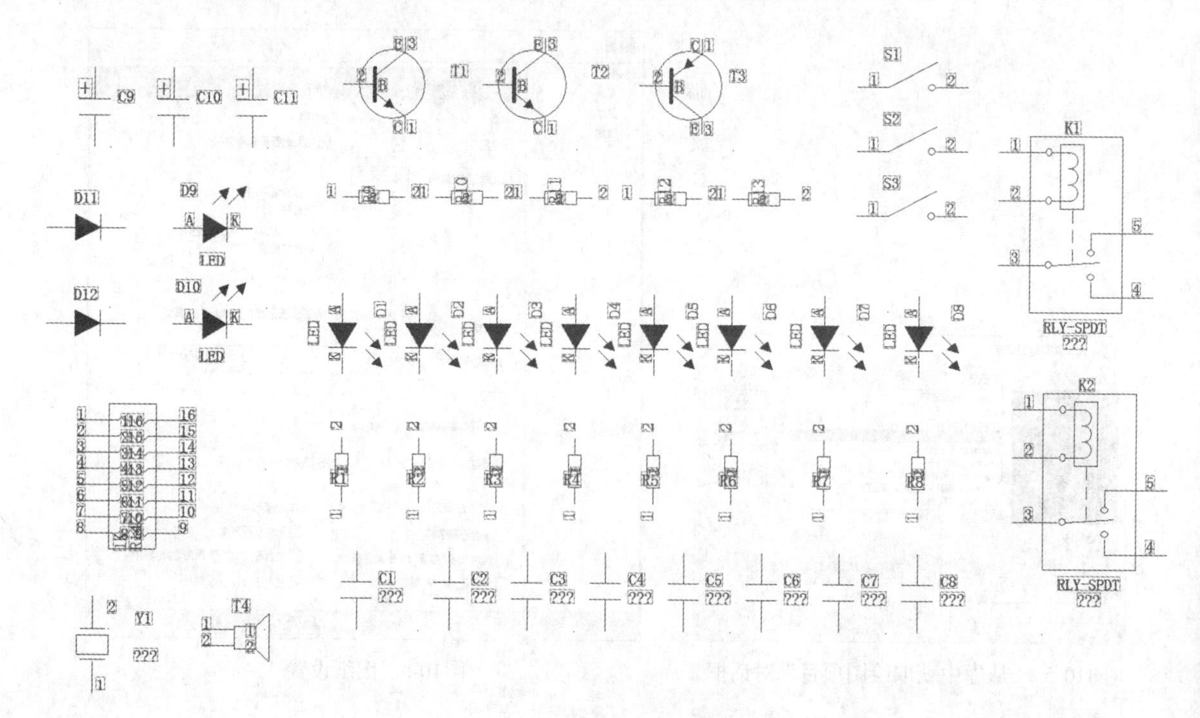

图10-9　放置常用电器元件

（3）在“从库中添加元件”对话框的“筛选条件”选项组“库”下拉列表中选择“SCM.pt9”，在“项目”文本框中输入元件关键词，单击“应用”按钮，在“项目”列表框中显示符合条件的元件。

（4）选择“HEADER3”接头、“RCA”接头、“HEADER8*2”8针双排接头、“HEADER4*2”4针双排接头、数码管Dpy Green-CC、三端稳压管L78S05CV、“串口接头D CONNECT 9”和单片机芯片AT89C51，如图10-10所示。

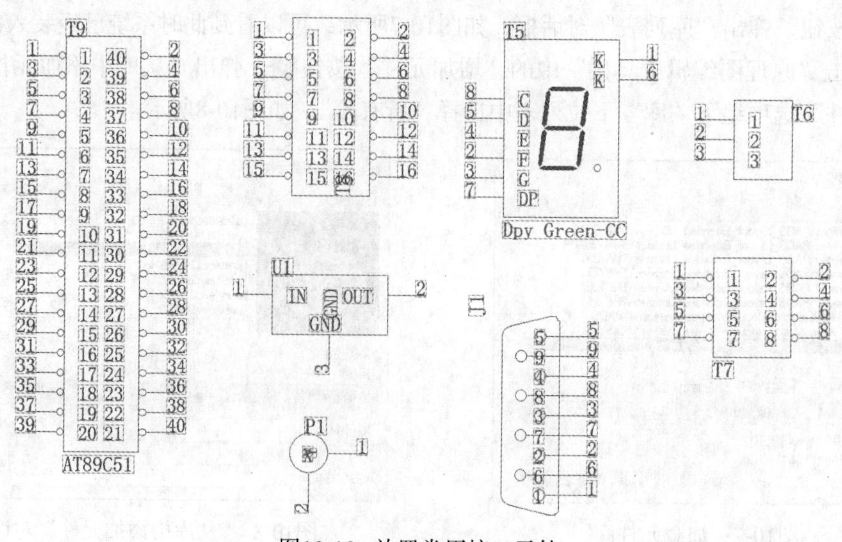

图10-10　放置常用接口元件

（5）框选所有元器件，单击鼠标右键，在弹出的菜单中选择“特性”命令，弹出如图10-11所示的“元件特性”对话框，单击“可见性”按钮，弹出“元件文本可见性”对话框，选择“项目可见性”选项组下“元件类型”复选框，如图10-12所示。单击“确定”按钮，退出对话框，完成元器件的显示设置，结果如图10-13所示。

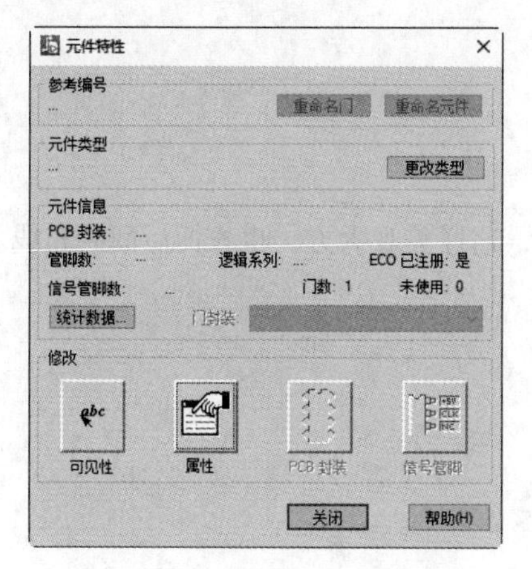

图10-11 “元件特性”对话框

图10-12 “元件文本可见性”对话框

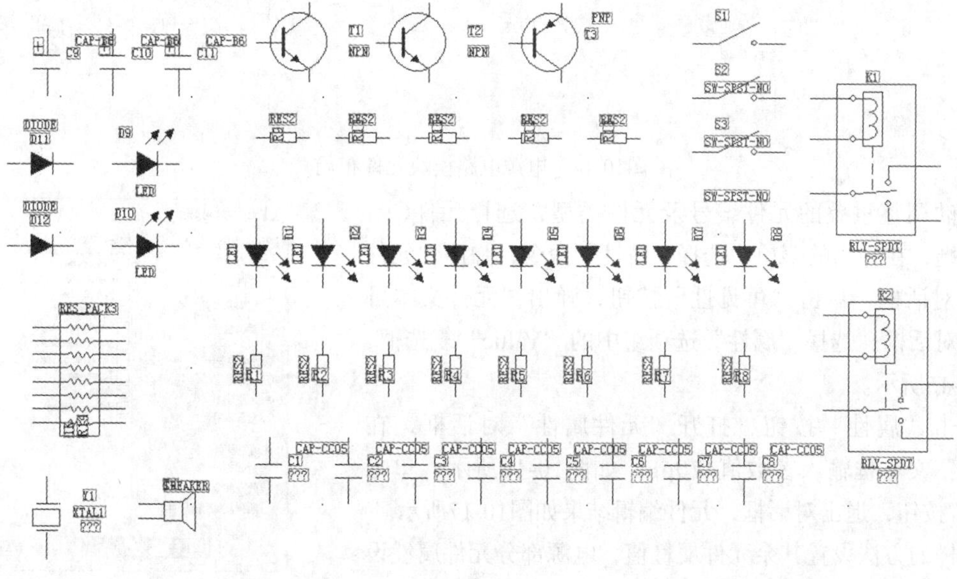

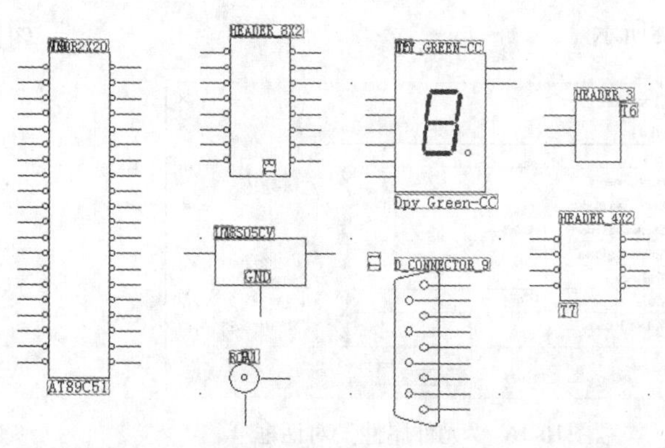

图10-13 设置元器件显示

10.5 原理图编辑

将所需的元件库装入工程后进行原理图的输入。原理图的输入首先要进行元件的布局和元件布线。

10.5.1 元件布局

根据原理图大小，合理地将放置的元件摆放好，这样美观大方，也方便后面的布线。按要求设置元件的属性，包括元件标号、元件值等。

采用分块的方法完成手工布局操作。

（1）电源电路模块如图10-14所示。

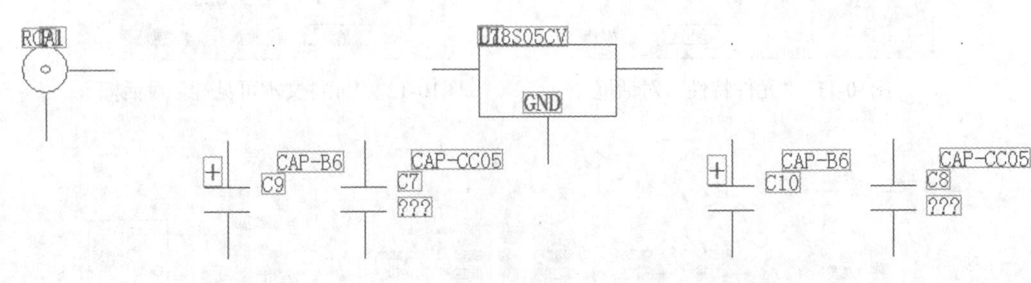

图10-14 电源电路模块元件布局

拖动调整重叠的元件编号及元件类型，选择元件C9，单击右键，在弹出的菜单中选择“特性”命令，弹出“元件特性”对话框，单击“可见性”按钮，弹出“元件文本可见性”对话框，选择“属性”选项组中的“Value”复选框，如图10-15所示。

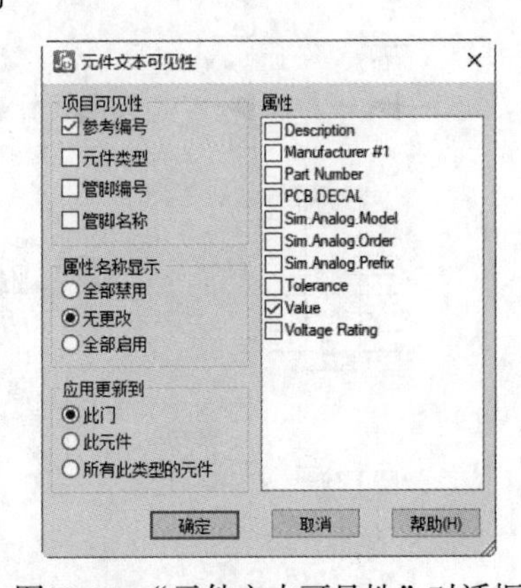

图10-15 “元件文本可见性”对话框

单击“属性”按钮，打开“元件属性”对话框，在“Value”文本框输入参数值470pF，如图10-16所示，单击“确定”按钮，退出对话框，元件编辑结果如图10-17所示。

同样的方法设置其余元件属性值，电源部分元件属性设置结果如图10-18所示。

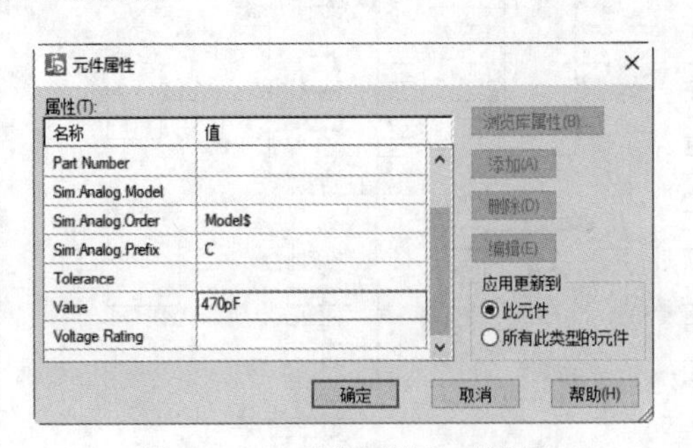

图10-16 “元件属性”对话框

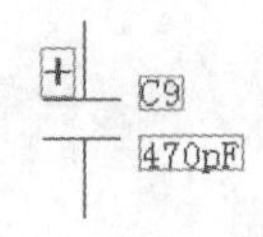

图10-17 元件属性编辑结果

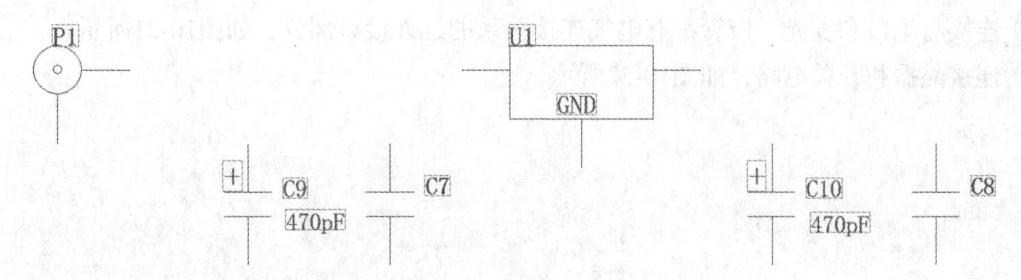

图10-18　电源模块电路图

（2）发光二极管部分的电路，如图10-19所示。

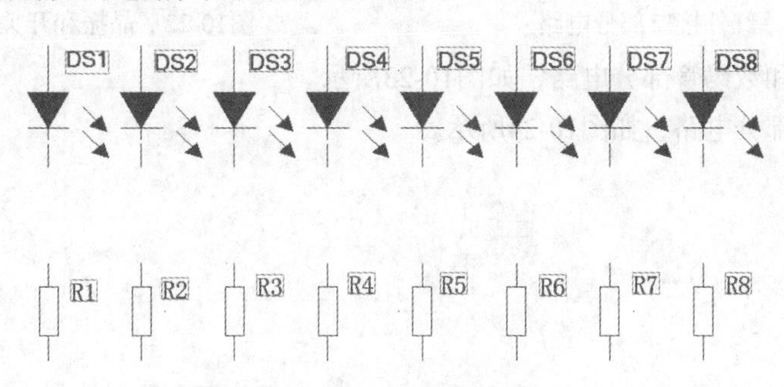

图10-19　发光二极管部分的电路

（3）连接发光二极管部分相邻的串口部分，如图10-20所示。

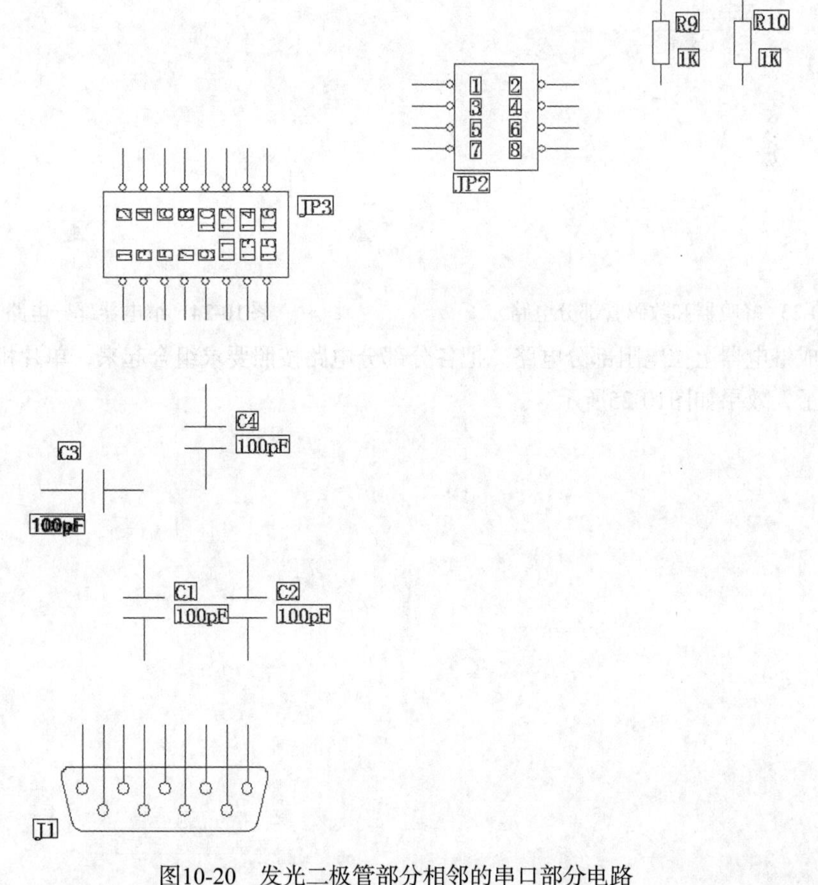

图10-20　发光二极管部分相邻的串口部分电路

（4）连接与串口和发光二极管都有电气连接关系的红外接口部分，如图10-21所示。

（5）连接晶振和开关电路，如图10-22所示。

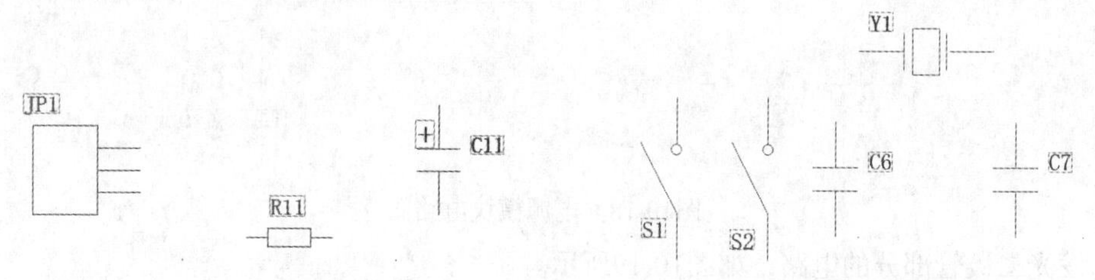

图10-21　红外接口部分电路　　　　图10-22　晶振和开关电路

（6）连接蜂鸣器和数码管部分电路，如图10-23所示。

（7）连接继电器部分电路，如图10-24所示。

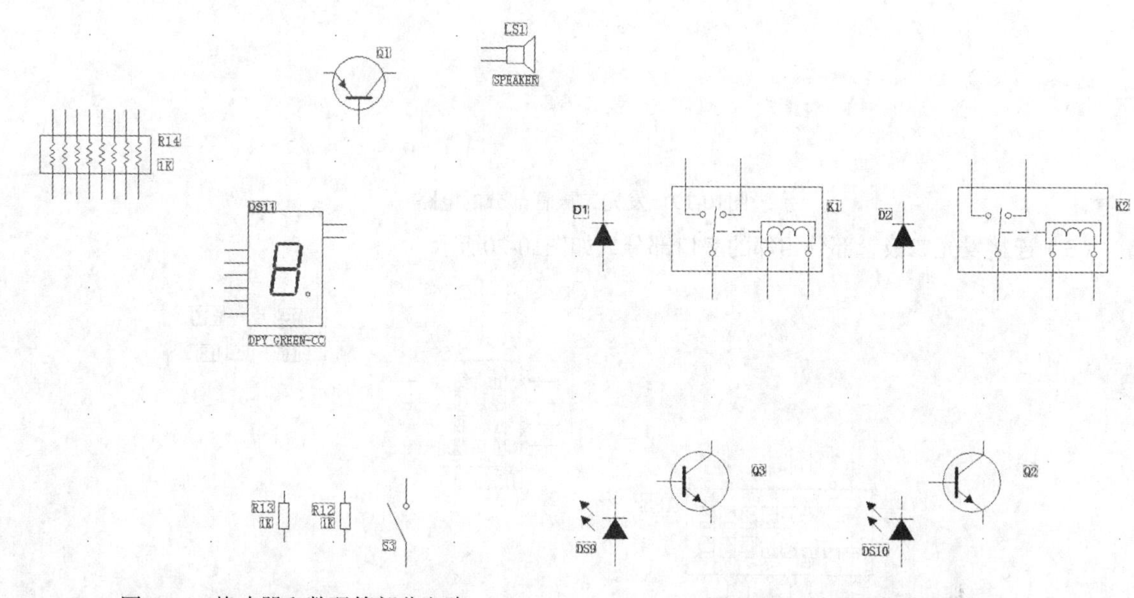

图10-23　蜂鸣器和数码管部分电路　　　　图10-24　继电器部分电路

（8）完成继电器上拉电阻部分电路。把各分部分电路按照要求组合起来，单片机实验板的原理图就设计好了，效果如图10-25所示。

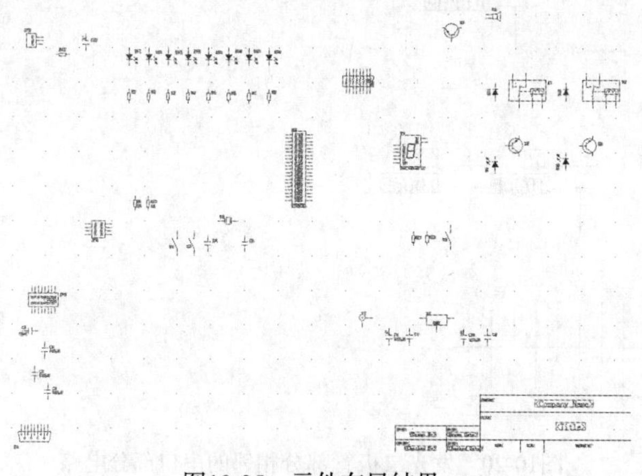

图10-25　元件布局结果

> **注意**
>
> 在布局过程中，灵活使用移动、旋转90°、X镜像、Y镜像等操作的快捷命令，可以大大节省时间。

10.5.2　元件手工布线

继续采用分块的方法完成手工布线操作。

（1）单击“原理图编辑工具栏”中的“添加连线”按钮，进入连线模式，进行连线操作。

① 连接完的电源模块电路如图10-26所示。

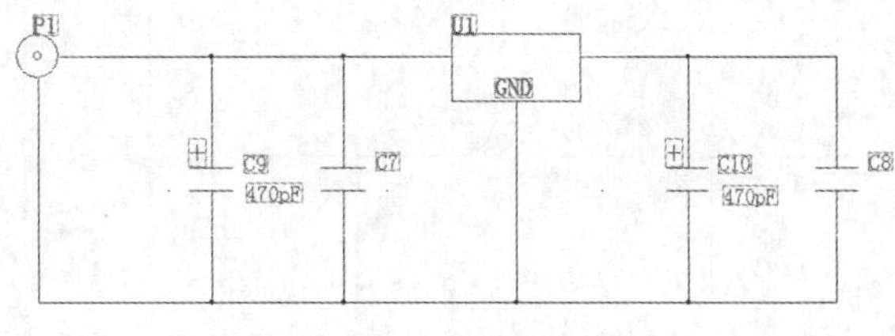

图10-26　电源模块电路图

② 连接发光二极管部分的电路，如图10-27所示。

③ 连接发光二极管部分相邻的串口部分，如图10-28所示。

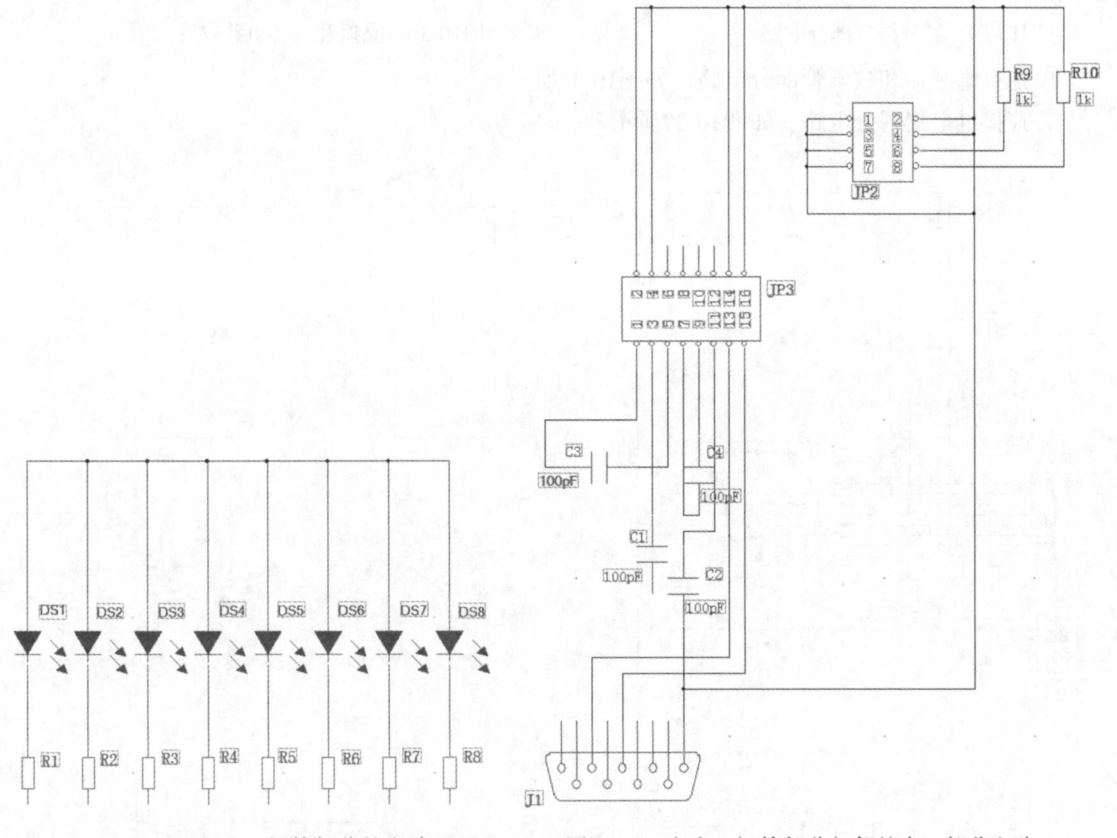

图10-27　发光二极管部分的电路

图10-28　发光二极管部分相邻的串口部分电路

④ 连接与串口和发光二极管都有电气连接关系的红外接口部分，如图10-29所示。

⑤ 连接晶振和开关电路，如图10-30所示。

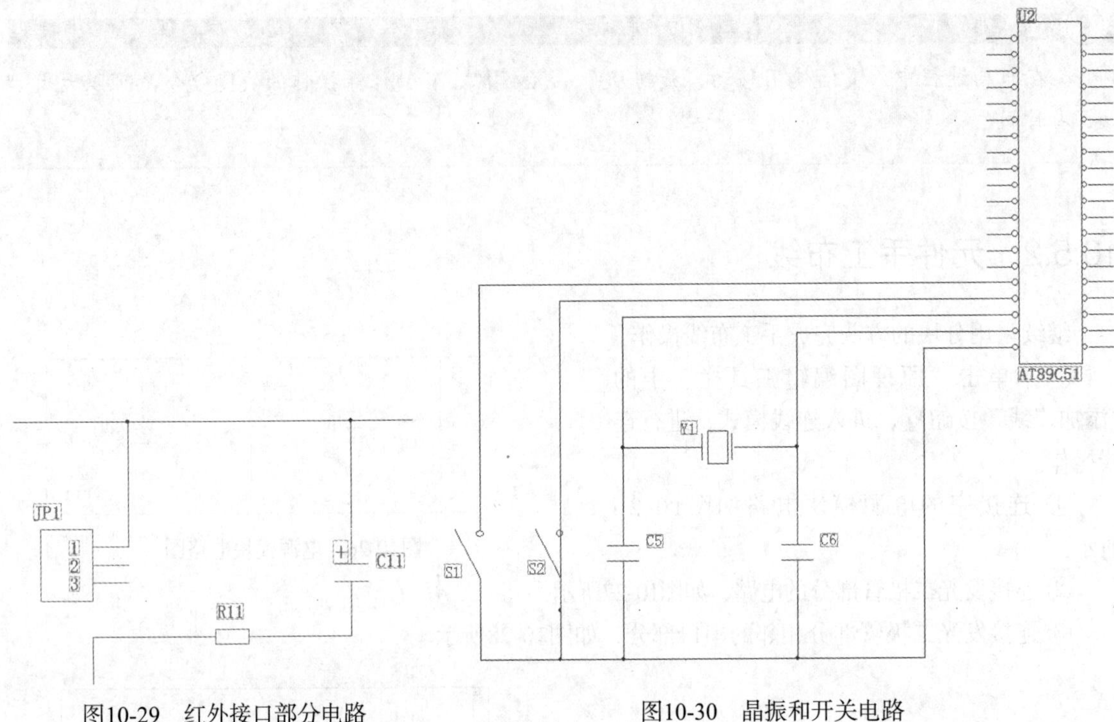

图10-29　红外接口部分电路　　　　图10-30　晶振和开关电路

⑥ 连接蜂鸣器和数码管部分电路，如图10-31所示。

⑦ 连接继电器部分电路，如图10-32所示。

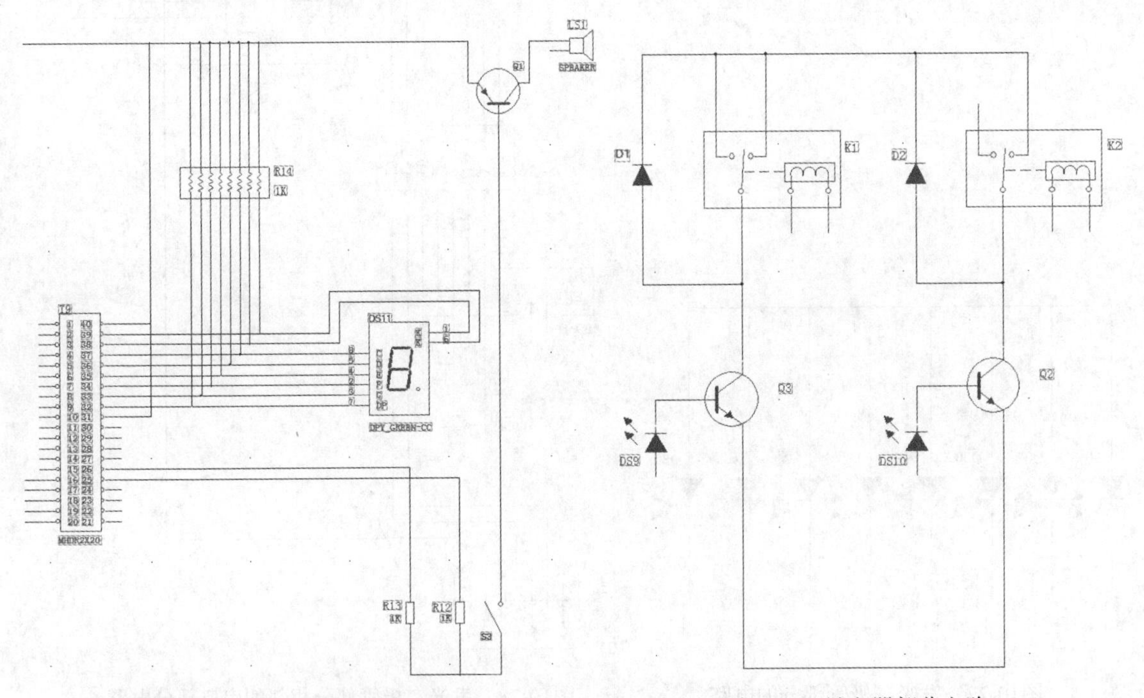

图10-31　蜂鸣器和数码管部分电路　　　　图10-32　继电器部分电路

⑧ 完成继电器上拉电阻部分电路。把各部分电路按照要求组合起来，单片机实验板的原理图布线就设计好了，效果如图10-33所示。

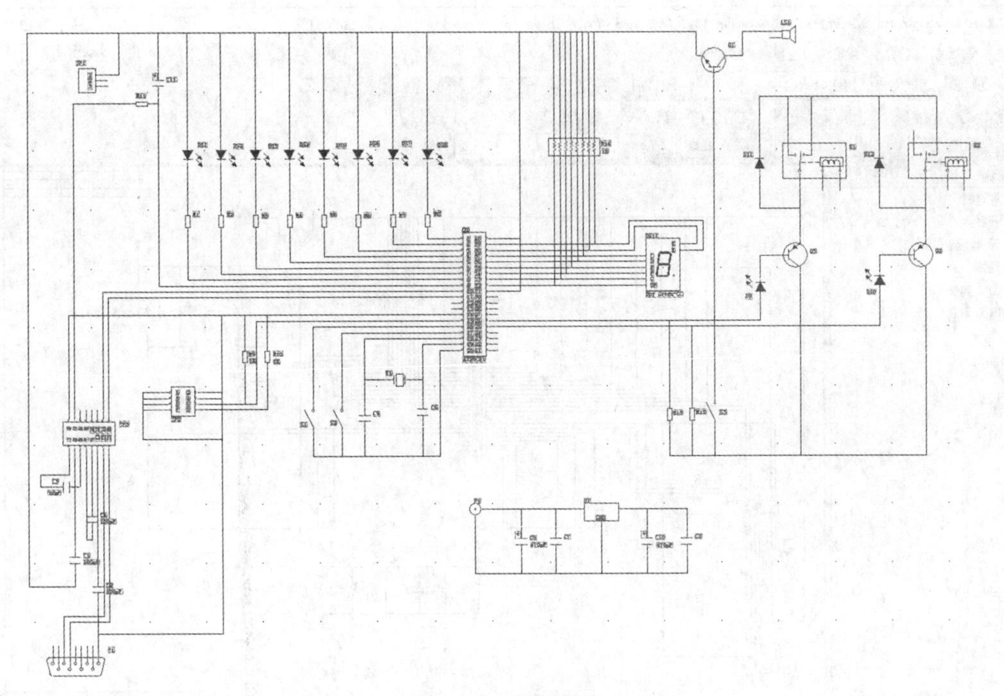

图10-33　连线操作

（2）单击“原理图编辑工具栏”中的“添加连线”按钮，进入连线模式，放置接地、电源符号，结果如图10-34所示。

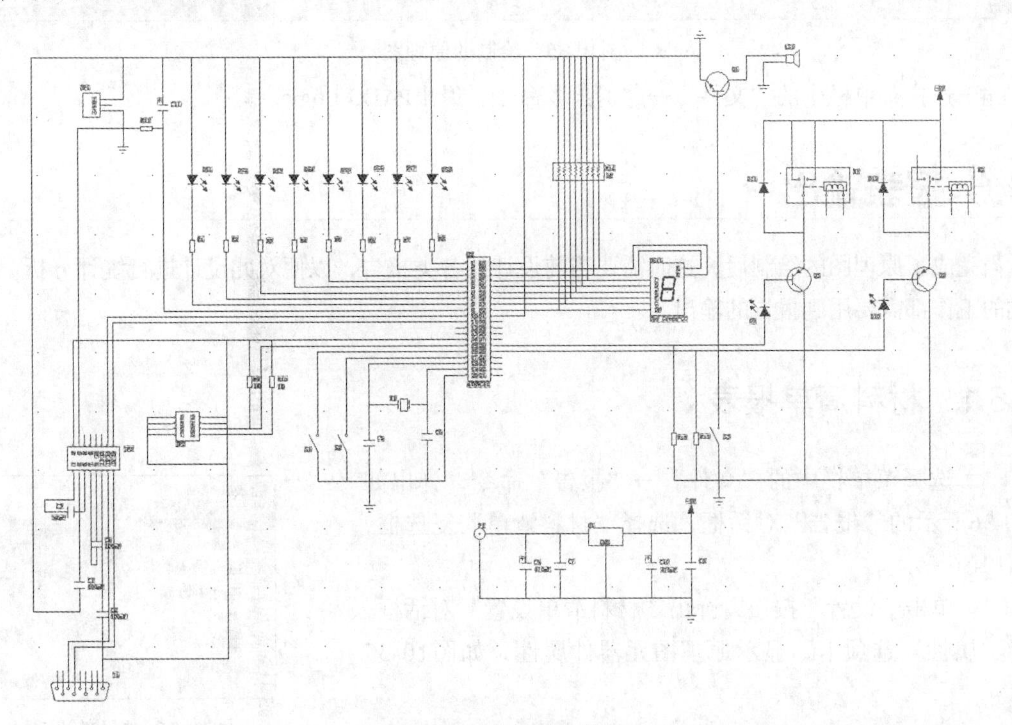

图10-34　放置电源符号

（3）原理图绘制完成后，单击“标准工具栏”中的“保存”按钮，输入原理图名称“SCM Board”，保存绘制好的原理图文件，如图10-35所示。

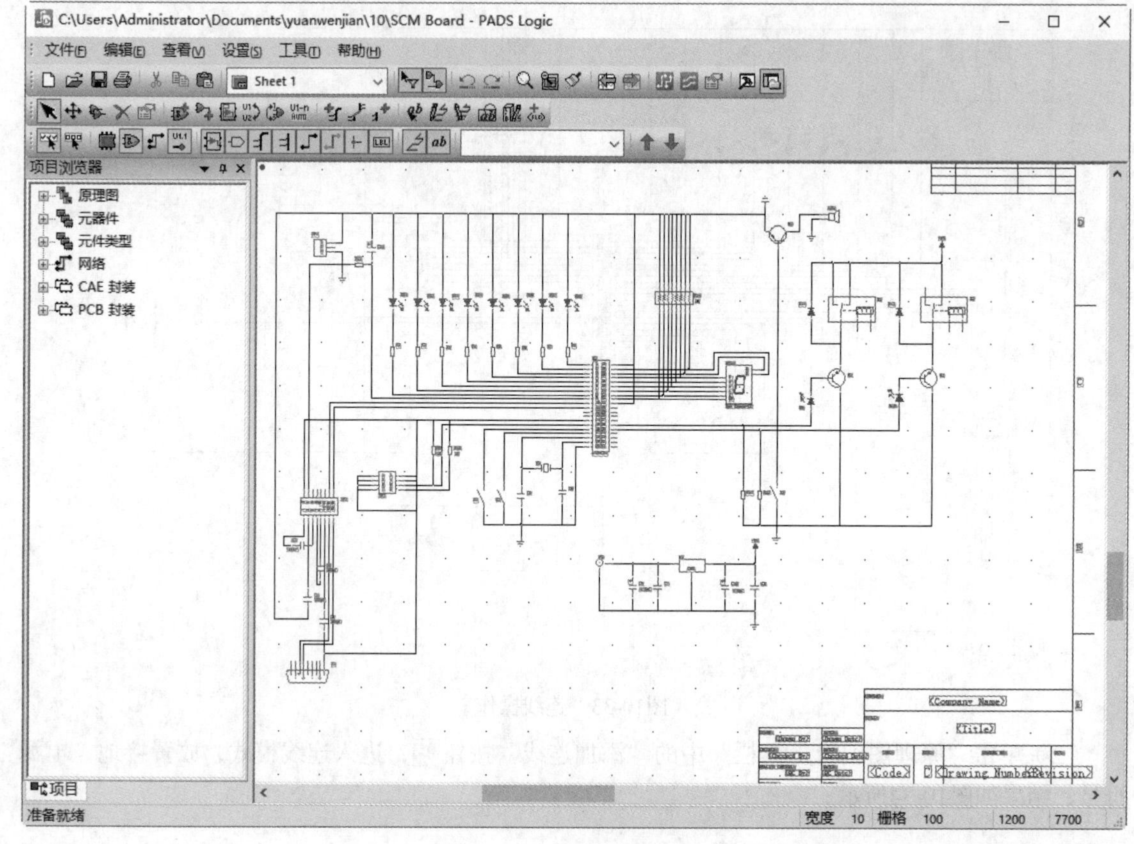

图10-35 绘制的原理图

（4）选择菜单栏中的“文件”→“退出”命令，退出PADS Logic。

10.6 报表输出

当完成了原理图的绘制后，这时需要当前设计的各类报告，以便对此设计进行统计分析。诸如此类的工作都需要用到报告的输出。

10.6.1 材料清单报表

（1）选择菜单栏中的“文件”→“报告”命令，弹出如图10-36所示的“报告”对话框，选择“材料清单”复选框，如图10-36所示。

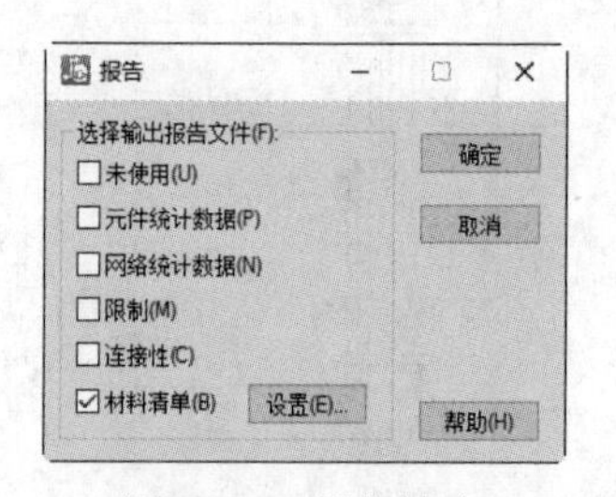

图10-36 报告输出

（2）单击“设置”按钮，弹出“材料清单设置”对话框，选择“属性”选项卡，显示原理图元器件属性，如图10-37所示。

（3）单击 确定 按钮，自动产生一个当前原理图的材料清单报表文件，如图10-38所示。

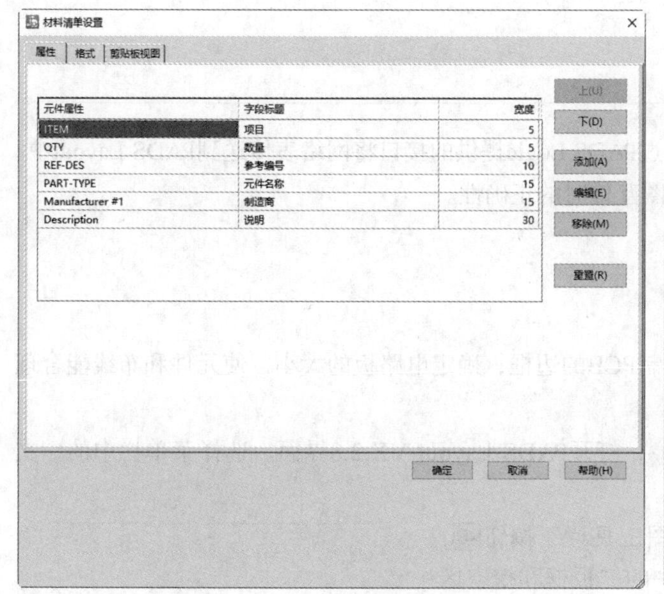

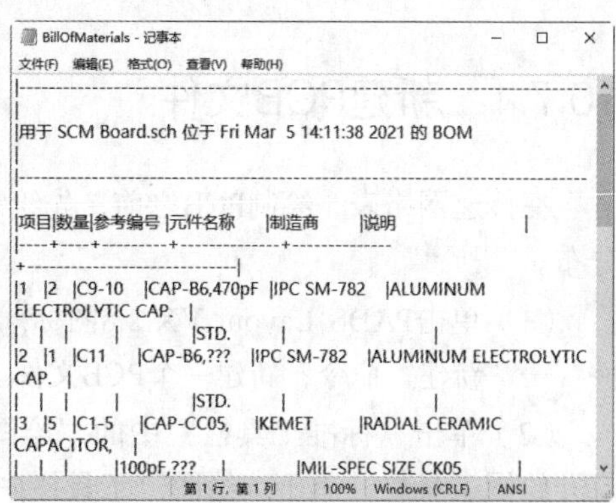

图10-37 “材料清单设置”对话框　　图10-38 材料清单报表

10.6.2 打印输出

在打印之前先进行打印设置。

（1）选择菜单栏中的“文件”→“打印预览”命令，弹出“选择预览”窗口，如图10-39所示。

（2）单击“全局显示”按钮，显示如图10-39所示的预览效果。单击“图页”按钮，预览显示为整个页面显示，如图10-40所示。

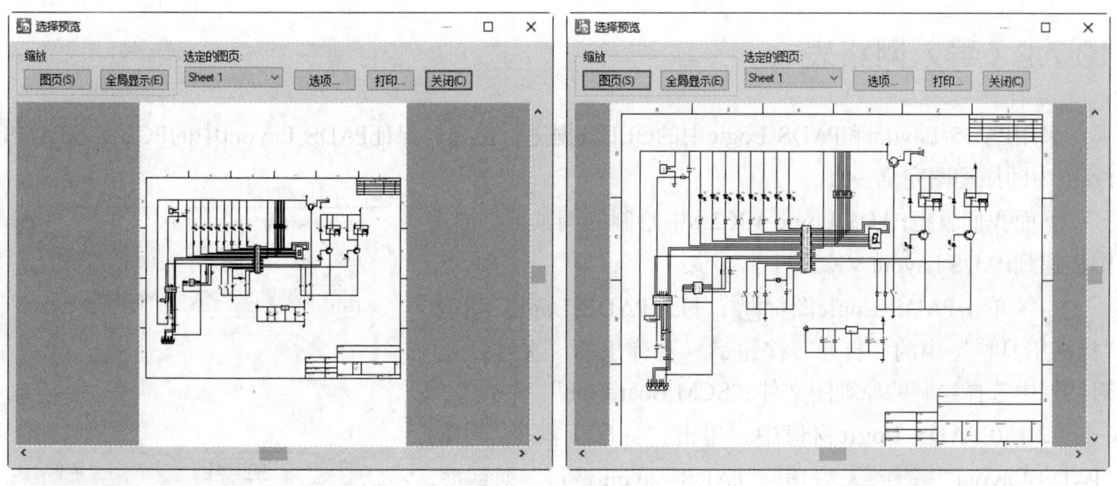

图10-39 全局显示　　图10-40 图页显示

设置、预览完成后，单击“打印”按钮，打印原理图。

此外，选择菜单栏中的“文件”→“打印”命令，或单击“原理图标准工具栏”中的（打印）按钮，也可以实现打印原理图的功能。

10.7 PCB设计

原理图绘制完成后，用户可以直接通过PADS Logic提供的接口将网络表传送到PADS Layout中。这样既方便快捷，又能保证原理图与PCB图互传时的正确性。

10.7.1 新建PCB文件

在传递网络表、绘制PCB之前，先绘制PCB的边框，确定电路板的大小，使元件和布线能合理分布。

（1）单击PADS Layout VX.2.8图标，打开PADS Layout VX.2.8界面。选择菜单栏中的“文件”→“新建”命令，新建一个PCB文件。

（2）单击“标准工具栏”中的“绘图工具栏”按钮，打开绘图工具栏，单击“绘图”工具栏中的“板框和挖空区域”按钮，进入绘制边框模式。

（3）单击鼠标右键，在弹出的快捷菜单中选择绘制的图形命令“矩形”。

（4）在工作区的原点单击鼠标左键，移动光标，拉出一个边框范围的矩形框，单击鼠标左键，确定电路板的边框，如图10-41所示。

（5）单击“标准工具栏”中的“保存”按钮，输入文件名称“SCM Board”，保存PCB图。

图10-41　电路板边框图

10.7.2 导入网络表

采用PADS Layout和PADS Logic中的OLE数据进行传递，保证PADS Layout中的PCB图和PADS Logic中的原理图完全一致。

下面我们就把PADS Logic VX.2.8中绘制的调试工具原理图传递到PADS Layout VX.2.8中。

（1）单击PADS Logic图标，打开PADS Logic，单击“标准工具栏”中的“打开”按钮，在弹出的“文件打开”对话框中选择绘制的原理图文件“SCM Board.sch”。

（2）在PADS Logic窗口中，单击“标准工具栏”中的“PADS Layout”按钮，打开“PADS Layout链接”对话框，如图10-42所示。

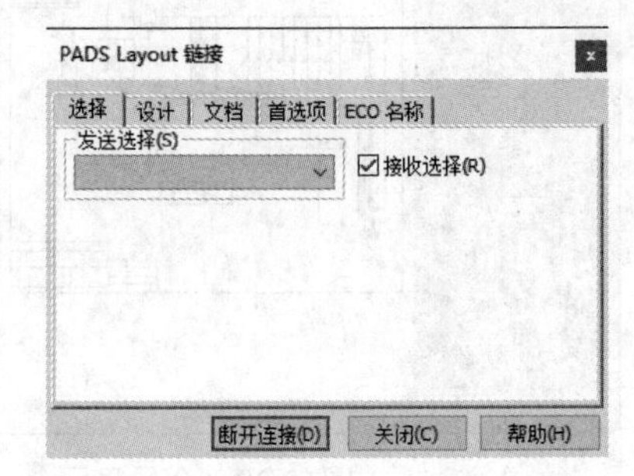

图10-42　“PADS Layout 链接”对话框

（3）单击“PADS Layout链接”对话框中的“设计”选项卡中的“发送网表”按钮，如图10-43所示。

（4）PADS Logic将原理图的网络表传递到PADS Layout中，同时记事本显示传递过程中的错误报表，如图10-44所示。

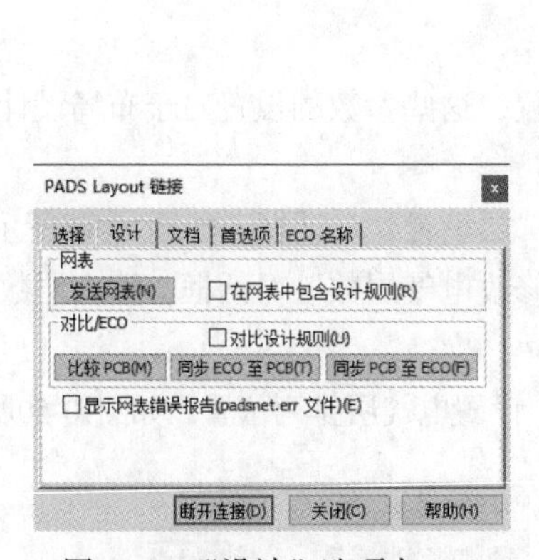

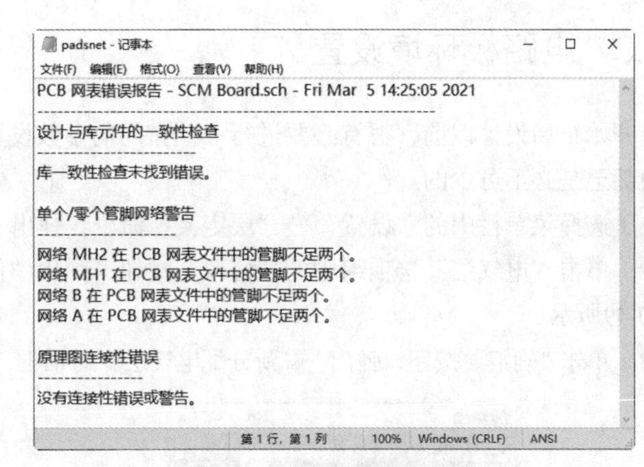

图10-43　“设计”选项卡　　　　图10-44　显示得错误报表

（5）弹出提示对话框，如图10-45所示，单击“是”按钮，弹出生成网表文本文件，如图10-46所示。

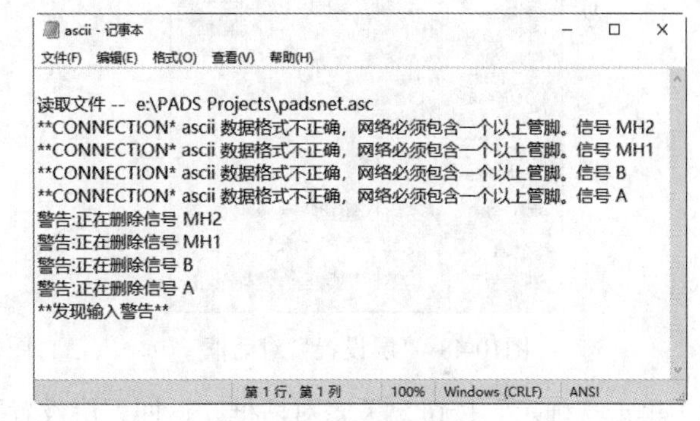

图10-45　提示对话框　　　　图10-46　网表文件

（6）关闭报表的文本文件，在PADS Layout窗口中可以看到各元器件已经显示在PADS Layout工作区域的原点上，如图10-47所示。

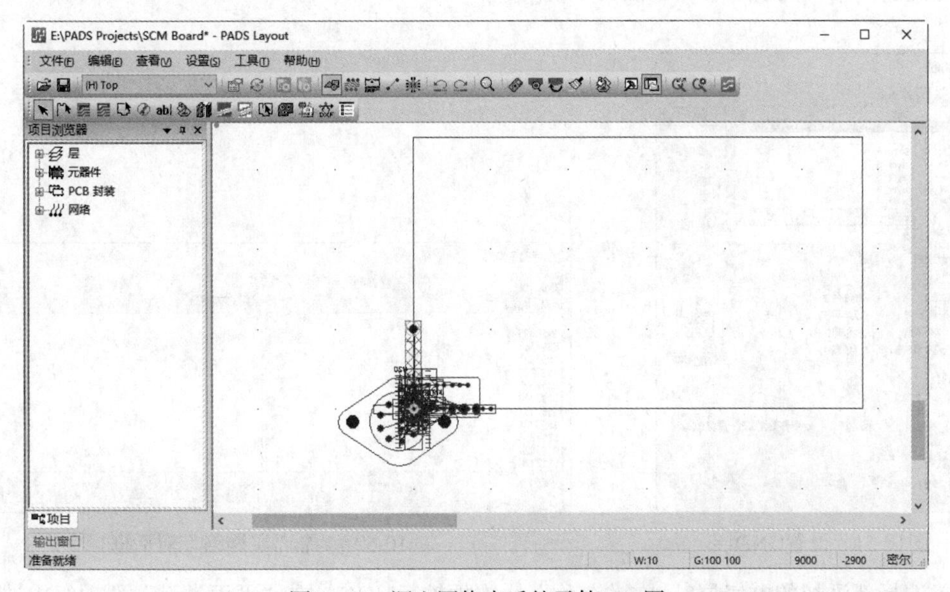

图10-47　调入网络表后的元件PCB图

10.7.3 电路板环境设置

当开始布局设计以前，很有必要进行一些布局的参数设置，这些参数的设置对于布局设计会带来方便甚至是必不可少的。

（1）选择菜单栏中的“设置”→“层定义”命令，弹出“层设置”对话框，如图10-48所示。

（2）单击“电气层”选项组中的“修改”按钮，弹出“修改电气层数”对话框，输入层数为4，如图10-49所示。

（3）单击“确定”按钮，弹出“重新分配电气层”对话框，设置电气层排列位置，如图10-50所示。

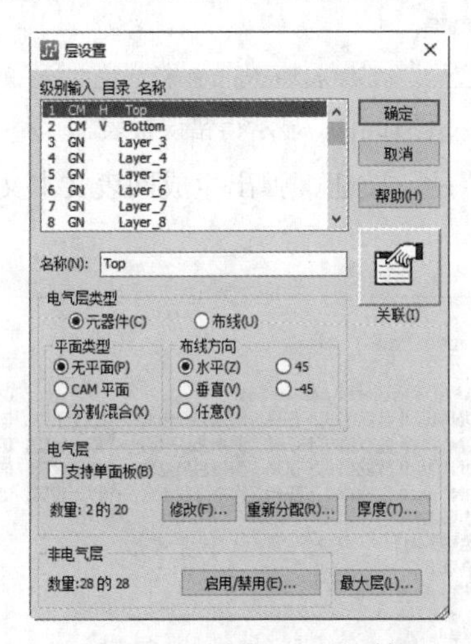

图10-48 “层设置”对话框

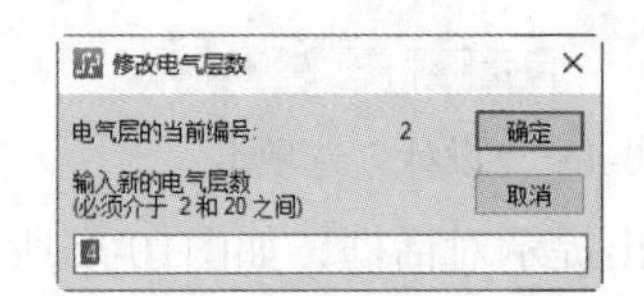

图10-49 “修改电气层数”对话框

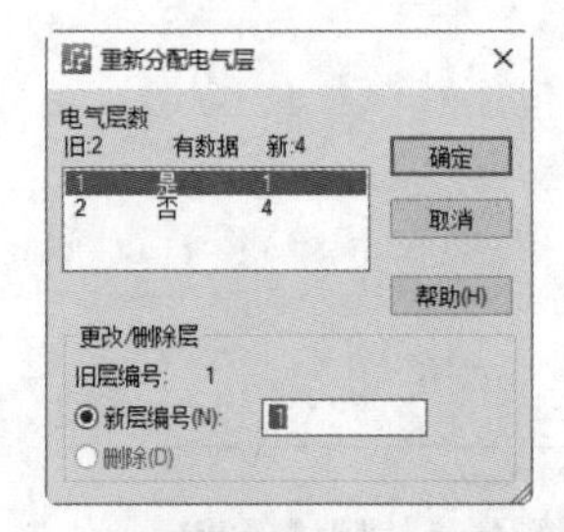

图10-50 “重新分配电气层”对话框

（4）单击“确定”按钮，关闭对话框，返回“层设置”对话框，显示默认的2个电气层变为4个。选择新添加的电气层2，在“名称”文本框中输入GND，在“平面类型”选项组中选择“CAM平面”，如图10-51所示。单击“分配网络”按钮，弹出“平面层网络”对话框，将GND网络添加到右侧“分配的网络”列表框中，如图10-52所示。

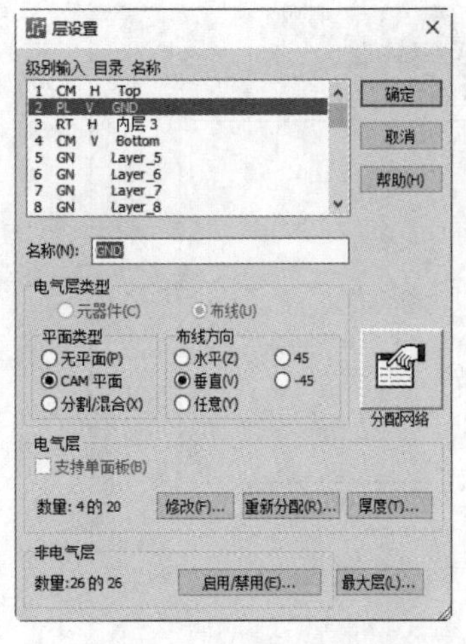

图10-51 设置GND层

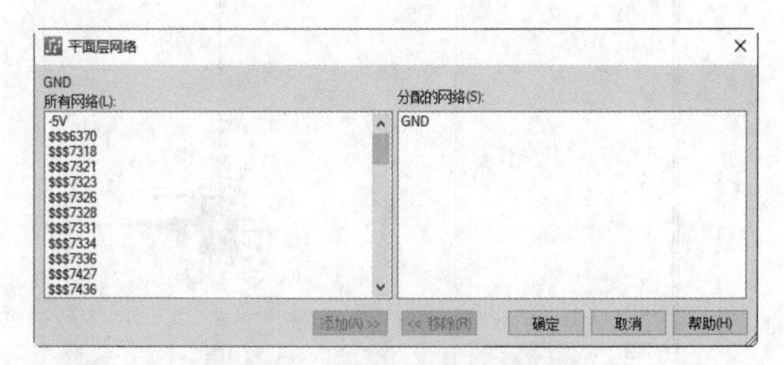

图10-52 “平面层网络”对话框1

（5）选择新添加的电气层3，在“名称”文本框输入VCC，在“平面类型”选项组中选择“分割/混合”，如图10-53所示。单击“分配网络”按钮，弹出“平面层网络”对话框，将-5V网络添加到右侧“分配的网络”列表框中，如图10-54所示。

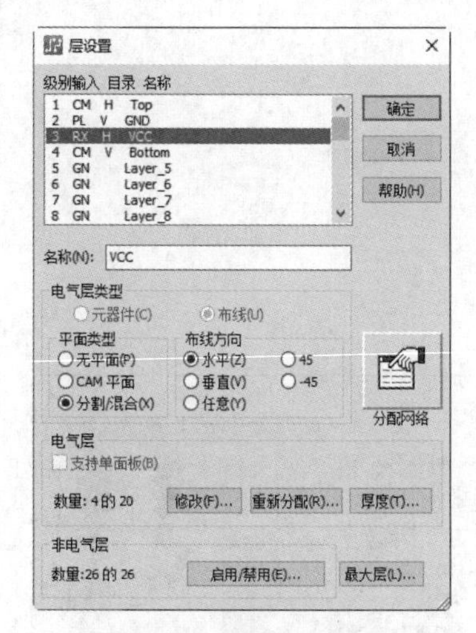

图10-53　添加VCC层

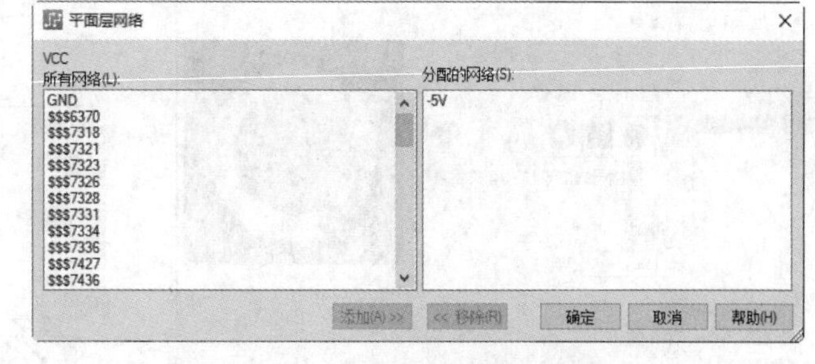

图10-54　“平面层网络”对话框2

（6）选择菜单栏中的“设置”→“焊盘栈”命令，弹出“焊盘栈特性”对话框，对PCB的焊盘进行参数设置，如图10-55所示。

（7）选择菜单栏中的“设置”→“钻孔对”命令，弹出“钻孔对设置”对话框，对PCB的钻孔对进行参数设置，如图10-56所示。

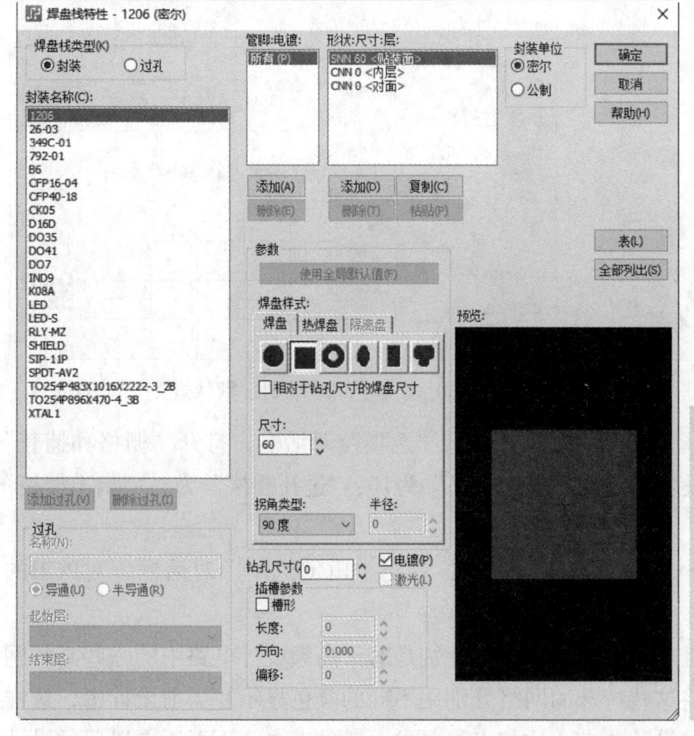

图10-55　焊盘设置

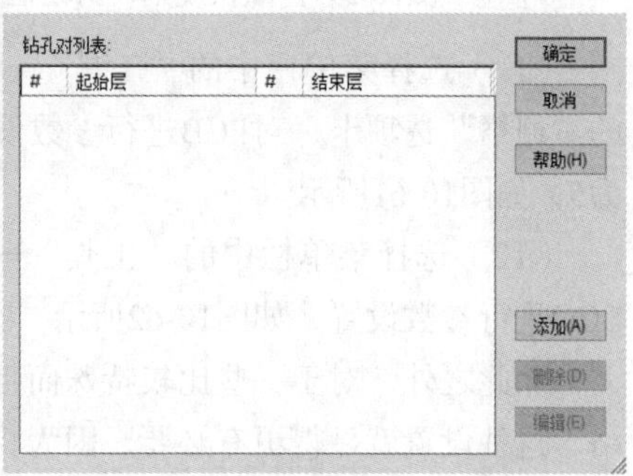

图10-56　“钻孔对设置”对话框

（8）选择菜单栏中的“设置”→“跳线”命令，弹出“跳线”对话框，对PCB的跳线进行参数设置，如图10-57所示。

（9）选择菜单栏中的“设置”→“设计规则”命令，弹出“规则”对话框，对PCB的规则进行参数设置，如图10-58所示。

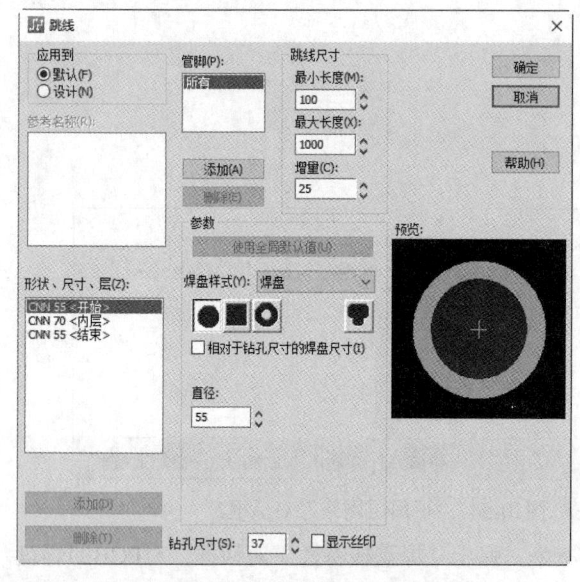

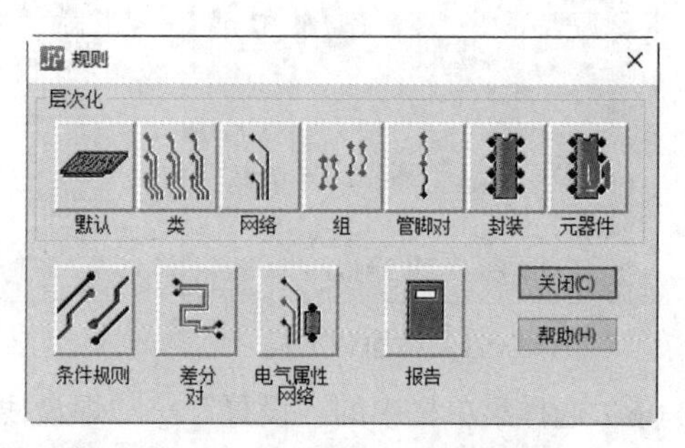

图10-57 “跳线”对话框

图10-58 “规则”对话框

（10）单击“默认”按钮，弹出如图10-59所示的“默认规则”对话框，单击“安全间距”按钮，弹出“安全间距规则：默认规则”对话框，修改“线宽”选项组中的“最小值”“最大值”“建议值”，如图10-60所示。

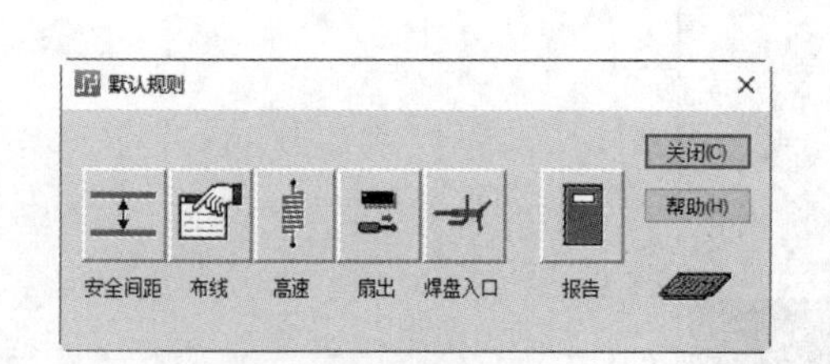

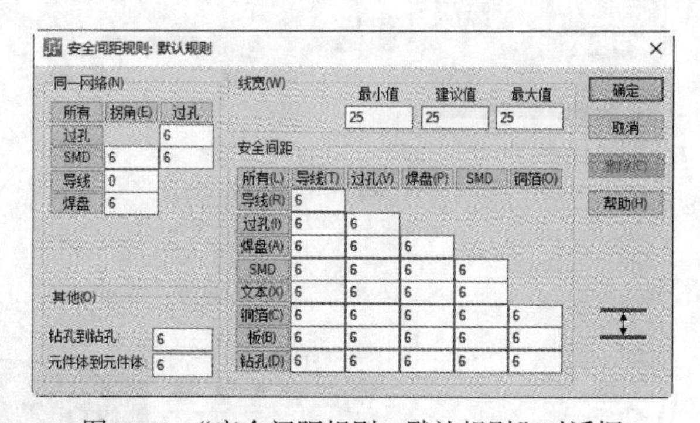

图10-59 “默认规则”对话框

图10-60 “安全间距规则：默认规则”对话框

（11）选择菜单栏中的“工具”→“选项”命令，弹出“选项”对话框，打开“栅格和捕获”的“栅格”选项卡，对PCB进行参数设置，修改“设计栅格”为10，“过孔栅格”为5，“扇出栅格”为5，如图10-61所示。

（12）选择菜单栏中的“工具”→“ECO选项”命令，弹出“ECO选项”对话框，对PCB的ECO进行参数设置，如图10-62所示。

除此之外，对于一些比较特殊而且非常重要的网络，特别是对于高频设计电路中的一些高频网络，这种设置就显得更有必要，因为将这些特殊的网络分别用不同的颜色显示在当前设计中，这样在布局设计时就可以将这些特殊网络的设计要求（比如走线要求）考虑进去，不至于在以后的设计中再进行调整。

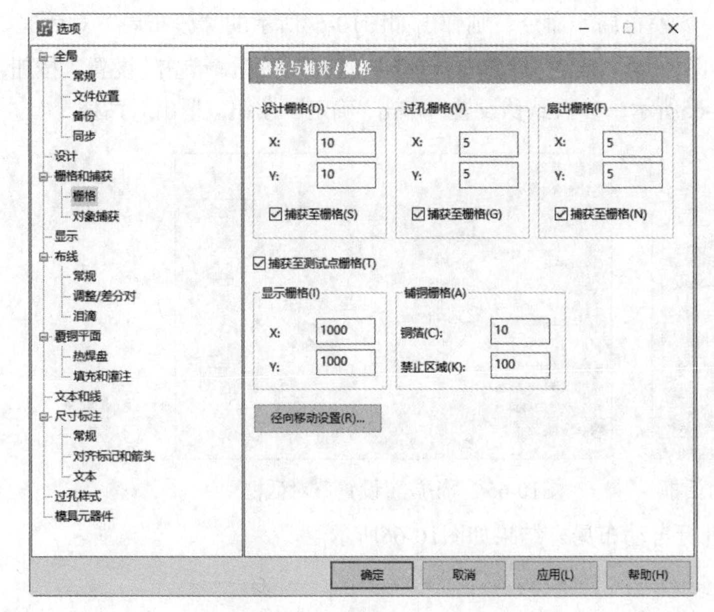

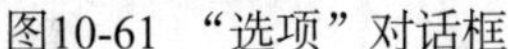
图10-61 “选项”对话框

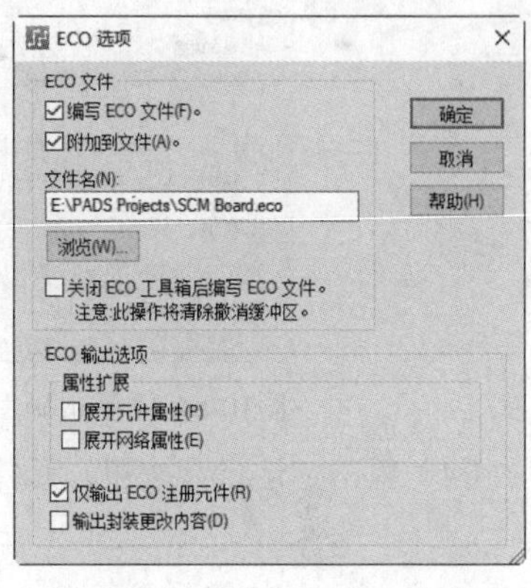

图10-62 “ECO 选项”对话框

10.7.4　布局设计

布局步骤大概分为五步，分别如下。

- 放置板中固定元件。
- 设置板中有条件限制的区域。
- 放置重要元件。
- 放置比较复杂或者面积比较大的元件。
- 根据原理图将剩下的元件分别放到上述已经放好的元件周围，最后进行整体调整。

（1）选择菜单栏中的“工具”→“分散元器件”命令，自动将叠加在原点的元器件分散在板框四周，如图10-63所示。

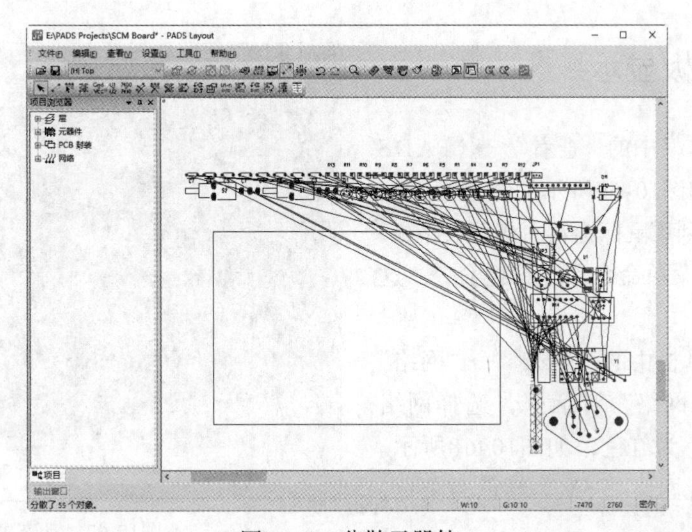

图10-63　分散元器件

（2）选择菜单栏中的“工具”→“簇布局”命令，则弹出如图10-64所示的“簇布局”对话框。

（3）单击对话框中的“放置簇”图标，激活“设置”按钮与“运行”按钮，单击“设置”按钮，弹出“簇放置设置”对话框，如图10-65所示，参数默认设置，单击“确定”按钮，退出对话框。

图10-64 “簇布局”对话框

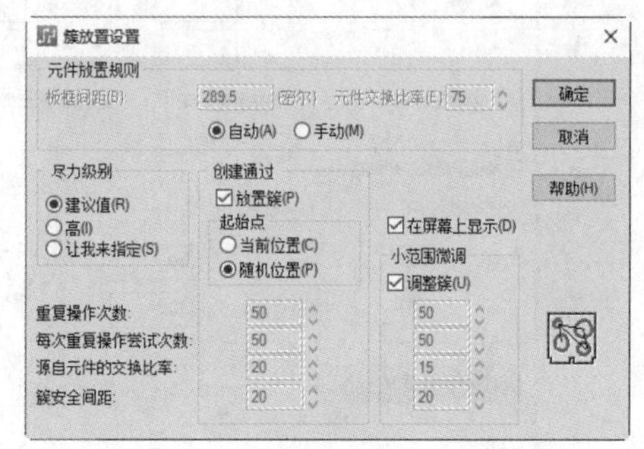

图10-65 “簇放置设置”对话框

（4）单击“运行”按钮，元件进行自动布局，结果如图10-66所示。

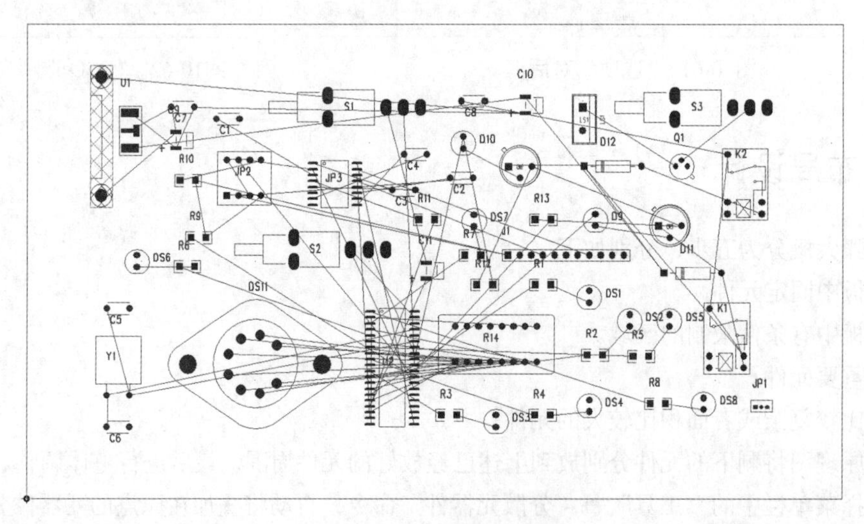

图10-66 自动布局结果

10.7.5 电路板显示

（1）选择菜单栏中的“查看”→“PADS 3D”命令，弹出如图10-67所示的动态视图窗口。在视图窗口中利用鼠标旋转、移动电路板，也可利用窗口中的菜单命令和工具栏命令，这里不再赘述。

（2）选择菜单栏中的“查看”→“网络”命令，弹出“查看网络”对话框，选择网络“GND”，设置颜色为红色，如图10-68所示。同样的方法，设置网络“-5V”颜色为黄色，如图10-69所示。

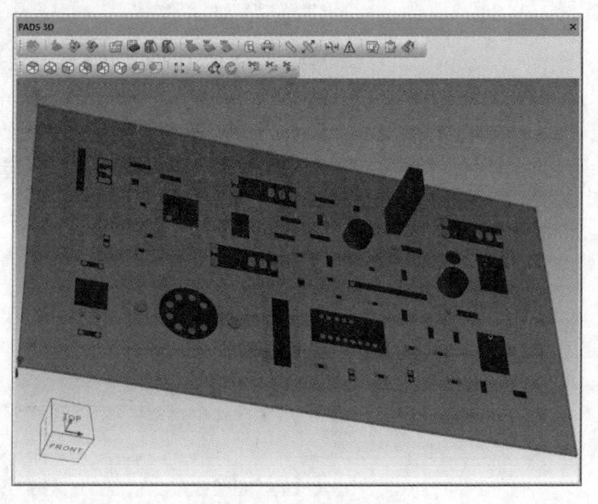

图10-67 动态窗口

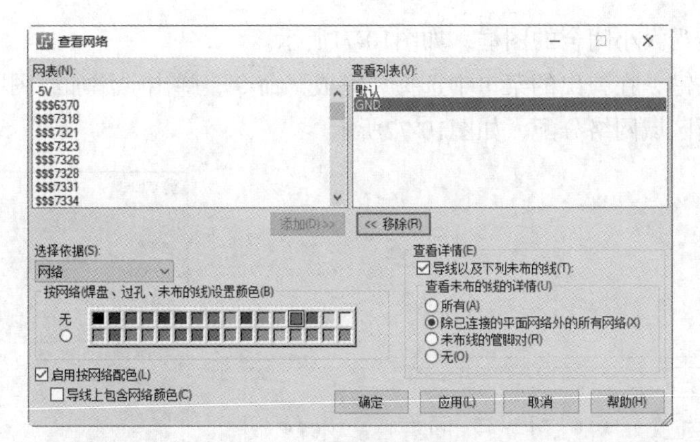

图10-68　设置GND颜色

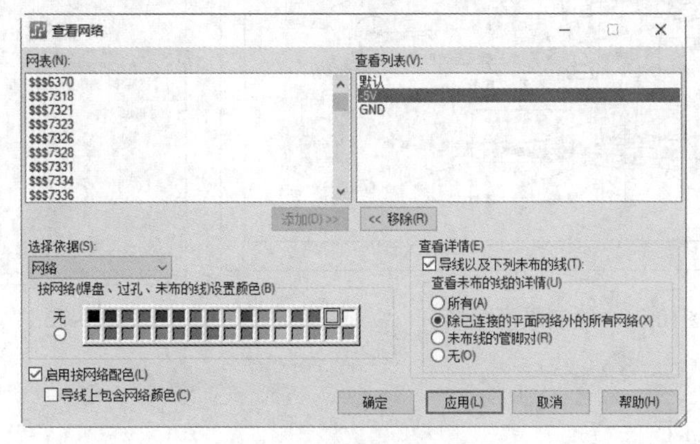

图10-69　设置-5V颜色

（3）单击“确定”按钮，关闭对话框，完成网络颜色设置，在电路板中显示对应网络颜色，如图10-70所示。

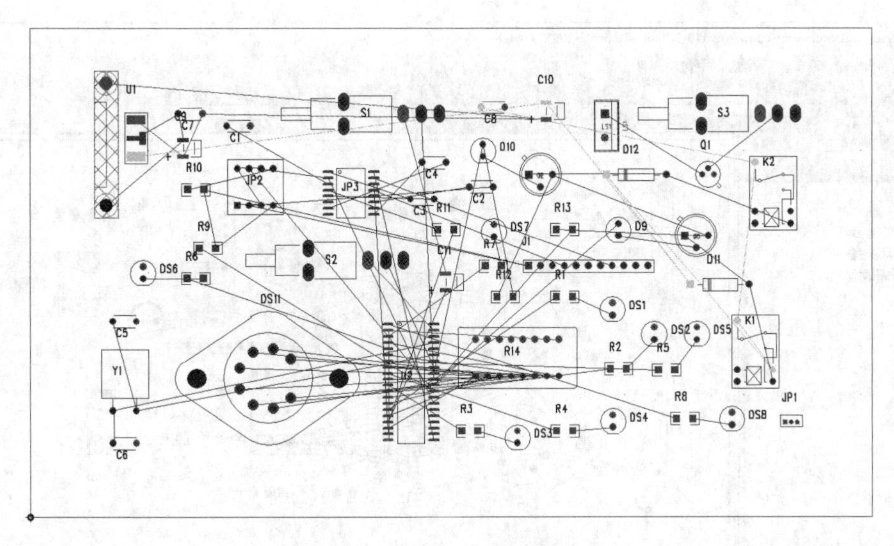

图10-70　设置网络颜色

（4）在“标准工具栏”中“层”下拉列表中选择混合层“VCC”，选择单击“标准工具栏”中的“绘图工具栏”按钮，打开绘图工具栏，单击“绘图工具栏”中“覆铜平面”按钮，在电路板边框内中绘制适当大小闭合的图框，如图10-71所示。

（5）单击鼠标右键，在弹出的菜单中选择“完成”命令，弹出“添加绘图”对话框，单击“应用”按钮，完成平面区域网络分配，如图10-72所示。

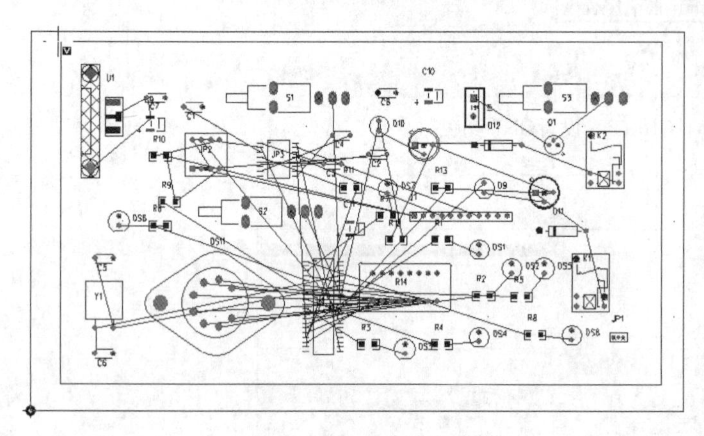

图10-71　绘制平面图形

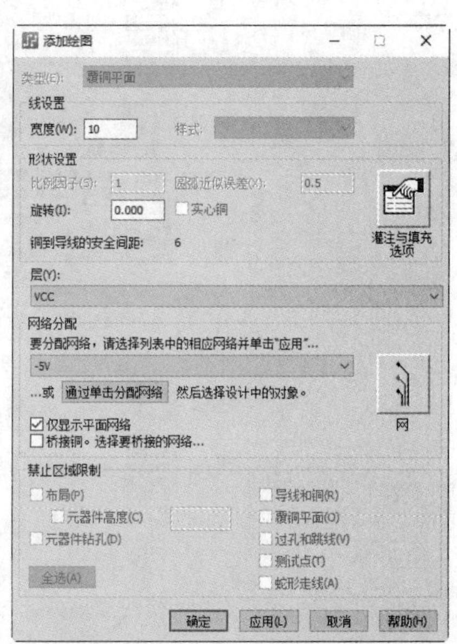

图10-72　“添加绘图”对话框

10.7.6　布线设计

（1）在PADS Layout中，单击“标准工具栏”中的“布线”按钮，打开“PADS Router”界面，进行电路板布线设计，如图10-73所示。

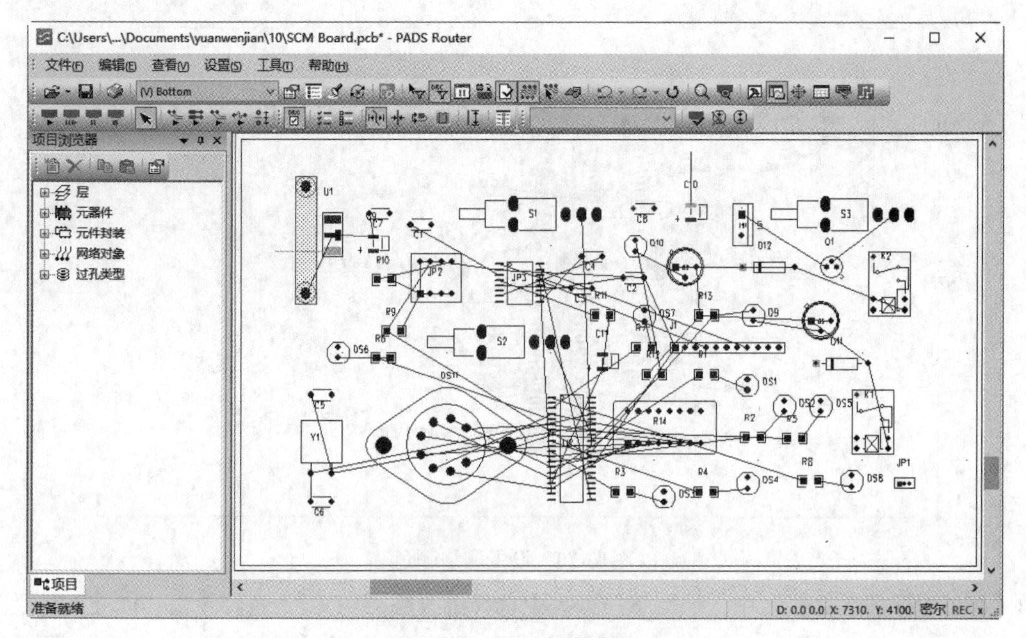

图10-73　进入布线界面

（2）单击“标准工具栏”中的“布线”按钮，弹出布线工具栏，单击“布线工具栏”中的“启动自动布线”按钮，进行自动布线，完成的调试器PCB图如图10-74所示。

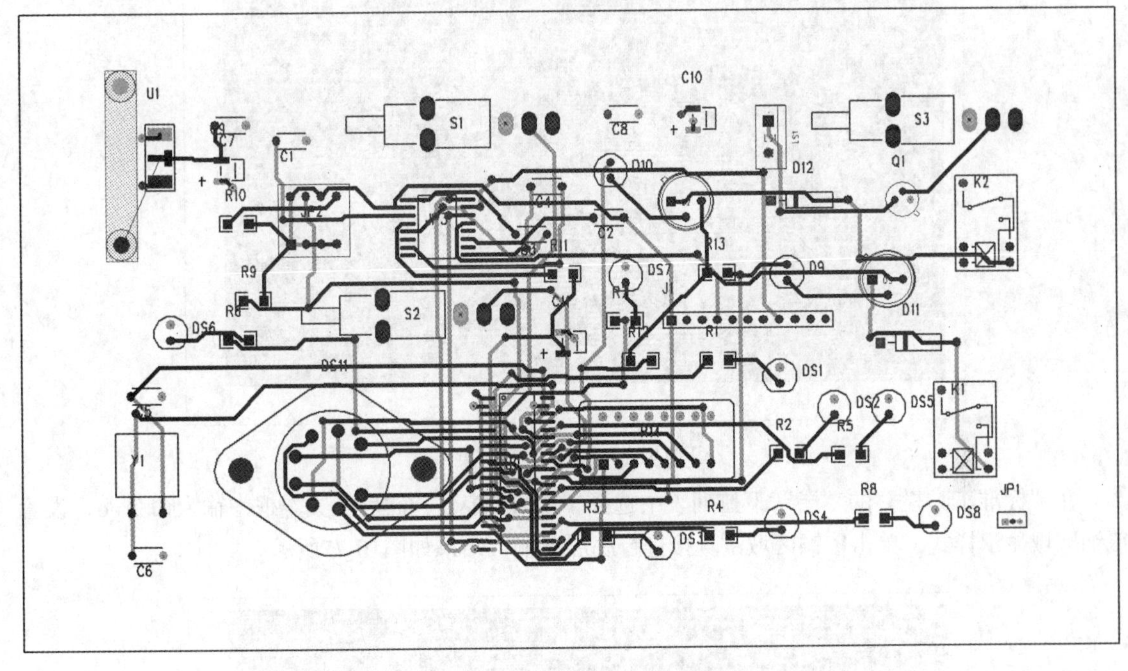

图10-74 布线完成的电路板图

10.7.7 覆铜设置

经过覆铜处理后制作的印制板会显得十分美观，同时，过大电流的地方也可以采用覆铜的方法来加大过电流的能力。覆铜通常的安全间距应该在一般导线安全间距的两倍以上。

（1）在PADS Router中，单击“标准工具栏”中的“Layout”按钮，打开“PADS Layout”界面，进行电路板覆铜设计。

（2）在“标准工具栏”的“层”下拉列表中选择“TOP”，单击“标准工具栏”中的“绘图工具栏”按钮，打开绘图工具栏，单击“绘图工具栏”中的“覆铜平面”按钮，进入覆铜模式。

（3）单击鼠标右键，从弹出的菜单中选择“矩形”命令，沿板框边线绘制出覆铜的区域。

（4）单击鼠标右键，从弹出的菜单中选择“完成”命令，弹出“添加绘图”对话框，如图10-75所示，单击“确定”按钮，退出对话框，在绘制的灌铜区域内分配网络。

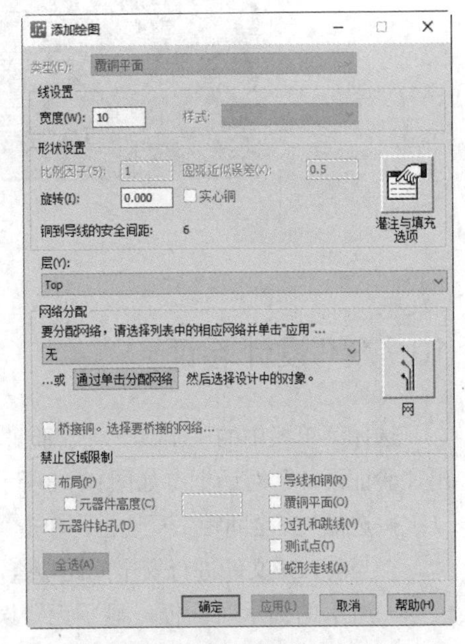

图10-75 “添加绘图”对话框

（5）单击“绘图工具栏”中的“灌注”按钮，此时系统进入了灌铜模式，然后开始往此区域进行灌铜，结果如图10-76所示。

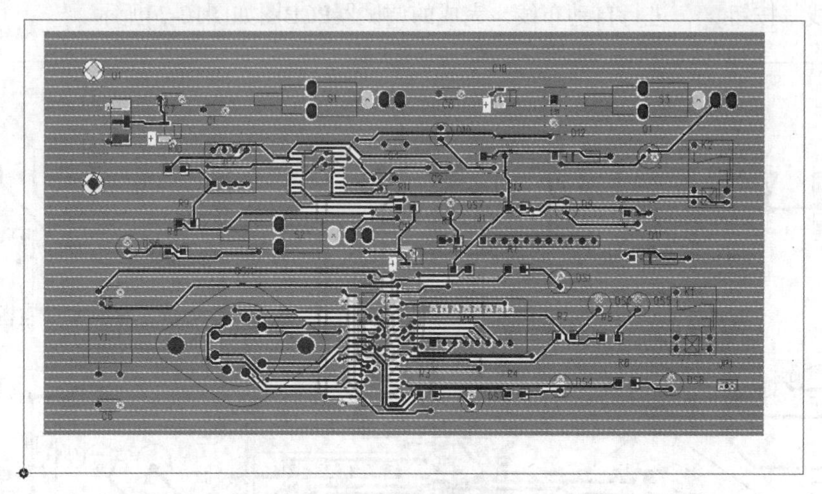

图10-76　顶层覆铜结果

在“标准工具栏”的“层”下拉列表中选择“BOTTOM”，然后在文本框中输入命令po，设置覆铜区域显示样式，单击覆铜区域，直接进行底层覆铜，结果如图10-77所示。

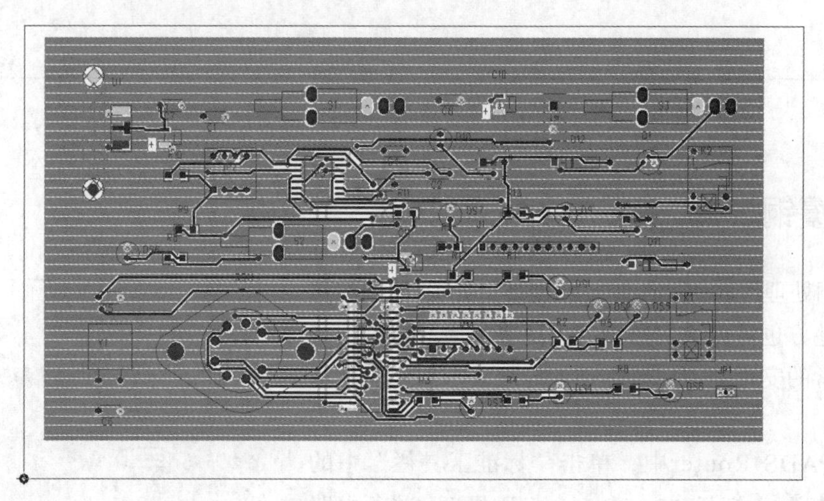

图10-77　底层覆铜结果

10.7.8　设计验证

选择菜单栏中的“工具”→“验证设计”命令，弹出“验证设计”对话框，如图10-78所示。

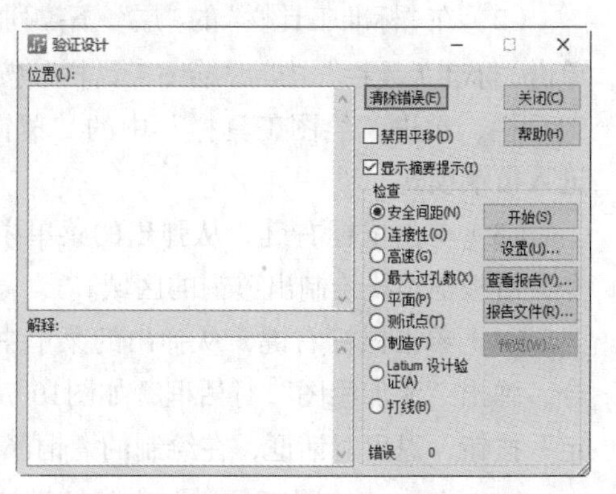

图10-78　“验证设计”对话框

- 选择“安全间距”复选框，单击“开始”按钮，对当前PCB文件进行安全间距检查，弹出如图10-79所示的提示对话框，显示无错误，单击“确定”按钮，退出提示对话框，完成安全间距检查。
- 选择“最大过孔数”复选框，单击“开始”按钮，对当前PCB文件进行连接性检查，弹出如图10-80

所示的提示对话框，显示无错误，单击“确定”按钮，退出提示对话框，完成最大过孔数检查。

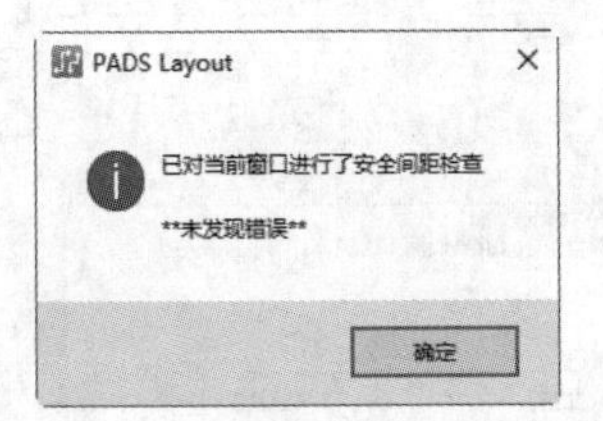

图10-79　安全间距检查提示对话框

图10-80　最大过孔数检查提示对话框

10.8 文件输出

电路图的设计完成之后，我们可以将设计好的文件直接交给电路板生产厂商制板。一般的制板商可以将PCB文件生成Gerber文件再进行制板。

（1）选择菜单栏中的“文件”→“CAM”命令，打开“定义CAM文档”对话框，如图10-81所示。

（2）在“CAM目录”下拉列表中选择“创建”命令，在弹出的对话框中选择输出文件路径，如图10-82所示。

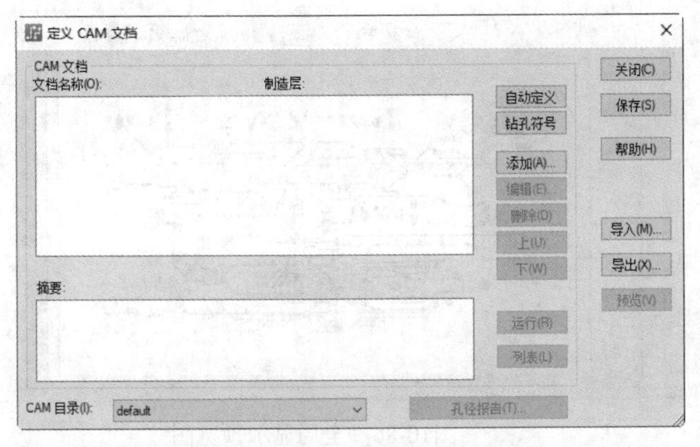

图10-81　“定义CAM文档”对话框

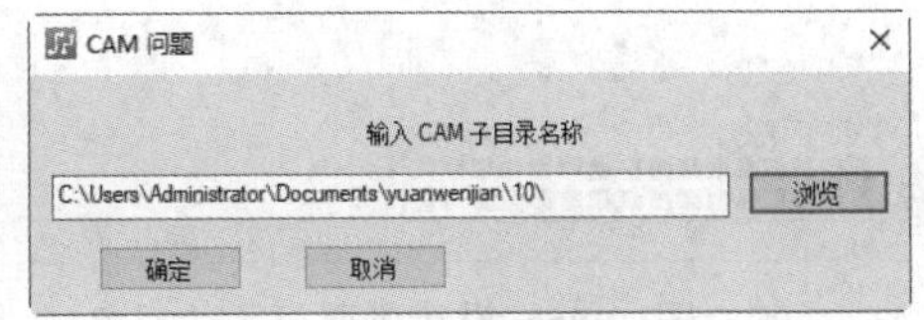

图10-82　设置路径

10.8.1　布线/分割平面顶层

（1）单击“定义CAM文档”对话框中的“添加”按钮，弹出“添加文档”对话框，在“文档名称”文本框中输入“SCM Board”，作为输出文件名称。

（2）在“文档类型”下拉列表中选择“布线/分割平面”选项，弹出“层关联性”对话框，选择“TOP”，如图10-83所示。

（3）单击“确定”按钮，完成设置，在“摘要”文本框中显示PCB层信息，如图10-84所示。

（4）单击“输出设备”选项组中的“打印”按钮，表示用打印机输出设定好的Gerber文件。

（5）单击“添加文档”对话框中“层”按钮，弹出“选择项目”对话框，显示添加的“TOP层”信息，如图10-85所示。

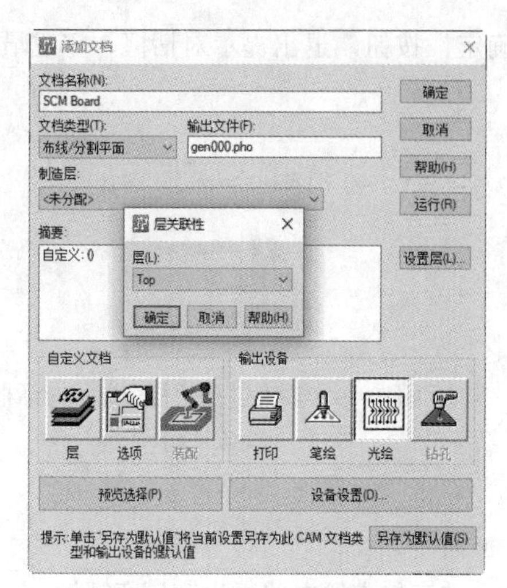

图10-83　选择文档类型

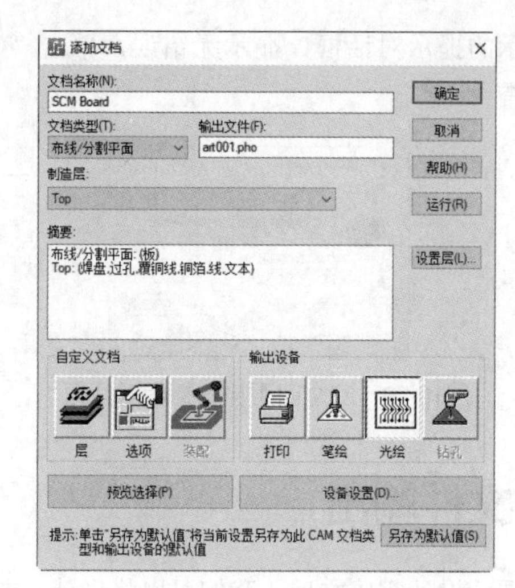

图10-84　显示PCB信息

单击“添加文档”对话框中的 预览选择(P) 按钮，系统则全局显示打印预览图，如图10-86所示。

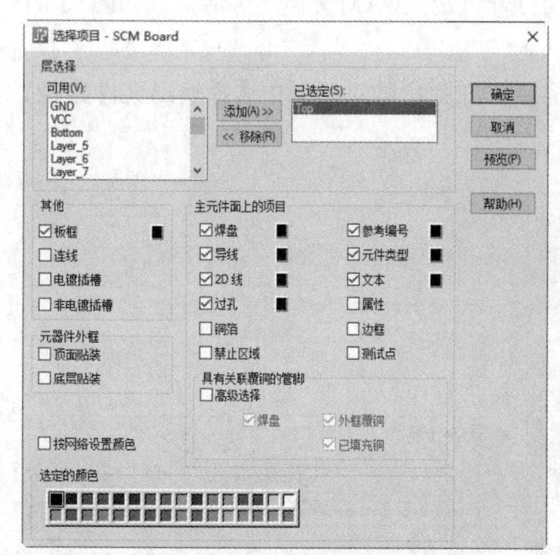

图10-85　设置需要显示的对象

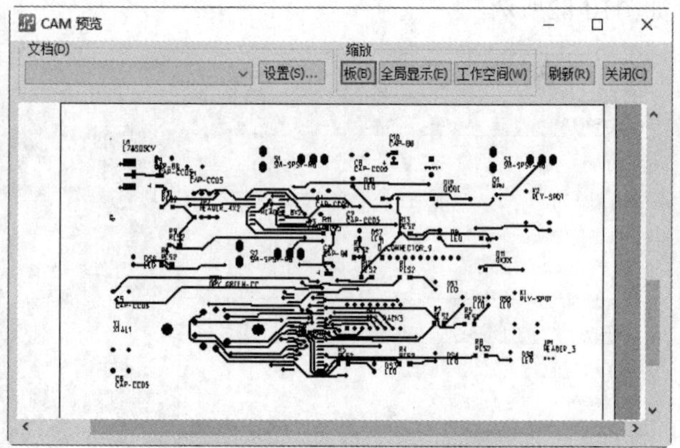

图10-86　全局显示预览图

（6）单击“添加文档”对话框中的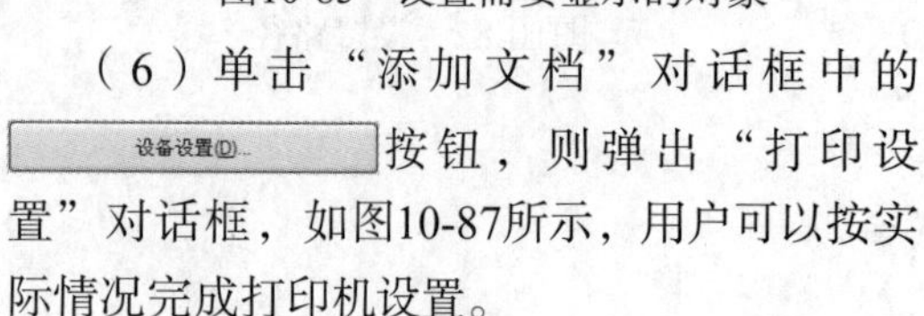按钮，则弹出“打印设置”对话框，如图10-87所示，用户可以按实际情况完成打印机设置。

（7）单击“打印设置”对话框中的“确定”按钮，关闭该对话框，再单击“添加文档”对话框中“运行”按钮，系统立刻开始打印。

（8）绘图输出与打印输出一样，不同的是在如图10-84所示“添加文档”对话框中的“输出设备”选项组下单击“笔绘”按钮，选择用绘图仪输出设定好的Gerber文件。

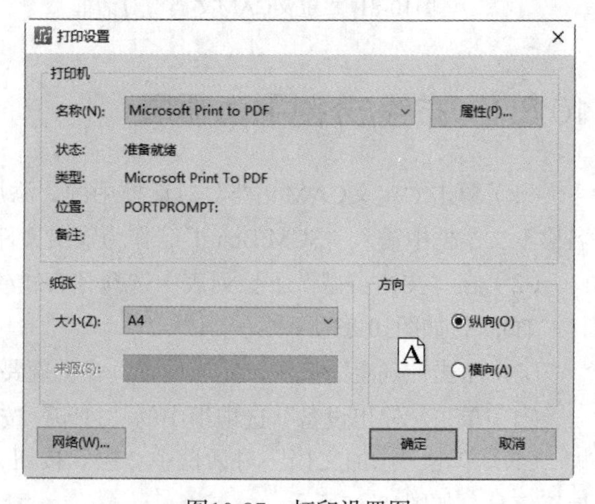

图10-87　打印设置图

（9）选择绘图输出后，单击“添加文档”对话框中的 设备设置(D)... 按钮，则弹出“笔绘图机设置”对话框，如图10-88所示，从中可以选择绘图仪的型号、绘图颜色、绘图大小等参数。

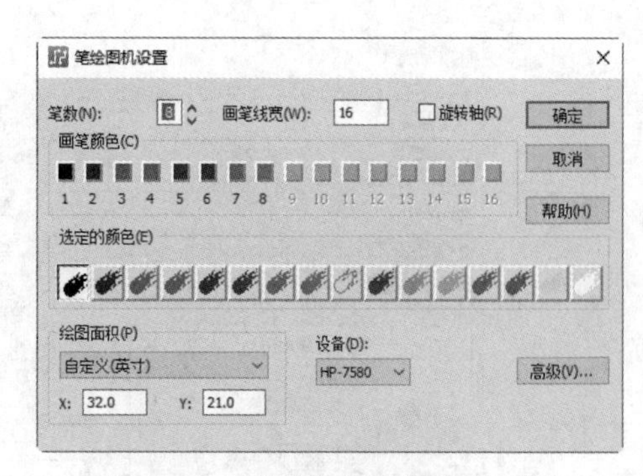

图10-88　“笔绘图机设置”对话框

（10）完成绘图仪设置后，单击对话框中的“确定”按钮将其关闭，单击“添加文档”话框中的“运行”按钮，弹出提示确认输出对话框，如图10-89所示。单击“是”按钮，系统立刻开始绘图输出。

（11）完成输出后，单击“确定”按钮，打开的文本格式文件如图10-90所示。

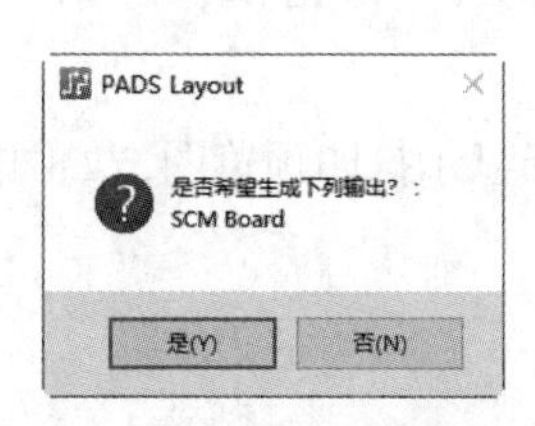

图10-89　提示对话框

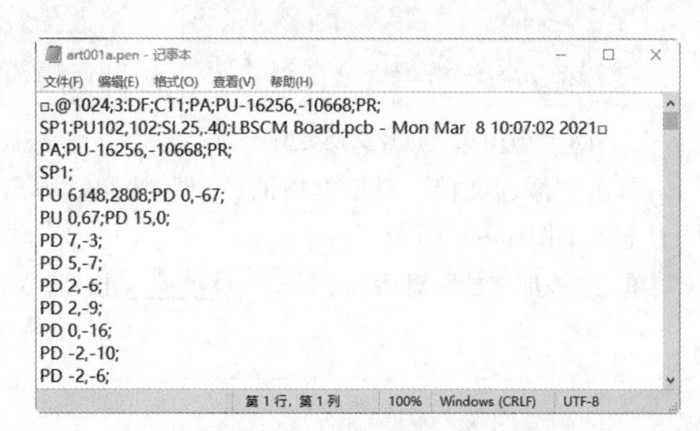

图10-90　输出文本格式文件

（12）关闭“添加文档”对话框，返回“定义CAM文档”对话框，如图10-91所示。

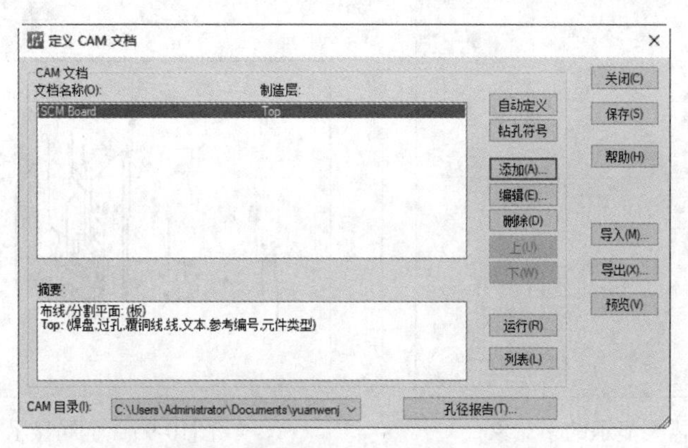

图10-91　“定义CAM文档”对话框

10.8.2　布线/分割平面底层

（1）单击“定义CAM文档”对话框中的“添加”按钮，弹出“添加文档”对话框，在“文档名称”文本框中输入“SCM Board1”，作为输出文件名称。

（2）在“文档类型”下拉列表中选择“布线/分割平面”选项，弹出“层关联性”对话框，选择“Bottom”，如图10-92所示。

（3）单击“确定”按钮，完成设置，在“摘要”文本框中显示PCB层信息，如图10-93所示。

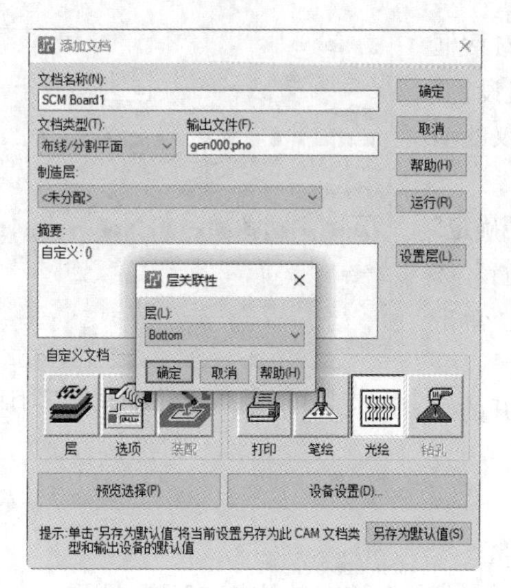

图10-92 选择文档类型

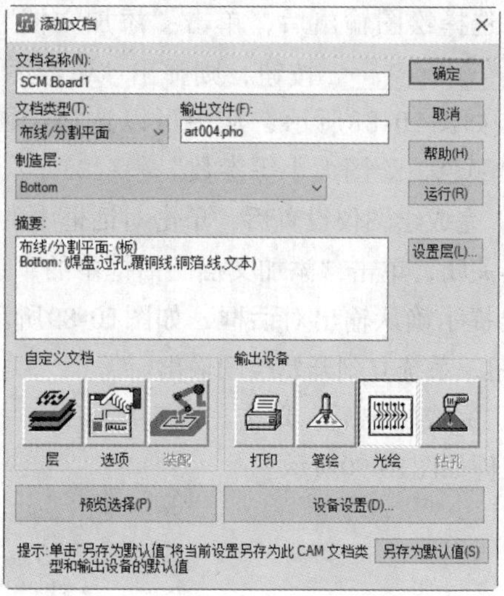

图10-93 显示PCB信息

（4）单击“添加文档”对话框中的“层”按钮，弹出“选择项目”对话框，显示添加的“TOP”信息，如图10-94所示。

（5）单击“添加文档”对话框中的 预览选择(P) 按钮，系统则全局显示打印预览图，如图10-95所示。

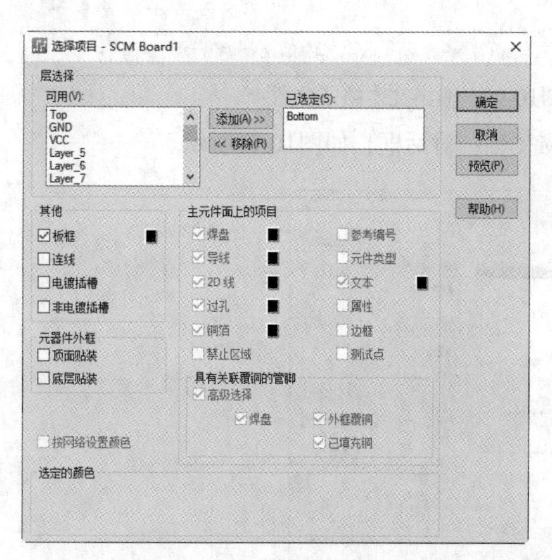

图10-94 设置需要显示的小对象

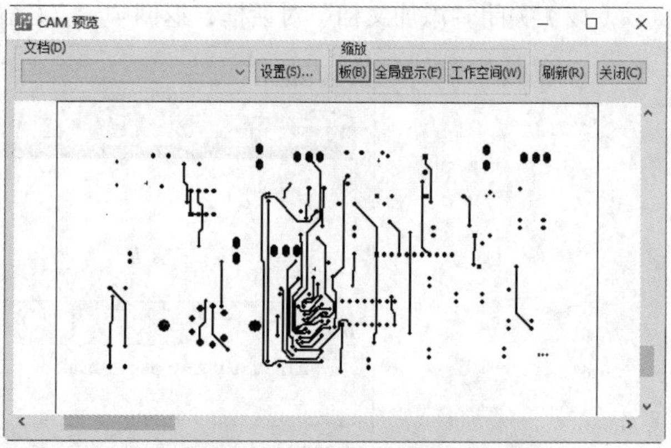

图10-95 全局显示打印预览图

（6）单击“运行”按钮，弹出提示确认输出对话框，如图10-96所示。单击“是”按钮，系统立刻开始绘图输出。

（7）在“添加文档”对话框中单击“确定”按钮，返回“定义CAM文档”对话框。

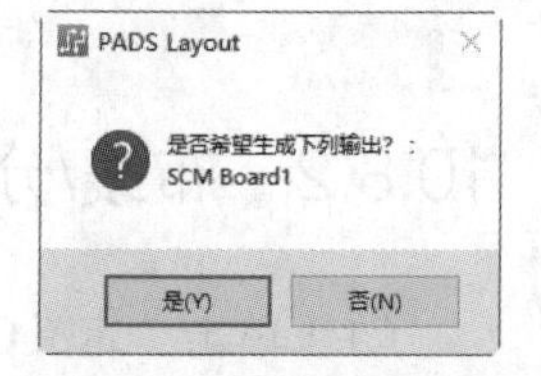

图10-96 提示对话框

10.8.3 丝印层输出

（1）单击“添加”按钮，弹出“添加文档”对话框，在“文档名称”文本框中输入“SCM Board2”，作为输出文件名称。

（2）在“文档类型”下拉列表中选择“丝印”选项，弹出“层关联性”对话框，选择“TOP”，如图10-97所示。

（3）单击“确定”按钮，完成设置，在“摘要”文本框中显示PCB层信息，如图10-98所示。

（4）单击“添加文档”对话框中的 预览选择(P) 按钮，系统则全局显示打印预览图，如图10-99所示。

（5）单击“添加文档”对话框中的“层”按钮，弹出“选择项目”对话框，显示添加的“TOP”信息，如图10-100所示。

在“已选定”列表框中选择“Silkscreen Top”，设置显示对象，如图10-101所示。

图10-97　选择文档类型

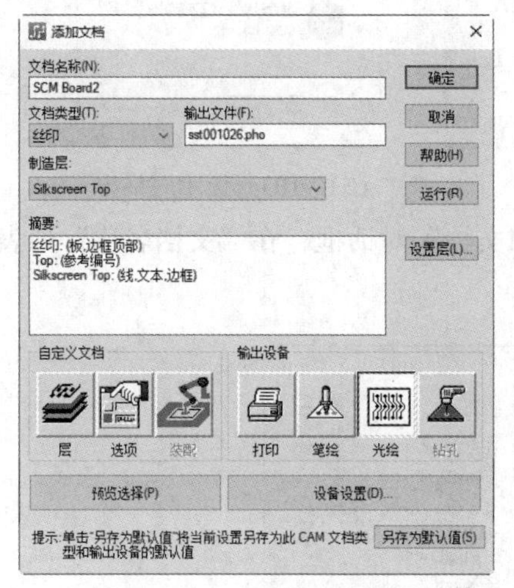

图10-98　显示PCB信息

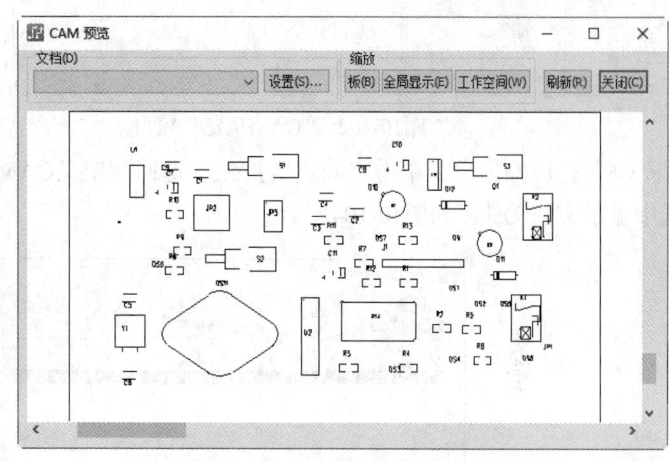

图10-99　全局显示打印预览图

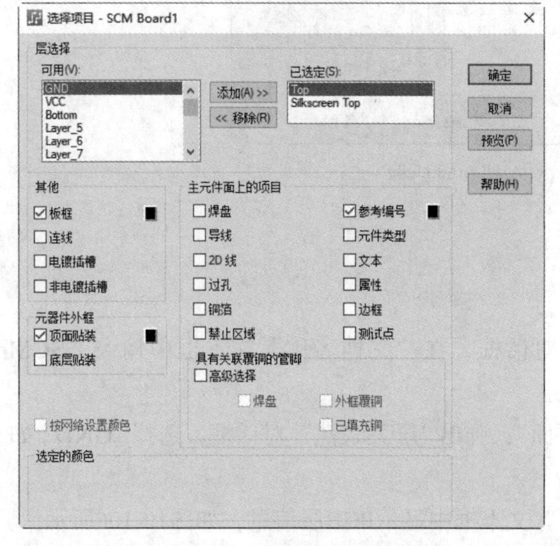

图10-100　设置顶层显示对象

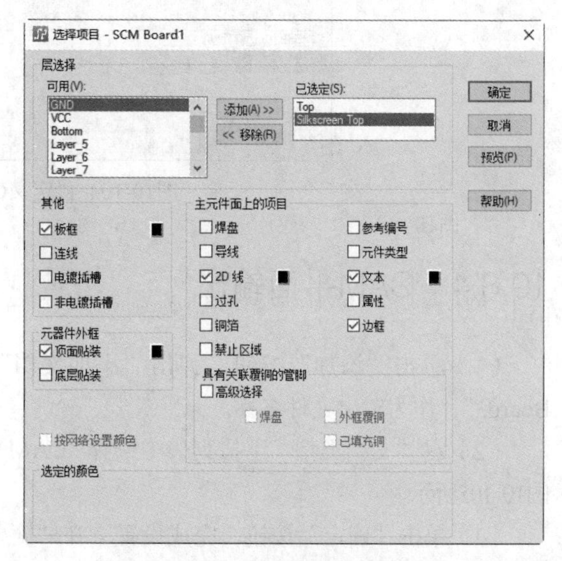

图10-101　设置需要显示的对象

（6）单击“预览”按钮，弹出如图10-102所示的“CAM预览”窗口，显示清晰的预览对象，单击“关闭”按钮，关闭该窗口，返回“选择项目”对话框，单击“确定”按钮，关闭该对话框。

（7）返回“添加文档”对话框，单击“运行”按钮，弹出提示确认输出对话框，如图10-103所示，单击“是”按钮，系统立刻开始绘图输出。

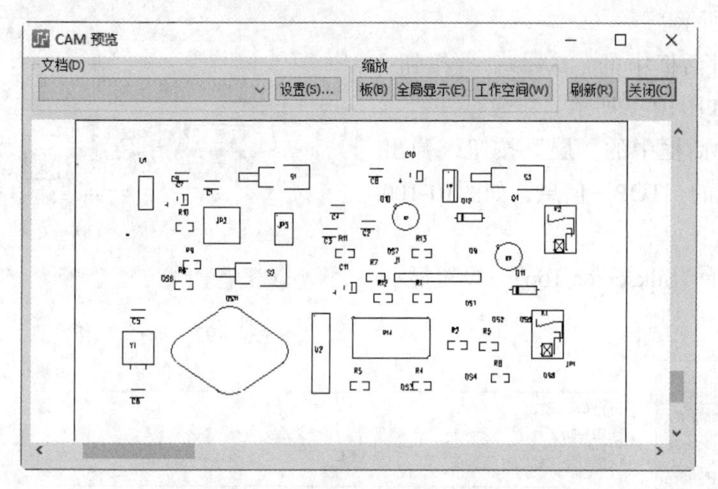

图10-102 “CAM预览”窗口

图10-103 提示对话框

（8）完成输出后，单击“确定”按钮，返回“定义CAM文档”对话框，在“文档名称”列表框中显示文档文件，如图10-104所示。

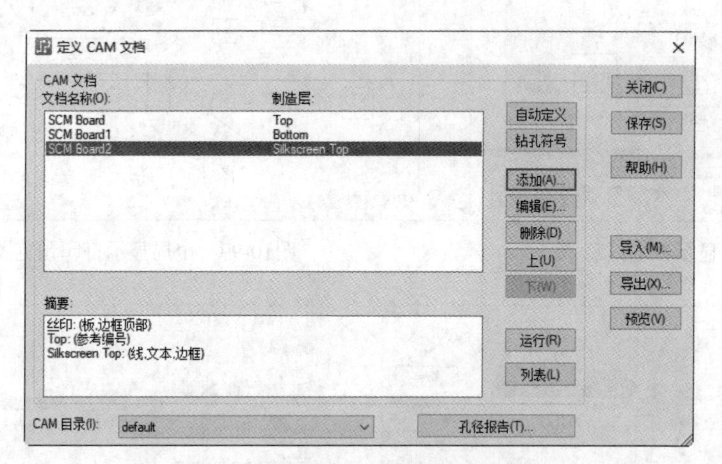

图10-104 “定义CAM文档”对话框

10.8.4 CAM平面输出

（1）单击“添加”按钮，弹出“添加文档”对话框，在“文档名称”文本框中输入“SCM Board3”，作为输出文件名称。

（2）在“文档类型”下拉列表中选择“CAM平面”，弹出“层关联性”对话框，选择“GND”，如图10-105所示。

（3）单击“确定”按钮，完成设置，在“摘要”文本框中显示PCB层信息，如图10-106所示。

（4）单击“输出设备”选项组中的“打印”按钮，表示用打印机输出设定好的Gerber文件。

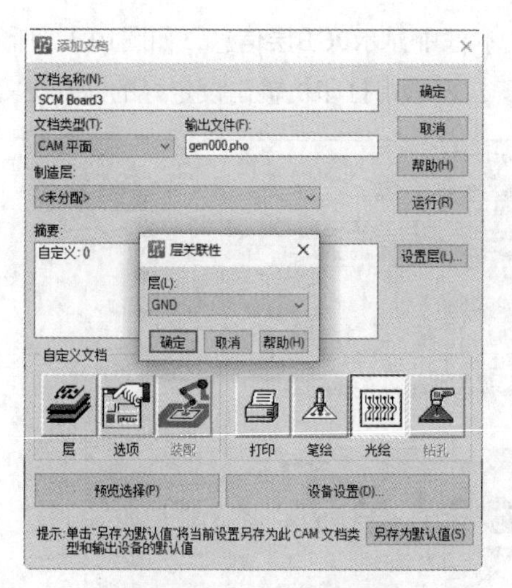

图10-105　选择文档类型

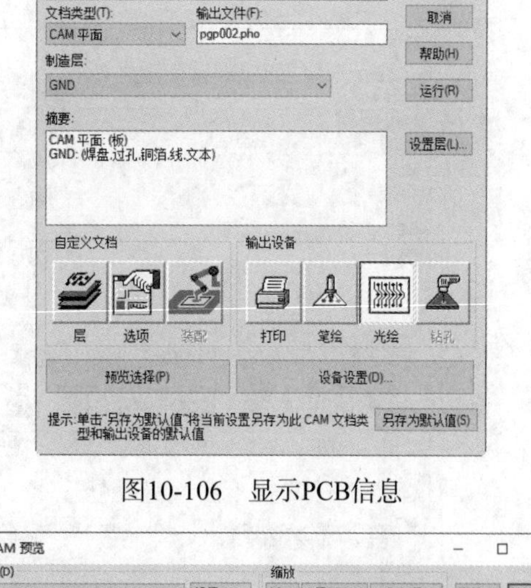

图10-106　显示PCB信息

（5）单击“添加文档”对话框中的预览选择(P)按钮，系统则全局显示打印预览图，如图10-107所示。

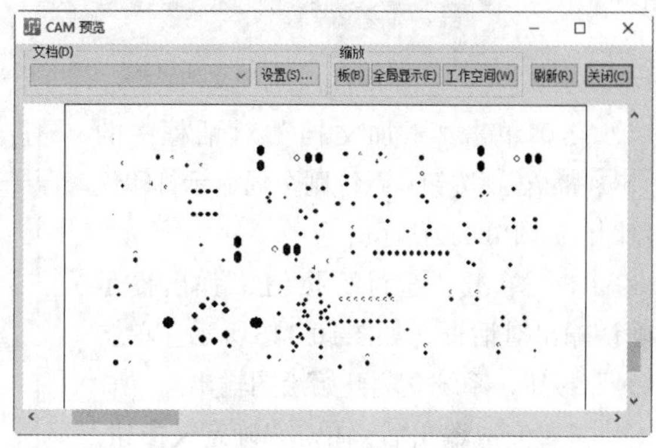

图10-107　全局显示打印预览图

（6）在“输出设备”选项组中单击“光绘”按钮，单击“运行”按钮，弹出提示确认输出对话框，如图10-108所示。单击“是”按钮，系统立刻开始绘图输出。

（7）完成输出后，单击“确定”按钮，返回“定义CAM文档”对话框，在“文档名称”列表框中显示文档文件，如图10-109所示。

图10-108　提示对话框

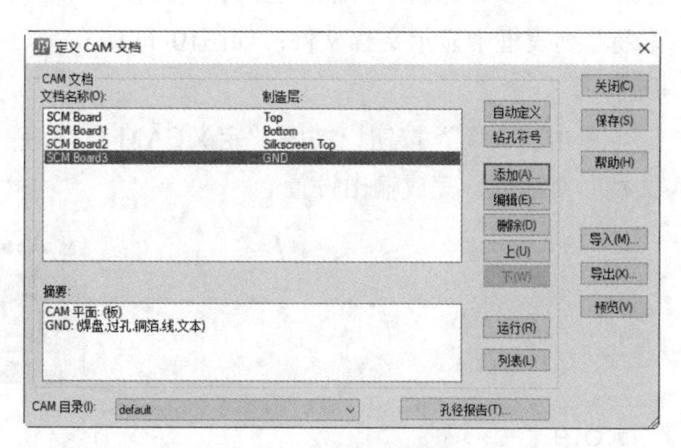

图10-109　输出文档

10.8.5　阻焊层输出

（1）单击“添加”按钮，弹出“添加文档”对话框，在“文档名称”文本框中输入“SCM Board4”，作为输出文件名称。

（2）在“文档类型”下拉列表中选择“阻焊层”选项，弹出“层关联性”对话框，选择“TOP”，如图10-110所示。

（3）单击“确定”按钮，完成设置，在“摘要”文本框中显示PCB层信息，如图10-111所示。

（4）单击“输出设备”选项组中的“打印”按钮，表示用打印机输出设定好的Gerber文件。

图10-110　选择文档类型

图10-111　显示PCB信息

（5）单击“添加文档”对话框中的预览选择(P)按钮，系统则全局显示打印预览图，如图10-112所示。

（6）单击“运行”按钮，弹出提示确认输出对话框，如图10-113所示。单击“是”按钮，系统立刻开始绘图输出。

（7）完成输出后，单击“确定”按钮，返回“定义CAM文档”对话框，在“文档名称”列表框中显示文档文件，如图10-114所示。

单击“关闭”按钮，关闭“定义CAM文档”对话框，完成输出设置。

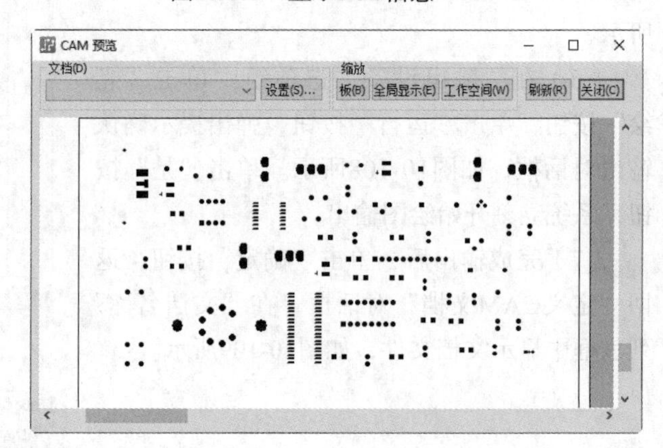

图10-112　全局显示打印预览图

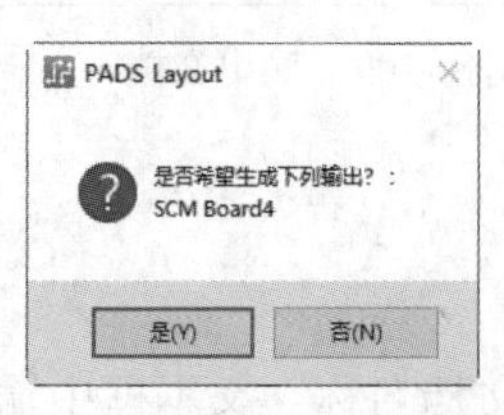

图10-113　提示对话框

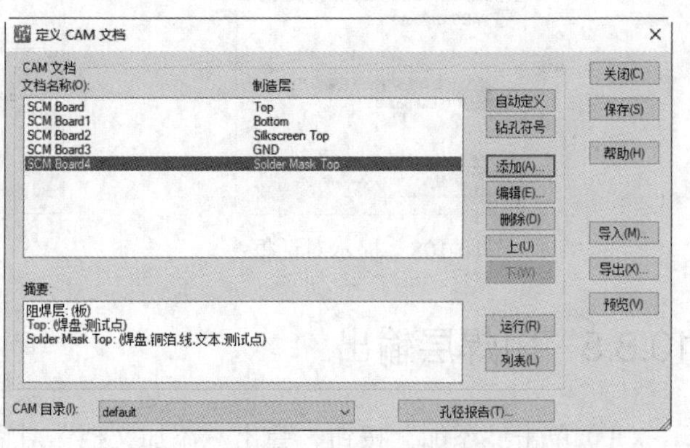

图10-114　输出文档

附录

键盘与鼠标使用技巧

PADS Logic除了使用菜单、工具栏及鼠标右键快捷命令等方法外，还有一些可以使用鼠标与键盘来执行的快捷方法，下面一一介绍给读者。

1. 利用鼠标进行选择或者高亮设计对象

- 单击取消已经被选择的目标。
- 利用右键打开当前可选择的操作。
- 在设计空白处激活一下鼠标左键可取消已选择的目标。

2. 添加方式选择

按住Ctrl键不放同时用鼠标左键选择另外的对象，并可进行重复选择。

3. 不选择项目

将鼠标放在被选择目标上，按住Ctrl键的同时再按鼠标左键，被选择目标将变为不被选择状态。

4. 鼠标的一些其他有效的选择方式

- 选择管脚对（Pin Pairs）=Shift＋ 选择连线。
- 选择整个网络（Nets）=Click+F6。
- 选择一个网络上的所有管脚（Pine）=Shift+选择管脚（Pin）。
- 选择多边形（Polygon）所有的边=Shift+选择多边形一条边。
- 在多个之间选择=选择第一个之后按 Shift键。

但是对于某些操作来讲，鼠标就可能不如键盘那么方便，比如在移动元件或者走线时希望按照设计栅格为移动单位进行移动，利用键盘每按一下就移动一个设计栅格，所以定位非常准确，而鼠标就可能没那么方便。当然进行远距离移动或者无精度坐标移动，键盘就不能与鼠标相比。

下面将一些有关键盘右边数字小键盘的一些相关操作介绍如下。

- 数字键7：用于显示当前设计全部。
- 数字键8：向上移动一个设计栅格。
- 数字键9：以当前鼠标位置为中心进行放大设计。
- 数字键4：保持当前设计的画面比例，将设计向左移动一个设计栅格。
- 数字键6：向在移动一个设计栅格。
- 数字键1：刷新设计画面。
- 数字键2：保持当前设计的画面比例，将设计向下移动一个设计栅格。
- 数字键3：以当前鼠标位置为中心缩小当前设计。
- 数字键0：以当前鼠标的位置为中心保持比例重显设计画面。
- Del键：删除被选择的目标。
- Esc键：取消当前的操作。
- Tab键：对被激活的目标或者激活范围内的目标进行选择。
- 键盘上的其他键与数字小键盘上的同名键功能相同。Page Up键等同于数字小键盘中的PgUp键，Page Down键等同于数字小键盘中的PgDn键，Home键等同于数字小键盘中的Home键，End键等同于数字小键盘中的End键，Insert键等同于数字小键盘中的Ins键，Delete键等同于数字小键盘中的Del键。